JN253169

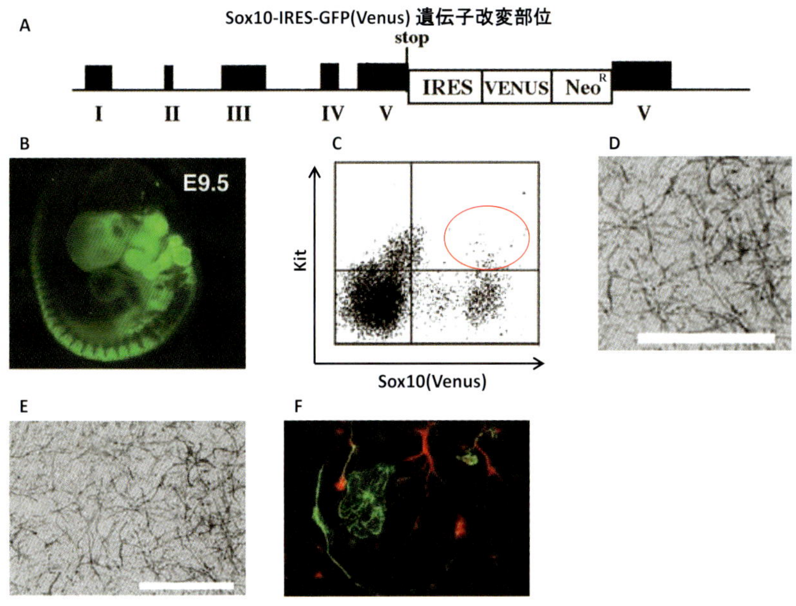

図 1.5　フローサイトメトリーによる神経堤細胞の採取

(A) 神経堤細胞特異的に蛍光タンパク質の発現を誘導する遺伝子改変マウスの作成に用いたコンストラクト。stop は終止コドンで，その下流に挿入された IRES 配列がリボソームのリードスルーを誘導し，蛍光タンパク質や薬剤耐性遺伝子の発現が保証される。(B) 樹立された Sox10-IRES-GFP マウス胚で神経堤細胞が蛍光タンパク質を発現している様子。移動中のメラノブラストは密度が薄く見づらいが，背側の光点として検出される。(C) Sox10-IRES-GFP マウスの皮膚の細胞の Kit（縦軸）と蛍光タンパク質（横軸）を用いたフローサイトメーターによる解析。円で囲まれた細胞がメラノブラスト。(D) C で採取したメラノブラストを ST2 と共培養して誘導したメラノサイト。(E，F) D と同様の共培養で出現した細胞。メラノサイトが出現した部分（E）を抗ニューロン抗体（赤）および抗グリア抗体（緑）で染色した（F）。図のスケールバーは 200 μm。文献 32 を改変。

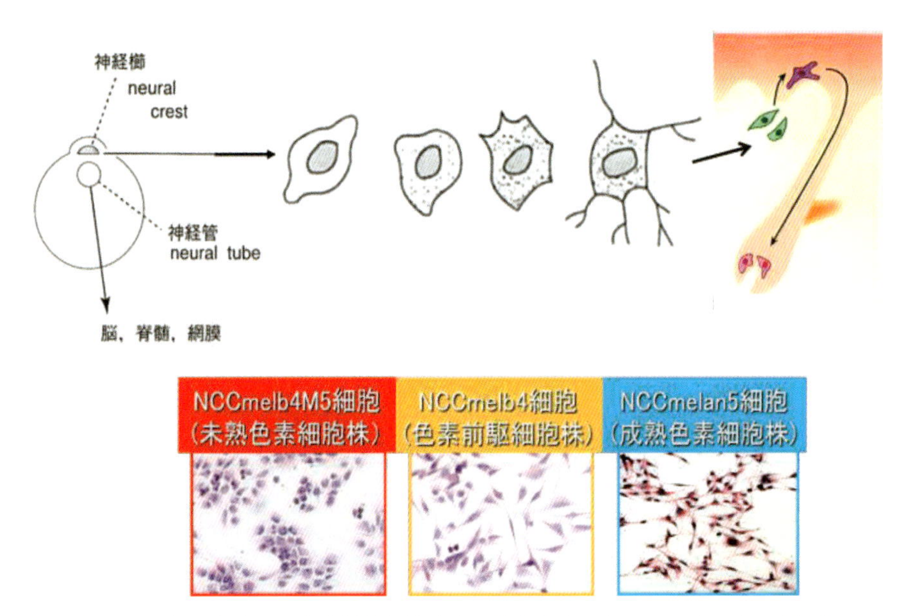

図 2.2　メラノサイトの発生過程と分化度の異なる 3 マウスメラノサイト細胞株

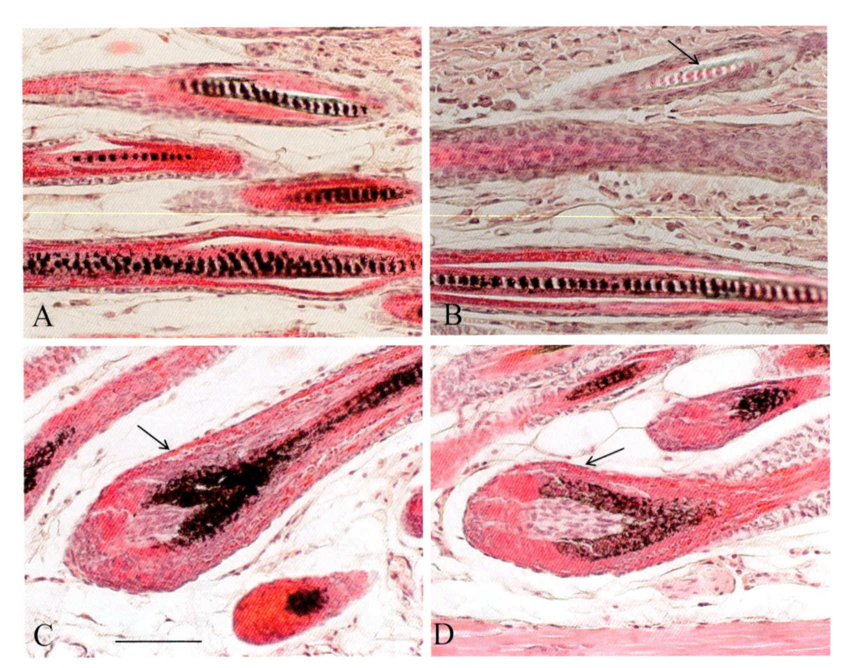

図 4.3　C57BL/10JHir（B10）系統マウスの第 1 毛周期の休止期の色素幹細胞に対するガンマ線の影響
第 2 毛周期の成長期における毛や毛球の変化。(A) 第 2 毛周期の成長期における非照射 B10 マウスの背側皮膚の組織切片。色素が沈着した毛がみられる。(B) 第 2 毛周期の成長期における照射（0.5 Gy）B10 マウスの背側皮膚の組織切片。色素のない白毛（矢印）がみられる。(C) 第 2 毛周期の成長期における非照射 B10 マウスの背側皮膚の組織切片。毛球メラノサイト（矢印）には多くのメラノソームがみられる。(D) 第 2 毛周期の成長期における照射（2.5 Gy）B10 マウスの背側皮膚の組織切片。毛球メラノサイト（矢印）においてメラノソームが少なくなっている。スケールは 50 μm。

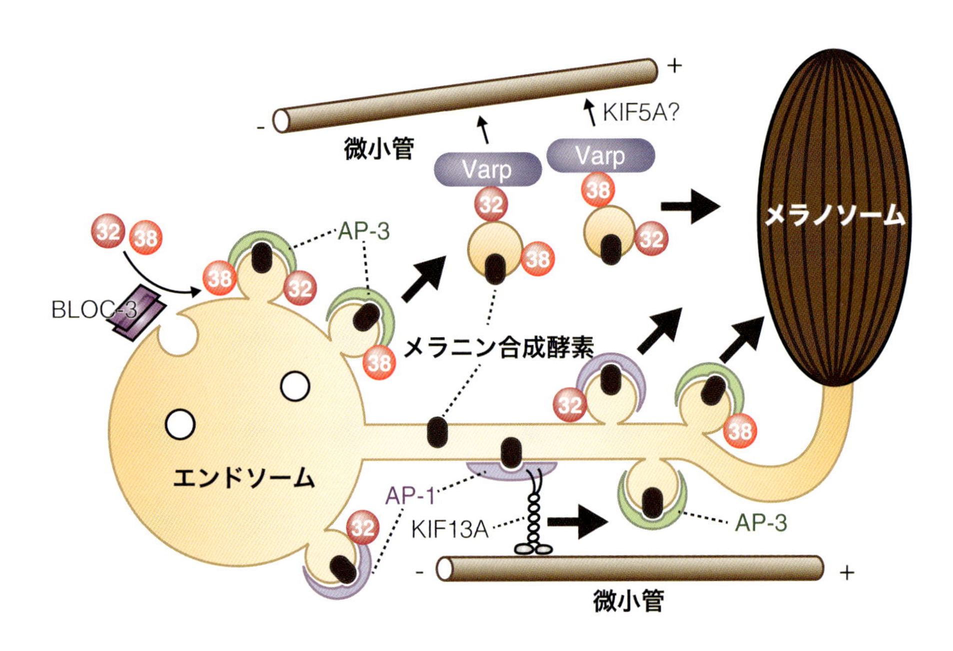

図 5.3　メラニン合成酵素のメラノソームへの輸送過程
これまでに提唱されている Rab，AP，キネシンモーターによるメラニン合成酵素のメラノソームへの輸送経路を示す。詳細は本文および文献 5, 10, 16 を参照。

図 7.3　河鍋暁斎が描く毛色変異体——「新版大黒福引之図」（大錦三枚続）より
暁斎はネズミたちを生き生きと描いた。野生型の white-bellied agouti（腹側の薄いアグチ），アルビノと思われる赤眼白毛色，また白斑が全身に及ぶ黒眼白毛色などさまざまな毛色のネズミが描かれているので探してみてほしい。河鍋暁斎美術館の厚意による。

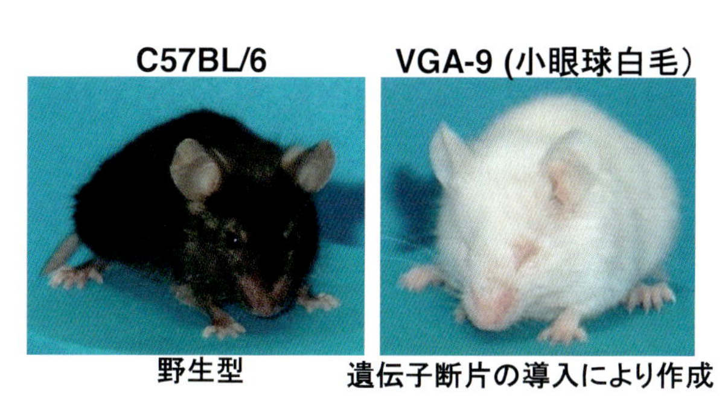

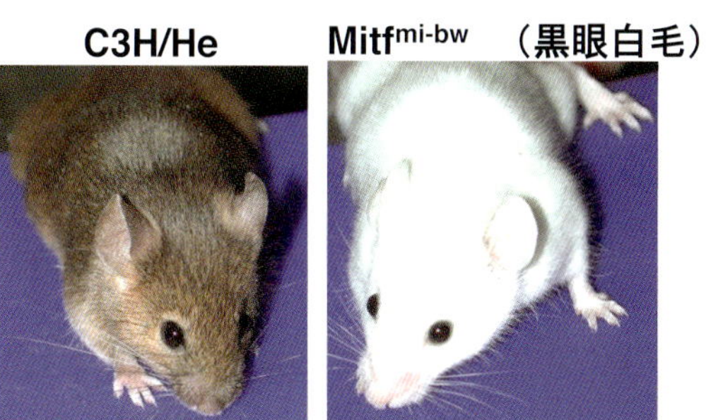

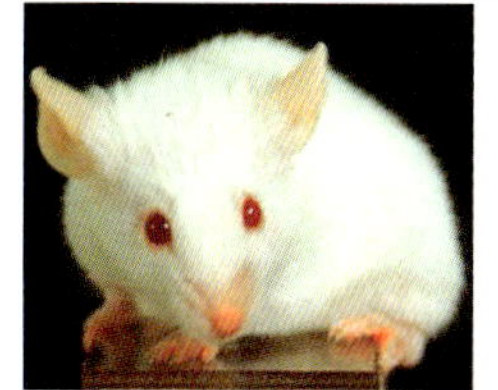

図 8.1　Mitf 遺伝子変異マウスの眼球の表現型
人為的操作により外来 DNA 断片が挿入した Mitf 遺伝子を有する VGA-9 マウスは，網膜色素上皮の分化異常による眼球形成不全（小眼球症）および皮膚と内耳のメラノサイトが欠損するため白毛と難聴を呈する。一方，レトロトランスポゾンである LINE-1 が挿入した Mitf 遺伝子を有する黒眼白毛 black-eyed white マウス（$Mitf^{mi\text{-}bw}$）は，メラノサイトが欠損するため白毛と難聴を呈するが，網膜色素上皮は一見正常であるので美しい黒目をもつ。$Mitf^{mi\text{-}bw}$ マウスでは，メラニン合成の鍵酵素であるチロシナーゼの酵素活性は維持されている。参考として呈示する BALB/c マウス（アルビノ変異体）では，Mitf が正常であるため色素細胞は存在するが，チロシナーゼ活性を欠損するため白毛赤眼を呈する。なお，聴覚は正常と考えられる（下段右端）。[Mitf 変異マウスの写真は文献 1 より引用，BALB/c マウスは山本博章氏より提供]

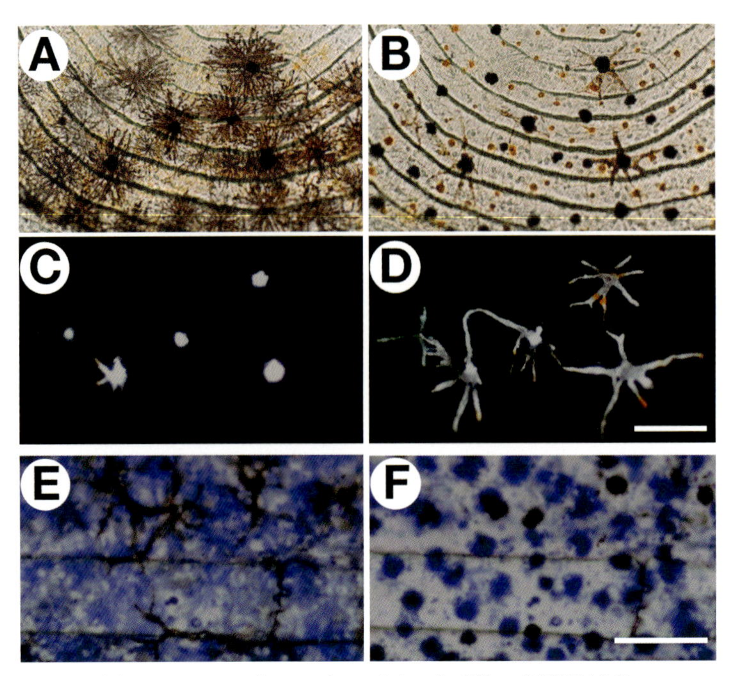

図 12.1　メダカとニシキテグリの色素胞の運動性反応

A ～ D：メダカの鱗の黒色素胞，黄色素胞，白色素胞の反応。生理的塩類溶液中では，黒色素胞と黄色素胞は拡散状態（A），白色素胞は凝集状態（C）。1 μM ノルエピネフリン（NE）処理 2 分で，黒色素胞と黄色素胞は凝集状態（B），白色素胞は拡散状態（D）になる。A，B は透過光照明下，C，D は暗視野落射照明下で撮影。E，F：ニシキテグリの鰭の黒色素胞と青色素胞（合田氏提供）。生理的塩類溶液中では，黒色素胞と黄色素胞は拡散状態（E）。2.5 μM ノルエピネフリン（NE）処理 2 分で凝集状態になる（F）。スケール＝ 100 μm。

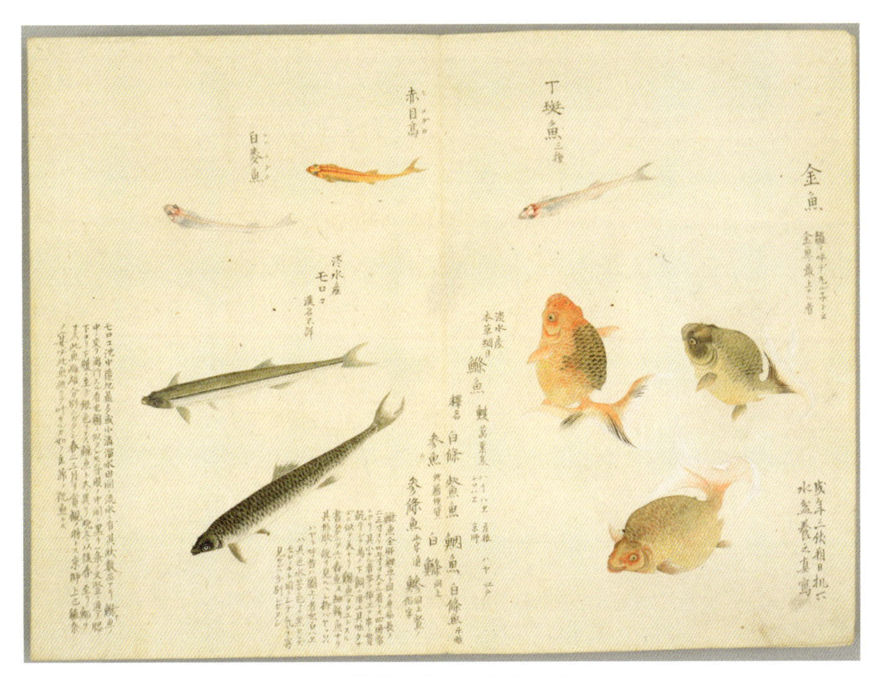

図 13.3　江戸時代に描かれた色ちがいメダカ

毛利梅園（1798 ～ 1851）により描かれた梅園魚譜の 1 ページ。上部に 3 種の色ちがいメダカがいる。国立国会図書館デジタルコレクション（寄別 4-2-2-3）より転載。

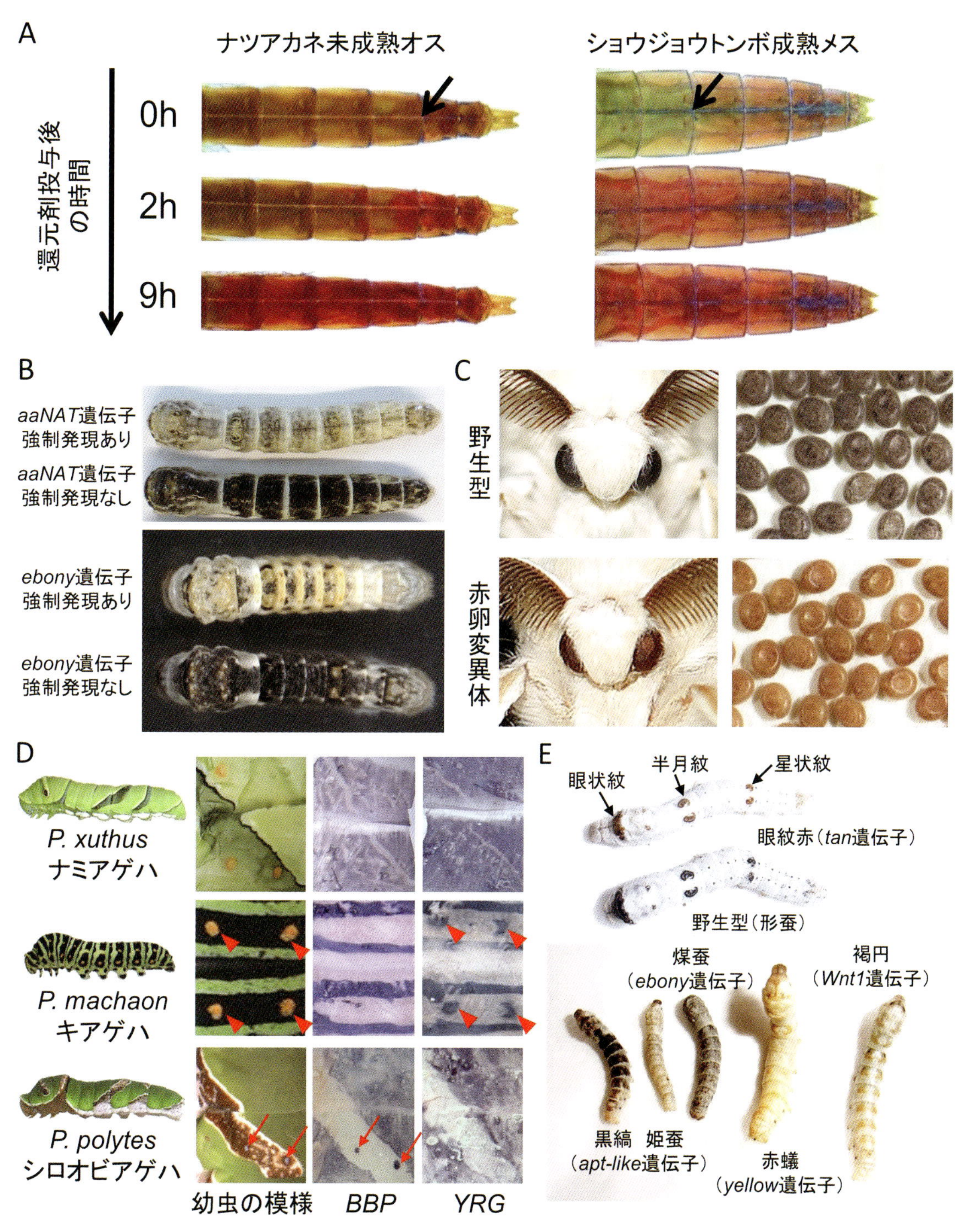

図 14.2

（A）還元剤の局所投与によるアカトンボの体色変化。矢印の部分にアスコルビン酸を投与した。（B）*aaNAT* 遺伝子と *ebony* 遺伝子の強制発現によるカイコ黒縞系統の体色変化（*aaNAT* 遺伝子の写真は 5 齢幼虫，*ebony* 遺伝子の写真は 3 齢幼虫）。（C）野生型と赤卵変異体の複眼色と卵色の比較。（D）ナミアゲハ，キアゲハ，シロオビアゲハの 4 齢脱皮期における *BBP* 遺伝子と *YRG* 遺伝子の発現パターン。矢頭はキアゲハの黄色斑，矢印はシロオビアゲハの青色斑の位置を示す。*BBP* 遺伝子は緑色と青色の領域，*YRG* 遺伝子は緑色と黄色の領域で発現する。（E）カイコ幼虫のさまざまな体色変異体と，最近明らかになった原因遺伝子。［文献 7, 32, 33, 38, 42, 50 を一部改変］

図 15.1　ニワトリとインコの系統と体色

有色ニワトリの羽毛は部域によってその色と形態が異なる。A：赤色野鶏，B：エジプト系ファヨウミ♂，C：名古屋コーチン，D：ブラックミノルカ♂，E：白色レグホン（*I*；*Pmel 17*），F：白色プリマスロック♀（*c/c*），G：アルビノ♂（c^a/c^a），H：白羽ウコッケイ（*c/c*，*Fm/Fm*）♂，I：小国（野生型）♂，J：小国碁石♂（*mo*），K：小国白♂（mo^w），L：コンゴーインコ（構造色とカロチノイド類の蓄積による羽毛色発現）。［A，D～K：名古屋大木下圭司博士提供］

図 15.2　ニワトリの羽毛における 2 次パターンと構造色の例

成体の正羽に見られるパターンを示す。A：一重覆輪（シーブライトバンタム），B：二重覆輪（BMC×WS の F_1），C：条斑（ペンシルド），D：横斑（小国ヘテロ×WS の F_1），E：点状白斑（愛媛地鶏野生型），F：横斑変形（小国ヘテロ×WS の F_1），G：点斑（碁石），H：多重覆輪と構造色（クジャク）。

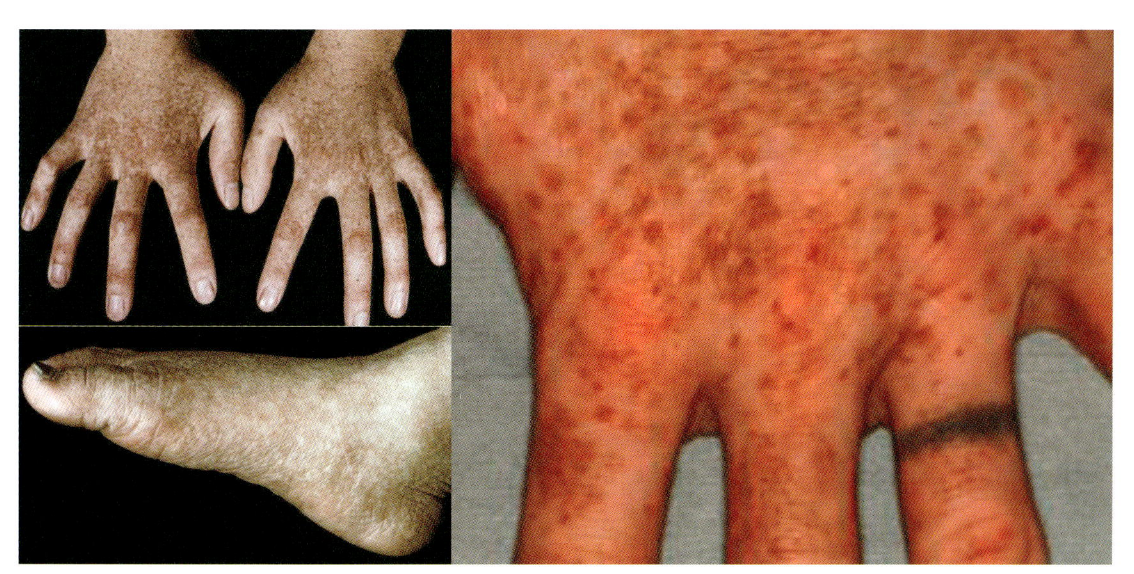

図 16.3　遺伝性対側性色素異常症（DSH）の臨床像

手背と足背に米粒大色素斑と脱色素斑が混在する特徴的な臨床症状を呈する。臨床的に色素斑は毛孔を中心としたきれいな類円形を呈していることより，色素斑は白斑よりもあとに出現したものと推定される。

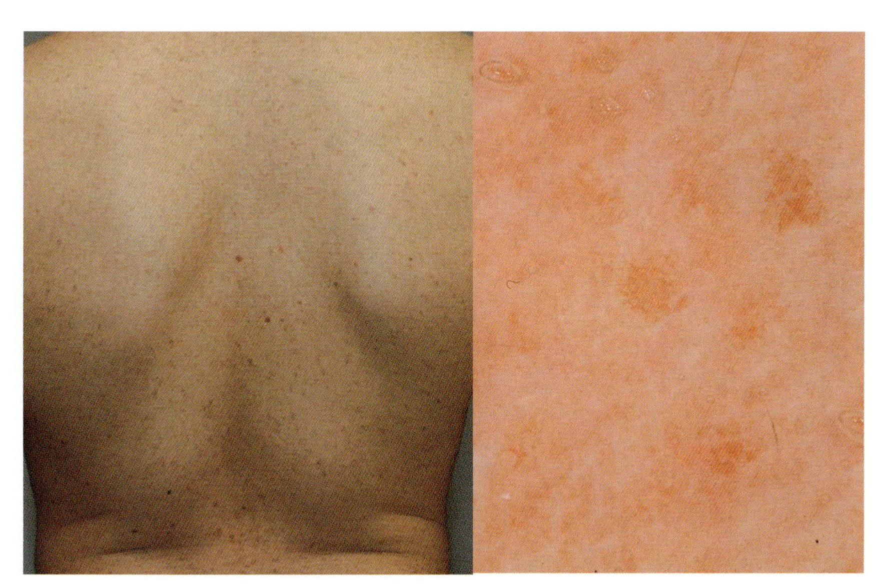

図 16.4　遺伝性汎発性色素異常症（DUH）の臨床像とダーモスコピー像

28 歳，男性。体幹を中心にほぼ全身に色素斑と脱色素斑が混在している。ダーモスコピー像では，不整な形をした色素斑と脱色素が不規則に混在していることがわかる。

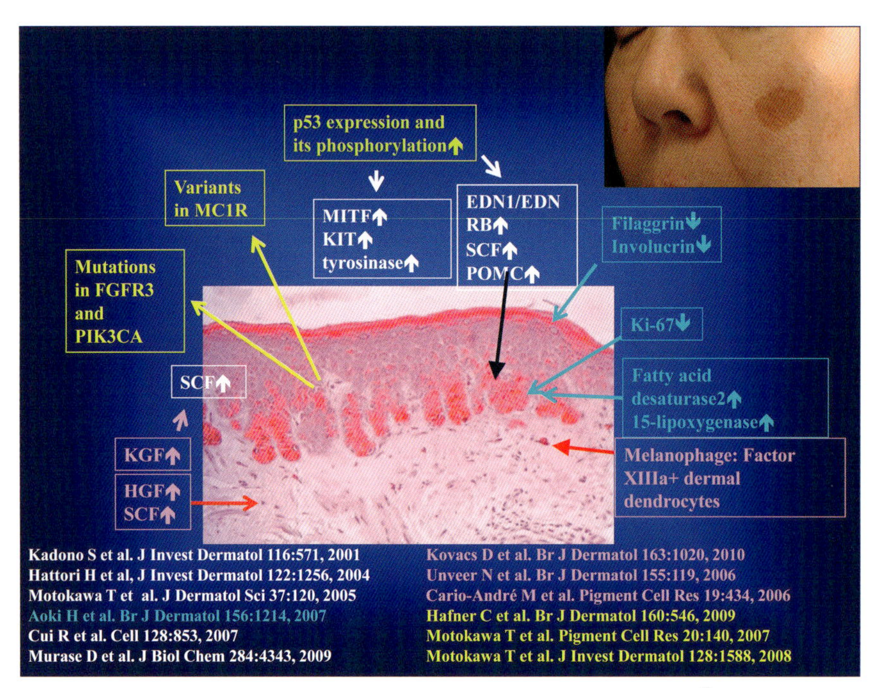

図 19.1　老人性色素斑の臨床，組織ならびにその病態[1]

ケラチノサイトならびに線維芽細胞よりメラノサイト活性化因子が放出され，メラノサイトはメラニン生成亢進状態にある。略語および詳細については本文を参照のこと。

非分節型(generalized type)

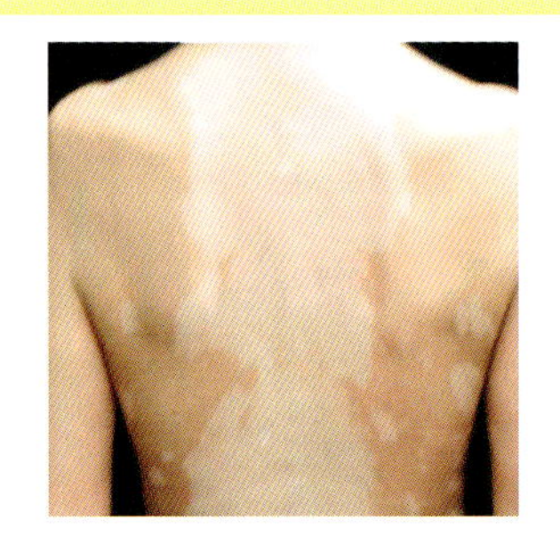

分節型(segmental type)

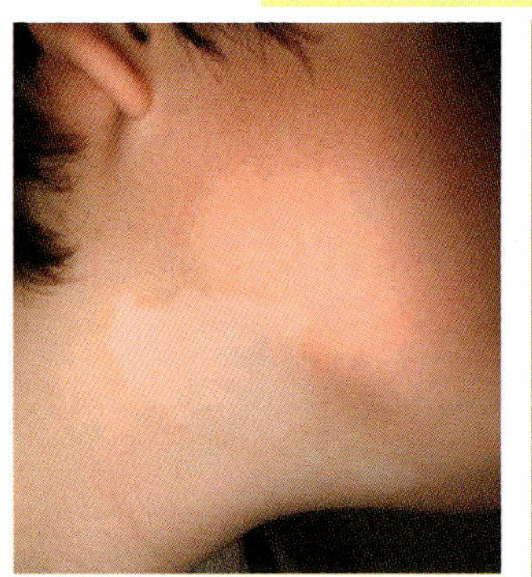

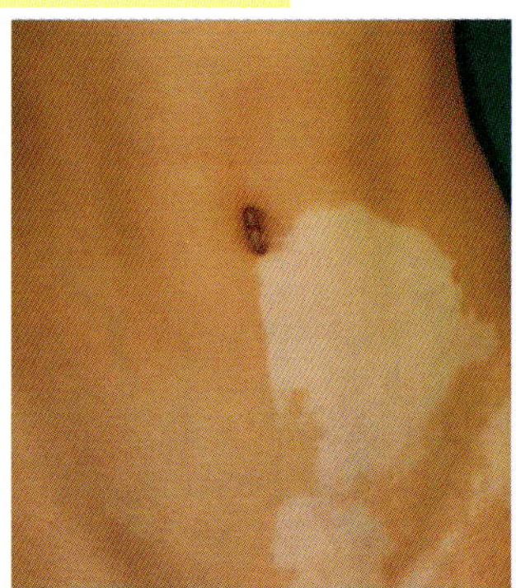

非分節型(generalized type)

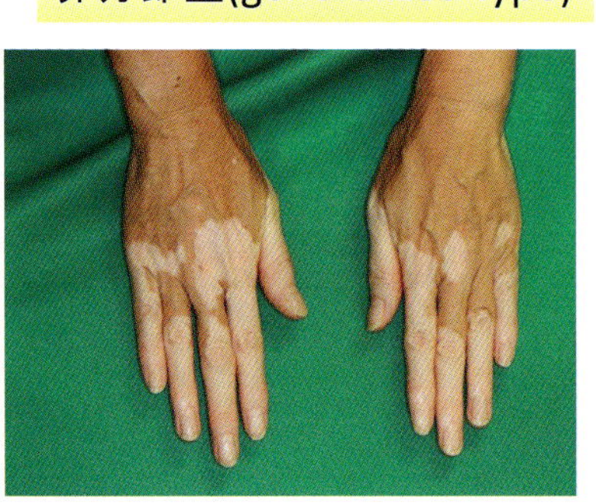

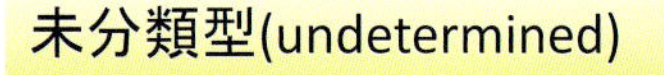

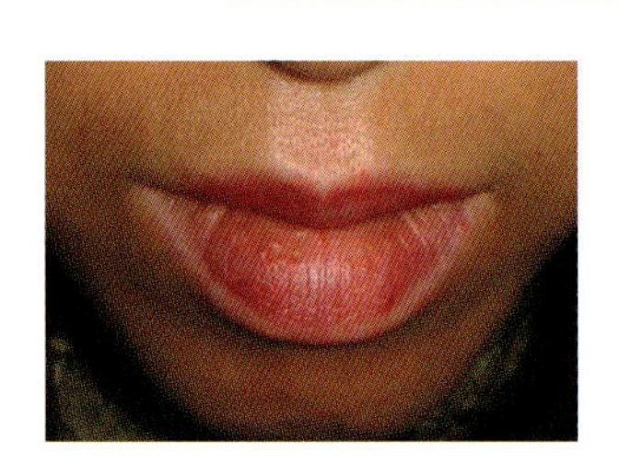

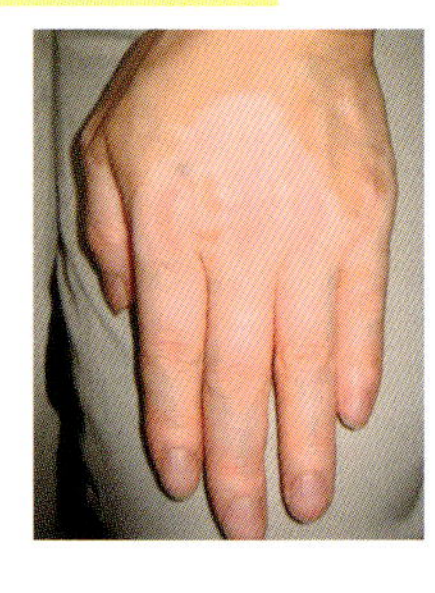

図 20.5　尋常性白斑の臨床像と臨床病型

色素細胞 第2版

—基礎から臨床へ—

伊藤祥輔・柴原茂樹・錦織千佳子 監修

慶應義塾大学出版会

序

色素細胞は，色素をつくることに特化した細胞であり，生命進化の過程で誕生しました。事実，代表的な色素であるメラニンは，酸素を利用した反応 (チロシナーゼによるモノオキシゲナーゼ反応) により合成されます。色素産生は，個体の生命，さらには種の維持にも重要な形質です。たとえば，皮膚の日焼け，傷ついた植物（リンゴなど）の黒化現象，あるいは動物の保護色や婚姻色などがよく知られています。また，色素細胞は皮膚のみならず内耳や網膜にも存在し，視聴覚機能に重要な役割を演じています。

色素細胞を研究し，その成果を発表する場は，1946年以来ほぼ3年に1回開催されてきた「国際色素細胞会議」を中心とする限定的なものでした。そのなか，「日本色素細胞学会」が1987年に発足し，生物学，生化学，分子生物学，皮膚科学など，多様な分野の研究者が集い，研究成果を発表し，討論して互いに切磋琢磨する機会を提供してきました。また，ほぼ同時期に「ヨーロッパ色素細胞学会」，「パンアメリカン色素細胞学会」，近年では「アジア色素細胞学会」が発足し，色素細胞研究の成果を口頭発表する場を提供し，現在に至っています。また，論文としての成果を発表する機関として，“*Pigment Cell Research* 誌（現在は *Pigment Cell Melanoma Research* 誌）” が1989年に創刊され，学際的な研究成果が発表されてきました。このように，色素細胞に特化した研究成果を公表する機会の充実とともに，色素細胞が産生する色素である「メラニン」に限定しても，関連する論文の年間出版数はこの30年で4倍となり，増加の一途をたどっています。

このような状況下，日本色素細胞学会の中核的メンバーにより，『色素細胞』初版（松本二郎・溝口昌子編）が2001年10月に刊行されました。その趣旨は，学部学生・大学院生，若手の基礎科学者，皮膚科医，化粧品会社などの企業の研究員などを対象に，色素細胞研究を網羅する各分野について，基礎から高度で最先端の内容まで，わかりやすく紹介することでした。しかし，その刊行から早いもので13年以上が経過し，その間，色素細胞の研究は多様な領域において著しい発展を遂げ，『色素細胞 第2版』の刊行が待たれる状況となりました。その章立てと執筆陣の立案におきましては，初版の内容を尊重して踏襲しつつも，この間に著しく発展した領域を新たに追加しました。基礎領域では，「色素幹細胞」や「メラノソームの形成とケラチノサイトへの輸送」がそれであり，一方，皮膚科学領域では，話題性の高い「メラノサイトの機能制御と美白」や「尋常性白斑の診断と治療」です。それに加えて，数章において，執筆者の世代交代や追加に伴い，網羅する話題を拡大しました。さらに，日本色素細胞学会の中核メンバーに加え，新たに気鋭の色素研究者にも参画していただきました。その結果，総勢42名にのぼる執筆者諸氏が，それぞれの得意とする専門分野での最新の課題について，自己の研究成果を軸に広範かつ平易に概説していただきました。

本書には，執筆者各位の永年にわたる色素細胞研究の経験に基づく学識とともに，研究への情熱や哲学が凝集されており，読者諸氏にとって，色素細胞研究の最先端を掌握する手助けとなるとともに，関連する分野での自己の研究を発展させる推進力となることを願ってやみません。また，色素研究の最前線でご活躍の諸氏におかれても，「座右の書」として活用されることを期待します。

終わりにあたり，本書の企画から刊行まで，出版会と監修者との仲介の労をとっていただいた慶應義塾大学秋山豊子教授ならびに慶應義塾大学出版会株式会社の浦山毅氏に心からの感謝の意を表します。本書はお二人の献身的なご尽力の賜物です。

2015年新緑のころ

『色素細胞 第2版』監修者
藤田保健衛生大学　伊藤祥輔
東北大学　柴原茂樹
神戸大学　錦織千佳子

目　次

略語一覧

【ギリシャ字・数字】

α-MSH	α-melanocyte-stimulating hormone
3-AHP	3-amino-4-hydroxyphenylalanine
4-AHP	4-amino-3-hydroxyphenylalanine
$6BH_4$	6-tetrahydrobiopterin

【A】

ACTH	adrenocorticotropic hormone
aFGF	acidic fibroblast growth factor
ALM	acral lentiginous melanoma
AP	adaptor protein
APC	adenomatous polyposis coli
ASIP	agouti signaling protein
ATR	ataxia telangiectasia and Rad3-related
ATRA	all-trans-retinoic acid

【B】

BAD	Bcl-2-associated cell death promoter
bFGF	basic fibroblast growth factor
bHLHLZ	basic helix-loop-helix leucine zipper
BLOC	biogenesis of lysosome-related organelles complex
BMP	bone morphogenetic protein
BPE	bovine pituitary extract
BSA	bovine serum albumin

【C】

cAMP	cyclic adenosine 3',5'-monophosphate
CBP	CREB-binding protein
CHS	Chédiak-Higashi syndrome
CK1a	casein kinase 1a
CRE	cAMP response element
CREB	cAMP response element-binding protein
CTNNB1	cadherin-associated protein, beta 1
CXCLR	chemokine (C-X-C motif) ligand receptor

【D】

DA	ductus arteriosus
DAG	diacylglycerol
DBcAMP	dibutyryl cyclic adenosine 3',5'-monophosphate
DCT	dopachrome tautomerase
DDC	dopa decarboxylase
DEX	dexamethasone
DG	diacylglycerol
DHI	5,6-dihydroxyindole
DHICA	5,6-dihydroxyindole-2-carboxylic acid
DKK1	Dickkopf-1, a natural inhibitor of Wnt signalling
DMEM	Dulbecco's Modified Eagle's Medium
DOPA	3,4-dihydroxyphenylalanine

【E】

EA	ethanolamine
EDG	endothelial differentiation gene
EDGR	endothelial differentiation gene receptor
EDN	endothelin
EDNR	endothelin receptor
EDNRB	endothelin receptor B
EDTA	ethylenediamine tetraacetate
EGF	epidermal growth factor
EPR	electron spin resonance spectrum
ERAD	ER-associated degradation
ERK	extracellular signal regulated kinase
ET	endothelin (=EDN)

【F】

FBS	fetal bovine serum
FFC	ferrous ferric chloride
FGFR	fibroblast growth factor receptor
FZ	Frizzled
FZD	Frizzled

【G】

GFP	jelly fish fluorescent protein (green fluorescent protein)
GM-CSF	granulocyte-macrophage colony-stimulating factor
GnRH	gonadotrophin releasing hormone
GPCR	G protein-coupled receptor
GROa	growth-related oncogene alpha
GS	Griscelli syndrome
GSK3β	glycogen synthase kinase 3β
GWAS	genome-wide association study

【H】

HC	hydrocortisone
HGF	hepatocyte growth factor
HMG	high mobility group
HNF1α	hepatocyte nuclear factor 1α
HPLC	high-performance liquid chromatography
HPS	Hermansky-Pudlak syndrome

【I】

IAP	intracisternal A particle
IBMX	3-isobutyl-1-methylxanthine
IL	interleukin
ILV	intralumenal vesicle
INS	insulin
IP3	inositol 1,4,5-triphosphate (inositol trisphosphate)
iPS cell	induced pluripotent stem cell
IRES	internal ribosome entry site
isoPTCA	pyrrole-2,3,4-tricarboxylic acid

【J】

JH	juvenile hormone

【K】

KDM	keratinocyte-defined medium
KGM	keratinocyte growth medium

【L】

LC	locus coeruleus
LEF	lymphoid enhancer-binding factor (lymphoid enhancer factor)
LET	linear energy transfer
LIF	leukemia inhibitory factor
LMM	lentigo maligna melanoma
LOH	loss of heterozygosity
LRC	label-retaining cells
LRO	lysosome-related organelle
LRP	low density lipoprotein receptor-related protein
LWS	long-wave sensitive

【M】

MAPK	mitogen-activated protein kinase
MC1R/Mc1r	melanocortin 1 receptor (alpha melanocyte stimulating hormone receptor)
MCAM	melanoma cell adhesion molecule
MCH	melanin-concentrating hormone
MDM	melanoblast-defined medium
MDMD	melanocyte-growth medium (MDM supplemented with DBcAMP)
MDMDF	melanoblast-growth medium (MDM supplemented with DBcAMP and bFGF)
MED	minimal erythema dose
MEM	minimum essential medium (Eagle's)
MGM	melanocyte growth medium
miRNA	microRNA
MITF/Mitf	microphthalmia-associated transcription factor
MSGA-α	melanoma growth stimulating activity, α
mTOR	mammalian target of rapamycin
MVB	multivesicular body
MWS	mid-wavelength sensitive
Myrip	myosin VIIa- and Rab-interacting protein

【N】

NAD	nicotinamide adenine dinucleotide
NADA	*N*-acetyldopamine
NBAD	*N*-β-alanyldopamine
NCC	neural crest cells
NM	(1) neuromelanin, (2) nodular melanoma
NSV	nonsegmental vitiligo

【O】

OCA	oculocutaneous albinism
OCA1	oculocutaneous albinism type I
OCA3	oculocutaneous albinism type Ⅲ
OFT	outflow tract
OIS	oncogene-induced senescence

【P】

PAN	phenylazonaphthol
PAR-2	protease-activated receptor 2
PC1	prohormone convertase 1
PC2	prohormone convertase 2
PDA	patent ductus arteriosus
PDCA	pyrrole-2,3-dicarboxylic acid
PDGF	platelet derived growth factor
PEA	phosphoethanolamine
PEDF	pigment epithelium-derived factor
PEM	pigmented epithelioid melanocytoma
PG	prostaglandin
PI3K	phosphoinositide 3-kinase
PIP2	phosphatidylinositol 4,5-bisphosphate
PIP3	phosphatidylinositol 3,4,5-trisphosphate
PKA	protein kinase A (cAMP-dependent protein kinase)
PKC	protein kinase C
PMA	phorbol 12-myristate 13-acetate
PMEL	premelanosome protein
PO	phenol oxidase
POMC	proopiomelanocortin
PTCA	pyrrole 2,3,5-tricarboxylic acid
PTeCA	pyrrole 2,3,4,5-tetracarboxylic acid

【R】

Rab	*Ras* gene from rat brain
Rab-GAP	Rab GTPase-activating protein
Rab-GEF	Rab guanine nucleotide exchange factor
Rab-GGT	Rab geranylgeranyl transferase
RAC1	Ras-related C3 botulinum toxin substrate 1

RACK1	receptor for activated C kinase 1
RAR	retinoic acid receptor
RBE	relative biological effectiveness
RH2	rhodopsin 2
RPE cell	retinal pigment epithelial cell
RS	replicative senescence
RSK1	ribosomal S6 kinase 1
RTK	receptor tyrosine kinase
RXR	retinoid X receptor

【S】

SA-β-gal	senescence-associated β-galactosidase
SCF	stem cell factor
SE	sodium selenite
SHG	secondary hair germ
Slac2-a	Slp homologue lacking C2 domains-a
SLF	steel factor
Slp	synaptotagmin-like protein
SMC	smooth muscle cell
SN	substantia nigra
SNARE	soluble *N*-ethylmaleimide-sensitive factor attachment protein receptor
SOD	superoxide dismutase
SPC	sphingosylphosphorylcholine
SPF	sun protection factor
SSM	superficial spreading melanoma
STAT	signal transducer and activator of transcription
SV	segmental vitiligo
SWS1	short-wavelength sensitive 1
SWS2	short-wavelength sensitive 2

【T】

TCF	T cell factor
TDCA	thiazole-4,5-dicarboxylic acid
Tf	transferrin
TGF-β	transforming growth factor β
TGN	*trans*-Golgi network
TH	tyrosine hydroxylase
TTCA	thiazole-2,4,5-tricarboxylic acid
TYR	tyrosinase
Tyrp 1/TYRP 1	tyrosinase-related protein 1
Tyrp 2/TYRP 2	tyrosinase-related protein 2

【U】

USF1	upstream stimulatory factor 1
UVB	ultraviolet B

【V】

Varp	VPS9-ankyrin-repeat protein
VEGF	vascular endothelial growth factor

【W】

WS	Waardenburg syndrome
WS2	Waardenburg syndrome type 2

第１章

脊椎動物における色素細胞の発生
――神経堤からメラノサイトが出現するメカニズム――

國貞隆弘・吉田尚弘・青木仁美・本橋　力

脊椎動物の体表色に最も深く関与しているのは，体表面に存在して色素を産生する色素細胞である。この細胞は脊椎動物では発生過程の脊椎の一部，神経堤細胞に由来する。古生物学研究により，脊椎動物の祖先はカンブリア大爆発の時期に出現したと考えられている。この時期は眼という視覚器官が進化した時期であり[1]，われわれの祖先が色素細胞をつくり出して自他の認識，防御に役立てるようになったと考えられる。この章では色素細胞の系列発生メカニズムについて，分子，細胞レベルで総括していく。色素細胞には複数の細胞系譜が存在するが，本章では魚類から哺乳類まで広く分布しメラニン色素を産生するメラノサイトを扱う。

1.1　個体発生過程でのメラノサイトの発生について

1.1.1　神経堤（neural crest）細胞とは何者か

脊椎動物の基本構造である脊髄の基となるのは神経管であり，これは発生初期の外胚葉上皮が陥入してできた神経板が閉じて神経上皮の筒になることで形成される。神経堤は閉じる神経管の辺縁部に存在し，そこから離れて体内へ遊走する外胚葉由来の細胞である（図 1.1）。神経堤細胞は多様な分化を遂げ，メラノサイトのみならずさまざまな器官発生へ貢献することが知られている。

①顔や首，心臓の一部を構成する間質や骨などの間葉系細胞
②脊髄神経根，腸管神経叢などの全身に散らばる末梢神経系細胞
③メラノサイト
④副腎髄質などの内分泌器官構成細胞

Le Douarin らのグループなどの鳥の胚を用いた初期の発生工学的研究により，神経堤細胞が神経管のどの位置から出てくるのかを示す発生起源地図が作成された（図 1.2 の左側[2]）。しかし複数の生物の発生初期の遺伝子発現を比較した結果，神経堤細胞の分化は原腸胚後期の段階ですでに決定していることが示唆されている。神経堤細胞が発生する領域はその発現する分子群から神経板と表皮外胚葉の２つの組織の分子発現の境目に存在する領域として規定される[3]。体節どころか神経板も形成されていないような段階から神経堤細胞の予定運命が決まっているということになる。その一方で，神経堤細胞の分化は発生のある段階までは可塑的なものであるとも考えられている（図 1.2 の右側）。たとえば，出生後早期まで一部の神経堤細胞はメラノサイトとシュワン細胞の両方に分化しうる[4]。また予定外の組織に迷入した神経堤由来細胞は，選択的に死滅するし[5]，逆に環境を変えてやれば異所性に神経堤細胞を維持することもできる[6]。これらのことから，神経堤細胞の最終的な運命決定には環境側からの影響も大きい

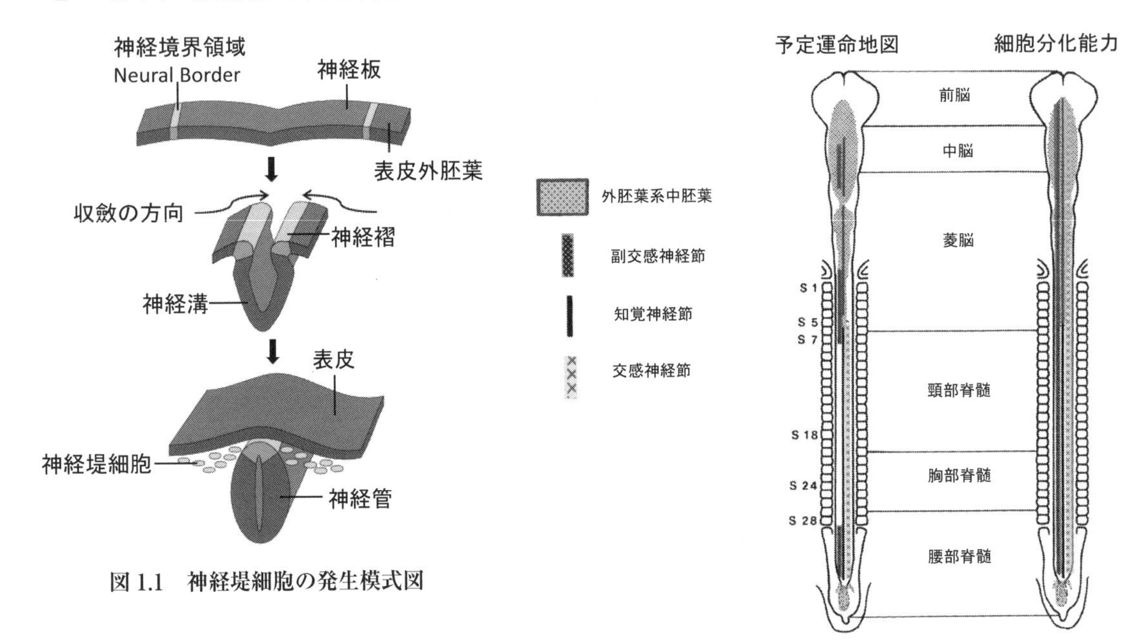

図 1.1　神経堤細胞の発生模式図

図 1.2　神経堤細胞の予定運命地図（左）と可塑的な分化能力（右）

マーカーラベル実験などで調べた神経堤細胞の予定運命を左側に，取りだした細胞の分化能力を右側に示す。「S 数字」はそれぞれの体節の前方からの順番を示す。文献 2 より改変。

と考えられる。

神経堤細胞，そしてメラノサイトの発生と運命決定にかかわる分子群は具体的にどのようなものがあるのだろうか。その性状からいくつかに分けることが可能である。

1.1.2　神経堤細胞系列決定にかかわる分泌因子群

神経堤細胞の初期発生，運命決定に重要なものとして複数の分泌因子群の存在が指摘された。分泌因子とはある細胞から分泌されて隣り合う，あるいは離れた細胞に影響を及ぼす分子である。さまざまな分化過程に関係する BMP，Wnt，FGF などの遺伝子ファミリー群によってコードされている多数の分泌因子のいったいどれが重要なのか。じつはそれら複数の分泌因子の濃度勾配によって初期胚の細胞の予定運命が決まる，というのが 2014 年の時点でのコンセプトといえる。たとえば，BMP タンパク質の濃度は神経ではない外胚葉（おもに表皮）では高く，神経管では低く，そして神経堤が出現する神経管辺縁部では中程度である。一方，脳をつくる神経管前方では Wnt タンパク質の濃度が低く，脊髄をつくる神経管後部では逆に高く保たれることが重要である。この濃度差が神経堤細胞の分化決定にも影響する。*in vitro* の実験では，Wnt シグナル下流の β-catenin の発現を阻止すると知覚神経細胞とメラノサイトの分化が阻止され[7]，逆にこれを過剰発現すると，知覚神経細胞だけが分化誘導され，メラノサイトは出現しない[8]。つまり，メラノサイトの分化には Wnt シグナルは重要であるものの，知覚神経細胞よりも Wnt タンパク質の濃度が少し低く保たれている環境がより好ましいと推測できる。実際，メラノサイトが多く出現する場所は脊髄の前方と後方に偏っていて[9]，これは，知覚神経細胞の出現に偏りがないこと（図 1.2）とは様相が異なり，何らかの環境因子が影響している可能性が示唆される。また，この Wnt シグナルの作用を修飾する分泌因子が FGF 群であると考えられ，

FGF の有無や濃度の高低が神経堤細胞の分化や増殖を左右することも示されている。この他にも Wnt 阻害分子や BMP 阻害分子，BMP 発現を修飾する Notch シグナルなどの複数の分泌因子の存在が神経管や神経堤細胞の運命決定にかかわってくる[3)]。

1.1.3 神経堤細胞・メラノサイト系列決定にかかわる転写因子群

上述の分泌因子群の濃度勾配は神経管辺縁部の細胞群に，Pax3/7，Msx1/2，Zic1/2，Tfap2a，Iroquois1（Xiro1），Hairy2 などの複数の転写因子の発現を誘導する。しかし，体節が出現する時期になると，これらの神経管辺縁部の細胞のマーカー分子の発現はやがて低下もしくは消失し，Pax3/7 の発現を残すのみとなり，代わって Snail1/Snail2，Sox8/Sox10，Gbx2 などの転写因子群の発現が確認されるようになる。この時点で神経管辺縁部の細胞から神経堤細胞への分化が起こっていると考えることができる。このような転写因子群の交替は周囲の環境の変化（間質組織などからの分泌因子の影響）によると推測される[3)]。さらに，マウスでは体節がほぼ形成されたころになると，神経堤細胞からメラノサイトへの分化が開始され，メラノサイト特異的な転写因子 Mitf の発現が誘導される。実際に，メラノサイトの分化異常により毛色が斑になるミュータントマウスでは Pax3，Sox10，Mitf などの遺伝子に変異が発見されていて，これらは色素細胞の分化と生存に重要な転写因子である。

(1) Mitf は小眼球症（microphtalmia）とメラノサイトの欠失を特徴とする *mi/mi* ミュータントマウスの変異遺伝子として同定された転写因子である。ある細胞系列の分化決定にかかわる因子のことをその細胞系列の master gene というが，*MITF* 遺伝子を線維芽細胞株に導入すると，色素を産生するようになった[10)]。Mitf の mRNA の発現をマウス発生過程で観察すると，遊走を開始した直後だけでなく，遊走前の神経堤細胞の一部にその発現が認められる[11)]。このことから，Mitf がメラノサイトの master gene としてメラノサイトの運命を決定づけると考えられている。

(2) Sox10 は，巨大結腸症と白斑を特徴とする *Dominant megacolon*（*Dom*）ミュータントマウスの原因遺伝子として同定された転写因子である。この分子の発現変動は Mitf の発現誘導と維持に重要であることが示されている[12)]。同じファミリーに Sox8 や Sox9 があり，生物種によっては Sox10 と同じ役割を果たす。

(3) Pax3 は大部分の神経堤細胞の形成不全を起こす *Splotch*（*Sp*）ミュータントマウスの変異分子として同定された。Pax3 と Sox10 は協調して Mitf の発現をコントロールしている[13, 14)]。

これらのことから，メラノサイト系列の正常発生には転写因子 Mitf の適度な発現が必須であり，その発現の維持には複数の転写因子群がかかわっている。それでは，このようなメラノサイト系列での Mitf の発現誘導と維持にかかわる環境因子は何であろうか。

1.1.4 メラノサイト発生と生存を支える環境因子

Mitf 発現により系列決定されたメラノサイトは，胎仔組織内を移動しながらその性状を変えて目的地である皮膚までたどり着く。メラノサイトの移動過程を，さらには移動後の生存を支える環境因子として複数のものが知られている。

(1) Kit とそのリガンド Kitl

Kit は肉腫の癌遺伝子のプロトタイプとして同定された受容体型チロシンキナーゼであり，貧血・不妊・メラノサイト欠失の表現型をもつ *W* ミュータントの原因遺伝子であることがわかった。われわれは Kit の機能を阻害するモノクローナル抗体を開発し，発生過程のマウスにこの抗体を投与することでメラノサイトがさまざまな発生段階で Kit に依存していることを解明した[9, 15〜17)]。この受容体に結合するリガンドである Kitl（SCF，MGF ともよばれる）はメラノサイトの増殖と生存に重要なだけでなく，Mitf の発現も誘導する分泌因子であり，メラノサイトの移動経路や表皮あるいは毛包で発現している。

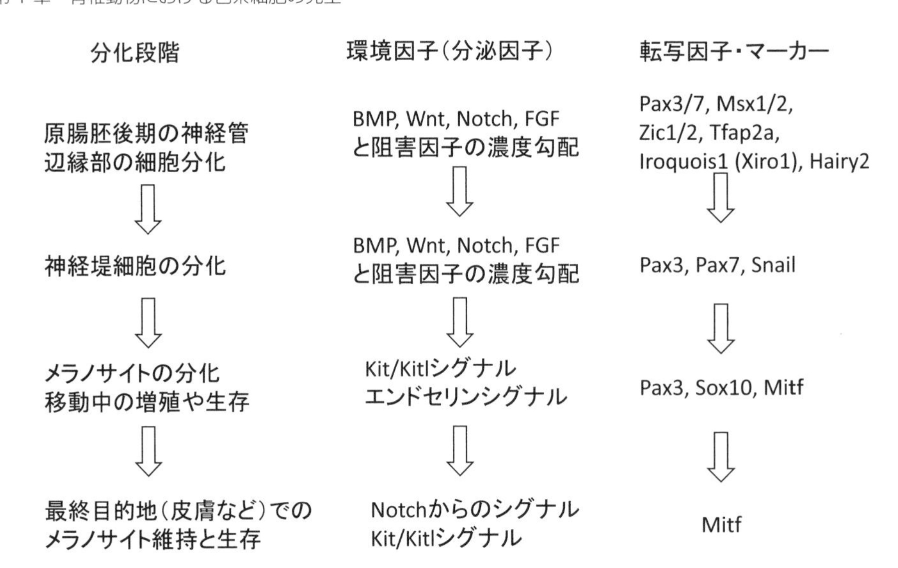

図 1.3　メラノサイト分化過程とそこにかかわる環境因子（分泌因子）とマーカーとなる転写因子の発現
初期発生に必要であったNotchシグナルが最終目的地でのメラノサイトの生存にも利用されている。Mitf発現にはNotchのみならずBMPやWntもTCF/Lef-1を介してかかわる可能性がある。

(2) Notchシグナル

Notchはショウジョウバエの変異体で同定された受容体ファミリーで，隣り合った細胞から発現されるリガンドであるDelta分子群からのシグナルを受け，さまざまな細胞の系列決定で重要な役割を果たす分子である。NotchはBMPやWntのシグナルを修飾し，またこれらの発現を制御することから，神経管辺縁部の細胞の神経堤細胞への分化にも重要であると考えられている。さらに興味深いことに，Notchシグナルは毛包内のメラノサイトの生存にも重要であることが，毛色が次第に薄くなるミュータントマウスの解析から明らかにされた[18]。実際にNotchシグナルはメラノサイトや肥満細胞においてMitfの発現誘導と維持に重要であることも明らかとされた。Mitfのプロモーター領域にはTCF/Lef結合領域があることからWntシグナルによる発現調節を受けていることも明らかであり，神経堤細胞からメラノサイトへの分化誘導の段階でもWntとNotchが重要な環境因子であることが推測されている。

(3) エンドセリン3

Sox10の項で述べたように，巨大結腸症と白斑形成は神経堤細胞形成異常の特徴的な表現型である。血管の弛緩物質として同定されたエンドセリン3の遺伝子欠失マウスが作製されると，巨大結腸症と白斑形成が認められた。同様な表現型の*ls*ミュータントを調べてみると，エンドセリン3遺伝子に変異が認められた[19]。著者らは*ls*ミュータントのメラノサイトの発生観察から，エンドセリン3が表皮内に侵入したメラノサイトの増殖に特に重要であることを発見した[9]。

1.1.5　神経堤細胞の発生とメラノサイトの発生，および生存と維持に関するまとめ

さて，神経板の辺縁から発生して体内を移動してさまざまな組織形成に貢献する神経堤細胞，そしてメラノサイトは，きわめてダイナミックな発生過程を経るようにみえる。しかし，改めてその分化や生存にかかわっている分子と突き合わせながらその発生過程を俯瞰してみると，じつはさまざまな発生段階のさまざまな環境で，「同じ環境因子や転写因子を繰り返し使い回している」細胞系列であることがよくわかる（図1.3）。このような見方は，メラノサイト以外の細胞系列にもあてはまることが知られている。

1.2 メラノサイトの細胞としての特性

メラノサイトは1.1節で解説したように神経堤細胞からその運命が決まり，体表を移動して毛包内に定着してケラチノサイトにメラノソームを供給し，最終的に毛包から失われる（白髪）というライフサイクルを送る。ここでは，神経堤細胞から運命が決まった直後の未熟な前駆細胞（メラノブラスト）を中心にメラノサイトの細胞生物学的な特性を議論するが，成熟したメラノサイトを含むさまざまな分化段階のメラノサイト細胞系譜をメラノサイトと総称する。近年の遺伝子操作技術および網羅的生体高分子解析技術の爆発的な進展により，致死的でない体色の変化として容易に表現型が検出可能なメラノサイト関連遺伝子のほとんどが同定された[20]。これらの遺伝子の機能は適切なメラノサイト細胞株を用いることでさらに深く理解できる。ここに，メラノサイトの細胞生物学を展開する意義がある。

1.2.1 メラノサイトの分化過程に対応する培養細胞株

ヒトを含めて分化した正常メラノサイトを樹立・維持する方法は確立されており，ヒトでは専用培地とともに正常メラノサイト細胞が市販されている。メラノサイトが腫瘍化したメラノーマも数多く株化されている。たとえば，マウス由来のB16F10メラノーマ細胞は血清入りの培地で線維芽細胞状の形態で増殖するが，これにMSH（MSHに関しては第10章および第7章を参照）を添加すると形態が樹状の成熟メラノサイト状に変化し，多量のメラニンを合成するようになる[21]。続いて，マウス新生仔の表皮から採取したメラノサイトをマイトマイシンC処理したフィーダー細胞（ケラチノサイトあるいは線維芽細胞を株化したもの）と共培養することで，メラニン合成をしていない未熟なメラノサイト（メラノブラスト）の増殖が見られ，不死化した細胞株melb-aが得られた[22]。melb-aの培養条件は無血清培地を改良したもの[23]から，フィーダー細胞なしで血清とKitl，FGF2を添加しただけのものにさらに改良された。この細胞の特筆すべき特徴はMSHを添加することで速やかにメラニン顆粒をもつ成熟メラノサイトへ分化することである[24]。メラニン合成系の切り替えスイッチと考えられていたMSHシグナルがメラノサイトの分化を制御するというこの発見は，遺伝学だけでは得られない知見であろう。さらに，メラノサイト細胞株にMSHと拮抗するAgoutiシグナルタンパク質（ASIP）を添加することで，メラノサイト細胞株がメラニン合成を停止し，メラノブラスト様の形態へ変化したことは，分化因子としてのMSHの機能と符合する[25]。この後，背部は野生型の毛色だが腹側胴部と足が白色のシロアシネズミの白毛部ではASIPが過剰に発現されており，メラノブラストの段階で分化が停止しているという事実も明らかにされた[26]。また，Aキナーゼの活性化によりメラノサイトへの分化能力を示す別のメラノブラスト細胞株も報告されている[27]。本書の各章で述べられるように，さまざまな因子がメラノサイトの分化に関与しているが，メラノサイトは未分化な段階でその分化能力を維持したまま培養可能であり，この段階を経て成熟メラノサイトが形成されるという細胞生物学的な確信がこれらの因子の探索・応用を支えている。

1.2.2 胚の神経堤細胞からのメラノサイトの分化

ニワトリ，ウズラ，マウス，ラットのほか，いくつかの両生類・爬虫類の胚が試験管内での培養に用いる神経堤細胞の供給源になっている。いずれの場合も，神経堤細胞が神経管から移動する発生段階の胚から，必要に応じてタンパク質分解酵素処理を行なって中胚葉由来の組織を取り除いた神経管を取り出す。そのままディッシュへ移すと，生体内の性質を反映して神経堤細胞がある程度選択的に神経管から移動・分離してくるので，適当な培養条件下で培養を続けると1週間ないしは10日で表皮のメラノサイトと類似した細胞が多数出現する。このとき，培養開始後1日以内に

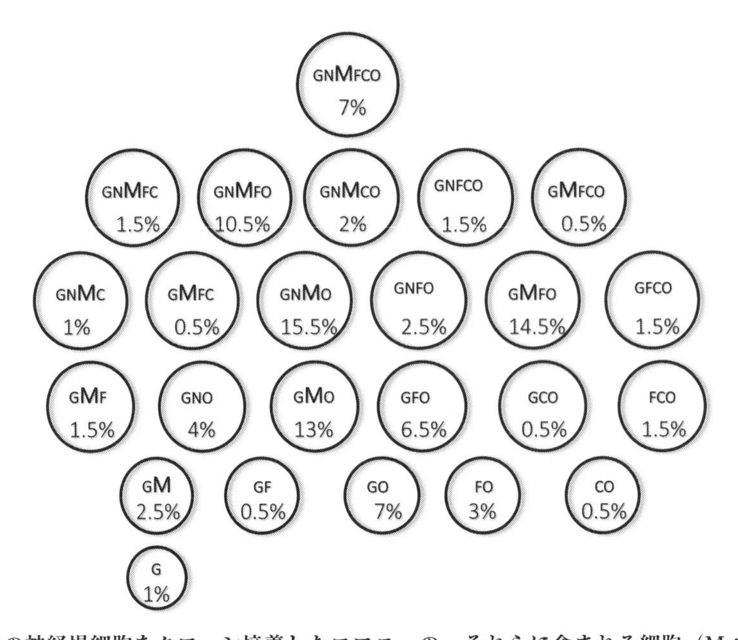

図1.4　ウズラの神経堤細胞をクローン培養したコロニーの，それらに含まれる細胞（M：メラノサイト，G：グリア，N：ニューロン，F：線維芽細胞，C：軟骨細胞，O：骨芽細胞）による分類

数字はその細胞組成を示すコロニーの出現頻度。すべての細胞が検出されるコロニー（GNMFCO）が神経堤幹細胞由来かもしれない。ウズラを用いたこの測定ではメラノサイトが出現する頻度は高いが，メラノサイトだけで構成されるコロニーは出現しない。文献29より改変。

神経管を取り除き，残りの細胞を回収して再度適当な密度で培養を開始すれば，単一の神経堤細胞由来の細胞がコロニーを形成する。

ウズラ胚やニワトリ胚を用いて上記のような神経管から移動してまもない神経堤細胞由来のコロニーを観察した結果，すでに神経堤細胞を採取した時点で個々の神経堤細胞の分化能・増殖能には著しい差異があることが明らかになった。このことは，神経管を用いて可能なかぎり初期の神経堤細胞を回収しても，その時点でそれらの細胞は均一でないことを示している。ウズラ胚を用いて細かく時間を追って神経管から移動を開始した神経堤細胞の分化能を調べた研究では，移動開始後1ないし6時間以内の細胞はすでに分化能において均一ではなかった[28]。あるコロニーはニューロン，グリア，メラノサイトを含んでいるので，このコロニーは1個の多能性の神経堤幹細胞に由来すると考えられるが，別のコロニーはニューロンのみ，あるいはメラノサイトのみで構成されており，これらのコロニーはそれぞれの細胞系譜に運命が限定された神経堤幹細胞に由来したのであろう。より詳細にウズラの頭部の神経堤から採取した神経堤細胞の運命を観察した結果を図1.4に示した[29]。試験管内で調べたかぎり，神経堤細胞はさまざまな分化能力をもつヘテロな幹細胞の集団であることが了解される。

発生中の神経管から試験管内で這い出てきた神経堤幹細胞を，未分化状態を維持したまま培養する方法も報告され[30]，この培養神経堤幹細胞を分化条件で培養しなおしたり，ニワトリの初期胚へ移植すると複数の細胞系譜に分化することが検証されているが，メラノサイトへ分化するかどうかは未確認で，われわれが確かめたかぎりではこのような神経堤幹細胞株をメラノサイトへ分化させることはできなかった。胚の神経管1個から採取できる神経堤細胞はせいぜい数百個であり，神経堤幹細胞を未分化な状態のまま維持・増殖させることはきわめて有用であったが，メラノサイトの研究には利用できなかった。最近，ヒトES細胞から誘導した神経堤細胞を経由してメラノサイ

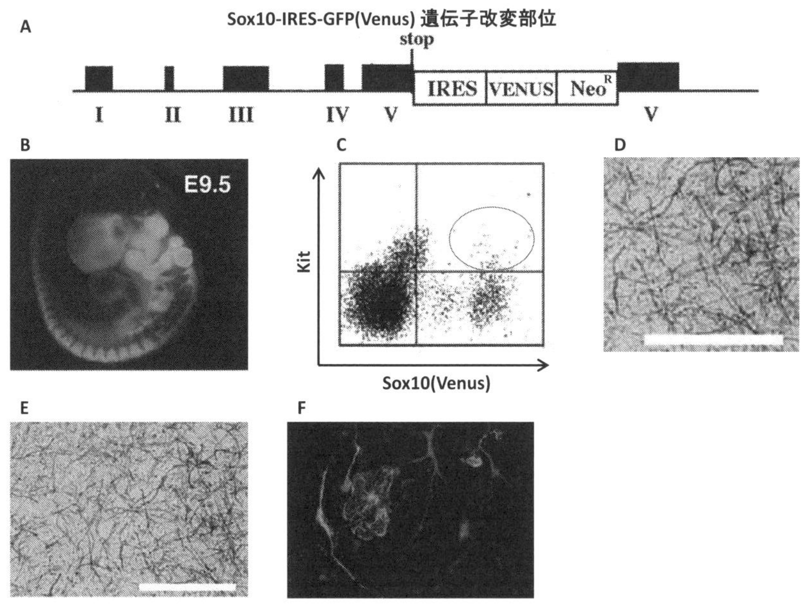

図 1.5　フローサイトメトリーによる神経堤細胞の採取

(A) 神経堤細胞特異的に蛍光タンパク質の発現を誘導する遺伝子改変マウスの作成に用いたコンストラクト。stop は終止コドンで，その下流に挿入された IRES 配列がリボソームのリードスルーを誘導し，蛍光タンパク質や薬剤耐性遺伝子の発現が保証される。(B) 樹立された Sox10-IRES-GFP マウス胚で神経堤細胞が蛍光タンパク質を発現している様子。移動中のメラノブラストは密度が薄く見づらいが，背側の光点として検出される。(C) Sox10-IRES-GFP マウスの皮膚の細胞の Kit（縦軸）と蛍光タンパク質（横軸）を用いたフローサイトメーターによる解析。円で囲まれた細胞がメラノブラスト。(D) C で採取したメラノブラストを ST2 と共培養して誘導したメラノサイト。(E，F) D と同様の共培養で出現した細胞。メラノサイトが出現した部分（E）を抗ニューロン抗体（赤）および抗グリア抗体（緑）で染色した（F)。図のスケールバーは 200 μm。文献 32 を改変。[口絵も参照]

トが分化誘導可能な培養系が報告されており，メラノサイト研究の新しい手段になるかもしれない[31]。

1.2.3　個体から採取したメラノサイトの特性

(1) 胎仔からメラノサイトを採取する

メラノサイトをさまざまな分化段階の胚や成体から採取することでその性質を調べることが可能になってきた。われわれはそのためにきわめて初期から神経堤細胞に発現する転写調節因子 Sox10 遺伝子の 3′ 非翻訳領域にリボソームエントリー配列（IRES）とクラゲ発光タンパク質（GFP）をつなぎ合わせた配列を相同組み換えにより挿入したマウス（Sox10-IRES-GFP）を作成した（図 1.5A）。発生 12 日（E12）前後の Sox10-IRES-GFP マウスの皮膚から Sox10 陽性細胞（GFP 陽性）を採取し，メラノサイトの細胞表面マーカーである Kit の抗体で染色して Sox10・Kit 両陽性細胞を採取した（図 1.5C）。この細胞はメラノブラストのマーカー遺伝子 MITF-M，Pax3 などを発現していること，メラノサイトの分化を神経堤幹細胞の段階から支持する ST2 ストロマ細胞株と共培養することでメラノサイトへ分化することなどから（図 1.5D），この時期の皮膚を移動中のメラノブラストであると考えられる[32]。現時点ではこの Sox10・Kit 両陽性細胞が最も初期の，確実に採取可能な生体由来のメラノブラストである。なお，Sox10 は神経管から遊離した神経堤幹細胞から発現しているので，少なくとも E10 前後に採取した Sox10 陽性細胞（Sox10 陽性 Kit 陰性細胞）には神経堤幹細胞も含まれると考えられる[32]。

(2) メラノサイトの分化能力の再検討

Sox10・Kit 両陽性メラノブラストがすべての

皮膚のメラノサイトへ分化することは，たとえばKitの機能阻害抗体を胎仔に投与すると成体で完全にメラノサイトが失われ白色化することなどからもまちがいない[16]。前述のように試験管内でもこの細胞は色素をもったメラノサイトへ分化する。われわれは，このSox10・Kit両陽性メラノブラストをE10.5，E12.5のマウス胎仔から採取しST2ストロマ細胞株と共培養すると，メラノサイト以外にニューロンやグリア細胞などの神経堤由来細胞が出現することを見いだした（図1.5E，F）。1個1個独立して存在するコロニー内にメラノサイト，ニューロン，グリア細胞を同時に含むコロニーが形成されたことは，これらの細胞が1個のSox10・Kit両陽性細胞に由来することを示している。さらに，メラノサイトの分化支持能力がなくニューロンに対する強い支持能力が報告されているPA6ストロマ細胞株[33]とSox10・Kit両陽性を共培養すると，ニューロンとグリア細胞のみが誘導された[32]。1個の細胞から複数のこのような細胞が分化したということは，その細胞が神経堤幹細胞であったことを強く示唆する。しかし，このSox10・Kit両陽性細胞はマーカー遺伝子発現からみても，メラノサイトへ分化するという性質からみても，メラノサイトへ分化することが決定されたメラノブラストと信じられてきたものである。まずメラノサイトが神経様の細胞に脱分化し，そこからグリア細胞などが再分化するというウズラの培養メラノサイトのようなこと[34]が起こっていないのは，このメラノブラストをクローナルに培養するとまずニューロンやグリア細胞が出現し，その後メラノサイトがコロニー中に出現したことからも了解される[35]。メラノブラストは神経堤幹細胞のもつ多分化能を潜在的に保持しているというのがわれわれの結論である。

おそらく，メラノブラストのこのような性質は皮膚や毛包の環境では強く抑制され，メラノサイトへの運命しか通常はとれないのであろう。実際，表皮の環境を反映している可能性が高い表皮のケラチノサイトを含むメラノサイトの分化培養系では，メラノサイト以外の細胞は出現しない[36]。また，ケラチノサイトが毛包のメラノサイトの自己再生・維持に必要であることも確認されており[37,38]，ケラチノサイトはメラノサイト幹細胞の維持とともにそれらが神経細胞などに分化することを抑制しているとも考えられるが，その分子機構に関しては不明である。

(3)　シュワン細胞を起源とするメラノサイトの存在

メラノサイトは試験管内で脱分化してグリア系細胞に再分化することや，メラノブラスト自身が培養条件によっては多分化能を示すこと，より一般的には特定の因子を作用させること（多くは転写調節因子の強制発現）により線維芽細胞を含む多くの細胞の運命を転換できること（iPS細胞はその一例）などから，トリやマウスの表皮のメラノサイトのかなりの部分がシュワン細胞起源であるという論文は驚きと多少の戸惑いはあったが早期に色素細胞の研究者にも受け入れられた[4]。マウスを用いて行なわれた実験では，シュワン細胞とその前駆細胞で特異的に発現するプロテオリピッドタンパク質のプロモーター配列の下流にCreリコンビナーゼを連結したコンストラクトを用いて作成したトランスジェニックマウスと，Creリコンビナーゼの標的配列loxPで停止コドンをはさみ込んだ配列を蛍光タンパク質YFPの直前に配置したRosa26R-YFPマウスを交配させたものを用意した。このマウスでは，シュワン前駆細胞でCreが発現すると，不可逆的にloxP遺伝子が相同組み換えを起こすことによりそれにはさまれた停止コドンが失われ，YFP遺伝子が恒常的に発現するようになる。このマウスでは，驚くべきことに，表皮メラノサイトの多くがYFPを発現していた。この結果は，これらのメラノサイトは少なくとも一時期はシュワン前駆細胞であったことを示している。

著者らによれば3割程度のメラノサイトはYFP陰性，つまり従来の背側から体側表面を移動する神経堤細胞に由来するので，従来の研究がまちがっていたわけではない。シュワン細胞は背側から腹側の胚深部を移動する神経堤細胞に由来するのですべてのメラノサイトが神経堤細胞由来であることは変わらないが，シュワン前駆細胞は感覚神経に沿って表皮近くに移動し，そこでニューレギュリンなどのシュワン細胞の維持に必要な因子の濃度が低下するとメラノサイトへ分化するらしい。このような細胞の分化転換が胚発生のプログラムに組み込まれているというのは，おそらくこれが初めての例であり，この現象を解明することで神経堤細胞の理解が深化すると考えられる。

(4) 神経堤の起源はメラノサイトか

神経堤細胞は脊椎動物の進化と不可分に結びついているが，その起源は祖先である無脊椎動物に求められるという考えがあり，さまざまな可能性が指摘されてきた[39]。原索動物であるホヤでは，神経管の周囲から分離したHNKおよびチロシナーゼ両陽性の色素細胞が表皮に移動・拡散することが確認されたことから，これら原索動物の色素細胞が神経堤細胞の起源ではないかと推定された[40]。ホヤの色素細胞は脊椎動物の神経堤細胞と同様にHNK-1抗原やZicなどの転写調節因子を発現しているが，最近これらの色素細胞にTwistという転写調節因子を強制発現させると，メラノサイトがあたかも腹側に移動する神経堤細胞のように移動するようになることが明らかにされ[41]，色素細胞がTwistのような遺伝子の機能により脊椎動物の神経堤細胞に変化（分化転換）したと考察されている。また，頭部や尾部を中心にしてメラノサイトの一部が表皮由来である（他の神経堤由来細胞は表皮には由来しない）という報告[42]からは，メラノサイトの他の神経堤細胞との由来のちがいが示唆される。この結果は，祖先型のメラノサイトが，同じくメラノサイト由来ではあるが脊椎動物の多能性神経堤細胞として進化した細胞とは別の集団として維持されていると考えることも可能で，神経堤細胞の色素細胞由来説を補強する。細胞系譜が転写調節因子や環境により容易に転換しうるという最近の研究も，この神経堤細胞のメラノサイト起源説を支持する根拠といえる。ただ，神経堤が分化多能性を獲得したメカニズムは，神経堤がどの細胞に起源するにしても十分に説明されなかったが，メラノブラストは潜在的には（環境次第では）分化多能性を保持しているという実験結果は，色素細胞が神経堤細胞の起源であるという予想と符合する[43,44]。

1.3　メラノサイトの発生を試験管内で再現する

1.3.1　さまざまな幹細胞からの神経堤細胞・メラノサイトの誘導

ある細胞から一定の手順で確実にメラノサイトが分化誘導できれば，そのような培養システムは正常の胚に劣らないメラノサイトの研究材料であろう。とくに，ヒトでは胎児を日常的に利用することに制約が多く，たとえばヒトiPS細胞からのメラノサイト分化系を確立できればヒトメラノサイトの分化機構の解明や疾患メラノサイトを使った研究が容易になると考えられる。最初にマウスの胚性幹細胞（ES細胞）からメラノサイトを分化誘導する培養系が報告されて以来[45]，さまざまな幹細胞からメラノサイトが分化誘導可能なことが示された（表1.1）。これらの研究から，適切な条件下でさまざまな因子を正確に添加することでES細胞，iPS細胞，間葉系幹細胞からメラノサイトが誘導されることが実証された。もちろん，神経堤細胞が誘導できれば，原理的にはメラノサイトの誘導が可能と考えられる。ただ，これらの研究を通して，メラノサイトの分化機構に関する新事実が明らかにされた例は今のところないようであり，わざわざこのような分化系を構築した意義は今後十分に問われる必要がある。現時点では，Hermansky-Pudlak症候群やChediak-Higashi症候群などの色素細胞異常症患者由来のiPS細胞から疾患の性質を保持しているメラノサイトが誘導されたことで，これらの遺伝病のさらに詳しい原因解明が進むと考えられている[31]。

実際にわれわれが開発したES細胞からメラノサイトを誘導する培養系は，胚様体を経由せず，未分化ES細胞を直接培養することで達成された[35,45]。ST2ストロマ細胞株をディッシュに培

表 1.1　各種幹細胞からの色素細胞の誘導

幹細胞の種類	ストロマ細胞[a]	添加された因子[b]	備考	文献
マウス ES 細胞	ST2	FGF2, dexamethasone CT, RA（血清あり）	ES 細胞から色素細胞を誘導した最初の論文	45)
ヒト ES 細胞	なし	Wnt3a (sup), EDN-3, Kitl, CT, dexamethasone, TPA, ascorbic acid（人工血清 KSR 使用）	胚様体経由	54)
ヒト真皮由来幹細胞	なし	Wnt3a (sup), EDN-3, Kitl CT, dexamethasone, TPA, ascorbic acid FGF2	真皮由来細胞は浮遊培養され，神経堤マーカーを発現	55)
ヒト iPS 細胞	なし	FN coated dishes with Wnt3a, SCF, EDN3, FGF2, CT, ascorbic acid, dexamethasone（血清なし）	胚葉体経由。メラノブラストは維持されない	56)
ヒト ES 細胞，ヒト iPS 細胞	なし	BMP inhibitor, TGF-β inhibitor, Wnt agonist を含む培地で培養後，BMP4 と EDN3 を含む培地へスイッチ	HP 症候群患者の iPS 細胞から誘導したメラノサイトは異常を再現した	31)
ヒト muse 細胞（間葉系幹細胞）	なし	Wnt3a (sup), EDN-3, Kitl, CT, dexamethasone, TPA, ascorbic acid	マウスの皮膚に移植後維持可能	57)
ヒト iPS 細胞	なし	CHIR, BMP4, ET3	神経堤細胞様細胞を経由。完全合成培地を使用	58)
ヒト線維芽細胞，マウス線維芽細胞	なし	MITF, Sox10, PAX3 で直接リプログラム	ヒト 3D スキンで正常に維持された。神経堤細胞を経由している可能性あり	59)

a）メラノサイトの分化を支持するために共培養された細胞
b）メラノサイトの誘導に重要な因子のみ書き出した。略号：CT：cholera toxin, RA：retinoic acid, ET-3：endothelin-3, SCF：stem cell factor（KITL），KSR：knockout serum replacement。

養して細胞層を形成させ，その上に未分化 ES 細胞を少数播種し，血清，デキサメタソン，FGF2，コレラトキシン存在下で 2 週間から 3 週間培養すると，形態的には神経堤細胞由来の皮膚のメラノサイトと思われる多数の色素細胞が出現した。さまざまなメラノサイトのマーカー遺伝子の発現，Kitl に対する完全な依存性（1.1 節参照）などから，これらの細胞は網膜の色素上皮細胞や脳の黒皮質の神経細胞ではないと結論された。とくに，TYRP2（tyrosinase-related protein-2）などのメラノブラストに特異的なマーカー遺伝子は培養後 6 日前後に初めてその発現が検出され，ES 細胞が E3.5 に相当する細胞とすると，生体内で神経堤細胞から TYRP2 陽性のメラノブラストが出現するのが E9.5 以降という事実とよく符合し，この培養系は正常発生を反映している可能性が高い。この培養系では細胞がある程度二次元的に増殖するため，細胞レベルで何が起こっているかを観察できるという利点があり，新たなメラノサイトの分化・増殖機構の研究手段をとして有用であろう[45, 46]。

この培養系に関する素朴な驚きと疑問は，中胚葉の誘導や神経管の形成といった複数の細胞群の相互作用を基本にした一見複雑でスケールの大きい現象が前もって起こることが前提になる神経堤細胞・メラノサイトの出現が，なぜこのようなほぼ二次元的な広がりしかない単純な培養系で起こるのかという点である。連続観察によると，最初 1 個の ES 細胞は接着性を保って増殖し，コロニー状の集団を形成する。培養後 6 日目には明らかに形態の異なる複数の細胞が出現し，あるものは神経系のマーカーを発現し，あるものは心筋のマーカーを発現している。この時点で，TYRP2 陽性のメラノブラストがコロニー全域に，とくに周囲に多く出現する。実際，ST2 ストロマ細胞上のコロニーの中心部は厚い部分では 10 層程度の厚さがあり，胚葉体ほどではないが 3 次元的な広がりをもつといえる。胚に比べれば薄いものの本質的には胚発生と同じ細胞間相互作用が起こっており，それが神経堤細胞を経てメラノサイトへの分化を可能にしているのかもしれない。このような考え方は ES 細胞から生体のものと見まがう網膜組織の誘導に成功した研究で細胞の自己組織化として言及されている[47]。あるいは，支持細胞 ST2 が提供する環境がメラノサイトを含む特定の細胞系譜に適しているため，胚発生のプログラムとは無関係にメラノサイトが誘導されるのかもしれない。

この培養系でメラノブラストが長期間維持される点も，分化過程の解析に都合がよい。培養した細胞全体をトリプシン処理し，少数を蒔き直すという操作を何回か続けてもメラノサイトが出現することから[46]，前駆細胞が維持されていることがわかる。さらに，培養開始後 3 週間の細胞に発現している TYRP2 をみると，たしかにメラニン顆粒をもたずに TYRP2 を発現している前駆細胞と考えられる細胞が多く見つかる。この前駆細胞の増殖は Kitl に依存することから，メラノブラストと考えられる。

さて，ヒトの ES 細胞や iPS 細胞あるいはヒト間葉系幹細胞からメラノサイトが誘導されたという事実は，応用面でも新たな展開をもたらすと考えられる。たとえば，尋常性白斑症（vitiligo）は正常な色素細胞の分布を示していた個体が生後パッチ状にメラノサイトを消失し，非常に目立つ白斑となり，美容上深刻な問題になっている（原因や治療に関しては第 20 章を参照）。また，広範囲の火傷には培養皮膚の移植による治療が実際に著効を上げているが，メラノサイトは培養皮膚内では再生できず，同じく美容上の問題となっている。尋常性白斑の治療には培養したメラノサイトの移植が有効であることが確認されているが，自己 iPS 細胞あるいは HLA の一致する iPS 細胞や間葉系幹細胞から誘導したメラノサイトも尋常性白斑症や火傷の皮膚移植の際のメラノサイトのソースとして利用できるかもしれない。

1.3.2 他の細胞を直接神経堤細胞・メラノサイトに再プログラムする

iPS 細胞の発見以来，受精卵に相当する分化段階以外に任意に細胞運命を変更する試み（細胞の再プログラミング）が盛んに行なわれ，線維芽細胞から直接神経や心筋などに分化させる転写調節因子の組合せが報告されている。ヒトの線維芽細胞に神経堤細胞の分化に必用な転写調節因子 Sox10 を強制発現させ，適切な培養条件で維持すると神経堤様の細胞が誘導されることが報告され，この細胞はメラノサイト様細胞に分化することも確認された[48]。われわれは前述の Sox10-IRES-GFP マウスを用いて高度に精製した移動中のメラノサイトを含む神経堤細胞から神経堤細胞特異的に発現する転写調節因子を同定し，発現量の多い 30 種類についてそれぞれ神経堤・メラノサイトへの再プログラミング能力を調べ，マウスの胎仔線維芽細胞を神経堤細胞に分化させる能力がある転写調節因子は Sox10 以外に存在しないことを確認した。このことは 3T3 線維芽細胞が MITF によりメラノサイトに分化したという過去の報告[9]（われわれは MITF の強制発現によるマウス胎仔線維芽細胞のメラノサイトへの再プログラミングは確認できなかったが）などを考え合わせると，線維芽細胞と神経堤細胞・メラノサイトは細胞系譜として近縁である可能性を示唆する。また，この結果は神経堤細胞が神経上皮細胞の上皮間葉転換の結果生じたとされる最近のコンセンサスとも整合性がある。前述した正常胚におけるシュワン細胞からメラノサイトへの分化転換にこのような再プログラミング因子が関与しているかどうかも興味深い。

1.3.3 神経堤からメラノサイトが分化する過程に関する少し精密な議論

CC（黒色毛）マウスと *cc*（アルビノ）マウスの受精卵を混合して作成したキメラマウスは特有の縞模様を形成する[49]。これまで議論してきたメラノサイトの分化過程を基に考察すると，黒い縞はそれぞれ *CC* メラノサイトのクローンから，白い縞は *cc* メラノサイトのクローンから形成されていると考えられる（アルビノマウスでは色素を産生しないメラノサイトが存在することに注意）。この論文で著者の Mintz はこのようなキメラマウスの左右の体側には 17 個の縞があることから，表皮のメラノサイトは 34 個の祖先細胞（彼女は primodial melanoblasts と命名している）に由来すると主張した（図 1.6）。キメラが必ずしも正常の発生過程を再現しているという保証はないし，1 つの縞を形成するメラノブラストが 1 個とは断定できない。神経堤の移動を制限する体節の作用（migration staging area[50]）で複数のメラノブラストがまとめられたとしても，ほぼ体節くらいの大きさで神経堤がクローナルであれば，はっきりとした縞ができるからである。ただ，この場合でもそれぞれの縞は神経堤幹細胞にまでさかのぼれば単一クローン由来である可能性が高い。いずれにせよ，表皮のメラノサイトは少数の祖先メラノブラストに由来することは確かであろう。ただ，図 1.6 のような縞模様の基本パターンがどのキメラでも保持されているという事実は，神経堤幹細胞からメラノブラストへの分化の制御がきわめて精密に行なわれていることを示唆する。そうでなければ，ある神経堤幹細胞からは他の神経堤細胞に比較して多くのメラノブラストが誘導され，その部分の縞模様は *CC* 由来であれ *cc* 由来であれ極端に大きくなると予想されるが，そのような例は記載されていない。

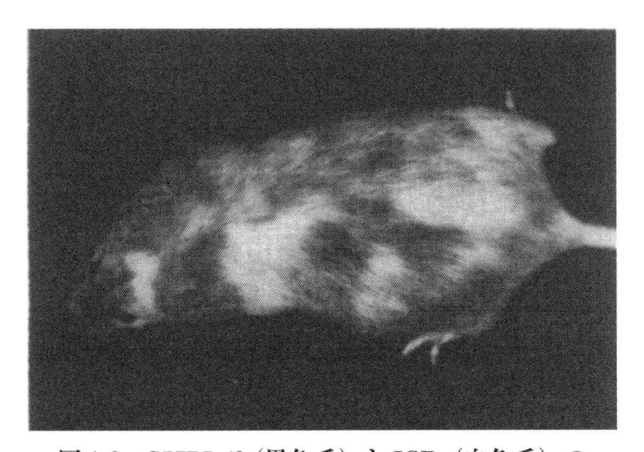

図 1.6　C57BL/6（黒色毛）と ICR（白色毛）の受精卵を等量混合したキメラマウス
文献 48 を改変。

このような神経堤からのメラノサイト誘導に関する根源的な疑問に対する答えが，ゼブラフィッシュのメラノサイト研究から提出されている[51]。この魚の胚に 4-HA という薬剤を投与すると，メラノサイト系譜の細胞が死滅し，隠れていた幹細胞からの再生がはじまり，最終的には縞模様が回復する。このとき，Kit 遺伝子の機能喪失型変異体（$Kit^{null/+}$）では再生したメラノサイトの総数が野生型に比べて半減していたことから，メラノサイトの再生過程が Kit シグナルに依存していることがわかる。1 個の幹細胞から再生してきた色素細胞の集団（コロニー，先述の *CC* と *cc* のキメラマウスの個々の縞に相当する）に注目すると，$Kit^{null/+}$ 変異体ではコロニーあたりのメラノサイトの総数は変化していなかったが，コロニーの総数が減少していた。この現象は，背根神経節の周囲に隠れていた神経堤幹細胞からメラノサイト幹細胞へ分化する割合が $Kit^{null/+}$ 変異体では減少したためと考えられる。この“割合の減少”という表現は幹細胞研究にまつわる根源的な問題とリンクしている。測定結果から割合が減少していると表現するしかなく，Kit シグナルの低下がなぜ“割合の減少”として計測されたのかをさらに理解する必要がある。完全な答えは困難だが，正常発生を詳しく調べると $Kit^{null/+}$ 変異体ではコロニー（1 個の神経堤細胞に由来するメラノサイト集団）あたりの色素細胞数が若干有意に減少していたことから，通常神経堤幹細胞からメラノサイト幹細胞を経てメラノブラストへ分化する過程で，神経堤幹細胞からいきなりメラノブラストへ分化してしまうことが，Kit シグナルの不足による“割合の減少”の機能的な説明であると示唆された。1個の神経堤幹細胞から2個のメラノサイト幹細胞が生成し，それぞれ2個のメラノブラストに分化すると仮定すると，メラノサイト幹細胞をバイパスしたことによりコロニー内のメラノブラストは野生型の4個から*Kit*$^{null/+}$変異体では2個に減少し，その結果コロニー内のメラノサイトの総数が減少することになる。逆にいうと，このような実験から初期発生で神経堤幹細胞とメラノサイト幹細胞という分化段階が独立して存在することが支持される。われわれも試験管内でのクローナルなコロニー形成能の解析から，Kitシグナルとエンドセリンシグナルのどちらかの減少には影響されないが，両者が同時に減少すると死滅する，メラノサイト幹細胞と定義してもよい細胞の存在を認めており[52]，メラノサイトの分布などの動態（端的には*CC*と*cc*のキメラマウスの縞の数や脊椎動物の肌の色など）は初期のメラノサイト幹細胞やメラノブラストのKitシグナル依存性である程度説明できると考える[53]。毛包内では，メラノサイト幹細胞が存在することがより明確に確認されている（第3章参照）。別の原理による体色のパターン形成については，コラムを参照されたい。

参考文献

1） アンドリュー・パーカー著，渡辺正隆・今西康子訳：目の誕生，草思社，2006.
2） Bronner, M. E., LeDourain, N. M. : *Dev. Biol.*, **366**, 2-9, 2012.
3） Milet, C., Monsoro-Burq, A.H. : *Dev. Biol.*, **366**, 22-33, 2012.
4） Adameyko, I., Lallemend, F., Aquino, J.B., Pereira, J.A., Topilko. P., Müller, T., Fritz, N., *et al.* : *Cell*, **139**, 366-379, 2009.
5） Wakamatsu, Y., Mochii, M., Vogel, K.S,, Weston, J.A. : *Development*, **125**, 4205-4213, 1998.
6） Kunisada, T., Yoshida, H., Yamazaki, H., Miyamoto, A., Hemmi, H., Nishimura, E., Shultz, L.D., *et al.* : *Development*, **125**, 2915-2923, 1998.
7） Hari, L., Brault, V., Kléber, M., Lee, H.Y,, Ille, F., Leimeroth, R., Paratore, C., *et al.* : *J. Cell Biol.*, **159**, 867-880. 2002.
8） Lee, H.Y., Kléber, M., Hari, L., Brault, V., Suter, U., Taketo, M.M., Kemler, R., Sommer, L. : *Science*, **303**, 1020-1023, 2004.
9） Yoshida, H., kunisada, T., Kusakabe, M., Nishikwa, S., Nishikawa, S-I. : *Development*, **122**, 1207-1214, 1996.
10） Tachibana, M., Takeda, K., Nobukuni, Y., Urabe, K., Long, J.E,, Meyers, K.A., Aaronson, S.A,, Miki, T. : *Nat. Genet.*, **14**, 50-54, 1996.
11） Opdecamp, K., Nakayama, A., Nguyen, M.T., Hodgkinson, C.A., Pavan, W.J., Arnheiter, H. : *Development*, **124**, 2377-2386, 1997.
12） Greenhill, E.R., Roco, A., Vibert, L., Nikaido, M, Kelsh, R.N. : *PLos Genet.*, e1002265, 2011.
13） Potterf, S.B., Furumura, M., Dunn, K.J., Arnheiter, H., Pavan, W.J. : *Hum. Genet.*, **107**, 1-6, 2000.
14） Bondurand, N., Pingault, V., Goerich, D.E., Lemort, N., Sock, E., Le Caignec, C., Wegner, M., Goossens, M. : *Hu. Mol. Genet.*, **9**, 1907-1917, 2000.
15） Nishikawa, S., Kusakabe, M., Yoshinaga, K., Ogawa, M., Hayashi, S., Kunisada, T., Era, T., *et al.* : *EMBO J.*, **10**, 2111-2118, 1991.
16） Yoshida, H., Nishikawa, S-I., Okamura, H., Sakakura T., Kusakabe, M. : *Develop. Growth Differ.*, **35**, 209-220, 1993.
17） Okura, M., Maeda, H., Nishikawa, S., Mizoguchi, M. : *J. Invest. Dermatol.*, **105**, 322-328, 1995.
18） Moriyama, M., Osawa, M., Mak, S.S., Ohtsuka, T., Yamamoto, N., Han, H., Delmas, V., *et al.* : *J. Cell. Biol.*, **173**, 333-339, 2006.
19） Hosoda, K., Hammer, R.E., Richardson, J.A., Baynash, A.G., Cheung, J.C., Giaid, A., Yanagisawa, M. : *Cell.*, **79**, 1267-1276, 1994.
20） Lamoreux, M.L., Delmas, V., Larue, L., Bennett, D. : The Colors of Mice A Model Genetic Network, Wiley-Blackwell, 2010.
21） Bennett, D.C. : *Environ. Health Perspect.*, **80**, 49-59, 1989.
22） Sviderskaya, E.V., Bennett, D.C. : *Development*, **121**, 1547-1557, 1995.
23） Hirobe, T. : *Dev. Biol.*, **161**, 59-69, 1994.
24） Sviderskaya, E.V., Hill, S.P., Balachandar, D., Barsh, G.S., Bennett, D.C. : *Dev. Dyn.*, **221**, 373-379, 2001.
25） Hida, T., Wakamatsu, K., Sviderskaya, E.V., Donkin, A.J., Montoliu, L., Lamoreux, M.L., Yu, B., *et al.* : *Pigment Cell Melanoma Res.*, **22**, 623-634, 2009.
26） Manceau, M., Domingues, V.S., Mallarino, R., Hoekstra, H.E. : *Science*, **331**, 1062-1065, 2011.
27） Kawa, Y., Soma, Y., Nakamura, M., Ito, M., Kawakami, T., Baba, T., Sibahara, K., *et al.* : *Pigment Cell Res.*, **18**, 188-195, 2005.
28） Henion, P.D., Weston, J.A. : *Development*, **124**, 4351-4359, 1997.
29） Calloni, G.W., Glavieux-Pardanaud, C., Le Douarin, N.M., Dupin, E. : *Proc. Natl. Acad. Sci. USA*, **104**, 19879-19884, 2009.

30) Stemple, D.L., Anderson, D.J. : *Cell*, **71**, 973-985, 1992.
31) Mica, Y., Lee, G., Chambers, S.M., Tomishima, M.J., Studer, L. : *Cell Rep.*, **3**, 1140-1152, 2013.
32) Motohashi, T., Yamanaka, K., Chiba, K., Miyajima, K., Aoki, H., Hirobe, T., Kunisada, T. : *Dev. Dyn.*, **240**, 1681-1693, 2011.
33) Kawasaki, H., Mizuseki, K., Nishikawa, S., Kaneko, S., Kuwana, Y., Nakanishi, S., Nishikawa, S.I., Sasai, Y. : *Neuron*, **28**, 31-40, 2000.
34) Real, C., Glavieux-Pardanaud, C., Le Dourain, N. M., Dupin, E. : *Dev. Biol.*, **300**, 656-669, 2006.
35) Motohashi, T., Aoki, H., Chiba, K., Yoshimura, N., Kunisada, T. : *Stem Cells*, **27**, 402-410, 2009.
36) Hirobe, T. : *Development*, **114**, 435-445, 1992.
37) Tanimura, S., Tadokoro, Y., Inomata, K., Binh, N.T., Nishie, W., Yamazaki, S., Nakauchi, H., *et al.* : *Cell Stem Cell*, **8**, 177-187, 2011.
38) Aoki, H., Hara, A., Motohashi, T., Kunisada, T. : *J. Invest. Dermatol.*, **133**, 2143-2151, 2013.
39) Ivashkin, E., Adameyko, I. : *EvoDvo*, **4**, 12, 2013.
40) Jeffery, W.R., Strickler, A.G., Yamamaoto, T. : *Nature*, **431**, 696-699, 2004.
41) Abitu, P.B., Wagner, E., Navarrete, I.A., Levine, M. : *Nature*, **492**, 104-107, 2012.
42) Yoshimura, N., Motohashi, T., Aoki, H., Tezuka, K., Watanabe, N., Wakaoka, T., Era, T., Kunisada, T. : *Dev. Growth Differ.*, **55**, 270-281, 2013.
43) Kunisada, T., Tezulka, K., Aoki, H., Motohashi, T. : *Birth Defects Res. C Embryo Today*, **102**, 251-62, 2014.
44) Motohashi, T., Kunisada, T. : *Curr. Top. Dev. Biol.*, **111**, 69-95, 2015.
45) Yamane, T., Hayashi, S-I., Mizoguchi, M., Yamazaki, H., Kunisada, T. : *Dev. Dyn.*, **216**, 450-458, 1999.
46) Motohashi, T., Aoki, H., Yoshimura, N., Kunisada, T. : *Pigment Cell Res.*, **19**, 284-289, 2006.
47) Sasai, Y. : *Nature*, **493**, 318-326, 2013.
48) Kim, Y.J., Lim, H., Li, Z., Kovlyagina, I., Choi, I.Y., Dong, X., Lee, G. : *Cell Stem Cell*, **15**, 497-506, 2014.
49) Mintz, B. : *Proc. Natl. Acad. Sci. USA*, **58**, 344-351, 1967.
50) Wehrle-Haller, B., Weston, J.A. : *Development*, **121**, 731-742, 1995.
51) O'Reilly-Pol, T., Johnson, S.L. : *Development*, **140**, 996-1002, 2013.
52) Aoki, H., Motohashi, T., Yoshimura, N., Yamazaki, H., Yamane, T., Panthier, J.J., Kunisada, T. : *Dev. Dyn.*, **233**, 407-417, 2005.
53) Aoki, H., Kunisada, T. : *Pigment Cell Melanoma Res.*, **26**, 606-607, 2013.
54) Fang, D., Leishear, K., Nguyen, T.K., Finko, R , Cai, K., Fukunaga, M,, Li, L., *et al.* : *Stem Cells*, **24**, 1668-1677, 2006.
55) Li, L., Fukunaga-Kalabis, M., Yu, H., Xu, X., Kong, J., Lee, J.T., Herlyn, M. : *J. Cell Sci.*, **123**, 853-860, 2010.
56) Ohta, S., Imaizumi, Y., Okada, Y., Akamatsu, W., Kuwahara, R., Ohyama, M., Amagai, M., *et al.* : *PLoS One*, **6**, e16182, 2011.
57) Tsuchiyama, K., Wakao, S., Kuroda, Y., Ogura, F., Nojima, M., Sawaya, N., Yamasaki, K., *et al.* : *J. Invest. Dermatol.*, **133**, 2425-2435, 2013.
58) Fukuta, M., Nakai, Y., Kirino, K., Nakagawa, M., Sekiguchi, K., Nagata, S., Matsumoto, Y., *et al.* : *PLoS One*, **9**, e112291, 2014.
59) Yang, R., Zheng, Y., Li, L., Liu, S., Burrows, M., Wei, Z., Nace, A., *et al.* : *Nature Commun.*, **5**, 5807, 2014.

パンダ，シマウマ，そしてダルメシアンやハチワレ猫の模様はなぜできるのか

世界中で愛されている動物園の人気者であるジャイアントパンダ，アフリカの草原を代表する動物であるシマウマ，そして街や公園で見かけるダルメシアンにハチワレ猫（妖怪ウォッチのジバニャンの毛色パターン）。これらはそれぞれ独特の白黒のツートンカラーを呈している。これらの白黒模様がどうして発生するのか。色素細胞の発生を研究すれば，これらの動物のパターン形成の秘密を垣間見ることができる。

ハチワレ猫の毛色のパターン（図A上左）について原因遺伝子を知ることはそれほど難しい問題ではなかった。上述のKit遺伝子の変異やエンドセリン3遺伝子の変異のミュータントマウスの毛色のパターンがハチワレ猫に近いものであり，さらに，C3Hマウスの胎仔にKitの機能阻害抗体を注射することでハチワレパターンが再現可能だったからである（本章の文献15）。色素細胞の増殖・生存因子であるKitやエンドセリン受容体Bの作用が減り，神経管辺縁部から移動しながら増殖する色素細胞は遠隔部（腹部や足の先）の皮膚を埋めきれるまで増殖できないことが原因であると考えられる。

図 A
ハチワレ猫，ダルメシアン（犬），シマウマ，キメラマウス，ジャイアントパンダ，イロワケイルカ，クラカケアザラシ，マレーバクの毛色パターン。Wikipedia より改変。

さらにおもしろいのが，エンドセリン 3 変異マウスの胎生 11 日前後に Kit に対する抗体を注入して Kit の機能を阻害した場合，ダルメシアン（図 A 上右）のような小さな黒い斑が頭や背中に多数できたことである（本章の文献 9)。真皮を移動中に増殖できなかったエンドセリン 3 欠損マウスの色素細胞は胎生期のこの時期に表皮で Kit シグナルを利用して急激に増殖し，ある程度の広いエリアを覆うのだが，ここで一過性に Kit シグナルを阻害して増殖を止めることで，ダルメシアンの斑模様になるものと考えられる。つまり，ダルメシアンの黒斑模様の原因は真皮と表皮，2 段階の色素細胞の生存あるいは増殖の障害によって形成されるものと考えられる。ダルメシアンの斑点のひとつひとつが 1 つの色素細胞前駆細胞に由来すると考えられる。

シマウマの白黒模様（図 A 中左），こちらは猫や犬とは異なるメカニズムで形成される。これを明快に説明したのが大阪大学の近藤滋教授で，彼は動物の縞や斑点の形成をチューリング理論という数式で説明することに成功した。

魚類などで黒い色素細胞と黄色い色素細胞の 2 種類が存在するときに，それぞれが相手の細胞の増殖を抑制するシグナルを出す（ポジティブフィードバック）と仮定する。もうひとつ，黄色い細胞からのみ，増殖を支持するシグナルが分泌されるが，黒い細胞からは黄色い細胞の増殖・生存を抑制するシグナルしか返ってこない（ネガティブフィードバック）と仮定する。すると，このときの増殖を支持するシグナルがどの程度遠くまで効くかによって色のパターンが異なってくるというのだ（図 B)。

増殖シグナルの届く距離が近いと，黒と黄色が混ざり合って中間色（茶色や灰色）になり，増殖シグナルが遠くまで届くと，縞のパターンができる。そして，分泌される増殖シグナルがまったくないと，ホルスタインや三毛猫のような斑の毛色になるという。毛色パターンが完全に表皮（色素細胞の最終生存地）における増殖の促進・抑制シグナルのフィードバックで説明できるというのである。

チューリング理論は，黒い色素細胞と黒くない色素細胞（黄色い色素細胞）の 2 種類が同時に存在しないと成立しない。マウスの表皮には黒い色素細胞

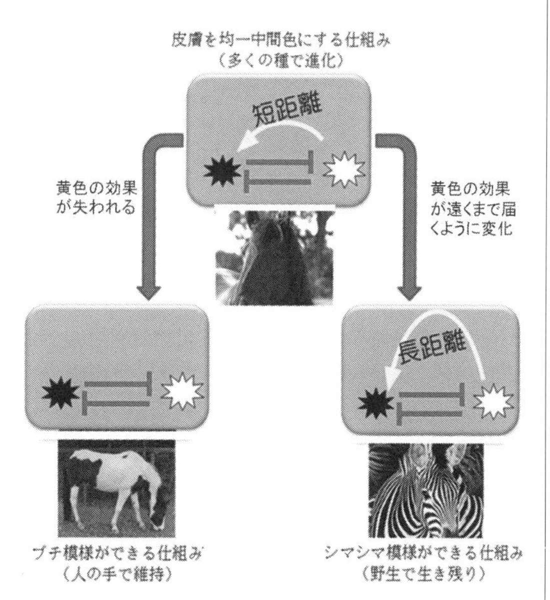

図 B
2 つの細胞の相互作用で縞模様ができるメカニズム。黒い細胞と黄色の細胞が互いに互いの増殖を抑制するネガティブフィードバック機構をもち，片方から他方へ増殖を亢進するポジティブフィードバック機構があり，その作動する距離に長短があると考えると縞模様ができたりできなかったりする。
http://www.fbs.osaka-u.ac.jp/labs/skondo/saibokogaku/enigma%20of%20zebra%20forse/39.png

しか存在しないので，最初に近藤先生からこの話を聞いたときには，マウスではシマウマ模様なんてできないのではないかと考えた。

しかし，2つの受精卵を混ぜ合わせて作成するキメラマウスの毛色は基本的には斑点であるが（図A中右），場合によっては縞模様になることがある。たとえば黒いB6マウスと茶色のC3Hマウスのキメラでは黒と茶色の小さな，しかしシャープなシマウマタイプの縞模様が体のあちこちにできる（吉田尚弘：未発表データ）。2種類の異なる色素細胞が存在したときに，たとえばB6の黒い色素細胞は遠隔増殖シグナルを出さないが，C3Hマウスの色素細胞はそれを出すと仮定すれば，混ざり具合によっては縞模様が形成されるのも不思議ではないだろう。

ここで少しややこしい事実を追加する。C3Hの毛色が茶色なのは色素細胞が茶色なのではなくて，表皮細胞が出すAgouti因子が色素細胞に周期的に働きかけて毛包で黒と黄色の色素を交互に産生させるので，遠目には毛が茶色に見えるということだ。つまり，根本的な差は毛包側にあるのだ。だとすれば，チューリング理論が「2種類の色素細胞のあいだ」ではなくて，「2種類の毛包原基の表皮細胞のあいだ」で成立した結果，毛包の表皮細胞の並びが縞々になってキメラマウスの縞模様ができたと考えるほうが合理的であろう。

そして最後に，ジャイアントパンダやイロワケイルカの毛色パターン。これも近藤教授の推測によれば，チューリング理論に「波動」の考え方を組み合わせることで説明できる。ヌードマウスでは毛周期の途中で毛が脱落するために，乳児期の周期的な毛周期パターンがなんども繰り返される。この短い毛が生えているパターンを観察すると，これは左右対称に始まった波動が干渉し合うさまと考えると説明できる（図C）。

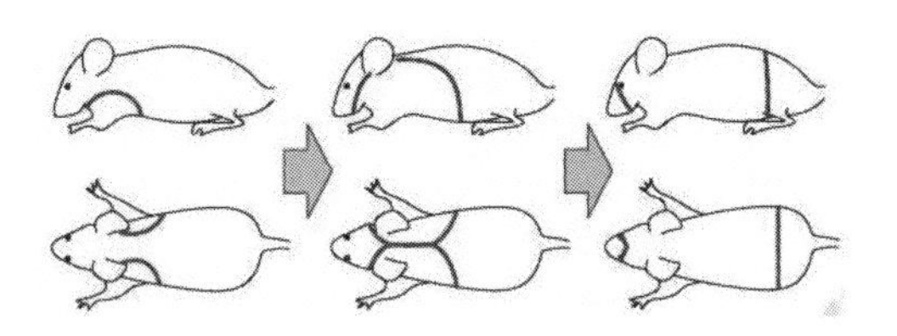

図C

マウスの毛の生え代わりパターン。両側から波動が押し寄せて干渉し合うような変化をみせる。発生過程で同じことが起こっていて，ある段階でそれが止まっていればそういう毛色パターンが成立しうるという概念。http://www.fbs.osaka-u.ac.jp/labs/skondo/saibokogaku/panda%20figs/panda14.JPG

この短い毛の生え方のパターンはクラカケアザラシやマゼランペンギンの毛色パターンと非常によく似た模様になる時期があり，発生時期に何らかの波動の影響を受けていると考えられる。パンダ，イロワケイルカ，マレーバクなどのツートーンの動物の毛色パターンでも波動の影響が想定できるという（図A下段）。

つまり，色素細胞ではなくて，胎生期に発生する毛包原基同士が波動パターンで形成され，それらが干渉し合ったときに黒い色素細胞の増殖・生存因子を出したり出さなかったりすれば，ジャイアントパンダの毛色のような非常に大きな縞模様ができると考えることができる。B6マウスとC3Hマウスのキメラの縞々の原因が色素細胞ではなくて毛包原基間の干渉によってできたのではないかという考察も，じつはここからいただいた。今後，このチューリングの波動パターンの分子的実態の解明が待たれる。

ということで，公園で妙な模様の野良猫を見ると，その原因となる遺伝子変異についていろんな妄想にふけることのできる色素細胞の研究，やはり楽しい。でも，もっとよく観察しようと魚肉ソーセージを持っていったりすると猫まみれになるので注意してくださいね。　（コラム文責：吉田尚弘）

第2章

メラノサイトの発生過程

川上民裕

胚発生初期，神経管から神経冠（神経堤）細胞が起こり，背側および側方経路を移動しながらメラノサイト前駆細胞であるメラノブラストとして皮膚へと移動し，メラノサイトとなる。われわれの教室では，マウスメラノサイトの発生過程の実験に，マウス神経冠初代培養系という実験系を使用，さらに，この培養系から，分化系統の異なる3マウスメラノサイト細胞株を樹立した。KIT/SCFシグナル伝達系は，神経管からメラノブラストが離れ皮膚に到達する時期に必須の物質である。BMPは神経冠細胞が活発に移動し，メラノサイトへ分化していくのを調整する。MITFは，マスター遺伝子としてメラノサイト分化に重要な役割を果たす。このように，発生過程にはさまざまな複雑な因子が関係している。こうした発生過程の研究は，iPS細胞由来ヒトメラノサイトの生産に応用され，メラニン関連疾患の治療に応用できる可能性がある。

2.1　神経冠（堤）細胞とメラノサイト

ヒトを含め哺乳類には，起源の異なる2種類の色素細胞（メラニン産生細胞）が存在する。すなわち，神経冠（堤）由来のメラノサイトと脳の眼杯由来の網膜色素上皮細胞である。神経冠（神経堤）といわれる細胞集団は，胚の発生初期に，背の部分の神経が通る神経管が管として閉じるときに，背側に現われる。この細胞集団が，神経冠細胞（neural crest cells；NCC）である。

神経冠細胞は，神経管から背側および側方経路を移動しながらメラノサイトの前駆細胞であるメラノブラストとして皮膚へと移動し，表皮または毛球メラノサイトとして皮膚または毛髪へメラニン色素を供給するようになる。ヒト皮膚メラノサイトは，胎性2カ月のあいだに真皮に到達し，3カ月の初めに表皮に入り込む。一方，マウス皮膚メラノサイトは，胎生9日ごろ，神経管から皮膚に向かい遊走し，胎生12日ごろに表皮に到達する。

2.2　マウス神経冠初代培養系

われわれの教室では，マウスメラノサイトの発生過程の実験に，マウス神経冠初代培養系という実験系を頻繁に使用してきた。妊娠マウスより，胎生9.5日目の胎仔を摘出し，その胴体から神経管を分離し，プレートに外植する系である（図2.1）。簡単に実験手技を記載する。胎生9.5日目胎仔を妊娠したマウスからタングステン針を使用して，胎生9.5日目胎仔を摘出する。次いで，胎児胴体より，トリプシン処理で，神経管を分離する。そして，12穴プレートに，1 wellにつき1神経管を外植する。15%ウシ胎児血清を添加したEagle MEM + stem cell factor（SCF）を基

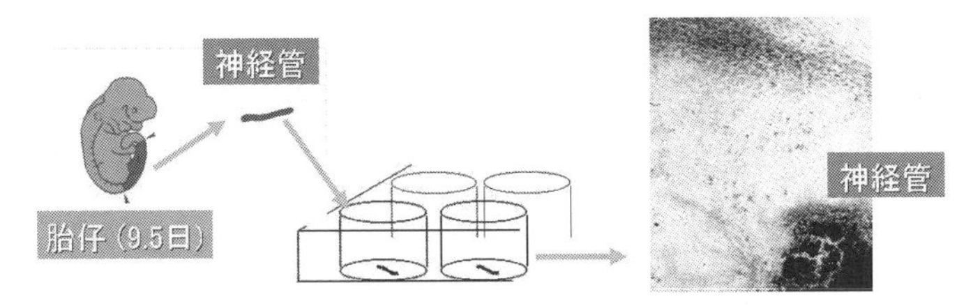

図 2.1　マウス神経冠初代培養系

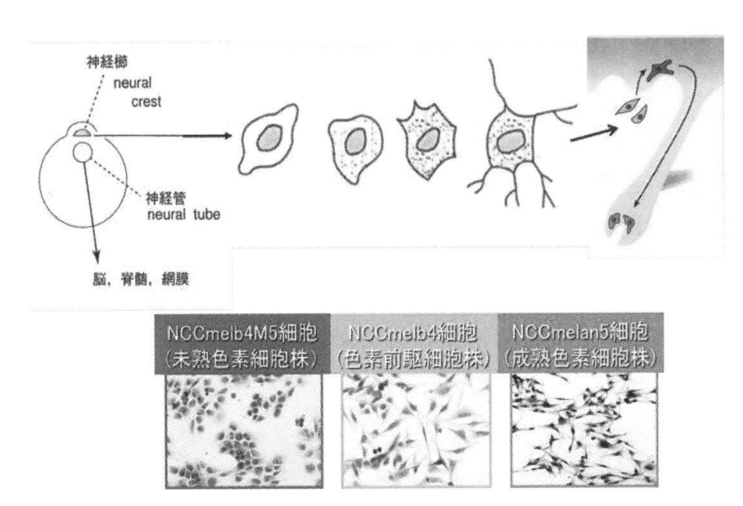

図 2.2　メラノサイトの発生過程と分化度の異なる 3 マウスメラノサイト細胞株［口絵も参照］

本培地とし，37℃　5% CO_2 条件下で培養する。すると，徐々に，外植した神経管より，神経冠細胞が遊走してくる。この実験系を用いることで，より *in vivo* に近いマウスメラノサイト発生過程が観察・検証できる。しかし，この培養系は，培養系自体が不安定で，実験系そのものに限界があった。そこで，マウス神経冠初代培養系で得た培養細胞を用いて，下記に述べる分化度の異なる細胞株を樹立することに成功した。

2.3　メラノサイトの分化度が異なるマウスメラノサイト細胞株

マウス神経冠細胞からメラノサイトの分化度が異なる NCCmelb4M5 細胞株（神経冠細胞由来未熟メラノサイト細胞株），NCCmelb4 細胞株（神経冠細胞由来メラノサイト前駆細胞株），NCCmelan5 細胞株（神経冠細胞由来成熟メラノサイト細胞株）を，樹立することに成功した（図 2.2）[1]。NCCmelb4M5 細胞株は最も幼弱なメラノサイトであり，移動することのない神経上皮細胞から活発に移動する NCC 細胞（後のメラノサイト）への最初の段階に相当すると推測される。NCCmelb4M5 細胞株は，KIT 陰性を呈し，チロシナーゼ関連タンパク質〔チロシナーゼ関連タンパク質 1（Tyrp1）やチロシナーゼ関連タンパク質 2（Tyrp2）/ドーパクロムトートメラーゼ（DCT）〕陽性で，チロシナーゼ，エンドセリン B レセプター，DOPA 反応は陰性である。NCCmelb4 細胞株は，KIT 発現があることから，NCCmelb4M5 がより分化した次の段階にあたる。NCCmelb4 細胞株は，KIT，チロシナーゼ関連タンパク質（Tyrp1，Tyrp2/DCT）陽性であるが，チロシナーゼ，エンドセリン B レセプター，DOPA 反応は陰性を呈する。NCCmelan5 細胞株は，成熟したマウスメラノサイト細胞株といえ，Kit，チロシナーゼ関連タンパク質（Tyrp1，Tyrp2/DCT），チロシナーゼ，エンドセリン B

レセプター，DOPAすべてが陽性を示す。

2.4 KIT/SCFシグナル伝達系

KIT遺伝子は受容体型チロシンキナーゼで，そのリガンドはSCFであり，KIT ligandともいわれる。KITは，リガンド結合ドメインである5個のイムノグロブリン様の繰り返し配列をもつ細胞外ドメインと，細胞膜貫通ドメイン，傍細胞膜ドメイン，そしてチロシンキナーゼ活性をもつ細胞内ドメインから構成されている。KITは，SCFとの結合により二量体が形成され，チロシンキナーゼの活性化を引き起こし，シグナルが細胞内に伝達される（図2.3）。

このKIT/SCFシグナル伝達系は，神経管からメラノサイト前駆細胞（メラノブラスト）が離れ皮膚に到達する時期に必須の物質である。すなわち，発生の過程でメラノサイトが神経管から皮膚へと遊走する時期に一致して，KITとSCFを必須とする時期が存在する。

細胞外基質フィブロネクチンは，SCFと連動して，マウス神経冠細胞からのメラノサイト増殖・分化・遊走に重要な役割を果たしている。SCF存在下マウス神経冠初代培養系で，フィブロネクチンコートを用いると，KITがより発現，DOPA陽性細胞の有意な増殖がみられる。これは，SCF非存在下では非検出であった。非コート下と比較すると，フィブロネクチンコートではcluster sizeが有意に長くなり，遊走能が高まる。さらにインテグリン$\alpha5$（フィブロネクチン受容体）を相殺するためにRGDSペプチドを添加するとDOPA陽性細胞が有意に減少した[2]。

KIT/SCFシグナルを阻害すると，アポトーシスが惹起され，その誘導因子としてBcl-2とFasが作動している。NCCmelb4細胞のSCF/KITシグナル伝達を，抗KIT抗体（ACK2）で阻害すると，リン酸化ERK・RSKからのアポトーシスが誘導された。さらに経時的にBcl-2は減弱し，活性化caspase-8は増強，Fasは活性化した。アポトーシスは，Bcl-2とFas依存性である[3]。

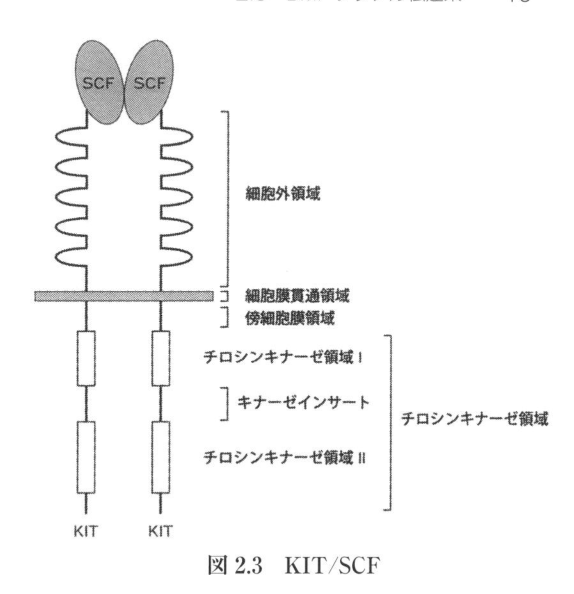

図2.3 KIT/SCF

まだら症piebaldismは，常染色体優生遺伝の疾患で，出生時より前頭部，胸，腹の中央や四肢にほぼ左右対称に境界明瞭な白斑を認める。とくに前頭部の白毛層と前額部の中央に認める三角形ないし菱形の白斑を，white forelockとよび，本疾患の80〜90%に見られる。背部，手足，臀部，肩には見られない。第4染色体長腕4qに位置するKIT遺伝子の異常により，胎生期にメラノブラストの増殖や表皮への移行が障害され，白斑が生じる。

2.5 BMPシグナル伝達系

BMP（bone morphogenetic protein）は，TGF βスーパーファミリーのひとつであり，生体の発生や形態形成，アポトーシスに重要な役割をする。初期発生に始まり，その後のほとんどすべての器官形成に関与する。BMPのシグナル伝達はさまざまなアンタゴニストにより制御され，とくに細胞外ではNoggin，Chordin，Follistatinにより受容体への結合が阻害される。細胞内においては転写因子Smad群を介してそのシグナルが伝わる。細胞膜上で，BMPレセプターはBMPと複合体を形成し，細胞内情報伝達分子であるR-SmadのC末端SXSのセリン残基をリン酸化する。R-Smadは，TGFβやアクチビンのシグナルを伝えるSmad2およびSmad3，BMPのシグナルを伝えるSmad1, Smad5, Smad8に分類され，R-Smadがリン酸化されるとCo-SmadとよばれるSmad4と結合することができるようになり，細胞質から核に移行する。

BMPは神経冠細胞が活発に移動し，メラノサイトへ分化していくのを調整する。この発生初期段階で，腹側に位置する細胞が分泌するBMPに対し，背側細胞は神経誘導因子であるNogginを分泌しBMPと拮抗的かつ相互的に働く。BMPとメラノサイトの発生過程は，深く関連している。BMP2は，メラノサイトの分化に関してチロシナーゼ遺伝子を刺激する[4]。BMP4は，神経冠細胞が遊走能をもち分化している時期に発現し，影響を及ぼす[5]。BMP4は, KITの発現を誘導し，メラノサイトの分化を制御している[6]，といった報告がある。

2.6　マスター遺伝子の小眼球症関連転写因子

小眼球症関連転写因子（microphthalmia-associated transcription Factor；MITF）は，マスター遺伝子としてメラノサイト全体を総括し，メラノサイト分化や増殖，メラニン色素形成に重要な役割を果たす。メラノサイトの分化・増殖には，上記したようにKit/SCFシグナル伝達系が必要不可欠であるが，そのシグナル伝達系の下流に位置するMAPキナーゼによってMITFはリン酸化され，MITFの転写活性化能が増強する。また，チロシナーゼ，チロシナーゼ関連タンパク質（Trp-1，TRP-2/DCT）のプロモーター上に存在するMボックスとよばれる配列に，MITFタンパク質は結合し，これらメラニン合成酵素の遺伝子発現を亢進させる。一方，メラノサイトの分化には分泌タンパク質Wntのシグナルが重要な役割を担っている。実際にマウスメラノサイトをWnt3aで処理するとMITF-Mが誘導される。MITF-M遺伝子プロモーターにはWntシグナル伝達系を構成する転写因子lymphocyte-enhancing factor 1 / T cell factor（LEF1/TCF）の結合配列が存在し，LEF1/TCFによってMITF-M遺伝子は転写活性化される。

MITF遺伝子の変異により，メラノサイトの発生に異常が生じると毛色が斑になったり，白くなったりすることがわかっている。すなわち，Mitf変異マウスは，皮膚や耳胞（将来の内耳）に遊走するメラノブラストや網膜色素上皮の分化・増殖異常を来し，白毛と難聴および小眼球症を呈する。ヒトでは皮膚や毛髪の色素欠損，虹彩色素異常，難聴を三主徴とするワーデンブルグ症候群（Waardenburg syndrome）がMITF遺伝子変異による遺伝性疾患である。ワーデンブルグ症候群は，MITF以外にも，Pax3（paired box gene 3），Sox10（SRY-box containing gene 10），エンドセリンBレセプターなどの遺伝子異常が指摘されている。

2.7　チロシナーゼとチロシナーゼ関連タンパク質

メラニン産生細胞はメラニン合成酵素として律速酵素であるチロシナーゼと，チロシナーゼのアミノ酸配列と40%の類似性をもつTYRP1やTYRP2/ドーパクロムトートメラーゼ（DCT）を特異的に発現している。これら遺伝子のプロモーターにはMボックスとよばれる共通の制御配列が存在し，Eボックスのひとつである CATGTG配列を含んでいる。上記したマスター遺伝子MITFは，このCATGTG配列を介して，チロシナーゼ，TYRP1，TYRP2/DCT遺伝子の転写を制御している。

2.8　ビタミン関連物質

2.8.1　レチノイン酸

レチノイン酸（ビタミンAの誘導体の総称）では，二重結合がトランス型のオール・トランスレチノイン酸（all-trans retinoic acid；ATRA）が強力な分化誘導因子をもつ。核は，数種のレチ

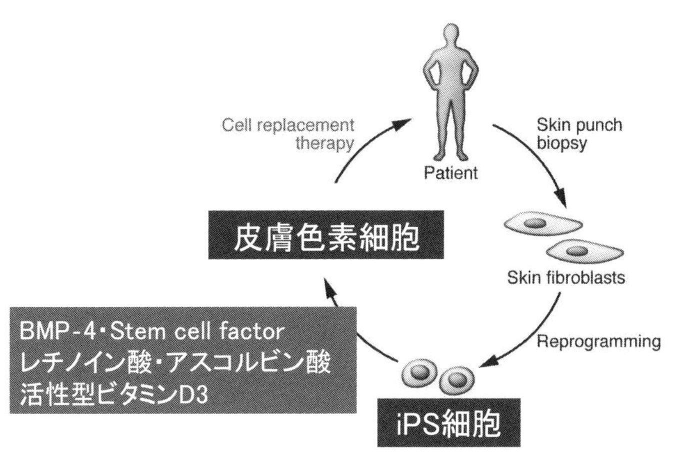

図 2.4　iPS 細胞由来メラノサイト

ノイン酸レセプター retinoic acid receptor（RAR）および retinoid X receptor（RXR）をもつ。ATRA は，RAR のリガンドとして，RAR と heterodimer を形成し DNA に結合し，遺伝子発現を制御する。メラノサイトでも，MITF を含めさまざまな遺伝子に関連しているが，そのメカニズムにはまだ不明の点が多く残されているのが現状である。

2.8.2　活性型ビタミン D_3

活性型ビタミン D_3（1,25-dihydroxyvitamin D_3）には，直接的なメラノサイト分化誘導作用とエンドセリン B レセプター発現を介したメラノサイト分化増殖作用がある[7]。エンドセリン B レセプター（EDNRB）は，皮膚にメラノサイトが到達した時期から発現し，皮膚角化細胞（ケラチノサイト）から産生されたエンドセリンに反応し，メラニン色素を出すように作用する。

2.8.3　アスコルビン酸

アスコルビン酸（ascorbic acid）は，栄養素ビタミン C として働くラクトン構造をもつ有機化合物の一種である。メラニン色素の生成を抑制する効果が知られており，メラノサイトの発生過程への影響が想定されている。

2.9　iPS 細胞とメラノサイトの発生過程

iPS 細胞（誘導多能性幹細胞，induced pluripotent stem cells）は，体細胞に山中 4 因子を遺伝子導入し作成される。細胞の初期化が起こり，ほぼ無限に増殖できる，ほぼすべての細胞に分化できる，といった魅力的な幹細胞である。当然，iPS 細胞からメラノサイトを分化，誘導させられる（図 2.4）。この iPS 細胞由来ヒトメラノサイトを，メラニン関連疾患の治療に応用できる可能性がある。上記のメラノサイトの発生過程に関連する物質から，SCF，BMP，ビタミン関連物質を，一定の条件設定にすると，効率よくメラノサイトへ分化が誘導されることが報告されている。

参考文献

1)　Kawa, Y., Soma, Y., Nakamura, M., Ito, M., Kawakami, T., Baba, T., Sibahara, K., *et al.* : *Pigment Cell Melanoma Res.*, **18**(3), 188-195, 2005.
2)　Takano, N., Kawakami, T., Kawa, Y., Asano, M., Watabe, H., Ito, M., Soma, Y., *et al.* : *Pigment Cell Res.*（現在 *Pigment Cell Melanoma Res.*）**15**(3), 192-200, 2002.
3)　Kimura, S., Kawakami, T., Kawa, Y., Soma, Y., Kushimoto, T., Nakamura, M., Watabe, H., *et al.* : *J. Invest. Dermatol.*, **124**(1), 229-234, 2005.
4)　Bilodeau, M.L., Greulich, J.D., Hullinger, R.L.,

Bertolotto, C., Ballotti, R., Andrisani, O.M. : *Pigment Cell Res.*, **14**(5), 328-336, 2001.
5) Jin, E.J., Erickson, C.A., Takada, S., Burrus, L.W. : *Dev. Biol.*, **233**(1), 22-37, 2001.
6) Kawakami, T., Kimura, S., Kawa, Y., Kato, M., Mizoguchi, M., Soma, Y. : *J. Invest. Dermatol.*, **128**(5), 1220-1226, 2008.
7) Watabe, H., Soma, Y., Kawa, Y., Ito, M., Ooka, S., Ohsumi, K., Baba, T., *et al.* : *J. Invest. Dermatol.*, **119**(3), 583-589, 2002.

第３章

色素幹細胞

西村栄美

色素幹細胞は，色素細胞系譜の組織幹細胞（体性幹細胞）で，哺乳類の皮膚や毛に色素を供給する色素細胞の源となっている。毛包内では，毛周期ごとに色素幹細胞が活性化されて自己複製すると同時に，毛母へと色素細胞を供給し毛にメラニン色素を与えている。さらに，紫外線や創傷などに応答して表皮に色素細胞を供給することにより，色素をもった皮膚の再生にも寄与しうる。その挙動は，周囲の微小環境，とりわけニッチ（生態的適所）に相当する毛包幹細胞によって大きく制御されている。毛包幹細胞由来のサイトカインに応答して，色素幹細胞が *Mitf* を含む白斑原因遺伝子群の発現を介して幹細胞運命を制御していることが明らかにされている。また，加齢やゲノム毒性ストレスによって色素幹細胞の自己複製が起こらなくなると，色素細胞を供給できなくなり，白髪（白毛症）を発症することが近年明らかにされている。今後，さらに色素性疾患やメラノーマ発生との関連が解明され，その予防や治療へとつながることが期待される。

3.1　毛包の色素幹細胞

3.1.1　毛包の役割と白毛化（白髪）

哺乳類の毛や鳥類の羽毛は，個体を寒さや外敵から守るだけではなく，その色や模様によって種の保存や繁栄においても重要な役割を果たしている。野生の動物においては，通常，生下時の毛色をそのまま保持しながら成獣となるが，人類のように寿命が長くなると，加齢に伴って多くの個体で白毛が混じるようになる。ヒトでは約半数で半分くらいの割合で毛が白くなるといわれており，個人差はあるものの年齢を経て発症する典型的な老化形質と考えられている。ウエルナー症候群などの早老症においては有意に白髪の発症年齢が低いことが知られており，遺伝要因が関係するほか，喫煙や肥満など後天的な要因によっても影響される[1]。また，近年の研究から，毛包が幹細胞の貯蔵庫として皮膚の創傷治癒にも寄与することが明らかにされている。

3.1.2　毛包内の色素幹細胞の同定

毛包は，その再生と退縮を周期的に繰り返し，色素をもった毛を生やす役割を果たしている（図3.1）。成長期においては，毛（毛幹）が伸長し，退縮期や休止期にはその成長が止まったまま毛を維持し，次の周期の成長期において新たな毛が伸長しはじめると，古い毛が抜け落ちる。この周期的変化は，毛周期とよばれ，休止期，成長期，退縮期に分類されている（図3.2）。毛周期と連動した周期性の色素再生の仕組みについて，とりわけ成長期の毛母に現われる色素細胞の由来について

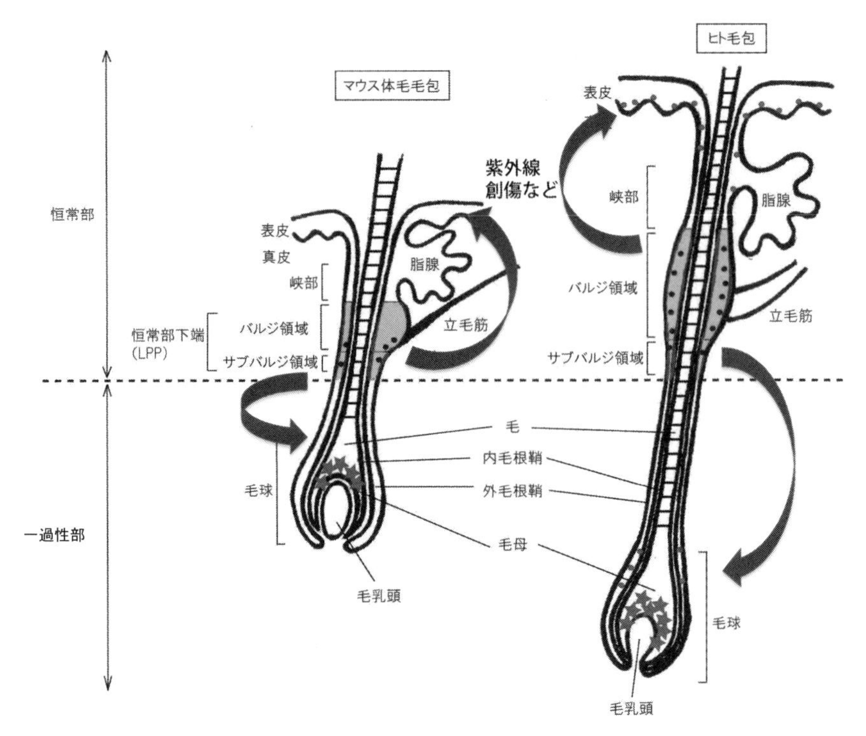

図 3.1　毛包の構造と色素幹細胞の分布

色素幹細胞（•）は毛包恒常部下端（LPP）に相当するバルジ領域からサブバルジ領域に局在する。色素幹細胞は毛周期を通じて LPP 領域に維持されるが，その子孫細胞は成長期初から中期にかけて毛母に分布して一過性に増殖分化し，LPP 領域の色素幹細胞とは完全に分離する。毛母の分化した色素細胞（★）が色素を産生し毛を着色する。

は半世紀以上にわたって謎であった。しかし，ヒトの尋常性白斑という表皮内の色素細胞が消失する疾患の治癒過程で毛孔一致性の皮膚の再色素沈着が見られることや，マウスにおいてチロシンキナーゼ型受容体の Kit の阻害によって白い毛を生やしたのち，毛が生え変わると本来の毛色に戻るといった現象が観察されたことから，毛包内に色素細胞の供給源が存在する可能性が考えられた[2)]。2002 年，西村らは Dct-lacZ トランスジェニックマウスを用いて，毛包のバルジ領域からサブバルジ領域に未知の細胞集団を見いだした。Kit の阻害抗体や移植実験などを用いて，この細胞集団は自己複製をはじめとする組織幹細胞の特性を持ち合わせることを明らかにした[2)]。この細胞集団は，メラニン色素をもたない未分化なメラノブラストとして存在し，低レベルの Kit を発現するが，静止期（G_0 期）に入って休眠すると Kit 非依存性に生存する。また，BrdU などの核酸ラベルを行なって皮膚の構成細胞をすべてラベルしたのちに，長期にわたってラベルをとどめている細胞集団（label-retaining cells；LRC）のみを可視化してやると，この細胞集団は周囲の毛包幹細胞と同様に LRC であること，つまり，細胞周期をゆっくりと回る細胞集団（slow-cycling cells）であることが判明した。また，Non-G_0 期の細胞のマーカーとして知られる MCM2 も，成長期初期を除いて多くが陰性であることとあわせて考えると，普段は G_0 期で休眠している細胞であるといえる[3)]。このような休眠状態においては Dct や Kit の発現も含め，遺伝子の発現レベルが全体的に低下することが明らかになっているが[4)]，最近，これらの細胞も安定的に検出できる系として Dct-H2B・GFP マウスが開発されており，細胞周期や活性化状態にかかわらず安定的に色素幹細胞を検出できるようになっている[3)]。ヒトでは，外毛根鞘に無色素性色素細胞とよばれる色素芽細

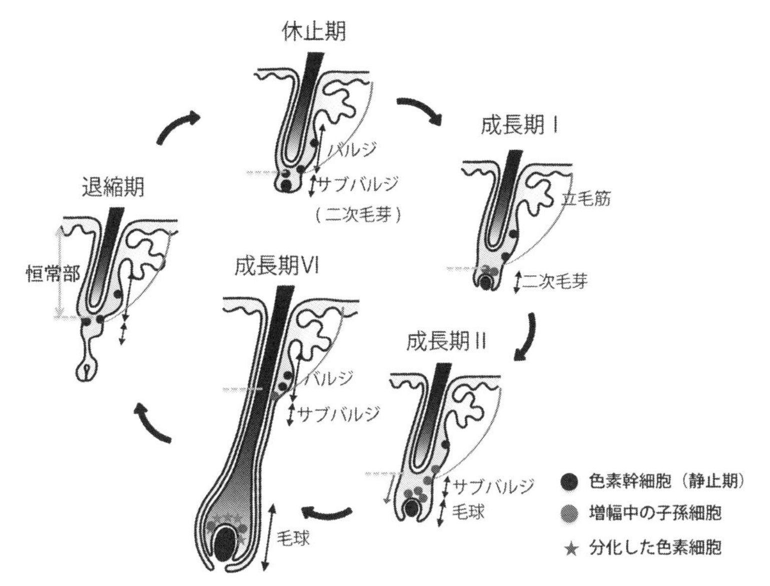

図 3.2　毛周期における色素幹細胞とその子孫細胞の分布

色素幹細胞は，毛周期を通じて恒常部下端（バルジ領域に相当）において維持されている。成長期初期に活性化された色素幹細胞が分裂し，二次毛芽から毛母へ子孫細胞を供給している。これらの色素細胞が分化してメラニン色素を産生し，毛幹に色素沈着が起こるようになる。

胞の存在やPMEL17陽性であることなどが知られていたが，毛周期を通じてマウスの色素幹細胞とよく似た挙動をとることや，バルジ領域辺りを中心に存在すること，ヒトの毛包バルジ領域においてはPMEL17の上流の転写因子であるMITFを低レベルで発現するものの，通常はメラニン色素を産生しない未分化な細胞であることが確認されている[5,6]（図3.3a）。近年，鳥類の羽毛器官においても類似の細胞の存在が明らかにされている[7]。

3.1.3　色素幹細胞の周期的活性化

色素幹細胞は，発生中に現われる神経堤由来のメラノブラストが毛包や汗腺内のニッチ予定領域に分布するようになると，休眠状態にて維持されるようになり[8]，必要時には毛包や表皮の色素細胞のリザーバーとなる。毛包内では毛周期と連動して活性化され，自己複製する（図3.2）。成長期初期に幹細胞が分裂し，その一部がニッチに残ると同時に，残りを子孫細胞が増殖分化する毛母予定領域へと供給し，そこでメラニン色素をつくり角化細胞へと受け渡すため，有色の毛が生える[2,9]。これら毛包の再生退縮を繰り返す部位（一過性部）の角化細胞や色素細胞は，退縮期にアポトーシスにより細胞死して消失する。そして再び次の成長期が訪れると，色素幹細胞が分裂してその子孫細胞を毛母予定領域へと供給する。このとき，色素幹細胞のプールは維持されるため，毛が生え変わるごとに有色の毛を生やすことができる。色素幹細胞を安定的に可視化するシステムを用いた観察から，色素幹細胞のうち約半数が成長期に活性化されて自己複製し，再び成長期後期以降に休眠状態へと戻ると考えられる[3]。

3.1.4　毛の白毛化（白髪）と皮膚の色素再生

色素幹細胞は，成長期初期にその約半数が活性化され，サブバルジ領域（二次毛芽）において増殖し，その子孫細胞を毛母予定領域へと供給する[2,3]（図3.2）。そのため，色素幹細胞プールが維持されていても，子孫細胞を二次毛芽を経て毛母予定領域へとうまく供給できない場合や，成長期の途中で毛母の色素細胞が不足したり，その色素

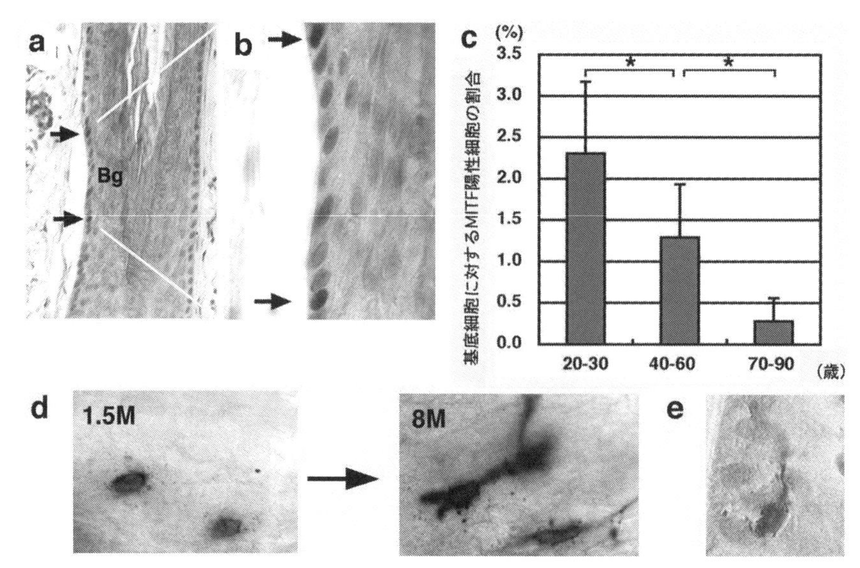

図3.3　色素幹細胞の加齢性変化

(a，b) ヒト頭皮毛包の外毛根鞘バルジ領域 (Bg) に分布するMITF陽性メラノブラスト。(c) 異なる年齢層におけるヒト頭皮毛包のバルジ領域に分布するMITF陽性メラノブラストの基底細胞に対して占める割合の変化。$^{*}P < 0.01$。(d) Dct-lacZマウス生後44日のマウス髯毛毛包の下方膨大部の下端における未分化なDct-lacZ陽性メラノブラスト (左)，および，生後8カ月齢で見られたニッチ内にて異所性分化したDct-lacZ陽性メラノサイト。特徴的な樹状の形態と豊富なメラニン顆粒を認める。(e) ヒト中年齢層の毛包のバルジ領域からサブバルジ領域で異所性に認められた成熟したメラノサイト。胞体は樹状でメラニン顆粒をもつ。(文献5より)

産生量が不足すると，毛が生え変わるまでのあいだは毛幹への色素沈着が不十分になると考えられる。一方，色素幹細胞のプール自体が枯渇するようになると，進行性に白毛化が進むと考えられるが，実際，そのような現象が加齢やゲノムストレスのほか、色素幹細胞の維持に必須の遺伝子の異常で認められている (後述)。その一方で，色素幹細胞は，紫外線や創傷，表皮基底細胞でのSCF発現などに応答して，表皮に色素細胞を供給しうる[2,10] (図3.1)。尋常性白斑 (俗名：シロナマズ) とよばれる色素細胞が消失する疾患の治癒過程においては，毛孔一致性に皮膚の色素再生が見られることや，紫外線によってこのプロセスが促進性に見られることが知られている。毛包の恒常部からバルジ領域にかけて分布する色素幹細胞様の細胞集団から連続して，毛包峡部や表皮にかけて色素細胞が分布するようになって表皮が着色することから，色素幹細胞が表皮の色素細胞を供給し皮膚の色素再生が起こると考えられる[9]。

3.2　白髪 (白毛症) のメカニズム

3.2.1　加齢やストレスによる色素幹細胞の変化

野生の動物は，通常は生涯を通じて白毛化しないが，飼育などによって寿命が長くなると，加齢に伴って進行性の白毛化 (白毛症／白髪) を発症する。色素幹細胞の維持は，マウスやヒトにおいて加齢に伴って不完全となることや[5] (図3.3)，早老症におけるゲノム不安定性や放射線照射によるゲノムストレスなどによりそのプロセスがさらに促進して進行することが明らかにされている[11]。いずれにおいても，成長期中期の毛包内の色素幹細胞ニッチであるバルジ領域からサブバルジ領域において，メラニン色素をもつ樹状の形態をもつ細胞が一過性に出現するが，蓄積することなく消失する。同時に未熟な色素幹細胞が減少または消失する[5,11]。毛母への色素細胞の供給不全は，通常，色素幹細胞の枯渇とカップルして観

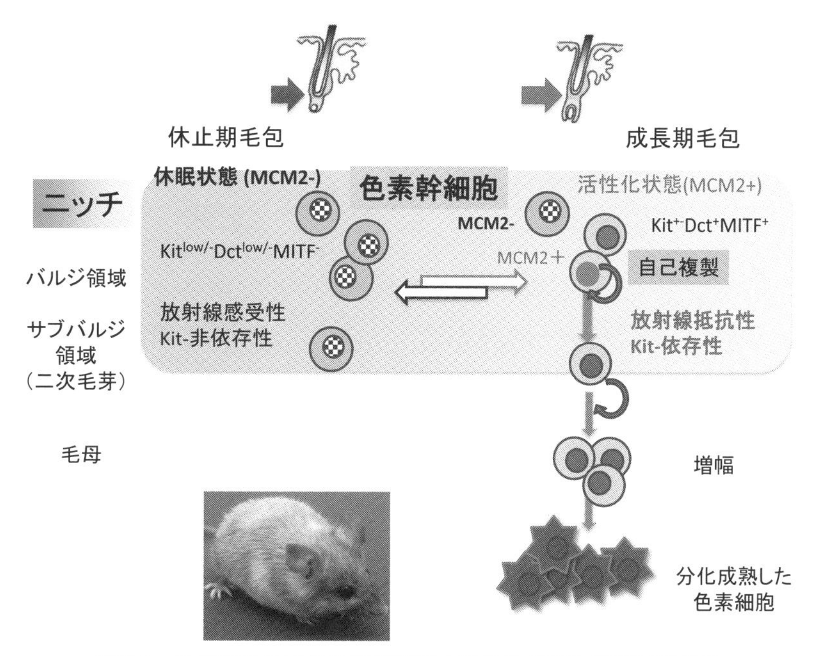

図 3.4　毛周期における色素幹細胞の活性化状態と放射線抵抗性
色素幹細胞は，毛周期と同調する形で，休眠状態と活性化状態を反復している。その活性化状態と放射線感受性や Kit 依存性は密接な関連を示す。左下写真は，放射線（5 Gy）照射後，毛が生え変わったのちに白毛化した野生型マウスの写真。

察され，毛皮質におけるメラニン不足によって毛色が薄くなり，さらに進行して毛母に色素細胞が供給されなくなると完全に白毛化する。しかし，成長期毛包のニッチ内において活性化状態にある色素幹細胞は，静止期で休眠している色素幹細胞よりも放射線抵抗性であることが明らかにされている[3)]。一般に細胞周期が回っている細胞が，放射線や抗癌剤に感受性で細胞死しやすいことが *in vitro* の実験で知られているが，実際の生体内での色素幹細胞の維持について解析すると，むしろ静止期ほど放射線感受性が高いことが明らかになった[3)]（図 3.4）。このようなストレス下の色素幹細胞の運命制御においても，環境側となる角化細胞が果たす役割が大きいと考えられ[12)]，とくに周囲の角化細胞における SCF の強制発現によって白毛化を抑制しうることが知られている[13)]。一方，毛細血管拡張性失調症の原因遺伝子である *ATM*（ataxia telangiectasia mutated）遺伝子が欠損すると，感受性が促進する。さまざまなゲノム毒性ストレスに対して未分化性を維持して自己複製をするべきかどうかを決定する自己複製チェックポイント（ステムネスチェックポイント）が機能していると考えられる[5)]（図 3.5）。

3.2.2　毛包内の色素幹細胞の維持制御の仕組み

色素幹細胞の制御分子についての研究は，毛が生え変わるごとに白毛化する変異マウス（白髪モデルマウス）を用いた解析から始まった。*Bcl2* 遺伝子欠損マウス，および徐々に白毛化が進行する $Mitf^{vit/vit}$ マウスは，生下時には通常の毛色を示しながらも，毛が生え変わると白い毛が生えるようになる。長年，その仕組みは明らかではなかったが，*Bcl2* 遺伝子欠損マウスでは，色素幹細胞が休眠状態に入るときに一斉に消失すること，$Mitf^{vit/vit}$ マウスでは色素幹細胞の自己複製が不完全で，ニッチ内にて分化してしまうことが判明し，色素幹細胞の維持にこれらの 2 つの遺伝子が必須であることが判明した（図 3.6）。*Mitf* 遺伝子がコードする転写因子 MITF は，色素細胞の発生のマスター制御因子として知られ，色素幹細

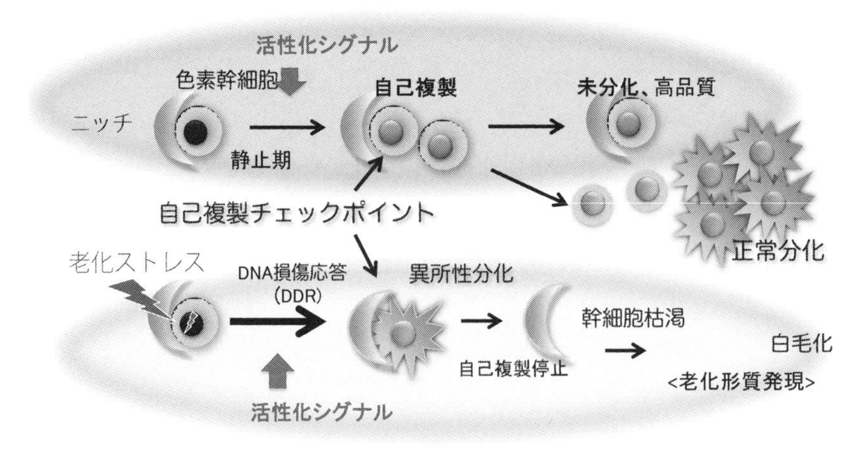

図 3.5　色素幹細胞の自己複製とそのチェックポイント

色素幹細胞は，休止期や退縮期の毛包などにおいて通常は静止期（G_0）にて維持されているが，毛包が成長期に入ると活性化され，自己複製を行なう。これと同時に毛母へと分化細胞を供給することにより，有色の毛が生えるようになる。一方，加齢や，遺伝毒性ストレスなどの老化促進性のストレスによって色素幹細胞においてDNA損傷応答が遷延すると，成長期初期に活性化シグナルが入ったときにニッチ内で異所性に分化し，自己複製せずに枯渇する。分化した色素細胞を供給できなくなり，毛皮質に色素が沈着しなくなり，白毛化を起こす。

胞の自己複製において重要な役割を担っており，その標的遺伝子である *Bcl2* 遺伝子は活性化された色素幹細胞が休止期に入るタイミングで細胞死を抑制するうえで必須であることが明らかになった[5,14]。さらに，*Mitf* 遺伝子の発現制御を担う転写因子 Sox10 も色素幹細胞の分化制御において重要で，遺伝子の変異や欠損によって色素幹細胞が自己複製せず枯渇するため，マウスの体毛が白毛化していくことが報告されている[15]。これら転写因子 MITF を中心とする白斑原因分子群が，直接に，あるいは細胞外からのシグナルを通して色素幹細胞の制御を行なっているものと考えられる。

3.2.3　ニッチによる毛包内の色素幹細胞の制御

色素幹細胞の制御においては幹細胞周囲のニッチが重要な役割を果たしている。毛包のバルジ領域からサブバルジ領域にかけて色素幹細胞と隣接して基底膜上に存在する毛包幹細胞は，色素幹細胞のニッチとして幹細胞プールを維持するのみならず，毛周期に応じて色素幹細胞の活性化と不活性化の制御を行なっている。毛包幹細胞が発現し，色素幹細胞の維持に必須の分子としては，類天疱瘡抗原として知られている XVII 型コラーゲン（COL17A1/BP180/BPAG2），および TGF-β が明らかにされている。COL17A1 は，ヘミデスモソームを構成する膜貫通タンパク質であり，表皮基底細胞を基底膜へと係留している[16]。毛包内では，毛包幹細胞において高レベルの発現を認めるが，色素幹細胞においては発現していない。COL17A1 の先天性の欠損を認める非 Herliz 型結合部型表皮水疱症において，早発性の脱毛が特徴的に見られる。*Col17a1* の欠損マウスにおいて，早発性の白毛化とそれに続く脱毛が見られ，加齢に伴って進行することが明らかにされている。同マウスにおける色素幹細胞および毛包幹細胞の解析から，色素幹細胞がニッチ内において自己複製せず異所性分化して次第に枯渇することが明らかになっている。さらに，COL17A1 を発現する毛包幹細胞が TGF-β を発現しなくなること，色素幹細胞において TGF-β の受容体が欠損すると色素幹細胞が自己複製できなくなることが明らかにされている。以上のことから，毛包幹細胞の発現する COL17A1 は，色素幹細胞に維持において必

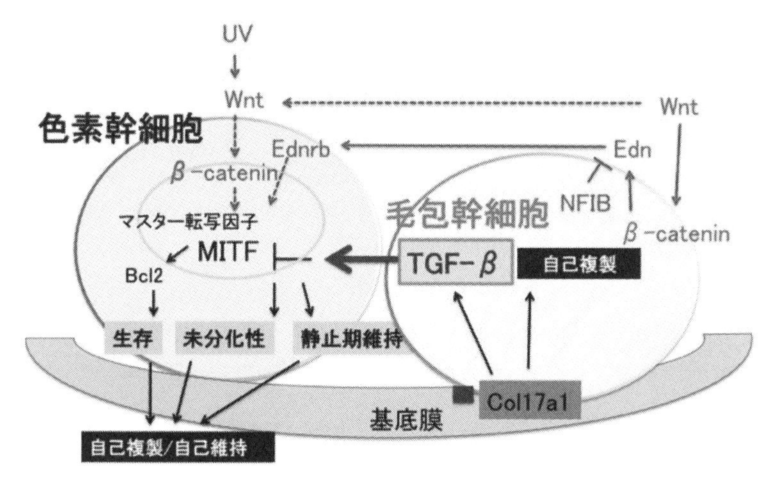

図 3.6 毛包幹細胞による色素幹細胞の運命制御

マウスの毛包バルジ領域からサブバルジ領域の色素幹細胞は，毛包幹細胞と隣接して基底膜上に局在している。毛包幹細胞をはじめとするニッチ細胞由来の複数のサイトカインによってその自己複製と分化細胞の供給が制御されている。

須で，TGF-β シグナルを介していること，毛包幹細胞が色素幹細胞のニッチ細胞であることが証明された[8, 17]（図 3.6）。そのメカニズムとしては，毛包幹細胞由来の TGF-β が，色素幹細胞の発生分化のマスター転写因子 MITF の発現抑制を介して色素幹細胞の未分化性維持を促進すると同時に，静止期の導入を促進することによると推定されている[17]（図 3.3）。そのほかに，Notch1，およびそのシグナルを伝える RBP-J やさらに下流の Hes1 といった転写因子が，色素幹細胞を含む色素芽細胞の発生に重要であることが知られている[18]。さらに最近の研究では，WNT シグナル[19]や，転写因子 NFIB を介して毛包幹細胞からエンドセリン[20]が分泌され，色素幹細胞を活性化することが明らかにされている（図 3.6）。このように，周囲のニッチ細胞との相互作用によって色素幹細胞が制御される仕組みが解明されつつある。

3.3 汗腺内の色素幹細胞の同定とメラノーマとの関連

ヒト皮膚のメラノーマは，一般に表皮内の色素細胞に由来すると考えられてきた。大型の毛包が多数存在する頭皮におけるメラノーマ発生頻度は比較的低いのに対して，本邦のメラノーマ症例の約半数が掌蹠に発生する。掌蹠の皮膚のような毛包の存在しない皮膚に色素幹細胞が存在するのかどうか明らかではなかったが，最近，マウスの footpad 内の汗腺の分泌部に未熟なメラノブラストが存在していおり，加齢やストレスに伴って一過性に自己複製し，メラニンを産生する色素細胞を生み出し，汗管を経て表皮に分化細胞を供給するようになることが報告されている[21]。ヒトの汗腺においても類似の細胞が見いだされており，メラノーマ発生との関連が注目されている[21]。

参考文献

1) Shin, H., *et al.* : *J. Am. Acad. Dermatol.*, **72**(2), 321-327, 2015.
2) Nishimura, E.K., *et al.* : *Nature*, **416**(6883), 854-860, 2002.
3) Ueno, M., Aoto, T., Mohri, Y., Yokozeki, H., Nishimura, E.K. : *Pigment Cell Melanoma Res.*, **27**(4), 540-551, 2014.
4) Osawa, M., *et al. Development*, **132**(24), 5589-5599, 2005.
5) Nishimura, E.K., Granter, S.R., Fisher, D.E. : *Science*, **307**(5710), 720-724, 2005.
6) Commo, S., Bernard, B.A. : *Pigment Cell Res.*, **13**(4), 253-259, 2000.
7) Lin, S.J., *et al.* : *Science*, **340**(6139), 1442-1445, 2013.

8) Nishimura, E.K., *et al.* : *Cell Stem Cell*, **6**(2), 130-140, 2010.
9) Nishimura, E.K. : *Pigment Cell Melanoma Res.*, **24**(3), 401-410, 2011.
10) Chou, W.C., *et al.* : *Nat. Med.*, **19**(7), 924-929, 2013.
11) Inomata, K., *et al.* : *Cell*, **137**(6), 1088-1099, 2009.
12) Aoki, H., Hara, A., Motohashi, T., Kunisada, T. : *J. Invest. Dermatol.*, **133**(9), 2143-2151, 2013.
13) Endou, M., Aoki, H., Kobayashi, T., Kunisada, T. : *J. Dermatol.*, **41**(8), 716-723, 2014.
14) McGill, G.G., *et al.* : *Cell*, **109**(6), 707-718, 2002.
15) Harris, M.L., *et al.* : *PLoS Genet.*, **9**(7), e1003644, 2013.
16) Nishie, W., *et al.* : *Nat. Med.* **13**(3), 378-383, 2007.
17) Tanimura, S., *et al.* : *Cell Stem Cell*, **8**(2), 177-187, 2011.
18) Moriyama, M., *et al.* : *J. Cell Biol.*, **173**(3), 333-339, 2006.
19) Rabbani, P., *et al.* : *Cell*, **145**(6), 941-955, 2011.
20) Chang, C.Y., *et al.* : *Nature*, **495**(7439), 98-102, 2013.
21) Okamoto, N., *et al.* : *Pigment Cell Melanoma Res.*, **27**(6), 1039-1050, 2014.

第４章

メラノサイトの増殖・分化に働く外的要因

廣部知久

哺乳類のメラノサイトの増殖・分化は多くの遺伝的（毛色遺伝子や増殖・分化因子を支配する遺伝子）および非遺伝的因子（外的要因）によって制御されている。本章では，その中で外的要因がどのようにしてメラノサイトの増殖・分化を制御しているのかについて，おもに哺乳類での研究成果をもとに詳述する。哺乳類のメラノサイトはおもに3つの外的要因によって制御されている。離れた組織・器官から分泌され，血流にのって皮膚に運ばれる因子（ホルモンなど），メラノサイトの周りを取り巻いている組織環境，とくにケラチノサイト，ファイブロブラスト，血管などから放出される因子，それから動物を取り巻く外的環境因子で，紫外線や電離放射線である。

4.1　はじめに

動物の体表面を覆っている皮膚は体の中で最大の器官で，外敵因子の侵入から体を守る大切な役割を果たしている。すなわち，表層の角質化などにより微生物，化学物質，さらには紫外線，電離放射線などから体を守っている。その他にも豊富な血管網や汗腺により体温調節をしたり，さまざまな感覚を脳に伝えたり，表皮と毛穴から物質を吸収したり，汗腺および皮脂腺から水，脂肪，老廃物などを排泄したり，皮膚呼吸をしたりなど，皮膚は動物にとって欠くことのできない重要な働きをしている。これらの皮膚機能のうち，太陽光線に含まれる有害な紫外線を吸収し，皮膚のみならず体全体を守っているのが，本書の主役であるメラノサイト（メラニン産生細胞，色素細胞）[1)]である。

哺乳類の皮膚は三層構造からなっている。表面から，表皮〔おもにケラチノサイト（ケラチン産生細胞・角化細胞）とメラノサイト〕，真皮〔おもにファイブロブラスト（繊維芽細胞），繊維，毛包，血管〕，皮下組織（おもに筋肉組織，脂肪組織）である[1)]。表皮は重層扁平上皮の一種で，おもにケラチノサイトからなっている。最下層は増殖する細胞層で基底層とよばれ，上層に向かって有棘層，顆粒層，角質層（角化層）と分化（角化）が進行する。最終的にはケラチン繊維になり剥離して失われていく。この過程を表皮ターンオーバーとよんでいる[1)]。一方，メラノサイトはケラチノサイトのあいだに表皮1 mm^2 あたり1000～1400個存在している。大部分の表皮メラノサイトは基底層に存在し，メラニン色素を生成する。それをメラノソームという特殊な細胞内小器官（顆粒）に蓄積する。マウスなど毛の多い動物では，大部分の表皮メラノサイトは毛包に移動し，その基部の毛球に集中し，毛球メラノサイトを構成する。メラノサイトからメラノソームがケラチノサイトに輸送され，ケラチノサイトは最終的にケラチンになり，メラノソームを取り囲むようにして伸長し毛が形成される。メラニンの量と質によって動物の毛色が決定される。マウスの耳（外耳）や鼻，足，尾など毛の少ない皮膚では，成体でも表皮にメラノサイトは存在しつづけるが，それ以外の皮膚においては，表皮メラノサイトは出生後のわずかな時期に見られるだけである[1)]。ヒトの皮膚（頭皮などを除いて）は毛がほとんどなく，メラノサイトは表皮に存在しつづけ，ケラチノサイトにメラノソームを輸送し，ケラチノサイトは死んでケラチン繊維になり，メラノソームはケラチン繊維とともに垢となって表皮から剥離していく[1)]。ヒトの場合，メラニンの量と質によって皮膚色が決定される。

哺乳類の皮膚のメラノサイトは神経冠とよばれる胚組織に由来する。神経冠は神経管が閉鎖する際に背側に現われる細胞集団であり，マウスでは胎生9日ごろ背側から腹側に向けて神経冠細胞が移動を開始する。将来メラノサイトに分化する細胞は，表皮下を移動し，真皮を通って体表全体に広がる。メラノサイトの前駆細胞をメラノブラスト（色素芽細胞）とよぶ。メラノブラストは，胎生11.5日ごろ，真皮から表皮へ移動し，増殖し表皮メラノブラストとなる。メラノサイトにおけるメラニン生成の場であるメラノソームは，発達段階に応じて第Ⅰ～Ⅳ期に分けられている[1)]。メラノソームの内部構造が形成されはじめるのが第Ⅰ期で，それが完成するのが第Ⅱ期である。メラノサイト特有の酵素，チロシナーゼなどの働きによりメラニンが沈着されはじめるのが第Ⅲ期で，それが完成するのが第Ⅳ期である。ゴルジ体や粗面小胞体から由来した第Ⅰ，Ⅱ期メラノソームに，ゴルジ小胞や被嚢小胞からチロシナーゼなどの酵素が運ばれメラニン沈着が始まると考えられている（詳細は第5章参照）。マウスでは胎生14日ごろ第Ⅰ，Ⅱ期メラノソームをもつメラノブラストが現われる。一方，チロシナーゼ活性によりメラニンが沈着した第Ⅲ，Ⅳ期メラノソームを形成した表皮メラノサイトは胎生16日ごろ現われ，生後急激に増加し，4日ごろ最大になり，その後は毛包に移動するにつれて減少する。しかしながら，少数の未分化なメラノブラストは表皮に残り，生存しつづけると考えられる[1)]（詳細は第1章参照）。

メラニンはアミノ酸のL-チロシンに由来する物質でチロシンがチロシナーゼの働きによりドーパキノンになり，ドーパキノンは，ロイコドーパクロームさらにドーパクロームになり，ドーパクロームタウトメラーゼ酵素（DCT/チロシナーゼ関連タンパク質2/Tyrp2）の働きで5,6-ジヒドロキシインドール-2-カルボン酸（DHICA）になり，これがDHICAオキシダーゼ酵素（チロシナーゼ関連タンパク質1/Tyrp1）の働きで黒褐色～黒色の黒色メラニン（ユーメラニン）となる（DHICAメラニンとよぶ）。また，ドーパクロームから非酵素的に，5,6-ジヒドロキシインドール（DHI）になり，これがチロシナーゼの働きで黒色メラニンになる経路も知られている（DHIメラニンとよぶ）。一方，ドーパキノンにアミノ酸のL-システインが反応して5-*S*-システイニルドーパあるいは2-*S*-システイニルドーパとなり，これらがベンゾチアジン中間体を経て重合し，黄色～赤褐色の黄色メラニン（フェオメラニン）[2)]になる（メラニン生成過程の詳細については第11章参照）。

本章では表皮メラノサイトを中心に，その増殖・分化がどのように制御されているかについて，これまでの知見をまとめ将来の課題についても言及する。メラノサイトの増殖・分化を制御している外的因子のひとつは血流にのって運ばれてくる物質であるが，これがメラノサイトの分化に重要な働きをするホルモンである。その他に脂肪酸，ビタミン，ミネラル，さらには組織環境を形成しているケラチノサイト，ファイブロブラストによって生成される因子，また，動物を取り巻く外的環境因子の紫外線，電離放射線などによる制御についても順に詳しく述べていく。

4.2 ホルモンなどによる制御

4.2.1 α-メラノサイト刺激ホルモン（α-MSH）

マウスの系統の中ではC57BL/10JHir（B10）は表皮メラノブラスト・メラノサイトの数が多く，メラノサイトの研究に適している。とくに，表皮メラノサイトの増殖・分化の制御機構を *in vivo*，*in vitro* で研究するのに適した材料といえよう。筆者はB10マウスの新生児の背側皮膚より表皮細胞を解離して，これをメラノブラスト純化培養液（MDM）という無血清培養液で培養し，純粋なメラノブラスト集団を得ることに成功した[1]。MDMはHamのF-10培養液にインスリン（INS），ウシ血清アルブミン（BSA），エタノールアミン（EA），ホスホエタノールアミン（PEA），亜セレン酸ナトリウム（SE）を添加したものである。トリプシンなどで解離した表皮細胞をMDMで培養すると，培養初期はケラチノサイトが増殖するものの，7日以降次第に死滅し，14日ごろには未分化なメラノブラストの純粋集団が得られる。ただ，MDMではメラノブラストの顕著な増殖はみられなかった。このMDMにさまざまな既知の因子を加えて，解離した表皮細胞を培養することによってメラノブラストからメラノサイトへの分化を促進する物質を調べることができる。その結果，α-MSHは10～100 nMの濃度で，初代培養開始から7～14日でメラノサイトの分化をほぼ完全に誘導した[1]。筆者らはα-MSHをB10マウスの新生児の皮下に注射すると，メラノサイトの分化，メラノソームの形成・成熟化および樹枝状突起形成が促進されることを以前報告したが[3]，この *in vivo* の研究と上述の培養実験から，マウスの新生児期のメラノサイトの分化にはα-MSHが必須であることがわかった。しかしながら，MDMで14日間培養し得られたメラノブラストの純粋集団にα-MSHを加えて培養してもメラノサイトの分化は誘導されなかった。したがって，α-MSHによるメラノサイトの分化誘導にはケラチノサイトに由来する物質が必要であると示唆される。後述するように，このケラチノサイト由来因子の本体は増殖因子やサイトカインである（4.3.1項参照）。

培養系でマウスの表皮メラノサイトの分化を誘導する物質は，他にジブチリル環状アデノシン3′:5′-一リン酸（DBcAMP），3-イソブチル-1-メチルキサンチン（IBMX）があり，これらはα-MSHと同様にメラノブラスト内のcAMP濃度を上昇させ，プロテインキナーゼA（PKA）に働き細胞内情報伝達系を介して分化を促進すると考えられる（後述の4.3.1項参照。また，細胞内情報伝達系の詳細に関しては第9章参照）[1]。

α-MSHはプロオピオメラノコルチン（POMC）とよばれるタンパク質が酵素によって小さく切られることで生じる。α-MSHの他にPOMCからは副腎皮質刺激ホルモン（ACTH），β-MSH，γ-MSHなどのポリペプチドホルモンが生じる。α-MSHは*N*-アセチル$ACTH_{1\text{-}13}$に相当する。全長ACTH（$ACTH_{1\text{-}39}$）やACTH断片をMDMに加えて表皮細胞を培養するとα-MSHと同様にマウス表皮メラノサイトの分化がほぼ完全に誘導された[1]。完全に分化を誘導するのに最小必須なACTH断片は$ACTH_{4\text{-}12}$であった[1]。このアミノ酸配列が活性中心と思われる。一方，胎生13～19日のB10マウスの表皮・真皮ならびに新生児B10マウス由来の培養ケラチノサイト，メラノブラスト，メラノサイトではPOMC遺伝子の発現は見られなかった[1]。それに対して，ヒトの皮膚では$ACTH_{1\text{-}14}$などが表皮や培養したケラチノサイトに存在し，$ACTH_{1\text{-}14}$はアデニル酸シクラーゼ活性を上昇させ，分化を促進することが知られている[4]。したがって，マウスではヒトと異なり，α-MSHやACTHなどはケラチノサイトでは生成されず，脳下垂体中葉あるいは前葉から分泌され，血流にのって表皮に運ばれると考えられる。

4.2.2 ステロイドホルモン

古くからエストロゲン，プロゲステロン，アンドロゲンなどの性ホルモンは性依存的にメラニン生成を促進することがモルモットなどで知られている[5]。これらの性ホルモンをMDMに添加して表皮細胞を培養するとB10マウスの表皮メラノサイトの分化が促進された[1]。ただ，この場合，全メラノブラストのうち30～40%がメラノサイトに分化しただけであった。ヒドロコルチゾン(HC)，デキサメサゾン（DEX）などの天然や人工のステロイドホルモンをMDMに添加して表皮細胞を培養した場合も同様な結果であった[1]。このようにステロイドホルモンによるメラノサイト分化誘導活性は完全ではなかった。なぜ不完全なのかは今のところ不明である。cAMP-PKA経路以外にメラノサイトの分化を促進する情報伝達系が存在するのではないかと仮想される。この問題は将来の課題である。なお，DEXでマウスの胚性幹（ES）細胞を培養するとメラノサイトの分化が誘導されることはたいへん興味深い[6]。

4.2.3 脂肪酸

脂肪酸は細胞膜の成分であり，細胞内の情報伝達において重要な働きをする。マウスのメラノーマ細胞において，リノール酸（不飽和脂肪酸）はチロシナーゼの分解を促進し，パルミチン酸（飽和脂肪酸）はチロシナーゼの分解を抑制することが知られている[7]。それに対して，C57BL/6J(B6)系統マウスの尾の皮膚の器官培養系においては，パルミチン酸が表皮のチロシナーゼ活性を上昇させることが報告されている[8]。また，筆者はMDMにパルミチン酸やパルミトオレイン酸，ステアリン酸などの飽和脂肪酸ならびにオレイン酸（不飽和脂肪酸）を加えてB10マウスの表皮細胞を初代培養すると，やはり30～40%の細胞がメラノサイトに分化することを見いだした[1]。このように不飽和脂肪酸，飽和脂肪酸ともにメラノサイトの分化を誘導する働きがあることが示唆された。しかしながら，脂肪酸がチロシナーゼやTyrp1，Tyrp2などの活性を上昇させ，分化を促進するのかどうかは今後の課題である。

4.2.4 ビタミン

ビタミンもメラノサイトの増殖・分化を制御している物質であると考えられるが，研究例は少ない。ビタミンCやその誘導体はメラニン生成をチロシナーゼ活性阻害効果により抑制し，樹枝状突起形成も抑制することが知られている[9]。また，ビタミンEとフェルラ酸がエステル結合したビタミンEフェルラ酸エステルがメラニン生成を抑制することも報告されている[10]。さらに，ビタミンD誘導体はヒトメラノサイトの増殖を抑制し[11]，樹枝状突起形成も抑制することが報告されている。しかしながら，ビタミンによるメラノサイトの増殖・分化の制御機構については不明である。

4.2.5 ミネラル

成体に存在する多くのミネラルのうち，鉄は皮膚やその付属物の発生にとって欠かすことができない因子である[12]。ところが，過剰な鉄はL-チロシンの酸化を通して皮膚の過剰な色素生成を引き起こす[12]。この鉄による過剰な色素生成の機構についてはまだよくわかっていない。

塩化第一鉄と塩化第二鉄の二量体は，フェラス・フェリック・クロライド（FFC)[1]として知られている。FFCをMDMに添加して表皮細胞を培養するとB10マウスの表皮メラノサイトの分化が促進された[1]。さらに，継代したヒトの表皮メラノブラストの培養に加えた場合にもメラノサイトの分化が促進された[1]。また，FFCを含む液をB10マウスの新生児の皮膚に塗りつづけると，メラノサイトの増殖・分化が促進され，毛の成長も促進された[1]。このように，FFCはマウスやヒトのメラノサイトの増殖・分化を促進し，毛の成長を促進するが，その詳しい機構については不明である。FFCによって細胞内の酸化・還元状態が整えられ，遺伝子の発現，増殖・分化因子の発現・活性などが上昇し，メラノサイトの増殖・分化が促進されると考えられる。しかしながら，この仮説は将来詳細に検討する必要がある。

4.3 組織環境による制御

4.3.1 ケラチノサイトによる制御

メラノサイトは表皮や真皮，また毛包・毛球などにおいても周りの細胞との相互作用を介して，その増殖・分化が制御されていると考えられる。表皮においては，メラノサイトはケラチノサイトと直接接触している。また，表皮メラノサイトは，基底膜を通して真皮の細胞に由来する因子の影響も受けている[13)]。また，真皮メラノサイトはおもにファイブロブラストや血球，血管内皮細胞などからの影響を受けているが，表皮メラノサイトのように直接接触している細胞はない。毛球においては，メラノサイトは周りのケラチノサイトと直接接触してメラノソームをケラチノサイトに輸送している。そのうえ，毛球メラノサイトは毛乳頭のファイブロブラストに由来する因子や真皮に存在する細胞に由来する因子の影響をガラス膜（基底膜）を通して受けている。表皮，真皮，毛球などを構成する組織環境との相互作用を介したメラノサイトの増殖・分化制御機構を知るには，それぞれの部域における組織環境からのメラノサイト増殖・分化因子の影響を *in vivo*，*in vitro* で研究することが大切である。

表皮メラノサイトの増殖・分化は，ケラチノサイト由来因子によって制御されていると考えられる。その機構解明のために，筆者はメラノサイトとケラチノサイトの無血清共培養系を確立した。血清中に存在する未知の物質からの影響を取り除くために無血清培養系を確立することが重要である。最初にメラノブラスト・メラノサイトの無血清初代純粋培養系およびケラチノサイトの無血清初代純粋培養系を確立した[1)]。先述の MDM はメラノブラストの純粋培養系を得ることができるが，メラノブラストの増殖は限られており得られる細胞数は少ない。MDM に DBcAMP と塩基性繊維芽細胞増殖因子（bFGF）を加えたメラノブラスト増殖培養液（MDMDF）で表皮細胞を培養すると，メラノブラストが顕著に増殖し，初代培養開始から 14 日後で約 95% がメラノブラスト，5% がメラノサイトの純粋培養系が得られた[1)]。初代培養 1 日後に認められたメラノブラストが培養 12 ～ 14 日後には 30 倍以上に増加した。一方，MDM に DBcAMP のみを加えるとメラノサイトがさかんに増殖し，初代培養開始から 14 日後には分化したメラノサイトの純粋集団が得られた。初代培養 1 日後に認められたメラノブラストが培養 12 ～ 14 日後にはほとんどすべてメラノサイトに分化し，数は 5 倍以上になった。この培養液をメラノサイト増殖培養液（MDMD）とよんでいる[1)]。

これに対して，マウスの表皮由来ケラチノサイトの無血清純粋培養系は，解離した表皮細胞をカルシウムを含まないイーグルの最小必須培養液（MEM）に MEM-非必須アミノ酸，INS，BSA，EA，PEA，SE，上皮増殖因子（EGF），HC，DEX，0.03 mM 塩化カルシウムを加えたケラチノサイト純化培養液（KDM）で培養することによって得られた。2, 3 日後には培養皿一杯にケラチノサイトの純粋集団が得られた。なお，これらマウスのメラノブラスト，メラノサイト，ケラチノサイトの培養には，あらかじめ培養皿を I 型コラーゲンでコートしておくことが重要である。I 型コラーゲンはこれらの細胞の接着，増殖を促進する。MDMDF を用いて初代培養を開始してから 14 日後，メラノブラストを培養皿から，トリプシン-エチレンジアミン四酢酸（EDTA）を用いて剥がし，新しい培養皿に移し培養を始める。一方，初代培養開始 1 日後にケラチノサイトをトリプシン-EDTA を用いて剥がし，継代したメラノブラスト（継代培養 1 日後）の培養に加え，MDMD を用いて共培養を開始した。するとメラノブラストの単独培養では，増殖・分化が促進されなかったが，ケラチノサイトを加えると増殖・分化が促進された。したがって，ケラチノサイトはメラノサイトの増殖・分化を促進する物質を生成し，培養液中に放出していると考えられる。

その物質の本体が何であるかを明らかにするために，メラノブラストの純粋培養系にケラチノサイトの代わりに種々の生理活性物質を加えて培養し，メラノサイトの増殖・分化誘導活性を調べた。その結果，エンドセリン（EDN）-1，EDN-2，EDN-3，スティール因子〔SLF/幹細胞因子（SCF）/Kitl〕，肝細胞増殖因子（HGF），顆粒球マクロファージコロニー形成促進因子（GMCSF），白血病阻害因子（LIF）などに活性があった[1]。これらの因子の抗体を初代培養開始からMDMDに加えて培養するとメラノサイトの増殖・分化が抑制された。さらに表皮細胞の初代培養時にケラチノサイトが多く存在する4〜6日，6〜8日の培養上清にはGMCSFなどが多く検出され，12〜14，14〜16日の培養上清（メラノサイトの純粋培養時）にはほとんどGMCSFなどは検出されなかった。したがって，上記の因子が，ケラチノサイトに由来するメラノサイト増殖・分化促進因子と考えられる[1]。

ケラチノサイトが生成する因子はメラノサイトの増殖・分化を促進する因子が多いが，抑制する因子も知られている。インターロイキン（IL）1αはケラチノサイトの有無にかかわらず，B10マウスの表皮細胞をMDMDFで培養するとメラノブラストの増殖を抑制した。ところが，IL1αはケラチノサイトが存在しないと，MDMDで培養したメラノサイトの増殖を抑制しなかった。他方，IL1αはケラチノサイトの有無にかかわらず，MDMDで培養するとメラノサイトの分化，チロシナーゼ活性，メラニン生成および樹枝状突起形成を促進した[1]。したがって，IL1αはメラノブラストやメラノサイトの増殖を抑制し，メラノサイトの分化を促進する因子の一つといえよう。さらに，IL1αはケラチノサイトに由来する未知の物質と協同して，メラノサイトの増殖を抑制すると思われる。

筆者の培養系以外にもmela-a細胞（B6マウスのメラノサイト由来株細胞）とSP-1ケラチノサイト（SENCARマウスケラチノサイト由来株細胞）の共培養系が知られている[14]。SP-1ケラチノサイトはmela-a細胞の増殖・分化を促進した。さらに，SP-1ケラチノサイトはα-MSHを生成し，培養液中に放出し，mela-a細胞のメラニン生成を促進した[15]。皮膚から初代培養したケラチノサイトでなくてもメラノサイトの増殖・分化因子を生成している点が興味深い。

以上の*in vitro*の実験系を用いた研究の他に，*in vivo*の実験系を用いた研究が報告されている。ラットやスナネズミ，ヘアレスマウス（成体）の皮膚にはα-MSHが存在することが報告されている[16]。SLFは紫外線B波（UVB）を照射されたモルモットの皮膚でメラノサイトの増殖，色素生成を促進する[17]。先述のようにB10マウスの胎児や新生児の皮膚のケラチノサイトはα-MSHを生成していないので，マウスはラットやスナネズミとは異なると考えられる。SLF[18]，HGF[19]などを過剰発現させたトランスジェニックマウスを用いた研究から，SLF，HGFなどは，マウスのメラノサイトの増殖・分化を制御している重要な因子であることが強く示唆される。

ヒトのメラノブラスト，メラノサイトもMDMDF，MDMDにいくつかの物質を加えることで培養できた。MDMDFにトランスフェリン（Tf）とEDN-1を加えることにより，ヒトの新生児包皮由来の表皮メラノブラスト（図4.1A, B）を増殖させ，継代することができた。この培養液をMDMDFαとよんでいる[20]。ただ100％がメラノブラストになるわけではなく，90〜95％で，残りはわずかに色素を生成した分化メラノサイトであった。一方，MDMDにTf，EDN-1，L-Tyr，SLFを加えることにより，ヒトのメラノサイトをほぼ100％純粋に増殖させ，継代することができた（図4.1C, D）。この培養液をMDMDαとよんでいる[20]。MDMDFαで培養したヒトのメラノブラストをMDMDαに変えて5〜7日間培養すると，ほぼ完全にメラノサイトに分化した[20]。

これに対して，ヒトの表皮ケラチノサイトはB10マウス用のKDMでは培養できなかった。ヒトのケラチノサイトはMCDB153培養液にウシ脳下垂体抽出物（BPE），INS，EGF，HCを加えたKG2培養液で培養・継代できる[21]。培養皿一杯に増えたケラチノサイトをトリプシン-EDTA

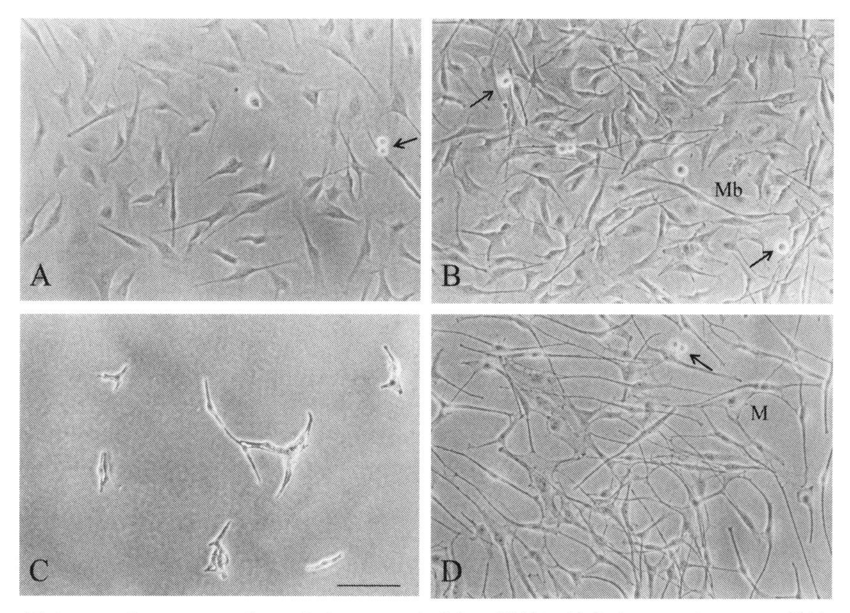

図 4.1 ヒトのメラノブラストやメラノサイトの増殖に対する KGF や SLF の効果

(A, B) ヒトのメラノブラストを MDMDF + Tf + EDN-1 (A), MDMD + Tf + EDN-1 + 10 ng/ml KGF (B) で 3 日間培養した。ケラチノサイトが存在していなくとも KGF によりメラノブラスト (Mb) の増殖が顕著に促進されたことがわかる。(C, D) ヒトのメラノブラストを MDMD + Tf + EDN-1 + L-Tyr + 10 ng/ml KGF (C), MDMD + Tf + EDN-1 + L-Tyr + KGF + 50 ng/ml SLF (D) で 7 日間培養した。ケラチノサイトが存在していなくても SLF によりメラノサイト (M) の増殖が顕著に促進されたことがわかる。SLF により樹枝状突起形成も促進された。矢印は分裂像。スケールは 100 μm。

を用いて培養皿から剥がし，メラノブラストの培養に加えて MDMDFα で培養すると，メラノブラストの増殖が促進された[20)]。さらに，メラノブラストの培養にケラチノサイトを加えて MDMDα で培養すると，メラノサイトの増殖・分化が促進された[20)]。したがって，ヒトのケラチノサイトもマウスのケラチノサイトと同様にメラノブラスト・メラノサイトの増殖およびメラノサイトの分化を促進する物質を生成し培養液中に放出していることが示唆される。筆者らの研究はこれらの因子が HGF，GMCSF，LIF などである可能性を示している[20)]。

筆者以外の研究室からも melanocyte growth medium〔MGM；MCDB153 + 8% キレート剤処理したウシ胎児血清（FBS） + 2% 無処理 FBS + L-グルタミン + コレラ毒素 + SLF + EDN-3 + bFGF〕[22)] や melanocyte culture medium〔M2；ダルベッコ改変イーグル培養液（DMEM）：ハムの F12 = 1：1 + bFGF〕[23, 24)] を用いて培養実験が行なわれた。その結果，ヒトのケラチノサイトがメラノサイトの増殖・分化を促進することが示された。

上記の *in vitro* の研究に加えて *in vivo* の研究報告も多い。α-MSH[16, 25~27)]，ACTH/ACTH 断片[4, 26, 27)]，神経成長因子（NGF）[28)] などはヒトのケラチノサイトで生成され，周りに放出され，メラノサイトの分化を促進する。EDN-1，GMCSF もケラチノサイトで生成され，UVA や UVB を照射されたヒトの皮膚のメラノサイトの増殖・分化を促進する[29)]。プロスタグランジン E_2(PGE_2)，$F_{2\alpha}$（$PGF_{2\alpha}$）もヒトのケラチノサイトでプロテアーゼ活性型受容体 2 の刺激で生成・放出され，cAMP 依存的にプロスタグランジン EP1/EP3/FP 受容体を介してヒトの表皮メラノサイトの樹枝状突起形成を促進する[30)]。また，ヒトのケラチノサイトは IL6，IL8 を生成・放出し，ヒトの表皮メラノサイトの樹枝状突起形成を促進する[31)]。それに対して，bFGF はヒトのメラノサイ

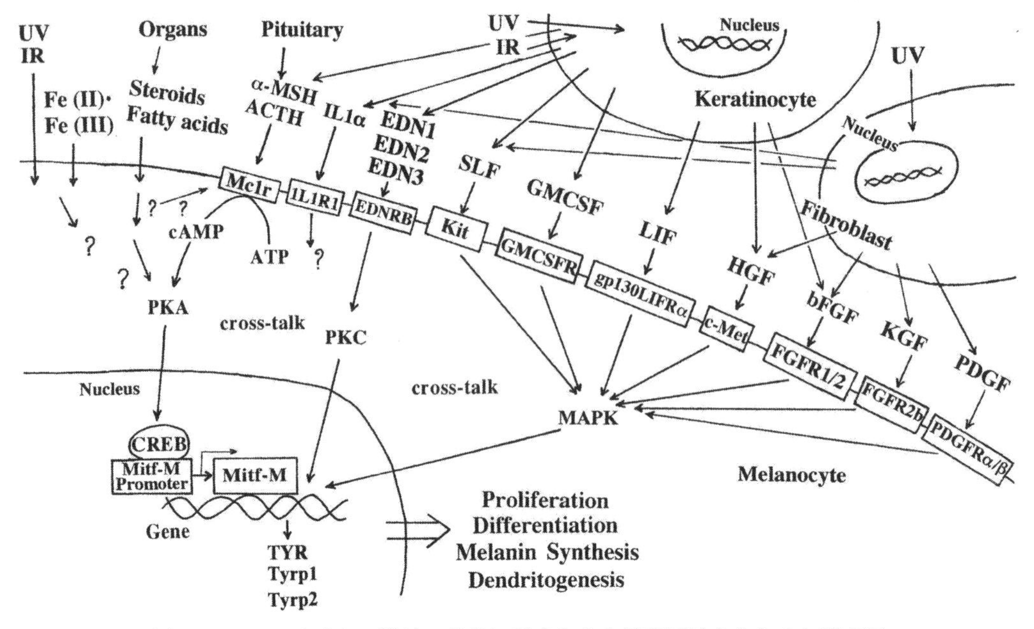

図 4.2　メラノサイトの増殖・分化に働くおもな外的因子をまとめた模式図

メラノサイトの増殖・分化にはさまざまな情報伝達経路およびそれらのクロストーク（cross-talk）が必要である。紫外線（UV），電離放射線（IR），二価鉄〔Fe(Ⅱ)〕と三価鉄〔Fe(Ⅲ)〕の二量体（FFC），諸器官（organs）由来ステロイド（steroids）ホルモンと脂肪酸（fatty acids），α-メラノサイト刺激ホルモン（MSH）と副腎皮質刺激ホルモン（ACTH）。ケラチノサイト由来因子にはインターロイキン 1α（IL1α），エンドセリン（EDN）-1，EDN-2，EDN-3，スティール因子（SLF），顆粒球マクロファージコロニー形成促進因子（GMCSF），白血病阻害因子（LIF），肝細胞増殖因子（HGF）などがある。ファイブロブラスト由来因子には塩基性繊維芽細胞増殖因子（bFGF），IL1α，SLF，HGF，KGF，血小板由来因子（PDGF）などがある。ホルモン・増殖因子の受容体にはメラノコルチンレセプター 1（Mc1r），インターロイキン 1α 受容体（IL1R1），エンドセリン受容体 B（EDNRB），SLF 受容体（Kit），GMCSF 受容体（GMCSFR），LIF 受容体（gp130LIFRα），HGF 受容体（c-Met），bFGF 受容体（FGFR1/2），KGF 受容体（FGFR2b），PDGF 受容体（PDGFRα/β）などがある。アデノシン三リン酸（ATP），環状アデノシン 3′,5′-一リン酸（cAMP），プロテインキナーゼ A（PKA），cAMP 感受性部位結合タンパク質（CREB），小眼球症関連転写因子（Mitf），Mitf-M プロモーター（Mitf-M Promoter），プロテインキナーゼ C（PKC），マップキナーゼ（MAPK），チロシナーゼ（TYR），チロシナーゼ関連タンパク質 1（Tyrp1），チロシナーゼ関連タンパク質 2（Tyrp2），Nucleus（核），Proliferation（増殖），Differentiation（分化），Melanin Synthesis（メラニン生成），Dendritogenesis（樹枝状突起形成）。なお，ヒトでは α-MSH，ACTH もケラチノサイト由来因子である。

トの増殖を促進する[32]。また，SLF はヒトのケラチノサイトで発現され，メラノサイトの増殖・分化を促進する[17,20]。

先述のような表皮におけるメラノサイトとケラチノサイトの相互作用の研究に加えて，近年毛包におけるメラノサイト－ケラチノサイトの相互作用の研究がさかんになっている。毛包幹細胞（ケラチノサイト幹細胞）は毛包の毛隆起（バルジ）において色素幹細胞（メラノサイト幹細胞）のニッチを形成している。毛包幹細胞において Wnt/β-カテニン情報伝達系が活性化されると EDN-1 の発現が上昇し，色素幹細胞の分化が促進される。それに対して，トランスフォーミング増殖因子-β（TGF-β）は小眼球症関連転写因子（Mitf）の発現を抑えることで，メラノサイトの未分化性を保持させ，色素幹細胞を維持している（詳細は第 3 章参照）。

先述のケラチノサイト由来因子の細胞内情報伝達経路はどのように制御されているのであろうか。α-MSH，ACTH，NGF，bFGF，EDN-1，EDN-2，EDN-3，SLF，HGF，GMCSF，LIF，PGE_2/$PGF_{2\alpha}$ などのケラチノサイト由来因子は，細胞膜上に存在する特異的な受容体（レセプター）Mc1r，NGFR（$p75^{NTR}$/TrkA），FGFR-1/

FGFR-2，EDNRB，Kit，c-Met，GMCSFR，gp130LIFRα，EP1/EP2/EP3と結合し，1,4,5-イノシトール三リン酸生成を促進し，signal transducer and activator of transcription（STAT）1，STAT3，STAT5を介して，プロテインキナーゼC（PKC）やマップキナーゼ（MAPK）を活性化すると考えられる[1]。ケラチノサイト由来因子はメラノブラスト・メラノサイトの増殖・分化に必要なタンパク質の生成を促進し，メラノサイトの増殖因子，分化因子として作用していると考えられる。これらケラチノサイト由来因子の情報伝達経路は多数存在し，お互いに他の経路と作用しあっていると考えられる。メラノブラストの増殖には，α-MSH，ACTHなどcAMPを上昇させる物質によるPKA経路と，EDNsによるPKC経路ならびにbFGF，SLF，LIF，HGF，GMCSFなどによるMAPK経路の3経路の活性化，互いのクロストークが必要であると考えられる。メラノサイトの増殖・分化にはPKA経路とPKC経路もしくはMAPK経路のどちらかが必須で，互いのクロストークも必要であると考えられる（図4.2，詳細は第9章参照）。

4.3.2 ファイブロブラストによる制御

表皮や毛包に存在するケラチノサイトによるメラノサイトの増殖・分化の制御機構の研究に比べて，真皮に存在するファイブロブラストによる制御機構の研究例は少ない。

紫外線照射後にファイブロブラストからbFGF[33]，酸性繊維芽細胞増殖因子（aFGF）[33]，TGF-β1[34]，ケラチノサイト増殖因子（KGF）[33, 34]，SLF[35]，HGF[35, 36]，IL1α[34]，IL1β[34]，血小板由来増殖因子（PDGF）[37]などが放出されていると報告されている。また掌蹠皮膚はそれ以外の皮膚に比べて色素が薄いが，これはファイブロブラスト由来のディコップ関連タンパク質1（DKK1）がメラニン生成を抑制しているからといわれている[38]。また，ヒトにおいて色の濃い皮膚由来のファイブロブラストはニューレグリン1の発現が強い。3D再構成ヒト皮膚や培養ヒトメラノサイトの色素生成はニューレグリン1によって促進されることもわかっている[39]。しかしながら，ファイブロブラスト由来因子がマウスやヒトのメラノブラスト・メラノサイトの増殖，メラノサイトの分化を促進するかどうかはよくわかっていなかった。

そこで筆者らは，ヒトのメラノブラスト・メラノサイトの培養系を用いて，KGF，SLF，HGF，GMCSFなどがヒトのメラノブラスト・メラノサイトの増殖，メラノサイトの分化を促進するかどうかを検討した。KGFは単独でヒトのメラノブラストの増殖（図4.1A, B）ならびにメラノサイトの分化を促進したが，メラノサイトの増殖促進にはケラチノサイトの存在が必要であった[20]。また，SLFは単独でヒトのメラノブラストの増殖やメラノサイトの増殖・分化（図4.1C, D）を促進した。それに対して，HGF，GMCSF，LIFは単独でヒトのメラノサイトの分化を促進したものの，メラノブラスト・メラノサイトの増殖促進にはケラチノサイトの存在が必要であった。ファイブロブラストから放出されるこれらの因子がメラノサイトの増殖・分化因子である可能性が示唆されたが，KGF，SLF，HGF，GMCSF，LIFなどがこの培養系でファイブロブラストから生成され，放出されているかどうかをこれから確かめる必要がある。

4.3.3 その他の細胞由来因子

表皮においては，ケラチノサイトやメラノサイト以外にも少数ではあるがランゲルハンス細胞が存在している。現在までのところ，この細胞がメラノサイトの増殖・分化を制御しているかどうかは明らかではない。また，真皮には血管内皮細胞や各種の血球，肥満細胞などが存在している。血管内皮細胞からはEDNが，顆粒球からはGMCSFが，巨核球からはPDGFが放出されていることはよく知られている。これらの因子は真皮メラノサイトに影響を与えると考えられる。また，基底膜を通って表皮メラノサイトにまで影響を与える可能性が考えられる。ヒトの肝斑の皮膚では真皮の血管数が増加し，太さも増大していて，さらに血管内皮細胞において，血管内皮細胞増殖因子（VEGF）の発現が増加していることもわかっている[40]。このことはヒトの皮膚の真皮環境がメラノサイトの色素生成に重要な働きをする可能性を示唆している。VEGFがメラノサイトの増殖・分化を促進しているのかどうかも興味をそそられる研究課題である。

4.4　環境因子による制御

4.4.1　紫外線

メラノサイトの増殖・分化に影響を与える環境因子としては紫外線が重要である。皮膚に紫外線が照射されると，メラノサイトにおいてメラニン生成が高まり，メラノサイトの増殖が促進される。この紫外線照射直後の影響（急性効果）としての色素沈着（日焼け）は沈静化して元に戻るが，長時間経過後の影響（晩発効果）としての色素沈着，すなわち老人性色素斑（シミ），肝斑などは元に戻らない場合が多く，その形成機構についてはよくわかっていない。

筆者らは，複数回の紫外線照射の晩発効果について研究するため，色素を生成するヘアレスマウス（HR-1系統とHR/De系統のF_1）の皮膚（生後7週）にUVB（99 mJ/cm^2/日）を週3回，8週間繰り返し照射した。照射停止約2カ月後，色素斑が背側皮膚に形成され，8カ月後には大きな黒い色素斑になった[41]。この色素斑は，ヒトのシミ，老人性色素斑，肝斑などの動物モデルになりうる[41]。この色素斑の表皮には多数の分化したメラノサイトが存在していたことから，紫外線によってメラノサイトの増殖・分化が誘導された可能性が最初に考えられた。

筆者らは，先述のB10ブラックマウス新生児の皮膚用に開発した無血清培養液，MDMDFやMDMDに新たにTfとEGFを加えて（MDMDF2，MDMD2とよんでいる），成体のヘアレスマウスの皮膚の表皮細胞からメラノブラスト，メラノサイトを純粋培養することに成功し，メラノブラスト，メラノサイトの増殖性が色素斑の形成に伴って増加することを明らかにした[1]。また，成体ヘアレスマウスの皮膚の表皮細胞をKDMにTfを加えたKDM2で培養することでケラチノサイトも純粋培養することができた。そこで，色素斑形成マウス（紫外線照射）および対照（非照射）マウスの皮膚よりケラチノサイトおよびメラノブラストの純粋培養を得て，ケラチノサイトとメラノブラストの共培養をしてメラノブラストの増殖・分化に対する効果を調べた。その結果，色素斑由来のケラチノサイトは非照射のケラチノサイトに比べ，メラノブラストの増殖・分化を顕著に促進した[1]。メラノブラストは非照射と色素斑由来のいずれも色素斑由来のケラチノサイトにより同程度に増殖・分化が促進された[1]。これらの結果から，色素斑形成におけるメラノサイトの増殖・分化は，メラノサイト自身ではなく，組織環境を形成しているケラチノサイトによって制御されていることがわかる[1]。すなわち，ケラチノサイトにおけるメラノサイト増殖・分化促進因子の生成が紫外線で高められた可能性が高い。

筆者らは，この紫外線誘発色素斑のケラチノサイトに由来するメラノサイト増殖・分化促進因子の一つがGMCSFであることを，その抗体を使った培養系での中和実験や培養上清のELISAならびに組織切片の免疫染色などにより明らかにした[1]。これらの結果から，GMCSFが色素斑のケラチノサイトで多量に生成され，周りのメラノサイトに働き，その増殖・分化を誘導する可能性が考えられる。将来の課題としては，紫外線を照射してから何カ月後にケラチノサイトにGMCSFの発現が高まるのかを明らかにする必要がある。GMCSF処理した細胞と対照の細胞の比較からGMCSFが細胞周期のどの時期におもに働くかも明らかにする必要がある。また，GMCSFによる分化促進機構，とくに，チロシナーゼ，Tyrp1，Tyrp2などの発現を調べ，それらがGMCSFによって促進されるかどうかも明らかにする必要がある。GMCSFが色素斑形成マウスのケラチノサイトで多量に生成され，放出され，周りのメラノサイトに働き，その増殖・分化を誘導することがわかれば，紫外線の晩発効果の機構の一つが解明されたことになる。

以上はヘアレスマウスを用いた紫外線誘発色素斑の研究であるが，ヒトの場合はどうであろうか。紫外線を照射されたヒトの皮膚のケラチノサイトにおいては，α-MSH，PGE_2，IL1αなどのメラノサイト分化因子が生成され，メラノサイトに作用してメラニン生成を促進することが知られている。また，SLF/KIT情報伝達系が一過性に亢進され，その後EDN-1の発現亢進が起こることも知られている。一方，老人性色素斑などにおいては，EDN-1とSLFが同時に発現亢進していることも報告されている[17]。ヒトのメラノサイトの培養にはEDN-1とSLFなどが必要であるという筆者らの *in vitro* の研究[20]はこれらの *in vivo* での研究結果とよく一致している。したがって，ヒトの場合，EDN-1とSLFの影響を除くことができればメラノサイトの減少を引き起こし，シミや老人性色素斑が改善される可能性が考えられる。

4.4.2 電離放射線

電離放射線も，メラノサイトの増殖・分化に影響を与える環境因子の一つである。電離放射線は，メラノサイトの細胞死を引き起こすものの，メラニン生成は促進するという相反する働きがある。また，胎生期のマウスのメラノブラストに対しても細胞死を引き起こし，離乳後の個体に腹部白斑を引き起こす。さらに，毛色遺伝子に突然変異を起こし，個体の毛色と異なる色の斑点状の毛の部域（スポット）を生じさせる。しかしながら，電離放射線がマウスの発生過程のどこに作用するのか，遺伝的背景は影響するのかなどについてはほとんどわかっていなかった。そこで筆者らは，さまざまな胎令のマウス数系統にガンマ線を照射して，メラノサイトの増殖・分化への影響を詳細に調べた。

B10マウスを用いて，胎生期にさまざまな線量のガンマ線（^{60}Co）を急照射し（線量率0.8 Gy/分），生後3.5日の背側皮膚の全体標本を作製し観察した。その結果，異常な形態（丸い）の毛球メラノサイトをもつ毛包が多数見られた[1]。毛包内のメラノサイトは通常，樹枝状突起を出してケラチノサイトにメラノソームを輸送しているが，胎生期にガンマ線を照射された個体では，毛球内に樹枝状突起のない丸いメラノサイトが1～3個みられた。また，まれには毛球内から毛乳頭に出た丸いメラノサイトもみられた。しかしながら，メラニン生成量に関しては非照射マウスのメラノサイトと変わらなかった。このような異常なメラノサイトをもつ毛包の頻度はガンマ線の線量に応じて増加し，発生初期ほど（胎生6.5日）高かった。これらの結果から，ガンマ線は，胎生期のメラノブラストに影響を与え，毛球メラノサイトの分化，とくに樹枝状突起形成や局在性（毛球内か毛乳頭内か）に線量依存的に影響し，発生の初期ほど強い影響を与えることが示唆される。

さらに，B10マウスの胎児にガンマ線を急照射すると離乳児の腹部中央や尾端に白斑（白い毛をもった皮膚部域）が高頻度で現われた[1]。この白斑部域にはメラノブラストもメラノサイトもみられなかった。また，この白斑の頻度は線量に応じて増加した。さらに，胎生8.5日に照射を受けると最も高頻度で白斑がみられることもわかった。B10マウスでは腹部白斑が高頻度で現われたのに対して，C3H/He系統マウスではきわめて頻度が低かった。ガンマ線は，神経冠細胞の移動，神経冠細胞からメラノブラストへの分化・増殖，メラノブラストからメラノサイトへの分化・増殖などに影響を与えると考えられる。ガンマ線がメラノサイトの発生のどの時点に強く作用するかについては，腹部白斑が胎生8.5日照射群で最も高頻度でみられることから，神経冠細胞の移動の時期に最も強く作用すると考えられる。また，マウスの系統によって腹部白斑の頻度が著しく異なるため，白斑の出現にはマウスの遺伝的背景が影響していることも示唆される。

高LET（linear energy transfer，線エネルギー付与）放射線である重粒子線（炭素線，シリコン

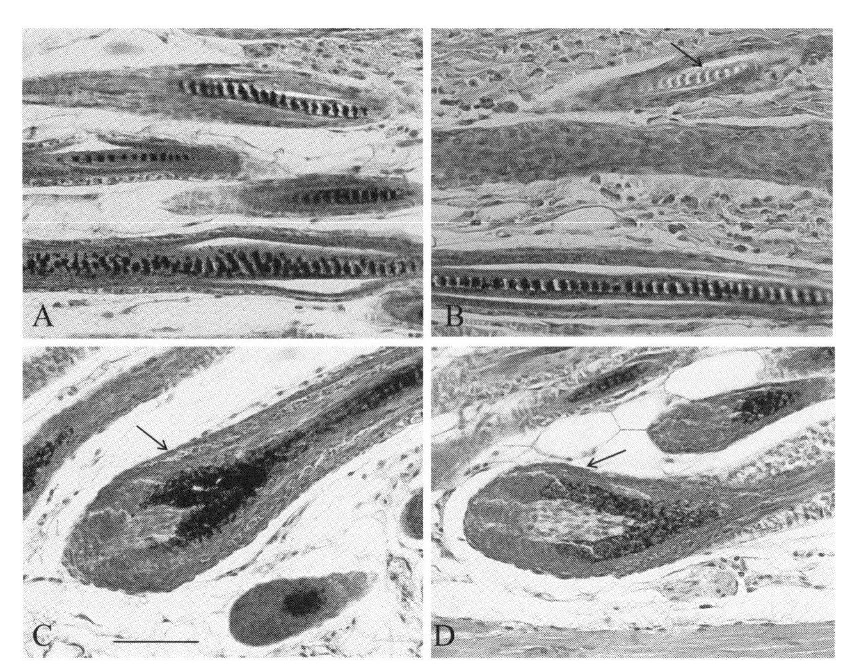

図 4.3　C57BL/10JHir（B10）系統マウスの第 1 毛周期の休止期の色素幹細胞に対するガンマ線の影響
第 2 毛周期の成長期における毛や毛球の変化。(A) 第 2 毛周期の成長期における非照射 B10 マウスの背側皮膚の組織切片。色素が沈着した毛がみられる。(B) 第 2 毛周期の成長期における照射（0.5 Gy）B10 マウスの背側皮膚の組織切片。色素のない白毛（矢印）がみられる。(C) 第 2 毛周期の成長期における非照射 B10 マウスの背側皮膚の組織切片。毛球メラノサイト（矢印）には多くのメラノソームがみられる。(D) 第 2 毛周期の成長期における照射（2.5 Gy）B10 マウスの背側皮膚の組織切片。毛球メラノサイト（矢印）においてメラノソームが少なくなっている。スケールは 50 μm。[口絵も参照]

イオン線，アルゴン線，鉄イオン線など）もガンマ線と同様に腹部や尾端に白斑を引き起こした。ただ効果は LET が高いほど強かった（効果は高 LET の順に鉄イオン線，アルゴン線，シリコンイオン線，炭素線）。また，生物学的効果比（RBE）は LET に比例して高くなった。この白斑部域の皮膚切片を観察すると，表皮，真皮，毛包には分化したメラノサイトも未分化なメラノブラストもまったくみられなかった[42]。先述のようにメラノサイトに分化する神経冠細胞は胎生 9 日ごろ背側から腹側へ移動を開始する。照射による白斑はこの神経冠細胞の移動の終点である腹部中央と尾端に生じたので，重粒子線照射はメラノサイトの前駆細胞であるメラノブラストの減少（細胞死）を引き起こす可能性が考えられる。

毛隆起に存在する色素幹細胞の研究は近年きわめてさかんになっているが（第 3 章参照），筆者らは増殖・分化している細胞が存在せず，幹細胞のみが存在している休止期（第 1 毛周期の）に ^{60}Co−ガンマ線を 0.5 〜 2.5 Gy 全身照射して，第 2 毛周期の成長期にメラノサイトの増殖・分化に与える影響を調べた。その結果，非照射（図 4.3A）では現われなかったが，ガンマ線照射個体では白毛（図 4.3B）や非照射マウス（図 4.3C）に比べ色素の少ない毛球メラノサイト（図 4.3D）が認められた。白毛の頻度はきわめて低かったため有意差にはならなかったが，色素減少毛球メラノサイトの頻度については線量に応じて有意に増加した。以上の結果から，電離放射線はメラノサイトの元になる色素幹細胞に影響を与え，細胞死や増殖抑制，分化抑制を引き起こす可能性が考えられる[43]。

本稿にある研究は，故竹内拓司教授，伊藤祥輔教授，若松一雅教授，故溝口昌子教授，河陽子博士，竹内栄教授，阿部宏之教授，佐藤潔博士，藤原留美子博士，古屋理香子博士，江口—笠井清美博士，菅谷公彦博士らのご指導，ご協力，ご助言のもとで行なわれた共同研究を含んでおります。この場をお借りして深く感謝いたします。

参考文献

1) Hirobe, T. : *Pigment Cell Melanoma Res.*, **24**, 462–478, 2011.
2) Ito, S. : *Pigment Cell Res.*, **16**, 230–236, 2003.
3) Hirobe, T., Takeuchi, T. : *J. Embryol. Exp. Morphol.*, **37**, 79–90, 1977.
4) Wakamatsu, K., Graham, A., Cook, D., Thody, A. J. : *Pigment Cell Res.*, **10**, 288–297, 1997.
5) Snell, R.S., Bischitz, P.G. : *J. Invest. Dermatol.*, **35**, 73–82, 1960.
6) Yamane, T., Hayashi, S., Mizoguchi, M., Yamazaki, H., Kunisada, T. : *Dev. Dyn.*, **216**, 450–458, 1999.
7) Ando, H., Watabe, H., Valencia, J. C., Yasumoto, K., Furumura, M., Funasaka, Y., Oka, M., *et al.* : *J. Biol. Chem.*, **279**, 15427–15433, 2004.
8) Shono, S., Toda, K. : *Pigment Cell.*, **1981**, 263–268, 1981.
9) Regnier, A.T., Tremblaye, C., Schmidt, R. : *Pigment Cell Res.*, **18**, 389–390, 2005.
10) Funasaka, Y., Komoto, M., Ichihashi, M. : *Pigment Cell Res.*, **13** (Suppl. 8), 172–174, 2000.
11) Kawakami, T., Ohgushi, A., Hirobe, T., Soma, Y. : *J. Dermatol. Sci.*, **76**, 72–74, 2014.
12) Lansdown, A.B.G. : *Int. J. Cosmet. Sci.*, **23**, 129–137, 2001.
13) Iriyama, S., Ono, T., Aoki, H., Amano, S. : *J. Dermatol. Sci.*, **64**, 223–228, 2011.
14) Yoon, T.J., Hearing, V.J. : *Pigment Cell Res.*, **16**, 159–163, 2003.
15) Virador, V.M., Muller, J., Wu, X., Abdel-Malek, Z. A., Yu, Z. X., Ferrans, V. J., Kobayashi, N., *et al.* : *FASEB J.*, **16**, 105–107, 2002.
16) Thody, A.J., Ridley, K., Penny, R. J., Chalmers, R., Fisher, C., Shuster, S. : *Peptides*, **4**, 813–816, 1983.
17) Hachiya, A., Kobayashi, A., Ohuchi, A., Takema, Y., Imokawa, G. : *J. Invest. Dermatol.*, **116**, 578–586, 2001.
18) Kunisada, T., Yoshida, H., Yamazaki, H., Miyamoto, A., Hemmi, H., Nishimura, E., Shultz, L. D., *et al.* : *Development*, **125**, 2915–2923, 1998.
19) Kunisada, T., Yamazaki, H., Hirobe, T., Kamei, S., Omoteno, M., Tagaya, H., Hemmi, H., *et al.* : *Mech. Dev.*, **94**, 67–78, 2000.
20) Hirobe, T., Hasegawa, K., Furuya, R., Fujiwara, R., Sato, K. : *J. Dermatol. Sci.*, **71**, 45–57, 2013.
21) Marchese, C., Rubin, J., Ron, D., Faggioni, A., Torrisi, M. R., Messina, A., Frati, L., *et al.* : *J. Cell. Physiol.*, **144**, 326–332, 1990.
22) Bosserhoff, A.K., Ellmann, L., Kuphal, S. : *Exp. Dermatol.*, **20**, 435–440, 2011.
23) Valyi-Nagy, I.T., Murphy, G. F., Mancianti, M. L., Whitaker, D, Herlyn, M. : *Lab. Invest.*, **62**, 314–324, 1990.
24) Eves, P.C, Beck, A. J., Shard, A. G., MacNeil, S. : *Biomaterials*, **26**, 7068–7081, 2005.
25) Schauer, E., Trautinger, F., Köck, A., Schwarz, A., Bhardwaj, R., Simon, M., Ansel, J. C., *et al.* : *J. Clin. Invest.*, **93**, 2258–2262, 1994.
26) Chakraborty, A.K., Funasaka, Y., Slominski, A., Ermak, G., Hwang, J., Pawelek, J. M., Ichihashi, M. : *Biochim. Biophys. Acta*, **1313**, 130–138, 1996.
27) Slominski, A., Szczesniewski, A., Wortsman, J. : *J. Clin. Endocrinol. Metab.*, **85**, 3582–3588, 2000.
28) Yaar, M., Grossman, K., Eller, M., Gilchrest, B. A. : *J. Cell Biol.*, **115**, 821–828, 1991.
29) Imokawa, G. : *Pigment Cell Res*, **17**, 96–110, 2004.
30) Scott, G., Leopardi, S., Printup, S., Malhi, N., Seiberg, M., Lapoint, R. : *J. Invest. Dermatol.*, **122**, 1214–1224, 2004.
31) Decean, H., Perde-Schrepler, M., Tatomir, C., Fischer-Fodor, E., Brie, I., Virag, P. : *Arch. Dermatol. Res.*, **305**, 705–714, 2013.
32) Halaban, R., Langdon, R., Birchall, N., Cuono, C., Baird, A., Scott, G., Moellmann, G., *et al.* : *J. Cell Biol.*, **107**, 1611–1619, 1988.
33) Tamm, I., Kikuchi, T., Zychlinsky, A. : *Proc. Natl. Acad. Sci. USA*, **88**, 3372–3376, 1991.
34) Maas-Szabowski, N., Shimotoyodome, A., Fusenig, N. E. : *J. Cell Sci.*, **112**, 1843–1853, 1999.
35) Kovacs, D., Cardinali, G., Aspite, N., Cota, C., Luzi, F., Bellei, B., Briganti, S., *et al.* : *Br. J. Dermatol.*, **163**, 1020–1027, 2010.
36) Mildner, M., Mlitz, V., Gruber, F., Wojta, J., Tschachler, E. : *J. Invest. Dermatol.*, **127**, 2637–2644, 2007.
37) Li, W., Fan, J., Chen, M., Guan, S., Sawcer, D., Bokoch, G. M., Woodley, D. T. : *Mol. Biol. Cell*, **15**, 294–309, 2004.
38) Yamaguchi, Y., Itami, S., Watabe, H., Yasumoto, K., Abdel-Malek, Z. A., Kubo, T., Rouzaud, F., *et al.* : *J. Cell Biol.*, **165**, 275–285, 2004.
39) Choi, W., Wolber, R., Gerwat, W., Mann, T., Batzer, J., Smuda, C., Liu, H., *et al.* : *J. Cell Sci.*, **123**, 3102–3111, 2010.
40) Kim, E.H., Kim, Y. C., Lee, E. S., Kang, H. Y. : *J. Dermatol. Sci.*, **46**, 111–116, 2007.
41) Furuya, R., Akiu, S., Ideta, R., Naganuma, M., Fukuda, M., Hirobe, T. : *Pigment Cell Res.*, **15**, 348–356, 2002.
42) Hirobe, T., Eguchi-Kasai, K., Sugaya, K., Murakami, M. : *J. Radiat. Res.*, **52**, 278–286, 2011.
43) Sugaya, K., Hirobe, T. : *Int. J. Radiat. Biol.*, **90**, 127–132, 2014.

第5章

メラノソームの形成とケラチノサイトへの輸送

石田森衛・大林典彦・福田光則

メラノソームはメラニン色素を合成・貯蔵するオルガネラの一種であり，哺乳類においてはメラノサイトおよび網膜色素上皮細胞内で形成される。適切なメラノソームの形成・輸送は皮膚や毛髪の暗色化過程に必須であるため，メラノソームの形成・輸送の異常は色素沈着低下を特徴とするさまざまな先天性色素異常症の原因となっている。これらの遺伝病の原因遺伝子の同定，および分子細胞生物学の実験手法を用いた原因遺伝子産物の機能解析により，生体内でメラノソームの形成・輸送がどのように制御されているのか明らかになりつつある。本稿では，近年の研究により解明されたメラノソームの形成・輸送の分子機構について最新の知見を紹介する。

5.1　メラノソームの形成

5.1.1　メラノソームの形態

メラニンは，色素細胞内に存在するメラノソーム内で合成され貯蔵されている。メラノソームはエンドソーム由来のオルガネラ（膜で包まれた小器官）と考えられており，形態的な特徴やメラニンの沈着の程度に応じて4つのステージ（Ⅰ～Ⅳ）に分類されている[1]。初期の段階では色素を有していないが（ステージⅠ，Ⅱ），後期の段階になると産生するメラニンにより暗色化する（ステージⅢ，Ⅳ）。メラノソームにおけるメラニンの沈着には，メラノソーム内に足場の形成が必要であり，PMEL（premelanosome protein）がその役割を担っている。ステージⅠのメラノソームはエンドソームに類似性が高いものの，PMELがゴルジ体を経由してすでに輸送されてきており，プロタンパク質変換酵素（proprotein convertase）の作用によりPMELは切断されて線維化する。メラノソーム内の内腔小胞（ILV：intraluminal vesicle）からPMEL由来の線維の伸長が認められる点で形態的にエンドソームとは明確に異なっている。さらにPMELのメラノソームへの輸送が進み，それに付随してメラノソーム内にシート状構造（メラノソームマトリックス）を形成することで，メラノソームに特有のラグビーボール様構造が形成される（ステージⅡ）。その後，チロシナーゼなどのメラニン合成酵素がメラノソームに輸送されてくると，メラノソーム内でメラニンが生成されメラノソームマトリックス上に沈着することで，メラノソームの暗色化が開始する（ステージⅢ）。さらなるメラノソームマトリックスへのメラニン沈着により，メラノソームの暗色化と肥大が亢進し，最終的には直径500～700 nmほどの大きさになる（ステージⅣ）（図5.1）。メラノソームは脂質二重膜によって包まれているため，メラノソームの形成に必要なチロシナーゼなどのタンパク質のメラノソームへの輸送過程は，後述するように小胞輸送を制御する分子群によっ

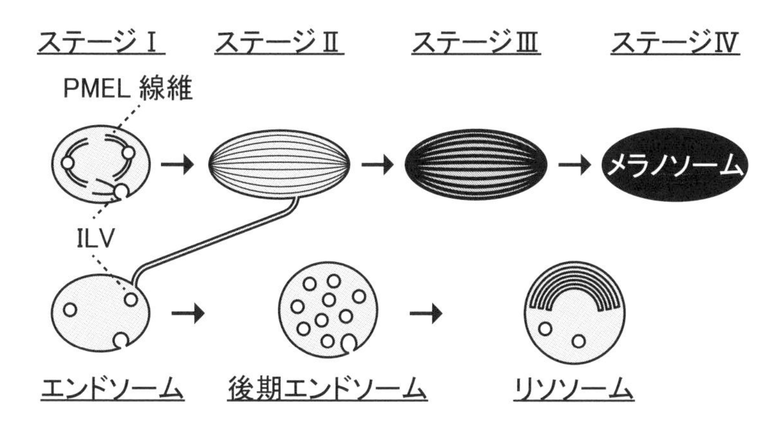

図 5.1　メラノソームの成熟段階

て調節されている。

5.1.2 メラニン合成酵素の小胞体・ゴルジ体からの分泌過程

分泌タンパク質あるいは膜タンパク質は，小胞体で合成されたのち，ゴルジ体を経由してトランスゴルジ網（TGN：*trans*-Golgi network）から分泌され，それぞれのタンパク質がそれぞれ局在すべき場所へと輸送されている。メラノソームを構成する主要なタンパク質であるメラニン合成酵素や PMEL などは膜貫通型タンパク質であり，小胞体・ゴルジ体においてそれらの細胞外ドメイン（つまりオルガネラの内腔側）が糖鎖修飾やジスルフィド結合により高度に修飾されている（図 5.2）。これらの翻訳後修飾に異常が起こると，タンパク質のフォールディングがうまく行なわれず，ミスフォールドしたタンパク質は小胞体から細胞質へと逆行輸送され，プロテアソームにより分解される（小胞体関連分解，ERAD：ER-associated degradation）。たとえば，ヒトのチロシナーゼには 6 〜 7 カ所のアスパラギン残基と 15 カ所のシステイン残基が存在し，それぞれが *N* 結合型グリコシル化やジスルフィド結合といった翻訳後修飾にかかわる。これらの修飾異常は ERAD 機構によるチロシナーゼの分解を引き起こし，1 型の眼皮膚白皮症（OCA：oculocutaneous albinism）の原因となることが知られている[2]。

小胞体・ゴルジ体を経由して正しくフォールディングされたメラニン合成酵素は，TGN から分泌されエンドソームを経由してメラノソームへと輸送される。現在のところ，メラニン合成酵素がどのようなメカニズムで TGN からエンドソームに輸送されるのかはよくわかっていないが，エンドソーム以後の輸送過程については理解が進みつつある（図 5.3）。メラノサイトのエンドソーム膜にはアダプタータンパク質（AP：adaptor protein）が集積しており，エンドソームからのメラニン合成酵素の分泌に重要な役割を果たしている[3]。AP とはヘテロ 4 量体からなるタンパク質複合体で，オルガネラ膜に存在するイノシトールリン脂質（ホスホイノシタイド）や Arf ファミリーに属する低分子量 G タンパク質を認識することで膜へと局在化する[3]。AP は輸送小胞の積み荷であるメラニン合成酵素の細胞質ドメインと相互作用するとともにクラスリンを呼び込むことで，メラニン合成酵素をクラスリン被覆小胞へと包み込む。チロシナーゼの細胞質領域にはジロイシンモチーフが存在しており，このモチーフが AP である AP-1 や AP-3 によって認識され，エンドソームからの分泌（とくに輸送小胞の出芽過程）に関与している[2]。Tyrp1（tyrosinase-related protein-1）の細胞質領域にも同様なジロイシンモチーフが存在し，AP-1 と結合する。また，DCT（dopachrome tautomerase）にはジロイシ

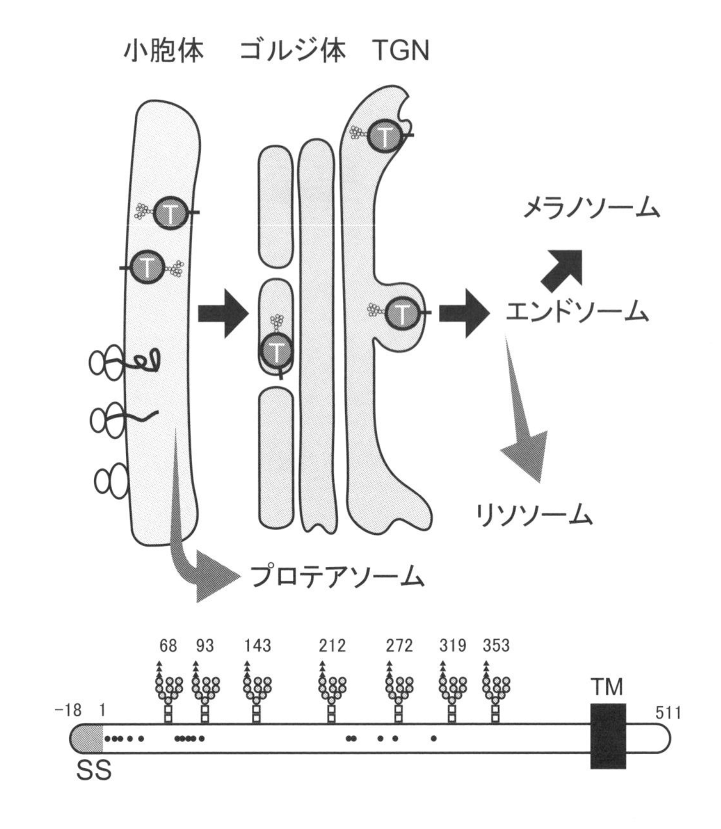

図 5.2　チロシナーゼの小胞体・ゴルジ体内輸送

下図は，ヒトのチロシナーゼ（T）の構造を示す。SS：シグナル配列，TM：膜貫通ドメイン，ドット：システイン残基。

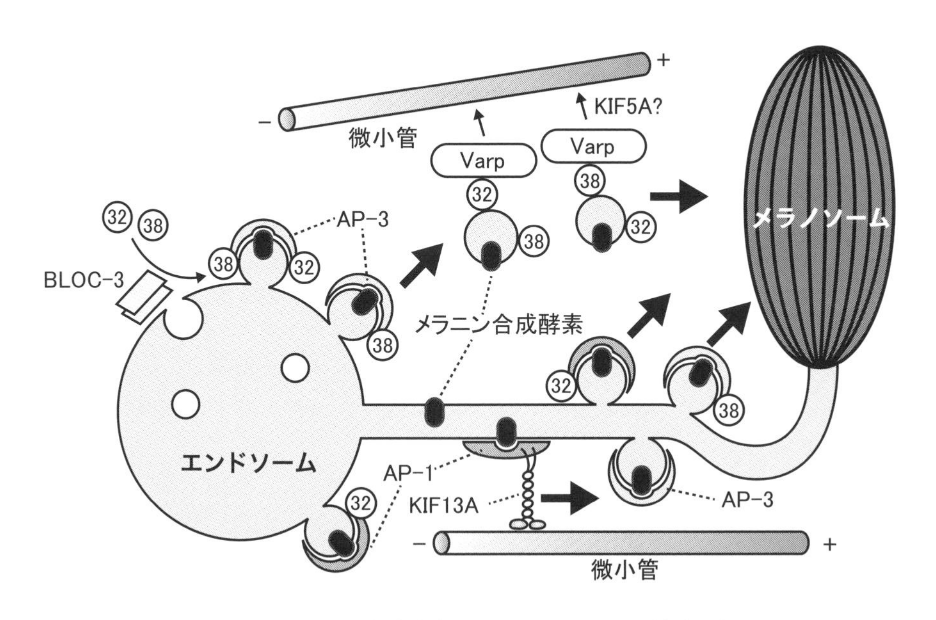

図 5.3　メラニン合成酵素のメラノソームへの輸送過程

これまでに提唱されている Rab，AP，キネシンモーターによるメラニン合成酵素のメラノソームへの輸送経路を示す。詳細は本文および文献 5, 10, 16 を参照。[口絵も参照]

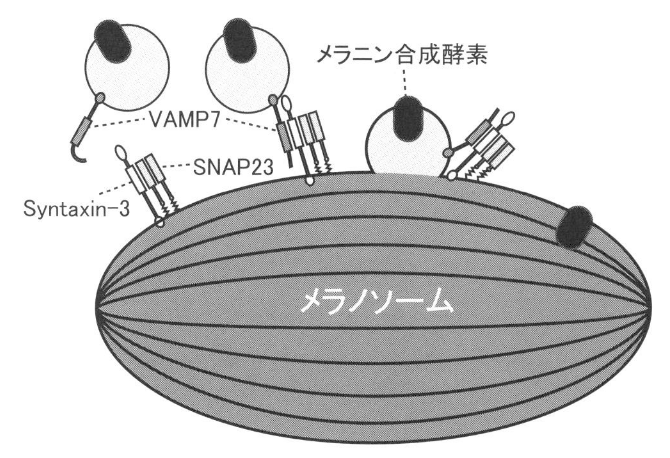

図 5.4 メラノソームへのメラニン合成酵素の受け渡し過程

ンモチーフは存在しないが，代わりにチロシンモチーフが存在しており，AP と結合する可能性が指摘されている[4)]。また最近，エンドソームとメラノソームが細いチューブで連結されており，そのチューブを介してメラニン合成酵素が AP-1 との結合を介して微小管モーターである KIF13A と複合体を形成し，直接メラノソーム近傍へと輸送されたのち，分泌されるとのモデルが提唱されている[5)]。エンドソームからメラノソームへのメラニン合成酵素の受け渡しを効率よく行なうため，メラノサイトが採った独自の戦略なのかもしれない。

5.1.3 メラノソームへのメラニン合成酵素の受け渡し過程

エンドソームもメラノソームもともに脂質二重膜で囲まれており，エンドソームから分泌されたチロシナーゼと Tyrp1 を積み荷とする小胞は，積み荷を受け渡すためにメラノソーム膜と融合する必要がある。このような膜どうしの融合には SNARE（soluble *N*-ethylmaleimide sensitive factor attachment protein receptor）タンパク質が重要で，一般的に小胞側の v-SNARE（R-SNARE ともよばれる）と標的膜に存在する t-SNARE（Q-SNARE ともよばれる）が結合することで複合体を形成し，小胞膜と標的膜が近接した状態となり，脂質二重膜の融合が起きる[6)]。チロシナーゼや Tyrp1 を含む輸送小胞上には v-SNARE である VAMP7 が発現し，標的となるメラノソーム膜には t-SNARE である Syntaxin-3 および SNAP23 が発現していることが見いだされており，VAMP7-Syntaxin-3-SNAP23 からなる SNARE タンパク質複合体の形成と膜融合を経て，これらのメラニン合成酵素はメラノソームへと受け渡される（図 5.4）[7)]。これらの融合過程に異常をきたすと，チロシナーゼや Tyrp1 をメラノソームに受け渡すことができず，エンドソームからリソソームへと運ばれ分解されることもわかってきている[7)]。また，Dct についてもそれを積み荷とする小胞とメラノソーム膜との融合過程が必要と考えられるが，現在のところ詳細な分子機構はわかっていない。

5.1.4 メラノソーム形成の異常を起因とする色素異常症

これまで述べてきたように，メラニン合成酵素をメラノソームに適切に輸送するためには多くの分子機構が必要である。これらの分子機構のいずれかに異常をきたすと，眼皮膚白皮症（OCA），ヘルマンスキー・パドラック症候群（HPS：Hermansky-Pudlak syndrome），チェディアック・東症候群（CHS：Chédiak-Higashi syndrome）など先天性の色素異常症が引き起こされる（詳細は第 16 章を参照されたい）。OCA はチロシナーゼ

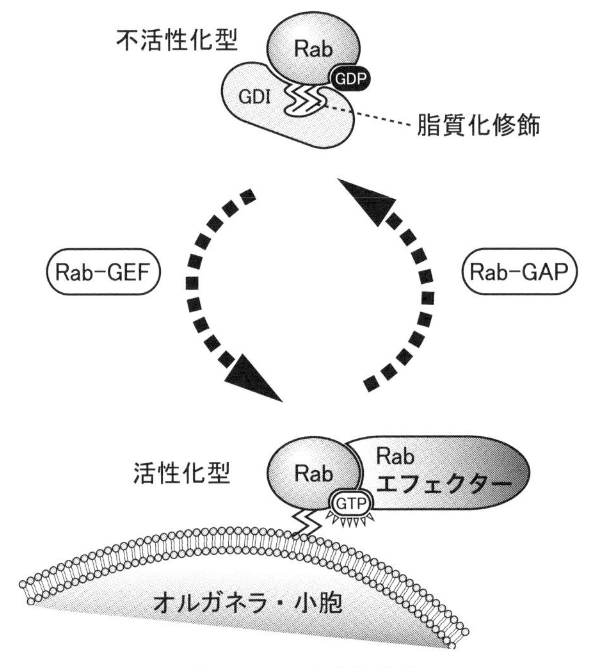

図 5.5　Rab と小胞輸送

や Tyrp1 そのものに異常があり，異常タンパク質が ERAD を介した品質管理機構により分解されているケースが多く[2]，HPS のような色素異常症では，BLOC（biogenesis of lysosome-related organelles complex）とよばれるタンパク質複合体や AP-3 の変異により，メラニン合成酵素のエンドソームからの分泌や輸送に異常をきたしている[8]。また，グリセリ症候群（GS：Griscelli syndrome）も色素異常の症状を呈するが，メラノソーム形成には大きな異常は認めず，細胞骨格に沿った成熟メラノソームの輸送に異常をきたしている[9]。GS については後述する。HPS は病型分類に基づくと，少なくとも HPS1 ～ 9 の 9 種類が存在しており[8]，AP-3（HPS2 で異常），BLOC-1（HPS7 ～ 9 で異常），BLOC-2（HPS3, 5, 6 で異常）あるいは BLOC-3（HPS1, 4 で異常）といったタンパク質複合体を構成するサブユニットの機能異常に起因する。個々のサブユニットの機能異常は，タンパク質複合体の形成異常を招き，結果として複合体の機能異常を引き起こす。しかし，BLOC を構成する多くのサブユニットには，特徴的な機能ドメインが存在しないため，その分子機構の多くはいまだ謎に包まれている。一方で，BLOC の機能欠損メラノサイトではメラニン合成酵素がエンドソームに貯留し，一部リソソームに輸送されてしまうことから，BLOC はメラニン合成酵素のエンドソーム以後の輸送を制御しているものと考えられている[8]。

5.1.5　メラノソーム形成と小胞輸送を制御する Rab

メラノソームの形成には上述したように小胞輸送機構が不可欠であるが，その小胞輸送を制御するキーファクターとして Rab が知られている。Rab とは，Ras スーパーファミリーに属する低分子量 G タンパク質のことで，GTP を結合した活性化型と GDP を結合した不活性化型とをサイクルする細胞内の分子スイッチである（図 5.5）[9, 10]。Rab は合成されたのち，C 末端領域が Rab ゲラニルゲラニル転移酵素（Rab-GGT：Rab-geranylgeranyltransferase）によって脂質化修飾（ゲラニルゲラニル化）され，細胞内の特定のオルガネラ膜に局在する。Rab-GGT もその機能欠損により，*gunmetal* とよばれる HPS 様の症状を呈するモデルマウスが報告されている[11]。また，Rab の活性化は Rab グアニンヌクレオチド交換因子（Rab-GEF：Rab guanine nucleotide exchange factor）によって，一方，Rab の不活性化は Rab GTP アーゼ活性化タンパク質（Rab-GAP：Rab GTPase-activating protein）によって制御されている。活性化型の Rab に特異的に結合するパートナー分子を Rab エフェクターとよび，Rab の活性化と小胞輸送を結びつけている。

ヒトなどの高等哺乳類では，Rab ファミリーは 60 種類を超えるメンバー（Rab1 ～ 43）が存在し，それぞれの Rab が固有のオルガネラに局在し，その生成や輸送に関与している。HPS 様の色素異常症を示すマウスとして *chocolate* マウスが知られており，若干の体毛色の低下と，肺サーファクタントタンパク質の分泌異常を示す。この *chocolate* マウスの原因は Rab38 の機能異常によるもので，興味深いことに，Rab38 と一次構造が類似した Rab32 をともに欠損させると，メラニン合成酵素の輸送障害により，メラノソーム形成が著しく抑制される[12]。この Rab32/Rab38 に対するエフェクター分子として Varp（VPS9-ankyrin-repeat protein）が同定され，活性化型の Rab32/Rab38 と Varp がメラノサイト内で複合体を形成し，メラニン合成酵素の輸送が促進されることが明らかとなっている（図 5.3）[13,14]。また，Varp をメラノサイトに過剰発現すると，メラニン合成酵素の輸送障害が起きることもわかっており，Varp のメラノサイト内での発現量は厳密に制御されているものと考えられる[13]。1 つの調節機構として，Varp のユビキチン化修飾によるプロテアソーム依存的な分解が注目されており，今後の研究の進展が待たれる（谷津ら：*Biol. Open*, 4, 267-275, 2015）。

最近，BLOC の分子機構について 1 つの進展があった[15]。HPS の中で最も頻度が高いとされる HPS1 と HPS4 の原因遺伝子産物（BLOC-3 複合体を形成）が Rab32/Rab38 の GEF（活性化因子）として機能することが明らかとなった。すなわち，BLOC-3 の機能欠損により Rab32 と Rab38 が活性化されないためメラノソーム形成が抑制される。また，活性化した Rab32/Rab38 のエフェクターとして Varp 以外にも前述した AP-1 や AP-3 が同定され，エンドソームからメラニン合成酵素を含んだ小胞が出芽する際に，エンドソームへの AP-1 や AP-3 のリクルートを Rab32/Rab38 が促進する可能性が示唆されている（図 5.3）[16]。

5.2 メラノソームの輸送

5.2.1 メラノソーム輸送の概略

メラノサイト内で形成された成熟メラノソームは，その生理機能を発揮するべく生体内の目的の場所（別の細胞）へと輸送される。メラノサイトは表皮以外にも内耳や心臓といったさまざまな体の組織に分布することが知られており，メラノソームの機能もメラノサイトの生体内分布によって異なると考えられる。ここでは最も研究が進んでいる表皮メラノサイトのメラノソーム輸送を取り扱う。なお，毛包内メラノサイトの毛母細胞へのメラノソーム輸送は，基本的に表皮メラノサイトのものと同様と考えられている。皮膚においてメラノサイトは表皮の基底層に分布し，樹状突起を介して成熟メラノソームを周囲のケラチノサイトへと受け渡す。それぞれのメラノサイトが基底層およびその上部に存在する約 40 個のケラチノサイトにメラノソームを受け渡すと考えられており，この単位は表皮メラニンユニット（epidermal melanin unit）とよばれている。受け渡されたメラノソームはケラチノサイトの核の上部を覆い（メラニンキャップとよばれる），有害な紫外線から DNA の損傷を防ぐというフォトプロテクションとしての機能を果たすと同時に，皮膚の暗色化を促進する[17,18]（図 5.6）。メラノサイトからケラチノサイトへの一連のメラノソーム輸送は，①メラノサイト内における細胞辺縁部へのメラノソーム輸送（melanosome transport），②メラノサイ

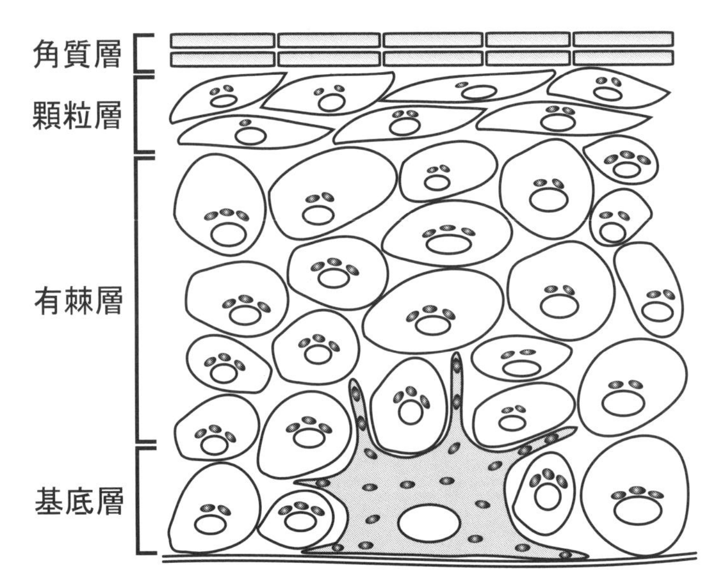

図 5.6　表皮におけるメラノソームのメラノサイトからケラチノサイトへの輸送

トからケラチノサイトへのメラノソームの転移（melanosome transfer），および③ケラチノサイトにおける核上部へのメラノソームの輸送，の3つのステップに分けられる。5.1.1 項で述べたように，メラノソームはオルガネラの一種であり，メラノソーム輸送も他の膜や小胞の輸送と同じく一般的な小胞輸送機構，すなわち Rab やモータータンパク質（ミオシン，ダイニン，キネシン）などの機能により制御されている[19]。

5.2.2　メラノサイト内におけるメラノソームの輸送

メラノサイト内で形成・成熟したメラノソームは，2種類の細胞骨格（微小管とアクチンフィラメント）に沿ってメラノサイトの細胞膜直下まで輸送される（図 5.7A）。メラノソームは微小管上を両方向（順行性・逆行性）に，アクチンフィラメント上を一方向に輸送されるため，これら三者の輸送が協調的に機能することがメラノソームの輸送に重要である。メラノソームが細胞骨格に沿って輸送されるという知見は，次に述べるメラノフォア（melanophore）を用いた初期の研究により得られた部分が大きい。

メラノフォアとは魚類・両生類の真皮や表皮に存在する色素細胞で，哺乳類のメラノサイトと同じくメラノソーム輸送を行なう。メラノフォアは，細胞外刺激に応じてメラノソームの核周辺への凝集と細胞全体への拡散をすばやく行なうことが可能で，これにより体色の明暗を瞬時に調整し外界からのカモフラージュを行なっている。1960 年代から 1980 年代にかけて，メラノフォアを用いてメラノソーム輸送と細胞骨格との関連性について盛んに研究が行なわれた。その過程でメラノフォアを微小管の重合阻害剤で処理するとメラノソームの核周辺への凝集や細胞全体への拡散が抑制されること，またアクチンの重合阻害剤で処理するとメラノソームの細胞全体への拡散と拡散状態の保持が抑制されることなどが明らかとなった。これらの先行研究により，メラノソームの輸送が細胞骨格を介して行なわれていることが明らかとなり，その後の哺乳類メラノサイトを用いたメラノソーム輸送研究の基盤となっている[18]。

5.2.3　アクチンフィラメント上の輸送

哺乳類のメラノサイトにおける3種類のメラノソーム輸送のうちで，最初に分子機構が明らかになったのはアクチンフィラメント上の輸送である。この解明の足がかりとなったのが毛髪の色素異常を示すヒトのグリセリ症候群（症状により

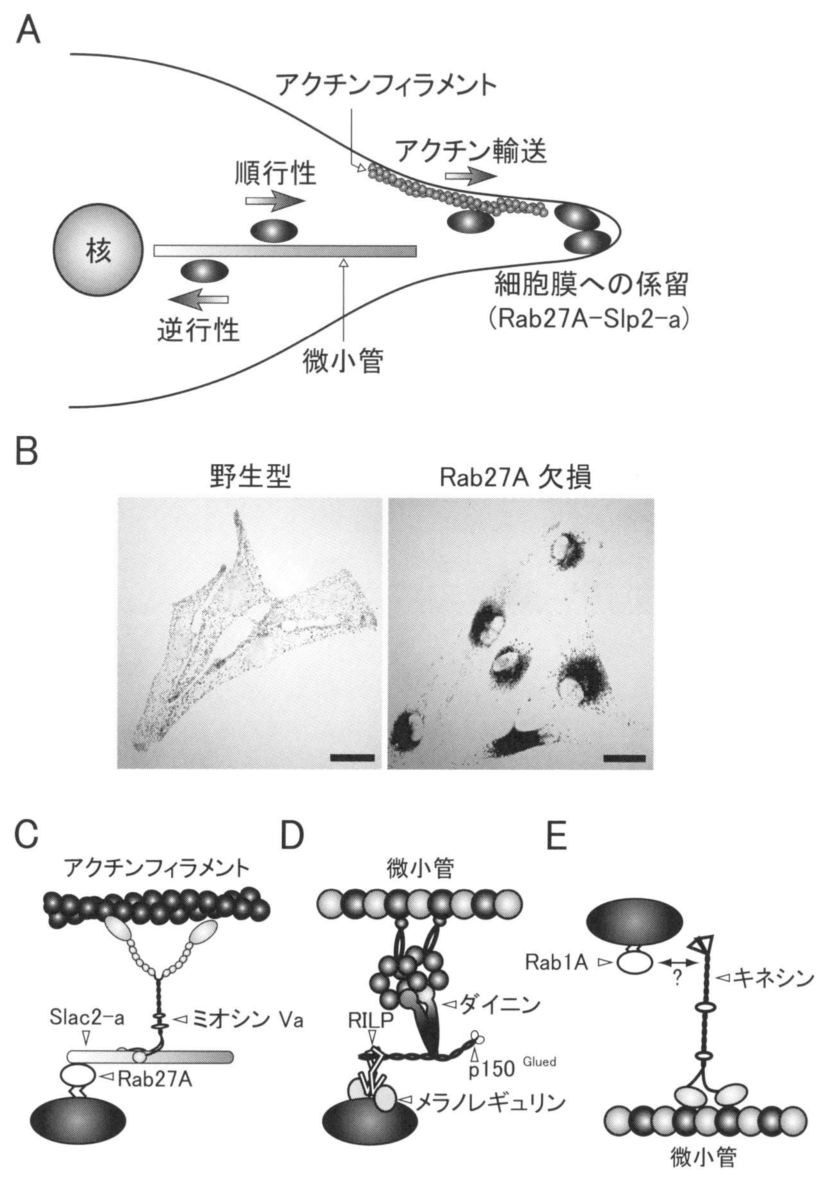

図 5.7　メラノサイト内のメラノソーム輸送

(A) メラノサイトにおけるメラノソームの輸送メカニズム。(B) Rab 27A 欠損メラノサイト。スケールバー，20 μm。(C) アクチン輸送の分子メカニズム。(D) 微小管逆行性輸送の分子メカニズム。(E) メラノソーム上の Rab 1A による微小管順行性輸送の制御。

GS1 ～ 3 に分類）やそのモデルマウスの原因遺伝子の同定である[20]。さまざまなマウスの毛色変異体の中で *dilute* マウス，*ashen* マウス，*leaden* マウスは類似の表現形を示すことが知られていた。これら 3 種類のマウスの毛色はいずれも黒色から灰色に退色し，これらのマウス由来のメラノサイトはメラノソームが核周辺で凝集するという共通の性質を示す（図 5.7B）。1991 年に *dilute* マウスの原因遺伝子産物がアクチンフィラメント上のモータータンパク質であるミオシン Va（myosin Va）であることが明らかにされ，のちに GS1 の原因遺伝子産物としても同定されている。その後，2000 年には *ashen* マウスと GS2 の原因遺伝子産物として Rab27A が同定され，2001 年に

leaden マウス，2003年にGS3の原因遺伝子産物としてメラノフィリン（melanophilin）が同定されている。一方，われわれの研究室でもシナプス小胞の開口放出を制御するシナプトタグミンやその関連分子（Slp：synaptotagmin-like protein）の研究を行なう過程で，メラノフィリンをSlac2-a（Slp homologue lacking C2 domains-a）としていち早く同定することに成功し，この分子がRab27Aに対する結合能をもつことを明らかにしていた[21]。この色素異常の原因となる遺伝子の同定とわれわれのシナプトタグミン関連分子の機能解析という異なる方向からの研究により，メラノソームのアクチンフィラメント上の輸送（アクチン輸送）メカニズムの解明が急速に進展し，現在では次のような分子メカニズムが明らかになっている。

微小管上を順方向に輸送されてきたメラノソームがアクチンフィラメントに受け渡される際，メラノソーム上に局在するRab27Aがエフェクター分子であるSlac2-aを介してミオシンVaと複合体を形成する。このRab27A-Slac2-a-ミオシンVaの三者複合体はメラノソームをアクチンフィラメントに沿って細胞膜の方向へ輸送する（図5.7C）。細胞膜付近に到達すると，Rab27AはSlp2-aという細胞膜（リン脂質）との結合能を有する別のエフェクター分子と結合し，メラノソームは細胞膜に係留される（図5.7A）。これらの輸送の結果，メラノソームはメラノサイトの樹状突起末端の細胞膜に集積する[22]。

なお，網膜色素上皮細胞（RPE cell：retinal pigment epithelial cell）内で形成されるメラノソームに関しても，メラノサイトのアクチン輸送と非常に類似したメカニズムで輸送されることが知られている。網膜色素変性症を特徴とする1B型アッシャー症候群（Usher syndrome）のモデルマウスである *sharker-1* マウスの原因遺伝子産物はミオシンVIIa（myosin VIIa）であり，このマウスの網膜色素上皮細胞ではメラノソームが細胞辺縁部まで輸送されない。網膜色素上皮細胞内では，メラノソーム上のRab27AとミオシンVIIaをつなぐ分子としてSlac2-aに類似のSlac2-c/Myrip（myosin VIIa- and Rab-interacting protein）が用いられており，Rab27A-Slac2-c-ミオシンVIIaの三者複合体がメラノソームのアクチン輸送を制御する[18]。

このようにメラノソームのアクチン輸送を行なうためには，Rab27Aがメラノソーム上に局在することが不可欠であり，その活性調節が重要な鍵を握ると考えられる。これまでにRab27Aの活性を調節する2種類の分子がメラノサイトで報告されている。Rab3GEP/DENN/MADDはメラノサイトでのRab27Aの特異的な活性化因子（GEF）として同定され，Rab3GEP欠損メラノサイトではRab27Aがメラノソーム上に局在できないためメラノソームの核周辺での凝集の症状を示す[23]。一方，Rab27Aに対する不活性化因子（GAP）として同定されたEPI64をメラノサイトに過剰発現すると，内在性のRab27Aが不活性化されメラノソームが核周辺へと凝集する[24]。しかし，内在性のEPI64がメラノソームの輸送に対してどのような役割を果たしているかはいまだ明らかになっておらず，メラノソームのアクチン輸送研究にも解明すべき課題が残されている。

5.2.4　微小管逆行性輸送

dilute マウスの原因遺伝子産物・ミオシンVaが同定される以前に，*dilute* マウスの毛色を灰色から黒色へと回復させる興味深い遺伝子変異の存在が1983年に報告されている。この変異は *dsu*（*dilute suppressor*）と名づけられ，*leaden* マウスおよび *ashen* マウスの毛色も回復させるが[20]，その原因遺伝子産物であるメラノレギュリン（melanoregulin）の機能は永らく不明であった。

最近のマウスの培養メラノサイトを用いた研究により，メラノレギュリンはアミノ末端側で脂質化修飾を介してメラノソーム上に局在すること[25]，メラノレギュリン-RILP-p150^{Glued}の複合体を形成し，微小管逆行性輸送を制御するモータータンパク質・細胞質ダイニン（cytoplasmic dynein）と相互作用することが明らかとなっている[26]（図5.7D）。すなわち，細胞質ダイニンがRILPを介してメラノソーム上のメラノレギュリンを認識し，メラノソームを核方向へと輸送するものと考えられる。このため，Rab27Aとメラノレギュリンの双方を欠損するメラノサイトでは，Rab27A欠損によるメラノソームの核周辺での凝集の症状が回復する。しかし，*dsu*変異によるマウスの毛色回復が，このメラノソームの逆行性輸送機構の崩壊のみで説明できるのかは，個体レベルでは定かではない。また，RILPはRab36のエフェクター分子としても同定されており，メラノソーム上のRab36がメラノレギュリンと同様にRab36-RILP-p150^{Glued}複合体を形成し，微小管逆行性輸送を制御することも報告されている[27]。

5.2.5 微小管順行性輸送

上述したように，アクチン輸送や微小管逆行性輸送の分子メカニズムは，色素異常症の原因遺伝子の同定が大きな手がかりとなっている。これに対し，メラノソームの微小管順行性輸送には解明のヒントとなる色素異常にかかわる遺伝病が報告されておらず，その分子メカニズムはほとんど明らかにされてこなかった。一般的に，細胞内小胞の微小管順行性輸送はその普遍的制御因子であるキネシンモーターによって制御されることから，メラノソームの微小管順行性輸送もいずれかのキネシン分子によって制御されているものと考えられる。実際，カエルのメラノフォアにおいてはヘテロ三量体キネシンモーターであるキネシンIIがメラノソームの微小管順行性輸送に関与すること，哺乳類のメラノサイトではメラノソーム上にキネシンIが局在することが報告されている[19]。最近の研究により，Rab1Aがメラノソーム上に局在し，メラノソームの微小管順行性輸送を制御することが示されている[28]。メラノソーム上のRab1Aはキネシンモーターと相互作用することが予想されるが，現時点ではRab1Aにより制御される微小管順行性輸送の詳細な仕組みは明らかになっていない（図5.7E）。

5.2.6 メラノサイトからケラチノサイトへのメラノソームの転移

メラノソームは微小管輸送およびアクチン輸送によりメラノサイトの細胞膜直下まで輸送されたのち，ケラチノサイトへと転移される。上述のメラノサイト内のメラノソーム輸送のメカニズムに対して，メラノサイトからケラチノサイトへのメラノソーム転移のメカニズムに関しては研究者のあいだでも意見が割れており，必ずしも統一的な見解は得られていない[29]。これまでの研究で，①サイトファゴサイトーシス（cytophagocytosis）モデル，②シェディング－ファゴサイトーシス（shedding-phagocytosis）モデル，③エキソサイトーシス（exocytosis）モデル，④融合（fusion）モデル，の4つの転移メカニズムが提唱されている（図5.8）。サイトファゴサイトーシスモデルに関しては，メラノサイトの樹状突起をそのままケラチノサイトが取り込むか，樹状突起から形成されたフィロポディア（糸状仮足，philopodia）がケラチノサイトに取り込まれるかのちがいにより別々のモデルとして記載している文献もあるが[18]，生細胞としてのメラノサイトの一部がケラチノサイトに取り込まれるという点は共通していることから，ここでは便宜上1つのモデルとして取り扱う。メラノソームの転移メカニズムは電子顕微鏡の観察により古くから研究が行なわれているが，ここでは最近5年以内に出版された最新の知見を中心に紹介する。図5.8では，ケラチノサイト内に取り込まれたメラノソームを包む膜の数を線の種類のちがいにより表わしているので，そちらにも注意を向けてほしい。

(1) サイトファゴサイトーシスモデル

ファゴサイトーシス（phagocytosis）とは直径0.5 μm以上の粒子を細胞内に取り込む現象と定義されている。一般的に，ファゴサイトーシスはマクロファージや樹状細胞などのプロフェッショナル食細胞（professional phagocyte）が異物排除の目的に行なうことで有名であるが，ケラチノサイトを含む非プロフェッショナル食細胞（non-professional phagocyte）においても行なわ

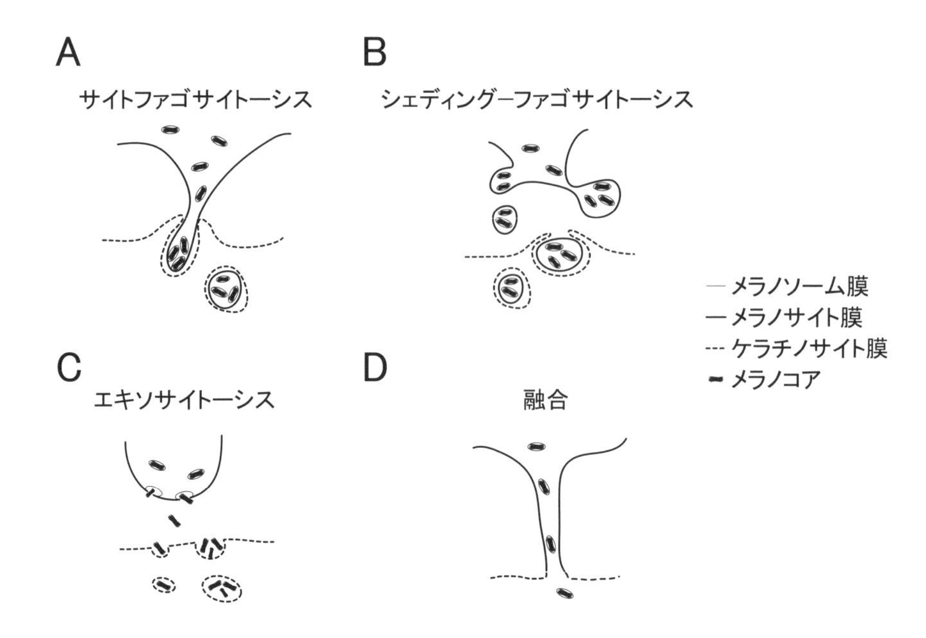

図 5.8　メラノサイトからケラチノサイトへのメラノソーム転移の 4 つのモデル

れることが知られる。サイトファゴサイトーシスとは，対象の生細胞全体または一部をファゴサイトーシスする現象である。メラノサイトのメラノソームを含む樹状突起の先端がケラチノサイトによりサイトファゴサイトーシスされるという転移モデルは，おもに 1950 年代から 1970 年代にかけての電子顕微鏡による観察および光学顕微鏡によるタイムラプスイメージングの結果から提唱されている [29]。理論上，このモデルではケラチノサイトに転移されたメラノソームは，メラノサイト細胞膜およびケラチノサイト細胞膜からなる二重膜に囲まれることになる（図 5.8A）。

2010 年に Tobin らは白人由来のメラノサイトおよびケラチノサイトの共培養実験により，メラノサイトが形成するフィロポディアがケラチノサイトに取り込まれメラノソーム転移が行なわれることを示し，フィロポディア-ファゴサイトーシスモデルを提唱した [30]。フィロポディアとは真核細胞が形成する直径 200 ～ 300 nm の管状の膜構造である。興味深いことに，フィロポディア形成の制御因子であるミオシン X（myosin X）をメラノサイトで欠損させると，メラノソームのケラチノサイトへの転移が抑制されることが明らかとなった。また，ミオシン X はファゴサイトーシスに関与することも報告されており，ケラチノサイト内のミオシン X を欠損させた際にもメラノソームの転移が抑制された。すなわち，ミオシン X はメラノサイトのフィロポディア形成およびケラチノサイトのファゴサイトーシスの両者に必要と考えられる。メラノサイトのフィロポディアがメラノソームの細胞外への放出に関与するという知見は，2011 年に Stow らのグループによっても得られている [31]。彼女らは，リサイクリングエンドソーム（細胞内に取り込まれた物質の再利用を制御するオルガネラ）に局在することが知られる Rab17 がメラノサイト内ではメラノソームにも局在すること，また Rab17 欠損によりメラノサイトのフィロポディア形成が阻害され，メラニン放出も抑制されることを示している。

(2)　シェディング－ファゴサイトーシスモデル

シェディングは近年明らかにされつつある小胞の細胞外放出メカニズムであり，細胞膜に包まれた細胞内物質が細胞外へ脱落することにより達成される。近年の安藤らによる黒人由来のメラノサイトおよびケラチノサイトを用いた共培養実験により，メラノサイトの樹状突起からメラノソームを複数個含むシェディング小胞が形成され，それらがファゴサイトーシスによりケラチノサイトに取り込まれることが明らかとなった（図5.8B）[32, 33]。このモデルでは，ケラチノサイトに転移されたメラノソームはメラノサイト細胞膜およびケラチノサイト細胞膜の二重膜に包まれることが想定されるが，実際，安藤らはケラチノサイトに取り込まれたメラノソームが二重の膜で取り囲まれている様子を観察している。また，2012年にはHammerらのグループがマウス由来のメラノサイトおよびケラチノサイトを用いた共培養実験を行ない，メラノサイトの樹状突起からのみではなく細胞体からもメラノソームを含むシェディング小胞が形成され，それらがケラチノサイトに取り込まれる様子を観察している[34]。なお，彼らはメラノソームの微小管逆行性輸送制御因子として報告されたメラノレギュリンがメラノサイトのシェディング小胞形成を負に調節することを報告しているが，その詳細な分子メカニズムはまだ提示されていない。

(3) エキソサイトーシスモデル

エキソサイトーシスは輸送小胞が細胞膜と融合することで小胞内の物質を細胞外に放出する生理現象である。このモデルでは，メラノソーム内のメラニン色素塊が細胞外領域にエキソサイトーシスされ，それがケラチノサイトに取り込まれることになる（図5.8C）。膜に包まれていないメラニン色素塊は文献により裸のメラニン（naked melanin）あるいはメラノコア（melanocore）と記載されているが，ここでは便宜上メラノコアとして統一する。電子顕微鏡による観察でヒトのメラノサイトとケラチノサイトの細胞間領域にメラノコアが認められたことからこのモデルが提唱されたが[29]，2014年にSeabraらのグループがヒトの表皮切片の観察により細胞間領域にメラノコアが存在することを再確認している[35]。このモデルでは，ケラチノサイト内のメラノコアはケラチノサイト由来の膜にのみ包まれることになるが，彼らはケラチノサイト内のメラノコアが1つの膜で囲まれること，またメラノソーム膜に局在するTyrp1がメラノコアを包む膜から検出されないという，このモデルを支持する結果を示している（図5.8C）。2011年に安藤らもメラノサイトの可溶化により単離・精製したメラノコアのケラチノサイトへの取り込みを確認しており[32]，ケラチノサイトには膜で包まれていないメラニン色素を取り込む能力があることは確かと考えられる。さらに，Seabraらはマウスケラチノサイト由来の細胞株であるXB2細胞とマウスメラノサイトの共培養実験により，リサイクリングエンドソームに局在するRab11bがメラノコアのエキソサイトーシスに関与することを報告している。なお，メラニン放出にRab11bが寄与しているという知見は上述のStowらの論文でも報告されており[31]，リサイクリングの小胞輸送経路が何らかの形でメラニン放出に関与している可能性が考えられる。

(4) 融合モデル

このモデルでは，メラノサイトが形成するフィロポディアがケラチノサイトの細胞膜と融合し，形成されたトンネル構造内をメラノソームが通過してケラチノサイトへ転移されるというメカニズムが提唱されている（図5.8D）。実際にメラノサイトが形成するフィロポディアがケラチノサイトに接触し，フィロポディア内をメラノソームが移動する様子は電子顕微鏡および光学顕微鏡によるタイムラプスイメージングにより観察されているが，フィロポディアがケラチノサイトと融合していること，またメラノソームがこのトンネルを通って転移されることを示す決定的なデータは残念ながら示されていない[18, 29]。

以上述べてきたように，メラノソームのケラチノサイトへの転移メカニズムに関しては研究者のあいだでも統一見解がいまだ得られておらず，今後解明が急がれる課題の一つとなっている。多くのメカニズムが提唱される原因の一つとして，研究室ごとに異なる由来の細胞および共培養系を用いていることが考えられる。あるいは，メラノソームの転移には複数のメカニズムが共存するのかもしれない。

5.2.7 ケラチノサイト内でのメラノソームの輸送

メラノソームがケラチノサイトへ転移されたあとのケラチノサイト内でのメラノソーム輸送過程もきわめて重要な生理的意義をもつ。ケラチノサイトへ転移されたメラノソームはメラニンキャップを形成するため核上部へと輸送され，紫外線防御の役割を果たす。この過程にはメラノサイト内の核周辺へのメラノソーム輸送と同様に，p150^Glued^ を含むダイニン複合体による微小管逆行性輸送メカニズムが機能することが報告されている[36]（図 5.9A）。しかし，ケラチノサイトにおいてダイニン複合体とメラノソームを仲介する分子は報告されておらず，その同定が今後の課題の一つと考えられる。

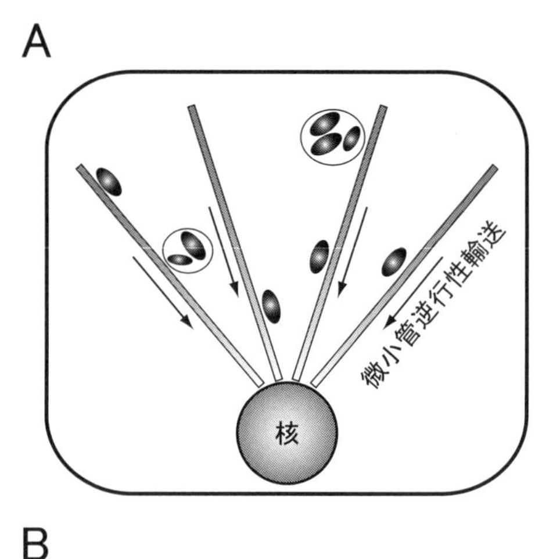

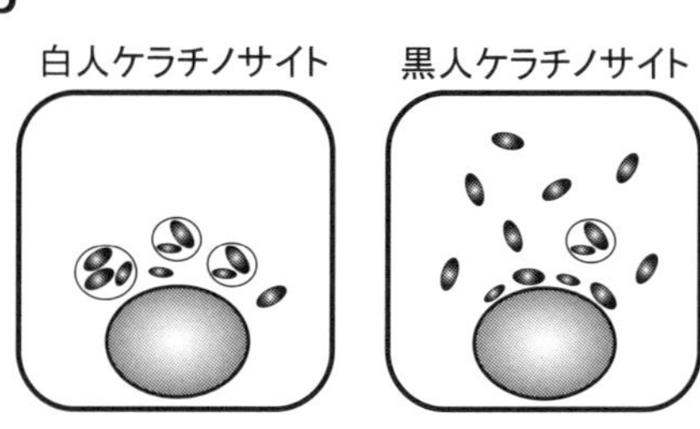

図 5.9 ケラチノサイト内のメラノソーム輸送（A）および白人・黒人のケラチノサイトにおけるメラノソームの存在状態のちがい（B）

ケラチノサイト内でメラノソームがどのような状態で存在するかは皮膚の色を決定する重要な要因の一つである。図 5.9B に示すように，白人由来のケラチノサイトではメラノソームがおもに1つの小胞内に複数個包まれたクラスター状のものとしてメラニンキャップを形成することが知られている。一方，黒人由来のケラチノサイトではメラノソームがおもに個々の状態で存在し，核上部を中心に細胞全体に拡散していることが知られている。クラスター状メラノソームと個々のメラノソームの割合は皮膚の色を決める要因の一つであり，実際，黄色人由来のケラチノサイトではこの割合が白人と黒人の中間の値をとることが報告されている[18, 37]。この割合はケラチノサイト内に存在する因子が決定していると考えられるが，その分子メカニズムはまったく明らかになっていない。2012 年に安藤らは，黒人由来のケラチノサイトに取り込まれたメラノソームを複数個含むシェディング小胞が徐々に個々の状態になることを観察しており[33]，ケラチノサイトにはクラスター状のメラノソームを個々の状態に変換する機構が存在するのかもしれない。

一方，ケラチノサイトにはメラノソームそのものを分解する機構が存在すると考えられている。白人の表皮ではメラノソームは基底層および有棘層のケラチノサイトのみに観察されるが，黒人の表皮では角質層においてもメラノソームが観察される[36, 38]（図 5.6）。このことからクラスター状のメラノソームは個々のメラノソームに比べてより効率的に分解されることが示唆されている。実際，メラノサイトとケラチノサイトの共培養系において白人由来のケラチノサイトでは黒人由来のものと比較してより早くメラノソームが失われることが確認されている[38]。しかし，ケラチノサイト内でのメラノソームの分解についてはまだまだ謎が多く，こちらに関しても今後解決すべき重要な研究課題の一つとなっている。

5.3 おわりに

メラノソームの形成・輸送は紫外線防御や体色の決定などに重要な役割を果たすため，そのメカニズムを研究することは生物学的見地のみならず医学的な観点からもきわめて重要である。メラノサイト内のメラノソーム輸送メカニズムに関しては，ここ数十年のあいだの研究により，その多くの分子メカニズムが解明されている。一方，メラノソームの転移およびケラチノサイト内のメラノソーム輸送メカニズムに関しては未解明の部分が多く，今後はこの２つの課題がメラノソーム輸送研究の中心となっていくものと考えられる。

メラノソームはエンドソーム由来のオルガネラであるが，低 pH などリソソームと共通の性質をもつリソソーム関連オルガネラ（LRO：lysosome-related organelle）に分類される[1)]。このため，メラノソームに関する研究はメラノソーム以外のリソソーム関連オルガネラの研究の発展にもつながるものと考えられる。実際，リソソーム関連オルガネラの形成・成熟・輸送には共通の分子群が関与している場合が多く，リソソーム関連オルガネラの機能不全により発症する CHS，HPS，GS の患者では色素異常症に加え，免疫疾患や出血傾向などの症状を併発する[8,9)]。したがって，メラノソームの研究は他のリソソーム関連オルガネラの形成・成熟・輸送機構の解明，ひいてはこれらの疾患の病態の解明にもつながるものと期待される。一方で，メラニン色素は一般社会においても，日焼けやしみ・そばかすの原因となる黒い物質として広く認識されており，メラノソームの形成・輸送システムをターゲットとした美白化粧品の開発も進められている。このようにメラノソームの形成・輸送の研究は，生命科学の基礎研究と一般社会をより身近なものにするのに大いに貢献しており，今後さらに発展することを期待したい。

参考文献

1) Marks, M. S., Heijne, H. F., Raposo, G. : *Curr. Opin. Cell Biol.*, **25**, 495–505, 2013.
2) Wang, N., Hebert, D. N. : *Pigment Cell Res.*, **19**, 3–18, 2006.
3) Dell'Angelica, E. C. : *Curr. Opin. Cell Biol.*, **21**, 552–559, 2009.
4) Bonifacino, J. S., Traub, L. M. : *Annu. Rev. Biochem.*, **72**, 395–447, 2003.
5) Delevoye, C., Hurbain, I., Tenza, D., Sibarita, J. B., Uzan-Gafsou, S., Ohno, H., Geerts, W. J. C., *et al.* : *J. Cell Biol.*, **187**, 247–264, 2009.
6) Jahn, R., Scheller, R. H. : *Nat. Rev. Mol. Cell Biol.*, **7**, 631–643, 2006.
7) Yatsu, A., Ohbayashi, N., Tamura, K., Fukuda, M. : *J. Invest. Dermatol.* **133**, 2237–2246, 2013.
8) Wei, A. H., Li, W. : *Pigment Cell Melanoma Res.*, **26**, 176–192, 2013.
9) Fukuda, M. : *J. Biochem.*, **137**, 9–16, 2005.
10) Ohbayashi, N., Fukuda, M. : *J. Biochem.*, **151**, 343–351, 2012.
11) Detter, J. C., Zhang, Q., Mules, E. H., Novak, E. K., Mishra, V. S., Li, W., McMurtrie, E. B., *et al.* : *Proc. Natl. Acad. Sci. USA.*, **97**, 4144–4149, 2000.
12) Wasmeier, C., Romao, M., Plowright, L., Bennett, D. C., Raposo, G., Seabra, M. C. : *J. Cell biol.*, **175**, 271–281, 2006.
13) Tamura, K., Ohbayashi, N., Maruta, Y., Kanno, E., Itoh, T., Fukuda, M. : *Mol. Biol. Cell*, **20**, 2900–2908, 2009.
14) Tamura, K., Ohbayashi, N., Ishibashi, K., Fukuda, M. : *J. Biol. Chem.*, **286**, 7507–7521, 2011.
15) Gerondopoulos, A., Langemeyer, L., Liang, J. R., Linford, A., Barr, F. A. : *Curr. Biol.*, **22**, 2135–2139, 2012.
16) Bultema, J. J., Ambrosio, A. L., Burek, C. L., Di Pietro, S. M. : *J. Biol. Chem.*, **287**, 19550–19563, 2012.
17) Costin, G. E., Hearing, V. J. : *FASEB J.*, **21**, 976–994, 2007.
18) Van Gele, M., Lambert, J. : *in* Transport and distribution of melanosomes: Melanins and melanosomes (Borovanský, J. , Riley, P. A. eds.), Wiley-Blackwell, 295–322, 2011.
19) 石田森衛・大林典彦・谷津彩香・福田光則：顕微鏡, **48**, 26–32, 2013.
20) Van Gele, M., Dynoodt, P., Lambert, J. : *Pigment Cell Melanoma Res.*, **22**, 268–282, 2009.
21) Kuroda, T. S., Fukuda, M., Ariga, H., Mikoshiba, K. : *J. Biol. Chem.*, **277**, 9212–9218, 2002.
22) Kuroda, T. S., Fukuda, M. : *Nat. Cell Biol.*, **6**, 1195–1203, 2004.
23) Tarafder, A. K., Wasmeier, C., Figueiredo, A. C.,

Booth, A. E. G., Orihara, A., Ramalho, J. S., Hume, A. N., Seabra, M. C. : *Traffic*, **12**, 1056-1066, 2011.
24) Itoh, T., Fukuda, M. : *J. Biol. Chem.*, **281**, 31823-31831, 2006.
25) Wu, X. S., Martina, J. A., Hammer, J. A., III. : *Biochem. Biophys. Res. Commun.*, **426**, 209-214, 2012.
26) Ohbayashi, N., Maruta, Y., Ishida, M., Fukuda, M. : *J. Cell Sci.*, **125**, 1508-1518, 2012.
27) Matsui, T., Ohbayashi, N., Fukuda, M. : *J. Biol. Chem.*, **287**, 28619-28631, 2012.
28) Ishida, M., Ohbayashi, N., Maruta, Y., Ebata, Y., Fukuda, M. : *J. Cell Sci.*, **125**, 5177-5187, 2012.
29) Van Den Bossche, K., Naeyaert, J.-M., Lambert, J. : *Traffic*, **7**, 769-778, 2006.
30) Singh, S. K., Kurfurst, R., Nizard, C., Schnebert, S., Perrier, E., Tobin, D. J. : *FASEB J.*, **24**, 3756-3769, 2010.
31) Beaumont, K. A., Hamilton, N. A., Moores, M. T., Brown, D. L., Ohbayashi, N., Cairncross, O., Cook, A. L., *et al.* : *Traffic*, **12**, 627-643, 2011.
32) Ando, H., Niki, Y., Yoshida, M., Ito, M., Akiyama, K., Kim, J., Yoon, T., *et al.* : *Cell. Logist.*, **1**, 12-20, 2011.
33) Ando, H., Niki, Y., Ito, M., Akiyama, K., Matsui, M. S., Yarosh, D. B., Ichihashi, M. : *J. Invest. Dermatol.*, **132**, 1222-1229, 2012.
34) Wu, X. S., Masedunskas, A., Weigert, R., Copeland, N. G., Jenkins, N. A., Hammer, J. A. : *Proc. Natl. Acad. Sci. USA.*, **109**, E2101-E2109, 2012.
35) Tarafder, A. K., Bolasco, G., Correia, M. S., Pereira, F. J. C., Iannone, L., Hume, A. N., Kirkpatrick, N., *et al.* : *J. Invest. Dermatol.*, **134**, 1056-1066, 2014.
36) Byers, H. R., Dykstra, S. G., Boissel, S. J. S. : *J. Invest. Dermatol.*, **127**, 1736-1744, 2007.
37) Thong, H.-Y., Jee, S.-H., Sun, C.-C., Boissy, R. E. : *Br. J. Dermatol.* , **149**, 498-505, 2003.
38) Ebanks, J. P., Koshoffer, A., Wickett, R. R., Schwemberger, S., Babcock, G., Hakozaki, T., Boissy, R. E. : *J. Invest. Dermatol.*, **131**, 1226-1233, 2011.

第6章

メラニン生合成を規定する鍵酵素チロシナーゼと関連タンパク質

塚本克彦・伊藤祥輔

メラニン生合成は，メラノサイトのメラノソーム内で行なわれる。メラノサイト内のメラニン産生にかかわる因子については，①メラノソームの構造タンパク群，②メラニン産生のための酵素群，③メラニン輸送関連タンパク群の3つに分けると理解しやすい。メラニン産生のための酵素群で，最も古くから知られている酵素はチロシナーゼであるが，現在では，チロシナーゼ以外にチロシナーゼ関連タンパク質とよばれる2つの酵素が見つかっている。1つは，チロシナーゼ関連タンパク質1であり，5,6-ジヒドロキシインドール-2-カルボン酸（DHICA）酸化活性をもつと考えられ，ジヒドロキシインドールカルボン酸オキシダーゼともよばれている。もう1つは，チロシナーゼ関連タンパク質2であり，ドーパクロムをDHICAに変換（互変異性化）する活性をもつ，ドーパクロム・トウトメラーゼである。これら3つはチロシナーゼ遺伝子ファミリーとよばれ，遺伝子レベルで互いに高い相同性を有しており，進化的には同じ遺伝子から派生してきたものと考えられている。本章では，これら3つの酵素について概説する。

6.1　はじめに

ヒトの皮膚においては，メラニンをつくるメラノサイトは皮膚の表皮基底層に存在し，基底細胞10個に1個の割で分布している。メラニン生合成はメラノサイト内のメラノソーム内で行なわれる。メラニン生合成を終えたメラノソームは，メラノサイトの樹状突起先端まで運ばれ，周囲の30～40個の角化細胞（ケラチノサイト）へ送り込まれる。そして，表皮全体の細胞にメラニン顆粒が行きわたり，肉眼的に皮膚の色が確認できるようになる[1~3]。現在，マウスでは，300以上のメラノサイトの発生，遊走，分化に関与する因子が知られている[4]。約半数ではその解析が進んでいるが，それぞれの詳しい内容は，各章あるいは国際色素細胞学会ホームページのColor Genes（http://www.espcr.org/micemut）を参照されたい。

6.2　メラニン

メラニンは，メラノソーム内に取り込まれたアミノ酸チロシンから生合成される。メラニンには黒色～黒褐色のユーメラニンと赤褐色～黄色のフェオメラニンがあり，実際には両者がさまざまな比率で混じった混合型メラニンが形成される[5]。最近では，最初にフェオメラニンが生成して色素となり，その外側にユーメラニンが沈着して共重合したメラニンポリマーができると考えら

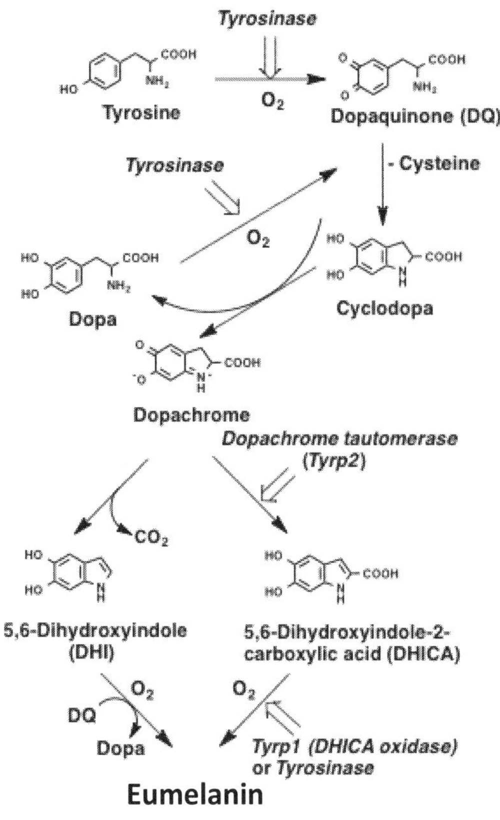

図 6.1　（ユー）メラニン生合成経路

Tyrp1 および Tyrp2 はユーメラニン合成のみに関与しているので，ここでは，ユーメラニン合成経路のみをまとめる。フェオメラニンを含む生合成経路については，第 11 章を参照されたい。

れている [6)]。

メラニン生合成の最初の観察は，約 120 年前の 1895 年，Bourquelot と Bertrand が，マッシュルームの切り口が黒くなるのを見つけたことから始まる。彼らはマッシュルームの切り口が空気に触れると，まず赤くなってから黒くなるのに気づいた。研究を進めていくと，黒くなった物質の基質はチロシンであり，黒い物質はメラニン，赤い物質は，その中間代謝物であるドーパクロムであることがわかり，基質であるチロシンを酸化する酵素すなわちチロシナーゼを発見した。この現象は，われわれの日常生活の中でも，リンゴ，バナナ，ジャガイモなどを切ったときの切り口で見ることができる。

その後，昆虫や脊椎動物でもチロシナーゼの存在が確かめられた。1927 年，Raper は，チロシナーゼによるメラニン生合成前半の反応，すなわちチロシンをドーパに，さらにドーパをドーパキノンに酸化し，その後，ロイコドーパクロム（シクロドーパ）を経てドーパクロムになることを明らかにし，さらにドーパクロムの代謝産物として，5,6-ジヒドロキシインドール（DHI）と 5,6-ジヒドロキシインドール-2-カルボン酸（DHICA）の 2 種類が生じることを報告した。1948 年には Mason が，メラニン生合成の後半部分の反応経路を明らかにし，DHI のホモポリマーによってメラニンができるとした。現在では，ユーメラニンは DHI のモノポリマーではなく，DHI と DHICA のヘテロポリマーであることがわかっている。ここに古典的な Raper と Mason によるメラニン生合成の経路図が完成したが，1960 年代初めまでは，メラニンといえばユーメラニンを意味し，フェオメラニンは知られていなかった。フェオメラニンの生合成については，1967 年に Prota らが，システインの存在下でドーパキノンがシステイニルドーパを経て，フェオメラニンを形成することを明らかにした。現在では，チロシナーゼ遺伝子ファミリーの発見や化学的分析の進歩により，新しい経路図（図 6.1）が提案されている [6)]（メラニン生合成の詳細については，第 11 章を参照されたい）。なお，チロシナーゼ関連タンパク質がフェオメラニン形成に関与しているという報告はない。

メラニンの役割は，皮膚色の決定のほかに，温度制御，抗菌作用，毒性の薬剤や化学物質の吸収，フリーラジカルの吸収があるが，ヒト皮膚におけるメラニンの最も重要な機能は，表皮細胞を紫外線から保護することである。紫外線発癌は，医学分野でも重要な課題であり，メラニン産生にかかわる因子の遺伝子解析が急速に進んできている。

6.3　メラノソーム

1961 年，清寺らは，メラノサイト内のメラニン生合成を司る膜小器官を単離・同定し，メラノソームと名づけ世界に発表した。それまでは，ミトコンドリアにメラニンが蓄積するものと考えられていたので，この発見は画期的であり，これを契機に色素細胞の研究は一気に進歩したといえる。メラノソームは，その内部構造，メラニンの沈着度によりステージⅠ～Ⅳに分類されている。メラノソームの構造はおもにPmel17/gp100/Silvとよばれる膜構造タンパク質からなり，ステージⅠメラノソームから認められる[7]。悪性黒色腫の染色で使われるHMB45抗体はPmel17を認識する。MART-1は，悪性黒色腫に反応するCD8陽性T細胞からクローニングされMelan-A抗体で認識されるタンパク質であるが，Pmel17と複合体を形成しPmel17の発現・安定性・輸送に関与し，介添え役（chaperone）として働くと考えられている[8]。ステージⅡメラノソームで発現が強い（詳しい内容については第5章を参照）。

6.4 メラニン生合成のための酵素群

メラニン生合成のための酵素群は，チロシナーゼ遺伝子ファミリーとよばれる酵素で，現在確認されているものは，①チロシナーゼ（tyrosinase），②ジヒドロキシインドールカルボン酸オキシダーゼ（DHICA oxidase）活性をもつと考えられるTyrp1（tyrosinase-related protein-1，Trp1ともよばれる），③ドーパクロム・トウトメラーゼ（DOPAchrome tautomerase）活性をもつTyrp 2（tyrosinase-related protein-2，Trp2ともよばれる）の3つである（図6.1）。

6.4.1 チロシナーゼ（tyrosinase；TYR）

チロシナーゼは，メラニン生合成のための律速酵素である。この酵素は細菌，昆虫，魚類，爬虫類，哺乳類に至るまでほぼ全生物に存在する。メラニン生合成は，アミノ酸チロシンを基質につくられる。最初の反応であるチロシンからドーパキノン，間接的生成物のドーパ（DOPA）からドーパキノンへの反応を触媒する（図6.1）。第3の作用点として5,6-ジヒドロキシインドール（DHI）からインドール-5,6-キノンへの酸化を触媒する酵素活性もある[9]。チロシナーゼはメラニン産生に最も重要な酵素であり，このチロシナーゼ遺伝子の欠損や変異によりチロシナーゼ活性がなくなるとメラニンはつくられなくなる。チロシナーゼの生化学的な研究が近年詳細に行なわれているため，この章の後半に「チロシナーゼの作用機序」について詳しく述べる。

チロシナーゼ遺伝子は，1988年にマウスではSchützらのグループが，ヒトではShibaharaら[10]がクローニングを行なった。チロシナーゼ遺伝子は5つのエクソンをもち，mRNAの長さは約2.4 kbである。マウスでは7番染色体のalbino locus上にあり，ヒトでは11番染色体の長腕（11q14-p21）に存在する。

ヒトチロシナーゼは，リボゾームで合成された直後は529個のアミノ酸より構成される。N末端側の18個のアミノ酸はシグナルペプチドである。このシグナルペプチドは疎水性アミノ酸より構成されるため，リボゾームで合成されるとすぐに粗面小胞体に結合する。それと同時に，膜通過孔から小胞体内腔へ送り込まれる。小胞体内腔では，18個のシグナルペプチドは，シグナルペプチターゼによりただちに取り除かれ，511個のアミノ酸タンパク質となる。その分子量は約58,000である（T3 form）。またチロシナーゼは16個のシステインをもっている。システインはSH基をもつアミノ酸なので，これらのSH基が互いに酸化されてS-S結合をつくり，最も安定した立体構造を形成する。同時に糖付加修飾を受けながらゴルジ領域に移動する。糖修飾によってチロシナーゼはいったん70,000前後の分子量となる（T1およびT2 form）。チロシナーゼはゴルジ装置から被覆小胞によってメラノソームに運ばれ，メラノソーム膜に結合して最も安定した分子量約65,000の糖タンパク質となる（T4 form）。チロシナーゼのC末端側の474～499番目のアミノ酸は，メラノソーム膜を貫通している部分と考えられている。この部分に疎水性のアミノ酸が集中的に並んでいるため，500～511番目のアミノ酸は膜を突き抜けてメラノソーム外に存在する。チロシナーゼは2価の銅イオンを2個，酵素活性部位にもっている。それぞれの銅イオンは3個のヒスチジンに取り囲まれるように配位しているので，ヒスチジンが集中して存在する172～238番目と361～403番目のアミノ酸配列部が結合部位と考えられる[11)]。

チロシナーゼの酵素活性を失った動物はアルビノ（albino；白子/白皮症）となる。1989年，Tomitaら[12)]は世界で初めて，ヒト全身性白皮症患者にこのチロシナーゼ遺伝子の変異を報告した。チロシナーゼ遺伝子は，全身性（眼皮膚）白皮症1型（oculocutaneous albinism type 1；OCA1）の原因遺伝子である。現時点では，酵素活性に影響を与える300カ所以上の変異が報告されている。ヒトのみならず，ワニ，トラ，ライオン，ヘビなどで白いアルビノ動物を動物園などで見ることができるが，これらもチロシナーゼ遺伝子変異によるものと考えられる。

ヨーロッパ人のTYR遺伝子多型については，複数のグループで研究が続けられている。皮膚，毛，眼の色のほか，雀卵斑，メラノーマのリスクについて相関が解析されている[13,14)]。TYRに関してヨーロッパ人には2つのSNPs（エキソン1のrs1042602C/A Ser192Tyrとエキソン4のrs1126809G/A Arg402Gln）が存在することがわかっている。南アジアでは，rs1042602A/192Tyrがより明るい皮膚色と関連があるとの報告がなされた。192Tyrの酵素活性は60%であり，おそらく銅結合部位の構造変化をもたらす結果と考えられる。402Glnの変化では酵素活性は25%と低下するが，これは酵素の温度感受性の変化の結果と考えられている[15)]。

6.4.2 Tyrp1（tyrosinase-related protein-1；Trp1，ジヒドロキシインドールカルボン酸オキシダーゼ：DHICA oxidase）

チロシナーゼにより，チロシンがドーパクロムまで変換されると，条件により，5,6-ジヒドロキシインドール-2-カルボン酸（DHICA）または5,6-ジヒドロキシインドール（DHI）が産生される。後述のTyrp2が存在するとDHICAができるが，このDHICAをインドール-5,6-キノン-2-カルボン酸に酸化してDHICA由来のメラニンをつくる酵素がTyrp1である。

Tyrp1は1986年，Shibaharaらが，当初マウスチロシナーゼ遺伝子としてクローニングしたものである。その後の研究により，この遺伝子はチロシナーゼとは異なるマウス4番染色体のbrown locus上にあることがわかったが，遺伝子レベルでもタンパク質レベルでもチロシナーゼとよく似ており，チロシナーゼ関連タンパク質1（tyrosinase-related protein-1；Trp1/Tyrp1）と名づけられた。この遺伝子は，8つのエクソンよりなり，マウスチロシナーゼと全DNA塩基配列では45%の相同性，タンパク質レベルでも39%の相同性をもっている。そのアミノ酸配列中，17個あるシステインのうち15個までが一致し，ヒスチジンは6個とも一致する。立体構造はシステインどうしのS-S結合によって形成されるので，この2つのタンパク質の構造はよく似ている。また，チロシナーゼの銅イオンは酵素活性部位でヒスチジン残基と結合するが，この部位にあると考えられるヒスチジン6個が一致している。したがって，2個の銅イオンはほぼ同じ位置に存在していると推測される（図6.2）[16)]。なお，このタンパク質は以前より分子量75,000のメラノーマ抗原として知られていたgp75と同一のものであることもわかっている。

このタンパク質の役割については，1994年，Kobayashiら[17)]が，マウスではチロシナーゼの下流で働くDHICAオキシダーゼであることを報告した。Tyrp2がドーパクロムをDHICAに変換したのち，Tyrp1がDHICAをインドール-5,6-キノン-2-カルボン酸に酸化してDHICA由来のメラニンをつくる。試験管内では，DHICA由来のメラニンは茶色く水溶性で，DHI由来のメラニンは黒く不溶性である。したがって，Tyrp1はユーメラニンの色，すなわち茶色から黒色の色調を調整している可能性がある。またTyrp1に

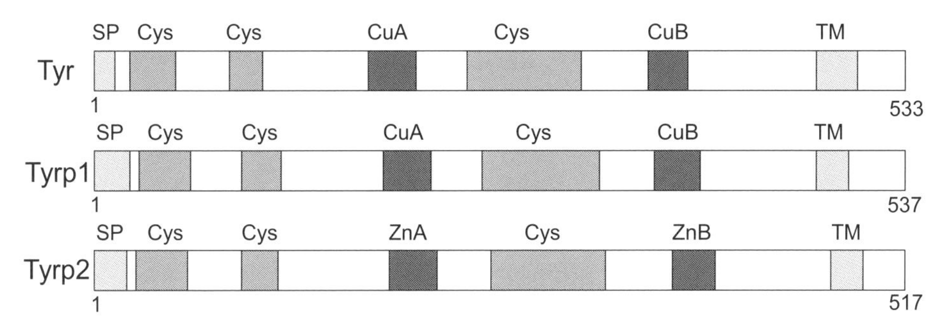

図 6.2 チロシナーゼとチロシナーゼ関連タンパク質の構造的な類似性

哺乳類チロシナーゼ，Typr1，Tyrp2 の模式図。番号やドメインの位置は，マウスのタンパク質に基づく。SP：シグナルペプチド，Cys：システインが豊富な部位，Cu または Zn：銅または亜鉛結合部位，TM：膜横断フラグメント。Olivales & Solano（2009）[16] から一部改変して引用。Tyrp1 における銅結合については未確定。

は，チロシナーゼ活性を安定化させる働きも報告されている。Tyrp1 がないとチロシナーゼの分解が進んでしまうようである[18]。なお，ヒトにおいては TYRP1 には DHICA オキシダーゼ活性がなく[19]，代わりにチロシナーゼがその役割を担う[20] との報告もあり，TYRP1 の普遍的な機能については不明な点が多い。

1990 年，Cohen ら[21] によりヒトの遺伝子もクローニングされ，9 番染色体（9p22-pter）に存在することがわかった。現在，この遺伝子は全身性白皮症Ⅲ型（oculocutaneous albinism type Ⅲ：OCA3）の原因遺伝子として分類されている。OCA3 の報告は南アフリカで多いが，ソロモン諸島での解析では，エキソン 2 の Arg93Cys のアミノ酸変化がブロンド髪と相関するとの報告があった[22]。またヨーロッパ人での TYRP1 の SNP 解析では，rs1408799A は青い眼と関連しているとの報告がある[23]。

6.4.3 Tyrp2/DCT（tyrosinase-related protein-2；Trp2，ドーパクロム・トウトメラーゼ：DOPAchrome tautomerase）

チロシナーゼの作用によりつくられたドーパクロムは，自発的な脱炭酸反応により，ほとんど DHI に変わると考えられていた。しかしながら，1980 年 Pawelek は，メラノサイトやメラノーマ細胞の中にオレンジ色のドーパクロムを能動的に無色にする因子が存在することを見つけ，その因子を DOPAchrome conversion factor と名づけた。その因子はその後，DOPAchrome oxidoreductase，DOPAchrome isomerase などとよばれてきたが，最終的に DCT ドーパクロム・トウトメラーゼ（DOPAchrome tautomerase）と統一され，現在に至っている。

1992 年，Jackson と Tsukamoto ら[24, 25] は，マウスチロシナーゼ遺伝子と相同性を有する別の遺伝子の解析中に，マウス 14 番染色体の slaty locus 上の *Tyrp2* 遺伝子をクローニングし，そのタンパク質である Tyrp2（チロシナーゼ関連タンパク質 2）がドーパクロム・トウトメラーゼ活性を有することを報告した。Tyrp2 は，図 6.1 に示したようにドーパクロムを DHICA に変換し，その後 DHICA 由来のメラニンが産生される。茶褐色から黒色のユーメラニンは，この DHICA 由来と DHI 由来のメラニンで構成される。Tyrp2 の非存在下では脱炭酸によりほとんど DHI のみを産生する。これに関連し，1986 年，伊藤は化学分析の結果に基づき，ドーパのチロシナーゼによる酸化で生成するユーメラニンは DHICA 構造を 10% 程度しか含まないが，天然のマウス黒色体毛，マウス B16 メラノーマ，イカ墨メラニンはほぼ等量の DHICA と DHI からなることを報告した[26]。DHI 由来のメラニンのほうが細胞毒性が高く，Tyrp2 も Tyrp1 と同様に，DHICA

由来のメラニン産生に傾けることにより，この毒性を回避する働きがあるのかもしれない[27]。

1994年，Yokoyamaら[28]は，ヒトにも同様の酵素，遺伝子が存在することを報告し，ヒトTYRP2もDCTとしての酵素活性をもつことが確かめられた。ヒト*TYRP2*遺伝子は，13番染色体（13q32）上に存在する。マウスと同様，ヒトTYRP2もヒトチロシナーゼやTYRP1とタンパク質レベルで40%の相同性をもつ（図6.2）。ただし，チロシナーゼ，TYRP1が銅イオンをもっているのと異なり，TYRP2は亜鉛を保有していることがわかっている。

DCTの活性は，メラノソームより被覆小胞で活性が高い。さらに，DCTはメラノブラストでも発現しており，チロシナーゼやTYRP1の発現よりも先行しているのが特徴である。毛包バルジ領域のメラノサイトの幹細胞でもTYRP2が細胞マーカーとなっている。

アフリカ，ヨーロッパ人の髪の毛におけるDHI：DHICAの比率は，年齢を重ねるとDHIの比率が増える傾向にあるが，アジア人は生涯その比率がほぼ一定である[29]。DCTはドーパクロムをより細胞毒性の低いDHICAに変換するため，DCTの発現のちがいがaging，白髪の変化に関与している可能性がある。またEdwardら[30]は，DCTにはrs1407995C/Tとrs2031526A/Gのイントロン部の遺伝子多型があり，東アジア人と非アジア人のあいだではその多型比率にちがいがあることを報告している。ヨーロッパ人では，rs1407995C/TのSNPは，眼の色に関与するが，皮膚や毛の色には影響しないようである[31]。

DCTについては，メラニン産生に重要な酵素としての働きだけでなく，紫外線防御・紫外線発癌にも関与するとの報告が最近みられる。正常ヒトメラノサイトと赤毛からのメラノサイトをMC1R作動薬とともに培養すると，他のメラニン産生タンパク質と比べてDCTタンパク質の発現だけが，MC1R変異をもった細胞では増加しなかった。これらのバリアントをもつヨーロッパ人ではDHICA合成の能力に差がある可能性を示唆している[32]。また，WM35（ヒト無色素性悪性黒色腫株）にDCTを過剰発現させると，酸化ストレスへの感受性が下がり，DNA損傷が低下したとの報告[33]やDctのノックアウトマウスに紫外線照射すると，ユーメラニンの産生が減少し，活性酸素レベル，サンバーン細胞数，アポトーシス細胞数が上昇したとの報告がある[34]。これはDHICA由来メラニンに強いヒドロキシラジカル捕捉能力があることを示唆する。また，DHICAは拡散できる小分子なので，ケラチノサイトに分布して広くケラチノサイトを紫外線から防御している可能性も考えられている。培養ケラチノサイトをDHICAで処理すると，細胞内のSODやcatalaseの酵素活性が上昇し，UVA照射からの細胞障害を減らした[35]。これらの報告は，DCTの産物であるDHICAは，紫外線から皮膚を守り，細胞死，活性酸素から防御する機能があることを示唆している。

6.5　チロシナーゼの作用機序

6.5.1　はじめに

チロシナーゼはメラニン生合成のための律速酵素であり，微生物，植物，昆虫から哺乳類に至るまで，広範に存在する。チロシナーゼの一義的な機能は，フェノールあるいはカテコールから*ortho*-キノンを生成することにあり，それぞれ，phenol monooxygenase（monophenolaseともいう）活性とcatechol oxidase（diphenolaseともいう）活性とよばれる（図6.3）[36]。基質をチロシンとした場合，それぞれtyrosine hydroxylase活性とdopa oxidase活性に相当する。この節では，近年進展の著しいチロシナーゼの作用機序研究について，最新の知見を紹介する[16, 36]。なお，この節でしばしばチロシナーゼ酸化という術語を用いるが，チロシナーゼによる酸化を意味する。

6.5.2　*ortho*-キノンの反応性

ortho-キノンは生化学においてきわめて重要であり，その酵素的な産生は長い進化の歴史をも

つ。*ortho*-キノンは抗生物質作用，防御的分泌，貝類の接着，昆虫の角質硬化，そしてメラニン形成などの多くの機能をもつ。これらの機能を理解するため，最初に *ortho*-キノンの化学的反応性について概説する。

ortho-キノンは2つのカルボニル基の電子吸引性によりきわめて高い反応性を有する[37]。生体内で生成した *ortho*-キノンは種々の生体物質と反応するが，最も反応性の高い物質はチオールであり，チオール付加体を生じる（図6.4）[38]。この反応の特徴は，アミノ基やヒドロキシ基と異なり，カルボニル基の隣りの炭素で付加反応が起こることである。生体内チオールとして，非タンパク質性のシステインとグルタチオンが最も重要であるが，タンパク質中のシステイン残基も十分な反応性を有し，これが *ortho*-キノンの毒性機序の一つと考えられている[39]。

チオールと同様に反応性の高い生体物質としてアスコルビン酸と NAD(P)H があげられる。これらにより，*ortho*-キノンは出発物質であるカテコールに還元される。また，この *ortho*-キノンからカテコールへの還元は，より酸化電位の低い（より酸化されやすい）カテコールの *ortho*-キノンへの酸化を伴う（redox 交換反応）。メラニン形成においては，*ortho*-キノンであるドーパキノンが中心的な役割を担っており，シクロドーパからドーパクロムへの変換など，いくつかの重要な過程を促進している（詳細については第11章を参照のこと）。これらの redox 交換反応において，ドーパキノンはドーパへと還元される。これが，チロシナーゼ酸化においてチロシンから二次的にドーパが生じる機序である。

アミンは反応性がそれほど高くなく，分子間では反応はかなり遅い。しかし，アミノ基が分子内に存在する場合，反応は秒単位で進行し，アミン付加体を生じる。ドーパからシクロドーパ（ついでドーパクロム）が生成する反応がこれである。また，アミノ基の位置によっては，カルボニル基とのあいだで脱水縮合を起こし，*ortho*-キノンイミンを生じる。この型の反応は，フェオメラニン

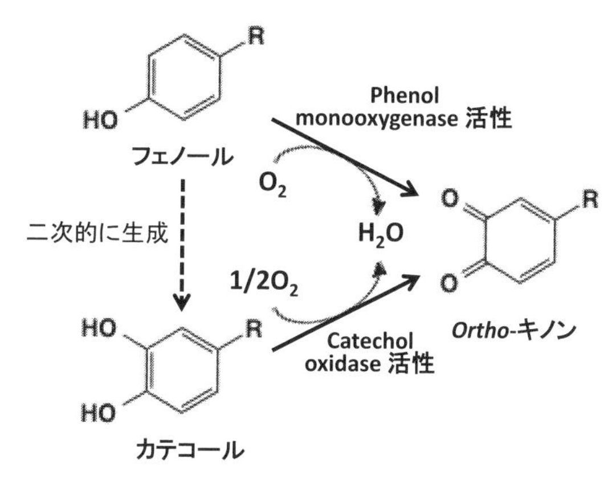

図6.3　チロシナーゼ酸化による *ortho*-キノンの生成[36]
カテコールはフェノールから直接は生成しないことに留意。

形成において重要である（第11章参照）。

アルコールやフェノール体あるいは水分子に存在するヒドロキシ基はさらに反応性が低い。しかし，分子内反応としての付加反応は，分単位で起こりえる。実際に，ロドデノール（脱色素斑を誘発した美白剤）のチロシナーゼ酸化による代謝において，ヒドロキシ基を介する分子内環化反応が起こる（図6.5）[40]。

6.5.3　チロシナーゼの酸化状態とその相互変換

チロシナーゼは3型銅タンパク質に分類される。この一群の機能タンパク質には，チロシナーゼ以外に，カテコール酸化酵素，ヘモシアニン（節足動物と軟体動物における酸素運搬タンパク質），節足動物フェノール酸化酵素などがある。これらのタンパク質の活性部位は2個の銅原子（CuA，CuB とよばれる）からなり，それぞれが3個のヒスチジン残基により配位されている（図6.6）[36]。いくつかのチロシナーゼについて，その結晶構造が解析されている。そのうち，キノコ *Agaricus bisporus* から単離されたチロシナーゼは 48kDa の長鎖と 14kDa の短鎖2本ずつからなる4量体であり，長鎖タンパク質にある3個ずつのヒスチジン残基が2個の銅原子（CuA と CuB）に配位している[41]。

チロシナーゼには4つの明瞭に異なる酸化状態（*deoxy*-，*oxy*-，*met*-，*deact*-）があり，それらの

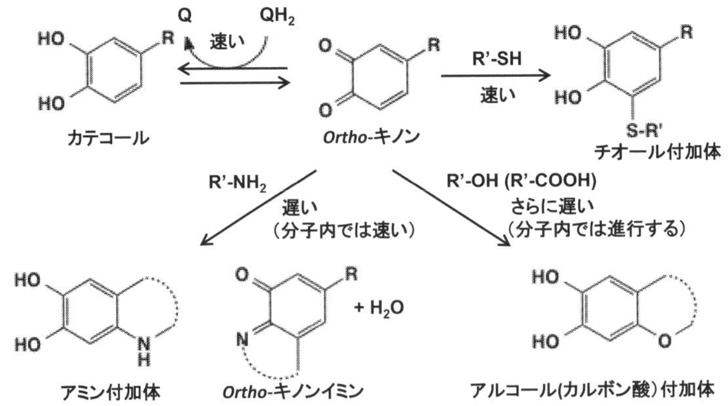

図 6.4　*ortho*-キノンの化学的反応性 [16]
反応の速さに注意。生体内 QH_2 として代表的なものにアスコルビン酸と NAD(P)H がある。

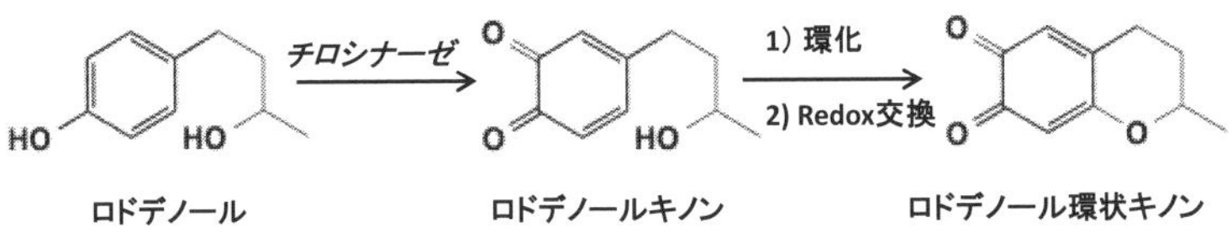

図 6.5　ロドデノールのチロシナーゼ酸化によるキノン体の生成 [40]
ロドデノールキノンとロドデノール環状キノンが毒性代謝物と考えられる [40]。

役割と相互変換を理解することがチロシナーゼの触媒作用を理解するうえで欠かせない（図 6.6）[36]。

チロシナーゼはおもに，より安定な *met*-チロシナーゼ［Cu(II)$_2$］として存在する。ヒドロキシイオンが 2 個の銅（II）原子に結合した形である。この型のチロシナーゼはフェノールとは反応しないが，カテコールを *ortho*-キノンへと酸化することができる。この過程で *met*-チロシナーゼは *deoxy*-チロシナーゼ［Cu(I)$_2$］へと還元される。*Deoxy*-チロシナーゼは酸素分子とすばやく反応して，二原子酸素が peroxide イオンとして結合し *oxy*-チロシナーゼ［Cu(II)$_2$-O_2］となる。

oxy-チロシナーゼはこの酵素の最も重要な酸化形態であり，フェノールを phenol monooxygenase 機構により酸化して *ortho*-キノンを生成し，自身は *deoxy*-チロシナーゼに戻る。後者は酸素分子と結合することにより，フェノールの酸化は基質であるフェノールあるいは酸素が消失するまで継続される。これがフェノール酸化回路である。一方，*oxy*-チロシナーゼはカテコールを catechol oxidase 機構により酸化して *ortho*-キノンを生成し，*met*-チロシナーゼとなる。後者は上記の catechol oxidase 機構により 2 分子目のカテコールを酸化して，*ortho*-キノンを生成し，自身は *deoxy*-チロシナーゼとなる。これがカテコール酸化回路である。*oxy*-チロシナーゼに対して，フェノールのヒドロキシ基は活性部位の CuA に結合し，一方，カテコールのヒドロキシ基はまず CuB に結合する。したがって，フェノールとカテコールは *oxy*-チロシナーゼに対して競合的に作用することになるが，カテコールのほうが一般に比活性が高いといわれている [42]。

しばしば，チロシナーゼはフェノールをカテコールへと酸化し，それが次に *ortho*-キノンへと段階的に酸化されると報告されている。多くの総説にもこのように記載されている。しかし，これは誤りであり，この誤解は L-チロシンをチロシナーゼで酸化すると，カテコールであるドーパ

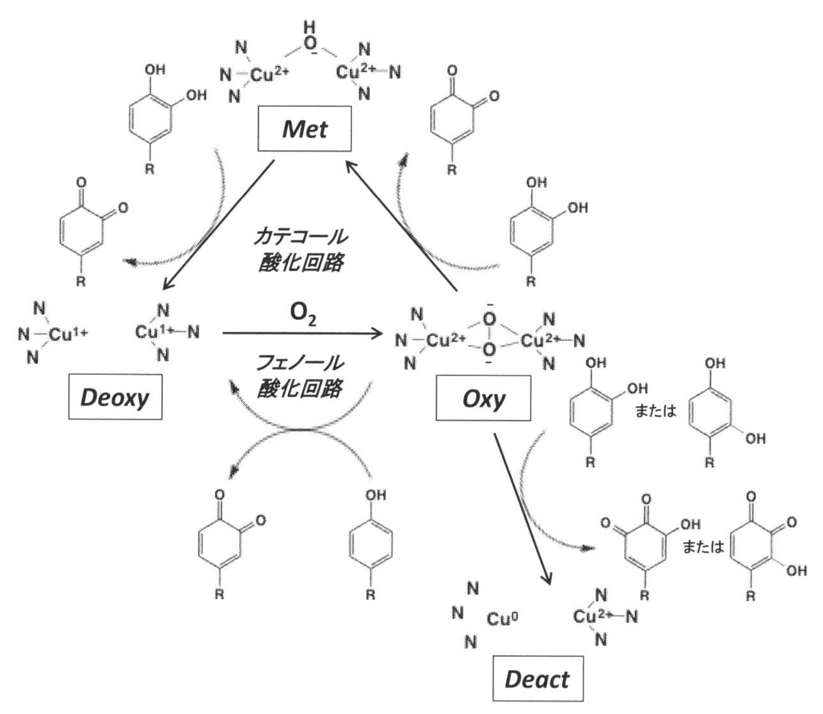

図 6.6 チロシナーゼの 4 つの酸化状態のあいだの相互関係
Ramsden & Riley (2014)[36] の図 1 と図 4 から一部改変して引用。

の生成をもたらすことに起因している[43]。上記のとおり，ドーパは間接的に非酵素的な機構で生成することが明らかにされている（詳しくは第 11 章を参照）。

6.5.4 チロシナーゼの失活と “lag time”

チロシナーゼが反応中に徐々に失活する現象（suicide inactivation）は古くから知られていたが，その機序は不明であった。その機序が最近，次のように明らかにされた[44]。*oxy*-チロシナーゼがカテコールに作用する際，カテコールは時に（2000 回に 1 回）フェノールとして作用して monooxygenase 機構により酸化されて，同時に *oxy*-チロシナーゼは *deact*-チロシナーゼへと不可逆に還元される。この際，2 つの銅原子の 1 つが Cu(0) 状態となり，活性中心から放出される。これがカテコール酸化におけるチロシナーゼの不活性化の機序と考えられている[44]。この機序は，チロシナーゼ活性の失活が活性部位銅原子の半分の喪失を伴うという観察に合致する[36]。最近，レゾルシノールによるチロシナーゼの失活も同様

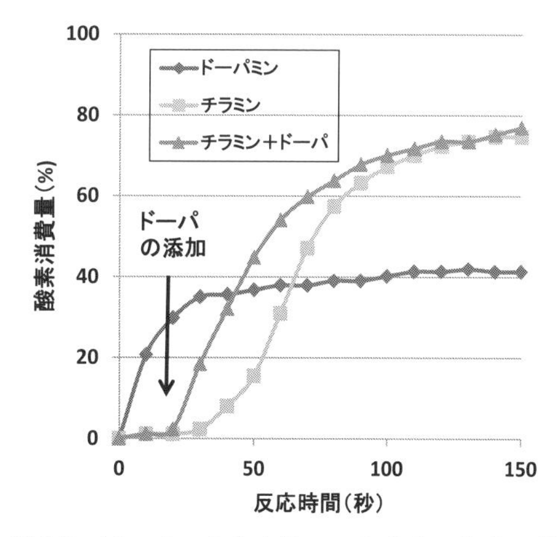

図 6.7 フェノールとカテコールのチロシナーゼ酸化の速度論
チラミン（フェノール）では “lag time” が観察されるが，ドーパミン（カテコール）では見られない。また，“lag time” は触媒量のドーパ（カテコール）の添加で消滅する。Land ら (2003)[37] より一部改変して引用。

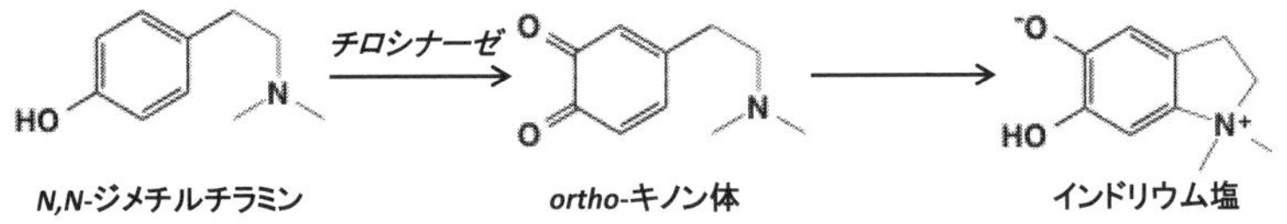

チロシナーゼ
HO
N,N-ジメチルチラミン
ortho-キノン体
インドリウム塩

図 6.8　*N,N*-ジメチルチラミンのチロシナーゼ酸化

N,N-ジメチルチラミンから *ortho*-キノン体への酸化には触媒量のドーパが必要である。キノン体からインドリウム塩の生成は速やかに自発的に起こる。この化合物は *met*-チロシナーゼを活性化する作用をもたないので，反応はここで停止する[43]。

な機構で進行することが報告された[45]。

チロシナーゼの触媒作用の特徴として，上記の不可逆的な失活と並んで衆知のこととして，いわゆる “lag time” の存在があげられる[36]。フェノール性基質からの *ortho*-キノンへの酸化は，カテコールが存在しない場合，はじめは極端に遅く，誘導期間のあいだにゆっくりと加速されて最大速度になる（図 6.7）。この現象を理解するためには，*met*- から *deoxy*-チロシナーゼへの変換に対する必要条件を理解する必要がある。すなわち，monooxygenase 機能の活性化には活性中心の銅原子の $Cu(I)_2$ への還元を必要とする。これは，生理的には，カテコール基質による還元により達成される。その他に，アスコルビン酸，過酸化水素，ある種の金属イオンによっても還元されるが，その生理的な意義は明確ではない。

基質としてフェノールのみが存在する場合，*met*-チロシナーゼを活性化するカテコールの起源はただちには明確ではない。おそらく，native チロシナーゼは少量の *oxy*-チロシナーゼを含み，これが少量の *ortho*-キノンを生成する。ついで，二次的な反応（たとえば，ドーパキノンからドーパの生成）により少量のカテコールが生成し，それがすべての酵素が *met* 型から *oxy* 型になるまで継続されると考えられている。

met-チロシナーゼから *oxy*-チロシナーゼへの活性化が，redox 交換反応により間接的に生成するカテコールによりもたらされるという証拠が 1997 年に報告された[43]。*N,N*-ジメチルチラミンはチロシナーゼ酸化により *ortho*-キノンへと酸化されて環化するが，生成した indolium 塩はそのベタイン構造によりカテコールとして *met*-チロシナーゼを活性化する作用をもたず，チロシンやチラミンの場合と異なり，反応はここで停止してしまう（図 6.8）。活性化するカテコールが存在しない場合，*N,N*-ジメチルチラミンのチロシナーゼ酸化がまったく進行しないのはこの機構による。

6.6　おわりに

分子生物学の発展に伴い，メラニン生合成にかかわる酵素には，チロシナーゼだけでなく，チロシナーゼ遺伝子ファミリーとよばれる他の２つの酵素が存在することがわかった。酵素活性はないもののメラノソーム構造タンパク質やメラニン輸送関連タンパク質についても詳細な研究が進んでいる。また最近の GWAS などの遺伝子検索の結果，皮膚，毛，眼の色調を規定する候補遺伝子として，上記の３つの酵素以外にも，OCA2，SLC，KITLG，IRF4，SILV などが調べられており[46]，ヒトの人種間での色調のちがいの機序が解明される日も近い。さらに臨床的には紫外線発癌の問題にもメラニン産生の機序が関与しており興味深い。メラノサイトの悪性腫瘍であるメラノーマ（悪性黒色腫）に対する腫瘍免疫の点からも，メラノサイトに特異的に発現しているタンパク質が癌抗原にもなるため，メラニン生合成にかかわるタンパク質を理解することは，メラノーマの標的分子の研究にも役立つ。このように正常なメラノサイトの機能解明は，基礎的な研究成果にとどまらず，実臨床に広く結びつくため，今後も大いに発展することを期待している。また，チロシナーゼの構造と作用機序を理解することは，その阻害作用に基づく美白剤の探索・改良やその活性に基づく抗メラノーマ剤の開発に欠かせない。

参考文献

1) *in* The Pigmentary System: Physiology and Pathophysiology, second edition. Nordlund, J.J., Boissy, R.E., Hearing, V.J., King, R.A., Ortonne, J.P., eds., Oxford University Press, New York, 2006.
2) 山口裕史：西日皮膚，**73**，127-132，2011.
3) 塚本克彦：皮膚免疫ハンドブック，玉置邦彦・塩原哲夫編，中外医学社，東京 pp.23-31，2005.
4) Van Raamsdonk, C.D., Deo, M. : *Pigment Cell Melanoma Res.*, **26**, 634-645, 2013.
5) d'Ischia, M., Wakamatsu, K., Napolitano, A., Briganti, S., Garcia-Borron, J.C., Kovacs, D., Meredith, P., *et al.* : *Pigment Cell Melanoma Res.*, **26**, 616-633, 2013.
6) Ito, S., Wakamatsu, K. : *Photochem. Photobiol.*, **84**, 582-592, 2008.
7) Hoashi, T., Muller, J., Vieira, W.D., Rouzaud, F., Kikuchi, K., Tamaki, K., Hearing, V.J. : *J. Biol. Chem.*, **281**, 21198-21208, 2006.
8) Giordano F, Bonetti C, Surace EM, Marigo V, Raposo G. : *Hum. Mol. Genet.*, **18**, 4530-4545. 2009.
9) Tripathi, R.K., Hearing, V.J., Urabe, K., Aroca, P., Spritz, R.A. : *J. Biol. Chem.*, **267**, 23707-23712, 1992.
10) Shibahara, S., Tomita, Y., Tagami, H., Müller, R.M., Cohen, T. : *Tohoku J. Exp. Med.*, **156**, 403-414. 1988.
11) 富田靖：皮膚臨床，**35**，1303-1309，1993.
12) Tomita, Y., Takeda, A., Okinaga, S., Tagami, H., Shibahara, S. : *Biochem. Biophys. Res. Commun.*, **164**, 990-996, 1989.
13) Sulem, P., Gudbjartsson, D.F., Stacey, S.N., Helgason, A., Rafnar, T., Magnusson, K.P., Manolescu, A., *et al.* : *Nat. Genet.*, **39**, 1443-1452, 2007.
14) Gudbjartsson, D.F., Sulem, P., Stacey, S.N., Goldstein, A.M., Rafnar, T., Sigurgeirsson, B., Benediktsdottir, K.R., *et al.* : *Nat. Genet.*, **40**, 886-891, 2008.
15) Jagirdar, K., Smit, D.J., Ainger, S.A., Lee, K.J., Brown, D.L., Chapman, B., Zhen Zhao, Z., Montgomery, G.W., Martin, N.G., Stow, J.L., Duffy, D.L., Sturm, R.A. : *Pigment Cell Melanoma Res.*, **27**, 552-564, 2014
16) Olivales, C., Solano, F. : *Pigment Cell Melanoma Res.*, **22**, 750-760, 2009.
17) Kobayashi, T., Urabe, K., Winder, A., Tsukamoto, K., Brewington, T., Imokawa, G., Potterf, B., Hearing, V.J. : *Pigment Cell Res.*, **7**, 227-234, 1994.
18) Kobayashi, T., Hearing, V.J. : *J. Cell Sci.*, **120**, 4261-4268, 2007.
19) Boissy, R.E., Sakai, C., Zhao, H., Kobayashi, T., Hearing, V.J. : *Exp. Dermatol.*, **7**, 198-204, 1998.
20) Olivales, C., Jiménez-Cervantes, Lozano, J.A., Solano, F., García-Borrón, C. : *Biochem. J.*, **354**, 131-139, 2001.
21) Cohen, T., Muller, R.M., Tomita, Y., Shibahara, S. : *Nucleic Acids Res.*, **18**, 2807-2808, 1990.
22) Kenny, E.E., Timpson, N.J., Sikora, M., Yee, M.C., Moreno-Estrada, A., Eng, C., Huntsman, S., *et al.* : *Science*, **336**, 554, 2012.
23) Sulem, P., Gudbjartsson, D.F., Stacey, S.N., Helgason, A., Rafnar, T., Jakobsdottir, M., Steinberg, S., *et al.* : *Nat. Genet.*, **40**, 835-837, 2008.
24) Jackson, I.J., Chambers, D.M., Tsukamoto, K., Copeland, N.G., Gilbert, D.J., Jenkins, N.A., Hearing, V.J. : *EMBO J.*, **11**, 527-535, 1992.
25) Tsukamoto, K., Jackson, I.J., Urabe, K., Montague, P.M., Hearing, V.J. : *EMBO J.*, **11**, 519-526, 1992.
26) Ito, S. : *Biochim. Biophys. Acta*, **883**, 155-161, 1986.
27) Tsukamoto, K., Palumbo, A., d'Ischia, M., Hearing, V.J., Prota G. : *Biochem. J.*, **286**, 491-495, 1992.
28) Yokoyama, K., Suzuki, H., Yasumoto, K., Tomita, Y., Shibahara, S. : *Biochim. Biophys. Acta*, **1217**, 317-321, 1994.
29) Commo, S., Wakamatsu, K., Lozano, I., Panhard, S., Loussouarn, G., Bernard, B.A., Ito, S. : *Int. J. Cosmet. Sci.*, **34**, 102-107, 2012.
30) Edwards, M., Bigham, A., Tan, J., Li, S., Gozdzik, A., Ross, K., Jin, L., Parra, E.J. : *PLoS Genet.*, **6**, e1000867, 2010.
31) Zhu, G., Montgomery, G.W., James, M.R., Trent, J.M., Hayward, N.K., Martin, N.G., Duffy, D.L. : *Eur. J. Hum. Genet.*, **15**, 94-102, 2007.
32) Roberts, D.W., Newton, R.A., Leonard, J.H., Sturm, R.A. : *J. Cell. Physiol.*, **215**, 344-355, 2008.
33) Michard, Q., Commo, S., Belaidi, J.P., Alleaume, A.M., Michelet, JF., Daronnat, E., Eilstein, J., *et al.* : *Free Radic. Biol. Med.*, **44**, 1023-1031, 2008.
34) Jiang, S., Liu, X.M., Dai, X., Zhou, Q., Lei, T.C., Beermann, F., Wakamatsu, K., Xu, S.Z. : *Free Radic. Biol. Med.*, **48**, 1144-1151, 2010.
35) Kovacs, D., Flori, E., Maresca, V., Ottaviani, M., Aspite, N., Dell'anna, M.L., Panzella, L., *et al.* : *J. Invest. Dermatol.*, **132**, 1196-1205, 2012.
36) Ramsden, C.A., Riley, P.A. : *Bioorg. Med. Chem.*, **22**, 2388-2395, 2014.
37) Land, E.J., Ramsden, C.A., Riley, P.A. : *Acc. Chem. Res.*, **36**, 300-308, 2003.
38) Tse, D.C.R, McCreery, R.L., Adams, R.N. : *J. Med. Chem.*, **19**, 37-40, 1976.
39) Bolton, J.L., Trush, M.A., Penning, T.M. Dryhurst, G., Monks, T.J. : *Chem. Res. Toxicol.*, **13**, 135-160, 2000.
40) Ito, S., Ojika, M., Yamashita, T., Wakamatsu, K. : *Pigment Cell Melanoma Res.*, **27**, 744-753, 2014.
41) Ismaya, W.T., Rozeboom, H.J., Weijn, A., Mes, J.J.,

Fusetti, F., Wichers, H.J., Dijkstra, B.W. : *Biochemistry*, **50**, 5477-5486, 2011.
42) Hernández-Romero, D., Sanchez-Amat, A., Solano, F. : *FEBS J.*, **273**, 257-270, 2006.
43) Cooskey, C.J., Garratt, P.J., Land, E.J., Pavel, S., Ramsden, C., Riley, P.A., Smit, N.P.M. : *J. Biol. Chem.*, **272**, 26226-26235, 1997.
44) Land, E.J., Ramsden, C.A., Riley, P.A., Stratford, M.R.L. : *Tohoku J. Exp. Med.*, **216**, 231-238, 2008.
45) Stratford, M.R.L., Ramsden, C.A., Riley, P.A. : *Bioorg. Med. Chem.*, **21**, 1166-1173, 2013.
46) Sturm, R.A., Duffy, D.L. : *Genome Biol.*, **13**, 248, 2012.

第7章

ネズミの毛色発現に関与する遺伝子

庫本高志・山本博章

体色にかかわる遺伝子座は多い。それぞれの遺伝子座には多くのアレル（対立遺伝子）があり，その組合せの数は膨大である。環境に発する可視的な「色」としてだけでなく，これら遺伝子の多面発現を考慮すると，本遺伝子座群のシステムはまさにわれわれの生物学的な個性の一端を担っているといえる。多くの遺伝子座のかかわりは，個体発生における色素細胞の発生と分化およびその維持機構において，時空間に依存した多くの局面で当該細胞が多様な微小環境に応答する機能をもち，そこには多くの遺伝子が（繰り返し）関与することを示している。本章では，ネズミ（Nezumi）の毛色にかかわる歴史的な話題と実験動物としての来歴を紹介し，それら毛色がどのようなしくみで表現されるか，多様な毛色発現を保障する機構に組み込まれた代表的な遺伝子として説明し，他の主要な遺伝子座にも触れながら当該機構の全容を理解する端緒としたい。

7.1　はじめに

体色（紋様／パターンを含めて）を保障する関連遺伝子座群のアレルの組合せを知ることは遺伝学的な興味の一つであり，その表現型の発現機構を深く知るために必須の情報となる。体色発現には，ヒトの体重や身長また疾病同様，多くの遺伝子座がかかわっているが[1]，そのような状況においても，まず個々の関連遺伝子（座）の（産物の）機能を知ることは重要となる。

毛や皮膚また眼の網膜色素上皮のいわゆる体色発現にかかわるマウス遺伝子座数は，本書第1版が発刊された2001年の時点で90余りであったが[2]，今や400近く（378遺伝子座，2015年4月1日現在）を数えるまでになった。そのうち同定されているのは170遺伝子座を超える[3]。また，ラットもヒトの伴侶動物として親しみのある動物種であるが，体色発現にかかわるラット遺伝子座は現時点で約20座位が知られている[4]。これらの座位数は，遺伝子改変動物の作製による新たな表現型の記載もあり，年々増加している。いったいどれくらいの遺伝子座が体色にかかわっているのであろうか。

一方で，加速度的に展開するゲノム科学の時代ではあっても，可視的形質にもかかわらず，まだその同定を待っている色素関連遺伝子座が意外に多いことにも驚く。前出のサイトでは，まだ207のマウス遺伝子（座）が同定を待っている[3]。

多くの毛色関連遺伝子（座）の話題は他章でも詳しく取り上げられているので，本章ではまず歴史的な毛色の話題を短く紹介したのち，いくつかの代表的な表現型がどのような遺伝子座に支配されているか，発生過程を追って概説する。

7.2　ネズミ毛色の歴史

ネズミのさまざまな毛色変異体が示す表現型はいつからわれわれの関心を引いてきたのであろうか。

7.2.1　海外から

20世紀初期に，house mouseの起源，歴史，分布，遺伝，研究室での利用を容易にする飼育法などの文献を広く集めようとしたKeelerは，「広くヨーロッパ語圏に分布するマウス（mouse）の語は，ラテン語のmusに遡り，サンスクリット語ではto stealという意のmushに対応する」ことなど，その語源を考慮すると「紀元前約4000年ごろにアジアでアーリア人が形成される前にはすでに人はその生態を知っていたであろう」と推察している[5]。なお，Keelerのこの書に掲載された図や記載のすべてが，本人がそのように記載したマウスである*Mus musculus*のみを指しているかは異論のあるところであろう。随所に見られるマウスの語や説明は，ラットやマウスを含めて「ネズミ：Nezumi」としてとらえておくのがよいかもしれない[6]。彼らネズミは，意識された記載を待つまでもなく，われわれの傍で「色」を発現し，愛玩動物として，いわばヒトとの共生状態が深くなればなるほど，われわれのさまざまな，いわゆる「好み」に応じて新たな体色をつくりだし，有限ではあるが数えきれない潜在的な多様性の引き出しをもっていることを教えてくれる。

Keeler[5]は，エジプトやヨーロッパと異なり，東洋ではネズミたちにたいそう好意的であったとし，「中国では1世紀から17世紀にかけてアルビノマウスが占いに使われた記録があり，マウスで始まる十二支のサイクル，さらには，一日においてもネズミ時間（子の刻，十二辰刻で23:00から1:00まで）があるほどで，「日本においてマウスはたいへん賢明な動物であり，白いマウスは富の神である大黒のシンボルや『つかい』である，おとぎ話にネズミの嫁入りなどもあり，愛玩動物としてマウスを育てることにたいへん好意的である」と述べ，また毛色変異マウスたちは，江戸時代の根付けなどにも登場していることを紹介している[5]。

Keelerは，中国の古い白マウスの記載や紀元前1100年の最初の漢字語彙集に現われる斑マウスを紹介したのち，「ポルトガルとの交易を通じて，日本ではアルビノ，ノンアグチ，チョコレート，優性および劣性のスポッティング，ブルーダイリューション（blue dilution），ピンクアイドダイリューション（pink-eyed dilution），致死性黄色変異など毛色にかかわる変異体や，さらには行動変異体（waltzing）なども愛で，これらの一部が100年以上も前に（現在では200年以上前となろうか：筆者注）英国の貿易商によりヨーロッパに持ち込まれ，わずか数十年前には（現時点では100年以上前となる：筆者注）アメリカに広まったと述べている。「19世紀，ヨーロッパでは多くの動物学者が，形質遺伝を解析するためにこれら愛玩マウスの交配を行なったが，得られたデータの意義はメンデルの遺伝の法則の再発見を待たなければならなかった」（Keeler[5]）。

7.2.2　江戸時代のネズミ

さて，日本における毛色変異体の記載である。『和漢三才図会』（1712年）[7]によると，ねずみ（鼠）という和語は，ラット（学名*Rattus norvegicus*，和名ドブネズミ）のことをさし，マウス（和名ハツカネズミ）は，のらこ（鼩鼱）とよばれていたことから，次に紹介する江戸時代の２つの出版物のネズミはラットであると結論したのは本著者の一人，庫本であるが（Kuramoto, 2011[8]），本章ではKeelerの記載と混乱するかもしれないので，ここでは次の両出版物においても，ネズミはラットとマウスさらには他の齧歯類（げっしるい）の可能性も含むものとして話を進める。ラットとマウスを区別する場合は，それぞれの種を明記する。

江戸時代の安永４年（1775年）に，摂府（大坂，現在の大阪）で「養鼠玉（ヨウソタマ）のかけはし」が出版されている[9]。この本は，ネズミの飼育書の第一号であり，作者の春帆堂主人はネズミの愛好家で珍しいネズミを多数飼育していた。この中に，まだらネズミとシロネズミに関する記載がある。「斑鼠（まだらねすみ）は白黒のまだらなり。明和年中。大坂或養鼠家（ようそか）価を費して。奇品を玩（もてあそば）れしに。初て産す」。「白鼠は年を歴て変ぜしものにはあらず。別に一種のものにて。其上品とするものは，尾長く毛うるはしく。耳大に顔長く眼赤し」。豊かな文化の一端といえる。掲載されているネズミたちのいくつかを図7.1に示す。掲載されているネズミの体色をみると，現代の実験用ラットにもこのような体色を示すものを見いだすことができる。たとえば，「黒眼の白」は*Kit*遺伝子に変異をもつWhite spotting（Ws）ラットと同様の表現形質であり（図7.1A），「斑鼠」は，hooded変異をもつラットが示す頭巾班とよばれるラット独特の模様と同様の表現形質を示す（図7.1B）。この頭巾班はバックグランド遺伝子の効果によって大きく変化する。そのため，首もとにのみ白斑が残り「月の輪」に見えたり（図7.1B），細かいぶちとなって「鹿毛」のように見えたりする（図7.1C）。

ほどなくして天明7年（1787年）に銭屋長兵衛により発行された「珍翫鼠育艸（チンガンソダテグサ）」も有名である（図7.2A～D）[10]。定延子（テイエンシ）が著者といわれているが，実際の著者かどうかについては諸説ある。描かれたその齧歯類はいわゆるネズミと一見してわかる。それらがマウスかラットか，はたまた別種かやはり議論がある（Serikawa, 2004[11]）。この書はネズミにたいへん好意的で，著者の一人，山本がずっとかかわってきた「黒眼の白」の表現型がここにも描かれている。同じ書の最初には，「黒眼の白」は隠元禅師〔黄檗山（現在の宇治にある黄檗山萬福寺）の開基〕とともに，1654年（承応3年），福建省から渡ってきたと記されている。同書では，このネズミは大黒天の使いであり福徳にあふれているとのことである。この「黒眼の白」は「目赤白」（おそらくアルビノであろう）と区別されている。この「黒眼の白」の表現型は現在で言うところのblack-eyed whiteである。マウスやラットでは，*Kit*遺伝子座のアレルで，またマウスでは*Mitf*遺伝子座のアレルなどでも，このように黒眼白毛色の表現型が得られることが知られている。これら遺伝子は，メラノサイト発生のごく初期にも重要な遺伝子である（後述）。黒眼白毛色の場合は，白斑部分（メラノサイトは分布していない）が全身に及んだ表現型となったわけである。

さてもう一人，鮮やかに毛色変異ネズミを描き出した河鍋暁斎（カワナベキョウサイ）である。江戸時代から明治にかけて，江戸・東京で活躍した狩野派絵師，暁斎は，スミソニアン博物館Freer Galleryに収められている有名な「白鼠の勉強」だけでなく，多くのネズミたちを描いた。「白鼠の勉強」では，「勉強」する赤眼白毛色のネズミと，その奥に黒眼黒毛色の個体が描かれている。それぞれアルビノ（Tyr^c/Tyr^c，同遺伝子座の他のアレルでもアルビノの表現型を示すものがある。Tyr^cアレルはその代表として示す。以下同様）とノンアグチ（*a/a*）のアレルをもつと思われるが，暁斎の鋭い目は別の毛色変異体にも向けられている。河鍋暁斎記念美術館の許可を得て毛色変異をもつネズミが描かれた作品を紹介したい（図7.3）。腹が白っぽい野生型の毛色をもつホワイトベリードアグチ（white-bellied agouti, $A^w/-$）とおぼしきものだけでなく，赤眼白毛色のアルビノ（Tyr^c/Tyr^c）や黒眼白毛色（black-eyed white，先述のように遺伝子型はいくつか考えられる）も描かれている。多数のマウスが生き生きと描かれた図に目を凝らしてみれば，これら以外にも異なる毛色をもつ個体をも見つけられるかもしれない。愛好家たちは連綿と毛色変異体を維持していたのである。

7.2.3 学術用アルビノラットの来歴

ところで，ラットは1850年ごろから学術研究に用いられてきた。ラットを利用したもっとも古い学術論文は栄養学に関するもので，英国人Savoryによって1863年に*Lancet*誌に公表されている[12]。1885年には，ドイツ人Crampeが，ラットを用いた交配実験で，メンデルの『遺伝の法則』

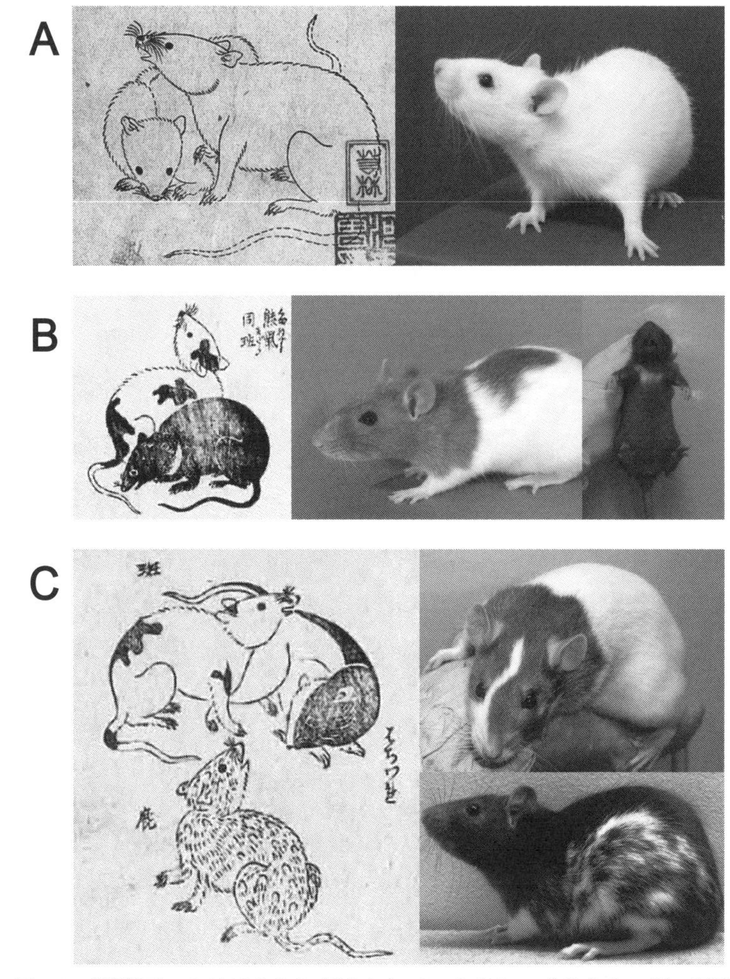

図 7.1 『養鼠玉のかけはし』に紹介されている珍しい毛色をもつ鼠の図版

(A)「黒眼の白」と *Kit* 遺伝子に変異をもつ White spotting (*Ws*) ラット。Ws ラットは *Kit* 遺伝子のチロシンキナーゼドメインをコードする領域に 12 塩基の欠失をもつ（表 7.1）。この変異アレルがヘテロの場合，頭部に白斑が現われる。*Ws*/*Ws* ホモのラットでは，毛包に色素細胞が分布しないために毛色は白くなる。しかし，眼球の網膜色素上皮は正常に発生するので，黒眼となる。(B) 左：「ぶち（斑）」と「月の輪」の図版。中央：グレイ変異をもつ頭巾斑ラット。Hooded ラットともいう。実験用ラットでは，古くから hooded ラットが知られていた。このラットは頭頸部と背中の背骨に沿った部分に色素細胞が分布する。その姿が，頭巾をかぶったように見えるので，頭巾斑とよばれている。頭巾斑は，常染色体上の劣性遺伝子 hooded（h）がホモになるときに現われることが長年知られていた。2012 年，庫本らは，hooded 変異を *Kit* 遺伝子イントロン 1 への内在性レトロウイルス配列の挿入であることを示した（表 7.1）。頭巾斑ラットでは，内在性レトロウイルス配列の挿入により，*Kit* 遺伝子の発現部位・時間が変化しているのであろう。グレイ変異により毛色は淡くなる。この変異の原因遺伝子は判明していない（表 7.1）。右：Wistar/ST と BN/NSlc ラットの F2 交雑子に見いだされた「月の輪」様の白斑をもつラット。このような白斑パターンはさまざまな毛色遺伝子の組合せによって生じるのであろう。したがって，「月の輪」形質を固定するのは困難であったと思われる。(C) 左：「ぶち（斑）」（左奥），「鉢割れ」（右奥），「鹿」（手前）を含む図版。右上：愛玩ラット由来の KFRS4/Kyo 系統に見られる「ミンク毛色の鉢割れ」様ラット。このラットでは，頭部の白斑が鼻まで伸びている。この白斑は左右いずれかに湾曲しており，白斑が湾曲している側の眼球にはメラノサイトが観察されない（網膜色素上皮は存在する）。そのため，眼球の色は左右で異なる。ミンク変異により毛色は淡くなる。この変異の原因遺伝子は *Hps5* という遺伝子である（表 7.1）。この変異により色素細胞におけるメラニン顆粒の運搬に異常が生じると考えられている。右下：細かいぶちをもつ「鹿」のような模様をもつラット。愛玩ラット由来系統の育成途中に見いだされた。

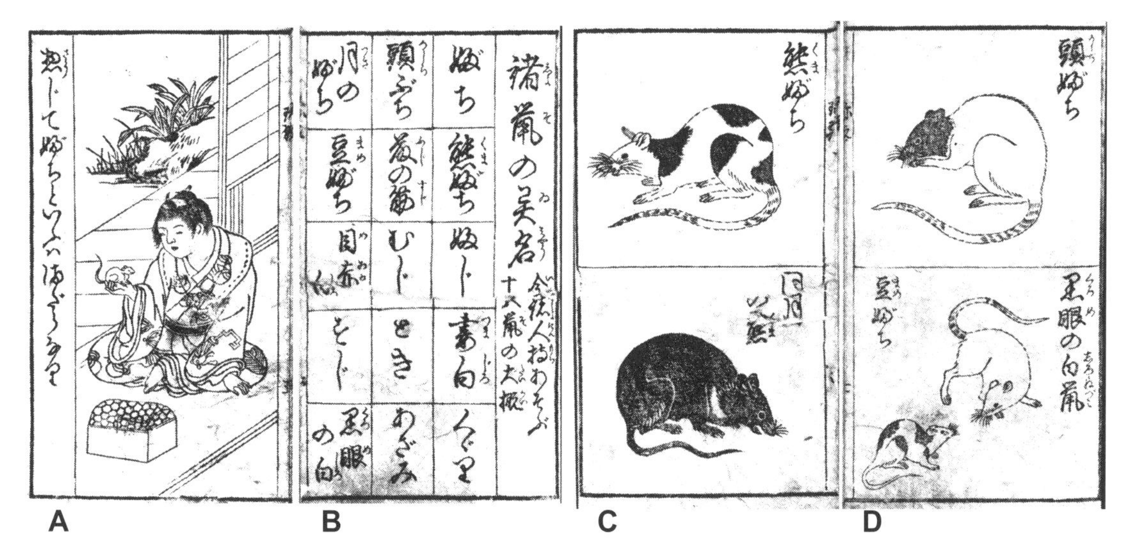

図 7.2　「珍翫鼠育艸」に紹介されている珍しい毛色をもつ鼠の図版

(A) 子供が掌にネズミを載せているところで，そのおとなしそうな様子や大きさから，ラットやマウスなどその種を予想する楽しい議論もある。(B) さまざまなネズミの毛色が挙げられている。「眼赤白」や「黒眼の白」が記載されている。その一部がCとDに示されている。向いている方向が異なるものの，図7.1とよく似た毛色パターンのネズミに気づかれるであろう。CとDにおけるこれら白い領域をもついわゆる斑ネズミの当該領域にはメラノサイトが分布できない。「黒眼の白」はこのような斑が全身に及んだものである。眼が黒いことは，メラニン合成の鍵酵素であるチロシナーゼ遺伝子は機能的な当該タンパク質をコードできること（そのようなアレルを保持していること）を示している。ちなみに，「眼赤白」はおそらくアルビノと推察できるが，そうであればこの「眼赤白」の個体はメラノサイトを分化させるが，活性のあるチロシナーゼ酵素をコードできない（チロシナーゼ遺伝子に変異をもつアレルを両方の相同染色体にもつ）わけである。国立国会図書館デジタルコレクション―珍玩鼠育草より。

図 7.3　河鍋暁斎が描く毛色変異体――「新版大黒福引之図」（大錦三枚続）より

暁斎はネズミたちを生き生きと描いた。野生型の white-bellied agouti（腹側の薄いアグチ），アルビノと思われる赤眼白毛色，また白斑が全身に及ぶ黒眼白毛色などさまざまな毛色のネズミが描かれているので探してみてほしい。河鍋暁斎美術館の厚意による。［口絵も参照］

が哺乳動物でも成り立つことを示している[13]。彼らは, Grey ラット（野生色）, Albino ラット（アルビノ）, Piebald ラット（まだら，あるいは頭巾斑）の3種類のラットを用いて実験した。つまり，1850年ごろには，野生色ラットに加え，アルビノラットとまだらラットが存在していた。

現在世界中で利用されているラットは，多くが米国のウィスター研究所由来であることがわかっている。同研究所ではDonaldsonがアルビノラットの標準化に取り組んだが，本人は「ラットは，野生または飼い馴らされたものを入手できた。後者は，アルビノか，まだらが主であった。アルビノの由来は，ひとつなのか複数なのかわからなかった。ヨーロッパのコロニーに関係しているのかもわからなかった」と述べている。

近年，著者の一人である庫本のグループは，世界各国から集めた117系統のアルビノラット系統と55の有色系統（37のまだら系統を含む）を対象に，アルビノ変異とhooded変異（まだら模様の1原因変異）の遺伝子レベルでの変異を解析したところ，すべてのアルビノ変異体がアルビノの原因となるチロシナーゼの変異部位（Arg299His）を共通にもっていること，さらに，まだらの系統すべてにおいて同じ*Kit*遺伝子の変異（まだらの1原因遺伝子）をもっていること，さらに野生型19系統は*Kit*遺伝子の変異をもっていないことを発見した。すなわち，特定の*Kit*変異の有無と，まだら模様の有無が完全に一致した。さらにこの*Kit*変異は，アルビノラットの117系統すべてが保持していたのである。これらのことから，以下の2点が強く示唆されることになった（Kuramotoら[8]）。

①「シロネズミ」の起源となる一頭のネズミ（アダムあるいはイブ）がいた。

②その「シロネズミ」は，「まだらネズミ」から出現した。

「珍翫鼠育艸」の斑ネズミにHooded変異に特徴的なネズミが描かれていること（図7.2D上部の頭の領域が黒いネズミ）や，江戸時代，日本は長崎の出島を通じてヨーロッパとつながっていたことから，ひょっとしたら，よく飼い馴らされた珍しい毛色のネズミをヨーロッパ人たちが祖国に持ち帰り，それらが愛玩動物として大切に飼育されたのかもしれない。そして，その子孫が1850年ごろ，扱いやすいという理由で実験用の動物に利用されたのではないか。シロネズミやまだらネズミの起源を探っていくと，案外，日本それも関西，とくに大坂に行き当たるかもしれない。

江戸時代の上方由来のシロネズミやまだらネズミが，現在の実験用ラットの祖先となり，21世紀の研究を支えている。このように思いをめぐらすことができる。

いずれにしても，世界中で利用されている毛色変異体のアルビノラットは*Kit*遺伝子を原因とする毛色変異体の斑ラットから生まれ，世界中に浸透したことが明確になったわけである。

7.2.4　広範な近交系マウスに刻み込まれた日本産毛色変異体ネズミの情報

さて，古くから利用されてきた近交系マウス系統の来歴についても，Takadaらによる毛色変異が絡む最近の興味深い報告がある[14]。これらのクラシカルな古くに（初期に）樹立された近交系マウスの多くは20世紀初頭に米国で樹立されたが，そもそもはヨーロッパの愛玩マウス由来である[14]。現在のこれら近交系の塩基配列は，西ヨーロッパの*M. musculus domesticus*のものがほとんどを占め，残りのほとんどは日本産亜種の*M. musculus molossinus*由来である[14]。彼らは，このゲノムの構築機構を明らかにするために，日本産野生マウス由来の系統MSM/Ms，日本の愛玩マウス系統JF1/Ms，および「20世紀初頭に樹立された近交系マウス」系統間で，全ゲノム配列を比較解析した。なお，JF1/Msはその祖先がもともとヨーロッパで見つけられ，のちに日本に移入され，その後樹立された系統である。解析の結果は，*M. m. molossinus*の配列が，「20世紀初頭に樹立された近交系マウス」のゲノム中に散在し，その約10%弱を占めることを示していた。また，その配列はJF1/Msと非常によく似ており，JF1

の先祖が「20世紀初頭に樹立された近交系マウス」における*M. m. molossinus*由来配列の起源となっていることが強く示唆されたのである。このことは，JF1によく似たJapanese waltzing mice（日本由来のワルツマウス。Gates, W. H.によれば，“its habit of running in circles, the so-called waltzing”とある[15]）が，毛色や行動特性に関するメンデル遺伝の研究のために，ヨーロッパ産の愛玩マウスとよく交配されていたという文献に呼応する。Takadaらは同論文中で，Gatesが報告したWaltzing mouseとして斑のマウスを掲載している[14]。Gatesは先に引用した論文でも，Japanese waltzing miceの眼の網膜は色素をもっているが，脈絡膜にはほとんどそれがない，と述べている[15]。これは，この日本産ワルツマウスでは，網膜色素上皮は正常に発生するものの，メラノサイトの分化がほとんど起きていない状態，すなわちこのマウスは，斑マウス，場合によっては白斑が全身に及んで「黒眼白毛色」の表現型を示していた可能性も示唆している。なお，後述のように斑の原因遺伝子は複数あるが，JF1の斑はpiebald（原因遺伝子は*Ednrb*^{s}）である。Takadaらは，①18世紀後半に出版された先述の「珍翫鼠育艸」[10]に小型の斑マウス（図7.2D最下部の斑の小型ネズミ）が描かれていること，②19世紀中ごろから後半にかけて，英国の貿易商が，斑（Takadaらはおそらく前記のpiebald, *Ednrb*^{s}アレルであろうと推察している）の日本産ワルツマウスをヨーロッパに持ち込んだらしいこと，③日本産ワルツマウスの子孫が国立遺伝子研究所の森脇（当時）らによりヨーロッパから逆輸入され，JF1として系統化されたこと，④JF1/Msの祖先は，毛色やワルツ行動のメンデリズムの初期の研究に利用されたこと，⑤日本産ワルツマウスとして当時の論文などに掲載されているマウスはJF1に似た斑を示すことなどから，次のように推察した。すなわち，JF1の祖先マウスとヨーロッパの愛玩マウスの実験交配が*M. m. molossinus*ゲノム配列を*M. m. domesticus*に持ち込むことになり，その子孫たちがアメリカに輸出され，そこで近交系として樹立されたのだ，と。つまり，われわれ色素細胞屋にとっては，日々近くにいる「20世紀初頭に樹立された近交系マウス」に刻み込まれた日本産野生マウスゲノムの領域は，日本産の毛色変異体ネズミに由来することを知ることになったわけである。

さて，このように古くから記載のあるネズミの毛色であるが，多くの遺伝子座がかかわることは先に述べた。では，これら遺伝子のかかわり方はいかようなものであるのか。これまで述べてきた遺伝子座も含めて次に概説する。なお，表7.1にはラットの毛色遺伝子座と対立遺伝子を載せる。よく知られている表現型が多いので参考文献も明示する。表7.2（巻末付録参照）にはマウスの毛色や皮膚色，また網膜色素上皮の色素形成にかかわる遺伝子座を載せる。これらマウス遺伝子座は国際色素細胞会議の有志であるMontoliu, Oetting, Bennettの3氏が運営する先述のサイト[3]と，Lamoreuxらのマウスの色に関する著書[16]を基にしている。

7.3 メラニン色素細胞の発生系譜

哺乳動物が発生させるメラニン色素細胞には2系譜ある（第1～3章も参照）。一方は，脊椎動物胚に特異的に形成される神経冠（堤）細胞に由来する経路である。神経冠からは色素細胞だけでなく，末梢神経など多くの細胞種が分化する[17]。この系譜から分化するメラニン色素細胞はメラノサイト（melanocyte）とよばれる（図7.4）。高い移動能をもつ神経冠細胞群であるが，色素細胞の前駆細胞（メラノブラスト）も体中に移動し分布する。この細胞は，毛の根元に定着すれば，毛包ケラチノサイトに色素顆粒（メラノソーム）を供給して，結果的に毛色発現に必須な細胞となる。マウス皮膚では，ほとんどのメラノサイトは毛包に限局するが，ヒトでは毛包以外の表皮や真皮にもメラノサイトの分布が容易に認められる。表皮基底層に隣接して分布するメラノサイトは，メラノソームを表皮ケラチノサイトに移送し，皮膚色

表7.1　ラットの毛色遺伝子座と対立遺伝子

mutation name	symbol	gene name	gene symbol	mutation	phenotype	references
non-agouti	*a*	agouti signaling protein	*Asip*	A 19-bp deletion in exon 2	ノンアグチ	Kuramoto *et al.*, 2001[36]
brown	*b*	Tyrosinase releated protein 1	*Tyrp1*	Not detemined	茶色	
albino	*c*	Tyrosinase	*Tyr*	Arg299His	アルビノ	Blaszczyk *et al.*, 2005[37]
dilute-opisthotonus	*dop*	Myosin 5a	*Myo5a*	An intragenic rearrangement consisting of a 306-bp inversion associated with 17-bp and 217-bp deletions	ダイリュート	Futaki *et al.*, 2000[38]
ruby eye	*r*	Ras-associated protein Rab 38	*Rab 38*	Met1Ile	ルビーアイ	Oiso *et al.*, 2004[39]
pink eye dilution	*p*	pink-eyed dilution	*P*	an intragenic deletion including exons 17 and 18	ピンクアイ	Kuramoto *et al.*, 2005[40]
zitter	*Atrn*	Attractin	*Atrn*	an 8-bp deletion at a splice donor site of intron 12of Atrn gene	マホガニー色	Kuramoto *et al.*, 2001[41]
mink	*mi*	Hermansky-Pudlak symdrome 5	*Hps5*	A genomic sequence that mainly consisted of a SINE sequence was inserted into Hps5 exon 7	淡毛色	Kuramoto *et al.*, 2010[42]
spotting lethal	*sl*	endothelin receptor type B	*Ednrb*	A 301 bp interstitial deletion, encompassing the distal half of the first coding exon (exon 2) and the proximal part of the adjacent intron	白斑	Ceccherini *et al.*, 1995[43]
hooded	*h*	v-Kit Hardy-Zuckerman 4 feline sarcoma viral oncogene homolog	*Kit*	an endogenous retrovirus (ERV) element was inserted into the first intron	頭巾斑	Kuramoto *et al.*, 2012[44]
Irish	h^i	v-Kit Hardy-Zuckerman 4 feline sarcoma viral oncogene homolog	*Kit*	A solitary long terminal repeat (LTR) was found at the same position to the ERV insertion	アイリッシュ	Kuramoto *et al.*, 2012[44]
White spot	*Ws*	v-Kit Hardy-Zuckerman 4 feline sarcoma viral oncogene homolog	*Kit*	a 12-base deletion in tyrosine kinase domain of c-kit gene	ヘテロは額部分に白斑。ホモは白毛色に黒眼	Tsujimura *et al.*, 1991[45]
grey	*g*				グレイ	Kuramoto *et al.*, 2010[44]
Pearl	*Per*				グレイ毛色をより白く	Kuramoto *et al.*, 2010[44]
queue courte	*qc*	Lim homeobox trascription factor 1, alpha	*Lmx1a*	no expression of Lmx1a in qc/qc rats	白斑	Kuwamura *et al.*, 2005[46]

発現に深くかかわる。メラノサイトとケラチノサイトの細胞数比は1：30ぐらいと見積もられている[18]。つまり脊椎動物の毛包間の体色はほとんどケラチノサイトによる（色を見ている）といえる。瞬きの間に体色を変えようとしても，カメレオンのようにはいかないのである。

メラノサイトはまた，哺乳動物の内耳にも定着し，聴覚に必須の細胞群となる。そのほかにも心臓や眼球外側を覆う脈絡膜，肺，脂肪組織などなど，いったいどこにどのように潜んでいるのか，まだ全貌は明らかになっていないのではなかろうか[18]（第17章も参照）。

もう一点追記するのは，虹彩の外界に接する側にメラノサイトが移動し分布することである（図7.4）。ここでは詳述しないが，ヒトのいわゆる眼の色は，この虹彩のメラノサイトの性質が重要となる[19]。興味のある読者はここに挙げる参考文献を端緒としていただきたい。

さて，もう一方のメラニン色素細胞系譜は，発生中の脳（前脳）に形成される眼胞の背側に由来

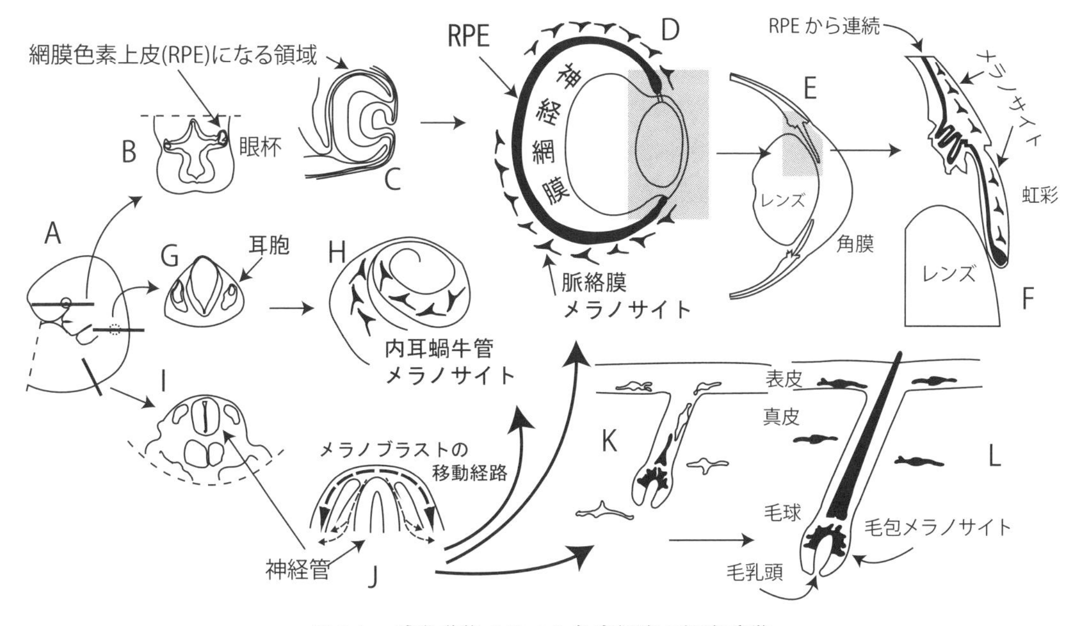

図 7.4 哺乳動物メラニン色素細胞の細胞系譜

受精後 10.5 日のマウス胚（部分，A）と，胚に示されたそれぞれの線分に対応する切断面を示した（B，G，I）。眼杯（B）からは網膜色素上皮（RPE）が分化し，胚の背側に形成される神経冠からはメラノサイト前駆細胞（メラノブラスト）が全身に移動し，さまざまな組織・臓器に定着する。ここでは耳胞部（G）と腹部横断面（I）を模式化した。RPE は，神経網膜との領域化を経ながら，眼胞から眼杯（B，C）を経て神経網膜の外側に一層の細胞層として形成される（D）。D の色アミ部分の拡大を E に，さらにその中の色アミ部分の拡大を F に模式化する。神経管背部の神経冠（J）から全身に移動するメラノブラストの定着先として，毛の根元（毛包, K, L）の毛球部や毛包間の真皮や表皮また内耳蝸牛（H）を示す。虹彩部分には，そのレンズ側に RPE に連続した色素層と，外界側には移動してきたメラノサイトが分布する。眼の色は，この虹彩のメラノサイトがおもに担っている。

し，眼杯を経て形成されるメラニン色素細胞で，網膜色素上皮（retinal pigment epithelium；RPE）とよばれる細胞群に至る経路である。いわゆる黒目の部分の中心，瞳孔部分に対応する（外から瞳孔を通して見える）色に反映される。この細胞の大きな形態的特徴は，密着結合による一層の構造をとることであり，途中まで同じ系譜をたどりながら眼胞での領域化を経て（予定領域を隣接させながら），最終的には多層構造をとる神経網膜とは大きな形態のちがいがある。一層の RPE はこの神経網膜の外側を覆うようになる（図 7.4）。その発生過程からも予想されるように，RPE は神経網膜の層構造形成と維持に重要であることがわかっている[20]。神経網膜が視覚に必須であることは視細胞や神経細胞の機能から広く理解されているが，網膜色素上皮もその機能は視覚に必須である[21]。

7.4 メラノサイトの初期発生から毛包に定着する過程にかかわる遺伝子群と白斑表現型

先の白ネズミの原因遺伝子からもわかるように，関連遺伝子座が，色素細胞発生の，また各組織臓器に定着後の，どの段階で表現型を支配することになるのか，それぞれの遺伝子座について知ることは重要である。

神経冠細胞からメラノサイト（メラノブラスト）系譜に向かうには，神経冠細胞の specification（指定）が必要である（マウスでは発生開始 8 日目，左右の神経冠が背部で融合する直前から）。これには，神経管背部のマーカーとなる Notch/Delta（Dll），wingless-related MMTV integration site 1（Wnt1），wingless-related MMTV integration site 3A（Wnt3a），snail family zinc finger 1（Snai1, Sna），snail homolog 2（Snai2, Slug），bone morphogenetic protein（Bmp）とそのインヒビターであるNogginなどがかかわる[16]。この段階の神経冠細胞では，paired box gene 3（Pax3, *splotch*），zinc finger protein of the cerebellum 1（Zic1）の発現が，さらに引き続いてSRY（sex determining region Y)-box containing gene 9（Sox9）と10（Sox10），Snai2，transcription factor AP-2, alpha（AP2/Tfap2a），forkhead box D3（Foxd3）などの発現が検出される。これらはまだ神経冠細胞が移動を開始する前の段階であるが，その後，神経冠細胞は神経管背部を離れ，MSA（migration staging area）に移動を開始する。神経管の背部中央付近では，メラノブラスト系譜へのspecificationの最も早い指標となるKit oncogene（Kit, *dominant white-spotting, W*）とmicrophthalmia-associatd transcription factor（Mitf, *microphthalmia, mi*）の発現がはっきりと検出できるようになる（発生開始9.5日目の胴部において）[16]。メラノブラストは盛んに分裂しながらMSAに半日間ほど留まり，引き続き間充織層を通過して定着場所に移動していくわけであるが，毛包内への経路には表皮に這い出す必要がある。細胞接着因子についても着目してほしい（これらについて詳しくは第1～3章を参照）[16]。

メラノブラストの定着までの過程について，毛包への経路を一例に述べると，KitとKit ligand（Kitl, *steel*），Wntとfrizzled（Fzd），endothelin 3（Edn3, *lethal spotting, ls*）とendothelin receptor B（Ednrb, *piebald spotting, s*）などのリガンド－リセプター系のタンパク質に加え，Mitf，Sox10などの転写因子の機能が必要である。これらの過程にかかわる遺伝子群のアレルが表わす表現型の共通点は「白斑」である。白斑部にはメラノサイトの定着が認められない。このメラノサイトが欠損する状況が生後に起こる場合は，ヒトではvitiligoの症状を示すことになるが，マウスの場合は，盛んにメラニンを合成するメラノサイトのほとんどが毛包の深部，すなわち毛球部の毛乳頭（dermal hair papilla）との境界部（の表皮側）に定着し，そこでメラノソームを毛を構成するケラチノサイトに受け渡すため，上記の漸次メラノサイトが欠損していく場合は，加齢に伴い毛色がグレー化する表現型をとることになる。メラノサイト幹細胞の維持と，毛周期の繰り返し時に，機能的なメラノサイトを再生産する機構が大きくかかわることになる。たとえば，*Mitf*のアレルで，$Mitf^{mi\text{-}vit}$と$Mitf^{mi\text{-}or}$や$Mitf^{mi\text{-}rw}$との組合せ（遺伝子型）をもつ場合や，アポトーシスを阻害するミトコンドリアタンパク質をコードする*Bcl2*のアレルなどで，加齢によりグレー化が起きる[16]。

メラノサイト分化の初期過程にかかわる遺伝子座のヒトホモログの多くは，皮膚の色素形成異常と難聴を伴うワールデンブルグ症候群（Waardenburg syndrome）の原因遺伝子であり，たとえば*PAX3*はI型の責任遺伝子であり，内眼角側方偏位（dystopia canthorum）も随伴する。*MITF*，*SLUG*（*SNAI2*）に加え，*EDNRB*と*EDN3*はII型の原因遺伝子，*PAX3*は上肢の形成不全を伴うKlein-Waardenburg症候群を引き起こすIII型，IV型はWaardenburg-Shah症候群ともよばれ，蠕動運動が影響を受け先天性の巨大結腸症を呈するHirschsprung病を随伴し，その原因遺伝子は*EDNRB*，*EDN3*および*SOX10*である（第8章および第17章も参照のこと）[22, 23]。

これら遺伝子群の中で，Mitfについては第8章でその構造と機能について詳述されるが，この章でもとくに当該遺伝子座がかかわる可視的な表現型に触れておきたい。それほどにこの「塩基性領域―ヘリックス・ループ・ヘリックス―ロイシンジッパー（bHLH-LZ）構造」をもつ転写因子をコードする遺伝子座は，色素細胞の分化や機能の維持を考えるうえに重要と思うからである。

図7.5は当該遺伝子座に記載された多くの対立遺伝子の一部が示す毛色と眼の形態また色を示したものである。ちなみに，2015年1月の時点で，自然突然変異によるもの13アレルを加え，47対立遺伝子が記載されている[22]。野生型のマウス（図7.5A）と比較すると，他のそれぞれのアレル

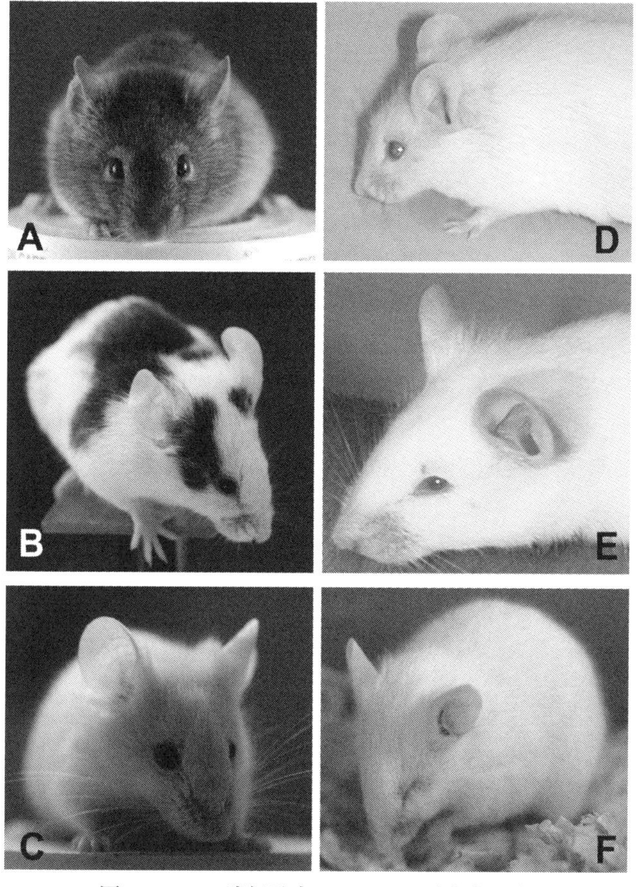

図 7.5 *Mitf* 遺伝子座のアレルが示す表現型

Mitf 遺伝子はすべてのメラニン色素細胞の発生にかかわることが，当該遺伝子座のアレルが示す表現型でわかる。ここにその一部を例示する。A は野生型，B は典型的な斑マウスのパターンを示すが，$Mitf^{mi\text{-}bw}$ ホモ個体の飼育中に現われた個体である。C は $Mitf^{mi\text{-}bw}$ ホモ個体で，黒眼白毛色を示す。眼のサイズは野生型と変わらない。D：$Mitf^{Mi\text{-}ws}$ ホモ個体。白毛色でピンク眼となる。眼のサイズは野生型とあまり大きな差はないが，小眼球症を呈する場合もある。E：$Mitf^{mi\text{-}ce}$ ホモ個体。白毛色，眼は白っぽく，また小眼球症を呈する。F：$Mitf^{mi\text{-}vga9}$ ホモ個体。白毛色，重篤な小眼球症を示し，一見眼は開いていないように見える。D と E は Lynn Lamoreux 博士のご厚意による。

は毛色を斑にしたり，真っ白くすることに気づく。この白い領域にはメラノサイトが分布しない。つまり，この領域に分布すべきメラノサイトの発生が予定どおり行なわれなかったことを意味する。図 7.5B は，われわれが図 7.5C の表現型を示すアレル $Mitf^{mi\text{-}bw}$ を維持する過程で得られた個体で，当該アレルはホモであるので全身真っ白になるはずであるが，斑を示すようになった個体である。興味深いことに選抜を繰り返すと，この集団からはつねに斑のマウスを得ることができるようになった。これまでの解析は，このアレルに変異が起きた可能性も排除できないものの，神経冠細胞からメラノサイトに向かう発生過程で，このアレルの発現が不安定になる状況があることを（も）示唆している[23]。Mitf の機能がメラノサイトを発生させるには足りない場合は図 7.5C のように，黒眼白毛色の表現型を示す。このアレル $Mitf^{mi\text{-}bw}$ は野生型に比して劣性であり，*Mitf* 遺伝子の第 3 イントロンに L1 レトロトランスポゾンの挿入をもち，この遺伝子座から発現される多くのアイソフォームの中で，メラノサイトの発生に必須のアイソフォーム（M アイソフォーム）の発現が検出できないほど低下することを著者の一人，山本らのグループが発見した[24]。この分子機構の解明は緒に就いたばかりであるが[25]，この遺伝子の核内での高次構造も興味深い。いずれにしてもこのアイソフォームは，脊椎動物を特徴づける神経冠細胞からのメラノサイトの発生に深くかかわっている（必須である）。同様に白毛化の現象は他のアレルについても認められる（図7.5D～F）。図7.5Dは*Mitf*^*Mi-ws*^（*white spot, ws*）のホモ個体で，このアレルはエクソン2から4に渡って欠失し，それはちょうど活性化ドメインをコードする領域に相当する。また，図7.5Eは*Mitf*^*mi-ce*^（*cloudy-eye, ce*）のホモ個体である。このアレルは一塩基置換によるストップコドンの出現で，Mitfタンパク質は262番目のアミノ酸まで，ちょうど2番目のヘリックスとロイシンジッパードメインのあいだまでしか合成されない。図7.5Fの個体は約50コピーのトランスジーン（1.8 kbのマウスバソプレシン遺伝子上流調節領域，エクソン1，イントロン1，エクソン2の一部に大腸菌のβ-ガラクトシダーゼのコーディング領域，ヒトバソプレシン遺伝子のポリA付加シグナルを含む3′側非翻訳領域をこの順番に含むDNA断片約6.2 kb）が挿入され，さらにプロモーター領域に6 kb弱の欠失がある変異体である[26,27]（*Mitf*^*mi-vga9*^ホモ個体）。この挿入突然変異体マウスは，*Mitf*遺伝子クローニングのきっかけとなった記念すべき変異体である[26,27]。

いずれにしても，メラノサイトの発生過程においてこの遺伝子座のアレルにコードされるMitfの機能が足りないと（発現量の不足や産物の機能が低い場合，または両方の理由などで），斑や，極端な場合は全身真っ白くなるといえる。この初期発生段階にかかわる遺伝子間の相互作用も容易に想像できるが，まさにそのとおりで，Pax3やSox10は*Mitf*遺伝子の転写調節領域に直接結合できること，また*Snai2*はMitfのターゲット遺伝子の一つであるなど，その全容は解明が進んでいる（とくに第1章および第8章を参照のこと）。

ちなみに，Mアイソフォームがメラノサイトの発生に必須であるとすると，この細胞が脊椎動物特異的な神経冠細胞から産まれることに鑑みて，無脊椎動物の*Mitf*遺伝子の構造が興味をひく。そこで山本らのグループは，脊椎動物と同様に脊索はもつが，無脊椎動物の（したがって神経冠由来のメラノサイトを発生させない。その先駆け細胞はあるらしいが[18]）マボヤ*Mitf*遺伝子をクローニングし，その構造と機能的な解析を行なったことがある。その結果は，マボヤMitfは，脊椎動物のMアイソフォームではなく，眼の発生にかかわる後述のアイソフォームに近いのではないか，ということであった[28]。

さて，マウスの毛色にかかわる遺伝子座の中で，すべての色素細胞（メラノサイトとRPEを問わず）の「発生」（個体発生において，色素細胞が発生できるかどうか）そのものにもかかわる遺伝子座として，*Mitf*は特異である。図7.5のマウスたちは*Mitf*がRPEの発生にも関与することを示しているが，メラニン色素細胞の発生にかかわる他の因子群のアレルが示す表現型を確認してほしい。ほとんどは瞳孔の色（RPEの色を反映）は黒く（暗く）見えるはずである。*Mitf*の可視的な表現型は，すべてのメラニン色素細胞の発生にかかわる情報が，いったんこの*Mitf*の遺伝子発現かまたはその産物の修飾に集まり，そこから次の段階に（関連した各機構に分散する場合も含め）伝わっていくことを（遺伝学的に）示唆している。Mitfをメラニン色素細胞の，いわゆるハート〔より具体的にはハブ（hub）であろうか[16]〕となるように位置づけたのが，私たちが結果的に採用した進化である[23,29]。

なお，図7.5は，Mitf-Mアイソフォームが眼の発生に必須とはいえないことをも示している。なぜなら，このアイソフォームを発現できない*Mitf*^*mi-bw*^ホモのマウス（図7.5C）の眼の形態は正常に見えるからである。発生中のRPEではA, H, Dの各アイソフォーム群が発現するが，最近の報告ではそれらとPax6の関係が議論されている[30]。いずれにしても，網膜色素上皮の発生には，Mitfの発現が精緻に制御される複雑な機構があることを，アフリカツメガエルやニワトリ胚を用いてMitfの発現量を制御することにより山本らのグループも明らかにしてきた[31~33]。

7.5　毛髪や皮膚色に影響を与える遺伝子

さて，メラノサイトが目的地に定着したあとに毛色発現に大きく影響を及ぼす遺伝子（座）群としては，まずはメラニン合成系にかかわる遺伝子が挙げられる。メラニン合成経路は第6章に詳しいので，ここではかかわる遺伝子座について簡単に述べる。チロシンを基質にスタートするこの経路で鍵となるのは，メラニン合成の最初のステップを触媒するチロシナーゼ（tyrosinase）である。これをコードする遺伝子はアルビノの原因遺伝子である。白毛色で，赤い眼のこの個体の表現型から，この酵素はメラノサイト，RPE両方において，メラニン合成の鍵酵素であることがわかる。したがって，最初にも述べたが，白毛色のネズミには，「メラノサイトがない（白斑）」場合と「メラノサイトは発生できてもメラニン合成ができない（アルビノ）」場合があることになる。

この酵素の作用段階以後にもいくつかのタンパク質の関与があり，tyrosinase-related protein 1（Tyrp1, Trp1, *brown, b*）やdopachrome tautomerase（Dct, Tyrp2, tyrosinase-related protein 2, *slaty*）などのタンパク質の関与が弱いと毛色は薄くなる。ヒトのoculocutaneous albinism（OCA：眼皮膚白皮症；眼振や羞明など，眼症状を伴う白皮症）I型からIV型には，それぞれtyrosinase（*Tyr*），oculocutaneous albinism II（*Oca2*, pink-eyed dilution, *p*），*Tyrp1*, Membrane-associated transporter protein（*Matp, Slc45a2, underwhite, uw*）の各遺伝子座が対応する。いずれにしても毛色や皮膚色が薄くなるが，詳細は第16章を参照されたい。

*Oca2*遺伝子や*Slc45a2*遺伝子の産物は，直接メラニン合成経路にはかかわらず，メラノソームで機能すると考えられている。このオルガネラの形成にかかわる小胞輸送，メラノソームの細胞内での移送またケラチノサイトへの受け渡し過程もまた最終的に毛色や皮膚色また眼色に影響を与えうる。本書では多くの章でこれらが詳述されている。とくにメラノソーム形成またそのケラチノサイトへの輸送にかかわる因子群と機能については第5章が詳しい。それぞれの遺伝子群については巻末付録の表7.2を参照いただきたい。また，先に紹介したウェブサイト[3]ではゼブラフィッシュの情報も付加され，Lamoreuxらの著書では主要な遺伝子座のアレルについての詳細な記載も見つけることができる[16]。その際，着目してほしいことは，先述の色素細胞のメジャー遺伝子*Mitf*が，その産物を通して多くの標的遺伝子の発現を制御することである。すなわち，この遺伝子は，メラニン色素細胞の発生に必須であるばかりでなく，定着後のハビタットにおいてもその生活史に深くかかわる。それほどにわれわれの色素細胞進化に深く組み込まれているのである。

さてもう一点，マウス毛色の色相に大きな影響を与えるアグチシグナルタンパク質（agouti signal protein, Asip/Asp）をコードするアグチ遺伝子座（*a*）と，Asipのレセプターとして機能するMc1rをコードする遺伝子座（Melanocortin 1 receptor, *Mc1r, e*）にも触れないわけにはいかないが，第10章に詳しいので簡単に述べる。遺伝的に黒い毛色を発現できる遺伝的背景をもつマウスにおいて（アグチ遺伝子座以外は），アグチ遺伝子座の野生型アレル*A*（agouti）やA^{w}（white-berried agouti）をもつ個体の背側では，すべての毛の先端から基部に向かって，黒・黄・黒の色素領域のアグチパターンが形成され，この遺伝子座のアレルがノンアグチ（*nonagouti, a*）となってAsip産物が何もできない場合（*a/a*）か，*Mc1r*遺伝子座に機能獲得型（gain-of-function）のアレルをもつ場合には黒毛色となり，Asipを構成的に発現させるアレル（nonagouti；agouti yellow, A^{y}）か，Mc1rが機能喪失型（loss-of-function）のアレルをホモにもつ場合には黄色毛となる。マウスでこのように大きな毛色変化を起こす遺伝子座は，ヒトではどうだろうか（ちなみにこれら変異体は，先の色素細胞系譜の話題と関連するが，すべて眼は黒いことに着目されたい）。MSH の前駆体である POMC をコードする遺伝子座 *pro-opiomelanocortin-α*（*POMC*）や *melanocortin 1 receptor*（*MC1R*）が赤毛の原因遺伝子（loss-of-function 型）であることが報告されてきたが，GWAS（Genome-wide association study）など，より詳細な解析を待ちたい。

7.6 メラノサイトの細胞系譜と定着後の機能に関与するシグナル伝達系

メラノサイトにおけるおもな情報伝達系を挙げておく（巻末付録の表 7.2 も参照）。大きなグループである受容体型チロシンキナーゼとリガンド系の，Kit/Kitl, hepatocyte growth factor（Hgf）/Met proto-oncogene（Met），Glial cell-derived neurotrophic factor（Gdnf）/RET proto-oncogene（Ret），platelet derived growth factor a, b（Pdgf a,b）/platelet derived growth factor receptor a, b（Pdgfr a, b），epidermal growth factor（Egf）/Epidermal growth factor receptor（Egfr；*dark skin 5*），fibroblast growth factor（Fgf）ファミリー/fibroblast growth factor receptor（Fgfr）ファミリーに加え，Notch，transforming growth factor β（TGF-β）ファミリーや BMP ファミリーのリガンドは，それぞれ 1 回膜貫通型受容体と対応している。Notch/Dll シグナル経路に阻害される Wnt/β-catenin 経路は，7 回膜貫通型の受容体である Fzd ファミリーの受容体を利用する。同じく当該タイプの受容体を用いる経路として，Mc1r（*extension, e*）/ Melanocyte stimulating hormone（MSH），ASP/ASIP 系，Ednrb/Edn3 系，また，hedgehog 経路の Smoothened も同じタイプの受容体であるが，Smoothened と複合体を形成する Patched（Ptch）は膜を 12 回貫通している。

7.7 全身作用をもつ遺伝子もメラノサイトに影響を与える

巻末付録の表 7.2 の最後のグループにリストされるこれら関連遺伝子には，チロシン合成に必要な phenylalanine hydroxylase（*Pah*）や，銅イオンのトランスポートにかかわる antioxidant protein 1 homolog 1（*Atox1*），ATPase, Cu^{2+} transporting, alpha polypeptide（*Atp7a, mottled*），ATPase, Cu^{2+} transporting, beta polypeptide（*Atp7b, toxic milk*），solute carrier family 31, member 1（*Slc31a1*）がリストされ，それぞれの変異体は明るい色になることがわかる。脂肪酸合成にかかわる Elongation of very long chain fatty acids〔*Elovl3*（FEN1/Elo2, SUR4/Elo3, yeast）-like 3〕と Elongation of very long chain fatty acids〔*Elovl4*（FEN1/Elo2, SUR4/Elo3, yeast）-like 4〕，アポトーシスにかかわる前出の Bcl2 と Caspase 3（*Casp3*），ポリメラーゼやリボソームタンパク質なども皮膚の色に関係するなど，いったいどれだけの遺伝子座がどのような機能をもって体の色に関係するのか興味は尽きない。

7.8 色素細胞の機能について

本稿を終えるにあたり，これら毛色，皮膚色発現にかかわるメラノサイトの機能について簡潔に触れておきたい。

毛包間の皮膚メラノサイトの大きな役割として，光ストレス防御機構の一翼を担うことは広く信じられるところで，本書でも随所で触れられている。メラノサイトが合成するメラニン色素が有効なサンスクリーンであることは，あくまでも現在の地球環境においてであって，メラニンラジカル産生の可能性の指摘は意識しておくべきであろう[34]。ところで，毛包メラノサイトがつくり出し，毛の細胞（ケラチノサイト）に移送したメラノソームの役割は何か。メラノサイトを欠くマウスであっても白毛は伸長するので，ここでのメラノサイトの機能は，毛にメラノソームを移送することによって，単に毛に色を付けるだけでなく，メラノソームとともに移送される因子群によって，周囲の細胞の生理学的な機能調節への関与，またこれら細胞における物理的な特性への寄与なども推察され[18]，さらには毛「色」の動物社会学的な意義を付与することを考えるのも興味深い。第17章に詳しいが，内耳蝸牛の血管条とよばれる血管に富む部域に定着したメラノサイトは聴覚に必須である。しかし興味深いことに，この機能にこの細胞の最大の特徴であるメラニン産生を必須としない。われわれは最近，この領域が激しいストレスにさらされ，メラノサイトには抗酸化ストレス遺伝子の特異で高い発現があることを明らかにしつつある[35]。雑音を聞かせた齧歯類において，この領域のメラノサイトはそのメラニン合成を強く亢進させる，との報告もあり（第17章），ここでもストレス救済者としてのメラノサイトのイメージがふくらむ。脊椎動物進化によって生み出された高い移動能を保つメラノサイト集団は，その移動先に定着し，周囲の細胞群と折り合いをつけ，それぞれの場所特異的な機能を果たしているのではないかと思うことしきりである。とくに薄暗いハビタットで色素細胞は何をしているのか[18]。この細胞についてまだわれわれの知らない機能が数多くあるのではないかと楽しみである。

7.9 おわりに

『珍翫鼠育艸』に記された「大黒天の使いであり福徳にあふれている」「黒眼の白」Nezumiの個性解析は楽しく，強い興味を引き起こしてくれる。まさにその福徳に感謝するところであるが，それは他の遺伝子座の解析についても同様と信ずる。体色発現にかかわる遺伝子座リストはすでに400を数えようとしているが，それぞれの遺伝子座の少数のアレルの形質発現でもじつに興味深い。各遺伝子座に数あるアレルは，全関連遺伝子座においてどれだけのアレルの組合せを可能とさせるのか。ヒトにおいてもそれぞれの組合せは，まさに個々人の個性を支える遺伝的な根幹をなし，その表現型は尊重されるべきである。そのような意味でも，この遺伝子プログラムがどのようにして可視的な個性として表現されるのか，もっと詳しく知りたいものだ。そうすれば私たちの体色発現機構の変遷（進化）もより信頼性のある科学的根拠をもって話題にすることができる。さらにはこの生体システムが地球上でかかわってきた生態学的な意義もより明らかにできるものと期待する。

謝辞　河鍋暁斎 新版『大黒福引之図』（大錦三枚続）の転載を快諾下さった河鍋暁斎記念美術館館長，河鍋楠美様に心よりお礼申し上げます。Lynn Lamoreux博士（元Texas A&M University）には図7.5DとEの転載を了承いただきました。厚くお礼申し上げます。

参考文献

1) Manolio, T. A., Collins, F. S., Cox, N. J., Goldstein, D. B., Hindorff, L. A., Hunter, D. J., McCarthy, M. I., *et al.* *Nature*, **461**, 747-753, 2009. (Review)
2) 山本博章：色素細胞―機能と発生分化の分子機構から色素性疾患への対応を探る―（松本二郎・溝口昌子編），慶應義塾大学出版会，63-78，2001.
3) Montoliu, L., Oetting, W.S., Bennett, D.C. : Color Genes. (4, 2015). European Society for Pigment Cell Research. World Wide Web (URL: http://www.espcr.org/micemut)
4) Rat Genome Database (RGD), http://rgd.mcw.edu/
5) Keeler, C. E. : The Laboratory Mouse. Its Origin, Heredity and Culture, Harvard University Press, Cambridge, USA., 1931.
6) 芹川忠夫：関西実験動物研究会実験動物研究会会報，第24号，pp.14-17，2003年12月
7) 和漢三才図会（寺島良安編）第39巻（鼠類），（1712年），国立国会図書館近代デジタルライブラリー〔スキャン元は中近堂版，1902（明34-35)〕(http://kindai.ndl.go.jp/)
8) Kuramoto, T. : *Exp. Anim.*, **60**, 1-6, 2011.
9) 春帆堂主人：養鼠玉のかけはし（ようそたまのかけはし），摂府，1775（安永4年）
10) 定延子：珍翫鼠育草（ちんがんそだてぐさ），出版者銭屋長兵衛，1787（天明7年），国立国会図書館デジタルコレクション―珍玩鼠育草［注］上野益三により『江戸科学古典叢書44 博物学短編集 上：珍翫鼠育艸』，

恒和出版，東京，101-145 頁（1982）による解説が広く知られる。

11）Serikawa, T. : *Nature*, **429**, 15, 2004.
12）Savory, W. S. : *Lancet*, **1**, 381-383, 1863.
13）Crampe, H. : *Landwirthschaftliche Jahrbücher*, **14**, 539-632, 1885.
14）Takada, T., Ebata, T., Noguchi, H., Keane, T.M., Adams, D.J., Narita, T., Shin-I, T., *et al. Genome Res.*, **23**, 1329-1338, 2013.
15）Gates, W. H. : *Proc. Natl. Acad. Sci. USA*, **11**, 651-653, 1925.
16）Lamoreux, M. L., Delmas, V., Larue, L. Bennett, D. C. : The Colors of Mice. A Model Genetic Network, Wiley-Blackwell, West Sussex, UK, 2010.
17）Neural crest Cells-Evolution, Development and Disease Edited by Paul A. Trainor, Academic Press (2014) San Diego, CA, USA.
18）Plonka, P. M., Passeron, T., Brenner, M., Tobin, D. J., Shibahara, S., Thomas, A., Slominski, A., *et al.* : *Experimental Dermatology*, **18**, 799-819, 2009.
19）Sturm R. A., Larsson M. : *Pigment Cell Melanoma Res.*, **22**, 544-562, 2009.
20）Fuhrmann, S. : *Curr. Top. Dev. Biol.*, **93**, 61-84, 2010.
21）Strauss, O. : *Physiol. Rev.*, **85**, 845-881, 2005.
22）Mouse Genome Informatics, http://www.informatics.jax.org/
23）上原重之・山本博章：マウスの毛色発現機構と色素細胞の機能，「生物の科学遺伝」, **62**（No.6）, 7-19, エヌ・ティ・エス，2008.
24）Yajima, I., Sato, S., Kimura, T., Yasumoto, K., Shibahara, S., Goding, C. R., Yamamoto, H. : *Hum. Mol. Genet.*, **8**, 1431-1441, 1999.
25）Hozumi, H., Takeda, K., Yoshida-Amano, Y., Takemoto, Y., Kusumi, R., Fukuzaki-Dohi, U., Higashitani, A., *et al.* : *Genes Cells*, **17**, 494-508, 2012.
26）Tachibana, M., Hara, Y., Vyas, D., Hodgkinson C., Fex, J., Grundfast, K., Arnheiter, H. : *Mol. Cell. Neurosci.*, **3**, 433-445 1992.
27）Hodgkinson, C. A., Moore, K. J., Nakayama, A., Steingrfmsson, E., Copeland, N. G., Jenkins, N. A., Arnheiter, H. : *Cell*, **74**, 395-404, 1993.
28）Yajima, I., Endo, K., Sato, S., Toyoda, R., Wada, H., Shibahara, S., Numakunai, T., *et al.* : *Mech. Dev.*, **120**, 1489-1504, 2003.
29）Goding, C. R. : *Genes Dev.*, **14**, 1712-1728, 2000.
30）Raviv, S., Bharti, K., Rencus-Lazar, S., Cohen-Tayar, Y., Schyr, R., Evantal, N., Meshorer, E., *et al.* : *PLoS Genet.*, **10**(5), e1004360, 2014.
31）Kumasaka, M., Sato, S., Yajima, I., Goding, C. R., Yamamoto, H. : *Dev. Dyn.*, **234**, 523-534, 2005.
32）Kawasaki, A., Kumasaka, M., Satoh, A., Suzuki, M., Tamura, K., Goto, T., Asashima, M., Yamamoto, H. : *Pigment Cell Melanoma Res.*, **21**, 56-62, 2008.
33）Tsukiji, N., Nishihara, D., Yajima, I., Takeda K., Shibahara, S., Yamamoto, H. : *Dev. Biol.*, **326**, 335-346, 2009.
34）Hill, H. Z. : *BioEssays*, **14**, 49-56, 1992.
35）Uehara, S., Izumi, Y., Kubo, Y., Wang, C-C., Mineta, K., Ikeo, K., Gojobori, T., *et al.* : *Pigment Cell Melanoma Res.*, **22**, 111-119, 2009.
36）Kuramoto, T., Nomoto, T., Sugimura, T., Ushijima, T. : *Mamm. Genome*, **12**, 469-471, 2001.
37）Blaszczyk, W. M., Arning, L., Hoffmann, K. P., Epplen, J. T. : *Pigment Cell Res.*, **18**, 144-145, 2005.
38）Futaki, S., Takagishi, Y., Hayashi, Y., Ohmori, S., Kanou, Y., Inouye, M., *et al.* : *Mamm. Genome*, **11**, 649-655, 2000.
39）Oiso, N., Riddle, S. R., Serikawa, T., Kuramoto, T., Spritz, R. A. : *Mamm. Genome*, **15**, 307-314, 2004.
40）Kuramoto, T., Gohma, H., Kimura, K., Wedekind, D., Hedrich, H. J., Serikawa, T. : *Mamm. Genome*, **16**, 712-719, 2005.
41）Kuramoto, T., Kitada, K., Inui, T., Sasaki, Y., Ito, K., Hase, T., *et al.* : *Proc. Natl. Acad. Sci. USA*, **98**, 559-564, 2001.
42）Kuramoto, T., Yokoe, M., Yagasaki, K., Kawaguchi, T., Kumafuji, K., Serikawa, T. : *Exp. Anim.*, **59**, 147-155, 2010.
43）Ceccherini, I., Zhang, A. L., Matera, I., Yang, G., Devoto, M., Romeo, G., *et al.* : *Hum. Mol. Genet.*, **4**, 2089-2096, 1995.
44）Kuramoto, T., Nakanishi, S., Ochiai, M., Nakagama, H., Voigt, B., Serikawa, T. : *PLoS One*, **7**, e43059, 2012.
45）Tsujimura, T., Hirota, S., Nomura, S., Niwa, Y., Yamazaki, M., Tono, T., *et al.* : *Blood*, **78**, 1942-1946, 1991.
46）Kuwamura, M., Muraguchi, T., Matsui, T., Ueno, M., Takenaka, S., Yamate, J., *et al.* : *Brain Res. Dev. Brain Res.*, **155**, 99-106, 2005.

第8章

色素細胞の分化を制御する転写因子 MITF
――多様な構造と機能――

武田和久・大場浩史・柴原茂樹

婚姻色，保護色など，動物界における体色の重要性は明らかであり，生体色素の形成は生殖，摂食，生体防御など“個体”あるいは“種”の維持に必須な現象と深く関連する。神経冠由来のメラノサイトは皮膚，内耳など広範に分布し，それぞれ重要な役割を担っている。一方，網膜色素上皮細胞は，光受容細胞である視細胞の分化と生後の機能維持に必須である。小眼球症関連転写因子 MITF はメラノサイトと網膜色素上皮細胞の分化制御因子であり，メラニン合成系酵素遺伝子の転写を促進する。さらに，MITF 自身の発現と機能は多様な細胞外シグナルにより転写および翻訳後の制御を受けている。MITF は，美容上の悩み（シミ，白斑），白髪や脱毛（毛包の機能低下），コミュニケーションの悩み（視聴覚機能の低下）など，われわれが遭遇する諸問題とも関連する。誰しも美しく老いたいと願うものであり，高齢化が著しいわが国において MITF 研究はさらに重要となろう。

8.1　はじめに

ヒトを含めた哺乳類には，起源の異なる2種類のメラニン産生細胞が存在する。すなわち，神経堤由来のメラノサイトと脳の眼杯由来の網膜色素上皮細胞である[1]。両色素細胞はメラニン産生という性質を共有しており，メラニン合成系の律速酵素であるチロシナーゼとそのチロシナーゼのアミノ酸配列と約40％の類似性がある2つのチロシナーゼ関連タンパク質 TYRP1（tyrosinase-related protein-1）および TYRP2（別名，dopachrome tautomerase；DCT）を特異的に発現する。したがって，これらの酵素遺伝子は，色素細胞特異的転写あるいは色素細胞分化の分子機構を解析するための格好の素材である。

本章で紹介する小眼球症関連転写因子 Mitf（microphthalmia-associated transcription factor）はメラノサイトと網膜色素上皮細胞の両方の分化に影響する遺伝子の代表であり，メラニン色素の産生に直接関与する酵素遺伝子の転写を活性化する[1]。なお，本章では，ヒトの Mitf を MITF と大文字で表記する。

トランスジェニックマウスの作成過程で偶然得られた挿入変異体（VGA-9 マウス）の表現型が，小眼球症（microphthalmia）マウス（$Mitf^{mi}$）にきわめて類似していたことをきっかけに，Mitf は発見された[2,3]（図 8.1）。$Mitf^{mi}$ マウスは，網膜色素上皮細胞の分化異常による眼球形成不全とメラノサイトの欠損に起因する白毛と難聴などを呈する。したがって，Mitf はこれらの色素細胞の分化過程で機能すると考えられる。なお，ヒトとマウスにおいて MITF/Mitf の変異に伴う色素異常症が知られており，種々変異とその結果生じる

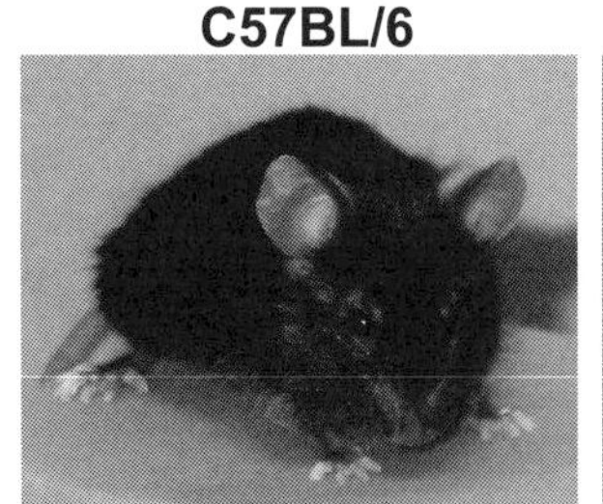

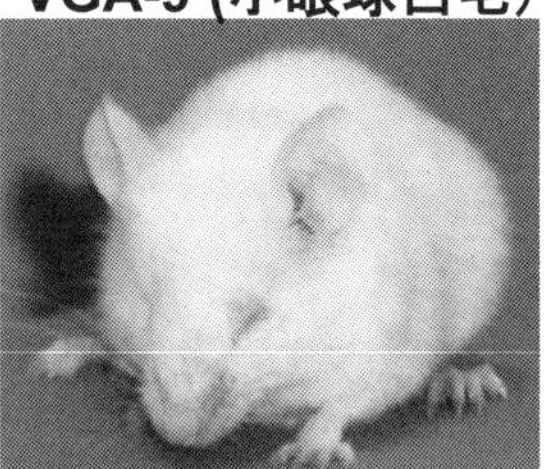

図 8.1　Mitf 遺伝子変異マウスの眼球の表現型

人為的操作により外来 DNA 断片が挿入した Mitf 遺伝子を有する VGA-9 マウスは，網膜色素上皮の分化異常による眼球形成不全（小眼球症）および皮膚と内耳のメラノサイトが欠損するため白毛と難聴を呈する。一方，レトロトランスポゾンである LINE-1 が挿入した Mitf 遺伝子を有する黒眼白毛 black-eyed white マウス（$Mitf^{mi\text{-}bw}$）は，メラノサイトが欠損するため白毛と難聴を呈するが，網膜色素上皮は一見正常であるので美しい黒目をもつ。$Mitf^{mi\text{-}bw}$ マウスでは，メラニン合成の鍵酵素であるチロシナーゼの酵素活性は維持されている。参考として呈示する BALB/c マウス（アルビノ変異体）では，Mitf が正常であるため色素細胞は存在するが，チロシナーゼ活性を欠損するため白毛赤眼を呈する。なお，聴覚は正常と考えられる（下段右端）。[Mitf 変異マウスの写真は文献 1 より引用，BALB/c マウスは山本博章氏より提供] [口絵も参照]

表現型との相関がある程度明らかになっていることも MITF/Mitf の特徴としてあげられる。さらに，メラノサイトは心臓血管系にも存在し，今後，その機能制御の理解が重要となる（循環器系のメラノサイトに関しては第 17 章に詳しい）。

8.2　網膜色素上皮細胞と小眼球症

眼の発生原基は眼胞とよばれ，前脳の両外側面から憩室として発生する（ヒト胎生 4 週ごろ）。眼胞は陥凹し二層構造の眼杯となり，眼杯の外層（背側）から網膜色素上皮が，内層（腹側）から神経網膜が形成される（図 8.2A, B）。網膜は眼球の最内層に位置する薄い透明な膜状の構造物であり，後部で視神経に連なっている（図 8.2C）。網膜色素上皮は網膜の最外層に位置する一層の細胞であり，その基底部（外側）で血管に富む脈絡膜と接し，血液・網膜関門を構成する。その結果，血液中の有毒物質が神経組織である網膜に侵入するのを防いでいる。なお，脈絡膜は眼球の前部で毛様体と虹彩になっている（図 8.2C）。一方，網膜色素上皮の内側の神経網膜は，視細胞（杆体細胞と錐体細胞）などの神経細胞の層から構成される。すなわち，光受容器である視細胞は神経網膜の外側に位置している。

網膜色素上皮細胞の先端部（神経網膜側）は，杆体細胞の外側を覆い込むように接しており，脱落・生成を繰り返す杆体細胞外節片を絶えず貪食・処理する。さらに，網膜色素上皮細胞は，ロドプシンの構成成分である 11-シス-レチナール

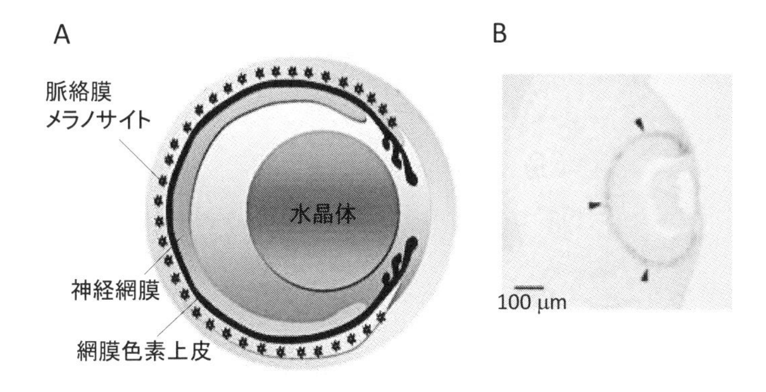

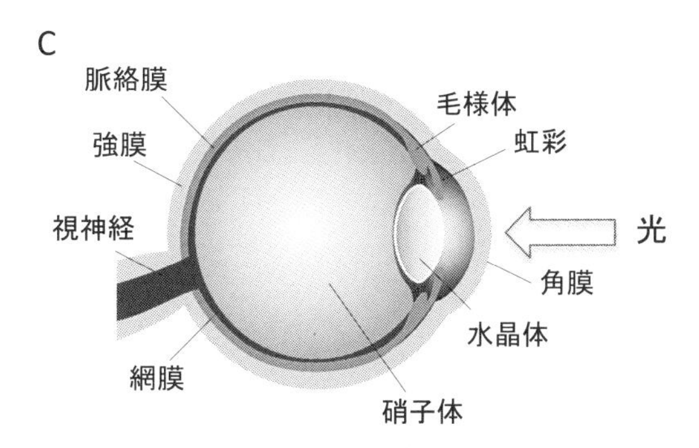

図 8.2　眼球の構造

(A) 胎児期の形成途上の眼球の模式図。網膜は，網膜色素上皮とその内側の神経網膜から構成される。(B) マウス胎児（胎生 11.5 日）の眼胞の *in situ* ハイブリダイゼーションによる Mitf 発現細胞の同定。矢頭は Mitf を発現する網膜色素上皮を示す（文献 47 より改変）。(C) ヒト眼球の横断面の模式図。この図では示していないが，網膜の最外層に位置するのが網膜色素上皮であり，その内側が神経網膜である。神経網膜の最外層に位置するのが視細胞（杆体細胞と錐体細胞）であり，網膜色素上皮細胞との緊密な相互作用が可能になっている。視細胞層の内側では種々の神経細胞などが層構造を形成している。

を再生し視細胞に供給する。このように，網膜色素上皮細胞は視細胞の機能維持に必須である。また，網膜色素上皮細胞はメラニン合成という分化形質をもち，メラニン合成系の 3 つの酵素（チロシナーゼ，TYRP1，DCT）を発現する。網膜色素上皮細胞に存在するメラニンは視覚機能に重要であるばかりでなく，視神経の適正な伸張にも関与する。

Mitf 変異に伴う小眼球症の本態は網膜色素上皮細胞の過剰増殖であり，本来一層の細胞（将来の網膜色素上皮細胞）であるべき眼杯の外層が多層の細胞から構成される。その結果，眼杯の正常な発達（図 8.2A）が障害され，眼球の形成不全となる。よって，Mitf は胎児期における網膜色素上皮細胞の分化・増殖の制御に関与すると考えられる。

8.3　内耳のメラノサイト

哺乳動物の内耳は複雑な構造をもつ感覚器官であり，聴覚を感知する蝸牛と平衡感覚を司る前庭器官からなっている。とくに，蝸牛コルチ器は音という物理的な刺激を神経情報に変換する場であり，音響受容細胞である有毛細胞と近接する種々の支持細胞から構成されている。一方，胎児期の蝸牛形成に伴い，頭部神経堤由来のメラノサイトは蝸牛管へ移動し，中間細胞として蝸牛血管条に定着する。すなわち，血管条の中間細胞とは内耳メラノサイトのことであり，特異なイオン組成をもつ内リンパ液（高 K^+，低 Na^+ 濃度）の生成に関与する。蝸牛管の内腔は内リンパ液で満たされ

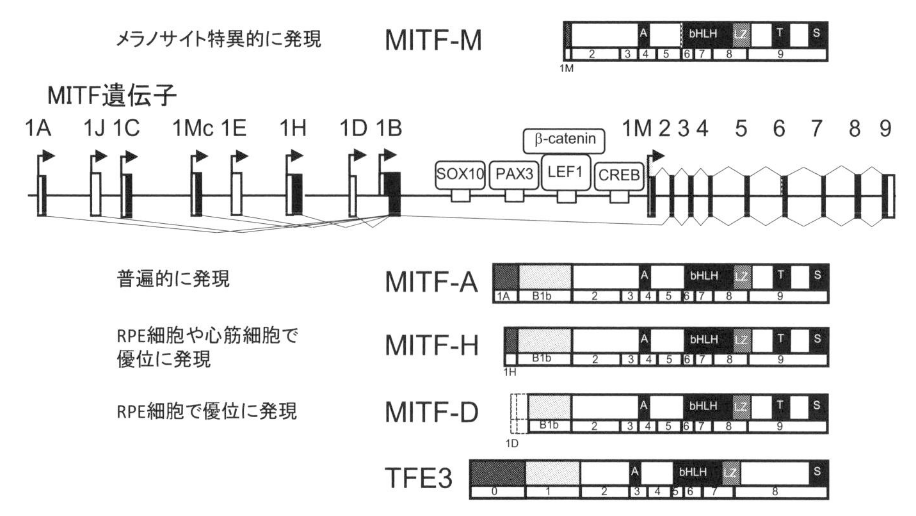

図 8.3　ヒト MITF 遺伝子の模式図と MITF アイソフォームの構造

ヒト MITF 遺伝子の各エキソンの模式図（黒：翻訳領域，白：非翻訳領域）を示す。相対的距離は正確ではない。矢印は転写が進行する方向を示す。各エキソン 1 は，それぞれのアイソフォームに固有な N 末端領域をコードする。B1b ドメインはエキソン 1B の 3′ 側領域にコードされる。エキソン 1D はノンコーディングエキソンなので，MITF-D は B1b ドメインの最初のメチオニンから翻訳される。M プロモーターには，転写因子が結合する 4 つの制御エレメントが存在する。MITF-A の N 末端領域は TFE3 の N 末端領域と類似性を示す。A は転写活性化ドメインを，T と S はそれぞれ Thr と Ser に富む領域を示す。MITF の N 末端アイソフォームは，エキソン 6 の 5′ 末端の選択的スプライシングにより 6 アミノ酸残基を欠失する。

ており，音刺激により生じる内リンパ液の振動をコルチ器有毛細胞が感知し神経情報に変換する。よって，内耳メラノサイトは内耳器官の発達と聴覚機能に必須であり，メラノサイトを欠損する Mitf 変異マウスが難聴を呈することも理解されよう。たとえば，後述する black-eyed white とよばれる Mitf 変異マウスでは，黒眼白毛の外観に加え（図 8.1 参照），血管条が未発達であるため感音性難聴を呈する [4]。難聴を伴うヒト色素異常症については後述する（8.10 節）。一方，チロシナーゼ活性陰性型眼皮膚アルビニズムは難聴を呈さないので，メラニン産生の欠如自体が難聴の原因ではない。以上のように，メラニン産生細胞が視聴覚機能にかかわるという事実は進化的にも興味深い（内耳メラノサイトに関しては第 17 章に詳しい）。

8.4　MITF の構造

MITF/Mitf は塩基性領域-ヘリックス・ループ・ヘリックス-ロイシンジッパー（bHLH-LZ）構造をもつ転写因子である（図 8.3）。一般に転写因子は遺伝子転写の活性化を担う転写活性化領域（ドメイン）と DNA 結合ドメインの少なくとも 2 つの独立した機能ドメインから構成される。bHLH-LZ 構造はまさにそのような機能ドメインの代表であり，DNA 結合と二量体形成に関与する。また，MITF は転写因子 TFE3 のグループとファミリーを形成する。bHLH-LZ 構造をもつ転写因子の起源は古く，酵母からヒトまでよく保存されており，細胞の分化に重要な役割を演じている。

MITF にはアミノ（N）末端領域のみが異なる少なくとも 9 種のアイソフォーム，MITF-M，MITF-A，MITF-J，MITF-C，MITF-Mc，MITF-E，MITF-H，MITF-D および MITF-B が存在する（図 8.3）[1,5~8]。各アイソフォームに固有な N 末端領域を除けば，転写活性化領域と bHLH-LZ 領域を含むカルボキシル（C）末端側は共通である。なお，MITF の N 末端アイソフォームは，エキソン6の5′末端の選択的スプライシングにより6アミノ酸残基（ACIFPT）を欠失する。一方，MITF-M には6アミノ酸残基を持つものと持たないものの2種類が存在し，この6残基を有する MITF-M のほうが，より安定に DNA と結合するとされる[9)]。MITF-A の N 末端領域ドメイン A は，TFE3の N 末端領域と有意な相同性を示す。また，各 N 末端アイソフォームに共通な B1b ドメインは，TFE3, TFEB，TFEC の相当する領域とよく似ている。このように多様なアイソフォームとファミリーの存在は，MITF の機能的な重複，あるいは発現様式のちがいをもたらすと考えられる。一般に，TFE3 など bHLH-LZ 構造をもつ転写因子は遺伝子プロモーター上の DNA 配列 CANNTG に結合して，転写を活性化する（N は4つの塩基すべてを示す）。この結合モチーフは E ボックスとよばれる。

8.5 MITF 遺伝子

MITF-M は主としてメラノサイトおよびメラノーマで発現されており，メラノサイトの分化過程においてマスター遺伝子的に機能する[10)]。ヒトメラノーマの全例で MITF タンパク質も検出されており，MITF-M はメラノーマ特異的なマーカーとして認知されている[11)]。さらに MITF 遺伝子がメラノーマにおいて増幅されているプロトオンコジーンでもある[12)]。一方，MITF-A や MITF-H などのアイソフォームの多くはメラノサイトを含め，調べたすべての細胞・組織で発現されている[5,6)]。しかしながら MITF-H および MITF-D は網膜色素上皮細胞の分化に伴い誘導されるという特徴がある[13,14)]。ヒト MITF 遺伝子は 3p12.3-p14.1 に局在しており，各アイソフォームは異なる N 末端領域をコードするそれぞれ個別のエキソン1とプロモーター領域を有する（図 8.3）。現時点では，エキソン 1A が最も5′側に位置し，MITF-M の N 末端をコードするエキソン1M は最も下流（3′側）の第1エキソンである。各エキソン1の上流に位置するプロモーターをそれぞれのアイソフォームの名前をつけ，A プロモーター，M プロモーターというように命名した。エキソン1M は MITF-M の N 末端領域（ドメイン M）をコードする。

エキソン 1B の3′側領域（B1b 領域）は，A プロモーターや H プロモーターなど上流に位置するプロモーターからの転写産物がスプライスされる際に第2エキソンとしても利用される[7)]。培養細胞における一時的発現法により，A プロモーターはすべての細胞系譜（メラノーマ，網膜色素上皮細胞，子宮頸癌）において高いプロモーター活性を示した。一方，M プロモーターはメラノサイト特異的な転写活性を有する。H プロモーターはその中間的活性を示した。

8.6 MITF-M プロモーターの転写制御

ここでは，MITF-M プロモーターの転写を促進する代表的な例について解説する。

8.6.1 Wnt シグナルの標的遺伝子としての MITF-M

メラノサイトは交感神経細胞やグリア細胞と同様に多能性幹細胞である神経堤細胞から分化する。何らかのシグナルにより神経堤細胞がメラノブラストに分化し，さらに成熟してメラノサイトになると考えられている。胚の形態形成時に神経管から分泌される液性因子 Wnt は細胞間シグナル分子として機能し，神経堤細胞の分化に必須である[15)]。とくに，Wnt シグナルはメラノブラストの分化，増殖，生存維持に必要である。Wnt がレセプター Frizzled に結合すると，β-カテニン（β-catenin）が安定化しタンパク質量が増加する（図 8.4）。さらに β-catenin は核に移行し，コアクチベーターとして LEF1/TCF と複合体を形成し転写を活性化する。LEF1（lymphoid enhancer factor-1）と TCFs（T-cell factors）は互いに近縁の転写因子である。Wnt 非存在下では細胞質に存在する β-catenin は分解され，そのタ

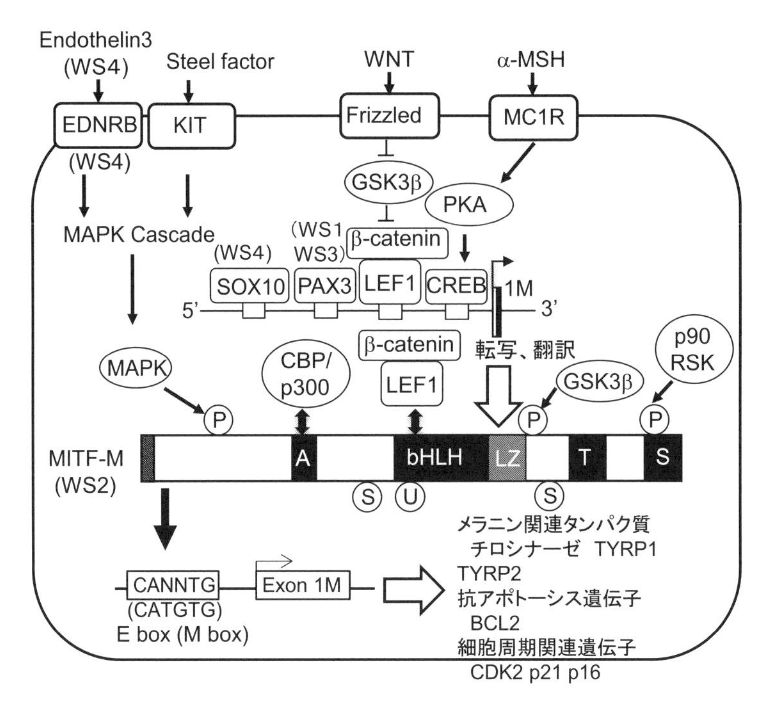

図8.4　メラノサイトにおけるMITF-Mの機能発現制御ネットワーク

MAPK，Rsk，PKAはいずれもリン酸化酵素を示す。Ⓟ，Ⓤ，Ⓢはそれぞれリン酸化，ユビキチン化，スモ化を示す。PAX3はワーデンブルグ症候群（WS）1型または3型，MITFはWS2型，そしてendothelin 3，endothelin receptor type B（EDNRB）およびSOX10はWS4型の原因遺伝子である。

ンパク質量は低く保たれている。なお，LEF1/TCFsはいずれもそのC末端領域近くに，DNA結合ドメインとして機能するhigh-mobility group（HMG）boxをもっている。

Mプロモーターには LEF1/TCF の結合部位を含め興味深い制御エレメントが集中している（図8.2，8.3）。Mプロモーターは Wnt シグナルの標的であることが明らかになった。すなわち，メラノサイトを Wnt3a で刺激すると，Mプロモーターが LEF1 を介して活性化される[16]。この場合，LEF1 は M プロモーター上の CTTTGAT の DNA 配列に結合する。β-catenin と結合できないドミナントネガティブ型の LEF1 を細胞内に発現させると，Wnt3a による MITF の誘導が抑制された。したがって，転写活性化のために LEF1 はβ-catenin をコアクチベーターとして利用すると考えられた。さらに MITF は LEF1 のコアクチベーターとして機能し M プロモーターを効率よく活性化する[17]。

8.6.2　MSHシグナルによるMITF-Mの発現誘導

cAMP 応答エレメント（CRE）は cAMP により制御されるプロモーターに存在し，転写因子 CREB の結合部位である。M プロモーターの CRE に作用するシグナル分子としてα-melanocyte stimulating hormone（MSH）が同定された[18]。MSH はアドレノコルチコトロピン（ACTH）の N 末端部分（アミノ酸残基 1-13）に相当する。ACTH は主として下垂体前葉から放出されるホルモンであり，副腎皮質に作用して糖質コルチコステロイドの合成と分泌を促進する。その ACTH の分泌は視床下部からのコルチコトロピン放出ホルモンにより促進される。よって，ACTH は生体防御反応に重要な視床下部・下垂体前葉・副腎皮質系において中心的な役割を演じている。翻って，MSH が ACTH の N 末端部分に相当するという事実は興味深く，MSH の生理的重要性が示唆される。

MSH はメラノサイトの細胞膜上の受容体（MC1R）に作用し，細胞内 cAMP の上昇を惹起し CREB がリン酸化される。その結果，活性化された CREB は CRE を介して M プロモーターの転写を促進する（図 8.4）。なお，皮膚で作用する MSH は下垂体由来ではなく，メラノサイトやケラチノサイトで産生される。このような皮膚固有の MSH シグナル伝達系は，紫外線に対する防御に重要と考えられる。

8.6.3 SOX10 による M プロモーターの転写制御

SOX（Sry box）ファミリーは DNA 結合ドメインとして HMG box をもつ一群の転写因子である。Sry とは Y 染色体上の遺伝子にコードされる精巣決定因子のことであり，精巣の器官形成にかかわる遺伝子の転写を制御する。SOX10 は SOX ファミリーの一員である。発生初期には神経堤細胞で，発生後期以降は中枢および末梢のグリア細胞で選択的に発現される。Sox10 の機能喪失性変異のヘテロ接合体マウスは巨大結腸症と色素低形成を呈し（dominant megacolon；Dom），ヒトの先天性巨大結腸症（Hirschsprung's disease）の動物モデルである[19]。すなわち，神経堤由来の腸管神経叢の神経節細胞の欠損により，腸管の蠕動が起きないため巨大結腸症をきたす。Dom のホモ接合体マウスは胎児期に死亡する。ヒト SOX10 の変異はワーデンブルグ症候群類似の色素異常と先天性巨大結腸症を伴い，ワーデンブルグ症候群 4 型とよばれる[20]。実際，SOX10 は M プロモーターの転写を促進する[21]。しかし，マウス蝸牛コルチ器では，Sox10 の発現は支持細胞に限局し，Mitf を発現する血管条メラノサイトでは検出できない[22]。一方，発生初期では，遊走するメラノブラストで両者とも発現する。したがって，SOX10 による M プロモーターの発現制御は時期特異的であることが示唆される。

Sox10 の欠失マウスが作製され，そのヘテロ接合体が巨大結腸症と低色素症を呈することが証明された[23]。すなわち，これらの症状は Sox10 の量不足（haploinsufficiency）によると考えられる。さらに，Sox10 欠失マウスでは c-kit，Mitf，Dct mRNA の発現細胞が減少していた。よって，Sox10 が Dct 遺伝子の転写活性化に関与することが示された。なお，ホモ接合体マウスは胎児期に死亡するか，出生後まもなく死亡する。とくに，神経堤由来の末梢神経のグリア細胞の分化・発達が障害される。

SOX10 と同様に，転写因子 PAX3 はワーデンブルグ症候群 1 型と 3 型の責任遺伝子であり，M プロモーターの転写を促進する[24]。PAX3 については第 16 章に詳しいので，ここでは省略する。

8.7 マイクロ RNA による MITF の発現制御

マイクロ RNA（micro-RNA, miRNA）は長さ 20 ～ 25 塩基ほどの小分子 RNA であり，タンパク質に翻訳されないノンコーディング RNA である。マイクロ RNA は，ある特定の mRNA（たいていは 3′ 側非翻訳領域）に相補的な配列を有する。この mRNA と miRNA との結合により，翻訳の阻害や mRNA の分解を誘導する。MITF の 3′ 側非翻訳領域にも，マイクロ RNA である miR-137，miR-148，および miR-340 の結合配列が存在しており，これらマイクロ RNA により MITF の発現が抑制される[25]。一方，MITF は miR-204 および miR-211 の転写を誘導し，網膜色素上皮の恒常性維持にかかわることも報告されている[26]。

8.8 色素細胞における MITF の標的遺伝子

MITF アイソフォームを発現する細胞ごとにそれぞれの標的遺伝子が存在するはずであるが，ここではメラニン生合成に関与する酵素遺伝子のみを紹介する。上述のように，メラノサイトでは MITF-M のみならず MITF-A や MITF-H も発現されている[5]。一方，網膜色素上皮細胞では，おもに MITF-A，MITF-H および MITF-D が発現されている[8]。最近，ヒト網膜色素上皮における MITF-M の発現が報告された[27]。興味深いことに，その初代培養細胞では MITF-M の発現が減少する。なお，マウス胎生 10 日の眼杯外層（将来の網膜色素上皮細胞）で，B1b ドメインをもつアイソフォームの発現が確認されているが（図 8.1）[5]，その後，発現レベルは低下する。

チロシナーゼ，TYRP1，DCT 遺伝子のプロモーター上には M ボックスとよばれる共通の制御配列が存在し，E ボックスの 1 つである CATGTG モチーフを含んでいる。MITF-M は M ボックスに結合することにより，これらの酵素遺伝子の転写を活性化する。さらに，MITF-A や MITF-H も同様な転写活性化作用をもつ。しかし，上記酵素の中で，DCT 遺伝子だけはやや異なる制御を受けるようである。実際，DCT はメラノブラストと網膜色素上皮細胞の初期分化マーカーであり，マウス胎児の終脳でも発現するという特徴をもつ。さらに，培養メラノーマ細胞における一時的発現系では，DCT プロモーターは MITF-M あるいは MITF-A により活性化されないのに対して[28]，培養網膜色素上皮細胞では MITF-A との共発現により DCT プロモーターは活性化された[7]。よって，MITF の機能発現には別の制御因子が必要であり，そのような因子の発現量が細胞によって異なると考えられる。

8.9　MITF の機能発現制御

M プロモーターの転写レベルでの発現制御に加え，MITF タンパク質すなわち MITF mRNA の翻訳後の制御も重要と考えられる（図 8.3）。とくに，メラノサイトの分化に重要な Steel/c-Kit シグナルによる MITF のリン酸化が，コアクチベーター CBP/p300 との相互作用を誘導し，転写活性化能が促進される[29]。一方，リン酸化の部位によっては MITF タンパク質が不安定化し分解が促進される[30]。この分解にはユビキチン化を介した機構も報告されている[31]。さらに，グリコーゲン合成酵素キナーゼ 3β（GSK3b）は Wnt シグナル伝達系の負の制御因子であるが，MITF-M の 298 番目のセリン残基（S298）のリン酸化により転写活性化機能を促進する[32]。事実，S298P の置換を伴う WS2 の患者も報告されている。以上のリン酸化部位は MITF のすべてのアイソフォームに共通であるので，種々の細胞ごとに MITF のタンパク質レベルでの制御機構が存在すると予想される。さらに MITF は SUMO 化される。MITF の C 末端の SUMO 化サイト近傍の遺伝子変異によるミスセンス変異 E318K が MITF の SUMO 化を阻害し，悪性黒色種のリスクを高めることが報告された[33,34]。

また MITF にはさまざまな結合因子が報告されている。MITF は Wnt シグナル伝達系の転写因子 LEF1 と結合し，DCT 遺伝子プロモーターや M プロモーターを相乗的に活性化する（図 8.4）[17,35]。網膜色素上皮細胞の分化にかかわる転写因子 OTX2 は MITF と相互作用しチロシナーゼや TYRP1 遺伝子プロモーターからの転写を活性化する[36]。OTX2 は DCT 遺伝子プロモーターも活性化する[37]。

今後，MITF タンパク質の修飾制御機構の解明とそれに伴う MITF 結合タンパク質因子の同定により，色素細胞分化を制御する複雑なネットワークの実体が明らかにされよう。

8.10　MITF 変異による難聴を伴う色素異常症

MITF 遺伝子の変異による難聴を伴う色素異常症としてワーデンブルグ症候群 2 型（Waardenburg syndrome type 2；WS2）と Tietz 症候群が知られている[38,39]。WS2 患者は先天性感音難聴のほかに，皮膚白斑，早発性白髪，虹彩色素異常を呈する。しかし，これらの症状の程度は同一家系であっても変化が大きいことが知られている。MITF 遺伝子にスプライシングの異常をきたす変異，アミノ酸置換を伴うミスセンス変異などが発見されている（図 8.5）。これらの事実から，WS2 の発症は MITF-M の量不足（haploinsufficiency）によると考えられる。一方，Tietz 症候

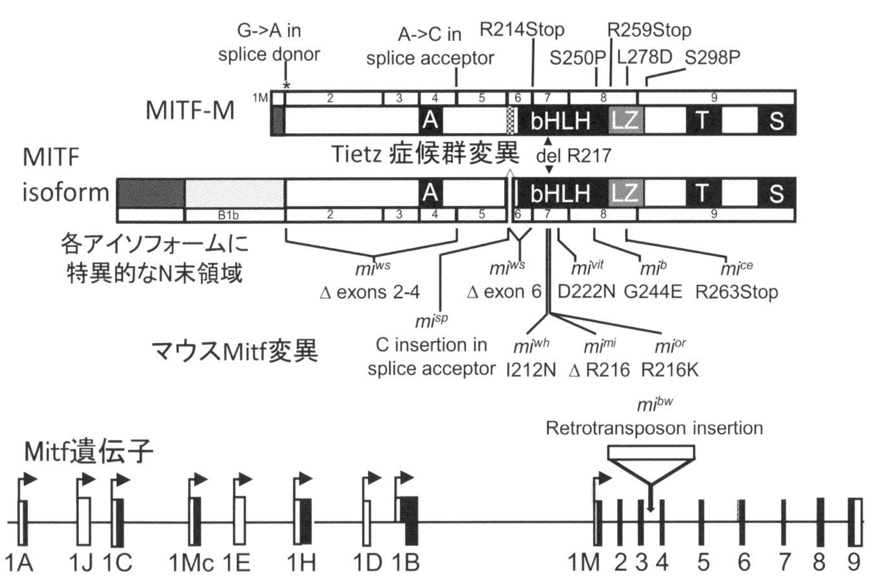

図 8.5　MITF/Mitf 変異に伴う色素異常症

MITF-M の模式図の上方に WS2 症候群で発見された変異を，下方にマウスの Mitf 変異を示す。Tietz 症候群で見られる変異 del R217 はマウスの Mitf^{mi} 変異 delR216 に対応する。$\mathrm{Mitf}^{mi\text{-}bw}$ マウスにおける外来 DNA 挿入部位を模式的に示す。

群は全身性のアルビニズムと先天性感音難聴を伴うが，チロシナーゼ活性陰性型眼皮膚アルビニズムと異なり，眼の色素異常は認められない。一般に，Tietz 症候群の症状は WS2 よりも重症である。すなわち，WS2 における皮膚色素異常が白斑であるのに対し，Tietz 症候群では全身性である。また，WS2 の難聴が約 80% に見られるのに対し，Tietz 症候群では必ず難聴を伴う。

WS2 の場合と異なり，Mitf 変異マウスはホモ接合体でのみ難聴を発症する。よって，聴覚機能の発達・維持における MITF-M の重要性には明らかな種差が存在する。Tietz 症候群の変異は MITF-M の塩基性領域に存在する 4 つの連続する Arg 残基から 1 個の Arg の欠失（del R217）であり，この変異は Mitf^{mi} マウスの変異と同一である [2]。しかし，Mitf^{mi} 変異が半優性（semi-dominant）であり，ヘテロ接合体では頭部の白斑を呈するのみである。Mitf^{mi} のホモ接合体マウスは，メラノサイトおよびメラニン色素の欠損と眼球の形成不全のほかに，マスト細胞の欠損，および破骨細胞の分化異常に起因する骨大理石症（osteopetrosis）を伴う。破骨細胞は骨髄由来の細胞であり，骨組織内で最終的に活発な貪食能を有する多核の破骨細胞に成熟し，骨の再構築に関与する。このような遺伝様式のちがいは，ヒトとマウス間で del R217 変異に対する感受性に大きなちがいがあることを意味する。del R217 変異をもつ Mitf-M は，*in vitro* での DNA 結合活性を消失するが，ダイマー形成能を維持しているので [9]，MITF-M における del R217 はドミナントネガティブ（dominant-negative）変異と考えられる。すなわち，R217 を欠損する MITF-M は正常な MITF-M タンパク質と結合することにより，正常な MITF-M の機能を阻害すると考えられる。

8.11　Mitf の多様な機能を示唆する Mitf 変異マウス

8.11.1　black-eyed white マウス（$\mathrm{Mitf}^{mi\text{-}bw}$）

$\mathrm{Mitf}^{mi\text{-}bw}$ マウス（以下，bw マウス）は皮膚と内耳（蝸牛の血管条）でメラノサイトが欠損するため白毛と難聴を呈するが，網膜色素上皮は正常であるので美しい黒目をもつ（図 8.1 参照）。しかし，神経堤に由来する脈絡膜のメラノサイトを欠損している。なお，ヘテロ接合体には異常を検出できない（劣性遺伝）。bw マウスの皮膚では，Mitf-M はまったく検出されないが，Mitf-A と Mitf-H の発現はやや低下するのみである [4]。しかし，Mitf 遺伝子転写産物の異常なスプライシング RNA が検出された。bw マウスの本態は外来 DNA 断片（レトロトランスポゾン）である LINE-1 の Mitf 遺伝子のイントロン 3 への挿入であり，最も下流（3′ 側）に位置する M プロモーターからの転写産物のスプライシングが阻害されると考えられる（図 8.5）。すなわち，bw マウスは Mitf-M のノックアウトマウスに相当し，神経堤細胞からメラノサイトへの分化には適正な量の Mitf-M が必須であることを示している。事実，bw マウスでは，胎仔期 13.5 日までにメラノブラスト（メラノサイトの前駆細胞）が細胞死により消失することを明らかにした [40]。さらに，網膜色素上皮細胞の分化には Mitf-M は関与せず，Mitf-A，Mitf-H および Mitf-D などのアイソフォームが重要であることが明らかになった [4, 8]。

注目すべきは，bw マウスが特異な表現型を呈することである。小型ボディープレスチモグラフを用いた呼吸機能測定により，無麻酔・無拘束下の状態における bw マウスの分時換気量は正常であるが，呼吸数が少ないことを発見した [41]。すなわち，bw マウスは深くゆっくりした呼吸をする。その結果，低酸素あるいは高炭酸ガス吸入刺激に対して，見かけ上過剰応答することになる（呼吸数の増加程度が大きくなる）。なお通常，マウスは恐怖を感じると呼吸数が増す。最近，受動的回避行動テストの結果，bw マウスは回避学習能力には異常はないが，不安を感じ難い（恐れを知らない）ことを示唆した [42]。すなわち，初めて明箱（ストレスに満ちた明るい環境）に置かれた際，マウスが好む暗箱（明箱に隣接）に入るまでの所用時間が有意に長かった。以上より，bw マウスは恐怖を感じないため，呼吸機能測定に際しても呼吸数が増加しないと推定される。さらに，bw マウスは新生仔を食殺するという性癖を呈し，昼間でも落ち着きがなく，ケージ内で飛び跳ねるなどの異常行動を呈する。

そこで，脳における Mitf mRNA の発現を解析した。意外なことに，Mitf-M mRNA は bw マウス，野生型マウスおよびヒトの脳で発現していることが判明した [42]。さらに，Mitf 発現細胞を免疫組織化学的に探索した結果，嗅球に Mitf 陽性細胞の存在を確認した。また，Mitf 陽性細胞は，おもに嗅球外叢状層の両端に分布している（図 8.6）。神経細胞の染色像と比較すると，細胞の形態および分布様式から Mitf 発現細胞は僧帽細胞 mitral cell と房飾細胞 tufted cell である可能性が高い。僧帽細胞と房飾細胞は，嗅細胞を介して嗅上皮から嗅球へと伝えられた匂いの情報を，嗅皮質へと伝える神経細胞である。したがって，Mitf が脳内における匂い刺激の伝達に関与している可能性が考えられる。なお，ゼブラフィッシュでも嗅球で Mitf が発現されている [43]。いわゆる五感の中で，Mitf は嗅覚にも関与していることが示唆される。魚類を含めた動物界では，嗅覚は種の保存に必須である。事実，bw マウスは繁殖力が弱く，しばしば絶滅の危機に瀕した [4, 40]。

8.11.2　vitiligo マウス（$Mitf^{vit}$）

白斑 vitiligo は後天的に白斑を生じる疾患の総称であり，自己免疫性の反応などによりメラノサイトが消失するために白斑となる。$Mitf^{vit}$ マウスは Mitf-M の bHLH-LZ 領域に 1 個のアミノ酸置換（D222N）があり，その位置はヘリックス 1 に相当する（図 8.5）[44]。$Mitf^{vit}$ マウスの生下時には毛色を有するが，加齢に伴い色素を喪失する。また，抜毛後に生えてくる体毛は白くなるため，$Mitf^{vit}$ マウスでは毛包メラノサイトが早期に脱落すると考えられる。すなわち，この変異マウスの存在により，毛包メラノサイトの維持に関与するという Mitf-M の生後における機能が明らかになった。通常，毛包の毛隆起（バルジ領域）に存在するメラノサイト幹細胞が毛乳頭周囲に移動しメラノサイトに分化する。しかし $Mitf^{vit}$ マウス

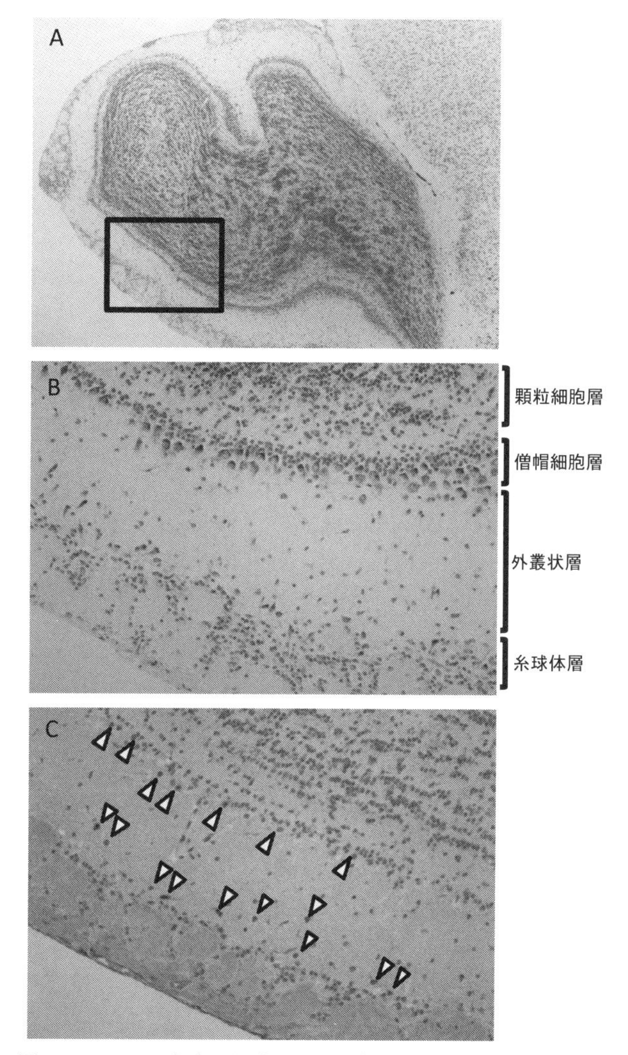

図 8.6 マウス嗅球における Mitf 発現細胞の局在

(A) 嗅球の低拡大像。神経細胞を検出するクリューバー・バレラ染色による嗅球の組織像。図の左が鼻先側である。四角で囲んだ領域を拡大した組織像が (B) である (B：嗅球強拡大像)。(C) 嗅球における Mitf 発現細胞。外叢状層の両端 (外側と内側) に Mitf 発現細胞が存在する。△は Mitf 発現細胞を示す。

では，毛隆起にとどまったままのメラノサイト幹細胞が Mitf を強発現し，メラノサイトに分化する。その結果，メラノサイト幹細胞が枯渇してしまう[45]。さらに，Mitf^{vit} マウスはレチノイド (ビタミン A) の代謝異常と晩発性の網膜変性を呈する[46]。ヘリックス 1 に位置する D222N 変異はすべての Mitf アイソフォームに存在するので，網膜変性は網膜色素上皮細胞で発現する Mitf アイソフォームの機能が変化するためと考えられる。レチノイド代謝あるいはレチノイン酸シグナルにおける MITF の役割が興味深い。

8.12 おわりに

視聴覚機能への関与に加え，MITF が嗅覚に関与する可能性が示唆されている。よって，MITF はまさに“五感”に関与しているのかもしれない。すなわち，MITF は色素細胞の分化制御因子であるのみならず，多様な機能を担っている。よって，MITF が及ぼす効果の多面性の分子基盤の解明は今後の重要な研究課題である。

先進国における成人失明の主要な原因疾患として，加齢に伴って発症する網膜変性症や黄斑変性症があげられる。これらの疾患の多くは原因不明であるが，網膜色素上皮細胞の機能異常に起因する症例が多いと考えられている。さらに，蝸牛コルチ器が種々神経系細胞の集合体であることから明らかなように，その構築と機能維持にはMITFを含めた多くの遺伝子が時間的かつ空間的に正しく発現されることが必須である。高齢化が著しいわが国においては，網膜変性疾患や老人性難聴の病態の解明と予防法の早急な開発が望まれている。折しも平成26年9月に，加齢黄斑変性症に対し，誘導多能性幹細胞（iPS細胞）を利用した治療が実施された。よって，MITF研究の成果は，移植後のiPS細胞に由来する網膜色素上皮の機能維持法の開発にも貢献する。

参考文献

1) Takeda, K., Takahashi, N.-H., Shibahara, S. : *Tohoku J. Exp. Med.*, **211**, 201-221, 2007.
2) Hodgkinson, C. A., Moore, K. J., Nakayama, A., Steingrimsson, E., Copeland, N. G., Jenkins, N. A., Arnheiter, H. : *Cell*, **74**, 395-404, 1993.
3) Hughes, M. J., Lingrel, J. B., Krakowsky, J. M., Anderson, K. P. : *J. Biol. Chem.*, **268**, 20687-20690, 1993.
4) Yajima, I., Sato, S., Kimura, T., Yasumoto, K., Shibahara, S., Goding, C. R., Yamamoto, H. : *Hum. Mol. Genet.*, **8**, 1431-1441, 1999.
5) Amae, S., Fuse, N., Yasumoto, K., Sato, S., Yajima, I., Yamamoto, H., Udono, T., *et al.* : *Biochem. Biophys. Res. Commun.*, **247**, 710-715, 1998.
6) Fuse, N., Yasumoto, K., Takeda, K., Amae, S., Yoshizawa, M., Udono, T., Takahashi, K., *et al.* : *J. Biochem.*, **126**, 1043-1051, 1999.
7) Udono, T., Yasumoto, K., Takeda, K., Amae, S., Watanabe, K., Saito, H., Fuse, N., *et al.* : *Biochim. Biophys. Acta*, **1491**, 205-219, 2000.
8) Takeda, K., Yasumoto, K., Kawaguchi, N., Udono, T., Watanabe, K., Saito, H., Takahashi, K., *et al.* : *Biochim. Biophys. Acta*, **1574**, 15-23, 2002.
9) Hemesath, T. J., Steingrimsson, E., Mcgill, G., Hansen, M. J., Vaught, J., Hodgkinson, C. A., Arnheiter, H., *et al.* : *Genes & Development*, **8**, 2770-2780, 1994.
10) Tachibana, M., Takeda, K., Nobukuni, Y., Urabe, K., Long, J. E., Meyers, K. A., Aaronson, S. A., Miki, T. : *Nat. Genet.*, **14**, 50-54, 1996.
11) King, R., Weilbaecher, K. N., McGill, G., Cooley, E., Mihm, M., Fisher, D. E. : *American J. Pathology*, **155**, 731-738, 1999.
12) Garraway, L. A., Widlund, H. R., Rubin, M. A., Getz, G., Berger, A. J., Ramaswamy, S., Beroukhim, R., *et al.* : *Nature*, **436**, 117-122, 2005.
13) Capowski, E. E., Simonett, J. M., Clark, E. M., Wright, L. S., Howden, S. E., Wallace, K. A., Petelinsek, A. M., *et al.* : *Hum. Mol. Genet.*, **23**, 6332-6344, 2014.
14) Bharti, K., Liu, W., Csermely, T., Bertuzzi, S., Arnheiter, H. : *Development*, **135**, 1169-1178, 2008.
15) Cadigan, K. M., Nusse, R. : *Genes Dev.*, **11**, 3286-3305, 1997.
16) Takeda, K., Yasumoto, K., Takada, R., Takada, S., Watanabe, K., Udono, T., Saito, H., *et al.* : *J. Biol. Chem.*, **275**, 14013-14016, 2000.
17) Saito, H., Yasumoto, K., Takeda, K., Takahashi, K., Fukuzaki, A., Orikasa, S., Shibahara, S. : *J. Biol. Chem.*, **277**, 28787-28794, 2002.
18) Price, E. R., Horstmann, M. A., Wells, A. G., Weilbaecher, K. N., Takemoto, C. M., Landis, M. W., Fisher, D. E. : *J. Biol. Chem.*, **273**, 33042-33047, 1998.
19) Southard-Smith, E. M., Kos, L., Pavan, W. J. : *Nat. Genet.*, **18**, 60-64, 1998.
20) Pingault, V., Bondurand, N., Kuhlbrodt, K., Goerich, D. E., Prehu, M. O., Puliti, A., Herbarth, B., *et al.* : *Nat. Genet.*, **18**, 171-173, 1998.
21) Potterf, S. B., Furumura, M., Dunn, K. J., Arnheiter, H., Pavan, W. J. : *Hum. Genet.*, **107**, 1-6, 2000.
22) Watanabe, K., Takeda, K., Katori, Y., Ikeda, K., Oshima, T., Yasumoto, K., Saito, H., *et al.* : *Brain Res. Mol. Brain Res.*, **84**, 141-145, 2000.
23) Britsch, S., Goerich, D. E., Riethmacher, D., Peirano, R. I., Rossner, M., Nave, K. A., Birchmeier, C., Wegner, M. : *Genes Dev.*, **15**, 66-78, 2001.
24) Watanabe, A., Takeda, K., Ploplis, B., Tachibana, M. : *Nat. Genet.*, **18**, 283-286, 1998.
25) Glud, M., Gniadecki, R. : *J. Eur. Acad. Dermatol. Venereol.*, **27**, 142-150, 2013.
26) Adijanto, J., Castorino, J. J., Wang, Z. X., Maminishkis, A., Grunwald, G. B., Philp, N. J. : *J. Biol. Chem.*, **287**, 20491-20503, 2012.
27) Maruotti, J., Thein, T., Zack, D. J., Esumi, N. : *Pigment Cell Melanoma Res.*, **25**, 641-644, 2012.
28) Yasumoto, K., Yokoyama, K., Takahashi, K., Tomita, Y., Shibahara, S. : *J. Biol. Chem.*, **272**, 503-509, 1997.
29) Hemesath, T. J., Price, E. R., Takemoto, C., Badalian, T., Fisher, D. E. : *Nature*, **391**, 298-301, 1998.
30) Wu, M., Hemesath, T. J., Takemoto, C. M., Horstmann, M. A., Wells, A. G., Price, E. R., Fisher, D. Z., Fisher, D. E. : *Genes Dev.*, **14**, 301-312, 2000.
31) Xu, W., Gong, L., Haddad, M. M., Bischof, O., Campisi,

J., Yeh, E. T., Medrano, E. E. : *Exp. Cell Res.*, **255**, 135-143, 2000.

32) Takeda, K., Takemoto, C., Kobayashi, I., Watanabe, A., Nobukuni, Y., Fisher, D. E., Tachibana, M. : *Hum. Mol. Genet.*, **9**, 125-132, 2000.

33) Yokoyama, S., Woods, S. L., Boyle, G. M., Aoude, L. G., MacGregor, S., Zismann, V., Gartside, M., *et al.* : *Nature*, **480**, 99-103, 2011.

34) Bertolotto, C., Lesueur, F., Giuliano, S., Strub, T., de Lichy, M., Bille, K., Dessen, P., *et al.* : *Nature*, **480**, 94-98, 2011.

35) Yasumoto, K., Takeda, K., Saito, H., Watanabe, K., Takahashi, K., Shibahara, S. : *EMBO J*, **21**, 2703-2714, 2002.

36) Martinez-Morales, J. R., Dolez, V., Rodrigo, I., Zaccarini, R., Leconte, L., Bovolenta, P., Saule, S. : *J. Biol. Chem.*, **278**, 21721-21731, 2003.

37) Takeda, K., Yokoyama, S., Yasumoto, K., Saito, H., Udono, T., Takahashi, K., Shibahara, S. : *Biochem. Biophys. Res. Commun.*, **300**, 908-914, 2003.

38) Tassabehji, M., Newton, V. E., Read, A. P. : *Nat. Genet.*, **8**, 251-255, 1994.

39) Amiel, J., Watkin, P. M., Tassabehji, M., Read, A. P., Winter, R. M. : *Clin. Dysmorphol.*, **7**, 17-20, 1998.

40) Hozumi, H., Takeda, K., Yoshida-Amano, Y., Takemoto, Y., Kusumi, R., Fukuzaki-Dohi, U., Higashitani, A., *et al.* : *Genes Cells*, **17**, 494-508, 2012.

41) Takeda, K., Adachi, T., Han, F., Yokoyama, S., Yamamoto, H., Hida, W., Shibahara, S. : *J. Biochem.*, **141**, 327-333, 2007.

42) Takeda, K., Hozumi, H., Nakai, K., Yoshizawa, M., Satoh, H., Yamamoto, H., Shibahara, S. : *Genes Cells*, **19**, 126-140, 2014.

43) Lister, J. A., Close, J., Raible, D. W. : *Dev. Biol.*, **237**, 333-344, 2001.

44) Steingrimsson, E., Moore, K. J., Lamoreux, M. L., Ferredamare, A. R., Burley, S. K., Zimring, D. C. S., Skow, L. C., *et al.* : *Nat. Genet.*, **8**, 256-263, 1994.

45) McGill, G. G., Horstmann, M., Widlund, H. R., Du, J., Motyckova, G., Nishimura, E. K., Lin, Y. L., *et al.* : *Cell*, **109**, 707-718, 2002.

46) Smith, S. B., Duncan, T., Kutty, G., Kutty, R. K., Wiggert, B. : *Biochem. J.*, **300** (Pt. 1), 63-68, 1994.

47) Watanabe, K., Takeda, L., Yasumoto, K., Udono, T., Saito, H., Ikeda, K., Takasaka, T., *et al.* : *Pigment Cell Res.*, **15**, 201-211, 2002.

第９章

色素形成にかかわる細胞外シグナルおよび細胞内シグナル経路

芋川玄爾・肥田時征・山下利春

〔細胞外シグナル経路〕人種や皮膚部位による皮膚色の違いを制御するメカニズム，また表皮色素沈着症のメカニズムに関与する細胞外シグナルであるパラクリンサイトカイン相互作用の変化を引き起こす細胞は，ほとんどの場合，メラノサイトではなく表皮ケラチノサイトもしくは真皮フィブロブラスト（線維芽細胞）である。すなわち，この非メラノサイト細胞の外的および内的刺激によるサイトカインやケモカインまたは受容体アンタゴニストを含む他の活性物質の産生分泌量の変化により，メラノサイトが相当する受容体を介して活性化や不活性化を引き起こし，メラノサイト内のメラニン合成量が変動し，その結果表皮細胞に転送されたメラニン顆粒量が変化することにより皮膚色の変化が誘導されることが判明している。

〔細胞内シグナル経路〕メラノサイトにおける代表的な細胞表面受容体とそれに呼応する細胞内シグナル経路について概説し，細胞外刺激が細胞内に伝達され種々の細胞機能を示す過程について，とくに正常メラノサイトにおける色素産生調節機構を中心に解説する。

9.1　細胞外シグナル経路

9.1.1　緒言

色素形成にかかわる細胞外シグナルとは，細胞が産生するホルモンや増殖因子のことで，これらの増殖因子を介して産生細胞と色素細胞であるメラノサイトとの相互作用が営まれている。この細胞間の相互作用には，エンドクライン（内分泌），パラクライン（傍分泌），オートクラインの３種類が知られ，エンドクラインは遠く離れた細胞間の相互作用で血液やリンパ液を介して行なわれ，ACTH や性腺刺激ホルモンなどがこれに相当する。パラクラインは隣接した細胞間の相互作用でメラノサイトに対する増殖因子のほとんどがこのパラクライン相互作用を介して，色素形成を促進させている。オートクラインは細胞が産生した増殖因子が自身の細胞に働くもので，癌細胞などの増殖性獲得に関与している。本稿では現在までに明らかとなっている色素形成にかかわる細胞外シグナルであるパラクラインサイトカイン相互作用を解説し，正常皮膚色や表皮性色素沈着症にどのようにかかわっているのかを解説する。本稿では培養細胞レベルでヒトメラノサイトへの活性化作用が現在までに確認されているサイトカイン，ケモカインおよび脂質について説明する。

9.1.2　endothelin（EDN1）/endothelin receptor B（EDNRB）相互作用

EDN は血管内皮細胞が分泌する強力な血管収

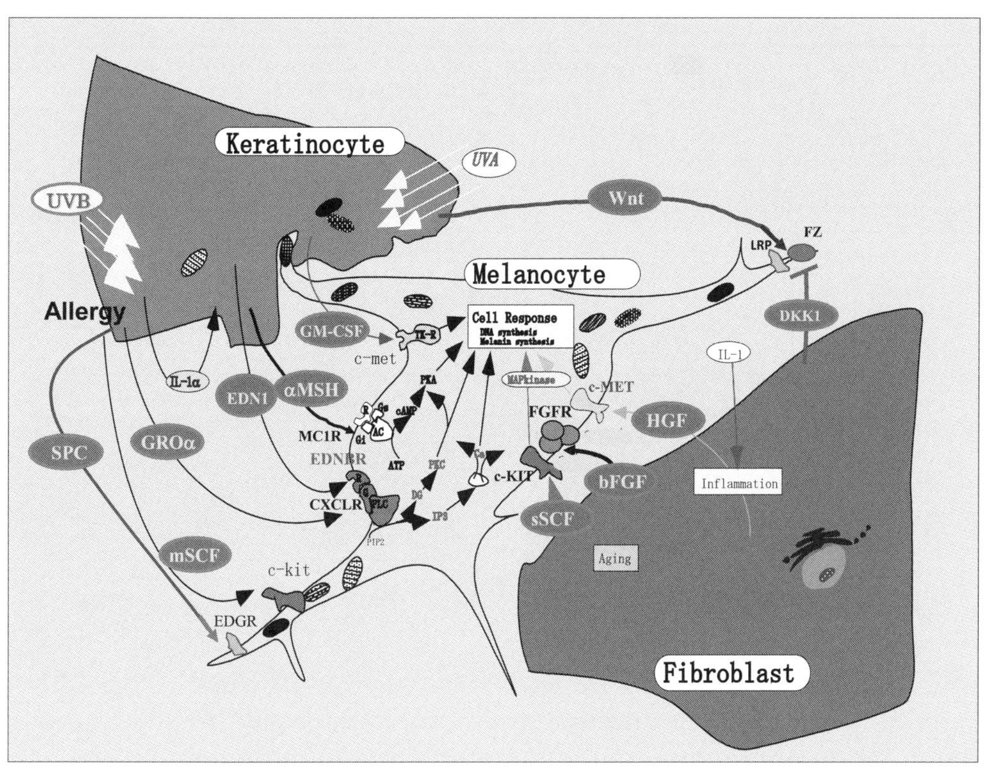

図 9.1 ヒトケラチノサイトおよびヒトフィブロブラストとヒトメラノサイト間に認められたメラニン合成促進性パラクリンサイトカイン相互作用

縮ペプチド[1]で，1991年ごろ筆者らは，ヒトケラチノサイトもEDNを産生分泌し，ヒトメラノサイトへの強力な増殖促進効果（1～10 nM濃度）をEDNRBを介して発揮することを見いだした[2～4]。培養ヒトケラチノサイトの紫外線（UVB）照射により産生分泌が亢進し，その培養上清をヒトメラノサイトに添加することによりヒトメラノサイトの増殖とメラニン合成が促進し，この促進効果はEDN1抗体で中和されることから，紫外線（UVB）による色素沈着増強の原因サイトカインの一つと考えられた（図9.1）[2,5]。人種差による皮膚色のちがいは従来はメラノサイト側の機能のちがいと考えられていたが，吉田らは人種の異なるヒトケラチノサイトとヒトメラノサイトおよびヒトフィブロブラストの組合せでヌードマウスに移植構築させた皮膚で，黒人由来のケラチノサイトとの組合せが色素沈着を最も強く誘導し，EDNの分泌能力も白人由来に比べ高いことから，ケラチノサイトのEDNの分泌量のちがいが人種における皮膚色のちがいに関連している可能性を報告している[6]。正常皮膚においてEDN/EDNRB相互作用の低下が色素脱失に関与していると考えられている部位は手掌足底皮膚で，本皮膚表皮ではEDN1の遺伝子およびタンパク質の発現が他の色素形成のある通常皮膚部位に比べて低下している[7]。一方，このEDN/EDNRB相互作用の増加を介して色素沈着増強が認められる表皮性色素沈着症は，紫外線（UVB）色素沈着[8,9]，老人性色素斑[10]，表皮性母斑，老人性疣贅[11～13]であり（図9.2），いずれも遺伝子解析や免疫組織染色法などによりEDNの産生分泌はケラチノサイトもしくは腫瘍性ケラチノサイト（basaloid cells）で亢進が認められ，また表皮メラノサイトでのEDNRBの発現増強も生じている。

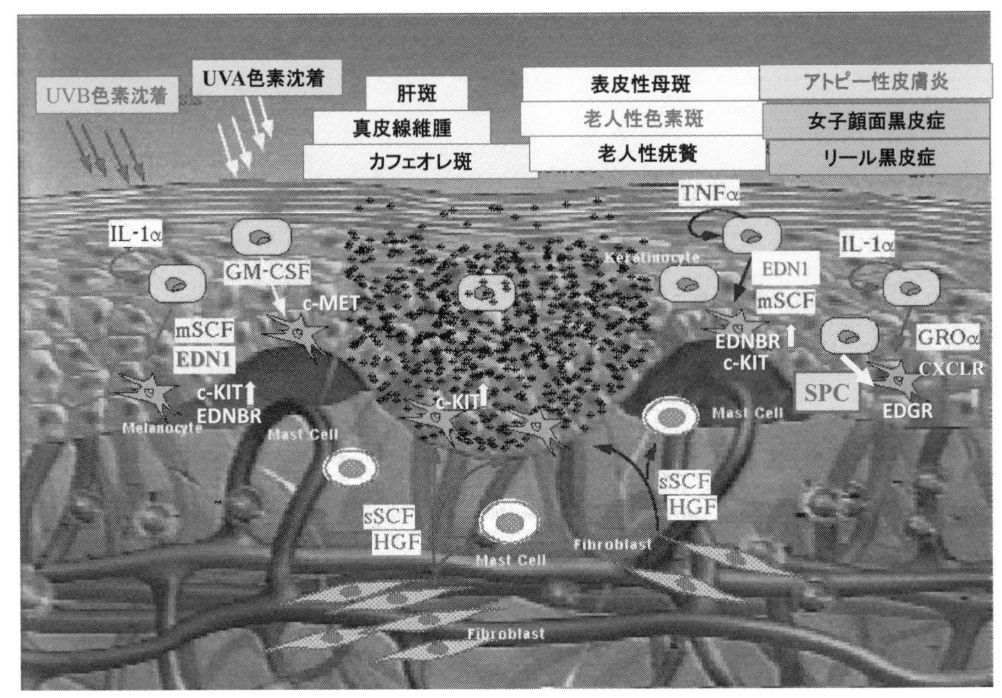

図 9.2　表皮性色素沈着症のパラクリンサイトカインメカニズム

9.1.3 stem cell factor（SCF：幹細胞増殖因子）/c-KIT 相互作用

SCF は Steel factors として造血に重要な役割をもつサイトカイン[14]で，膜結合型（mSCF）と可溶性型（sSCF）が知られている。筆者らは紫外線（UVB）照射したヒトケラチノサイトで産生が増強し，sSCF はヒトメラノサイトへの増殖促進およびメラニン合成促進作用（1～10 nM 濃度）を有することを見いだした（図 9.1）[15]。ヒトケラチノサイトが産生する SCF は mSCF であるので，前述の EDN1 のヒトケラチノサイトの紫外線（UVB）照射実験においてはケラチノサイト培養上清に分泌されず，検出されていない。一方，培養ヒトフィブロブラストは無刺激状態で，ヒトメラノサイトの増殖およびメラニン合成を促進する因子を分泌しており，その一つは sSCF であることが判明した（図 9.1）[16, 17]。正常皮膚において mSCF/c-KIT 相互作用の低下が色素脱失に関与していると考えられている部位は手掌足底皮膚で，本皮膚表皮では mSCF の遺伝子およびタンパク質の発現が他の色素形成のある通常皮膚部位に比べて低下している[7]。一方，この mSCF/c-KIT 相互作用を介して色素沈着増強が認められる表皮性色素沈着症は，紫外線（UVB）色素沈着[9, 15]と老人性色素斑[18]で，老人性疣贅[13]ではその関与が認められない（図 9.2）。いずれも mSCF の産生は遺伝子解析や免疫組織染色法およびウェスタンブロット解析などによりケラチノサイトでの亢進が認められ，また c-KIT の発現増強も生じている（図 9.2）。一方，sSCF/c-KIT 相互作用を介して色素沈着増強が認められる表皮性色素沈着症は，真皮線維腫[19]，カフェオレ斑[20]，肝斑[21]などが知られている。いずれも sSCF の産生分泌亢進は遺伝子解析や免疫組織染色法およびウェスタンブロット解析により真皮フィブロブラストもしくは腫瘍性フィブロブラストで認められ，sSCF が同様に増殖因子であるマスト細胞も真皮で増殖している場合が多く，真皮における sSCF の分泌亢進が生じている証拠となっている。また，表皮メラノサイトでの c-KIT の発現増強も生じている（図 9.2）。

9.1.4 granulocyte macrophage colony-stimulating factor (GM-CSF：顆粒球マクロファージコロニー形成促進因子)/c-MET 相互作用

GM-CSF は，多能性造血幹細胞に分化を促すサイトカイン[22]で，筆者らは紫外線（UVA）を照射したヒトケラチノサイトの培養上清にヒトメラノサイトの増殖とメラニン合成を促進する因子が存在することを見いだし，分離精製した結果，本活性因子は GM-CSF と同定された[23]。GM-CSF はヒトメラノサイトへの増殖促進効果（10 ～ 100 nM 濃度）を c-MET を介して発揮することが判明している（図 9.1）。紫外線（UVA）を照射したヒトケラチノサイトの培養上清で IL-1α や IL-6，IL-8，EDN-1 の分泌増加は認められず，GM-CSF のみに分泌の増加が認められ，ヒトメラノサイトへの増殖促進効果は GM-CSF 抗体で完全に中和できることから，紫外線（UVA）照射で生じる色素沈着増加には GM-CSF が関与している可能性が考えられている（図 9.2）[23]。

9.1.5 growth-related oncogene alpha（GROα）/chemokine（C-X-C motif）ligand receptor（CXCLR）相互作用

GROα は現在では chemokine（C-X-C motif）ligand 1（CXCL1）[24]とよばれるケモカインで，melanoma growth stimulatory activity, alpha（MGSA-α）の名前もあるように，ヒトメラノーマ細胞から分泌されオートクラインで自己増殖を促進する作用があり，メラノーマの病因の一つと考えられていた[25,26]。アゾ色素である phenylazonaphthol（PAN）で皮膚アレルギー性皮膚炎が生じると，その炎症が消えるのに伴って編み目状の色素沈着が生じることはよく知られており，リール黒皮症もしくは女子顔面黒皮症とよばれていた。この色素沈着の特徴は表皮内のメラニン顆粒の沈着と同時に Incontinentia Pigmenti（色素失調症）とよばれる真皮マクロファージ内へのメラニン顆粒の蓄積が認められることである。本色素沈着の原因となる細胞生物学的因子としては，色素沈着に先だって生じるアレルギー性皮膚炎の際になんらかのメラノサイト活性化因子が産生分泌される可能性は予測されていたものの，その本体についてはまったく不明であった。筆者らは，この PAN アレルギー性色素沈着のモデルを黄色人種と同様に表皮に機能性メラノサイトを有し，紫外線によってもヒトと同様な色素沈着を生じる褐色モルモットにて再現することに成功し[27,28]，PAN アゾ色素にてアレルギー性炎症を惹起した際に表皮より産生されるメラノサイト活性化因子の存在の有無とその同定を行なった。その結果，本活性因子の本体は GROα であることが判明し（図 9.1），PAN アゾ色素のアレルギー性皮膚炎後に生じる遅延型の色素沈着は，表皮ケラチノサイトよりアレルギー性炎症反応の結果として産生分泌される GROα がパラクリン的に，メラノサイトを活性化するために生じることが明らかとなった（図 9.2）[29]。

9.1.6 α-melanocyte stimulating hormone（α-MSH）/melanocortin 1 receptor（MC1R）相互作用

α-MSH はマウスでは表皮で分泌されて働くというより脳下垂体中葉から分泌されて血流を介して運ばれ，メラノサイトの分化，メラニン生成，樹枝状突起形成などを促進する。ヒトでは，基本的に表皮ケラチノサイトで放出されてメラノサイトに働くのは α-MSH で，脳下垂体前葉から分泌されて血流を介して運ばれ，メラニン生成促進に働くのは β-MSH である。α-MSH はヒト皮膚の UVB 暴露で表皮での産生分泌が亢進し，またヒトメラノサイトを生理学的濃度としては少し高い濃度（>100 nM）で活性化することはよく知られている（図 9.1）[30,31]。α-MSH 分泌亢進による α-MSH/MC1R 相互作用の増加を介して色素沈着増強が認められる表皮性色素沈着症はヒト紫外線（UVB）色素沈着のみで，それ以外に α-MSH/MC1R 相互作用が関与する表皮性色素沈着症は知られていない。

9.1.7 basic fibroblast growth factor（bFGF or FGF2：線維芽細胞増殖因子）/fibroblast growth factor receptor（FGFR）相互作用

bFGFは，血管新生，創傷治癒，胚発生に関係する成長因子であり，ヘパリン結合性タンパク質で，細胞表面のプロテオグリカンの一種，ヘパラン硫酸と相互作用をもつことがFGFのシグナル伝達に不可欠なことが明らかになっている。FGFは広範囲な細胞や組織の増殖や分化の過程において重要な役割を果たしている。すべて線維芽細胞増殖因子受容体（fibroblast growth factor receptor；FGFR）と結合する。FGF1は酸性FGF（またはaFGF），FGF2は塩基性FGF（またはbFGF）として知られている[32]。色素形成を促進する増殖因子としてはHalabanらが当時，bFGFは既知のサイトカインの中でヒトメラノサイトの増殖を促進できる唯一の増殖因子として見いだしたもので，サイクリックAMPあるいはそれを上昇させる薬剤ともに添加することによりヒトメラノサイトの増殖を高める作用がある[33]。Halabanらは紫外線照射ヒトケラチノサイトの細胞lysate中に培養ヒトメラノサイトの増殖を促進する因子を見いだし，この因子がbFGFであることを，これらの抗体によりこの促進作用が中和されることより結論づけた[33]。しかしながら紫外線照射ヒトケラチノサイトの培養上清中にはほとんど分泌が増加しないことや，本増殖因子は培養ヒトメラノサイトに対し増殖促進作用を示すがメラニン合成促進効果はあまり認められないこと，bFGFによるメラノサイトの増殖促進作用は細胞内のcAMP濃度を上昇させるコファクターが必要なことから[33]，紫外線色素沈着に関連した因子はほかに存在することが推察されていた。一方，培養真皮ヒトフィブロブラストの培養上清にはbFGFが分泌されていることは知られている（図9.1）。また，bFGFが皮膚の色素沈着を促進する能力がほとんどないことは当時褥瘡の治療にbFGFが使われていたが，治療の際に皮膚に塗布しても褥瘡は改善するが，色素沈着の増加は認められないことからも予想されていた。現在までにbFGF/FGFR相互作用が関与するヒト表皮性色素沈着症は知られていない。

9.1.8 sphingosylphosphorylcholine（SPC）/endothelial differentiation gene receptor（EDGR）相互作用

アトピー性皮膚炎は皮膚角層内のセラミドの減少により角層バリア機能が低下し，種々一次刺激物質（自身の汗も含む）や種々感作物質（ハプテンやダニ抗原）の経皮吸収亢進（バリア障害に基づく）により一次刺激性やアレルギー性皮膚炎を頻度高く生じる皮膚病である。このバリア異常は皮膚炎が治癒した無疹部皮膚においても，依然として継続しているため，皮膚炎が再発しやすく難治性皮膚炎を生じる特徴がある。アトピー性皮膚炎患者では頻度高く見られ，dirty skinとよばれる独特の色素沈着を生じる。筆者らはアトピー性皮膚炎患者皮膚表皮でスフィンゴミエリンデアシラーゼ酵素が特異的に発現し，スフィンゴミエリンからセラミドの代わりにSPCを産生するため，スフィンゴミエリンデアシラーゼ酵素が発現した分だけ，セラミドの代わりにSPCが生じ，セラミドの減少が生じることを明らかとした[34,35]。このセラミド減少メカニズムを裏づけるように，アトピー性皮膚炎患者皮膚の角層内にはスフィンゴミエリンデアシラーゼ酵素のスフィンゴミエリン加水分解産物であるSPCが角層タンパク質あたり皮疹部で3倍，無疹部で1.5倍に増加しており[36]，SPCは角層直下で生成されていることから，SPCのメラノサイトへの生理活性に関心がもたれた。その後，SPCは培養ヒトメラノサイトに1～10μM濃度で添加すると，それぞれの遺伝子発現の上昇を伴った，チロシナーゼ，EDNRB，c-KIT受容体（SCF受容体）タンパク質発現の上昇を引き起こし，メラニン合成の顕著な増強を引き起こした[37]。これらの発現増強は相当する転写因子であるMITFの遺伝子発現の増加とそれに先立つmitogen activated protein kinase（MAPK）（ERK）のリン酸化の増強を伴っており，SPCがEDG（endothelial differentiation gene）受容体を介してMAPK系のシグナル伝達経路を活性化し，CREBのリン酸化によりMITFの遺伝子発現を増強させ，その後，チロシナーゼ，EDN受容体（EDNRB），c-KIT受容体（SCF受容体）遺伝子およびタンパク質発現を増強し，メラニン合成を促進させる生理活性を有していることが明らかになった（図9.1）。すなわち，アトピー性皮膚炎患者皮膚に頻繁に見られる色素沈着は湿疹による炎症後色素沈着と考えられていたが，慢性湿疹や急性湿疹では必ずしも見られない，アトピー性皮膚炎患者で頻度高く見られ，dirty skinとよばれる独特の色素沈着に，この過剰に生成したSPCが関与していることが推察された（図9.2）[37]。

9.1.9 hepatocyte growth factor（HGF）/c-MET相互作用

肝細胞増殖因子は，部分肝切除ラットの血清中に存在する肝細胞増殖促進の因子として発見された[38]。色素細胞との関連では1991年にヒトメラノサイトに対する高い増殖促進作用があることが報告された（図9.1）[39]。このHGF/c-MET相互作用を介して色素沈着増強が認められるヒト表皮性色素沈着症は真皮線維腫[19]とカフェオレ斑[20]で，いずれもHGFの産生は遺伝子解析や免疫組織染色法およびウェスタンブロット解析などにより真皮フィブロブラストや腫瘍性フィブロブラストで亢進が認められている（図9.2）。

9.1.10 Wnt/Frizzled（FZ）/low-density lipoprotein receptor related protein（LRP）相互作用

Wntはショウジョウバエのセグメントポラリティ遺伝子の*wingless*と，マウス乳癌関連遺伝子*int-1*とに由来する[40,41]。Wntタンパク質は合成ペプチドがアスパラギン酸型の糖鎖の修飾を受けたのち細胞外へ分泌されるが，細胞外マトリックスに結合する傾向が強く単純な拡散で標的細胞へ伝えられる可能性は低い（図9.1）。Wnt/FZ/LRP相互作用が関与する色素形成への影響は，健常手掌足底に人種差に関係なく見られる色素脱失で，当該皮膚真皮の線維芽細胞から分泌されるWntシグナルのアンタゴニストであるdickkopf 1（DKK1）によりメラノサイトの不活性化が生じるためである可能性を山口らは報告している[42]。現在までにWnt/FZ/LRP相互作用が関与するヒト表皮性色素沈着症は知られていない。

9.2 細胞内シグナル経路

9.2.1 色素細胞における細胞内シグナル経路の発見の歴史

メラノサイトは紫外線，酸化ストレス，ホルモン，サイトカインなど，外界および周辺の細胞からさまざまな刺激を感受している。それらに呼応して，細胞内シグナル経路を介し種々の転写因子を活性化して遺伝子発現を変化させ，形態変化，細胞接着，遊走，増殖，老化，アポトーシスなど基本的な細胞機能の調節を行う。さらにメラノサイトはメラニンの産生，ケラチノサイトへの転送などメラノサイト特異的な応答も行なう。これらを司る細胞内シグナル経路の研究には，ヒト，マウスのメラノーマ細胞やさまざまな遺伝的背景をもったマウスの不死化メラノサイトなどが利用されてきた。正常皮膚における細胞内シグナルの研究には，正常メラノサイトの純粋培養が必要であるが，永らく培養環境下での増殖は困難であった。転機となったのは1982年で，phorbol 12-myristate 13-acetate（PMA）とコレラ毒素の存在下でメラノサイトの増殖・分化が可能であることが判明し，cAMP依存性の細胞内シグナルがメラノサイトの増殖に必要であることが明らかになった[43]。その後，生理的な分裂促進因子が探索され，basic fibroblast growth factor（bFGF），stem cell factor（SCF），hepatocyte growth factor（HGF），endothelin（EDN）などが明らかにされた。細胞外からのシグナルは種々の受容体，キナーゼ群を介してCREB，MITFなど転写因子を活性化する。ヒトメラノサイトを増殖させるためには，単一の増殖因子では不十分であり，複数の

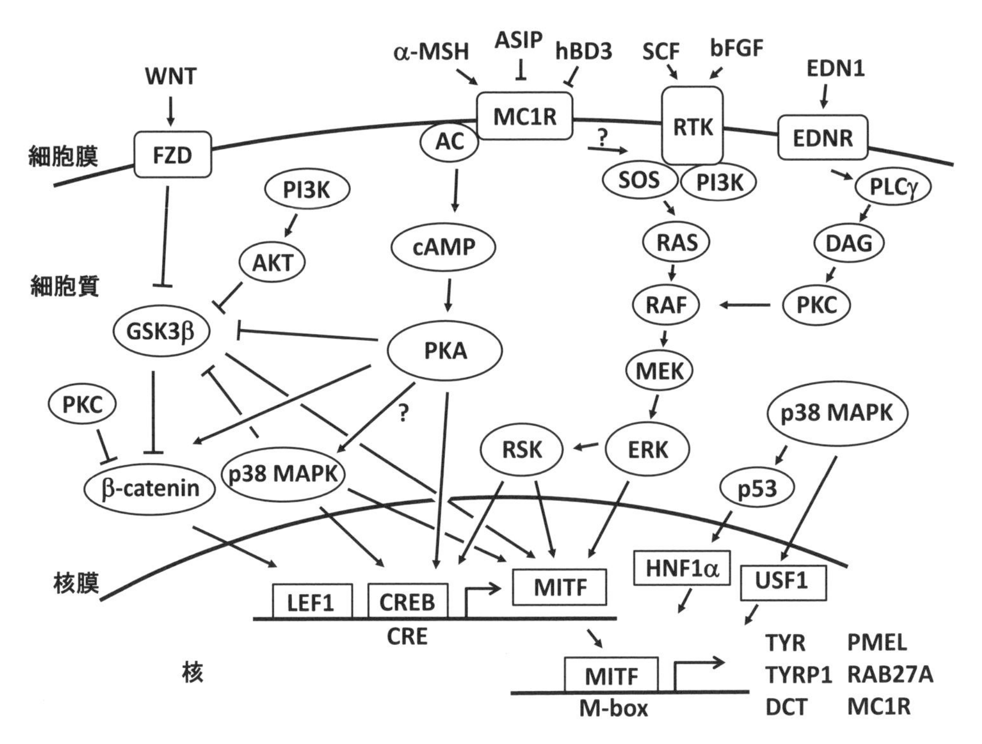

図9.3　メラニン産生調節にかかわるメラノサイトの細胞内シグナル経路

シグナル経路を経由した刺激が必要である[44]。この項目では，メラノサイトにおける代表的な受容体と細胞内シグナル経路（図9.3）について，とくに正常メラノサイトにおけるメラニン産生調節機構を中心に概説する。

なお，各シグナル経路についての詳細な情報については，第8章，第18章，文献45（MC1Rとその細胞内経路），文献46（Wnt/β-catenin経路）も参照いただきたい。

9.2.2　MC1Rとその細胞内シグナル経路

(1) MC1Rとそのリガンド

メラノコルチン1受容体（melanocortin 1 receptor；MC1R）を介した細胞内シグナルはメラニン産生制御の中心的な経路である。MC1Rは1992年にクローニングされた，メラノサイト特異的な細胞表面レセプターである。7回膜貫通型のGタンパク質共役受容体（G protein-coupled receptor；GPCR）で，メラノサイト膜上に約1,000個存在する。MC1Rは複数のリガンド（生理的アゴニスト，アンタゴニスト）に反応する稀有なGPCRで，リガンドが結合していない状態でも活性（構成的活性）を有し，リガンドの結合状態によって活性が調節される。生理的アゴニストは前駆タンパク質proopiomelanocortin（POMC）から生成されるαメラノサイト刺激ホルモン（α-melanocyte-stimulating hormone；α-MSH）で，同様にPOMCから生成される副腎皮質刺激ホルモン（adrenocorticotropic hormone；ACTH）も作用する。α-MSHは下垂体で産生されるが，皮膚においてはケラチノサイトがおもな供給源となり，傍分泌によってMC1Rを介してメラノサイトに作用する[45]。

α-MSHがMC1Rに結合すると，共役したアデニル酸シクラーゼが活性化し，細胞内セカンドメッセンジャーである環状アデノシン一リン酸（cyclic adenosine 3′, 5′-monophosphate；cAMP）が生成される。cAMPはプロテインキナーゼA（protein kinase A；PKA）を活性化し，転写因子 cAMP response element-binding protein

(CREB) をリン酸化する。CREBはさらに，転写因子microphthalmia-associated transcription factor (MITF) の転写を促進する。MITFはメラニン産生の鍵となる転写因子で，チロシナーゼ (tyrosinase；TYR)，チロシナーゼ関連タンパク質1 (tyrosinase-related protein 1；TYRP1)，ドーパクロム・トウトメラーゼ (dopachrome tautomerase；DCT)，premelanosomal protein (PMEL)，Ras-associated protein Rab27a (RAB27A)，MC1Rなど，メラニン合成関連分子の転写を促進し，ユーメラニン産生に働く[45]。

MC1Rに対する生理的アンタゴニストとしてはアグチシグナルタンパク質 (agouti signaling protein；ASIP) が知られているが，近年，ASIPは高親和性の生理的インバースアゴニストであることが示された[47,48]。マウスメラノサイトではASIPによってMC1Rの活性が低下すると，細胞内cAMP濃度，TYR活性が低下し，システインの存在下でフェオメラニンが産生される。野生型のアグチマウスでは，毛周期4～6日目の限定した期間に真皮乳頭細胞からASIPが分泌されることにより，ユーメラニン産生からフェオメラニン産生優位に変化し，そしてまたユーメラニン産生に戻り (メラニンタイプスイッチング)，毛の先端付近に黄色のバンドが形成される。さらに近年，黒毛のイヌの解析から，抗菌ペプチドとして知られるcanine β-defensin 103 (cBD103) がMC1Rのリガンドとして作用することが明らかとなった[49]。ヒトにおいてはオルソログであるhuman β-defensin 3 (hBD3) がケラチノサイトから分泌され，表皮に広く存在している。hBD3はニュートラルアンタゴニストとしてα-MSHによるcAMP産生を抑制することが示されたが，HEK293細胞を用いた実験系では弱いcAMP産生促進作用やp38 mitogen-activated protein kinase (p38 MAPK) 活性化作用があるとの報告もあり，いまだその生理活性の全容は明らかでない[50]。

*MC1R*には多数の遺伝子多型 (約200の非同義多型，約50の同義多型，約50の3′/5′非翻訳領域の多型) が存在し，Arg142His，Arg151Cys，Arg160Trp，Asp294Hisなどの*MC1R*多型をもつヒトではユーメラニン産生能が低くフェオメラニンの多い赤毛タイプとなることが知られている。

(2) MC1Rと紫外線防御

正常ヒトメラノサイトやメラノーマ細胞で，MC1RはcAMP依存性にp38 MAPKを活性化する。p38 MAPKは紫外線，α-MSH，リポ多糖体など外的刺激に反応して活性化されるキナーゼで，紫外線によるサンタンや紫外線発癌の防御に重要な役割を果たしている。p38 MAPKはCREB，MITFを介してメラニン産生に作用するほか，転写因子upstream stimulating factor 1 (USF1) をリン酸化してPOMC，MC1R，TYR，TYRP1，DCTの発現を亢進させる。また，p38 MAPKはp53を介してケラチノサイトでPOMCの発現を亢進するほか，メラノサイトで転写因子hepatocyte nuclear factor 1α (HNF1α) を活性化する。TYRのプロモーター領域，MITFのエンハンサー領域にはHNF1αのコンセンサス配列が存在することから，p38 MAPKはHNF1αを介してメラニン産生を亢進すると考えられる[51]。一方，p38 MAPKはプロテアソームを介してTYRを含むメラニン関連タンパク質の分解を促進するとの報告もある[52]。p38 MAPKはTYRに対して促進的・抑制的の両方の作用を有することから，紫外線誘導性のメラニン産生のバランスをとっているのかもしれない。

また，MC1Rは細胞内シグナルを介してDNA損傷の修復に直接作用している。MC1RはcAMP/PKA経路，ATR serine/threonine kinase，DNA protein kinaseを介してp53のSer15をリン酸化し，p53を安定化する。さらに，α-MSH/MC1R経路は，ヌクレオチド除去修復にかかわる複数の遺伝子発現を誘導する[53,54] (詳細は第11章および第18章参照)。

(3) MC1RとERK

extracellular signal regulated kinase (ERK) 経路はレセプター型チロシンキナーゼ (receptor tyrosine kinase；RTK）からの細胞内シグナルで活性化される（後述）が，MC1R もこの経路を活性化する。マウスメラノーマ細胞を用いた実験では MC1R は cAMP 依存性に NRAS，BRAF を活性化するが，ヒトメラノサイトにおいては MC1R と ERK のあいだに cAMP が介在しないことが示唆された。ヒトメラノーマ細胞を用いた実験では，MSH 刺激後，速やかに cKIT がリン酸化されたことから，MC1R による ERK 経路の活性化には，cKIT やその他の RTK のトランス活性化の関与が予想されている[45]。

9.2.3 RTK からのシグナル経路

RTK が ERK 経路を活性化するシグナル経路は，正常メラノサイトおよびメラノーマ細胞の増殖・生存に重要である。この経路は bFGF，SCF，HGF などの増殖因子が細胞表面の RTK に結合することに始まる。RTK の細胞内ドメインが自己リン酸化され，SHC，GRB2 が結合しリン酸化される。さらに SOS が細胞膜にリクルートされると，GTP 結合型 RAS は RAF，MEK を次々に活性化し，ERK1/2 の活性化に至る。ERK2 は MITF の Ser73 を直接リン酸化し，ERK によって活性化された ribosomal S6 kinase 1（RSK1）は MITF の Ser409 をリン酸化する。二重にリン酸化された MITF は CREB 結合タンパク質（CREB-binding protein；CBP）と結合し転写活性が増す一方，ユビキチン化による不活化も受ける。これにより，限られた期間のみメラニン合成関連タンパク質の転写が促進される[55]。一方，RTK が自己リン酸化すると phosphoinositide 3-kinase（PI3K）が活性化され，後述の PI3K/AKT 経路が活性化される。

9.2.4 エンドセリン受容体からのシグナル経路

エンドセリン（endothelin；EDN）は傍分泌型のシグナルペプチドファミリーで，EDN1，2，3 の3種が存在する。対応する受容体としては，少なくとも2種の GPCR（EDNRA，EDNRB）が存在する。エンドセリン受容体を介するシグナルは胎生期における神経堤細胞や色素細胞の発生，およびメラノーマの細胞接着，遊走，浸潤能，抗アポトーシス作用に関与している。正常メラノサイトにおいては，メラニン産生，樹状突起形成に関与している。正常皮膚に UVB が照射されると，ケラチノサイトが EDN1 を分泌し，メラノサイト細胞膜上の EDNRB を刺激する。EDNRB が細胞質内でホスホリパーゼ Cγ を活性化すると，イノシトール3リン酸とジアシルグリセロール（diacylglycerol；DAG）が生成され，プロテインキナーゼ C（PKC）が活性化される。PKC は 12 のアイソフォームからなり，そのうち PKCβ はメラノサイトに特異的に存在する。PKCβ は直接 RAF1 を活性化することにより，MEK，ERK，RSK を次々にリン酸化し，CREB，MITF を活性化する[56]。一方，PKCβ は receptor for activated C kinase 1（RACK1）と複合体を形成し，メラノソーム膜上で TYR を直接リン酸化し，TYR-TYRP1 結合を促進・安定化し TYR 活性を高める[57]。

9.2.5 PI3K/AKT 経路

RTK や GPCR などの細胞表面レセプターは，PI3K を介して AKT 経路を活性化する。PI3K は細胞膜上でホスファチジルイノシトール2リン酸（PIP2）をホスファチジルイノシトール3リン酸（PIP3）にリン酸化し，PIP3 は AKT を細胞膜に誘導し活性化する。AKT は，おもにメラノサイトの生存やメラノーマへの形質転換に重要な役割を果たし，① Bcl-2-associated death promoter（BAD）抑制によるアポトーシス抵抗性，② glycogen synthase kinase 3β（GSK3β）の不活性化，③ NFκB の活性化，④テロメラーゼ活性の亢進，⑤ Ras-related C3 botulinum toxin substrate 1（RAC1）経路の活性化，⑥ melanoma cell adhesion molecule（MCAM）の発現亢進など，種々のメディエーターに作用し多彩な機能を発揮する。GSK3β の不活性化は β-catenin（cadherin-associated protein, beta 1；CTNNB1）の核内移行と MITF の活性化を促進し，メラニン産生に作用する[58]。

PI3K/AKT 経路はおもにメラノーマの分野で精力的に研究されているが，正常メラノサイトの色素形成に関連する報告もある。PI3K 阻害剤の wortmannin がメラニン産生を亢進することは以前から知られており，正常ヒトメラノサイトやメラノーマ細胞で PI3K/AKT およびその下流にある mammalian target of rapamycin（mTOR）がメラニン産生を調節していることが報告されている[59,60]。最近，rapamycin（mTOR 阻害剤）の外用が結節性硬化症の脱色素斑の治療に有効であることが報告された[61]。結節性硬化症では *tuberous sclerosis*（*TSC*）*1/2* 遺伝子の変異により mTOR 活性が亢進する。脱色素斑形成の病態の詳細はいまだ不明な点が多いが，rapamycin が有効であることは興味深い。

9.2.6 WNT/β-catenin 経路

WNT シグナル経路は発生，恒常性維持，腫瘍化に関与し，多様な種に保存された細胞内シグナル経路である。β-catenin の関与するものは古典的（canonical）経路とよばれ，その他に β-catenin の関与しない WNT/カルシウム経路，平面内細胞極性経路があり，すべての経路は，シグナル糖タンパク質である WNT ファミリータンパク質が細胞膜の Frizzled（FZD）ファミリー受容体に結合することにより活性化される。WNT/β-catenin 経路において，FZD からの刺激がない状態では，β-catenin は細胞質内で adenomatous polyposis coli（APC），AXIN1，casein kinase 1α（CK1α），GSK3β と複合体を形成している。この状態では，β-catenin は Ser45，Ser33，Ser37，Thr41 がリン酸化され，ユビキチン介在性に分解を受けている。FZD が活性化すると，GSK3β がリン酸化，不活性化され，β-catenin が複合体から分離し細胞質内濃度が上昇する。その後，β-catenin は核内に移行し，転写因子 T-cell factor（TCF）/lymphoid enhancer factor（LEF）による遺伝子発現を促進する。

WNT/β-catenin 経路は，発生過程での神経堤細胞からメラノサイト系列への分化，およびメラノーマ発生過程への関与について精力的に研究されてきたが，近年，正常ヒトメラノサイトにおける種々の細胞内シグナルとのクロストークが明らかになりつつある[46]。HEK293 細胞を用いた実験では PKC が β-catenin の Ser33/Ser37/Ser45 をリン酸化し，分解に導くことが示された。一方，AKT，p38 MAPK，PKA は，GSK3β をリン酸化し不活性化することにより，β-catenin を脱リン酸化し活性化する。PKA は β-catenin の Ser675 をリン酸化することにより，核内で β-catenin とコアクチベーター（CBP）の結合を促進し，β-catenin や CREB の活性を高める。免疫沈降法により，α-MSH 存在下で β-catenin と CREB が直接相互作用することが確認されている。これらのことから，cAMP/PKA が β-catenin と CREB を協働させ，β-catenin の転写ターゲットを古典的ターゲット遺伝子群から β-catenin-CREB 特異的遺伝子群に変更させる作用が想定されている。さらに，β-catenin は CREB を介して MITF の転写を促進するだけでなく，MITF に機能的に結合し，MITF の転写活性を高める[62]。一方，B16 メラノーマ細胞において，cAMP 上昇が PI3K/AKT を抑制し，それによってむしろ GSK3β を活性化し，MITF の Ser298 をリン酸化・活性化してメラニン産生を亢進するとの報告がある[63]。この場合，β-catenin は不活性化されることが予測される。cAMP に対する GSK3β，β-catenin の反応は，古典的経路，PI3K/AKT 経路，cAMP/PKA 経路など，複数のシグナル経路の相互作用によって決定されているのかもしれない。

参考文献

1) Yanagisawa, M., Kurihara, H., Kimura, S., Tomobe, Y., Kobayashi, M., Mitsui, Y., Yazaki, Y., *et al.* : *Nature*, **332**, 411-415, 1988.
2) Imokawa, G., Yada, Y., Miyagishi, M. : *J. Biol. Chem.*, **267**, 24675-24680, 1992.
3) Yada, Y., Higuchi, K., Imokawa, G. : *J. Biol. Chem.*, **266**, 18352-18357, 1991.
4) Imokawa, G., Yada, Y., Kimura M. : *Biochem. J.*, **314**, 305-312, 1996.

5) 芋川玄爾：日本皮膚科学会誌, **104**, 1625-1628, 1994.
6) Yoshida, Y., Hachiya, A., Sriwiriyanont, P., Ohuchi, A., Kitahara, T., Takema, Y., Visscher, M.O., *et al.* : *FASEB J.*, **21**, 1-11, 2007.
7) Hasegawa, J., Goto, Y., Murata, H., Takata, M., Saida, T., Imokawa G. : *Pigment Cell Melanoma Res.*, **21**, 787-699, 2008.
8) Imokawa, G., Miyagishi, M., Yada, Y. : *J. Invest. Dermatol.*, **105**, 32-37, 1995.
9) Hachiya, A., Kobayashi, A., Yoshida, Y., Kitahara, T., Takema, Y., Imokawa, G. : *Am. J. Pathol.*, **65**, 2099-2109, 2004.
10) Kadono, S., Manaka, I., Kawashima, M., Kobayashi, T., Imokawa, G. : *J. Invest. Dermatol.*, **116**, 571-577, 2001.
11) Teraki, E., Tajima, S., Manaka, I., Kawashima, M., Miyagishi, M., Imokawa, G. : *Brit. J. Dermatol.*, **135**, 918-923, 1996.
12) Manaka, I., Kadono, S., Kawashima, M., Kobayashi, T., Imokawa, G. : *Br. J. Dermatol.*, **145**, 895-903, 2001.
13) Takenaka, Y., Hoshino, Y., Nakajima, H., Hayashi, N., Kawashima, M., Imokawa, G. : *J. Dermatol.*, **40**, 533-542, 2013.
14) Broudy, V.C. : *Blood*, **90**, 1345-1364, 1997.
15) Hachiya, A., Kobayashi, A., Ohuchi, A., Takema, Y., Imokawa, G. : *J. Invest. Dermatol.*, **116**, 578-586, 2001.
16) Imokawa, G., Yada, Y., Morisaki, N., Kimura, M. : *Biochem. J.*, **330**, 1235-1239, 1998.
17) Imokawa, G. : Melanogenesis and Malignant Melanoma, Elsevier Science B. V. 35-48, 1996.
18) Hattori, H., Kawashima, M., Ichikawa, Y., Imokawa, G. : *J. Invest. Dermatol.*, **122**, 1256-1265, 2004.
19) Shishido, E., Kadono, S., Manaka, I., Kawashima, M., Imokawa, G. : *J. Invest. Dermatol.*, **117**, 627-633, 2001.
20) Okazaki, M., Yoshimura, K., Suzuki, Y., Uchida, G., Kitano, Y., Harii, K., Imokawa, G. : *Br. J. Dermatol.*, **148**, 689-697, 2003.
21) Kang, H.Y., Hwang, J.S., Lee, J.Y., Ahn, J.H., Kim, J.Y., Lee, E.S., and Kang, W.H. : *Br. J. Dermatol.*, **154**, 1094-1099, 2006.
22) Francisco-Cruz, A., Aguilar-Santelises, M., Ramos-Espinosa, O., Mata-Espinosa, D., Marquina-Castillo, B., Barrios-Payan, J., Hernandez-Pando, R. : *Med. Oncol.*, **31**, 774, 2014.
23) Imokawa, G., Yada Y., Morisaki, N., Kimura, M. : *Biochem. J.*, **313**, 625-631, 1996.
24) Haskill, S., Peace, A, Morris, J, Sporn, S.A., Anisowicz, A., Lee, S.W., Smith, T., *et al.* : *Proc. Natl. Acad. Sci. USA.*, **87**, 7732-7736, 1990.
25) Anisowicz, A., Bardwell, L., Sager, R. : *Proc. Natl. Acad. Sci. USA*, **84**, 7188-7192, 1987.
26) Richmond, A., Thomas, H.G. : *J. Cell. Biochem.*, **36**, 185-198, 1988
27) Imokawa, G., Kawai, M. : *J. Invest. Dermatol.*, **89**, 540-546, 1987.
28) Imokawa, G., Yada, Y., Okuda, M. : *J. Invest. Dermatol.*, **99**, 482-488, 1992.
29) Imokawa, G., Yada, Y., Higuchi, K. : *J. Biol. Chem.*, **273**, 1605-1612, 1998.
30) Abdel-Malek, Z., Swope, V.B., Suzuki, I., Akcali, C., Harriger, M.D., Boyce, S.T., Urabe, K., *et al.* : *Proc. Natl. Acad. Sci. USA*, **92**, 1789-1793, 1995.
31) Suzuki, I., Cone, R.D., Im, S., Nordlund, J., Abdel-Malek, Z.A. : *Endocrinology*, **137**, 1627-1633, 1996.
32) Kim, H.S. : *Cytogenet. Cell Genet.*, **83**, 73, 1998.
33) Halaban, R., Langdon, R., Birchall, N., Cuono, C., Baird, A., Scott, G., Moellman, G., *et al.* : *J. Cell. Biol.*, **107**, 1611-1619, 1988.
34) Murata, Y., Ogata, J., Higaki, Y., Kawashima, M., Yada, Y., Higuchi, K., Tsuchiya, T., *et al.* : *J. Invest. Dermatol.*, **106**, 1242-1249, 1996.
35) Hara, J., Higuchi, K., Okamoto, R., Kawashima, M., Imokawa, G. : *J. Invest. Dermatol.*, **115**, 406-413, 2000.
36) Okamoto, R., Arikawa, J., Ishibashi, M., Kawashima, M., Takagi, Y., Imokawa, G. : *J. Lipid Res.*, **44**, 93-102, 2003.
37) Higuchi, K., Kawashima, M., Ichikawa, Y., Imokawa, G. : *Pigment Cell Res.*, **16**, 670-678, 2003.
38) Nakamura, T., Nishizawa, T., Hagiya, M., Seki, T., Shimonishi, M., Sugimura, A., Tashiro, K., *et al.* : *Nature*, **342**, 440-443, 1989.
39) Matsumoto, K., Tajima, H., Nakamura, T. : *Biochem. Biophys. Res. Commun.*, **176**, 45-51, 1991.
40) Sharma, R.P. : *Dros. Inf. Service*, **50**, 134. 1973.
41) Nusse, R., Varmus, H.E. : *Cell*, **31**, 99-109, 1982.
42) Yamaguchi, Y., Itami, S., Watabe, H., Yasumoto, K., Abdel-Malek, Z.A., Kubo, T., Rouzaud, F., *et al.* : *J. Cell Biol.*, **165**, 275-285, 2004.
43) Eisinger, M., Marko, O. : *Proc. Natl. Acad. Sci. USA*, **79**, 2018-2022, 1982.
44) Halaban, R., Moellmann, G. : The Pigmentary System, Second edition, Wiley-Blackwell publishing, 2006.
45) García-Borrón, J. C., Abdel-Malek, Z., Jiménez-Cervantes, C. : *Pigment Cell Melanoma Res.*, **27**, 699-720, 2014.
46) Bellei, B., Pitisci, A., Catricalà, C., Larue, L., Picardo, M. : *Pigment Cell Melanoma Res.*, **24**, 309-325, 2011.
47) Hida, T., Wakamatsu, K., Sviderskaya, E.V., Donkin, A. J., Montoliu, L., Lamoreux M. L., Yu, B., *et al.* : *Pigment Cell Melanoma Res.*, **22**, 623-634, 2009.
48) McRobie, H. R., King, L. M., Fanutti, C., Symmons, M. F., Coussons, P. J. : *FEBS Let.*, **588**, 2335-2343, 2014.
49) Candille, S. I., Kaelin, C. B., Cattanach, B. M. , Yu, B., Thompson, D. A., Nix, M. A., Kerns, J. A., *et al.* : *Science*, **318**, 1418-1423, 2007.
50) Beaumont, K. A., Smit, D. J., Liu, Y. Y., Chai, E., Patel,

M. P., Millhauser, G. L., Smith, J. J., *et al.* : *Pigment Cell Melanoma Res.*, **25**, 370-374, 2012.

51) Schallreuter, K. U., Kothari, S., Chavan, B., Spencer, J. D. : *Exp. Dermatol.*, **17**, 395-404, 2008.

52) Bellei, B., Maresca, V., Flori, E., Pitisci, A., Larue, L., Picardo, M. : *J. Biol. Chem.*, **285**, 7288-7299, 2010.

53) Song, X., Mosby, N., Yang, J., Xu, A., Abdel-Malek, Z., Kadekaro, A. L. : *Pigment Cell Melanoma Res.*, **22**, 809-818, 2009.

54) Kadekaro, A. L., Chen, J., Yang, J., Chen, S., Jameson, J., Swope, V. B., Cheng, T., *et al.* : *Mol. Cancer Res.*, **10**, 778-786, 2012.

55) Molina, D. M., Grewal, S., Bardwell, L. : *J. Biol. Chem.*, **280**, 42051-42060, 2005.

56) Imokawa, G., Ishida, K. : *Int. J. Mol. Sci.*, **15**, 8293-8315, 2014.

57) Park, H. Y., Kosmadaki, M., Yaar, M., Gilchrest, B. A. : *Cell. Mol. Life Sci.*, **66**, 1493-1506, 2009.

58) Madhunapantula, S. V., Robertson, G. P. : *Pigment Cell Melanoma Res.*, **22**, 400-419, 2009.

59) Oka, M., Nagai, H., Ando, H., Fukunaga, M., Matsumura, M., Araki, K., Ogawa, W., *et al.* : *J. Invest. Dermatol.*, **115**, 699-703, 2000.

60) Hah, Y. S., Cho, H. Y., Lim, T. Y., Park, D. H., Kim, H. M., Yoon, J., Kim, J. G., *et al.* : *Ann. Dermatol.*, **24**, 151-157, 2012.

61) Wataya-Kaneda, M., Tanaka, M., Yang, L., Yang, F., Tsuruta, D., Nakamura, A., Matsumoto, S., *et al.* : *JAMA. Dermatol.*, 2015, Epub ahead of print.

62) Schepsky, A., Bruser, K., Gunnarsson, G. J., Goodall, J., Hallsson, J. H., Goding, C. R., Steingrimsson, E., Hecht, A. : *Mol. Cell. Biol.*, **26**, 8914-8927, 2006.

63) Khaled, M., Larribere, L., Bille, K., Aberdam, E., Ortonne, J. P., Ballotti, R., Bertolotto, C. : *J. Biol. Chem.*, **277**, 33690-33697, 2002.

第10章

色素型転換の分子機構
――体表の模様はどのようにつくられるか――

小野裕剛

哺乳類のメラノサイトは1つの細胞で，ユーメラニンとフェオメラニンのどちらをも生産可能である。どちらのメラニンがどれほどの量でつくられるかによって，その領域の毛色は白色～淡黄色～黄色～赤褐色（赤毛）～黒色と変化し，多彩な体表模様をつくり出している。このような色調変化は色素型転換（pigment-type switching）とよばれ，基本的にはメラノコルチン受容体1（Mc1r）を介して起こるcAMPの濃度変化に依存すると考えられている。すなわち，Mc1rにα-メラノサイト刺激ホルモン（α-MSH）が結合して活性化が起これば黒色（濃色）化が起こり，Agouti（アグチ）[*1]が結合すればMc1rの活性は抑制されて黄色（淡色）化が起こる。この現象は，関与する遺伝子の多彩さが目を引くだけでなく，それら遺伝子の突然変異体において，肥満，スポンジ脳症，体毛の形成異常，骨や心臓の異常などを併発することがあり，色素型転換にとどまらない細胞間情報伝達のモデル型として注目を集めている。本章ではマウスの分子遺伝学で明らかになったMc1rを介した情報伝達を中心に，さまざまな動物の突然変異体での研究を合わせて「メラニン色素でつくられる体表模様」の研究の現状を紹介する。

10.1　色素型転換の中核を担う遺伝子群

10.1.1　イントロダクション：マウスに見る色素型転換

野生型マウスはトラやシマリスのように目立つ斑紋はもたないが，背側の体毛が一見黒褐色であるのに対して腹側ではクリーム色となり，皮膚の領域によって色調を大きく変えていることがわかる。さらに，背側の毛1本1本を見ると，黒色の領域が多いが，先端直下に黄色い帯域（subapical yellow band）をもつ。このパターンをAgoutiパターン，黄色いバンドをAgoutiバンドとよぶ。Agoutiバンドは毛の伸長に合わせて，毛胞でつくられるメラニンの種類を色素型転換によって変化させていることを示している。マウスの体毛は長さや曲がり方の異なる複数種の毛が混在して重なり合っているので，先端部に近い黒と黄色が細かく入り交じって，カモフラージュ効果として，単一の黒褐色よりさらに目立ちにくくする効果を生んでいる。このように色素型転換が部域によって，毛の伸長に合わせて制御されるメカニズムはたいへん興味深く，遺伝子発現を理解するうえで貴重なモデル系となっているといえる[1]。

[*1] *A*遺伝子座産物の名称（略称）としては，Agouti signaling protein（ASPまたはASIP）などがあるが，本稿では立体のAgoutiをタンパク質の呼称として採用している。

色素型転換を制御する遺伝子として古くから知られていたのが，*Extension*（*E*）遺伝子座と*Agouti*（*A*）遺伝子座である。両者ともAgoutiパターンを無くして完全に黒い毛になってしまう突然変異体〔*Sombre*（E^{so}）および*Nonagouti*（*a*）〕と，完全に黄色になってしまう突然変異体〔*Recessive Yellow*（*e*）および*Lethal Yellow*（A^{y}）〕が知られており，*E*遺伝子座では黒色が優性であるのに対し，*A*遺伝子座では黄色が優性となる。異なる遺伝子型をもつマウス間での皮膚移植実験などにより，1970年代には*E*遺伝子産物がメラノサイトで働き，*A*遺伝子産物が周辺環境で働くであろうことがわかっていた。さらに*A*遺伝子座では野生型である*White Berried Agouti*（A^{w}）に対して，腹側でもAgoutiパターンの毛となる*Agouti*（*A*），背側が黒色で腹側がクリーム色の*Black-and-tan*（a^{t}）など，一部領域のみで表現型が異なるアリルが知られていたことからも*A*遺伝子座が色素型転換の中核を担うと考えられていた[1,2]。

10.1.2 α-MSH

メラノコルチン，とくにα-MSHが色素型転換に関与することは脳下垂体腫瘍をもつマウスのアグチバンドが暗色化することから明らかとなった。α-MSHはプロオピオメラノコルチン（proopiomelanocortin；POMC）プロホルモンが分割されて生成される。POMCから生成されるポリペプチドにはα-MSHのほかにβ-MSH，γ-MSH，副腎皮質刺激ホルモン（adrenocorticotrophic hormone；ACTH），β-エンドルフィン（β-endorphin）などが含まれ，これらをまとめてメラノコルチンとよぶ。POMCの発現は中枢神経系，とくに下垂体での発現が顕著である。皮膚ではケラチノサイト，メラノサイト，毛細血管内皮細胞などで発現があり，これがメラノサイトに働きかけて暗色型への色素型転換を引き起こしたり，日焼けによるメラニン生産量増加に関与したりすると考えられている（図10.1上段右）。その他の組織でも発現は見られるが，一般的に発現量は低く，mRNAも断片的なものであり，有効に機能しているとは考えにくい[3,4]。

POMCはシグナルペプチドが取り除かれたのち，2種類のプロホルモン転換酵素〔prohormone convertase 1（PC1）およびprohormone convertase 2（PC2）〕による分割とさらなる修飾を受け，ホルモンとして分泌される。細胞によってPC1とPC2の発現パターンが異なるために，細胞ごとに主として生産されるメラノコルチンが異なる。具体的にはPC1のみを発現する脳下垂体前葉ではACTHが主たる最終産物であり，PC1とPC2の両方を発現する脳下垂体中葉（ヒトでは退化している）や皮膚ではα-MSHが主たる最終産物となる。したがって，局所でのPOMCの発現と色素型転換を関連づける際にはこれらのプロホルモン転換酵素群の発現も同時に検討する必要がある[4]。

10.1.3 メラノコルチン受容体

dbcAMPを器官培養系に添加すると，黄色い毛色をもつ突然変異体マウス（*e*/*e*およびA^{y}/a）の毛胞にユーメラニンをつくらせることができる[5]。このことから黄色から黒色への色素型転換の情報に細胞内cAMP濃度の上昇がセカンドメッセンジャーとして使われていると考えられていた。MountjoyらはcAMPをセカンドメッセンジャーとする多くのレセプターがGタンパク質とカップリングしていることを根拠として，これらの遺伝子に共通する部分の縮重プライマーを作成してRT-PCRを行ない，ヒトメラノーマ株から2つの受容体遺伝子の断片を得た[6]。これらの受容体は他のGタンパク質カップリング受容体と同様に細胞膜を7回貫通する構造をもち，一方は色素細胞に，他方は副腎に特異的に発現することから，MSH受容体とACTH受容体であるとされた。さらなる遺伝子クローニングの結果，メラノコルチン受容体遺伝子は全部で5つ（Mc1r，Mc2r，Mc3r，Mc4r，Mc5r）見つかり，当初MSH受容体とされたものはMc1r，ACTH受容体はMc2rと表記されるようになっている[7]。

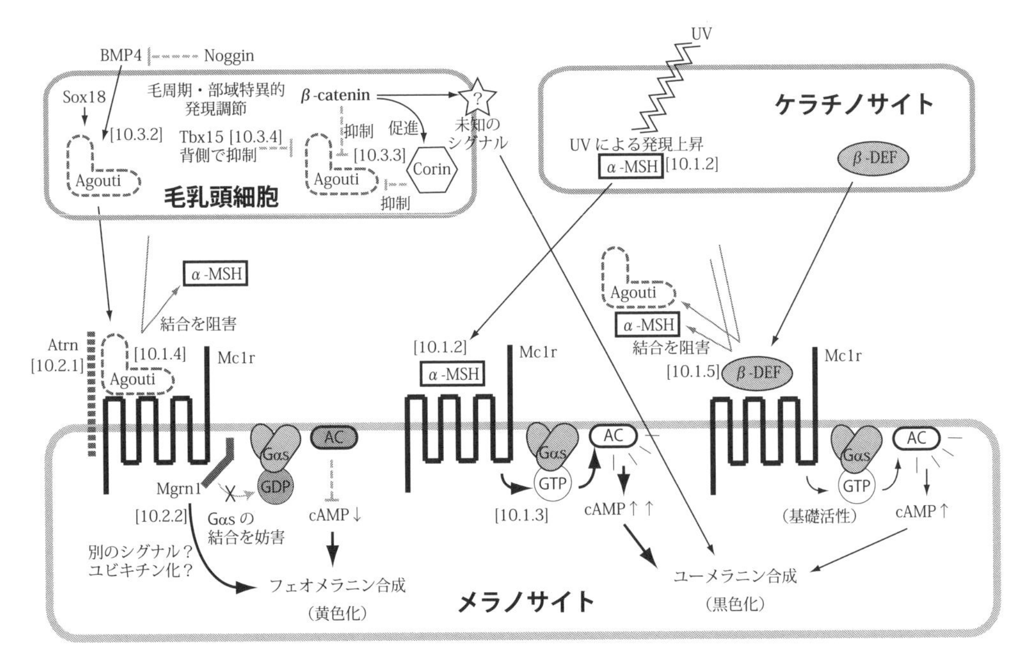

図10.1　色素型転換にかかわる遺伝子産物とその相関

下段左：Agoutiの結合による黄色化，下段中央：α-MSH結合による黒色化，下段右：β-ディフェンシン（β-DEF）による黒色化，上段左：毛乳頭細胞における*Agouti*発現調節，上段右：ケラチノサイトなどにおけるα-MSHとβ-ディフェンシンの発現。[10.x.y] の数字は本章で取り上げた節と項を示す。α-MSHを結合したMc1rは膜受容体関連ヘテロ三量体Gタンパク質の刺激性αサブユニット（Gαs）を介してアデニル酸シクラーゼ（AC）を活性化し，これよって生産されるcAMPがセカンドメッセンジャーとしてユーメラニン生産を促進すると考えられている。

*E*遺伝子座に突然変異をもつ個体の*Mc1r*の配列を調べると，黄色い毛となる*e*では1塩基の欠失によるフレームシフトが，黒化するE^{so}と$E^{so\text{-}3J}$ではそれぞれに恒常的な活性化を引き起こす点突然変異が発見され，*Mc1r*が*E*遺伝子座産物であることが確定した[8]。このため，現在では，突然変異体の標記が$Mc1r^{e}$，$Mc1r^{so}$などと改められている。*Mc1r*はさまざまな動物で多数の突然変異体が知られており，毛色の多様さの主要な原因遺伝子の一つとされている。ヒトにおいても赤毛の原因遺伝子とされており，メラノーマやその他の皮膚癌リスクとの相関が指摘されている[3]。*Mc1r*はケラチノサイト，ファイブロブラスト，血管内皮細胞，抗原提示細胞や白血球など免疫系の細胞でも発現が見られる[9]。これらの細胞におけるすべての機能が解明されているわけではないが，炎症反応にも関与するのではないかと考えられている。

培養メラノサイトにおいてMc1rはα-MSHによって強く活性化され，細胞内cAMPの濃度を上昇させる（図10.1下段中央）。このことからMc1rの活性化にはα-MSHの結合が必要であると考えられてきた。しかし，POMCを欠損したマウス（$Pmoc^{-/-}$）においても（後述するAgoutiが存在しなければ）その毛色は黒色となることから，マウスのMc1rは比較的高いベース活性をもち，そのレベルはα-MSH不在でもユーメラニン合成に十分な情報を伝えているのではないかと考えられるようになっている[10]。

10.1.4　Agouti

*A*遺伝子座のクローニングは，γ線照射によって引き起こされた逆位をもつ突然変異体マウスls1Gsoが完全な黒色の毛をもつことをきっかけに，その周辺を探索することによって成し遂げられた[11]。この遺伝子はAgoutiバンド形成時およ

び腹側の毛乳頭細胞で発現しているので，色素型転換を主導する細胞間情報伝達タンパク質であるといえる。その産物であるAgoutiの前駆タンパク質は131アミノ酸からなるが，N末端1-22はシグナルペプチドとして切り取られるため，分泌されるのは109アミノ酸である。Agoutiはそのアミノ酸組成からN末端部分とC末端部分に分けて機能が吟味されてきた。すなわち，N末端23-85はアルギニンとリジンを多く含む塩基性領域であり，C末端86-131はプロリンとシステインを多く含む領域である[12]。

続く研究によって，AgoutiはC末端部分でα-MSHと競合的にMc1rに結合し，その活性を抑えることが判明した[13]。前述のようにMc1rは*Pomc*$^{-/-}$突然変異体（α-MSH不在の条件）でも高い基礎活性をもち，色素型はユーメラニンとなる。そのような基礎活性をもつMc1rに結合してフェオメラニンへの色素型転換をもたらすAgoutiは単にα-MSHと結合部位を競合するアンタゴニストというより，結合によってMc1rの活性を積極的に引き下げる逆アゴニスト（inverse agonist）と考えられるようになっている（図10.1下段左）[14]。

全身が単一色となるアリルに目を向けると，黒色となる*Nonagouti*（*a*）はエキソン2の上流に約11 kbの挿入があるために正常なmRNAが生産できなくなっていた[11]。黄色になるA^yでは*A*遺伝子座上流に大きな欠失が存在し，隣接する*Raly*遺伝子座のプロモーターによって融合mRNAが全身で恒常的に転写され，過剰なAgoutiがMc1r活性を抑制して全身で黄色毛色となることがわかった（図10.2）[15,16]（他の*A*遺伝子座アリルに関しては10.3.1項で取り扱う）。A^yではこの欠失によって同時に*Raly*遺伝子座の構造領域および*Raly*と*Agouti*のあいだにある*Eif2s2*（*eukaryotic translation initiation factor 2, subunit 2 beta*）を失うために，ホモ接合体では致死となる。また，毛乳頭細胞に限局されていた発現領域が全身にわたったため，摂食中枢で満腹情報を伝えるMc4rの活性を抑制して，過食から肥満を引き起こすことがわかった[17]。

A^yに肥満を引き起こすような多面発現が存在することから，Mc4rの活性を調節するAgoutiのパラログの存在が予想され，ESTデータベース〔発現遺伝子配列断片expressed sequence tag（EST）を網羅的に登録したもの〕の検索によってアグチ関連タンパク質の遺伝子（*Agouti-related protein*；*Agrp*）がクローニングされた[18]。AgrpはAgoutiと同様に131アミノ酸からなる。N末端にシグナルペプチドがあることとC末端にシステイン残基を多く含領域があることはシステインの配置も含めてよく保存されていたが，N末端側の塩基性領域やプロリンは保存されておらず，この部分はAgrpが分泌される際には切り離されることがわかっている[19]。

最終型のAgrpはもちろん，類似性の低いN末端を人為的に取り外したC末端部分のみのAgoutiも受容体に結合し，cAMP濃度上昇作用をブロックすることができる。この立体構造とレセプターへの結合を吟味する研究ではAgoutiのC末端断片のみで安定した分子構造をとらせるために，N末端を切り離したうえで2つのアミノ酸をチロシンに置換したASIP-YYが用いられた[12]。このASIP-YYはAgouti全長と同様に，Mc1rと強く結合するのみでなく，培養メラノサイトmelan-Aにおいてα-MSH添加による細胞内のcAMP濃度上昇を妨げる効果をもつ。その一方で，Agouti全長がmelan-Aに対してメラニン生産量を下げさせる効果や形態をメラノブラスト様に変化させる効果をもつのに対してASIP-YYはそれらの効果を示さなかった[20]。これらのことはAgoutiのN末端が関与する，cAMPを介さないもう一つの情報伝達が色素型転換に必要であることを示唆している。このもう一つの情報伝達に関しては10.2.1項でも触れる。

10.1.5 β-ディフェンシン（β-defensin）

イヌの遺伝において全身黒色を示す形質の遺伝は，マウスの*Nonagouti*（*a*）とは異なり，優性に遺伝すると認識され，*A*遺伝子座の優性黒色ア

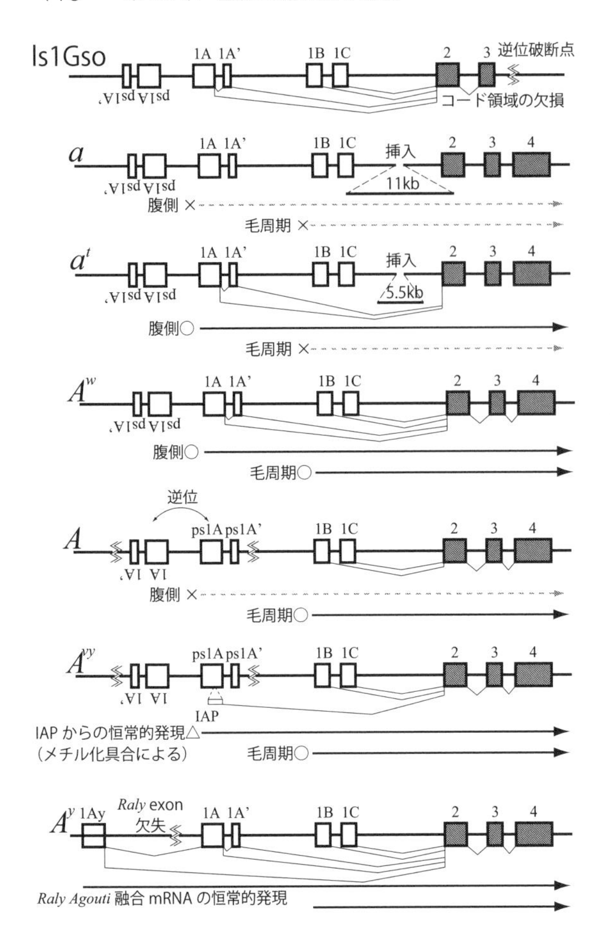

図 10.2　A 遺伝子座の模式図

A 遺伝子座の各対立遺伝子の構造および発現状況を示す。クローニングのきっかけとなった *ls1Gso* はエキソン4を逆位によって失っており，Agoutiをまったくつくらない。a はエキソン1Cとエキソン2のあいだに挿入があり，mRNA レベルがきわめて低い。a^t も同様の場所に挿入をもつが，腹側特異的な発現には影響しない。野生型 A^w はどちらの mRNA も正しく発現する。A のエキソン1A，1A′ は逆向き重複である ps1A，ps1A′ とのあいだで逆位があり，ps1A からの発現がないために全身でアグチ毛色となる。A^{vy} は A の ps1A に IAP の挿入があり，メチル化の程度によって恒常的な発現となる。A^y は隣接する *Raly* とのあいだに大規模な欠失があり，*Raly* プロモーターの支配下で恒常的な発現が起こる。網掛けはコード領域を含むエキソンを示し，白抜きはコード領域を含まないエキソンを示す。エキソンの大きさや間隔は実際の大きさを正確に反映しているわけではない。

リル（A^s）とされたこともあった。今世紀に入ってから優性黒色の個体と黒色でない個体（e/e や a^y/a^y）の交配と，それに伴う *Mc1r* 遺伝子座と A 遺伝子座の配列解析が行なわれ，イヌの優性黒色は両遺伝子座とは異なる K 遺伝子座と定義されるようになった[21]。K 遺伝子座の対立遺伝子は優性黒色の K^B，黄色い毛をつくりうる野生型の k^y，ブリンドル（黒色と黄色または淡色の不規則な縦縞模様）の K^{br} があるとされ，$K^B > K^{br} > k^y$ の順に優性であるとされた。K^B アリルは優性黒色であるものの Mc1r が機能を失っている（e/e）とその機能は隠されてしまう。このことから K 遺伝子座産物はメラノコルチンとは別の Mc1r アゴニストではないかと考えられるようになった。

イヌゲノムの解析が終了し，多数の遺伝子多型マーカーが使用できるようになったことから，離れた血統間での交雑が行なわれ，Candille らは K 遺伝子座をイヌの16番染色体の320 kb の範囲（16の遺伝子座を含む）にまで絞り込んだ。この領域には12の遺伝子からなるヒト β-ディフェンシンのオルソロガス遺伝子クラスターが含まれており，そのコード領域を K^B と k^y で比較したところ，K^B 遺伝子座においてヒトの β-ディフェンシン103（*DEFB103*）遺伝子に相当する遺伝子 *CBD103* の第2エキソンに3塩基の欠失が見つかった。この欠失は，23番目のグリシン1つが失われる（ΔG23）形でアミノ酸配列に反映される[22]。

ヒト DEFB103 は全長67アミノ酸からなるタンパク質として翻訳され，22番目のグリシンまでがシグナルペプチドが切り取られる。上皮細胞や免疫系の細胞などで多く発現して細菌類からの生体防御に関与するとされている[23]。ここで見つかったイヌのCBD103も67アミノ酸からなる。分泌される際に，ヒトと同様にシグナルペプチドが切断されるとすると，野生型のCBD103の最終形は45アミノ酸であり，CBD103 ΔG23はちょうど切り取られる部位に欠失をもつため，44アミノ酸からなると推定される。これらのポリペプチドを合成して培養メラノサイトに作用させてもcAMPの明確な上昇は見られないため，CBD103は単純にMc1r活性（cAMP濃度）を上昇させるアゴニストではないと考えられる。イヌのMc1rをめぐってEu-NDP-MSH（放射性ユーロピウムでラベルした合成α-MSH）と競合させる実験ではCBD103 ΔG23はCBD103より効率的にMc1rを占有したが，Agoutiほど強力とはいえなかった。ただし，イヌの皮膚における遺伝子の発現量として，CBD103 ΔG23はAgoutiの300倍以上の分子数があるとみられ，逆アゴニストであるAgoutiのアンタゴニストとして競合阻害を起こし，黄色化を妨げている可能性が高いと考えられる（図10.1下段右）[22]。

10.1.6 Mc1rとAgouti：生態遺伝学への応用

生物の進化は周辺環境に合わせてさまざまな形質が適応を重ねてきた結果であるといえ，その背景には多数の遺伝的変異の出現と選択があったと考えられる。これには長い年月と多くの遺伝子座がかかわっていると考えられるため，具体的な適応形質と実際の遺伝的変異を対応づけることは困難であったが，近年，Mc1rとAgoutiが分子進化と適応形質を結びつける好例として取り扱われるようになってきている。

北米のフロリダ半島に生息するハイイロシロアシマウス（*Peromyscus polionotus*）には，生息域の土壌の色に対応した褐色や灰色などの毛色をもった地域集団が見られる。これは背景の色に近い毛色をもったほうが捕食者に見つかりにくいという適応形質であると考えられる。Hoekstraらは*Mc1r*の塩基配列の比較および培養細胞に発現させた野生型と変異型Mc1rの活性の比較などによって，Mc1rの1アミノ酸置換が毛色の明色化を引き起こしていることを示した[24]。さらに，シカシロアシマウス（*Peromyscus maniculatus*）についても詳細な連鎖解析と生態学的調査を行ない，*Agouti*のコード領域および5′UTR（マウスのエキソン1A，1B，1C）近傍の複数の変異がこの種における毛色の明色化とかかわっていることが明らかにしている[25,26]。

こうした背景色と毛色の対応は日本のアカネズミ（*Apodemus speciosus*）にも見られる。通常，アカネズミの毛色は背側が赤褐色で腹側は白色であるが，玄武岩質の黒い土壌からなる三宅島に生息する集団は腹側も赤褐色であることに加え，全体として毛色が暗いことが知られている。Tomozawaらは三宅島を含む伊豆諸島の個体群について*Mc1r*と*Agouti*のコード領域全長を配列決定して全国のサンプルと比較を行なった。その結果，両遺伝子に三宅島特異的なアミノ酸変異を見つけることができたので，これらが三宅島における暗色化の分子生物学的根拠であろうと考えられる[27]。

ここで取り上げた例以外にもさまざまな種においてMc1rとAgoutiにおける突然変異が野生集団の毛色に影響を与えることがわかってきた[28]。ここにMc1rとAgouti以外のさまざまな色素型転換関連遺伝子群の変異と体色に関する知見が加われば，色素型転換研究は分子進化と適応形質を結びつけるさらにすばらしい例となるだろう。

10.2 Agoutiの修飾遺伝子突然変異体の研究から明らかになりつつある色素型転換の詳細な仕組み

10.2.1 *mahogany*突然変異体から原因遺伝子*Atrn*への展開

mahogany（*mg*）は1960年代に*A*遺伝子座の修飾遺伝子として発見された。マウス2番染色体にマップされた劣性の突然変異で，ホモ接合体はA^yの黄色毛色を隠して暗色化を引き起こす（完全に黒くなるわけではない）が，$Mc1r^e/Mc1r^e$マウスの黄色毛色には影響を与えない。このた

め，色素型転換情報の伝達においてAgoutiの発現以降，かつMc1rの細胞内への情報伝達以前にかかわっているのではないかと考えられていた[1]。

*mahogany*はポジショナルクローニングによってヒトのアトラクチン（*attractin*；*ATRN*）のオルソロガス遺伝子であることが判明した[29,30]。ヒトのATRNがT細胞から分泌されるタンパク質として知られていたのに対し，マウスのAtrnは細胞膜を1回貫通するタンパク質であった。Atrnは細胞外領域に，CUBドメイン，C-type lectinドメイン，kelchドメイン，複数のEGF様ドメイン，plexin/semaphoring/integrinモチーフをもつため，何らかのタンパク質と相互作用をすることが予測された。その一方で，細胞内の領域は短く，既知のモチーフは含まれていなかったことから，単独の受容体として何らかの情報を細胞内に伝えるのは難しいのではないかと考えられた。Atrnの発現はさまざまな部域にわたっていて，脳や精巣でも発現が見られる。そして，null mutantである$Atrn^{mg\text{-}3J}$は色素細胞の表現型以外にプリオン病にも似たスポンジ脳症や精巣変性を呈する。このことはAtrnがさまざまな細胞で機能をもっていて，スポンジ脳症や精巣変性と色素型転換に共通の仕組みが働いている可能性も示しており，たいへん興味深い[31]。

正常な*Atrn*遺伝子をさまざまなプロモーターと結合して，null mutantである$Atrn^{mg\text{-}3J}$に遺伝子導入する実験を行なうと，メラノサイト特異的プロモーターに結合したものでは暗色化から回復させる機能が見られる一方で，ケラチノサイト特異的プロモーターに結合したものは回復しなかった。また，AgoutiとAtrnの分子間相互作用を調べたところ，AgoutiのN末端側がAtrnと結合する結果が得られた（図10.1下段左）。これらの結果から，Atrnはメラノサイトで発現し，Agoutiの共受容体としてMc1rとの結合を強化するとも考えられる[31]。しかし，Agoutiの項で述べたように，N末端をもたないASIP-YYがcAMP濃度上昇をブロックするものの，メラニン生産量の減少と形態変化を誘導できないこと，A^yのように大過剰のAgoutiが存在する条件の下でもAtrnが失われると暗色になってしまうことから，Atrnは結合を強化する以上の，cAMPとは異なるもう一つの情報伝達に関与していると考えられる[20]。

10.2.2 *mahoganoid*突然変異体から原因遺伝子*Mgrn1*への展開

mahoganoid（*md*）も*mahogany*と同様に，1960年代に*A*遺伝子座の修飾遺伝子として発見された[1]。この遺伝子座はマウス16番染色体に位置し，突然変異体の色調やA^y・$Mc1r^e$マウスとの相互作用，さらにはスポンジ脳症や精巣変性を発症することが*mahogany*の表現型と類似している。さらに重篤なアリルmd^{nc}では，顔面形成の異常，巻き毛（体毛・洞毛）左右軸の異常などの症状もあり，たいへん興味深い遺伝子座である。この遺伝子はRINGドメインをもつ新規のタンパク質，Mahogunin ring finger 1（Mgrn1）をコードしていることが明らかとなった[32]。この遺伝子産物はユビキチンリガーゼ（E3）活性をもつので，Mgrn1によって何らかの標的タンパク質がユビキチン化されることが色素型転換の情報となっていると推測できるが，その詳細についてはさまざまな説がある。

第1の仮説は，Mc1rが細胞内へ取り込まれたのち，ユビキチン化の対象となって分解されるとするものである。この考えは培養細胞にAgoutiを添加するとMc1rタンパク質の量が減少するという観察と整合性がある[33]。第2の仮説は，初期エンドソームから後期エンドソーム（多胞体MVB：multivesicular body）を経てリソソームへ運ばれる過程にあるとするものである。この過程に関与するTSG101（tumor susceptibility gene101 product）が現在わかっている唯一のMgrn1のユビキチン化標的であることがその理由である[34]。第3の仮説はMgrn1がMc1rのGαs結合部を競合的に阻害するとするものである。培養細胞においてMgrn1を強制発現させる実験では，Mc1rの発現量やユビキチン化などに一切影響を及ぼさない状態でcAMP濃度上昇による情報伝達を遮断することができた。しかも，Mgrn1は免疫沈降法でMc1rと共沈するので，この仮説も有力なものであるといえる[35]。

2013年にGunnらは遺伝子組み換えによってさまざまな変異型Mgrn1を作成し，Mgrn1のnull mutantである$Mgrn1^{md\text{-}nc/md\text{-}nc}$をレスキューする実験を行なった。その結果，TSG101と結合しない$Mgrn1^{AASA}$は野生型と同様に黒色化から回復させることができたが，ユビキチン活性を除いた$Mgrn1^{AVVA}$では黒色のままであった。これらの結果は色素型転換にはTSG101のユビキチン化は関与しないこと，他の何らかのタンパク質のユビキチン化が*in vivo*での色素型転換に必要であることを示している[36]。

これらのデータを勘案すると，Mgrn1はGαsの競合阻害と何らかの標的をユビキチン化する複数の経路で色素型転換情報を伝達していると考えられる（図10.1下段左）。

10.2.3 *dark*（*da*）と*dark-like*（*dal*）突然変異体から原因遺伝子*Pepd*への展開

1950年代に*A*やA^yマウスの背側を暗色化させる*dark*（*da*）という突然変異体（7番染色体）が記録されたが，低い繁殖力のためにその系統は絶えてしまった[1]。これによく似た形質をもつ突然変異体が再び発見され，*dark-like*（*dal*）として維持されている。*dal*も7番染色体の同じ領域に位置することがわかったため，*da*と*dal*は同一の遺伝子座に起こった突然変異であろうと考えられる。*dal*はAgoutiバンドの暗色化のほか，軽度のスポンジ脳症や精巣変性を起こすことが*Atrn*や*Mgrn1*突然変異体と共通であることから，共通の情報伝達系を担うと考えられる。さらに心臓肥大を起こすことや骨や副腎にも異常が見られるなど，きわめて多面的な発現をみせる[37]。

Jungらはポジショナルクローニングにより*dal*突然変異がペプチダーゼD遺伝子（*peptidase D*；*Pepd*）のloss-of-functionであることを突き止めた[38]。ペプチダーゼDはコラーゲン再合成のためのプロリンのリサイクルにかかわるため，プロリダーゼ（prolidase）ともよばれる。prolidaseがどのように暗色化を引き起こすのか，AtrnやMgrn1とどのようにかかわるのかについてはいまだ解明されていない。ヒトのオルソロガス遺伝子*PEPD*がまれな遺伝病であるプロリダーゼ欠損症の原因遺伝子であることが同定されたので，*dal*突然変異体マウスはそのモデル系としても有益な情報を提示するだろう[39]。多面発現のメカニズムを含めて今後の解析が楽しみな遺伝子である。

10.2.4 dominant dark skinから*Gnaq*と*Gna11*への展開

人為的に誘発した突然変異体マウスのスクリーニングから，手足や尾の皮膚が暗色になる優性の突然変異体（dominant dark skin；*Dsk*）が多数分離された。その中の*Dsk1*，*Dsk7*，*Dsk10*は第一毛周期に，黄色い毛をもつA^yや$Mc1r^e$の毛先を暗色化させる効果をもつ。ポジショナルクローニングによって，*Dsk1*と*Dsk10*は*Gnaq*の，*Dsk7*は*Gna11*に起こった突然変異であることが判明した[40]。これらの遺伝子産物はGタンパク質のαサブユニットQクラスのタンパク質であり，レセプターからの情報をホスホリパーゼCへ伝える働きがある。色素細胞においてはエンドセリン受容体がこの経路を介するとされているので，エンドセリンがAgoutiと並んで色素型転換に関与していると考えられる[41]。

10.2.5 イエネコの*Sex-linked Orange*

イエネコの毛色に関する遺伝子は多数知られているが，この中には色素型転換に関連するものでマウスに見られない遺伝子座が知られている。本節で述べる*Sex-linked Orange*は毛の濃色部の色調を決める遺伝子であろうと考えられている。X染色体上の遺伝子座である*Orange*は野生型（*o*）遺伝子が機能していれば毛の濃色部分は黒となるが，変異型*O*が機能していると濃色部分がフェオメラニンを多く含むオレンジ褐色の毛となる。とはいうものの，毛一本一本のAgoutiパターンは存在し，*Tabby*（10.3.6項で扱う）による縞模様も見られることから，Agouti-Mc1rによる色素型転換システムとは独立であると考えられる。*O*遺伝子座はX染色体上にあるので，メスでは*Oo*という遺伝子型をもつことがある。哺乳類のメスでは，すべての細胞で発生の特定の時期に片方のX染色体にランダムな不活性化（ライオニゼーション）が起こり，父母由来のX染色体のうちどちらか一方が使えなくなる。*Oo*遺伝子型個体において*O*が存在するX染色体が不活性化されれば，その細胞が分布する領域は黒色となり，逆に*o*が存在するX染色体が不活性化された細胞が分布する領域はオレンジ褐色となる。これらの領域が体表にランダムに分布するために黒色毛とオレンジ褐色毛がパッチ状に分布する二毛（白斑遺伝子をあわせもてば三毛）猫となる。当然，オスは*OY*または*oY*であり，染色体異常を除けばオスに三毛猫は現われない。この*O*遺伝子座については連鎖解析から遺伝子領域が3.5 Mbにまで絞り込まれてきている[42]。

10.3　部域による毛色の差と模様をつくり出すメカニズム

10.3.1　*A*遺伝子座の構造と時期特異的・部域特異的発現調節

10.1.1項で述べたように，*A*遺伝子座には部域ごとに発現パターンが異なるアリル，すなわち*White Berried Agouti*（A^w），*Agouti*（*A*），*Black-and-tan*（a^t）が存在する。これらの突然変異体のmRNAを解析すると，5′-UTRに相当するエキソンにはいくつかの種類があることが判明した。エキソン1A（エキソン1A′を伴うこともある）はエキソン2より80 kbあまりも上流にあり，このエキソン1Aをもつ mRNAは毛周期とかかわりなく，A^w，a^tの腹側で発現していた。一方，エキソン2の20 kbあまり上流にあるエキソン1Bあるいはエキソン1CをもつmRNAは毛の伸長中期に特異的に発現することがわかった。このように大別して2種類（厳密には4種類）のmRNAが異なった部域，異なったタイミングで発現調節されることにより，背側でAgoutiの毛が，腹側ではクリーム色の毛がつくられると説明できる[43]。ゲノム配列の分析により，全身でAgouti毛色になる*A*は腹側で発現すべきエキソン1Aからの転写が逆位によって失われていること，a^tでは*Nonagouti*と同じ位置にやや小さい5.5 kbの挿入があり，毛周期特異的発現のみが失われていることが判明した（図10.2）[11]。

このような部域特異的・毛周期特異的な遺伝子発現のメカニズムを調べるために，筆者らは*A*遺伝子座の上流域のゲノムDNA断片をレポーター遺伝子（*hsp68*ミニマムプロモータと*LacZ*または*Agouti* cDNAの組合せ）につなげてトランスジェニックマウスを作成することを試みた。その結果，エキソン1Bおよび1Cの3′側に隣接する6.6 kbの*Bam*HI断片には毛乳頭細胞特異的で，恒常的なエンハンサー活性を見いだすことができ，*Agouti* cDNAをレポーター遺伝子としたもの（6.6 kb + *hsp68* promoter + *Agouti* cDNA）は全身が黄色となった。このことから他のDNA領域に部域特異的あるいは毛周期特異的に発現を抑制的に制御する上位の制御領域が存在すると考え，他のDNA断片を追加したところ，エキソン1Aを含む7 kbの*Bam*HI断片を付加したもの（7 kb + 6.6 kb + *hsp68* promoter + *Agouti* cDNA）からはa^tに近い配色パターンの，エキソン1Bおよび1Cを含む8 kbの*Bam*HI断片を追加したもの（8 kb + 6.6 kb + *hsp68* promoter + *Agouti* cDNA）からはAgoutiパターンの毛をもったトランスジェニックマウスを得た[44]。この結果から，*A*遺伝子座の発現調節は毛乳頭細胞での発現を誘導する細胞種特異的な制御領域と，腹側でのみエキソン1Aからの発現を許可する領域特異的な制御領域，および毛の伸長に合わせてエキソン1B，1Cからの発現を許可する時期特異的制御領域の組合せによって実現されているといえよう。

10.3.2 毛の発生にかかわる遺伝子との相関

マウスの毛にはguard，awl，auchene，zigzagの4種があり，それぞれに長さ，太さ，折れ曲がり方が異なる。それのみならず，Agouti野生型毛色において，すべての毛がAgoutiバンドをもつというわけではない。とくにほとんどのguard（最も数が少なく，太く，長く，まっすぐ）は全長にわたって黒色であり，ほとんどのzigzag（最も数が多く，細く，短く，複数回折れ曲がっている）がAgoutiバンドをもつのと対照的である。どのタイプの毛になるかは毛乳頭細胞がどれほど集まるかによるとされるが，毛乳頭における遺伝子発現にも，毛のタイプごとに大きな差があり，*Sox2*のようにguardで発現が見られるのにzigzagでは見られないという遺伝子も報告されている[45]。これらのことから，毛乳頭形成にかかわる遺伝子のいくつかが，時期特異的・毛種特異的にAgouti発現をコントロールしていると推定できる。

*Sox18*の突然変異体である*Ragged*（*Ra*）はホモ接合体で無毛となり，離乳期頃までに死に至る。ヘテロ接合体ではguardとawlが形成されるが，aucheneとzigzagは形成されない[46]。一方で，原因遺伝子である*Sox18*をノックアウトすると，意外なことに重篤な症状は見られず，aucheneとzigzagにおいてAgoutiバンドがなくなる（あるいは少なくなる）ことが確認された[47]。*Ra*アリルがフレームシフトによるもので，C末端が不完全なSox18をつくっていることを考えると，Sox18は他のタンパク質（おそらくはSoxファミリーの遺伝子産物）と協働して，毛の形成とそれに伴うAgouti発現制御に関与しており，突然変異体においてはtrans-dominant-negative効果によって重篤な症状を現わしていると考えられる（図10.1上段左）。

BMP4も毛胞を形成するために必要なシグナルの一つである。SharovらがBMP4のアンタゴニストであるNogginにケラチノサイト特異的プロモーターをつないでトランスジェニックマウスを作製したところ，このマウスの背面ではAgoutiバンドが消失した[48]。Agoutiの発現量も減少していることから，BMP4による情報伝達がNogginによって遮断されないタイミングで毛乳頭細胞におけるAgoutiの発現を促しているのだろうと考えられる（図10.1上段左）。

10.3.3 Corinとβ-catenin

Enshell-Seijffersらは毛乳頭細胞で特異的に発現する遺伝子を調べあげ，そのうちの一つ，膜結合型セリンプロテアーゼの一種であるCorinがAgoutiによる情報伝達に影響をもつことを発見した[49]。Corinは毛乳頭細胞の細胞膜に局在するものの，KOマウスによってその発現をなくしても毛胞の形成や毛周期には影響が現われない。しかし，このKOマウス〔*A*遺伝子座について野生型（A^w）アリルをもつ〕ではAgoutiバンドが延長し，全体的に黄色味を強く帯びる。このKOマウスにおいて，色素型転換にかかわる主要な遺伝子の発現を調べたところ，*Agouti*はもちろん，*Pomc*，*Mc1r*，*Atrn*，*Mgrn1*はすべて野生型と同等に発現していた。これらのことから，Corinは*Agouti*転写以降に機能をもち，Agoutiバンドを終了させる役割があるのではないかと考えられる。

さらに，毛乳頭細胞特異的にβ-cateninの機能を停止させる条件的KOマウスをつくると，毛が短くまばらになる形質を示したほかに，*A/a*の遺伝子型と組合せにおいて，黄色毛色を示した。詳細に観察すると，野生型においてもAgoutiバンドを示さないguardはこの条件的KOマウスでも黒いままであったが，awlやzigzagでは先端に若干の黒色部部分を残しながらも，Agoutiバンドが大きく延長していた。*Agouti*の発現を経時的にみると，生後4日目のピークまでは野生型と条件的KOマウスで差は見られないが，それ以降，野生型では*Agouti*の発現がほぼなくなるのに対し，条件的KOマウスでは漸減しながらも発現が継続していた。*Corin*の発現量は*Agouti*と逆で，野生型では生後4日ごろまで減少を続けたあとに上昇に転じるが，条件的KOマウスでは上昇に転じることはなかった。さらに，毛乳頭細胞で活性化型β-cateninを恒常的に発現させるトランスジェニックマウスを作製すると，*Agouti*の発現を完全に抑えて黒色の毛となった。これらの結果から，β-cateninは毛の伸長中期以降において*Agouti*の発現を抑制，*Corin*の発現を促進させ黄色から黒色への色素型転換を主導すると考えられる。先に述べたβ-catenin部分KOマウスで興味深いのは，*A*遺伝子座に*a/a*をもつとき，*Agouti*が発現しないにもかかわらず，毛の伸長後期の*Tyrp1*や*Dct*の発現量が野生型に比べて少なくなるということである。これはすなわち，野生型においては毛乳頭で発現するβ-cateninがAgouti以外の何らかの情報伝達系を用いてこれらの遺伝子の発現を誘導していることを示している（図10.1上段中央）[50]。

10.3.4　*Tbx15*

Black-and-tan（a^t）のマウスにおいて背側と腹側の境界領域（脇腹）には比較的濃い黄色の帯が生じる。脇腹はメラノサイトの数が背中側に準じて多い位置でありながら，*Agouti*の腹側特異的mRNAが転写されるため，比較的多くのフェオメラニンが形成されるために濃い黄色の帯ができるといえる。

この脇腹の黄色い境界領域が背側に拡幅する突然変異体がマウスの*droopy ear*（*de*）である。この突然変異体は体が小さく，頭部を中心とした骨格異常などさまざまな表現型をもつ。皮膚では，脇腹の黄色い帯の拡幅のみならず，皮膚の厚さや毛の長さにも影響が見られる。元来の*de*は絶えてしまったが，Candilleらは同様の表現型をもつde^Hを用いてポジショナルクローニングを行ない，その原因が*Tbx15*の大部分を含む染色体領域の216 kbの欠失であることを突き止めた[51]。

*Tbx15*の発現は9.5日胚の肢芽からはじまり，11.5日胚では体節由来の真皮と側板由来の真皮の境界であるくぼみ（notch）を含む背側領域に強く発現している。*Agouti*は胎生12.5日ごろから腹側特異的mRNAを発現するが，この時期の発現領域は*Agouti*と*Tbx15*で排他的であった。de^Hではこのときの*Agouti*発現領域が背側に延長することと合わせて考えると，Tbx15は*Agouti*を含む腹側特異的な遺伝子群の発現を抑え，真皮の背腹境界を指定していると考えられる（図10.1上段左）[51]。

イヌには*de*とよく似た配色で背中の中央部（鞍部）のみが黒くなるサドルという毛色パターンが見られる。サドル毛色のイヌはすべて*A*遺伝子座に*Black-and-tan*（a^t）をもつため，*de*と同様に*Tbx15*の突然変異体なのかもしれない[52]。しかし，サドル毛色のイヌには*de*のような重篤な多面発現は見られないため，*Tbx15*そのものの突然変異であるか，あるいは協働する他の遺伝子の突然変異によるものなのかは今後の研究を待たなければならない。

10.3.5　A^{vy}とブリンドル：エピジェネティクスと模様

模様は遺伝子の積極的な機能により決められる場合とエピジェネティック制御により偶然につくり出される場合がある。*A*遺伝子座のアリルの一つである*viable yellow*（A^{vy}）は後者の一例である。

A^{vy}アリルは，基本的にA^yアリルと似た黄色い体色をもつ。A^{vy}は元になった*A*アリル（野生型の〈エキソン1A-1A′領域〉と相同性があるが，発現しない〈偽エキソンps1A-ps1A′領域〉のあいだで逆位がある）のps1Aにレトロトランスポゾンの一種であるintracisternal A particle（IAP）の挿入があり，IAPのもつプロモーター活性によって*Agouti*が恒常的に発現することによって黄色化が起こる（図10.2）が，A^yと異なり，*Raly*遺伝子などには損傷がないためホモ接合体でも生存には影響しない[53]。A^{vy}の表現型で特徴的なのは黄色い毛とAgoutiパターンの毛がまだら状に入り交じることである。まだら具合は個体によって異なり，完全に黄色い個体〜黄色とAgouti毛色が半分ずつの個体〜まったくAgouti毛色の個体までさまざまであり，遺伝的にまったく同一の兄弟間でもまだら具合は異なる。この現象は挿入されたIAP配列がメチル化の影響を強く受けるためだということがわかっている[54]。一般にIAP配列などのレトロトランスポゾンは着床前の胚で一時的にメチル化が解除され，着床後に再びメチル化によって発現が抑制されるが，このときのメチル化の程度には細胞ごとにばらつきがある。このため，A^{vy}に挿入されたIAPの周辺のメチル化が少なければIAPからの転写が起こって黄色毛色となり，高度にメチル化されていればIAPからの転写は起こらずAgouti毛色となる。興味深いのは，このメチル化の程度が妊娠初期に母マウスが摂取する栄養によって左右されることである。この期間に葉酸，ビタミンB_{12}，コリン・ベタインを添加したエサを与えると，レトロトランスポゾンは高度にメチル化され，結果として黄色毛色が抑制される[55]。ヒトゲノムにも多数のレトロトランスポゾンが存在することから，このようなメカニズムを通じて引き起こされる妊娠中の食事と遺伝子発現の関係は非常に重要であると考えられ，A^{vy}はそのモデル系としてエピジェネティック研究に用いられている。

類似の例として，イヌにはブリンドルという毛色パターンが存在する。ブリンドルでは濃色の毛と淡色の毛が不規則な筋状に混ざり合う。この表現型はディフェンシンの項目で触れたイヌの*K*遺伝子座の対立遺伝子K^{br}によるものとされていたが，原因となる突然変異は*CBD103*遺伝子において見つかっていない。近年になって，すべてのブリンドルはK^{B}/k^{y}のヘテロ接合体であるという報告がなされ[56]，ブリンドルは*K*遺伝子座におけるエピジェネティック制御によるものだろうと考えられるようになっている[21,57]。*K*遺伝子座のエピジェネティック制御についての詳細は未解明であるが，ケラチノサイトの幹細胞においてK^{B}がランダムに抑制されると考えれば説明がつく。

10.3.6　ネコ科動物の「繰り返す」縞，斑点模様

ネコ科にはトラやヒョウなど特徴的な模様をもつ動物種が多く含まれることは周知のとおりであり，イエネコにもサバトラをはじめ，さまざまなパターン模様をもつものがいる。そのようなパターン模様をよくみると，淡色の部分では1本1本の毛においてAgoutiバンドが長いのに対して，暗色の部分では非常に少なくなるか，まったくなくなっていることがわかる。このパターンは体表面で規則的に繰り返されており，エピジェネティック制御による模様とは明らかに異なる。したがって，何らかの遺伝子産物が皮膚を暗色と明色の毛を生産する領域に分け，領域ごとに*Agouti*またはその他の色素型転換関連遺伝子に働きかけて模様をつくり出していると考えられる。

イエネコの模様は長年，単一遺伝子座である*Tabby*（*T*）遺伝子座の支配下にあると考えられてきた。対立遺伝子は優性な順に，模様をもたないT^{a}（*Abyssinian*または*ticked*），縞模様（サバトラ）のT^{M}(*Mackerel*)，斑点模様のT^{s}(*Spotted*)，渦巻き模様のt^{b}（*Blotched*）があるとされてきた。

Eizirikらはゲノム全般にわたる詳細な連鎖解析を行ない，この現象には少なくとも3つの遺伝子座が関与していることを示した[58]。その1つめは縞模様を作出する，定義しなおされた*Tabby*遺伝子座（*Ta*）で，サバトラになる優性のTa^{M}と渦巻き模様をつくる劣性のTa^{b}が対立遺伝子として存在する。この遺伝子座はイエネコのA1染色体の5 Mb程度の領域に位置することが判明し，この領域の16の候補遺伝子の中から後述のように原因遺伝子が明らかになる。2つめは*Ta*遺伝子座が規定する縞模様を無効化する新規の遺伝子座で，*Ticked*遺伝子座（*Ti*）である。模様のない*Abyssinian*（Ti^{A}）は野生型（縞模様を生じる）Ti^{+}に対して不完全優性で，Ti^{A}/Ti^{A}ならば全身で模様のないAgouti毛色となり，Ti^{A}/Ti^{+}ならば四肢や尾に縞模様が残るものの体幹部はほぼ均一なAgouti毛色となる。この遺伝子座はイエネコのB1染色体の3.8 Mb程度の領域に位置することが判明した。この領域には40の候補遺伝子が存在すると推定されているが，現時点で同定されていない。3つめは詳細が不明ながら，*Ta*遺伝子座の修飾遺伝子であろうと考えられる

遺伝子（複数あるかもしれない）である。この遺伝子の働きにより，*Ta* 遺伝子がつくる縞模様が乱されて斑点模様となると考えられる。

Kaelin らはサバトラと渦巻き模様にリンクしている SNPs を探索して，*Ta* 遺伝子座の候補領域を絞り込み，渦巻き模様のイエネコがもつ SNPs を見いだした。SNPs が存在した遺伝子はヒトでは *Laeverin* または *Aminopeptidase Q* とよばれる遺伝子で，主として胎盤で発現する細胞膜結合型タンパク質分解酵素であった。イエネコで見つかったのは，この遺伝子のナンセンス突然変異2種類とアミノ酸置換2種類である。これらのアリルはいずれも野生型（サバトラ）に対して劣性であり，変異体どうしの組合せで渦巻き模様となることがわかった。Kaelin らは，このイエネコで見つかった遺伝子の呼称として *Transmembrane Aminopeptidase Q*（省略形を *Taqpep*），また，機能に準拠したタンパク質名称として Tabulin を提唱している[59]。

チーターの突然変異体“キングチーター”では，本来は細かい斑点模様となるところ，斑点が太く大きくつながってイエネコの渦巻き模様と似た模様を形成する。この個体の *Taqpep* はエキソン20に1塩基挿入によるフレームシフト突然変異 N977Kfs110 をもっているので，イエネコと同様の仕組みが働いていると考えられる。チーターの黒斑部分と黄色い部分の皮膚で RNA 量を網羅的に比較したところ，黒斑部分で発現が上昇している遺伝子群の中にエンドセリン3遺伝子（*Endothelin3*；*Edn3*）が含まれることがわかった。Edn3 はメラノサイトをはじめとする神経冠細胞の分化に重要な働きをすることがわかっているだけでなく，その情報を細胞内に伝える Gα_q と Gα_{11} は10.2.4項で触れたように暗色化にかかわるので，Tabulin の支配下にあって暗色部を記録し，縞模様をつくり出す遺伝子の候補として有力である。新生児イエネコの皮膚では *Edn3* は暗色部の毛乳頭において明色部より多く発現することが判明し，この仮説が補強されている[59]。

縞模様や斑点模様の形成メカニズムは魚類でよく研究されている[60]。魚類の体表面では模様をつくり出す反応拡散波がつねに維持されていて，成長して体表面が大きくなると縞の本数が増加して太さや間隔が変わらない。これに対してイエネコの縞模様は成長すると太さや間隔が広がり，本数は増加しない。これらのことをあわせて考えると，Tabulin が発生段階の比較的早い時期に反応拡散波をつくり出し，毛胞での *Edn3* の発現上昇という形で位置情報が記録されると考えれば説明がつく。反応拡散波によるパターン形成においては，速く拡散する活性因子とゆっくり拡散する抑制因子を設定するとよく説明できる。Tabulin がペプチダーゼであることを考えると，これによって切断を受けて分泌されるタンパク質（Ti 遺伝子座産物？）が拡散性の因子となって反応拡散波をつくり出しているのかもしれない。これらのメカニズムはたいへん興味深く，今後の解析が待たれるところである。

10.4　おわりに

本章では色素型転換の基本的な仕組みから哺乳類の体表模様のつくられ方を解説してきた。体表模様は，背・脇腹・腹のような大きな区分けができ，反応拡散波によってつくられたパターンの上に，毛の伸長に合わせたタイミングで色素型転換が起こることによるといえる。ここで働く遺伝子群は他のさまざまな細胞でも重要な働きをもち，その結果としてさまざまな多面発現を起こしている。色素型転換は視覚的にわかりやすく，直接的に生存に影響しないことからモデル系としてたいへん有用である。A^y における肥満原因の研究に始まった色素型転換関連遺伝子群の多面発現解析が，今後もさまざまな基礎研究・臨床研究の新天地を開拓していくことを期待したい。

参考文献

1) Silvers, W. : *The coat colors of mice: a model for mammalian gene action and interaction.* Springer-Verlag, 1979.

2) 小野裕剛：色素細胞，pp. 105-118, 2001.
3) García-Borrón, J. C., Abdel-Malek, Z., Jiménez-Cervantes, C. : *Pigment Cell Melanoma Res.*, **27**, 699-720, 2014.
4) Raffin-Sanson, M., de Keyzer, Y., Bertagna, X. : *Eur. J. Endocrinol.*, **149**, 79-90, 2003.
5) Tamate, H. B., Takeuchi, T. : *Science*, **224**, 1241-1242, 1984.
6) Mountjoy, K. G., Robbins, L. S., Mortud, M. T., Corn, R. D. : *Science*, **257**, 1248-1251, 1992.
7) Gantz, I., Fong, T. M. : *Am. J. Physiol. Endocrinol. Metab.*, **284**, E468-74, 2003.
8) Robbins, L. S., Nadeau, J. H., Johonson, K. R., Kelly, M. A., Roselli-Rehfuss, L., Baack, E., Mountjoy, K. G., Corn, R. D. : *Cell*, **72**, 827-834, 1993.
9) Luger, T. A., Scholzen, T. E., Brzoska, T., Böhm, M. : *Ann. N. Y. Acad. Sci.*, **994**, 133-140, 2003.
10) Slominski, A., Plonka, P. M., Pisarchik, A., Smart, J. L., Tolle, V., Wortsman, J., Low, M. J. : *Endocrinology*, **146**, 1245-1253, 2005.
11) Bultman, S. J., Michaud, E. J., Woychik, R. P. : *Cell*, **71**, 1195-1204, 1992.
12) McNulty, J. C., Jackson, P. J., Thompson, D. A., Chai, B., Gantz, I., Barsh, G. S., Dawson, P. E., Millhauser, G. L. : *J. Mol. Biol.*, **346**, 1059-1070, 2005.
13) Ollmann, M. M., Lamoreux, M. L., Wilson, B. D., Barsh, G. S. : *Genes Dev.*, **12**, 316-330, 1998.
14) Siegrist, W., Drozdz, R., Cotti, R., Willard, D. H., Wilkison, W. O., Eberle, A. N. : *J. Recept. Signal Transduct. Res.*, **17**, 75-98, 2009.
15) Miller, M. W., Duhl, D. M., Vrieling, H., Cordes, S. P., Ollmann, M. M. Winkes, B. M., Barsh, G. S. : *Genes Dev.*, **7**, 454-467, 1993.
16) Duhl, D. M. J., Stevens, M. E., Vrieling, H., Saxon, P. J., Miller, M. W., Epstein, C. J., Barsh, G. S. : *Development*, **1708**, 1695-1708, 1994.
17) Klebig, M. L., Wilkinson, J. E., Geisler, J. G., Woychik, R. P. : *Proc. Natl. Acad. Sci.*, **92**, 4728-4732, 1995.
18) Shutter, J., Graham, M., Kinsey, A. : *Genes Dev.*, **11**, 593-602, 1997.
19) Creemers, J. W. M., Pritchard, L. E., Gyte, A., Le Rouzic, P., Meulemans, S., Wardlaw, S. L., Zhu, X., *et al.* : *Endocrinology*, **147**, 1621-1631, 2006.
20) Hida, T., Wakamatsu, K., Sviderskaya, E. V., Donkin, A. J., Montoliu, L., Lynn Lamoreux, M., Yu, B., *et al.* : *Pigment Cell Melanoma Res.*, **22**, 623-634, 2009.
21) Kerns, J. A., Cargill, E. J., Clark, L. A., Candille, S. I., Berryere, T. G., Olivier, M., Lust, G., *et al.* : *Genetics*, **176**, 1679-1689, 2007.
22) Candille, S. I., Kaelin, C. B., Cattanach, B. M., Yu, B., Thompson, D. A., Nix, M. A., Kerns, J. A., *et al.* : *Science*, **318**, 1418-1423, 2007.
23) Wassing, G. M., Bergman, P., Lindbom, L., van der Does, A. M. : *Int. J. Antimicrob. Agents*, **45**, 447-454, 2015.
24) Hoekstra, H. E., Hirschmann, R. J., Bundey, R. A., Insel, P. A., Crossland, J. P. : *Science*, **313**, 101-104, 2006.
25) Linnen, C. R., Kingsley, E. P., Jensen, J. D., Hoekstra, H. E. : *Science*, **325**, 1095-1098, 2009.
26) Linnen, C. R., Poh, Y.-P., Peterson, B. K., Barrett, R. D. H., Larson, J. G., Jensen, J. D., Hoekstra, H. E. : *Science*, **339**, 1312-1316, 2013.
27) Tomozawa, M., Nunome, M., Suzuki, H., Ono, H., *Biol. J. Linn. Soc.*, **113**, 522-535, 2014.
28) Suzuki, H. : *Genes Genet. Syst.*, **88**, 155-164, 2013.
29) Gunn, T. M., Miller, K. A., He, L., Hyman, R. W., Davis, R. W., Azarani, A., Schlossman, S. F., *et al.* : *Nature*, **398**, 152-156, 1999.
30) Nagle, D. L., McGrail, S. H., Vitale, J., Woolf, E. A., Dussault, B. J., DiRocco, L., Holmgren, L., *et al.* : *Nature*, **398**, 148-152, 1999.
31) He, L., Gunn, T. M., Bouley, D. M., Lu, X. Y., Watson, S. J., Schlossman, S. F., Duke-Cohan, J. S., Barsh, G. S. : *Nat. Genet.*, **27**, 40-47, 2001.
32) He, L., Lu, X.-Y., Jolly, A. F., Eldridge, A. G., Watson, S. J., Jackson, P. K., Barsh, G. S., Gunn, T. M. : *Science*, **299**, 710-712, 2003.
33) Rouzaud, F., Annereau, J.-P., Valencia, J. C., Costin, G.-E., Hearing, V. J. : *FASEB J.*, **17**, 2154-2156, 2003.
34) Jiao, J., Sun, K., Walker, W. P., Bagher, P., Cota, C. D., Gunn, T. M. : *Biochim. Biophys. Acta*, **1792**, 1027-1035, 2009.
35) Pérez-Oliva, A. B., Olivares, C., Jiménez-Cervantes, C., García-Borrón, J. C. : *J. Biol. Chem.*, **284**, 31714-31725, 2009.
36) Gunn, T. M., Silvius, D., Bagher, P., Sun, K., Walker, K. K. : *Pigment Cell Melanoma Res.*, **26**, 263-268, 2013.
37) Cota, C. D., Liu, R. R., Sumberac, T. M., Jung, S., Vencato, D., Millet, Y. H., Gunn, T. M. : *Genesis*, **46**, 562-573, 2008.
38) Jung, S., Silvius, D., Nolan, K. A., Borchert, G. L., Millet, Y. H., Phang, J. M., Gunn, T. M. : *Birth Defects Res. A. Clin. Mol. Teratol.*, **91**, 204-217, 2011.
39) Besio, R., Maruelli, S., Gioia, R., Villa, I., Grabowski, P., Gallagher, O., Bishop, N. J. : *Bone*, **72C**, 53-64, 2014.
40) Van Raamsdonk, C. D., Fitch, K. R., Fuchs, H., de Angelis, M. H., Barsh, G. S. : *Nat. Genet.*, **36**, 961-968, 2004.
41) Van Raamsdonk, C. D., Barsh, G. S., Wakamatsu, K., Ito, S. : *Pigment Cell Melanoma Res.*, **22**, 819-826, 2009.
42) Schmidt-Küntzel, A., Nelson, G., David, V. A., Schäffer, A. A., Eizirik, E., Roelke, M. E., Kehler, J. S. *et al.* : *Genetics*, **181**, 1415-1425, 2009.
43) Vrieling, H., Duhl, D. M., Millar, S. E., Miller, K. A.,

Barsh, G. S. : *Proc. Natl. Acad. Sci.*, **91**, 5667–5671, 1994.
44) Ono, H., Chen–Tsai, Y., Barsh, G. S. : *Pigment Cell Res.*, **16**, 428, 2003.
45) Driskell, R. R., Giangreco, A., Jensen, K. B., Mulder, K. W., Watt, F. M. : *Development*, **136**, 2815–2823, 2009.
46) Pennisi, D., Gardner, J., Chambers, D., Hosking, B., Peters, J., Muscat, G., Abbott, C., Koopman, P. : *Nat. Genet.*, **24**, 434–437, 2000.
47) Pennisi, D., Bowles, J., Nagy, A., Muscat, G., Koopman, P. : *Mol. Cell. Biol.*, **20**, 9331–9336, 2000.
48) Sharov, A. A., Fessing, M., Atoyan, R., Sharova, T. Y., Haskell-Luevano, C., Weiner, L., Funa, K., *et al.* : *Proc. Natl. Acad. Sci. USA.*, **102**, 93–98, 2005.
49) Enshell-Seijffers, D., Lindon, C., Morgan, B. A. : *Development*, **135**, 217–225, 2008.
50) Enshell-Seijffers, D., Lindon, C., Kashiwagi, M., Morgan, B. A. : *Dev. Cell*, **18**, 633–642, 2010.
51) Candille, S. I., Van Raamsdonk, C. D., Chen, C., Kuijper, S., Chen–Tsai, Y., Russ, A., Meijlink, F., Barsh, G. S. : *PLoS Biol.*, **2**, 30–42, 2004.
52) Dreger, D. L., Schmutz, S. M. : *J. Hered.*, **102**, Suppl, S11–8, 2011.
53) Duhl, D. M., Vrieling, H., Miller, K. A., Wolff, G. L., Barsh, G. S. : *Nat. Genet.*, **8**, 59–65, 1994.
54) Morgan, H. D., Sutherland, H. G., Martin, D. I., Whitelaw, E. : *Nat. Genet.*, **23**, 314–318, 1999.
55) Waterland, R. A., Jirtle, R. L. : *Mol. Cell. Biol.*, **23**, 5293–5300, 2003.
56) Ciampolini, R., Cecchi, F., Spaterna, A., Bramante, A., Bardet, S. M., Oulmouden, A. : *Anim. Genet.*, **44**, 114–117, 2013.
57) Chen, W.-K., Swartz, J. D., Rush, L. J., Alvarez, C. E. : *Genome Res.*, **19**, 500–509, 2009.
58) Eizirik, E., David, V. A., Buckley-Beason, V., Roelke, M. E., Schäffer, A. A., Hannah, S. S., Narfström, K. : *Genetics*, **184**, 267–275, 2010.
59) Kaelin, C. B., Xu, X., Hong, L. Z., David, V. A., McGowan, K. A., Schmidt-Küntzel, A., Roelke, M. E., *et al.* : *Science*, **337**, 1536–1541, 2012.
60) 近藤　滋：システムバイオロジー，pp.1–40，2010.

第11章

メラニンの構造とその機能

若松一雅・伊藤祥輔

メラニン色素は，黒色～黒褐色の不溶性なユーメラニンと赤褐色～黄色でアルカリに可溶性なフェオメラニンからなる。メラニンは動植物界に広く分布し，脊椎動物では大部分が体表に存在している。動物における毛髪，皮膚，眼の色素形成は，メラノサイト中のメラノソーム内で合成され，毛包や表皮メラノサイト内のメラノソームは，周りのケラチノサイトへ移動し，毛髪や表皮の色を決定している。メラニンの構造は，まだまだ不明な点が多いが，詳細な化学分解反応により，ユーメラニンは5,6-ジヒドロキシインドール（DHI）および5,6-ジヒドロキシインドール-2-カルボン酸（DHICA）がさまざまな比率で重合したヘテロポリマーであることが明らかにされた。一方，フェオメラニンの構造は，システイニルドーパの酸化的重合により生成するベンゾチアジン，ベンゾチアゾール誘導体が複雑に結合したポリマーであることがわかった。メラニン色素の機能は，その複雑な構造により，カモフラージュ，光の吸収と発散，ラジカル捕捉，エネルギー調節，熱の保持，半導体の機能など多様な特徴をもつことが知られている。

11.1　メラニンの構造

11.1.1　メラニンとは

メラニン色素は，メラニン形成を特異的な分化形質とする細胞であるメラノサイトにおいて産生される。このメラノサイトは表皮，毛包，眼の脈絡膜，虹彩，内耳などに分布している。メラニン（melanin）はメラノサイト内に存在するメラノソームとよばれる細胞内顆粒で産生され，ついで表皮では周辺のケラチノサイトに移送され皮膚色を決定し，毛包では成長過程の毛髪に移送されて毛色を決定している。また，通常のメラニン生成過程と異なり，ヒト脳内の黒質，青斑核のドーパミンおよびノルエピネフリン作動性ニューロンには，ニューロメラニン（neuromelanin）とよばれる色素が沈着する。

メラニンの構造は，動植物色素のヘモグロビン，クロロフィル，カロチノイド，フラボノイドなどの構造に比べ，不明な点が多い。メラニン以外の分子は分子量が比較的小さく，純粋に単離して物理的・化学的な方法で構造決定することができる。それに対して，メラニン色素は複雑な構造をもつ高分子化合物であり，生体高分子の中でも際だった特異性を有している。すなわち，タンパク質，核酸，多糖類などの生体高分子は容易に単量体に水解することができ，また，それらの単量体の配列順序を決定する方法も確立されている。ところが，メラニンは溶媒に不溶であり，構造が不規則で，加水分解により単量体に分解するのも困難である。これが，メラニンの化学的研究の進展を難しくしている。メラニンの化学の詳細については優れた成書や総説があるので参照されたい[1～4]。

‘メラニン’という術語は，1840 年に最初に Berzelius により黒い動物の色素を指す言葉としてつくり出された。それ以来，黒色または黒褐色の有機色素を示すものとして広く使われてきた。1969 年，Nicolaus はメラニンを 3 つのグループ（ユーメラニン，フェオメラニン，アロメラニン）に分類することを提案した。ユーメラニンとフェオメラニンは動物の色素からなり，アロメラニンは植物，真菌，バクテリア由来の窒素原子を含まないさまざまな種類の黒色色素を含んでいる。のちに，1995 年，Prota は‘メラニン’という言葉の使用に対してチロシンまたはその関連代謝物により細胞内で生成する色素のみに限定することを提案した。その提案に従い，メラニンとは，動物におけるチロシンおよび下等動物のフェノール化合物の酸化，重合反応から由来する幅広い構造と起源をもつ色素と定義したい[4]。ユーメラニン（eumelanin；eu＝真生）は，黒色～暗褐色の不溶性メラニンであり，セピアメラニン（イカ墨メラニン），黒色毛のメラニンなどが知られている。一方，フェオメラニン（pheomelanin；pheo＝薄い）は，硫黄を含む黄色～赤褐色のアルカリ可溶性メラニンであり，赤色の毛髪・羽根毛メラニンが知られている。ニューロメラニンは中脳黒質や青斑核の神経内で生成される黒色の色素で，ドーパミンや他のカテコールアミン前駆体の酸化により生成される。ピオメラニン（pyomelanin）は，フェニルアラニンやチロシンの代謝中間体であるホモゲンチジン酸から微生物によって生成される黒色の色素である。本章では，色素細胞が産生するメラニンを中心に取り扱うことにする。

11.1.2　メラニンの生合成過程とその構造

メラニンは芳香族骨格が連続するため，その吸収スペクトルが長波長側にずれ，色を深める効果がある高分子化合物であり，色調や溶解性から 2 つの大きなグループに分類される。すなわち，前述したユーメラニンとフェオメラニンである。ヒトにおいては，日本人の黒髪はおもにユーメラニン，北欧人にしばしば見られる赤毛はおもにフェオメラニンによることが知られている。図 11.1 に両者の生合成過程の概略を示す。いずれのメラニン色素もアミノ酸チロシンを共通の前駆体として，メラノサイトに特異的な酵素チロシナーゼの作用によって合成が開始される[1～4]。

メラニン生合成過程について，現在広く支持されている説を以下に紹介する。チロシナーゼがチロシンと反応すると最初にドーパキノンが生成する。ドーパキノンはきわめて反応性が高く，システインなどの SH 化合物が反応系内に存在しなければ，ただちに分子内付加反応を起こして赤色色素ドーパクロムになる。なお近年，ドーパはチロシナーゼ酸化では直接的には生成せずに間接的に非酵素的な機構で，この経路に示すようにドーパクロムの生成時にドーパキノンから生成するという説が有力になっている[5]。

ドーパクロムに酵素が関与しない場合は，徐々に分解し（半減期＝約 30 分），脱炭酸反応により DHI を生成し，その酸化重合によりユーメラニンが生成するが，この反応は，チロシナーゼにより直接にまたはドーパキノンにより間接に触媒される。一方，ドーパクロム・トウトメラーゼ（チロシナーゼ関連タンパク質 2，Dct，Tyrp2）による互変異性化反応[6]あるいは Cu^{2+}[7]により，ドーパクロムから DHICA が生成する。Tyrp2 はドーパクロムから DHICA への異性化を触媒することによって，ドーパクロム以降のメラニン合成過程を加速するとともに，生成するユーメラニン中の DHICA 含量を増大させる働きがある。チロシナーゼはまた DHICA の酸化を促進するが，マウスにおいては，DHICA の酸化はチロシナーゼ関連タンパク質 1（Tyrp1, DHICA オキシダーゼ）により触媒されることが知られている[8]。一方，ヒトの同族体（ホモログ）である TYRP1 ではマウスのように反応が進行せず，ヒトにおけるこのタンパク質の正確な役割は不明である[9]。

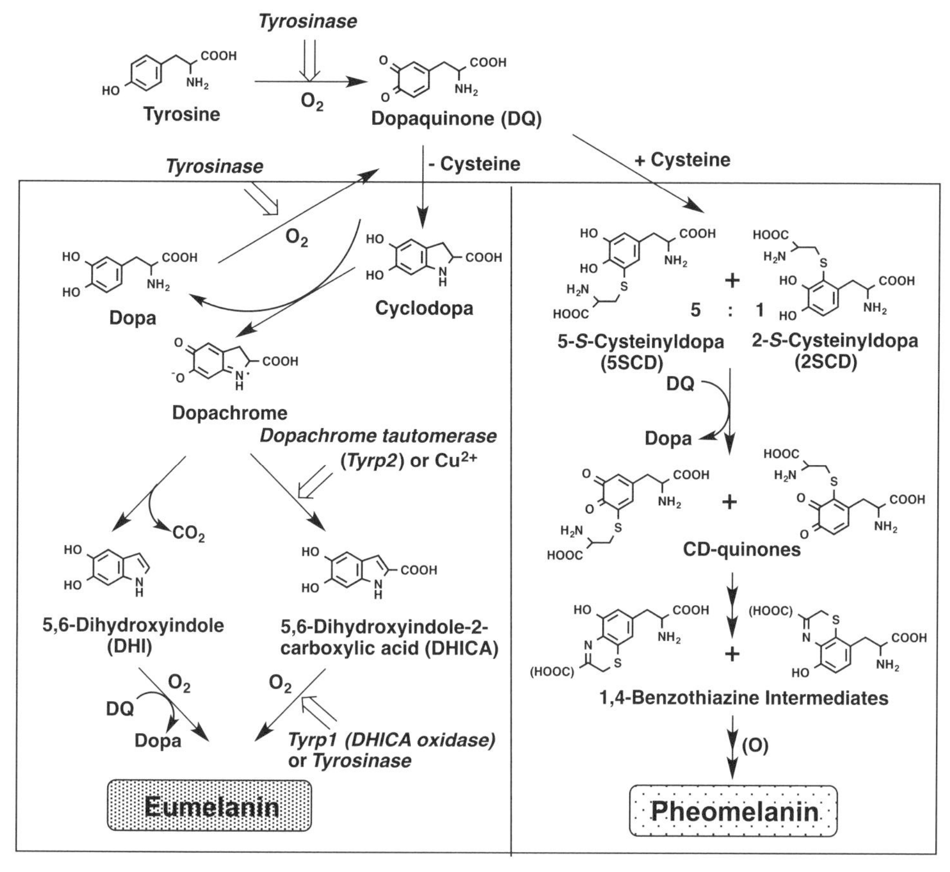

図 11.1 メラニンの生合成過程の概略

ユーメラニンの構造に関しては，Raper や Mason らの先駆的な研究に引き続き，1960 年代に Nicolaus ら，Swan らにより行なわれた種々の分解反応の生成物から，図 11.2A に要約した構造が推定されている [1~3]。この構造式が示すように，天然のユーメラニンは DHI と DHICA がさまざまな比率で酸化的に重合したものである。構造の一部にはジヒドロキシインドール骨格の酸化的解裂により生成したピロール骨格が存在し，また，ジヒドロキシインドール骨格には還元型のカテコール体と酸化型のキノン体が共存している。この構造の基礎的単位は，後述する化学的乱雑さ（chemical disorder）モデルとして広く受け入られている。合成 DHI メラニンを用いた最近の構造研究によると，そのメラニン構造は大きく広がったヘテロポリマーではなく，むしろ 5 ～ 6 個のインドールキノン単位で積み重ねられた 15 ～ 20 Å サイズのオリゴマーの原型分子 'proto-molecule' からなり，グラファイトのように 3.4 Å の積み重ねの空間をもつ Z 軸平面上に積み重ねられていると報告された。原子間力顕微鏡法（AFM），X 線回折法，質量分析法，核磁気共鳴法（NMR）や量子化学計算法によりユーメラニンの構造が調べられており，これらの方法の大半はユーメラニンの構造を積み重ねられた集合体として支持しているが，このモデルはまだ明確な証明を必要とする [10]。

L-システインがメラノソーム内に十分な量存在すると，ドーパキノンと付加反応を起こして 5-*S*-システイニルドーパ（5-*S*-CD）と 2-*S*-システイニルドーパ（2-*S*-CD）の異性体が 5 : 1 の比率で生成する。これらのシステイニルドーパ異性

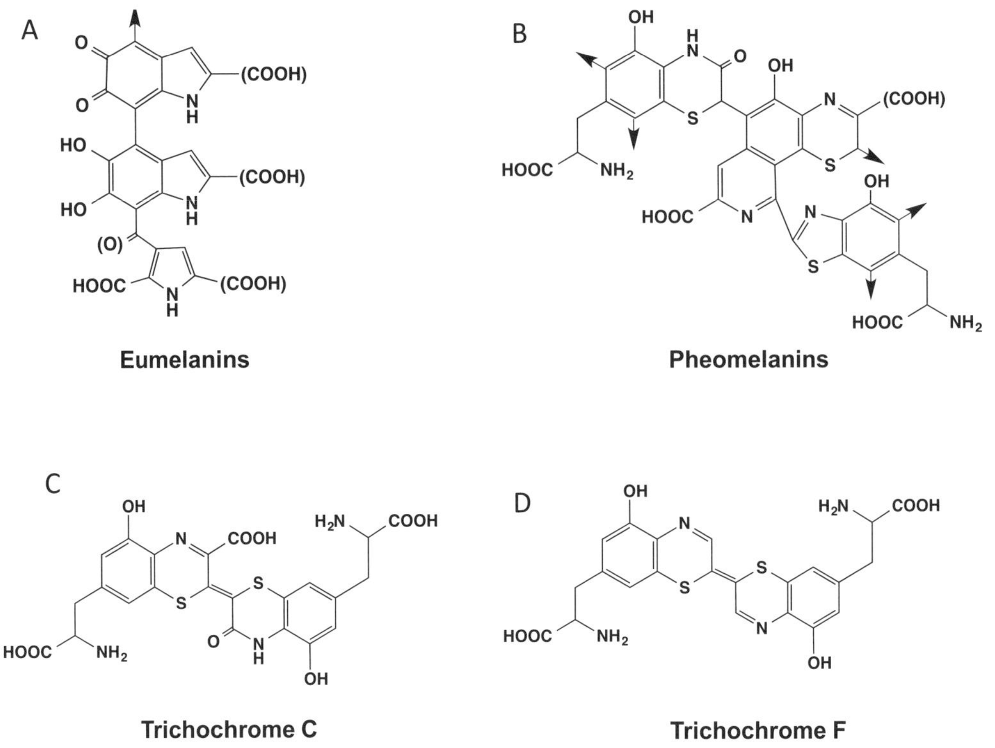

A Eumelanins

B Pheomelanins

C Trichochrome C

D Trichochrome F

図 11.2　メラニン色素の構造

体はドーパキノンにより酸化されベンゾチアジン中間体を経て赤褐色のフェオメラニンが生成する[11]。フェオメラニン形成が進行中のメラノサイトにおいては，Tyrp1 と Typr2 の遺伝子発現および酵素活性は，ほぼ完全に抑制されており，システイニルドーパからフェオメラニンへの酸化過程には酵素が関与しないことが明らかにされた[12]。すなわち，システイニルドーパの酸化はドーパキノンとの酸化還元反応により進行し（図 11.1），その後の一連の反応は非酵素的に進むものと考えられている。

フェオメラニンの構造に関しても，1960 年代に Nicolaus，Prota らによる生合成的研究および分解反応の結果に基づいて，図 11.2B に要約する構造が提出されている[1〜4]。すなわち，フェオメラニンはシステイニルドーパの酸化的重合反応により生成するベンゾチアジン誘導体とそれから派生するベンゾチアゾールやイソキノリン誘導体が複雑に結合したポリマーである。

天然に存在するメラニン色素の大半は，ユーメラニンとフェオメラニンがさまざまな比率で共重合したポリマーである[1〜4]。この共重合したポリマーである混合型メラニン形成反応を理解するためには，オルトキノン体であるドーパキノンがどのようにメラニン形成を制御しているかを理解する必要がある。図 11.3 に示した速度論データからは，次に示すような重要な 4 つの結論が導かれる[13,14]。①システインがドーパキノンに付加反応する速度定数（*r*3）と分子内環化反応の速度定数（*r*1）を比較すると，システイン濃度が 0.13 μM 以上であるかぎり，システイニルドーパ形成がシクロドーパ形成よりも優先される。②システイニルドーパキノンが生成される酸化還元反応（*r*4）はシステインによる付加反応（*r*3）より 30 倍遅い。ゆえに，システイニルドーパがフェオメラニン形成の初期段階で蓄積する。③システイニルドーパキノンを生成する酸化還元反応の速度定数（*r*4）とドーパクロムを生成する速度定数（2 ×

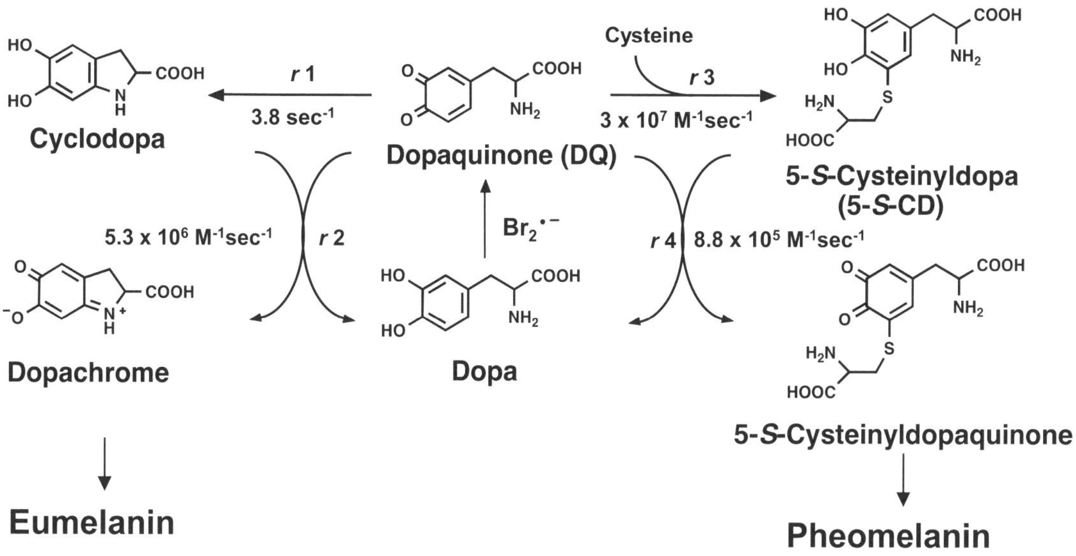

図 11.3 混合型メラニン形成反応における初期の速度論

$r1$）の比較から，システイニルドーパの濃度が 9 μM 以上であるかぎり，フェオメラニン形成反応がユーメラニン形成反応よりも優先的に進行する。④以上から，ユーメラニン形成反応とフェオメラニン形成反応の分岐の指標（D）が次の式 $D = r3 \times r4 \times$ [cysteine] ／ $r1 \times r2$ より導かれる[15]。この式から，システインの濃度が 0.8 μM になるとユーメラニン形成とフェオメラニン形成の切り替えの交差値（D）= 1 になるといえる。

上記の速度論研究から，ユーメラニンとフェオメラニンの混合型のメラニン形成反応では次の 3 つの段階があることが示唆される。すなわち，メラニン形成過程の初期段階では，システイン濃度が 0.13 μM 以上であるかぎりシステイニルドーパの生成が進行し，システインの枯渇に伴い，次いでシステイニルドーパが酸化されてフェオメラニンが生成して色素となる。この反応は，システイニルドーパの濃度が 9 μM 以上であるかぎり進行する。その後，システイニルドーパの枯渇に伴い，ユーメラニン合成が開始される。したがって，ユーメラニンとフェオメラニンの生成比率は，メラノソーム中のチロシナーゼ活性およびチロシンとシステインの供給速度により決定される。すなわち図 11.4 に示すように，チロシナーゼ活性が低く，メラニン産生能が低い場合は，フェオメラニンの前駆体であるシステイニルドーパの生成が起こるもののメラニン色素への酸化には至らないが，チロシナーゼ活性の亢進とともにフェオメラニンへの酸化重合が起こり，チロシナーゼ活性が高くメラニン産生能が高い場合は，システインの枯渇とともにユーメラニンの生成が始まり，すでに生成しているフェオメラニンの上に沈着するものと筆者らは考えている[13]。この説は casing model とよばれ[14]，メラニン顆粒の核はフェオメラニンからなり，その表面にユーメラニンが被膜しているというものである（図 11.5）[13]。この casing model は，培養ヒト表皮や眼の虹彩，毛様体，脈絡膜で構成されるぶどう膜のメラノサイトにおける混合型メラニンの組成[16]やニューロメラニン表面の酸化電位をうまく説明できる[17]。

11.1.3 メラニンの単離と調製

メラニンは化学的に安定であると考えられがちであるが，実際には不安定である。メラニンを酸処理，アルカリ処理，酸素や過酸化水素で処理すると，それぞれ脱炭酸，酸化的環開裂，カテコー

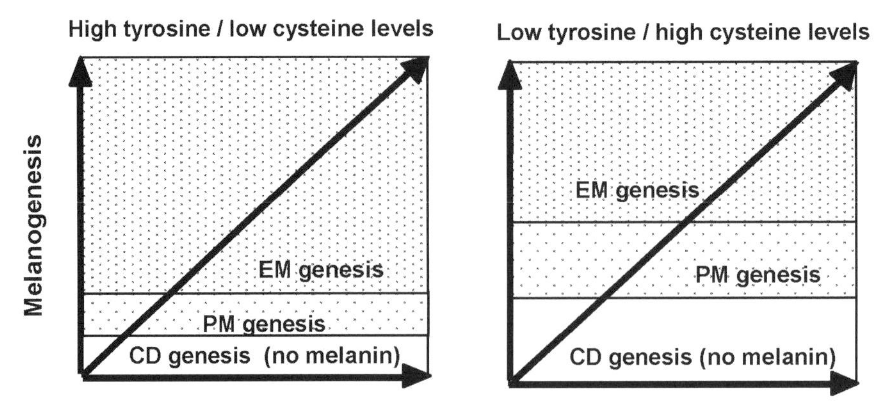

図 11.4　チロシナーゼ活性と生成するメラニンとの関係についての仮説

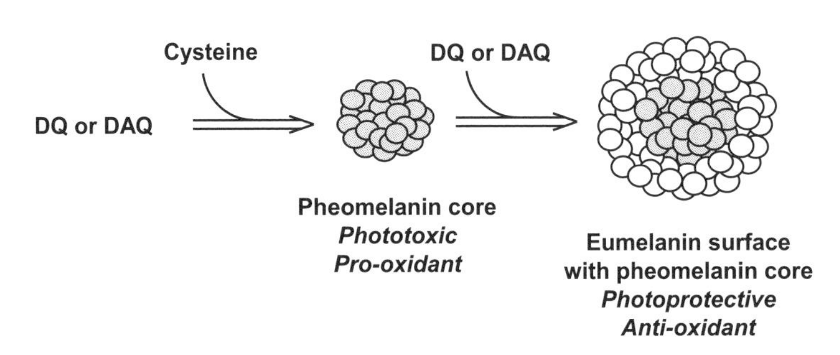

図 11.5　Casing モデル

ル単位の酸化が起こり，多かれ少なかれ構造的分解が起こることが知られている。また，熱や光のような物理的作用による変化，加齢などでも変化が起こる。

天然メラニンの構造的・物理的特性に基づいた単離手順では，以下の3つの点に注意しなければならない。①タンパク質や他の生物学的構成物との結合，②さまざまな金属イオンとの結合，③乾燥法の影響。

このようにメラニンを単離するのは容易でなく簡便な方法がないが，最もよく利用されている材料は，コウイカ（*Sepia officinalis*）の墨，あるいはヒトの毛髪メラニン，ウシの眼の脈絡膜，虹彩のメラノソーム，B16マウスメラノーマ，羽根毛メラニン，ニューロメラニンである[4)]。このうちヒトの毛髪メラニン，虹彩のメラノソーム，ニューロメラニンでは，タンパク質を分解させるためにさまざまな酵素を繰り返し使用する方法が使われた。脈絡膜メラノソームとマウスメラノーマでは，ショ糖密度勾配法により純度の高いサンプルが得られた。一方，羽根毛メラニンは一般に固い細胞間質を壊すために0.1 M水酸化ナトリウム水溶液が用いられるが，サンプルのホモジナイズを効率的に行なうことができれば，ヒトの毛髪で使用する穏和な条件下で繰り返し行なう酵素法も使用できる。

トリコクローム（図11.2C，D）とよばれる二量体のフェオメラニン様色素がニワトリの赤い羽根毛から得られた。トリコクロームは，メラニン色素の中で構造が決定されている唯一の色素である。興味深いことに，トリコクロームCがメラノーマの患者の尿からも単離されている。一方，類似な構造をもつトリコクロームFも単離されたが，フェオメラニンの抽出過程で，5-*S*-システイニルドーパから人工産物として生成したものと考えられている。

合成メラニンを調製するうえで重要な点が3つある[4]。①前駆体，②反応条件（酸化剤，溶媒，pH，反応時間），③反応後の後処理（酸性化，沈殿，遠心，凍結乾燥）と保存状態（乾燥，低温，窒素下）である。合成メラニンの構造の特徴は上記の因子に依存し，たとえ同じ基質を使用していても異なった条件で調製された色素を単純に比較することはできない。

合成ユーメラニンの前駆体は，L-チロシン，L-ドーパ，DHI，DHICA，ドーパミンである。*in vivo* のスケールで反応させる際には，1 mMの濃度が推奨されるが，一方，大量スケールの場合は10 mMが推奨される。合成ユーメラニンは，マッシュルームチロシナーゼの存在下またはペルオキシダーゼ／過酸化水素で，中性溶液中（pH 6.8，7.0，7.4），空気または酸素雰囲気下での酸化により調製される。後処理は，希酸で沈殿を生じさせ，沈殿物を凍結乾燥またはデシケーター中で乾燥してメラニンが得られる。以前は，ドーパメラニンがユーメラニンのよいモデルとなると考えられていたが，チロシンとドーパメラニンは大部分がDHI由来の単位であり（DHICAとしては10%程度），天然のユーメラニンのDHIとDHICAの比が約1：1であるのとかなり異なっていることがわかった[18, 19]。現在のところ，DHIとDHICAを共重合したメラニンがユーメラニンの最も適切なモデルといえる。

合成フェオメラニンは前駆体としてドーパとシステインの混合物あるいは5-*S*-CDのチロシナーゼ酸化により調製される。前者は，ドーパとシステインから得られるすべてのシステイニルドーパ異性体を含むので，より天然に近い色素が得られる。一方，後者は化学的により均一な色素を与える[11]。L-ドーパ，L-システインや5-*S*-CDの適切な濃度は，1 mMである。しかし，大量合成の目的のためには，それぞれ10 mMが推奨される。また，合成を推進するためには空気の流入，5-*S*-CDの場合，L-ドーパ（0.05当量）が触媒として必要である。システイニルドーパは，ペルオキシダーゼ／過酸化水素によっても酸化される[20]。亜鉛イオンを添加するとベンゾチアジン単位の多い色素が得られる。反応溶媒は，pH 6.8 ～ 7.4のリン酸緩衝液が推奨される。後処理は，酢酸でpH 3.0にしてメラニンを沈殿させる。

いくつかの会社が合成ユーメラニンを販売している。Sigma社から販売されているメラニン（CAS-No. 8049-97-6，EC-No. 232-473-6）は，チロシンの過酸化水素による酸化で調製されたメラニンであるが，このメラニンは，弱アルカリに可溶であるという点で天然のユーメラニンと異なり，標準物質として適切とはいえない[4]。一方，同じCAS numberのコウイカから得られるメラニンは，標準物質として推奨される。

11.1.4 メラニンの化学的分析

表11.1にユーメラニンとフェオメラニンの性状を分析する種々の方法について比較した。組織の色はメラニンの区別に直接役立たない。たとえば，筆者らはフェオメラニンが多いのではなく，ユーメラニンが少ないだけの「赤毛」にしばしば遭遇するし，実際，化学分析の結果から，肉眼で見た色調のちがいは必ずしも信用できないことを経験している。溶解性のちがいも，ユーメラニンでもアルカリに少し溶けるものもあるなど，特異性に欠ける。元素分析は両者の前駆体を反映して，本来は特異性が高いはずであるが，残念ながらメラニンの単離が困難であり，かつその過程でタンパク質に由来する硫黄の混入が避けられず，合成メラニンへの適用を除いてはほとんど役立たない。赤外吸収スペクトルはもともと特異性が低い分析法であり，有用とは考えにくい。UV-VISスペクトルを測定するために，メラニンの可溶化が必要である。ユーメラニンは通常の溶媒には不溶であるが，液体シンチレーション用の組織可溶

表 11.1 ユーメラニンとフェオメラニンの物理的・化学的性質

性質	ユーメラニン	フェオメラニン	特異性
組織の色	暗褐色～黒色	黄色～赤褐色	低
溶解度	あらゆる溶媒に不溶	アルカリ可溶	低
元素分析	C，H，O，N（6～9%），S（0～1%）	C，H，O，N（8～11%），S（9～12%）	低
IR スペクトル	特徴的なピークなし	特徴的なピークなし	低
UV-VIS スペクトル	吸収極大なし	吸収極大なし	低？
NMR スペクトル	有用な可能性あり	データなし	？
EPR スペクトル	一峰性ピーク	二峰性ピーク	高
Raman スペクトル	有用な可能性あり	有用な可能性あり	高
化学分析	PTCA，PDCA	AHP，TTCA，TDCA	高

化剤であるSoluene-350中で加熱すると可溶化できる。両者の吸収スペクトルはいずれも長波長側へ向けて漸減し，特徴的なピークは見られないが，筆者らは，500 nmと650 nmにおける吸光度の比率がユーメラニンでは0.3，フェオメラニンでは0.1と大きく異なり，両者の区別が可能であることを示した[21]。^{13}Cまたは^{15}N核磁気共鳴スペクトルは，合成あるいは天然のメラニンを固体状態で測定するために用いられ，有用な情報を提供している。電子スピン共鳴スペクトル（EPR）も両者の区別に用いられている。この方法を用いて，ユーメラニンとフェオメラニンの混合物またはその共重合体中のフェオメラニンの含量を測定した報告があるが[22]，メラニンの構造のうちラジカル部分は一部であり，メラニン高分子全体の分子構造をどの程度反映しているかは疑問である。最近，ラマンスペクトル法が報告された。鳥の羽根毛やヒトの毛髪におけるラマンスペクトルのユーメラニン由来バンドとフェオメラニン由来バンドからの定量値が化学分解によって得られた値とよい相関を示した[23]。

現在，メラニンの構造を研究するうえで最も有効な方法は，メラニンを化学的に分解し，得られた分解産物を高速液体クロマトグラフィー（HPLC）で解析する方法である。天然のユーメラニンは，種々のモノマー単位（DHI，DHICA，ピロール体）からなる不均一なポリマーであることが生合成的研究およびメラニンの分解反応から示された（図11.6）。分解反応としては，過マンガン酸カリウムや過酸化水素による酸化的分解反応が最もよく用いられている。Nicolausらは，セピアメラニンの過酸化水素酸化とアルカリ加水分解によって，ピロール-2,3,5-トリカルボン酸（PTCA；図11.7-1）を6.5%の収率で得た[1]。また，筆者らも天然のユーメラニンの酸性過マンガン酸酸化によりPTCAを約2%の収率で得た[24]。PTCAはユーメラニンポリマー中のDHICA由来の構造単位から生成する。ユーメラニンの酸化により，DHI由来の構造単位を反映するピロール-2,3-ジカルボン酸（PDCA；図11.7-2）も生成するが，その収率はPTCAに比べてずっと低い。

一方，フェオメラニン（トリコクロームを含む）は，その分解反応からシステイニルドーパに由来するベンゾチアジン構造単位とその環縮小反応によるベンゾチアゾール構造単位が酸化的に重合した非常に不均一なポリマーであることがわかった。フェオメラニンをヨウ化水素酸で還元的に水解すると，多くの有用な分解産物が得られた。分解反応の条件は過激であるが，比較的高収率で分解生成物が得られるので，この方法はフェオメラニンの構造研究において欠くことができない方法である。

ニワトリの赤毛の羽毛をアルカリで抽出し，ゲルクロマトグラフィーにかけると，タンパク質を

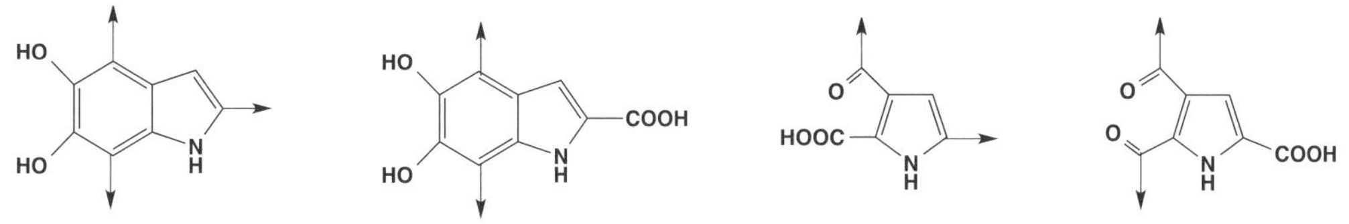

図 11.6　ユーメラニンに存在するモノマー単位

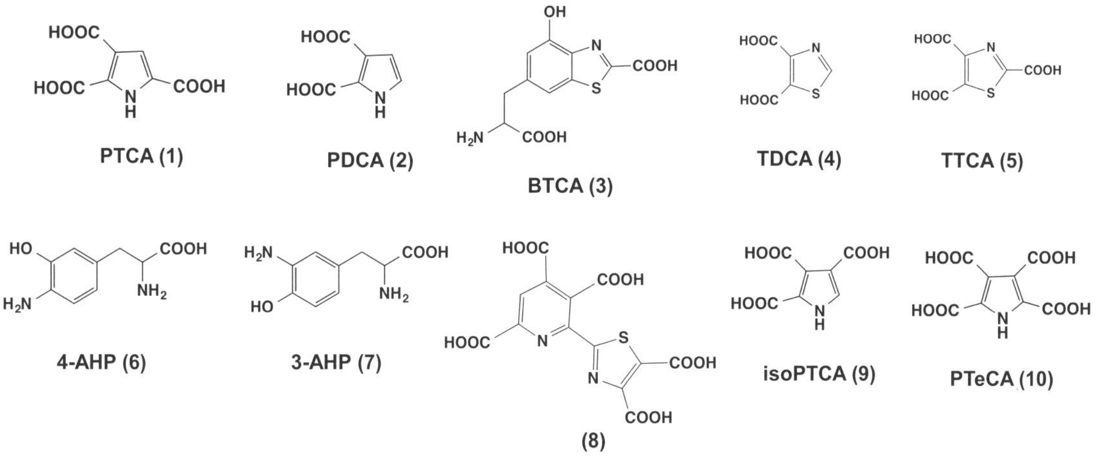

図 11.7　ユーメラニンおよびフェオメラニンの過酸化水素酸化およびフェオメラニンのヨウ化水素酸水解による生成物

含まない色素としてガロフェオメラニン 1 が単離された。その特徴は，システインに由来する硫黄含量が高いことである（硫黄 8.9%，窒素 9.0%）。以上の結果から，フェオメラニンはおもにベンゾチアジン構造単位からなり，イソキノリンおよびベンゾチアゾール構造単位を一部に含む構造であることが推定された[2, 3]。

11.1.5　メラニンの微量分析

この項では，筆者らが開発したメラニンの微量分析法について解説する（図 11.8）。筆者らは，メラニンの生合成の研究を進めるうえで，メラニンの微量定量法を開発する必要性を痛感していた。そこで，1985 年にメラニンを化学的に分解してその特異的分解産物を HPLC で測定することにより分別定量する方法を発表した[24]。先に述べたように，さまざまな条件下でユーメラニンを酸化すると，主生成物として，PTCA が得られる[1]。伊藤らは，1 M 硫酸水溶液中ユーメラニンの過マンガン酸酸化により生成する PTCA を HPLC により定量する微量分析法を開発した[24]。酸性溶液中で DHI メラニンと DHICA メラニンを過マンガン酸酸化するとそれぞれ 0.03%，2.8% の収率で PTCA が得られた。この結果から，PTCA は DHICA 由来の構造から生成する特異的生成物であることが示された。このことは，過マンガン酸酸化の長所であるが，天然のユーメラニンや合成 DHI メラニンから PDCA がほとんど生成しないことは，過マンガン酸酸化の欠点である。しばらくのあいだ，この実験方法がユーメラニン分析法のスタンダードとして使われていたが[25]，この欠点を克服するために，アルカリ性下（1 M NaOH[26] または 1 M K_2CO_3[20, 27]）に過酸化水素を用いて酸化する方法が開発された。この方法の長所は，①後処理の段階でエーテル抽出の必要がないこと，② DHI 由来の単位から

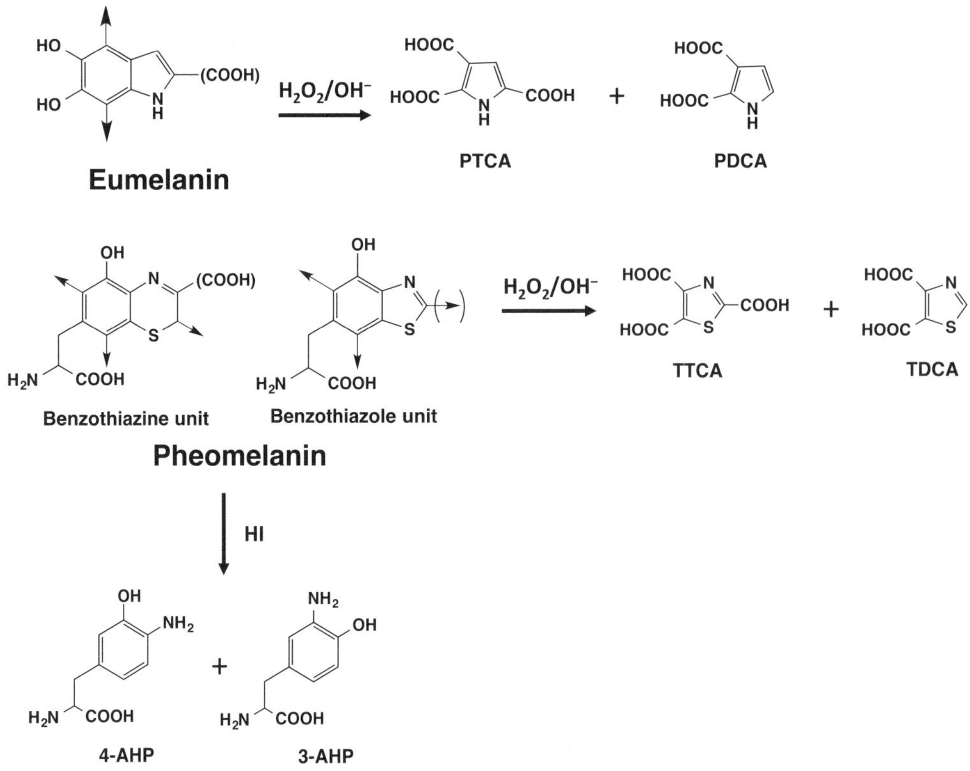

図 11.8　メラニンの化学的分解生成物

PDCA が生成すること，③ PTCA がより高い収率で得られること，④フェオメラニンのマーカーであるベンゾチアゾールカルボン酸（BTCA；図 11.7-3），チアゾール-4,5-ジカルボン酸（TDCA；図 11.7-4），チアゾール-2,4,5-トリカルボン酸（TTCA；図 11.7-5）がユーメラニンのマーカーである PTCA や PDCA と同時に HPLC で測定できるなどの利点がある。1 M NaOH を反応溶媒に使用すると，条件が過激なためか，副生成物が多くなるが，BTCA の収率は 1 M K_2CO_3 中よりもよくなる[27]。

フェオメラニンのヨウ化水素酸での還元的水解法が最初の微量分析法として報告された[28]。5-*S*-CD 由来のベンゾチアジン単位のマーカーである 4-アミノ-3-ヒドロキシフェニルアラニン（4-AHP；図 11.7-6）を HPLC で測定するものである。過酸化水素酸反応から得られるフェオメラニンの分解産物である TTCA はフェオメラニンのベンゾチアゾール単位に特異的なマーカーである。4-AHP の分析は，BTCA や TTCA より感度がよいので，ヒト表皮や培養メラノサイト中のフェオメラニンを測定するのによい方法である一方，HI を除去するに際して難しい面がある。それに対して，BTCA と TTCA は低感度ではあるが，補足的な情報を与えるマーカーといえる。以上のように，フェオメラニンの化学分解生成物として分析されているものとして，4-AHP，その異性体である 3-アミノ-4-ヒドロキシフェニルアラニン（3-AHP；図 11.7-7），BTCA，TDCA，TTCA がある[1,28,29]。さらに最近，ピリジン環を含む分解生成物（図 11.7-8）が同定されている[30]。

以上のメラニンの分別定量法はメラニン産生組織 1 mg，細胞 10 万個でも分析可能な高感度の分析法であり，ヒトを含めた動物の体毛，表皮，メラノーマ組織あるいは培養メラノーマ細胞やメラノサイト中のユーメラニンとフェオメラニンの分別定量に広く適用されている[2~4]。ヒト表皮中にフェオメラニンが存在することを1991年にThodyらが初めて報告した[31]。表皮中のユーメラニンとフェオメラニンの相対的な割合は，同一人物から得られた毛髪中のメラニンの割合とよく相関した。skin type Iの皮膚中のユーメラニン量は少量であったが，skin type II，IIIで増加した。一方，フェオメラニン量は，skin typeに相関しなかった。毛髪中のメラニンについては，多様な毛髪色について比較したところ，黒色～ブロンド毛髪は，一定レベルで少量のフェオメラニンを含むことがわかった[32]。一方，ユーメラニン含量は毛髪色の濃さとよく相関し，黒色～ブロンド毛髪では，いずれもユーメラニンが多く検出された。赤毛のみが，ほぼ等しい量のユーメラニンとフェオメラニンを含んでいることがわかった。また最近，1億6千万年前のジュラ紀のイカ墨袋化石中のメラニンを分析する機会があった[33]。この墨袋から見つかった黒褐色色素は，ユーメラニンであった。メラニン分析をしたところ，従来のユーメラニンの化学分解法では見つからなかったピロール-2,3,4-トリカルボン酸（isoPTCA；図11.7-9）とピロール-2,3,4,5-テトラカルボン酸（PTeCA；図11.7-10）が検出され，PTCAとの相対比率が現代のイカ墨ユーメラニンよりも著しく増加していることがわかった。合成ユーメラニンの長時間の加熱によるモデル実験からも同様の結果を得ており，一般に安定であると思われていたユーメラニンも加熱または紫外線照射による分解により，徐々に高度な架橋構造形成を起こすことが示唆された[34]。

筆者らは，簡便な全メラニン定量法として，組織可溶化剤であるSoluene-350を用いる方法を開発した。すなわち，組織をSoluene-350と水（9：1）の混合液で加熱して完全に可溶化したのち，500 nmの波長における吸光度を測定する方法である[21]。この方法はPTCAと4-AHPから計算された全メラニン含量とよい相関を示した[27]。したがって，このA_{500}の値は，ユーメラニンとフェオメラニンを合わせた全メラニンの指標として役だつことがわかった。PTCAと全メラニン量（A_{500}）の比率は，ユーメラニン中のDHICA由来単位の含量を示すよい指標となる。たとえば，slatyマウスではPTCAと全メラニン量の比率が黒色マウスの5分の1であり，この結果はslatyは*Tyrp2*遺伝子に変異をもち，その酵素活性が低下しているという事実とよく相関する。一方，4-AHPと全メラニン量の比率はフェオメラニンを分析するうえで有用な指標になる。メラニンを可溶化して定量する目的には，一般に水酸化ナトリウムが用いられているが，毛髪については，完全な可溶化は困難である。したがって，このSoluene-350はより優れた方法といえる。欠点としては，Soluene-350がきわめて粘稠で，かつ揮発性が高く（エタノールが含まれているので），吸光度の測定が少々やっかいな点である。以上のように，メラニンの化学的分解反応の研究からメラニンの含量と構造上の特徴を知るための多くの有用な指標が見いだされた。

11.1.6 ニューロメラニン

ヒト脳の黒質（SN）のドーパミン作動性ニューロンや青斑核（LC）のノルエピネフリン作動性ニューロンには，加齢とともに黒褐色のニューロメラニン（NM）とよばれる色素が蓄積する。NMは，チロシン（あるいはドーパ）を前駆体とする通常のメラニン生成過程とは異なり，ドーパミンやノルエピネフリンの自動酸化により生成する構造が複雑な不溶性の高分子化合物であり，その構造やその生化学的機能はまだ十分に解明されているとは言いがたい。

皮膚にはメラニン生成を触媒する酵素チロシナーゼが存在する。しかし，SN中にはチロシナーゼを暗号化する少量のmRNA遺伝子の存在が報告されてはいるが，脳内ではタンパク質の発現は見つかっていない[35]。NMの構造の中心はドーパミンメラニンであろうと推測されてきたが，1985年に脳内組織中に5-*S*-システイニルドーパミンが発見され，NMはシステイニルドーパミンの酸化体ではないかとの仮説が可能となった[36]。

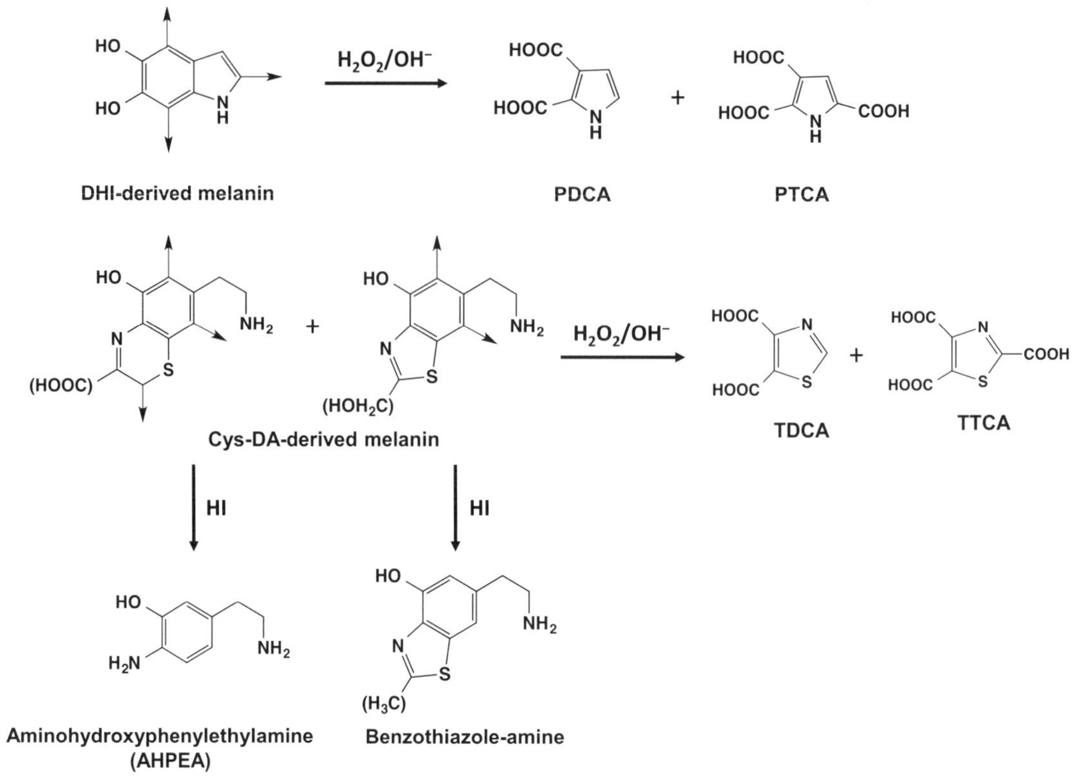
HO
HO
N
H
DHI-derived melanin
H_2O_2/OH^-
HOOC
HOOC
N
H
PDCA
+
HOOC
HOOC
N
H
COOH
PTCA
HO
N
(HOOC)
S
NH_2
+
HO
N
S
(HOH$_2$C)
NH_2
Cys-DA-derived melanin
H_2O_2/OH^-
HOOC
HOOC
N
S
TDCA
+
HOOC
HOOC
N
S
COOH
TTCA
HI
HI
HO
H_2N
NH_2
Aminohydroxyphenylethylamine
(AHPEA)
HO
N
S
(H$_3$C)
NH_2
Benzothiazole-amine

図 11.9　ニューロメラニンの化学的分解生成物

SN の構造研究にも上記のユーメラニンとフェオメラニンに使用されたと同じ化学的分析法が適用された（図 11.9）。筆者らは，ドーパミンとシステインを種々の比率で酸化して合成ニューロメラニンを調製し，それらをヨウ化水素酸で還元的に水解した。その結果，ドーパミンとシステインを 2：1 の割合で調製したメラニンを加熱（37℃，40 日間）することにより得られたメラニンが天然の NM に近いことを報告した[37]。また，NM 中のベンゾチアジン単位が，この aging 過程でベンゾチアゾール単位に変換されることも示された。

NM の化学構造とその生成機序の解明は，パーキンソン病発症の機序の解明，さらにはその予防への足がかりになるものと期待されている。

11.2　メラニンの機能

メラニン色素は上述したようにあらゆる動物界に見られ，多様な構造で存在していることがわかった。それでは，メラニンの機能は何であろうか。多くの研究がなされてきたが，その機能についてはまだ議論の余地が多い。メラニン色素の役割を個々に検討してみると，その機能はあたかも相矛盾する振る舞いをするかのようにみえることがある。この節では，その機能について現在提出されている説を構造の面からと，生物学的な面から概説する（表 11.2）。なお，いくつかの興味ある総説があるので参照されたい[38, 39]。

11.2.1　構造の面からみたメラニンの機能

(1) 光の吸収剤

メラニン，とくにユーメラニンの色の濃さや暗

表 11.2. メラニンの機能

1. 構造の面から見たメラニンの機能
   ①光の吸収剤
   ②ラジカル除去剤（酸化還元反応）
   ③薬品との結合
   ④エネルギーの変換
2. 生物学的な面から見たメラニンの機能
   ①カムフラージュ
   ②サンスクリーン
   ③抗生物質様の機能

さは，その分子の構造と結合様式により可視光線が大部分吸収されるからである。また，インドールキノン骨格が連続するユーメラニンは赤外部の光の吸収でより黒色となる（図 11.10）。この低周波数の光の吸収はカルボニル基を通じて増加するので，カルボニル基が少ないフェオメラニンなどでは薄い色になり，より黄色や赤色になる。

ユーメラニン構造に基づくその特性は多くの研究で調べられている。ユーメラニンはさまざまな酸化段階のインドールキノンの基本単位から構成され，またこれらの基本単位の架橋形成が多くの結合位置で起こる。最近，Meredith らは，これらの２つの要素により，メラニンの多くの物理・化学的特徴を引き起こす乱雑さをメラニンの構造に付与するという化学的乱雑さ（chemical disorder）モデルを提案した。メラニンは特徴的な短波長側に向けて漸増する単調な光学的吸収をもつ。このことは当初，あとで述べるメラニンの半導体様の特徴であろうと考えられたが，最近になって chemical disorder モデルがより適切な説明であると受け入れられるようになった[40]。このモデルにおいては特色のない吸収が得られる。この結果として得られる吸収スペクトルは，さまざまな化学種から得られる個々の不均一に広がった発色団の吸収が重複することにより得られたスペクトルであることが報告されている。メラニンはまた固相状態で光伝導性が知られており，その抵抗値は紫外線や日光による照射で減少することも観察された。

(2) ラジカル除去剤

メラニン，とくにユーメラニンは酸化還元反応に関し，オルトキノンとカテコール骨格間での電子の非局在化によりセミキノンラジカルを生じ，一電子，二電子酸化還元反応をする。X 線や γ 線は水分子をイオン化して一連の複雑なラジカル種を生成する。このうち，ヒドロキシラジカルは最も反応性に富み，細胞を傷害する。スーパーオキシドラジカルはもう一つの重要な活性酸素種であり，細胞内における酸化反応（とくに呼吸）により付随的に生成する。たいていの細胞では，スーパーオキシドジスムターゼ（SOD）が急速にスーパーオキシドラジカルを過酸化水素に変換し，これがカタラーゼにより次に水と酸素に変換される（図 11.11）。スーパーオキシドラジカルと過酸化水素はとくに二価の Fe などの金属イオンの存在下，相互作用してヒドロキシラジカルを生成する。細胞中の UVB (280 ～ 320 nm) と UVA (320 ～ 400 nm) により生成した活性酸素種は，細胞内の分子を損傷する可能性がある。フリーラジカルと活性酸素の相互作用は DNA 鎖の解裂，DNA 塩基の損傷，DNA とタンパク質との共有結合形成をもたらすことが知られている。Sarna らは合成メラニンがヒドロキシラジカルを非常に効率よく除去することを見いだした。天然のメラニンがラジカルを除去することの生物学的意義はまだ十分に解明されていないが，メラニンによるフリーラジカル除去は，もし活性ラジカル種がメラニン顆粒の近傍で生成された場合，生体防御のうえで有用であると考えられる。メラニン構造中の豊富なフェノール性酸素，キノン構造，カルボキシル基などが，鉄や銅イオンのような遷移金属イオンと安定な錯体を形成し（図 11.10），ユーメラニンがフリーラジカルのトラップ剤としてフリーラジカルや活性酸素種を除去する機能に寄与するといわれている。網膜の色素上皮のメラニンに光保護作用があるという仮説は，細胞内メラニンが金属と結合できるという点に基づいている。また，生体への酸化ストレスは，ユーメラニンによって反応性の高い金属イオンを結合させること

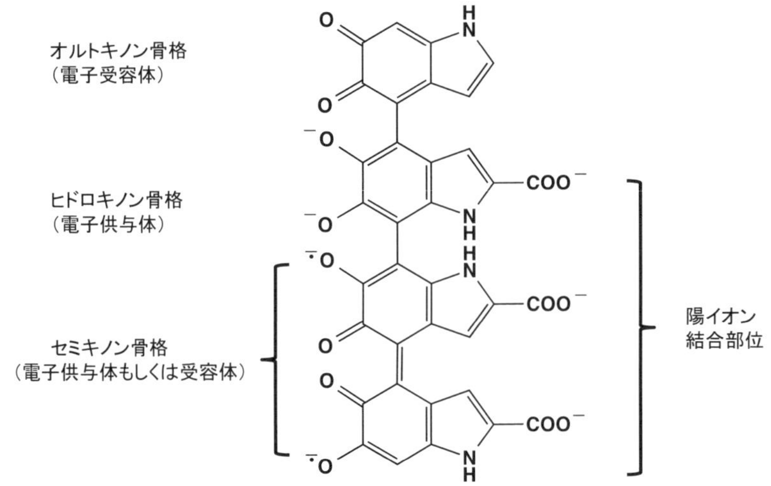

図 11.10　メラニンのインドール部位の化学構造

$$2O_2^{\bar{\bullet}} + 2H^+ \xrightarrow{\text{SOD}} H_2O_2 + O_2$$

$$2H_2O_2 \xrightarrow{\text{カタラーゼ}} 2H_2O + O_2$$

$$O_2^{\bar{\bullet}} + H_2O_2 \underset{}{\overset{\text{Haber-Weiss反応}}{\rightleftharpoons}} \cdot OH + OH^- + O_2$$

図 11.11　活性酸素の生成と除去

により減少する。ユーメラニンは三価の Fe や Cu，Sr，Cd，Pb などの重金属イオンと強く結合するが，Ca，Mg，Zn，Na，K などの軽金属イオンとは強く結合しない。ユーメラニンはそのような金属イオンのための倉庫として働き，金属を徐々に放出すると信じられている。

しかし，メラニンは擬似的な SOD として働く能力を示す一方で，遷移金属と錯体を形成しフリーラジカルと活性酸素種を産生する能力をもつ。メラニンはフリーラジカルを連続的に発生するユニークな生体高分子ともいえる。これらの活性酸素種がタンパク質，脂質，核酸を分解することにより皮膚中の細胞に細胞毒性を与える可能性も示唆されており，それゆえ，メラニンが良好なラジカルトラップ剤として機能するとはいえないかもしれない。

メラニンに紫外線を照射したり，スーパーオキシドラジカルを作用すると，メラニンに由来するラジカルシグナルが増加する。条件によっては過酸化水素やヒドロキシラジカルが生成するため，ラジカル発生は細胞にとって非常に致死的である。フェオメラニンはユーメラニンより可視光線の照射によるラジカル生成能が高いことが知られている。ヒトのフェオメラニン生成細胞がユーメラニン生成細胞より放射線照射に対してより感受性があり，一方，ユーメラニンが放射線照射に対して保護作用があると報告された[41]。最近，チェルノブイリに棲息しているフェオメラニン産生の多い鳥の羽根毛では，線量当量が増えるにつれフェオメラニン量が減少し，フェオメラニンのベンゾチアジン単位からベンゾチアゾール単位に骨格が変化することがわかった。ユーメラニンであるDHIメラニンやDHICAメラニンは紫外線吸収能をもち，細胞防御に働くのに対して，フェオメラニンはフリーラジカルを産生して光毒性を示す。培養メラノサイトを用いた実験で，フェオメラニンの存在は，UVA照射による1本鎖DNA切断を増強することが示されている[42]。そのメカニズムは，UVAによりフェオメラニンの発色団が一重項状態に励起し，基底状態の三重項フェオメラニンに崩壊する。その際に一電子を酸素分子に与え活性酸素であるスーパーオキシドラジカルが生成する。それが，過酸化水素やヒドロキラジカルのような化学種に変わることにより間接的に酸化的塩基傷害とDNA鎖の切断を引き起こす。日光に長時間曝露された赤毛は構造的な分解を引き起こし，フェオメラニンの構造はベンゾチアジン単位からベンゾチアゾール単位への変換が助長される。この光老化したフェオメラニンは発色団の変更により光保護能力を下げ，結果的にメラノーマの発生につながる。以上より，フェオメラニンがUVAを吸収してDNAを損傷し，メラノーマ発症へ導く可能性が高い[42]。

さらにUVC（260～280 nm）やUVB（280～320 nm）は無色素性メラノーマ細胞よりも色素性メラノーマ細胞において，より致死的であるという実験結果があり，細胞内メラニンが細胞の致死損傷を増強する可能性も示唆されている。DNAの二重らせんの解裂の度合いは，色素細胞において光照射で増加することが知られている。フェオメラニンはユーメラニンに比べて紫外線の遮断能力が弱く，さらに，UVAにより誘導される活性酸素種の産生を増幅することが知られている[42]。

赤毛で肌の色が薄い表現型とメラノーマの増加リスクとの相関が見られることは20年以上前から確立されている。Fisherらは表皮にフェオメラニンを産生するマウスを作成し，紫外線を照射しなくてもメラノーマが自然発症することを示した。その機序として，皮膚中に過酸化脂質とヒドロキシラジカル障害を受けたDNA塩基が多く含くまれることがわかった[43]。この機序に関して彼らはフェオメラニン経路が酸化ストレスとメラノーマ形成反応を仲介する2つの可能な経路を仮定している。1つは，フェオメラニンがDNA傷害を直接的にまたは間接的に引き起こす活性酸素種を産生するという仮説である。フェオメラニンは核中には局在しないが，活性酸素の発生を推進することにより傷害を引き起こすことができるであろう。活性酸素は細胞内の抗酸化物質の蓄積を抑えて，細胞質の遊離の核酸塩基などの生体分子へ酸化傷害を引き起こす。フェオメラニンはユーメラニンより低いイオン化ポテンシャル（分子から電子を取り去るために必要なエネルギー）をもち，硫黄原子がフェオメラニンの陽イオン性ラジカルの安定化を助ける。これは，エネルギー的にフェオメラニンがユーメラニンよりもラジカル生成反応に関与しやすいことを意味する。フェオメラニンがUVAにより活性酸素を発生することが知られているが，亜鉛の存在下，フェオメラニンは同様に可視光線で刺激した際にも活性酸素を発生する。もう1つの仮説は，フェオメラニン生合成が細胞のシステイン由来の抗酸化剤を枯渇させることにより，増加した内因性の活性酸素に対して細胞がより脆弱になるかもしれないという説である。この仮説によれば，発がん性になるのは，フェオメラニンが存在するかどうかではなく，フェオメラニン合成に必要なシステイン（またはグルタチオン）が枯渇したかどうかということである。

一方，最近Napolitanoらは，フェオメラニンが酸素の存在下GSHとNAD(P)Hの自動酸化を著しく促進することを報告した[38]。これは，活性酸素による仲介ではなくフェオメラニンからの直接の水素原子の移動メカニズムによるものである。したがって，赤毛表現型においては，フェオメラニンが直接的にGSHとNAD(P)Hと相互作用して，これらの抗酸化物質を消費し，またシステイニルドーパの合成に必要なシステインを提供するGSHを消費する色素産生経路により抗酸化物質を消費することで，活性酸素を増加する結果となると考えられる。

ユーメラニンは抗酸化剤としてまたフリーラジカル捕捉剤としての性質をもつ。*in vitro* の実験において，DHICA メラニンが Fenton 反応において強力なヒドロキシラジカル捕捉剤としての特徴を示すが，DHI メラニンにはそのような特徴はない[44]。さらに，DHICA メラニンは DHI やドーパメラニンより強力なフリーラジカル捕捉剤の特徴を示す。

最近，Noonan らは，表皮にユーメラニンを産生するトランスジェニックマウスを用いて，紫外線誘発メラノーマ発症におけるユーメラニンの役割を調べた[45]。UVB 誘発メラノーマは色素の有無にかかわらず発生する DNA 傷害〔シクロブタンピリミジンダイマー（CPD）の生成〕によるものであり，一方，UVA 誘発メラノーマはユーメラニンを必要とし，酸化的 DNA 傷害と関連していることを報告した。また最近，Premi らは UV（UVA または UVB）による刺激により発生した活性酸素種が，黒色メラニン（とくに DHICA メラニン）や DHICA を化学的に励起状態にある化学種に酸化分解し，その三重項状態の高エネルギーを徐々に（3 時間以上のあいだ）DNA に与えることにより CPD が生成することを報告した[46]。

以上のように，メラニンは光子，電子，音，フリーラジカル，活性酸素種を吸収して生体に対して保護作用をもたらすが，これらの量が許容範囲を越えると，逆にフリーラジカルや活性酸素種の生成を促進して有害作用を示すようになるものと考えられる。

(3)　薬品との結合

化学薬品や医薬品のなかにはメラニンを含む組織に保持されるものが少なくない[47]。その結合は，メラニン中のカルボキシル基の陰イオンと化合物中のアミノ基による陽イオンや金属イオンとの静電的相互作用による。また，芳香族化合物はメラニンの芳香環とのファンデルワールス力によりメラニン親和性を示す。このようなメラニンと医薬品との相互作用は，ときに医薬品による副作用をもたらす原因となる。たとえば，クロロキン，クロロプロマジンはとくに眼のメラニン色素に蓄積されることが示されており，リドカイン，クロロキンやフェノチアジンは，眼の神経系に副作用をもたらした例が報告されている。これらの化合物はユーメラニンに特異的に結合するが，フェオメラニンへの結合能はユーメラニンの結合能より弱いことが知られている。また，無色素性の動物において眼を選択的に障害する化合物がいくつか知られている。たとえば，ニコチンアミドのアンタゴニストである 6-アミノニコチンアミドは，メラニン色素をもつウサギよりもアルビノのウサギにおいて重篤な眼の障害を与えた。この場合，メラニンが化学試薬により引き起こされた眼の毒性に対して保護作用を示すことが考えられている。一方，メラニンに対する化合物の親和性をメラノーマに特異的な化学療法剤の開発に利用しようとする試みがいくつか報告されている。三嶋らが開発した ^{10}B-フェニルアラニン（BPA）を用いる熱中性子捕捉療法は，^{10}B から生成する α 線によりメラノーマ細胞を破壊する方法として報告された。眼や神経系に比較的副作用をもたらさない試薬として，メチレンブルーがある。メチレンブルーはメラニンに対して高い親和性をもち，メラノーマ細胞に優先的に蓄積する。メチレンブルーはがん細胞に直接的な毒性を示さないが，ラジオアイソトープのキャリアーとして働くことができる。^{125}I で標識したメチレンブルーは，色素性のメラノーマを検出するため画像診断に臨床的に用いられている。

メラニン自身には結合しないが，生成過程のメラニンに結合してメラノーマ細胞に取り込まれる化合物もある。すわなち，2-チオウラシルはメラニン形成が活発なメラノーマ細胞に特異的に取り込まれるが，その機序として SH 基を介してメラニン前駆体のキノン体と結合することが知られている。

(4)　エネルギーの変換

メラニンは電子移動反応に関与することができる。すなわちメラニンはさまざまな波長の光のエネルギーを電気的エネルギーや熱エネルギーに変換する能力をもつ[40)]。メラニンはまた電気エネルギーを貯蔵し，それをゆっくりと熱に変換することができ，無定形の半導体のように振る舞うといわれている。半導体の伝導性のように，メラニンの伝導性は温度とともに上昇する。また，メラニンは誘電物質であり，分極することもできる。その緩和時間が遅いため，無定形の半導体のような特徴を示す。スズメバチの腹部に存在する黒色のメラニンと黄色のプテリジンが光半導体の接合体として機能することが知られているが，メラニンの物理的性質が実際にそのような機能を生体にもたらすか，まだほとんど解明されていない。

哺乳類の内耳，黒質中のメラニンは，水に依存性の混合型イオン-電子半導体の性質をもつ。内耳のメラニンの別の役割として，アルビノマウスがしばしば難聴になる場合がある。内耳のメラニンが聴覚のエネルギーを熱に換える働きをもっているかもしれない。メラニン色素は通常の聴覚の機能に必要でなく，メラニンの有無は，加齢に伴う蝸牛の退化に影響しないといわれている[48)]。アルビノのモルモットは有色のモルモットよりも強い騒音が聴器にもたらす毒性効果に敏感である。色素を含む蝸牛が騒音に対して低い感受性をもつことは，騒音後に現われる活性酸素種をメラニンが除去することができるからと説明されている[48)]。一方，爬虫類，両生類，変温脊椎動物のメラニンは，光エネルギーを熱に変換することで体温調節の役目をしている。

11.2.2 生物学的な面からみたメラニンの機能

(1) カムフラージュと装飾

メラニンの明確な機能の第一にあげられるものは，カムフラージュと異性に対するセックスアピールである。哺乳動物は非常にバラエティに富んだ色彩の体毛をもっている。これらの色の多くはメラニン色素の産物である。たとえば，ジャングルのような環境下では黒い皮膚は可視光線のほんの十数%しか反射しないので，可視光線を約半分反射する白い皮膚に比べて，カムフラージュにとっては十分効果的である。一般に，ほとんどすべての脊椎動物は，背の色は黒く濃く，腹は薄く明るい。これは，一方では紫外線からの有害効果から身を守るという積極的な意味合いもある。黒い体毛をもっている動物は，普通色素のない皮膚で覆われており，そのメラニン合成は毛包のメラノサイトで行なわれる。逆に，シロクマは白い体毛の下に黒い皮膚をもっている。この例では，メラニンはおそらく体温調節器として働いていると思われる。ヒマラヤ白ウサギは足と耳に黒い体毛をもっている。この場合は，メラニン合成に関与するチロシナーゼ酵素が温度感受性をもち，表皮の冷たい部位でのみチロシナーゼ活性が高いからである（変温脊椎動物のホルモンや神経伝達物質による体色変化については，12 章，13 章を参照のこと）。

イスラエルに「進化の谷」とよばれる谷がある。日がよく当たる南側とあたらない北側に棲息する同種のトゲマウスやメクラネズミは，明るい環境下に棲息するものは，フェオメラニン量が多い明るい体毛をもつが，一方，暗い環境下に棲息するものは，ユーメラニン量が多い黒い体毛をもっている。これは，棲んでいる環境に合わせた保護色や体温調節の役目を果たしているものと思われる[49)]。このように多くの動物では色のパターンはカムフラージュと交配の助けになっている。

(2) サンスクリーン

ヒトにおいて，メラニン色素は日光からの保護剤としての役割を果たしていると考えられている。しかし場合によっては，細胞に遺伝的な障害を起こさせる光の増感剤として働くことがある。

一般に，日光は DNA を損傷させることが知られているが（そのメカニズムに関しては 18 章参照），メラニンによるサンスクリーンは，細胞中の DNA を直接的な効果の紫外線による傷害から保護している。

メラニンは生体内で生成したフリーラジカルのトラップ剤としての性質に加え，比較的弱い紫外線吸収の能力をもっている。アルビノの表皮に比べ，濃い色素の表皮に存在するユーメラニンの SPF 値（sun protection factor）は 2～3 の値である。このことは，ユーメラニンが比較的弱い紫外線のフィルターであることを示している。一方，フェオメラニンは非常に日光に敏感であり，皮膚中に活性酸素種を発生し，ユーメラニンよりもさらに低いSPF値を与え，紫外線フィルターとしての能力はない。

UVAにより誘導された黒化は，すでに存在するメラニンの光酸化によるものであり，光保護には寄与しない。UVA照射後のヒトの黒色毛髪中のユーメラニンとフェオメラニン量を測定したところ，毛髪中のユーメラニンがUVAにより分解したことがわかり，一方，赤毛ではフェオメラニンの構造がベンゾチアジン骨格からベンゾチアゾール骨格に変化したことがわかった。この変化はUVBでは見られなかったが，UVAによってユーメラニンとフェオメラニンが分解されることが示唆された[34)]。

眼の脈絡膜のメラノサイトに含まれるメラニンは紫外線や可視光線によるある種の眼の病気の保護に重要な役割を果たしているといわれ，またいくつかの自己免疫系の眼の病気の病因に関係している可能性があるといわれている。

(3) 抗生物質様の機能

メラニンに存在するオルトキノン構造は，非常に重要な一面をもっている。すなわち，SH基やアミノ基のような求核剤に対する反応性がメラニンに抗生物質のような性質を与えるからである。この例としては，昆虫の免疫系，イカやタコのような頭足類の墨や昆虫の防御スプレーがある。

11.3　おわりに

本章ではメラニンの化学を中心にその構造と機能について概説した。メラニンの構造はその複雑さのため完全には解明されていないが，メラニンの機能を推定するのに必要な情報は得られているといえる。また，メラニンの生理的な役割についても不明な点が少なくないが，今後の研究による解明が待たれる。

参考文献

1) Prota, G. : Melanins and Melanogenesis, Academic Press, 1992.
2) Ito, S., Wakamatsu, K. : *in* The Pigmentary System : Chemistry of Melanins (Nordlund, J. J., Boissy, R. E., Hearing, V. J., King, R. A., Oetting, W. S., Ortonne, J. P., eds.), Sec. Ed. Blackwell Publishing, 282-310, 2006.
3) Ito, S., Wakamatsu, K., d'Ischia, M., Napolitano, A., Pezzella, A. : *in* Melanins and Melanosomes (Borovanský, J., Riley, P. A., eds.), Wiley-Blackwell, 167-185, 2011.
4) d'Ischia, M., Wakamatsu, K., Napolitano, A., Briganti, S., Garcia-Borron, J-C., Kovacs, D., Meredith, P., *et al.* : *Pigment Cell Melanoma Res.*, **26**, 616-633, 2013.
5) Cooksey, C. J., Garrant, P. J., Land, E. J., Pavel, S., Ramsden, C. A., Riley, P. A., Smit, N. P. M. : *J. Biol. Chem.*, **272**, 26226-26236, 1997.
6) Pawelek, J., Körner, A. M., Bergstrom, A., Bolognia, J. : *Nature*, **286**, 617-619, 1980.
7) Ito, S., Suzuki, N., Takebayashi, S., Commo, S., Wakamatsu, K. : *Pigment Cell Melanoma Res.*, **26**, 817-825, 2013.
8) Jiménez-Cervantes, C., Solano, F., Kobayashi, T., Urabe, K., Hearing, V. J., Lozano, J. A., García-Borrón, J. C. : *J. Biol. Chem.*, **269**, 17993-18000, 1994.
9) Boissy, R. E., Sakai, C., Zhao, H., Kobayashi, T., Hearing, V. J. : *Exp. Dermatol.*, **7**, 198-204, 1998.
10) d'Ischia, M., Napolitano, A., Pezzella, A., Meredith, P., Sarna, T. : *Angew. Chem. Int. Ed. Engl.*, **48**, 3914-3921, 2009.
11) Wakamatsu, K., Ohtara, K., Ito, S. : *Pigment Cell Melanoma Res.*, **22**, 474-486, 2009.
12) Kobayashi, T., Vieira, W. D., Potterf, B., Sakai, C., Imokawa, G., Hearing, V. J. : *J. Cell Sci.*, **108**, 2301-2309, 1995.
13) Ito, S., Wakamatsu, K. : *Photochem. Photobiol.*, **84**, 582-592, 2008.
14) Agrup, G., Hansson, C., Rorsman, H., Rosengen, E. : *Arch. Dermatol. Res.*, **272**, 103-115, 1982.
15) Land, E. J., Ito, S., Wakamatsu, K., Riley, P. A. : *Pigment Cell Res.*, **16**, 487-493, 2003.
16) Wakamatsu, K., Hu, D. N., McCormick, S. A., Ito, S. : *Pigment Cell Melanoma Res.*, **21**, 97-105, 2008.
17) Bush, W. D., Garguilo, J., Zucca, F. A., Albertini, A., Zecca, L., Edwards, G. S., Nemanich, R. J., Simon, J. D. : *Proc. Natl Acad. Sci. USA*, **103**, 14785-14789, 2006.
18) Ito, S. : *Biochim. Biophys. Acta*, **883**, 155-161, 1986.
19) Pezzella, A., d'Ischia, M., Napolitano, A., Palumbo, A., Prota, G. : *Tetrahedron*, **53**, 8281-8286, 1997.
20) Panzella, L., Szewczk, G., d'Ischia, M., Napolitano, A., Sarna, T. : *Photochem. Photobiol.*, **86**, 757-764, 2010.
21) Ozeki, H., Ito, S., Wakamatsu, K., Thody, A. J. :

Pigment Cell Res., **9**, 265-270, 1996.
22) Sealy, R. S., Hyde, J. S., Felix, C. C., Menon, I. A., Prota, G. : *Science*, **217**, 545-547, 1982.
23) Galván, I., Jorge, A., Ito, K., Tabuchi, K., Solano, F., Wakamatsu, K. : *Pigment Cell Melanoma Res.*, **26**, 917-923, 2013.
24) Ito, S., Fujita, K. : *Anal. Biochem.*, **144**, 527-536, 1985.
25) Ito, S., Wakamatsu, K. : *Pigment Cell Res.*, **16**, 523-531, 2003.
26) Napolitano, A., Vincensi, M. R., Di Donato, P., Monfrecola, G., Prota, G. : *J. Invest. Dermatol.*, **114**, 1141-1147, 2000.
27) Ito, S., Nakanishi, Y., Valenzuela, R. K., Brilliant, M. H., Kolbe, L., Wakamatsu, K. : *Pigment Cell Melanoma Res.*, **24**, 605-613, 2011.
28) Wakamatsu, K., Ito, S., Rees, J. L. : *Pigment Cell Res.*, **15**, 225-232, 2002.
29) Greco, G., Wakamatsu, K., Panzella, L., Ito, S., Napolitano, A., d'Ischia, M. : *Pigment Cell Melanoma Res.*, **22**, 319-327, 2009.
30) Greco, G., Panzella, L., Verotta, L., d'Ischia, M., Napolitano, A. : *J. Nat. Prod.*, **74**, 675-682, 2011.
31) Thody, A. J., Higgins, E. M., Wakamatsu, K., Ito, S., Burchill, S. A., Marks, J. M. : *J. Invest. Dermatol.*, **97**, 340-344, 1991.
32) Ito, S., Wakamatsu, K. : *J. Eur. Acad. Dermatol. Venereol.*, **25**, 1369-1380, 2011.
33) Glass, K., Ito, S., Wilby, P. R., Sota, T., Nakamura, A., Bowers, C. R., Vinther, J., *et al.* : *Proc. Natl. Acad. Sci. USA*, **109**, 10218-10223, 2012.
34) Wakamatsu, K., Nakanishi, Y., Miyazaki, N., Kolbe, L., Ito, S. : *Pigment Cell Melanoma Res.*, **25**, 434-445, 2012.
35) Ikemoto, K., Nagatsu, I., Ito, S., King, R. A., Nishimura, A., Nagatsu, T. : *Neurosci. Lett.*, **253**, 198-200, 1998.
36) Rosengren, E., Linder-Eliasson, E., Carlsson, A. : *J. Neural. Transm.*, **63**, 247-253, 1985.
37) Wakamatsu, K., Murase, T., Zucca, F. A., Zecca, L., Ito, S. : *Pigment Cell Melanoma Res.*, **25**, 792-803, 2012.
38) Napolitano, A., Panzella, L., Monfrecola, G., d'Ischia, M. : *Pigment Cell Melanoma Res.*, **27**, 721-733, 2014.
39) d'Ischia, M., Prota, G. : *Pigment Cell Res.*, **10**, 370-376, 1997.
40) Meredith, P., Sarna, T. : *Pigment Cell Res.*, **19**, 572-594, 2006.
41) Kinnaert, E., Morandini, R., Simon, S., Hill, H. Z., Ghanem, G., Van Houtte, P. : *Radiat. Res.*, **154**, 497-502, 2000.
42) Wenczl, E., Van der Schans, G. P., Roza, I., Kolb, R. M., Timmerman, A. J., Smit, N. P. M., Pavel, S., Schothorst, A. A. : *J. Invest. Dermatol.*, **111**, 678-682, 1998.
43) Morgan, A. M., Lo, J., Fisher, D. E. : *Bioessays*, **35**, 672-676, 2013.
44) Jiang, S., Liu, X. M., Dai, X., Zhou, Q., Lei, T. C., Beermann, F., Wakamatsu, K., Xu, S. Z. : *Free Radic. Biol. Med.*, **48**, 1144-1151, 2010.
45) Noonan, F. P., Zaidi, M. R., Wolnicka-Glubisz, A., Anver, M. R., Bahn, J., Wielgus, A., Cadet, J., *et al.* : *Nat. Commun.*, 2012, 3 : 884, doi : 10.1038/ncomms 1893.
46) Premi, S., Wallisch, S., Mano, C. M., Weiner, A. B., Bacchiocchi, A., Wakamatsu, K., Bechara, E. J. H., *et al.* : *Science*, **347**, 842-847, 2015.
47) d'Ischia, M., Prota, G. : *In* Biomedical Chemistry (Torrence, P. F., ed.), John Wiley & Sons, Inc. 269-287, 2000.
48) Tachibana, M. : *Pigment Cell Res.*, **12**, 344-354, 1999.
49) Singaravelan, N., Pavlicek, T., Beharav, A., Wakamatsu, K., Ito, S., Nevo, E. : *Plos One*, **5**, e8708, 2010.

第12章

変温脊椎動物の色素細胞
——多様な体色と体色変化の仕組み——

杉本雅純

魚類・両生類・爬虫類といった変温脊椎動物の皮膚にみられる模様や色彩はじつに多様であり，この体色を変化させる現象（体色変化）とともに古くから人々を魅了してきた。生物学的意義から動物の体色は，保護色や擬態を含む隠蔽色と，警告色や威嚇色を含む標識色に分けられる。多様な体色とその変化は，個体間でのコミュニケーションにかかわる重要な機能を果たしており，生物の表現型のもつ著しい可塑性を示す好例ともなっている。この章では，変温脊椎動物の体色を担う多様な色素細胞を紹介し，その運動性反応による迅速な生理学的体色変化と，細胞密度や色素量の変化による比較的緩慢な形態学的体色変化について魚類や両生類を中心に概説する。

12.1　変温脊椎動物の色素細胞（色素胞）

変温脊椎動物の皮膚に存在する色素細胞は，恒温脊椎動物のメラノサイト同様に神経冠細胞に由来する。しかし，両者の特徴はいくつかの点で大きく異なっている。恒温脊椎動物では，基本的にメラノサイトだけが色素細胞として表皮に分布し，メラニン顆粒を角化細胞に移行させることで表皮や体毛などの色の発現や紫外線からの防御などにかかわっている。しかし，変温脊椎動物では，メラニン顆粒以外の多様な色素顆粒をもつ色素細胞がみられ，おもに真皮に分布している。そして，色素顆粒を産生するが一般的にはそれを他細胞へ移送はせず細胞内に含有しているため，色素顆粒の保有量だけでなく，細胞の形態や色素顆粒の細胞内分布域によって体色の発現に影響を与えることになる。これらのちがいにより変温脊椎動物の色素細胞は「色素胞（chromatophore）」とよばれ，恒温脊椎動物のメラノサイトと区別される場合が多い[1~3]。

色素胞の種類は，色彩によって少なくとも6種類に分類されている。恒温脊椎動物のメラノサイトに対応する黒色素胞（melanophore）はメラノソームを産生・保有している。赤色素胞（erythrophore）と黄色素胞（xanthophore）はともに色素顆粒にカロテノイドやプテリジンを含んでおりその呈色によって区別される（図 12.1A, B）。青色素胞（cyanophore）は比較的最近存在が知られたもので，色素物質は明らかになっていない（図 12.1E, F）。これら4種はいずれも色素物質を含む多数の顆粒を細胞内に保有し，特定の波長の光を吸収することで色彩を発現している[2]。

一方，光の散乱や反射によって体色発現にかかわる色素胞もある。メダカやメバルにみられる白色素胞（leucophore）は，広い波長域の光を散乱することで白色を呈する〔光散乱性物質は未同定（図 12.1C, D）〕。虹色素胞（iridophore）は，プリン（多くはグアニン）の板状結晶（反射小板）の重なりからなる小板堆を細胞内にもっており，多

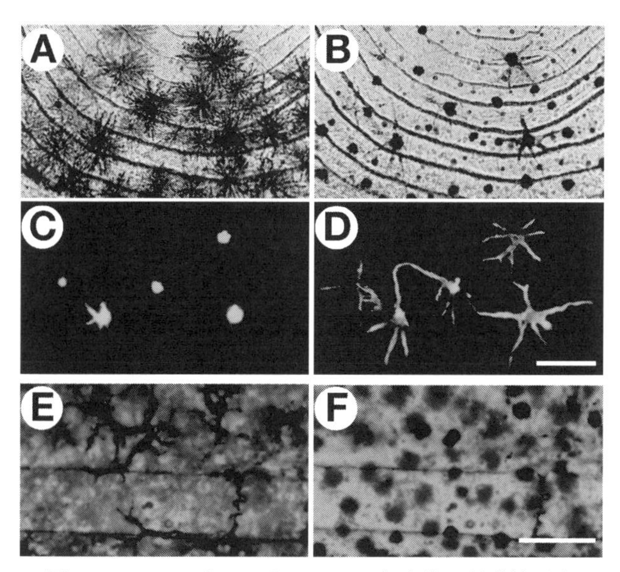

図 12.1　メダカとニシキテグリの色素胞の運動性反応

A～D：メダカの鱗の黒色素胞，黄色素胞，白色素胞の反応。生理的塩類溶液中では，黒色素胞と黄色素胞は拡散状態（A），白色素胞は凝集状態（C）。1 μM ノルエピネフリン（NE）処理 2 分で，黒色素胞と黄色素胞は凝集状態（B），白色素胞は拡散状態（D）になる。A，B は透過光照明下，C，D は暗視野落射照明下で撮影。E，F：ニシキテグリの鰭の黒色素胞と青色素胞（合田氏提供）。生理的塩類溶液中では，黒色素胞と黄色素胞は拡散状態（E）。2.5 μM ノルエピネフリン（NE）処理 2 分で凝集状態になる（F）。スケール＝ 100 μm。［口絵も参照］

くは枝状突起をもたない細胞である。このプリンの小板堆は屈折率が高く，反射光の薄膜干渉現象によって，鏡のような高い光反射性を生じるか，または蛍光色のような鮮やかな色合いを生じる。前者にかかわる反射小板は厚く大きく，その規則的成層による光反射特性は重層薄膜干渉現象の「理想型」である。実際，高屈折率の反射小板と低屈折率の細胞質の光学的厚さが等しくなるように重なった小板堆が，電子顕微鏡によって観察されている。一方，後者では，反射小板の厚さがきわめて薄く，たとえばルリスズメダイの場合，5 nm 程度の反射小板とそのあいだの細胞質の実際の厚みは 100 nm 以上であり，光学的厚さは著しく異なることになる。このような「非理想型」の場合，反射光スペクトルの主ピークが低下し，ピーク幅がせまくなるという特徴を示す。いわゆる「構造色」とか「物理色」とか言われる現象で，色素物質がないのに非常に鮮やかな色彩が発現する。非理想型では反射率が低下するが，実際には堆をなす反射小板の数や小板堆を増加させて反射率を増加させ（ネオンテトラ縦縞の虹色素胞では 100 ～ 150 枚にも及ぶ），きわめて美しい体色を発現させる。白色素胞や虹色素胞は，透過光を利用した顕微鏡下では薄い褐色または皮膚で発現する色の補色を呈するが，落射照明下で白色や銀白色，鮮やかな色彩を観察できる[4]。

虹色素胞を除く多くの色素胞は，核を含む細胞体から放射状に多数の突起（枝状突起）を発達させている。しかし，枝状突起の数や長さ，枝分かれの有無などは同じ色素胞でも非常に多様で，種間の差だけではなく，同一個体でも発生・成熟段階，雌雄，部位，環境因子などによって異なる。また，甲殻類など無脊椎動物では，異なる色素顆粒を同一の細胞内に含む多色性色素胞の存在が知られていた。最近，魚類でもニシキテグリで赤色素胞と青色素胞の両方の色素顆粒をもつもの，カンムリニセスズメでは赤色の色素顆粒と反射小板をもつ「赤虹色素胞」など二色性色素胞の存在が報告されている[5]。今後も変温脊椎動物の体色の多様性を担う新たな色素胞の発見が期待される。

12.2　色素細胞の分布と体色の発現

多くの陸棲および水棲の脊椎動物では，背腹の色にちがいが見られる。背側は暗色で模様があることも多いが，腹側は白から銀白色で模様も存在しないことが多い。これは隠蔽色の一種で，下方から見られた場合，光が当たる背側の影となる腹側が明るければ見かけ上，影が相殺されて立体的に認識されにくくなる（counter shading）。また，上方から見られた場合には背側の色や模様が保護色として機能する場合も多い。もちろん隠蔽色や標識色として機能する体色や模様にはより複雑なものが多いが，紙面の都合上，基本的な背側と腹側の体色について色素胞の分布様式を概説する。

12.2.1　真皮性色素胞の分布

変温脊椎動物の色素細胞は前述したようにおもに真皮に分布する。背側には黒色素胞が真皮中の表皮に近い部分や深部の皮下組織部分に分布している例が多い。また，表皮に近い部分では，さらに基底膜直下か，その真皮側の膠原繊維層の下側に分布している（図12.2）。

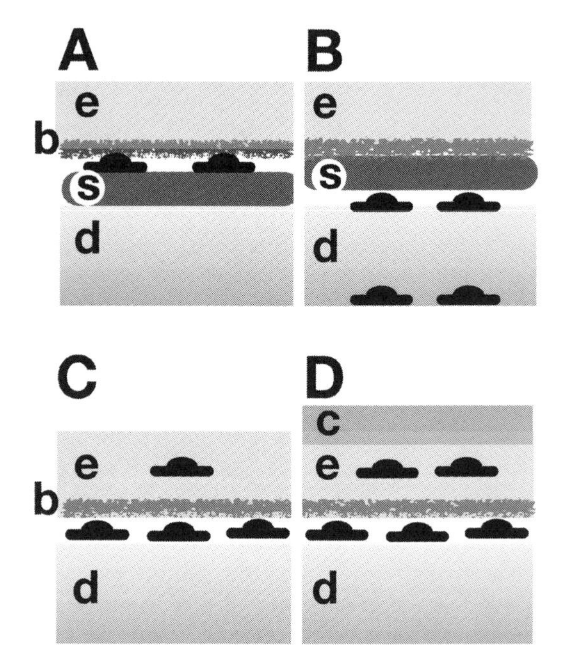

図12.2　皮膚中の色素胞の分布域
A：メダカ。基底膜直下の鱗上真皮に分布。B：ゼブラフィッシュ。真皮の鱗の下および皮下組織に分布。C：無尾両生類。真皮に分布。表皮中にもみられる。D：爬虫類。真皮および表皮に分布。e 表皮，b 基底膜，s 鱗，d 真皮，c 角質層。

魚類では，たとえばカダヤシ，メダカ，ゼブラフィッシュで鱗を剥離して顕微鏡下で観察すると分布のちがいがわかりやすい。剥離した鱗には表皮と真皮の一部がついてくる。カダヤシの鱗にはほとんど色素胞はみられない，しかし，メダカとゼブラフィッシュでは多くの色素胞が分布している。しかも，メダカでは鱗の表皮側（基底膜直下の真皮）に存在しているが（図12.2A），ゼブラフィッシュでは鱗の真皮側に存在している（図12.2B）。一方，鱗を失った皮膚の色素胞を比較すると，カダヤシでは残るが，メダカではほとんど失われてしまう。ゼブラフィッシュでは，表面にいくつか残り，縦縞模様部分では影響を受けない。ゼブラフィッシュでは模様を形成する色素胞は皮下組織にあるが，魚種によっては表皮に近い層の色素胞が模様を形成する場合もある。魚類では，白色素胞を除く他の色素胞も黒色素胞と同様の層に存在して枝状突起を平面状に伸ばしているものが多い。そのため，異なる色素胞が同じ平面状に混在すると点描のような視覚効果を及ぼし，多彩な色や模様の発現を可能にしている。また，重なるように色素胞が分布する例も多い。メダカの白色素胞は黒色素胞の真皮側に中心を重ねるように位置するものが多く，体色変化の際に機能する。ルリスズメダイでは，高密度で分布する黒色素胞の表皮側の基底膜直下に一層の小型球状の虹色素胞が接するように敷き詰められている。興味深いことに，この黒色素胞は枝状突起を剣山状に虹色素胞間に伸ばして存在して暗色の背景を形成し，虹色素胞の反射光を際立たせて鮮やかなコバルトブルーの体色を発現している[2)]（図12.3A）。

両生類や爬虫類では，表皮に近い真皮層に色素胞が分布している場合が多い（図12.2C, D）。鮮やかな緑色を基調とした体色をもつカエルやカメレオン，トカゲ，ヘビでは，表皮下の基底膜に接し

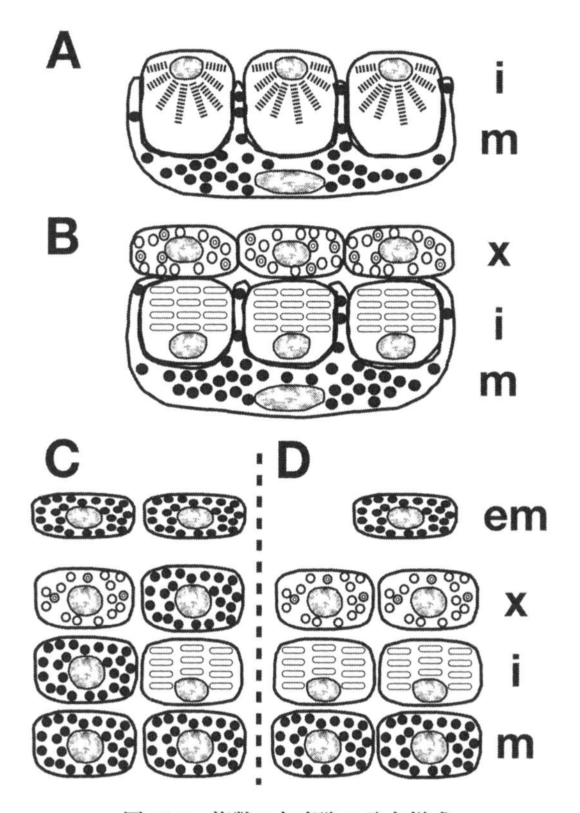

図 12.3　複数の色素胞の分布様式

A：ルリスズメ。基底膜直下に1層の虹色素胞が分布し，真皮側に分布する黒色素胞が枝状突起を剣山状に虹色素胞間に伸ばしている。B：無尾両生類など。基底膜に接して黄色素胞，虹色素胞，黒色素胞の順で重なった構成からなる真皮色素胞単位という機能的単位を形成している。C：シマヘビの黒色部分。表皮性黒色素胞，真皮性黒色素胞が多く分布している。D：シマヘビの黄色部分。真皮に表皮側から黄色素胞，虹色素胞，黒色素胞の順で分布している。表皮性黒色素胞もみられる。

て黄色素胞，虹色素胞，黒色素胞の順で重なった構成からなる真皮色素胞単位（dermal chromatophore unit）という機能的単位を形成している（図 12.3B）。最深部に位置する黒色素胞は多数の枝状突起を表皮側に伸ばして虹色素胞を囲むような形をとっており，その表皮側に黄色素胞が位置するのが一般的な構成とされている。この単位に光が入射すると，虹色素胞が緑より短波長側の光を反射し，黄～赤の長波長側の光は下層の黒色素胞に吸収される。虹色素胞からの反射光は上層の黄色素胞を通過すると青色など短波長を吸収してしまうため緑色を主体とした光が皮膚色を呈することになる。このような真皮色素胞単位はヒョウガエルで明らかにされたものではあるが，構成する色素胞の存在比を変化させることで多くの無尾両生類の体色を説明することができる[3]。黄褐色のヘビでは，真皮色素胞単位を形成してはいないが，黄色素胞，虹色素胞，黒色素胞の順で分布している[6]（図 12.3C, D）。

さまざまな多様性に富んだ背側での色素胞分布に対して，腹側ではよりシンプルな分布になっている。魚類では光吸収性の色素胞は少なく，おもに虹色素胞が分布して白色から銀白色を呈する。分布層は表皮に近い部分や皮下組織であるが，背側では皮下組織に色素胞があまりみられないメダカでも，腹側では皮下に多くの虹色素胞がみられる。両生類や爬虫類でも腹側には真皮色素胞単位がみられず，表皮側に虹色素胞が分布して明色を呈しているのが一般的である[2, 3]。

12.2.2　表皮性色素細胞の分布

変温脊椎動物でも表皮性の色素細胞は存在する。両生類や爬虫類では，表皮性の黒色素胞の存在が比較的多く知られている。真皮性黒色素胞に比べると一般に小型で，枝状突起の数も少なく，表皮細胞の間に細長く入り込んでみえる。また，枝状突起をもたない紡錘形のものもある。分布域は真皮性の分布に対応するように背側で多く，腹側にはみられないのが一般的である。機能的にはメラニン色素顆粒を表皮細胞に移送することで体色変化に関わると考えられている。おそらく恒温脊椎動物のメラノサイトに対応する存在と考えられる。黒色素胞以外の色素胞では，例外的とされてはいるが，イモリ類には赤い斑点部分に真皮だけでなく表皮にまで赤色素胞がみられる種がいる[1, 3, 6]。

魚類では，ナマズで表皮性黒色素胞がメラニン色素顆粒を移送していることが早期に報告されていた。近年，比較的多くの魚で表皮性黒色素胞の存在が知られるようになってきたが，色素顆粒を保持している場合が一般的のようである。他の色素胞についても観察例があり，詳細な調査により

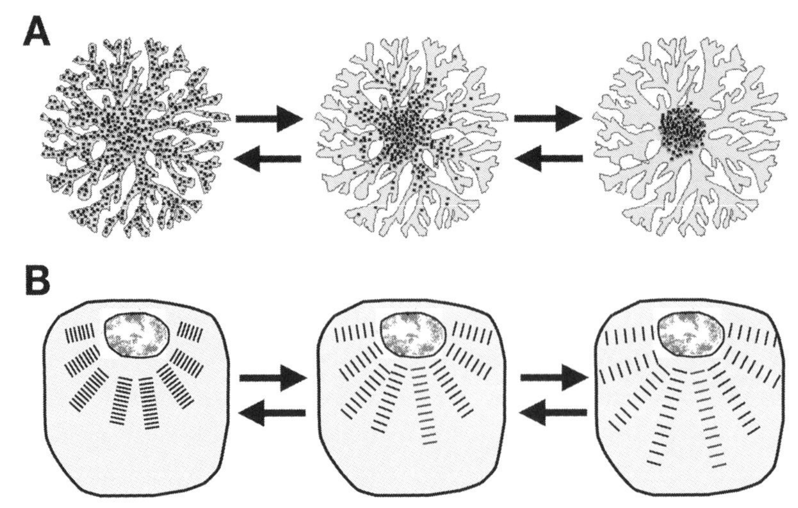

図12.4　色素胞の運動性反応

A：黒色素胞タイプ。色素顆粒の凝集（右方向）と拡散（左方向）により色素分布面積が変化する。B：運動性虹色素胞（断面図）。反射小板の間隔が変化して，反射光が長波長（右方向）または短波長（左方向）へ変化する。

新たな知見が得られる可能性は高い[2]。

12.3　生理学的体色変化

変温脊椎動物の色素細胞の大きな特徴は，その運動性反応によって体色を迅速に変化させることであり，「生理学的体色変化（physiological color change）」とよばれる。この体色変化は，硬骨魚類・無尾両生類，そしてカメレオンやトカゲの一部などで顕著にみられる。鳥類や哺乳類では例をみないが，変温脊椎動物であっても，軟骨魚類や比較的大型の爬虫類などにはみられないことも多い[4,7,8]。

12.3.1　運動性反応

(1) 拡散・凝集反応

枝状突起の発達している色素胞では，色素顆粒が枝状突起を含む細胞内全体に拡散して分布すると，皮膚上でその色の占める面積が増大し，色彩が増強される。逆に，色素顆粒が細胞中央部に凝集して塊になると面積が減少して色調が薄れる。この間に細胞の輪郭はほとんど変わることはない（図12.1，図12.4A）。つまり，この拡散・凝集反応は高度に協調・制御された色素顆粒の細胞内輸送システムによって生じており，黒色素胞で解明が進んでいる。メラノソームの拡散・凝集は，微小管依存的な輸送であり，微小管に沿って0.5～1.5 μm/secで移動する（～4.0 μm/secとの報告もある）。黒色素胞内では多数の微小管が中央部の中心体（マイナス端）から放射状に伸びて枝状突起先端にまで達しており，細胞周辺部がプラス端となっている。そして，神経の軸索輸送同様，メラノソームの拡散または凝集反応にキネシンまたはダイニンがそれぞれ関与している。培養下で魚類黒色素胞を切断して核や中心体を含まない断片を調整すると，メラノソーム凝集刺激に対して微小管が再編成し，中心体無しで新たな微小管形成中心をつくり放射状に再分布する。この際，メラノソーム凝集塊から伸びる微小管の核がダイニン依存的に形成される可能性が示唆されている[9]。魚類および両生類のメラノソームにはダイニンがつねに結合しており，凝集反応時に他のダイニン依存的なオルガネラの輸送には影響しない。ダイニンはメラノソームの凝集時の球状塊の維持，拡散時の一様な分布にも関与すると考えられている[10,11]。ダイニン同様キネシンもメラノソームに結合して存在すると考えられており，両生類ではキネシンIIであることが同定されている[11,12]。近年，ダイニンのパートナーとして知られるダイナクチン複合体が黒色素胞のメラノソーム凝集反応に関与する可能性が示されている。両生類ではキネシンIIとも結合し，メラノソームの凝集・拡散両方への関与が示唆されている[10,13]。

初期の研究で，アクチン繊維もメラノソームの拡散・凝集反応に重要であることが知られていた。魚類では，微小管を脱重合してもアクチン繊維依存的にメラノソームの往復運動がみられ，逆にアクチン繊維の脱重合によって凝集反応が増強され，拡散反応時にはメラノソームが中央部にみられないほど周辺部へ移動する（hyperdispersion）。したがって，拡散反応には，メラノソームがキネシンによって微小管＋端方向へ移動することだけでなく，ランダムな方向へ伸びるアクチン繊維上に移動することも必要であると考えられる[9]。一方，アフリカツメガエルの黒色素胞では，アクチン繊維を脱重合するとメラノソームが凝集して拡散刺激に応答できないことが報告されている[14]。両生類では拡散反応および拡散状態の維持にアクチン繊維も必要と考えられる。これらのアクチン繊維依存的な移動には，魚類，両生類ともメラノソームに結合したミオシンVが関与することが示されている[15]。

微小管およびアクチン繊維依存的なメラノソーム輸送システムは，黒色素胞だけでなく，黄色素胞，赤色素胞，青色素胞，白色素胞でも同様に関与していると思われる。しかし，色素顆粒の移動速度は，イットウダイの赤色素胞で平均16 μm/sec，メダカの白色素胞で10 μm/min程度と前述した平均的な速度と大きな差のあるものが知られており，異なる輸送システムの存在を否定することはできない。

(2) 虹色素胞の運動性反応

虹色素胞は通常枝状突起を持たず，円盤から楕円体状，紡錘状，立方状などの形態で多数が隣接して存在する場合が多い。細胞内には先に述べた小板堆が多数存在して光を反射し，サンマ，カツオなどの魚類の体側の鏡のような銀白色や，一般的な腹側の白色を生じている。このような虹色素胞には運動性がみられず生理学的体色変化に関与することは少ない。しかし，蛍光のように鮮やかな色合いを生じる魚類の虹色素胞には，運動性をもつものがある。スズメダイ科，テトラ類，ニザダイ科のナンヨウハギなどの虹色素胞で，運動性によって数分で反射光の色を変化させて生理学的体色変化において主要な役割を演じている。ルリスズメダイやナンヨウハギの運動性虹色素胞内では，核周辺に放射状に配列した反射小板堆の小板の間隔が平行に一斉に変化することが運動の実態で，その結果，間隔の増大・減少は反射光スペクトルのピークをそれぞれ長波長・短波長側に移動させ，黄緑色〜コバルトブルー〜深紫へ変化する（図12.4B）。また，ネオンテトラの縦縞の表皮下に並んだ虹色素胞では，細胞内に2列に並んだ反射小板堆で反射小板の傾きが一斉に変化することで間隔も変化し，反射光は朱色〜黄緑〜紫まで瞬時に変化する。これらの小板の間隔を変化させるメカニズムはいまだ明確になっていないが，微小管やアクチン繊維が関与することが推測されている[2]。

ドンコなどハゼ科の魚類や両生類では，枝状突起を持つ虹色素胞が報告されている。この虹色素胞では，小型の反射小板が凝集すると小板堆が形成されて小板間隔が短くなり，反射光が短波長側へ移動して青味がかった色になる。また，拡散すると小板はランダムに配向するようになり白色から黄色っぽい色に変化する。この変化には1〜2時間程度を必要とするので，先に上げた運動性虹色素胞とは運動性メカニズムは異なると考えられる[2]。

12.3.2 色素細胞の運動性の調節系

(1) 背地適応（背地反応，背地順応）

生理学的体色変化として最も一般的に知られているのは背地適応（background adaptation；背地反応，背地順応とも表現される）である（図12.5）。多くの変温脊椎動物は，背地の色の明暗に体色を順応させることにより保護色（隠蔽色）と

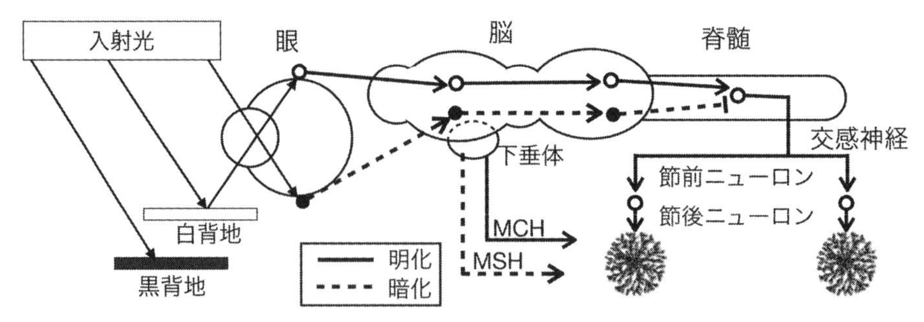

図 12.5　背地適応における色素胞反応の調節系

黒背地では入射光による網膜腹側への刺激により脳下垂体中葉からMSHが分泌され黒色素胞は拡散状態になる。また，黒色素胞を支配する交感神経の興奮は抑えられる。一方，白背地では反射光が背側の網膜を刺激し，交感神経を興奮させて節後ニューロンからノルエピネフリンが放出され黒色素胞は凝集状態になる。また，脳下垂体後葉から分泌されるMCHも同様の影響を及ぼす。

して機能させる。この体色変化の場合，直接の刺激は眼を介して受容される外界の光である。光が当たるところでは，動物の眼の網膜の腹側にある視細胞が上方から差し込む入射光を直接受容し，さらに背地からの反射光を網膜の背側にある視細胞が受容する。もし背地が黒色であれば，光はほとんど反射されないし，白色であれば反射する光量はかなり多くなる。腹側・背側の網膜にある視細胞から視神経を介して中枢にもたらされた情報に基づき，入射光と反射光の光量比が判断され，背地の明暗を認識する。このように側眼で受容された情報は中枢で統合され，末梢神経系や内分泌系の活動を誘起し，色素胞の運動性を調節することによって体の各部分の色が変化する。結果的には背地の色や明暗によく似た体色や模様になって隠蔽的効果をもつようになる。両生類や爬虫類では背地適応に数十分から1時間以上を要するのが一般的であるが，魚類では分単位で可能な場合が多い。この差は，色素胞の運動性制御に前者では内分泌系，後者では自律神経系および内分泌系がかかわっていることが原因の一つと考えられる[3,4]。

(2) 神経による制御

色素胞の神経支配は，硬骨魚類で一般的にみられるが，カメレオン類やアノール類など爬虫類でも報告がある。神経支配の経路は，von Frisch (1910-1912) がヒメハヤ属 (*Phoxinus*) の1種について記載しており，他の魚類にも当てはまると思われる。色素胞神経支配の中枢は延髄中にあり，節前ニューロンは脊髄の途中から交感神経鎖に入り，体の前後方へ分かれ，交感神経節で節後ニューロンとシナプスを形成する。節後ニューロンは全身の皮膚の色素胞に達する。IwataとFukuda (1973) は，ヨーロッパブナで行なった電気生理学的実験により，背地適応において，腹側の網膜への入射光刺激が色素胞を支配する交感神経の興奮を抑制し，反射光による背側網膜の刺激が逆に興奮させることを示した (図12.5)。交感神経節後繊維から黒色素胞へ放出される神経伝達物質がアドレナリン性であることは，薬理学的手法で明らかにされた。皮膚標本を電気刺激したり，ノルエピネフリン (NE) を加えたりすると，黒色素胞内のメラノソームはすばやく凝集する。この標本をフェントラミン，フェノキシベンザミンなどのアドレナリン性α阻害剤で処理すると凝集反応は完全に抑制される。しかし，プロプラノロールなどβ阻害剤は効果がない。したがって，黒色素胞の凝集反応にはαアドレナリン受容体が関与している。このような黒色素胞運動性の神経制御は，多くの場合，黄色素胞，赤色素胞，青色素胞でも同様であることが報告されている。ところが，白色素胞では色素顆粒が神経刺激に応じて拡散する。これはβアドレナリン受容体を介していることがわかった。これは体色を明化させる目的に適った応答である。運動性虹色素胞ではα受容体を介して反射光の波長を長波長側に移動させる[4)]。

魚類の色素胞の神経支配は交感神経による単一支配のみで，現在まで副交感神経支配を伴う二重支配の例は知られていない。しかし，巧妙な仕組みで相反的機能を示すことがわかっている。交感神経繊維末端から伝達物質NEとともに副伝達物質としてATPが放出され，脱リン酸化されて色素胞のアデノシン受容体に作用し，NEの作用とは逆の色素顆粒の拡散反応を誘導するのである。つまり，副伝達物質はNEの影響からすばやく復帰させるように働き，環境にすばやく対処することを可能にしている。また，一部のナマズでは不思議なことに伝達物質がNEではなくアセチルコリンに替わっている例がある。この黒色素胞を支配しているのは交感神経繊維であるが，例外的にコリン作動性になっており，薬理学的研究からムスカリン型コリン受容体が凝集反応に関与することが示されている。さらに，多くのナマズ科の魚類，コイ科のオイカワやカワムツでは，支配している神経はアドレナリン作動性だが，黒色素胞はムスカリン型コリン受容体もあわせもっていることがわかっている[4)]。

αアドレナリン受容体から凝集反応に至る細胞内シグナル伝達系については，黒色素胞で研究が進んでいる。詳細な薬理学的研究からおもに$\alpha2$受容体が関与することが示され，数種の魚類では遺伝子が同定されている。$\alpha2$受容体の活性化は，細胞内のcAMPレベルを減少させてcAMP依存性タンパク質リン酸化酵素（PKA）を不活性化し，メラノソームの凝集をもたらす[16,17)]。また，いくつかの魚種では，cAMPレベルの減少とともに，$\alpha1$受容体を介したカルシウムイオンシグナルが凝集反応に必要であることも示されている。この場合，ジアシルグリセロール（DG）-イノシトール三リン酸（IP3）経路とカルシウムイオン-カルモジュリン系が関与している[18)]。PKAの不活性化から微小管システムへのシグナル経路はよくわかっていない。近年，PKAがダイニンを含む凝集複合体に結合できることが報告されており今後の展開が期待される[19,20)]。

(3) ホルモンによる制御

内分泌系による色素胞の運動性調節は変温脊椎動物に一般的にみられる。とくに，脳下垂体中葉ホルモンとして古くから知られているメラノサイト刺激ホルモン（黒色素胞刺激ホルモン，α-MSH）は，脊椎動物の体色の暗化において重要な役割を果たしている。硬骨魚類では，α-MSHによって黒色素胞の拡散反応が誘導される例が多く報告されているが，反応性のない魚種の存在も知られている。たとえばニジマスやウナギでは黒背地上で血中α-MSHレベルが上昇するが，ヒラメ類では変化しない。爬虫類でもカメレオン類のように色素胞が神経支配を受けている場合は，α-MSHの作用が顕著ではない。しかし，神経支配のない軟骨魚類，両生類，多くの爬虫類で体色変化がみられる動物では，α-MSHは体色変化の主要な調節因子と考えられている。魚類や両生類の黒色素胞では，メラノコルチン1受容体（MC1R）を介した細胞内cAMPレベルの増加とPKAの活性化によってメラノソームの拡散を誘導する。また，細胞内Ca^{2+}依存的な拡散反応が関与するとの報告もある。硬骨魚類では，黒色素胞だけでなく，黄色素胞，赤色素胞，白色素胞でもα-MSHによって拡散反応がみられるとの報告が多い。しかし，運動性虹色素胞では応答がみられない。両生類や爬虫類では，黒色素胞以外の色素胞の運動性に対するα-MSHの影響は知られていない[4,7)]。

魚類黒色素胞の凝集を促すNEは，いくつかの魚種では$\beta2$受容体を介して色素胞の拡散反応を誘導することが知られている。副腎髄質ホルモンであるアドレナリンも同様に作用する可能性がある。色素胞に神経支配のない両生類では，アドレナリンが$\beta2$受容体を介してcAMPレベルを増加させて黒色素胞の拡散反応を誘導することがわかっている。脳下垂体前葉ホルモンのプロラクチンは，魚類の赤色素胞や黄色素胞の色素顆粒を拡散させる。プロラクチンは黒色素胞には作用しないため，ナイルティラピアやタイリクバラタナゴの雄の婚姻色発現にかかわる赤色素胞の色を体色に効率よく反映させることができる。両生類でもアカガエルの黄緑色の体色を誘導することが報告されているが，運動性反応であるかは不明である[4,7]。

メラニン凝集ホルモン（MCH）は，20世紀半ばに存在が指摘され，Kawauchiら（1983）によって一次構造が決定されたホルモンで，視床下部で産生される環状ペプチドである[21]。魚類では脳下垂体後葉から分泌され，メラノソームの凝集を引き起こす主要なホルモンとして知られている。MCHによる凝集反応には，細胞内cAMPレベルの減少や，DG-IP3経路によるPKCの活性化などの関与が示唆されている[22,23]。また，ナマズやウナギの一種などでは高濃度のMCHがメラノソームの拡散を誘導する場合があり，2つの異なるタイプのMCH受容体の存在が提案されている[24]。両生類や爬虫類では，MCHがメラノソーム拡散作用を示し，魚類で凝集を誘導する受容体とは異なるものの関与が示唆されている。

松果体ホルモンであるメラトニンは，Lernerら（1958）によって両生類の体色を明化する物質として単離された。メラトニンの合成・分泌は外界の光によって制御されており，夜間に分泌される。一般に，魚類，両生類，カメレオン類やグリーンアノールなど一部の爬虫類では夜間や暗黒下における体色の明化が知られており，メラトニンの関与が考えられている。実際，ネオンテトラやナンヨウハギなどはメラトニンによって夜間に体色を明化させると報告されている。これは黒色素胞だけでなく赤色素胞の凝集反応や運動性虹色素胞の応答を誘導することによって生じる。メラトニンの作用は魚種によって，また同じ個体であっても部位によって異なることがわかっている。ペンシルフィッシュの横縞は夜間には独特のスポット模様に変わる。夜間にメラトニンが分泌されると縦縞の多くの黒色素胞は凝集反応を起こすが，メラトニンに反応しない黒色素胞がスポットを形成する。さらに，スポット中の黒色素胞にはメラトニンで拡散反応を示すものの存在も示されている。このような夜間の体色は夜行性の捕食者に対するカモフラージュとして機能していると考えられている[4,7]。メラトニンの魚類黒色素胞に対する凝集性作用には，特異的受容体を介したcAMPシグナルの減少やCa^{2+}シグナルの増加が関与すると思われる。両生類では，幼生におけるメラトニンのメラノソーム凝集作用は一般的であるが，ヒョウガエルのように成体では反応が明らかでなくなるものもある。アフリカツメガエルの黒色素胞では，メラトニンはmel1c受容体を介して$G_{i/o}$を活性化してcAMP-PKAシグナルを抑制することがわかっている。また，この受容体は$G_{\beta\gamma}$を介してPI3キナーゼを活性化し，cAMPレベルを減少させる[17,25]。

(4) その他の因子による制御

光や温度など物理的な環境因子が直接色素胞に作用して運動性に影響することも知られている。神経系や内分泌系が発達していない稚魚や幼生の色素胞，培養下の色素胞などが光に直接反応する例がしばしば報告されてきた。成魚でも，カワムツの黒色素胞，ティラピアの赤色素胞，メダカの白色素胞，ネオンテトラの虹色素胞などで光感受性が報告されている。カワムツ黒色素胞では400～600 nmの波長光によって拡散反応を示すが，ティラピア赤色素胞では470～530 nmの波長光で拡散，それより短いか長い波長の光では凝集反応するというように魚種や色素胞によって異なる光反応性が報告されている。これらの色素胞には視物質のような光受容体が存在すると推測されているが明らかになってはいない。両生類では，アフリカツメガエル幼生から単離した黒色素胞が光に応答して拡散反応を示すことが知られており，ロドプシン様膜タンパク質であるメラノプシンが共役するG_sを活性化してcAMPレベルを増加させることがわかっている。また，視物質の関与は不明であるが，アフリカツメガエル由来の黒色素胞細胞株では光によるIP3-Ca^{2+}シグナルの増加により拡散反応が，幼生尾鰭腹側の黒色素胞では光によるメラノソームの凝集が報告されている。

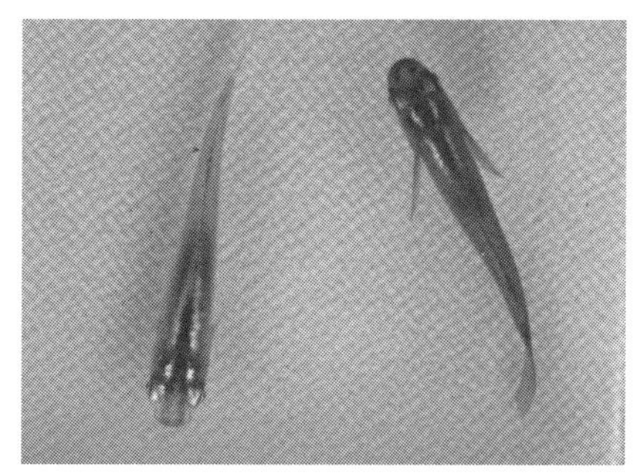

図 12.6 背地適応による形態学的体色変化

黒色または白色の背地で 30 日間飼育した野生メダカ（上段）とゼブラフィッシュ（下段）。各写真の左側は黒背地，右側は白背地で飼育したもので，撮影前に黒色素胞が凝集状態になるように明るい背地へ 10 分以上おいた。個体間の体色の差は形態学的体色変化による。

光に対する色素胞の応答の意義については個々に論じられてはいるが不明な点が多い[4]。

前述した神経伝達物質やホルモン以外にも，コルチゾール，ソマトラクチン，テストステロン，エンドセリン，プロスタグランジン，エンケファリン，γ-アミノ酪酸，ヒスタミン，NO など多くの因子が魚類を中心とした変温脊椎動物の体色変化に影響することが報告されている。このような因子の効果は *in vitro* において皮膚や色素胞に単独で作用させて調べている場合が多い。しかし，生体内での色素胞の微小環境を考えると，複数の因子の組合せが多様な体色や体色変化の原因となっている可能性が高い。実際，複数の因子を組み合わせることで単独とは異なる体色変化を引き起こす例が報告されている。各因子の生体内での役割を明らかにするためには，さまざまな状況を想定して，複数の因子の色素胞群に対する影響を調べることが重要になってくると思われる[4,8]。

12.4 形態学的体色変化

12.4.1 色素細胞の形態と密度の変化

色素胞の運動性によって生じる体色変化（生理学的体色変化）とは別に，皮膚中の色素量が増減することで生じる形態学的体色変化（morphological color change）が知られている（図 12.6）。これは，変温脊椎動物だけでなく脊椎動物全般にみられる体色変化で，鳥類や哺乳類に見られる季節による羽毛や体毛の色の変化などもこの範疇に入る。広義では発生や成熟に伴う体色パターンの形成なども含まれるが，一般的には背地適応などの環境からの刺激がきっかけとなって生じるものをさしている。ここでも，長期間の背地適応の結果生じる形態学的体色変化について説明する。

魚類の保護色に関する記載は 19 世紀半ばにはみられ，研究がはじめられている。しかし，背地適応によって生じる体色変化が，短時間で起こる運動性反応と長時間を要する皮膚中の色素量の変化とに明確に区別して研究されるようになったの

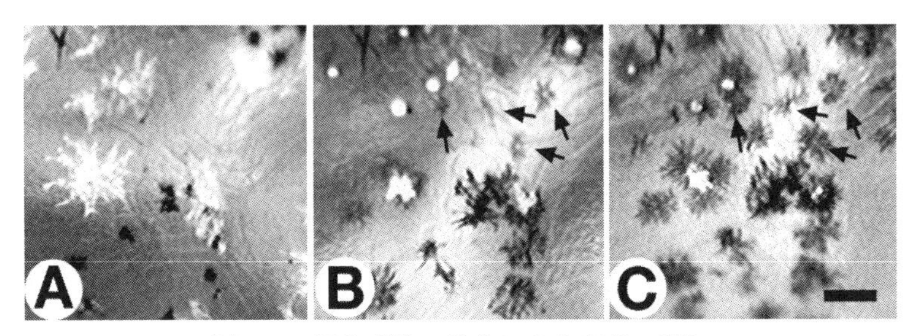

図 12.7　黒色素胞の分化による密度の増加

30日間白背地で飼育した野生メダカを黒背地へ移した際に皮膚中でみられる黒色素胞の分化。A, B, Cは黒背地へ移動後，0，4，8日目の同一個体の皮膚。0日目には黒色素胞が存在しなかった部位に小型の黒色素胞が出現し，成長した（図中の矢印）。スケール＝100 μm。

は1930年代以降である。1940年から1950年にかけてSumnerやOdiorneは，グッピーやFundulsなどの小型の魚を白または黒色の背地で1，2カ月飼育すると，黒色素胞の細胞密度が1/2または数倍になるという顕著な変化を報告している[1)]。一般的な真皮性の色素胞では，色素顆粒を細胞外へ移送することはないので，細胞の形態や密度が変化することによって皮膚中の色素量が変化する。つまり色素胞の形態学的変化が主因となって形態学的体色変化が生じる。変化の程度は魚種によって著しく異なる。それでも共通していることは，生理学的体色変化の延長線上にあるということである。つまり，細胞レベルでは，拡散状態または凝集状態の持続が，色素量や細胞密度の増加または減少につながると考えられている[26, 27)]。どのような過程を経て細胞は形態学的な変化をみせるか，野生メダカを例として説明する。

野生メダカを黒または白背地で飼育すると，約1カ月ほどで1枚の鱗皮膚上の黒色素胞数が約50または数個程度になる。白背地へ順応したメダカを黒背地へ移して観察すると，黒色素胞の存在しなかった部分に小型で薄い色の黒色素胞が新たに分化し，黒化するとともに枝状突起を増やし大型化してくる（図12.7）。この際小型の黒色素胞は，通常は黒色素胞の下に存在している白色素胞のさらに下側から出現し，大型化するとともに白色素胞の上側（表皮側）に位置するようになる。RawlsとJohnson（2000）は，ゼブラフィッシュの尾鰭再生に伴う黒色のストライプの再形成が，黒色素胞の分化によることを報告している。鰭の一部を切除するとその断面付近に*mitf*遺伝子を発現した細胞が出現する。それが*kit*や*dct*などの遺伝子を発現する黒色素胞の前駆細胞へと分化し，やがてメラニン色素顆粒を生成し黒色素胞へ分化する[28)]。野生メダカの皮膚にも黒色素胞の芽細胞が存在していて，黒背地への順応下での黒色素胞密度の増加に寄与していると思われる[29)]。一方，黒背地へ順応したメダカを白背地へ移して観察すると，まず個々の黒色素胞の枝状突起数が減少し，細胞が皮膚上に占める面積が減少する。その後，いくつかの黒色素胞が断片化を起こして消失していく。この過程では，黒色素胞の運動性が失われたのちに枝状突起も失っていく。この状態の黒色素胞の細胞膜ではホスファチジルセリンが露出してアポトーシスの初期段階に入っている。その後，細胞が断片化していく過程では，DNAの断片化も伴うことが確認されている。そして，最終的には細胞の断片が表皮を経て外部へ除去されることがわかった（図12.8A-C）。したがって，黒色素胞はアポトーシスによってその密度を減少させていくと考えられる。また，黒背地への順応過程では，白色素胞のサイズが減少しアポトーシスによって消失していくことがわかった[30)]。

以上のような過程は，メダカ以外にもゼブラフィッシュ，ティラピア，タイリクバラタナゴなどでも共通することがわかってきている[29)]。また，タイリクバラタナゴでは，黒色素胞のアポ

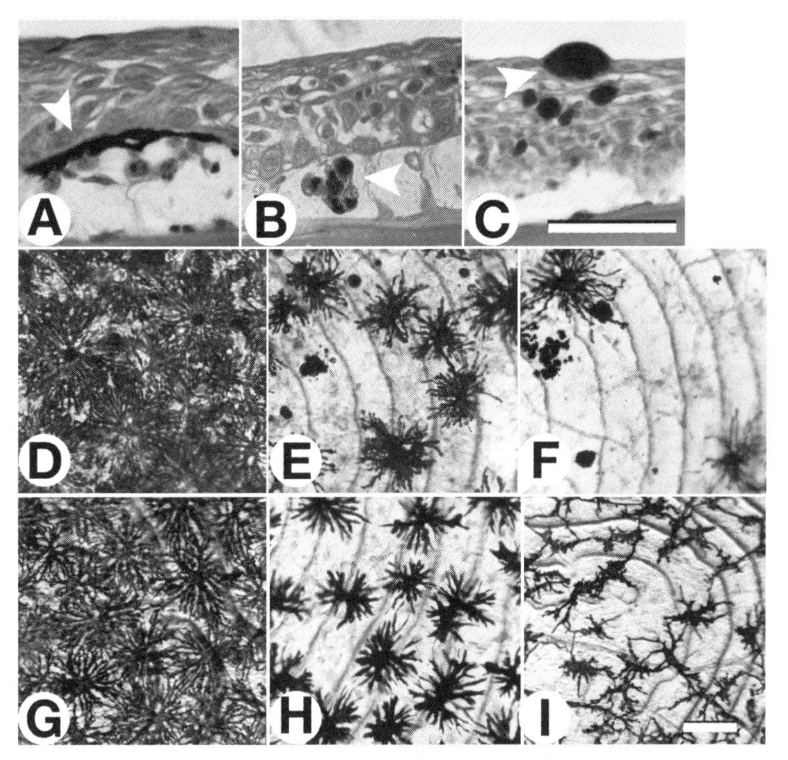

図 12.8 黒色素胞のアポトーシスと調節系

野生メダカを白背地で飼育するとアポトーシスにより黒色素胞密度が減少する。基底膜直下の真皮に存在する黒色素胞（A）は，アポトーシスを起こすと，断片化し（B），表皮側から排出される（C）。D，E，F は白背地へ移してから 0，6，10 日目の典型的な鱗。G，H，I は交感神経を枯渇させた除神経個体で同様に撮影した典型的な鱗。除神経個体では，黒色素胞の枝状突起数は減少するが，アポトーシスによる密度の減少は起こらない。スケール＝ 50 μm。

トーシス，赤色素胞の分化，異なる虹色素胞のアポトーシスと分化などによって婚姻色の発現が起こることも示唆されている[31]。

12.4.2 形態学的体色変化の調節系

背地の明度に体色を順応させるためには，色素胞の形態だけでなく分化やアポトーシスも適度に調節されなければならない。前述したように，黒色素胞の運動性反応は神経系と内分泌系によって制御されている。運動性反応の延長線上にある形態学的な変化が，同じように内分泌系や交感神経系による影響を受けていることは容易に推測される。

内分泌系の役割については両生類での研究が進んでおり，MSH が黒色素胞の分化にも影響することが知られている。魚類でも，長期間の黒背地または白背地への順応下で，脳下垂体中葉での MSH または後葉での MCH の産生分泌量が増加し，血液中の濃度が上昇することが知られている。van Eys ら（1981）は，ティラピアに MSH を徐放するミニポンプを埋め込むと，白背地飼育下でも体色の暗化が起こることを示した。この個体では皮膚中のメラニン含有量および黒色素胞数がともに増加しており，黒色素胞の分化の調節に MSH が関与していることを示唆している[32]。同様の方法で Baker ら（1986）は，MCH の作用を調べている。黒背地でニジマスを長期間飼育すると皮膚中のメラニン色素含有量を増加させるが，ミニポンプからの MCH がこれを抑制する[33]。この研究では残念ながら黒色素胞密度は調べられていないので，個々の黒色素胞内の色素量が変化しただけである可能性がある。そのため，MCH が分化やアポトーシスの調節に関与しているかどうかは明らかではない。しかし，短期的には黒色素胞の拡散反応や凝集反応を促すホルモンが，長期的には発達や退縮に関与することはまちがいなさそうである。

魚類では，凝集反応を促す交感神経系も形態学的体色変化に関与する。前述したように明るい背景からの刺激は黒色素胞を支配している交感神経を刺激し，NEなどの伝達物質を放出させ凝集反応を起こさせる。野生メダカの腹腔に6-hydroxy-dopamineを投与して交感神経節後線維末端を枯渇させて白背地へ移すと，すぐには体色を明化させない。交感神経による黒色素胞の凝集反応が阻害されているためだが，翌日にはMCHなどにより凝集反応が起こり体色は明化しはじめる。そして，10日後には黒色素胞の枝状突起はかなり減少し退縮する。しかし，黒色素胞のアポトーシスによる密度減少は起こらない（図12.8D-I）。この結果は，アポトーシスには正常な交感神経支配が必要であることを示唆している。実際，皮膚を切り出してNEを添加して培養すると，3日目には濃度依存的に黒色素胞のアポトーシスが誘導される。これには，凝集反応と同様に$\alpha2$アドレナリン受容体を介したcAMP-PKA系シグナルの抑制が関与しており，NEは生存シグナルとして働くcAMP-PKA系のシグナルを抑制し続けることでアポトーシスを誘導すると推測される[29,30]。

黒色素胞の運動性の制御にかかわるいくつかの生理活性物質が分化やアポトーシスの調節にも関係していることが明らかになった。これらの物質の作用メカニズムの解明が今後の課題である。MSHやNEを中心にみてきたが，それ以外にも，メラトニンやエンドセリンなど色素胞の分化やアポトーシスに関与している可能性のある生理活性物質はたくさんあり，今後の研究が期待される。

12.4.3　形態学的体色変化における細胞応答と制御系の変化

黒色素胞の形態学的変化は運動性や交感神経支配に影響を及ぼす。長期的な白または黒背地への順応下では，黒色素胞に作用するホルモンや神経伝達物質の濃度に大きな差がある。メダカを白または黒背地へ長期順応させたあとでは，黒色素胞のMCHに対する感受性は白背地で低下し，黒背地では高くなる。一方，黒色素胞のNEに対する感受性も黒背地では白背地に比べて10倍以上に高くなる。皮膚サンプルに電気刺激を加えて黒色素胞の凝集反応を比較すると，黒背地の皮膚では低強度で充分な凝集反応が生じる。このような応答の差は，神経側の興奮性つまり支配している神経側の変化を示唆する。実際，^{3}H標識NEを利用したオートラジオグラフィーよって，白背地では黒色素胞数の減少とともに神経線維網が退縮し，反対に黒背地では黒色素胞数の増加とともに個々の細胞に対応して発達することが報告されている。この可逆的な交感神経繊維網の発達と退縮は，効果器細胞側が神経側に影響を与える例として興味深い[34]。

黒色素胞の感受性や交感神経繊維網の変化は，ある背地色に長期間順応したメダカが明度の異なる背地へ新たに順応する際の効率を高めていると思われる。暗色背地に長期間順応した魚では，黒色素胞の密度，大きさが増加しているが，NEに対する感受性は増大し，交感神経支配も発達している。そのため，あらたな背地（より明るい背地）へ移動した際には，黒色素胞の凝集反応による体色の明化，また黒色素胞数の減少による順応を効率よくするのに役立つ。また，明色背地に長期間順応した場合には，黒色素胞の感受性の低下，交感神経繊維網の退行が，より暗い背地へ移動した際の黒色素胞の拡散反応，数の増加による順応に有利に働くと考えられる[29]。

12.5　おわりに

変温脊椎動物は，多様な色素胞を複雑に組み合せることによって多彩な体色の発現を可能にしている。また，各色素胞のもつ運動性反応とその制御系，さらにはアポトーシスと分化の制御系によって体色を著しく変化させる能力も発達させている。比較的安定な環境に対して体色の適応度を最大にするには，色素胞の種類や分布パターンを遺伝子基盤で選択することで十分かもしれない。しかし，変化に富んだ環境下で生活する生物にとっては，表現型の可塑性を高めることが適応度を高めるとも考えられる。変温脊椎動物——とくに小型の動物——では，色素胞の種類や分布パターンを選択して体色を適応させるだけでなく，色素胞の反応を制御するシステムを選択して体色の可塑性を大きくすることが適応度の高い生存戦略になったのかもしれない。

参考文献

1) Waring, H. : Color Change Mechanisms of Cold-blooded Vertebrates, Academic Press, 1963.
2) Fujii, R. : The Physiology of Fishes, CRC Press, 535-562, 1993b.
3) Bagnara, J. T., Matsumoto, J. : Pigmentary System, Oxford University Press, pp. 11-59, 2006.
4) Fujii, R. : *Pigment Cell Res.*, **13**, 300-319, 2000.
5) Goda, M., Fujiyoshi, Y., Sugimoto, M., Fujii, R. : *Biol. Bull.*, **224**, 14-17, 2013.
6) Kuriyama, T., Misawa, H., Miyaji, K., Sugimoto, M., Hasegawa, M. : *J. Morphol.*, **274**, 1353-1364, 2013.
7) Aspengren, S., Hedberg, D., Skold, H. N., Wallin, M. : *Int. Rev. Cell. Mol. Biol.*, **272**, 245-302, 2009.
8) Nilsson Skold, H., Aspengren, S., Wallin, M. : *Pigment Cell Melanoma Res.*, **26**, 29-38, 2012.
9) Rodionov, V. I., Borisy, G. G. : *Nature*, **386**, 170-173, 1997.
10) Nilsson, H., Steffen, W., Palazzo, R. E. : *Cell Motil. Cytoskeleton*, **48**, 1-10, 2001.
11) Rogers, S., Tint, I., Fanapour, P., Gelfand, V. : *Proc. Natl. Acad. Sci. USA*, **94**, 3720-3725, 1997.
12) Reese, E. L., Haimo, L. T. : *J. Cell. Biol.*, **151**, 155-166, 2000.
13) Deacon, S. W., Serpinskaya, A. S., Vaughan, P. S., Lopez Fanarraga, M., Vernos, I., Vaughan, K. T., Gelfand, V. I. : *J. Cell. Biol.*, **160**, 297-301, 2003.
14) Rogers, S. L., Gelfand, V. I. : *Curr. Biol.*, **8**, 161-164, 1998.
15) Rogers, S. L., Karcher, R. L., Roland, J. T., Minin, A. A., Steffen, W., Gelfand, V. I. : *J. Cell. Biol.*, **146**, 1265-1276, 1999.
16) Svensson, S. P., Adolfsson, P. I., Grundstrom, N., Karlsson, J. O. : *Pigment Cell Res.*, **10**, 395-400, 1997.
17) Aspengren, S., Skold, H. N., Quiroga, G., Martensson, L., Wallin, M. : *Pigment Cell Res.*, **16**, 59-64, 2003.
18) Thaler, C. D., Haimo, L. T. : *Cell Motility Cytoskeleton*, **22**, 175-184, 1992.
19) Kashina, A. S., Semenova, I. V., Ivanov, P. A., Potekhina, E. S., Zaliapin, I., Rodionov, V. I. : *Curr. Biol.*, **14**, 1877-1881, 2004.
20) Sheets, L., Ransom, D. G., Mellgren, E. M., Johnson, S. L., Schnapp, B. J. : *Curr. Biol.*, **17**, 1721-1734, 2007.
21) Kawauchi, H. : *J. Exp. Zoolog. A Comp. Exp. Biol.*, **305**, 751-760, 2006.
22) Logan, D. W., Burn, S. F., Jackson, I. J. : *Pigment Cell Res.*, **19**, 206-213, 2006.
23) Oshima, N., Kasukawa, H., Fujii, R., Wilkes, B. C., Hruby, V. J., Hadley, M. E. : *Gen. Comp. Endocrinol.*, **64**, 381-388, 1986.
24) Oshima, N., Nakamaru, N., Araki, S., Sugimoto, M. : *Comp. Biochem. Physiol. C Toxicol. Pharmacol.*, **129**, 75-84, 2001.
25) Andersson, T. P., Skold, H. N., Svensson, S. P. : *Cell Signal*, **15**, 1119-1127, 2003.
26) Leclercq, E., Taylor, J., Migaud, H. : *FISH and FISHERIES*, **11**, 159-193, 2010.
27) Sugimoto, M., Yuki, M., Miyakoshi, T., Maruko, K. : *J. Exp. Zoolog. A Comp. Exp. Biol.*, **303**, 430-440, 2005.
28) Rawls, J. F., Johnson, S. L. : *Development*, **127**, 3715-3724, 2000.
29) Sugimoto, M. : *Microsc. Res. Tech.*, **58**, 496-503, 2002.
30) Sugimoto, M., Uchida, N., Hatayama, M. : *Cell Tissue Res.*, **301**, 205-216, 2000.
31) Kobayashi, M., Tajima, C., Sugimoto, M. : *Zoolog. Sci.*, **26**, 125-130, 2009.
32) van Eys, G. J., Peters, P. T. : *Cell Tissue Res.*, **217**, 361-372, 1981.
33) Baker, B. I., Bird, D. J., Buckingham, J. C. : *Gen. Comp. Endocrinol.*, **63**, 62-69, 1986.
34) Sugimoto, M., Oshima, N. : *Pigment Cell Res.*, **8**, 37-45, 1995.

第13章

魚類における色素形成の遺伝的背景とその意義

深町昌司

自然界に棲息する動物はさまざまに色づいており，脊椎動物においては神経冠から分化する色素胞がこの役割を担う。色素胞研究はマウスモデルを用いて盛んに行なわれ，そこで得られた知見はヒトの医療・美容分野へ応用され，巨大な市場を形成している。しかし生物学的な視点からは，哺乳類という動物群は脊椎動物の中で特殊な立ち位置にあり，「体色の研究」を展開するうえでは広く他の脊椎動物をみていく必要がある。本章では，魚類モデル，とくにメダカを用いた色素胞研究を概説する。メラノサイトやメラノーマから少し視点を広げた，哺乳類モデルとはひと味異なる色素胞研究をご紹介したい。

13.1 はじめに

動物の体表（皮膚・毛・羽・鱗など）は，色素細胞によって着色している。その意義は大きく分けて2つあり，1つは太陽光（紫外線）からの細胞の防御，もう1つは太陽光（可視光）を選択的に反射／吸収することによる視覚的な情報発信である。そのため，太陽光が届かない深海や洞窟などの環境では，光の受容器である目を失うとともに全身が白化している種が多い。体色が発信する情報は多岐にわたり，獲物や捕食者に存在を悟らせないための隠蔽色（cryptic coloration），逆にわざと目立って有害であることを知らせる警告色（warning coloration），異性への性的なアピールとなる婚姻色（nuptial coloration），などが知られる。擬態（mimicry）もさまざまな動物種で見られる現象で，自然界に生きる上で重要な役割を担っているが，形や動きだけではなく，「色」を真似ることは不可欠の要素である。

中生代，恐竜に怯えながら約2億年間もの夜行性生活を送っていた哺乳類の祖先[1]は，弱光下で明暗（brightness）を区別するための能力（桿体視）を発達させた。しかし一方で，強光下で色相（hue）を識別する能力（錐体視）が大きく低下し，白亜紀末期（約6,600万年前）における恐竜絶滅後，昼行性生活を手に入れて久しい現在でも，色を見分けることが苦手である。色相の区別には網膜の錐体細胞で発現するオプシン（錐体オプシン）がかかわるが，哺乳類以外の脊椎動物は，それぞれ吸収極大波長の異なる4種類の錐体オプシン（短波長側から，short-wavelength sensitive 1［SWS1］，short-wavelength sensitive 2［SWS2］，rhodopsin 2［RH2］，および long-wavelength sensitive［LWS］）をもち，紫外線をも感知する四色型色覚である（4チャンネルからの入力比で色相を判定する）。しかし，長期の夜行性生活中にSWS2とRH2を失った哺乳類は，現在でも

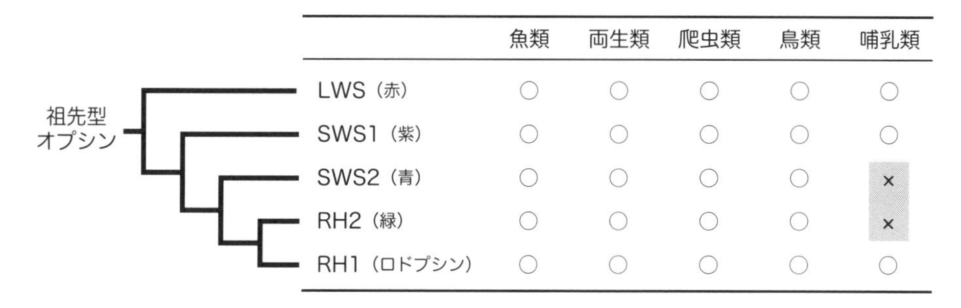

図 13.1　脊椎動物がもつ視物質（オプシン）
RH1 は暗所での視覚（桿体視）を担い，それ以外の 4 種類が明所での視覚（錐体視）を担う。哺乳類の共通祖先で SWS2 と RH2 が失われ，四色型から二色型へと色覚が退化した。ヒトを含む狭鼻猿類は，LWS の遺伝子重複と機能分化により，LWS よりも吸収極大波長がやや短い MWS を手に入れ，三色型色覚を獲得している。図左は，簡略化した分子系統樹。

表 13.1　脊椎動物において存在が確認されている色素胞

	魚類	両生類	爬虫類	鳥類	哺乳類
黒色素胞	○	○	○	○	○
虹色素胞	○	○	○	○	×
赤／黄色素胞	○	○	○	×	×
白色素胞	○	×	×	×	×
青色素胞	○	×	×	×	×

SWS1 と LWS の二色型色覚であり[2]，2 チャンネルからの入力比でしか色相を区別できない（図 13.1）。ヒトを含む狭鼻猿類は例外で，*LWS* 遺伝子の重複と機能分化により medium-wavelength sensitive（MWS）というオプシンを新たに獲得することで，かろうじて三色型色覚を回復している。森で熟した果実を見つける（緑と赤を区別する）必要に迫られたことが，この進化を促したとされる（魚類のオプシンに関しては 13.3.1 項を参照）。

哺乳類は，色を見せる方も苦手である。夜間の視覚情報が明暗に限られるせいであろうが，哺乳類の祖先は明度の調節に最も有効な黒色素胞を保持する一方で，色相や光沢の調節にかかわる他のすべての色素胞を失ってしまった（表 13.1）。その結果，現在でも哺乳類は，細胞内色素顆粒の可逆的拡散・凝集能を伴わない黒色素胞（メラノサイト）しかもっていない。このため，哺乳類の毛や皮膚は白〜黄〜茶〜黒の範囲に収まる比較的地味な色をしており（赤毛とはいってもせいぜい赤褐色である），他の脊椎動物で見られるような鮮やかな緑や青や赤になったり，メタリックな光沢を放ったりすることはない。なお，鳥類も体幹部では黒色素胞しかもたないのだが，実際のフウチョウ類やインコ類の羽毛は極彩色に彩られている。これは構造色といわれるもので，鳥類は色素胞に頼らない色相の表現法を獲得した結果，黒色素胞以外の色素胞が不要になったのだろうと推察される。

さて，本書のタイトルでもある「色素細胞」は特定の波長の光を反射あるいは吸収して体に色をつけるための細胞だが，上述のとおり，色を見ることも見せることも苦手な哺乳類を用いた研究で，体色形成の仕組み（遺伝・発生）や体色がかかわる行動・生態などの生命現象を理解することはごく一面的だと思われる。本章では，魚類の代表的なモデルであるメダカ（*Oryzias latipes*）を用いた色に関する研究を概説する。同じく魚類モデルであるゼブラフィッシュ（*Danio rerio*）では，

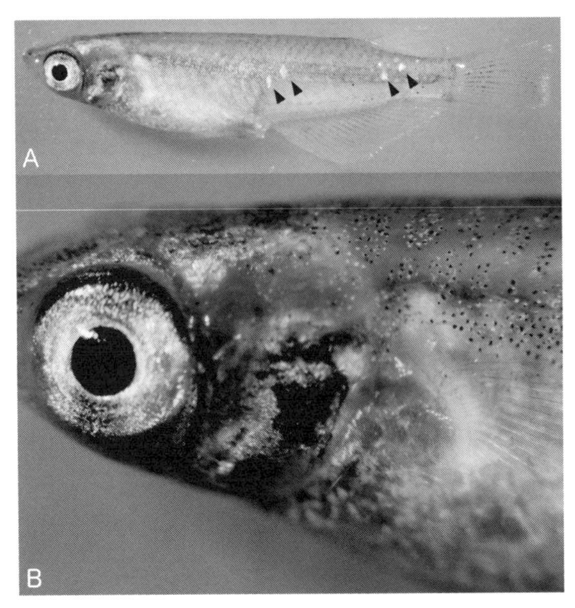

図 13.2　メダカの成魚

A：野生型メダカ。明るい環境で飼育していたため，黒・黄色素胞色が減少し，明るめの体色になっている。矢尻は，虹色素胞により「ラメ」となった鱗。B：頭部の拡大図。眼球・頭部・鰓蓋・腹に虹色素胞が密集している。背部に黒色素胞と白色素胞が確認できる。腹側の白色素胞には樹状突起が発達している。黄色素胞はこの写真でははっきりと確認できない（図 13.6 参照）。

模様形成に関するたいへん興味深い研究が行なわれているが，詳しい総説[3]をご参照いただくとして，ここでの解説は省略する。

13.2　メダカの色素胞関連遺伝子

日本やその周辺国に棲息する小型の淡水魚であるメダカ（体長 3 ～ 4 cm）は，約 3 カ月で性成熟し，毎朝 20 個程度の卵を産み，体外で発生し，胚が透明で内部構造を生きたまま観察できるなど，脊椎動物における発生遺伝学のモデルとして優れた性質を有する。実験室内での飼育・管理も容易で，ヒトと同じ脊椎動物でありながらマウスに比べると省コスト・省スペース，動物倫理的な制約が少ないなどの利点もあるため，近年では基礎医学研究の材料としても注目されている[4]。

メダカは，黒・虹・黄・白の 4 種類の色素胞をもつ（第 12 章参照）。野生型メダカの体幹部にはおもに黒色素胞と黄色素胞が存在し，白色素胞は比較的少数であるため，全体としては茶色っぽく見える。しかし，これらの色素胞は周囲の環境によって数を増減させ，明るい水槽では白色素胞が増加した明るい色，暗い水槽では黒・黄色素胞が増加した暗い色に体色を変化させる（形態学的体色変化）。虹色素胞は眼球・鰓蓋・腹などに密集して魚類特有の銀色の金属光沢を醸し出すが，ときに鱗にも現われてキラキラ光る「ラメ」を形成する（図 13.2）。

フナ（金魚）やコイ（錦鯉）と同様に，メダカでも数十種の色の異なる系統が分離されており，古いもの（ヒメダカ・ブチメダカ・シロメダカ）は江戸時代の図鑑にも描かれている（図 13.3）。日本での研究の歴史も古く，石原や外山がこれらの色違いメダカに着目し，体色の遺伝様式がメンデルの法則に従うことを，1 世紀前の学会報や紀要で報告している[5,6]。ほぼ同時期に會田は，ヒメダカとブチメダカが対立形質であることや，アカシロメダカの体色がオスは赤く，メスは白くなる限性遺伝を示すことを英文誌で発表した[7]。その後，さらに多数の体色異常突然変異体が富田に

図 13.3　江戸時代に描かれた色ちがいメダカ
毛利梅園（1798 ～ 1851）により描かれた梅園魚譜の 1 ページ。上部に 3 種の色ちがいメダカがいる。国立国会図書館デジタルコレクション（寄別 4-2-2-3）より転載。［口絵も参照］

よって分離され[8]，現在でもいくつかの熱心な養殖業者によって新たな体色の系統が作出されつづけており，希少種は 1 匹数万円以上の高値で取り引きされている。

これらの文字どおり「色々な」メダカは，色素胞研究の格好の材料である。実際にいくつかの原因遺伝子が解明され，色素胞の発生や調節に関する新たな知見が提供されるとともに，近年ではメダカの社会行動における体色の役割などが明らかにされてきた。

13.2.1　黒色素胞

黒色素胞形成不全の変異体ではメラニン合成が抑制されるため，総じて明度の高い体色になり，愛玩動物としての価値が高くなることが多い。メダカでは，アルビノメダカ（*i* と *i-3*）やヒメダカ（*b*）などがこれにあたる。これらの原因遺伝子はすでに同定されており，*i*, *i-3*, *b* はそれぞれ，ヒトの眼皮膚白皮症（OCA）1 型，2 型，4 型（マウスの *albino*；チロシナーゼ，*pink-eyed dilution*；P タンパク質，*underwhite*；SLC45A2 タンパク質）の原因遺伝子と相同である[9~11]。これらの結果は，メラニン合成の仕組みが哺乳類と魚類で共通していること，すなわちメダカがヒト遺伝病のモデルとなりうることを裏づけている。

同時にこれらの結果は，チロシナーゼと P タンパク質が，メラニン合成以外の機能を担っている可能性を示唆する。黒色素胞しかもたない哺乳類でこそ，「メラニン合成能を失うこと」＝「白皮症の定義」となりうるが，黒色素胞以外の色素胞を有する魚類においては，メラニンを失うだけでは体は白化しない。実際，OCA4 に相当する *b* メダカ（ヒメダカ）は，色を失った黒色素胞と正常に色づいた黄色素胞によってオレンジ色を呈する。しかし，OCA1 と OCA2 に相当する *i* メダカや *i-3* メダカは，典型的なアルビノ（白い皮膚と赤い眼）であり，これは黒色素胞に加えて黄色素胞も色を失っているからである（虹色素胞と白色素胞は正常）。したがって，メラニン合成の鍵酵素として知られるチロシナーゼだが（第 6 章参

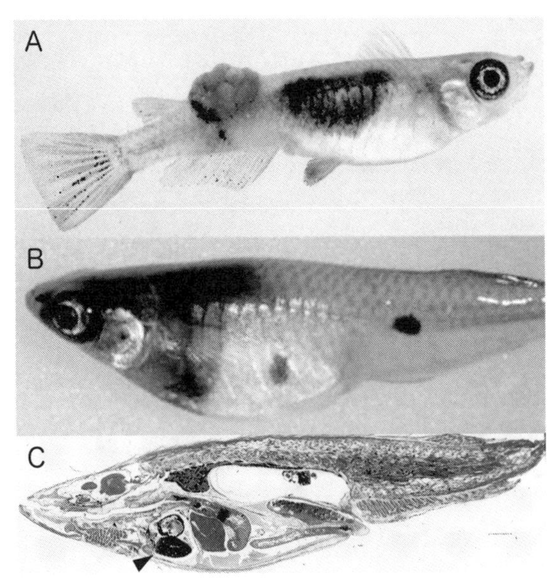

図 13.4　メダカのメラノーマモデル

A：変異型 EGF 受容体（xmrk）を *mitf* プロモーター下で発現させた系統。メラノーマが体内で，黄色素胞腫が皮膚で増殖している個体。B：変異型 HRAS（$HRAS^{G12V}$）をチロシナーゼプロモーター下で発現させた系統。この系統では，主に体内でメラノーマが増殖する。C：B の系統の全身組織切片像（文献 14 の Figure 4 を改変）。心臓（矢尻）をはじめ，腎臓，脊髄，鰓など，全身の組織へ転移・浸潤が起きている。A は Würzburg 大学の Schartl 博士より，B と C は慶應義塾大学の松崎博士より写真提供。

照），少なくともメダカにおいては黄色素（カロテノイドやセピアプテリン）の代謝にも必須の役割を担うと考えられ，実際に黄色素胞がチロシナーゼをわずかに含むとする報告もある[12)]。仮に，この酵素活性がヒトでも保存されているとすると，OCA1 患者にはメラニン合成能の欠如以外の症状が潜んでいるかもしれない。*i-3* メダカに相当する OCA2 患者に関しても，同様の理由で黄色素の代謝に異常があると予測されるが，黄色素胞が正常な *b* メダカに相当する OCA4 患者には当てはまらないと思われる。

黒色素胞が癌化すると，悪性度の高い黒色腫（メラノーマ）となる。これは致死率の高い皮膚癌で，古くから有効な治療法の開発が望まれてきたが（第 21 章参照），近年，メダカでユニークな研究モデルが開発された（図 13.4）。1 つは，プラティという熱帯魚の EGF 受容体遺伝子（*xmrk*）をメダカの *mitf* プロモーター下に連結した DNA を導入した transgenic 系統で，孵化後 6 週間以内に 100% の個体に癌化した色素胞が出現する[13)]。哺乳類では黒色素胞分化の master gene として知られる *mitf* だが（第 8 章参照），メダカ（やゼブラフィッシュ）では他の色素胞にも発現しているため，この transgenic 系統にはメラノーマに加えて黄色素胞腫（xanthophoroma）も出現する。もう 1 つは，ヒトの変異型 *HRAS* 遺伝子（$HRAS^{G12V}$）をメダカのチロシナーゼプロモーター下で発現させた transgenic 系統で，孵化後 6 カ月以内にやはり 100% の個体にメラノーマが発症する（他の色素胞は癌化しない）[14)]。どちらの系統においても，癌細胞は急速に増殖し，組織への浸潤・転移が起こる結果，個体死に至る。これらのメダカメラノーマとヒトやマウスのメラノーマの遺伝子発現プロファイルが類似することも示されており，これらの系統の解析によって得られる知見は将来的な臨床への応用が期待できる。メラノーマの進行にかかわる新規遺伝子群の探索，あるいは high-throughput かつ *in vivo* レベルの抗癌剤スクリーニングなどにとくに有用であろう。

13.2.2 虹色素胞

虹色素胞は，魚類で一般的にみられるメタリックな光沢にかかわる色素胞である。メダカの虹色素胞はほぼ銀色に見えるが，他の魚類（ネオンテトラなど）の虹色素胞は，赤や青に色づいた金属光沢をみせることがある。これは，微細な反射小板を細胞内に規則正しく配置することで薄膜干渉（多層膜干渉）を起こし，特定の波長の光を増強あるいは減弱して反射しているからである（構造色；第12章参照）。

ゼブラフィッシュでは，*mitf*, *ednrb*, *foxd3* などの哺乳類でメラノサイト分化を担う遺伝子や，あるいは *leukocyte tyrosine kinase* などの哺乳類では体色との関連性が示されていない遺伝子が，虹色素胞分化にかかわる遺伝子として同定されている[3,15]が，メダカからの報告は，孵化後に死んでしまう変異体[16]の原因遺伝子以外はまだない。富田が分離した突然変異体には，致死性を伴わない（成魚まで育つ）虹色素胞の突然変異体が複数含まれ[8]，今後の解析が待たれる。

13.2.3 黄色素胞と白色素胞

メダカの黄色素胞と白色素胞は，細胞の大きさや形状，あるいは神経伝達物質に対する細胞内色素顆粒の反応性が大きく異なる。たとえば，生理的塩類溶液中では黄色素胞（と黒色素胞）の色素顆粒が拡散するのに対し，白色素胞の色素顆粒は凝集する。これにノルアドレナリンを添加すると，前者が凝集するのに対し，後者は拡散する。

しかし近年，これらの色素胞が，少なくとも細胞系譜上は黒色素胞や虹色素胞よりも互いに近い関係にあることを示す2つの報告がなされた[17,18]。*lf*, *lf-2*, *wl*, *ml-3* という，黄色素胞と白色素胞の数が野生型と異なる4種類の突然変異体を用いた研究により，黄色素胞と白色素胞はどちらもPax7a陽性の前駆細胞から分化し，この前駆細胞におけるsox5の発現量に応じて黄色素胞に分化するか白色素胞に分化するかが決定される（発現量が多いと黄色素胞になる）ことが示された（図13.5）。これらの変異体では，黒色素胞と虹色素胞は正常に増殖するため，黒・虹色素胞はPax7a陰性の前駆細胞から分化すると考えられる。黒・虹色素胞に共通の前駆細胞が存在するかどうかは不明だが，少なくとも黄色素胞と白色素胞に関しては，神経冠から分化した色素胞の前駆細胞が，まず黄・白色素胞共通の前駆細胞（共通幹細胞？）に分化し，その後それぞれの色素胞に分化する，という2段階の分化を経るらしい。したがって，光を反射する性質をもつ白色素胞と虹色素胞は，まとめてguanophoreと称されることもあるが，少なくとも細胞系譜に基づくかぎり，これらは明確に区別されるべきと思われる。

上記の胚発生期における分子機構は，成魚期にも当てはまるかもしれない。*ci* という突然変異体では，上記 *ml-3* と同様に黄色素胞が減少する一方で白色素胞が増加している[19]。また，*ci* 遺伝子がコードするペプチドホルモンであるsomatolactin alpha（SLa）を過剰に発現させたtransgenic系統（Actb-SLa:GFP）では，逆に黄色素胞が増加して白色素胞が減少する（図13.6）[20]。この現象にも，黄色素胞と白色素胞の数が，黄・白色素胞共通の前駆細胞によって拮抗的に制御されることがかかわるかもしれない。たとえば，共通前駆細胞がSLaの血中濃度依存的にSox5の発現を増減する仕組み（高濃度時に発現が上昇）や，既存のSox5陽性あるいは陰性細胞が血中SLa濃度に応じて分化を促進あるいは抑制する仕組み（高濃度時に陽性細胞が分化）などが考えられるが，現時点ではこれらを支持するデータは得られていない。

13.2.4 透明メダカ

胚が透明なメダカは，内部構造や蛍光タンパク質の発現を観察しやすいことが大きな利点だが，このとき体表の色素胞（とくに大きく広がった黒色素胞）が観察の障害となる。そこで，いくつかの体色異常突然変異体を交配することで，視認できる色素胞をまったくもたない多重突然変異系統が作出された（図13.7）[21]。これらの「透明メダカ」は，胚のみならず成魚の皮膚も透けており，外科

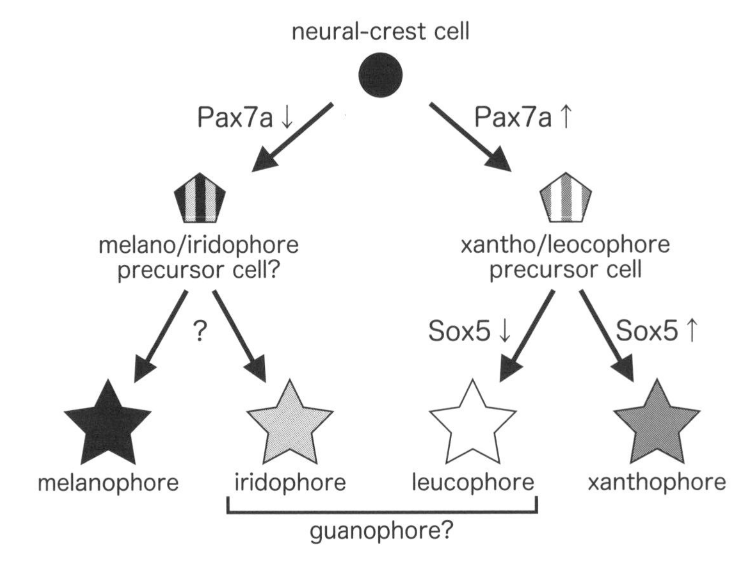

図 13.5　色素胞分化の模式図

メダカの黄色素胞と白色素胞は，まず共通の Pax7a 陽性の共通前駆細胞に分化し，その後 Sox5 の発現量に応じて最終的な細胞運命が決定される。黒色素胞と虹色素胞が同じような 2 段階の分化を経るかどうかは不明だが，少なくともゼブラフィッシュでは共通前駆細胞の存在が示唆されている [32]。

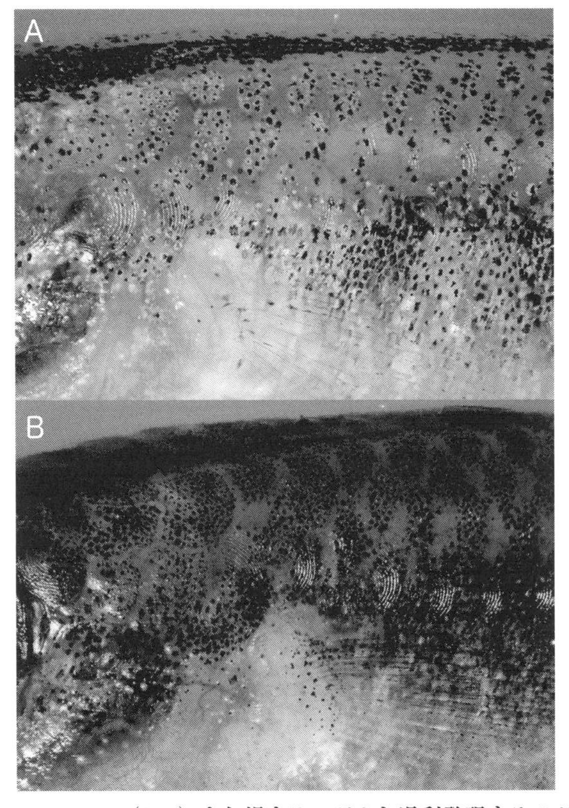

図 13.6　Somatolactin alpha（SLa）を欠損するメダカと過剰発現するメダカ体表の拡大図

A：*ci*，B：Actb-SLa:GFP。それぞれ，上部が背側で左下が鰓蓋。A で多数見られる白色素胞が，B ではほとんど見られない。逆に B で多数見られる黄色素胞が，A ではほとんど見られない。このちがいが配偶者選択に強く影響する。

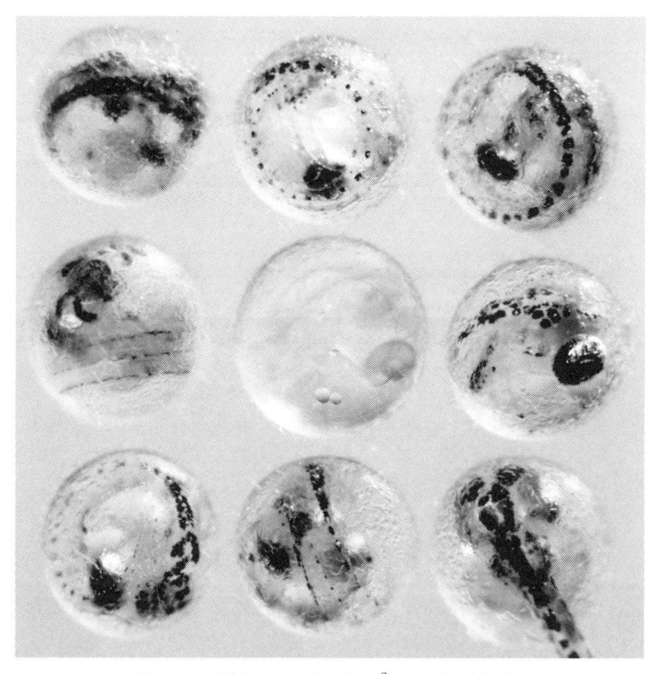

図 13.7　透明メダカ（SK^2）の卵（中央）
周囲は野生型の卵で，体表の黒色素胞（と白色素胞）や眼球の虹色素胞が，内部構造の観察を妨げている。どれも孵化直前の 6 日胚（右下の個体ではすでに尾が卵膜を破っている）。

的な処置をせずに生きたまま内臓を観察することができるため，器官形成や病態進行のリアルタイムモニタリングを可能にする。色素胞をもたないこと以外は正常に発生・孵化・成長し，成魚も正常な妊性をもつが，死にやすく，飼育に熟練を要するのが難点といえる。

そこで，透明メダカとは遺伝的に遠縁の系統と交配することで，雑種強勢（hybrid vigor）による透明メダカの生存力強化が試みられた[22]。南日本由来の透明メダカである STIII（*i-3*, *lf*, *gu*, *il-1* の四重突然変異体で，全身の色素胞が欠如あるいは不可視になっている）と SK^2（b^{g8}, *lf*, *gu* の三重突然変異体で，やや色づいた黄色素胞と鰓蓋の虹色素胞が残っている）は，北日本由来のメダカと塩基配列にして 3.42% 異なっており[23]，これはヒト-チンパンジー間の 1.23% をはるかに上まわる（近年，北日本と南日本のメダカは別種とされた[24]が，本稿ではどちらも「メダカ」と表記する）。しかし，これらの「雑種透明メダカ」の生存力はほとんど改善されず，この理由は *lf* 以外の突然変異（*i-3*, b^{g8}, *gu*, *il-1*）自体が，それぞれ加算的に生存力を低下させるためであった。*i-3*, b^{g8}, *gu* の変異は，皮膚だけでなく眼への色素沈着も抑制するため，視力の低下による食餌量の低下（栄養失調）が生存力低下を引き起こす可能性が考えられる。*il-1* は鰓蓋の虹色素胞にしか影響しないが，この変異が生存力を低下させる仕組みは不明である。鰓蓋の虹色素胞にも何らかの存在意義があるはずで，これを失うことで，光線による鰓へのダメージなどが引き起こされるのかもしれない。あるいは，*il-1* がコードするタンパク質（未同定）は，虹色素胞の分化以外に，生存力に直接影響する生理機能を有するのかもしれない。

13.3　メダカの体色の役割

13.1 節で述べたとおり，色素胞によって形成される体色には情報を発信する役割がある。それでは，メダカの体色は具体的にどんな情報を発信し

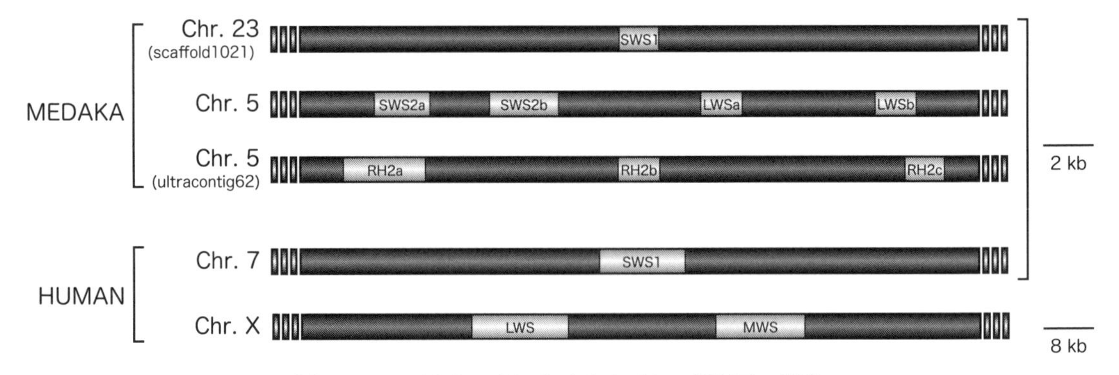

図 13.8　メダカとヒトにおけるオプシン遺伝子の構造

すべて同じ向き（5′→3′）に並んでいる。ヒトの *MWS* は，*LWS* の重複と機能分化により獲得されたもの。同様の局所的な遺伝子重複がメダカの *LWS*, *SWS2*, *RH2* で起こった結果，合計8種類の錐体オプシン遺伝子がそれぞれ連鎖して存在している。

ているのだろうか。1つは隠蔽色である。背地適応（周囲の色に自分の体色を似せること）は，とくにメダカのような小動物にとって，鷺などの天敵から逃れるのに有効な手段である。カメレオンのように変幻自在というわけにはいかないが，メダカも虹色素胞を除く3種類の色素胞を生理学的（細胞内色素顆粒の拡散・凝集）あるいは形態学的（細胞の大きさや数，色素量）に調節することで，捕食者の目を欺いている[25]（第12章参照）。

メダカの体色のもう1つの重要な役割として，近年は社会行動がクローズアップされており，配偶者選択（mate choice）に体色が大きな影響を及ぼすことがわかってきた。では，メダカには他の個体がどのように見えているのだろうか。次節では，メダカの色覚について考えてみたい。色素細胞そのものの話ではないため，本書の趣旨から外れてしまうかもしれないが，色素細胞と密接に関連する生命現象として以下に解説する。

13.3.1　メダカの色覚

色相の認識（色覚）には，網膜の錐体細胞に発現するオプシンがかかわる。ヒトは3種類の錐体オプシン（SWS1, LWS, MWS）をもつのに対し，メダカは8種類（SWS1, SWS2a, SWS2b, RH2a, RH2b, RH2c, LWSa, LWSb）をもつ[26]（ゼブラフィッシュも8種類もっている）。したがって，メダカはヒトよりも色相の区別に長けていると考えられ，これは体色を研究する際に注意を払う必要がある。メダカは，われわれが見分けていない色（光刺激）を見分けている可能性があるからだ。たとえば，ヒトは空の虹の黄色（黄の単色光）とテレビ画面上の虹の黄色（緑と赤の混合光）という，物理的に異なる性質の光を見分けることができないが，メダカは見分けているかもしれない。すなわち，実際のメダカと，ヒト用に開発されたディスプレイに映したメダカは，ヒトには同じに見えてもメダカには異なる色に見えている可能性があり，体色研究の落とし穴となりかねない。

魚類が，元々あった4種類の錐体オプシン（SWS1, SWS2, RH2, LWS）に加え，さらに多くの錐体オプシンをもつようになった理由としてまず考えられるのが，真骨魚類（teleost）の共通祖先で起きたゲノム倍化（四倍体化）である[27]。しかしそうなのであれば，重複したオプシン遺伝子は異なる染色体上に独立に存在するはずだが，メダカでもゼブラフィッシュでも同一染色体上に近接して存在している（図13.8）。したがって，これらのオプシン遺伝子群は，染色体全体ではなく，局所的なDNAの重複によってそれぞれ個別に数を増やしたと考えられる。これは，狭鼻猿類の祖先がLWSの重複と機能分化によってMWS

を獲得したのと同じメカニズムであり，これによって狭鼻猿類が三色型色覚を獲得したのと同様に，オプシンの種類を4から8に増やしたことによって，真骨魚類の色相を区別する能力がさらに向上したと考えられる。ゲノム倍化時に獲得したはずの，他の染色体上にあったオプシン遺伝子を失ってしまった理由は不明だが，重複したオプシンを適切に発現させる（1つの錐体細胞に1種類のオプシンを発現させる）には，遺伝子が同一の染色体上に並んで存在することが必要なのかもしれない。

13.3.2　配偶時における系統識別

ヒトが何らかの価値観に基づいて配偶者を選択するように，ヒト以外の動物も，それぞれの基準に基づいて配偶相手（交尾相手）を選んでいる。この際，無数の選択肢から同種の異性を選ばなければならないことは当然として，自分の好みに合致するか否かも重要な要素となる。この「配偶相手の選り好み」は，一般的にオスよりもメスのほうが強く，この差が，クジャクの例で知られるとおり，オス特異的な性的形質の発達，すなわち性的二型（sexual dimorphism）の進化を促すとされる。しかし実際はオスも，メスほどではないにせよ，相手を選り好んでいることがいくつかの動物種で示されており，メダカもそのひとつである[28]。

朝，1匹のオスと互いに体色の異なる2匹のメスを同じ水槽に入れて自由に泳がせると，1時間に何十回という頻度で，オスがメスに求愛する様子が観察できる（メスからオスへの求愛はきわめてまれである）。たいていの場合，どちらのメスも同程度に求愛され，これは，緑や赤の蛍光タンパク質を全身で発現する明らかに異常な体色のメスですら例外ではない。しかし，13.2.3項で述べた黄色素胞と白色素胞の数が野生型と異なる *ci* と Actb-SLa:GFP（図13.6）のメスは例外で，オスがこれらの系統に求愛する頻度は有意に低かった。すなわち，「白色素胞と黄色素胞の多寡」は，メダカが配偶相手を選ぶときの決定的な指標であり，多すぎても少なすぎても性的な魅力が低下することが示唆される。一方，黒色素胞の多寡や緑・赤蛍光の付与は，8種類の錐体オプシンを通じて確実に知覚されているはずだが，配偶相手の特徴としてほとんど気にならないらしい。

興味深いことに，*ci* と Actb-SLa:GFP のオスにとってはそれぞれ自系統のメスが魅力的らしく，異系統のメスにはほとんど興味を示さない。この *ci* と Actb-SLa:GFP 間の「相互に排他的な配偶行動」は蛍光灯下で観察されるものだが，単色光（1種類の波長しか含まない光）下では再現されないため（未発表），これらのメダカが，嗅覚や聴覚ではなく視覚，さらにいえば，形や動きではなく色を基準に自系統と異系統を区別していることがわかる。同時にこの結果は，この「色」とは，特定の波長における絶対的な光強度（明度）ではなく，複数波長における光強度の相対的なバランス（反射光スペクトルの形状＝色相）であることも示している。黄色素胞と白色素胞の多寡によってつくられる色相の違いが，具体的にどの波長（どの錐体細胞）からの情報を基に知覚され，性的興奮を誘起したりしなかったりするのか，今後の興味深い課題である。

この実験系におけるもうひとつの興味深い課題は，*ci* と Actb-SLa：GFP のそれぞれが異なる色相を好む理由である。どちらのメダカも，異系統の異性しか存在しない状況下では系統間の交尾がおき，正常な妊性をもつ子が生まれる。したがって，*ci* と Actb-SLa：GFP の相互に排他的な配偶行動は，同種認識（cognate recognition）の欠如，すなわち異系統を別種（交尾対象外）とみなしているせいではなく，交尾対象ではあるが自分の好みに合致しないせい，すなわち相反する性的嗜好（sexual preference）が原因であることがわかる。飼育環境（系統別飼育や混合飼育）をさまざまに変えた実験から，これらの性的嗜好は，先天的に備わったものではなく，一緒に生まれ育った魚の色や性成熟後の交尾経験に応じて後天的に獲得されることが示されつつある（未発表）。周囲の魚の体色に応じて，脳（や眼？）での遺伝子発現や神経回路が変化する結果，相反する性的嗜好が形成されるのだろうが，現時点ではそのメカニズムはわからない。ヒトの性的嗜好が同様なメカニズムで獲得されるかどうか，一度形成された性的嗜好が変化する（矯正できる）か否かなど，今後の興味深いテーマとなろう。

13.3.3　配偶時における個体識別

ヒトにとって，同色のメダカは皆同じに見えるが，メダカにとってはそうではないらしいことも最近わかってきた。同色同系統のオスを，一方は透明な仕切り越しにメスに見せておき，もう一方は見せないでおくと，メスは見知ったオスとはすぐに交尾する一方，見知らぬオスとはなかなか交尾しない[29)]。この行動には，性腺刺激ホルモン放出ホルモン（GnRH）3を放出するニューロンがかかわり，メスが見知らぬオスを見たときは不活性化して生殖行動を抑制し，見知ったオスを見たときは活性化することで生殖行動が誘起されやすくなることがわかっている。

この個体識別も視覚情報に基づいているはずだが，現時点では，それが形なのか動きなのか色なのかは不明である。ゼブラフィッシュと異なり，体表に縞や水玉などの明瞭な模様を形成しないメダカであるが，1つ1つの色素胞の位置や，あるいはヒトには感覚できないわずかな色相の差などを頼りに個体を区別しているのかもしれない。あるいは，メダカにも顔つきがあることが示されており[30)]，ヒトのように「顔」で区別している可能性も考えられよう。いずれにせよメダカは，われわれが思っている以上に，ものの色や形を見て，判断して，行動しているらしいことが，これらの行動実験により明らかになっている。

13.4　今後の展望

今後のメダカを使った色素胞の研究には，大きく3通りの方向性が考えられる。1つめは，脊椎動物における体色形成の仕組み，すなわち黒・虹・黄・白の色素胞がどのような遺伝子制御を受けて神経冠から分化・移動・増殖するのかを，遺伝学的・発生学的な視点から包括的に理解する方向。2つめは，ヒトのメラノサイトあるいはメラノーマ研究のモデルとして用い，多産・省スペースであることを生かした *in vivo* レベルの研究を行ない，将来的な臨床応用を目指す方向。3つめは，色素胞の存在意義，すなわち体表における色・模様の役割を，生態学的・行動学的・脳神経科学的に解明する方向である。

メダカは日本発のモデル生物であることから，さまざまな系統やDNAライブラリなどの研究資源は，世界中で日本がいちばん充実している。ナショナルバイオリソースプロジェクトにも採択されており，リソースの分譲や寄託を常時リクエストすることができるため，リソースを維持できない小規模な研究室に対するサポート体制も整っている。CRISPR/Cas9などの遺伝子改変技術もいち早く導入され[31)]，長年の懸案であった逆遺伝学も自在にできるようになり，実験動物としての有用性がますます高まっている。行動解析においても，三次元空間を自由に遊泳するメダカの動きを，マウス用に開発された装置で追跡することは困難であったが，最近の3D動画解析技術によりその問題も克服されつつある。これらの研究基盤を駆使することで，色素細胞を介して色を見たり見せたりする仕組みや意義に関し，哺乳類モデルとはひと味異なるユニークな研究を展開することができるだろう。

謝辞　本稿執筆にあたり，名古屋大学の橋本寿史博士，慶應義塾大学の松崎ゆり子博士，基礎生物学研究所の木村哲晃博士にご助言を賜りました。ここに感謝申し上げます。

参考文献

1)　Gerkema, M. P., Davies, W. I., Foster, R. G., Menaker, M., Hut, R. A. : *Proc. Biol. Sci.*, **280**, 20130508, 2013.
2)　Bowmaker, J. K. : *Vision Res.*, **48**, 2022-2041, 2008.
3)　Parichy, D. Spiewak, J. E. : *Pigment Cell Melanoma Res.*, **28**, 31-50, 2015.
4)　Schartl, M. : *Dis. Model Mech.* **7**, 181-192, 2014.
5)　石原誠：福岡醫科大學雜誌，**9**，259-267，1916.
6)　外山亀太郎：日本育種學會々報，**1**，1-9，1916.

7) Aida, T. : *Genetics*, **6**, 554-573, 1921.

8) Kelsh, R. N., Inoue, C., Momoi, A., Kondoh, H., Furutani-Seiki, M., Ozato, K., Wakamatsu, Y. : *Mech. Dev.*, **121**, 841-859, 2004.

9) Koga, A., Inagaki, H., Bessho, Y., Hori, H. : *Mol. Gen. Genet.*, **249**, 400-405, 1995.

10) Fukamachi, S., Asakawa, S., Wakamatsu, Y., Shimizu, N., Mitani, H., Shima, A. : *Genetics*, **168**, 1519-1527, 2004.

11) Fukamachi, S., Shimada, A., Shima, A. : *Nat. Genet.*, **28**, 381-385, 2001.

12) Ide, H., Hama, T. : *Proc. Jap. Acad.*, **45**, 51-56, 1969.

13) Schartl, M., Wilde, B., Laisney, J. A., Taniguchi, Y., Takeda, S., Meierjohann, S. : *J. Invest. Dermatol.*, **130**, 249-258, 2010.

14) Matsuzaki, Y., Hosokai, H., Mizuguchi, Y., Fukamachi, S., Shimizu, A., Saya, H. : *PLoS One*, **8**, e54424, 2013.

15) Kondo, S., Iwashita, M., Yamaguchi, M. : *Int. J. Dev. Biol.*, **53**, 851-856, 2009.

16) Yu, J. F., Fukamachi, S., Mitani, H., Hori, H., Kanamori, A. : *Pigment Cell Res.*, **19**, 628-634, 2006.

17) Kimura, T., Nagao, Y., Hashimoto, H., Yamamoto-Shiraishi, Y., Yamamoto, S., Yabe, T., Takada, S., *et al.* : *Proc. Natl. Acad. Sci. USA*, **111**, 7343-7348, 2014.

18) Nagao, Y., Suzuki, T., Shimizu, A., Kimura, T., Seki, R., Adachi, T., Inoue, C., *et al.* : *PLoS Genet.*, **10**, e1004246, 2014.

19) Fukamachi, S., Sugimoto, M., Mitani, H., Shima, A. : *Proc. Natl. Acad. Sci. USA*, **101**, 10661-10666, 2004.

20) Fukamachi, S., Yada, T., Meyer, A., Kinoshita, M. : *Gene*, **442**, 81-87, 2009.

21) Wakamatsu, Y., Pristyazhnyuk, S., Kinoshita, M., Tanaka, M., Ozato, K. : *Proc. Natl. Acad. Sci. USA*, **98**, 10046-10050, 2001.

22) Ohshima, A., Morimura, N., Matsumoto, C., Hiraga, A., Komine, R., Kimura, T., Naruse, K., Fukamachi, S. : *G3* (*Bethesda*), **3**, 1577-1585, 2013.

23) Kasahara, M., Naruse, K., Sasaki, S., Nakatani, Y., Qu, W., Ahsan, B., Yamada, T., *et al.* : *Nature*, **447**, 714-719, 2007.

24) Asai, T., Senou, H., Hosoya, K. : *Ichthyol. Explor. Freshwat.*, **22**, 289-299, 2012.

25) Uchida-Oka, N., Sugimoto, M. : *Pigment Cell Res.*, **14**, 356-361, 2001.

26) Matsumoto, Y., Fukamachi, S., Mitani, H., Kawamura, S. : *Gene*, **371**, 268-278, 2006.

27) Ohno S. : Evolution by gene duplication, Springer, 1970.

28) Fukamachi, S., Kinoshita, M., Aizawa, K., Oda, S., Meyer, A., Mitani, H. : *BMC Biol.*, **7**, 64, 2009.

29) Okuyama, T., Yokoi, S., Abe, H., Isoe, Y., Suehiro, Y., Imada, H., Tanaka, M., *et al.* : *Science*, **343**, 91-94, 2014.

30) Kimura, T., Shimada, A., Sakai, N., Mitani, H., Naruse, K., Takeda, H., Inoko, H., *et al.* : *Genetics*, **177**, 2379-2388, 2007.

31) Ansai, S., Kinoshita, M. : *Biol. Open.*, **3**, 362-371, 2014.

32) Curran, K., Lister, J. A., Kunkel, G. R., Prendergast, A., Parichy, D. M., Raible, D. W. : *Dev. Biol.*, **344**, 107-118, 2010.

第14章

昆虫の色素合成と紋様形成

二橋美瑞子・二橋　亮

昆虫は，地球上の生物のなかでも，体色や紋様に最も多様性の見られる動物綱といえる。また，色素の種類や分布も多様性に富んでいる。近年，昆虫の色素合成や紋様形成に関して，遺伝子レベルでも多くのことが明らかになってきた。ここでは，おもに昆虫の三大色素であるメラニン，オモクローム系色素，プテリジン系色素と昆虫の体色や紋様の関係について解説するとともに，色素の局在パターン（紋様パターン）の決定にかかわる遺伝子についても紹介する。一方で，具体的な色素の同定という基本的な情報もわかっていない昆虫も多く存在し，今後の展開が楽しみな分野と考えられる。

14.1　昆虫の色素の概要

昆虫には，きわめて多様な体色・紋様が見られ，研究者だけでなく多くの人々を魅了してきた。擬態，隠蔽，婚姻色，体温調節など，体色や紋様の重要性については，古くから研究が進められてきた[1]。しかしながら，体色がどのようにつくられているのか，色素の正体やその分子機構についてはいまだに不明な点が多く残されている。

生物の体色は，大きく色素（pigment）と構造色（structural color）の2つに区分される。この2つは，前者が特定の波長の光を吸収しており，後者が光の干渉，回折，散乱によって生じるという点で一般的に区別されている。また，構造色と色素の混合で色ができている場合（たとえば，トリバネアゲハの緑色は，構造色の青色と黄色色素のパピリオクロームの組合せによる）は結合色とよぶこともある。ここでは，昆虫およびクモの色素について紹介する。

植物の花の色素のほとんどが4大色素（カロテノイド，フラボノイド，ベタレイン，クロロフィル）に分類されるのに対し[2]，動物の体色に貢献する色素は種類が多く，昆虫では，メラニン（melanin），オモクローム系色素（ommochrome），プテリジン系色素（pteridine），テトラピロール系色素（tetrapyrrole），カロテノイド（carotenoid），フラボノイド（flavonoid），キノン系色素（anthraquinone & polycyclic quinone），パピリオクローム（papiliochrome）のおもに8つのグループの色素が知られている（表14.1）。このなかで，メラニン，オモクローム系色素，プテリジン系色素の3種は，大部分の昆虫の体色に寄与している（表14.2）。なお，それぞれの色素の構造や性質，分布の詳細については，文献3を参考にしていただきたい。

表14.1から，芳香族アミノ酸（チロシン，フェニルアラニン，トリプトファン）が主要な色素の由来となっていることが読みとれる。芳香族アミノ酸は動物の生存に必須であるが，一方で生体内

表 14.1　昆虫で見られる色素の特徴と分布（文献 3 を基に作成）

色素の種類	基本構造	由来	分布	昆虫における分布	溶解性	色	特徴
メラニン（ドーパメラニン，ドーパミンメラニン，フェオメラニンなど）	ドーパからインドール誘導体までがさまざまな割合で酸化的に重合したものと考えられている	チロシン（フェニルアラニン）	動物に普遍的に存在するほか，菌類・植物にも窒素を含まないアロメラニンが存在する	ほとんどの昆虫に存在する。なお，クモにはメラニンが存在するか不明とされている	水，塩酸，有機溶媒に不溶だが，1N NaOH や濃硫酸で温めると溶ける。脊椎動物のフェオメラニンは希塩酸に溶ける場合もある	黒 茶 赤褐色 黄褐色 橙	H_2O_2 のような強い酸化剤で漂白される
オモクローム系色素（キサントマチン，オマチン D，オミン A など）	3-ヒドロキシキヌレニンの酸化的縮合物の総称	トリプトファン	節足動物，軟体動物（イカやタコの眼や皮膚など）に多い	ほとんどの昆虫に存在し，とくに複眼中に多く含まれる	酸性メタノール（2% HCl in MeOH など）に可溶，アルカリで分解	赤 茶 黄色	酸化還元反応で色が変化する（基本的に酸化剤で黄色，還元剤で赤に変化する）
プテリジン系色素（キサントプテリン，ロイコプテリン，イソキサントプテリン，エリスロプテリンなど）	ピリミド [4,5-b] ピラジン（プテリジン環）を基本骨格とする物質の総称	GTP	動物に普遍的に存在。植物の葉酸もプテリジンの一種と考えられる	カメムシ目，ハチ目，チョウ目，シリアゲムシ目，ハエ目など多くの昆虫に存在すると考えられている	5% アンモニア水に可溶。キサントプテリンは温水にも可溶	白 黄色 橙 赤 青 無色	pH や酸化還元状態の違いで蛍光色が変化する場合がある。酸化型は UV で強い蛍光を発する。エリスロプテリンは 5% アンモニア水でロイコプテリンに変換されるので，炭酸ナトリウムで溶出する必要がある
テトラピロール系色素（ビルベリジン IXγ，ヘモグロビンなど）	ピロール環が 4 つ結合した骨格をもつ色素の総称	グリシン，サクシニル CoA	動物に広く存在する	バッタ目，ナナフシ目，カマキリ目，カメムシ目，チョウ目	脂溶性。酸性有機溶媒（2% HCl in アセトンなど）で抽出可能	青 緑 赤 黄色 茶	動物体内では，タンパク質と結合して可溶性の状態で存在することが多い
カロテノイド（ルテイン，αカロテン，βカロテン，アスタキサンチンなど）	脂質の一種。炭素数 40 個からなる炭化水素（テトラテルペノイド）を基本骨格とする物質の総称	アセチル CoA	動物，植物に普遍的に存在（ただしほとんどの動物は合成できず植物由来のことが多い）	バッタ目，ナナフシ目，カメムシ目，ハチ目，コウチュウ目，チョウ目，ハエ目。 一般に草食性の昆虫が植物由来で取り込むと考えられている	一般的に水に不溶/難溶で，アセトン，ヘキサン，クロロホルム，ベンゼンなどの有機溶媒に可溶。アルコールには溶ける場合と溶けない場合がある	黄色 橙 赤紫 赤 緑 青	動物体内では，タンパク質と結合して可溶性の状態で存在することが多い。動物は生合成経路をもたないが，アブラムシでは例外的に水平転移でカロテノイド合成酵素を獲得している。ナナホシテントウの翅の色は，植物→アブラムシ由来もしくは共生微生物由来と推測されている
フラボノイド（トリシン，アントキサンチン，アントシアニン，カテキン，タンニンなど）	2-フェニルベンゾピロン核およびその近縁の構造をもつ物質の総称	フェニルアラニン（チロシン）	植物に広く分布するほか，昆虫，腔腸動物，軟体動物に存在する（植物由来と推定）	バッタ目，ハチ目，コウチュウ目，チョウ目（翅にも存在）	水溶性。アルコールにも可溶	赤 紫 青 黄色 白	pH で色が変わるため，アンモニアガスをかけて色が可逆的に変化するかどうかで大雑把に検出可能である。ポリフェノールの一種。植物では配糖体として存在することが多い
キノン系色素（アフィン，ナフトキノン，アントラキノンなど）	キノン骨格（ベンゼン環に酸素原子が 2 つ結合しているもの）をもつ色素の総称	チロシン	ウニ，ウミユリ，一部の昆虫	カメムシ目（アブラムシ，カイガラムシ），チョウ目（ギフチョウやベニモンアゲハの赤色色素）	エーテル，アセトン，アルコールなどの有機溶媒に可溶	緑 黄色 赤 赤紫	酸化還元反応で色が変化する。ギフチョウやベニモンアゲハの赤色色素は β-アラニン含有キノン系色素と考えられているが詳細不明
パピリオクローム（パピリオクローム II，パピリオクローム R など）	キヌレニンと N-β-アラニルドーパミン（NBAD）が結合したもの	トリプトファン，チロシン，β-アラニン	チョウ目昆虫（アゲハチョウ科の翅）	チョウ目（アゲハチョウ科の翅）	70% EtOH（淡黄色），4% 塩酸メタノール（濃黄色），1N NaOH（赤）に可溶	淡黄色 濃黄色 赤	キアゲハやオナシアゲハの赤い斑紋はパピリオクロームの一種（パピリオクローム R）と考えられている

表 14.2　おもな昆虫およびクモのもつ色素（文献3を基に作成）

	メラニン	オモクローム	プテリジン	テトラピロール	カロテノイド	フラボノイド	キノン	パピリオクローム
トンボ目	表皮，翅	複眼，表皮	表皮					
バッタ目	表皮，翅	複眼，表皮		表皮	表皮	翅		
ナナフシ目		複眼，表皮		表皮	表皮			
カマキリ目		複眼，表皮	表皮	表皮				
ゴキブリ目	表皮，翅	複眼						
カメムシ目 腹吻亜目（アブラムシ・カイガラムシ）					表皮		体液（アブラムシ），血球細胞・筋肉（カイガラムシ）	
カメムシ目 カメムシ亜目	表皮，翅	複眼	表皮	体液，脂肪体	表皮			
ハチ目	表皮，翅	複眼	表皮			ハバチ科から報告されている		
アミメカゲロウ目		複眼，表皮						
コウチュウ目	表皮，翅	複眼			翅，体液	脂肪体（ゾウムシ）		
チョウ目（成虫）	表皮，翅	複眼，翅	翅（おもにシロチョウ科）	翅（アオスジアゲハのサルペードビリンなど）	体液，翅（ヤママユガ科，チョウの仲間からの報告例はない）	翅	翅（ベニモンアゲハとギフチョウの赤色色素）	翅（アゲハチョウ科）
チョウ目（幼虫）	表皮	単眼，表皮	表皮	表皮，体液	表皮，体液，脂肪体	表皮（シャクガ科で報告がある）		
シリアゲムシ目	表皮		表皮					
ハエ目	表皮，翅	複眼	複眼	体液（ユスリカのヘモグロビンなど）	体液	ムシヒキアブから報告されている		
鋏角類（クモ）		単眼，表皮	プリン類のグアニンや尿酸が白色に関与	表皮，体液（ツユグモの緑色など）				

に過剰量存在すると発育に悪影響を及ぼすことも知られており，積極的に排出した結果，色素として役立っていると考えることもできる。実際に芳香族アミノ酸代謝に欠陥があると，ヒトでは重大な病気を引き起こす例も多い（たとえば，フェニルアラニンからチロシンの変換に異常があるとフェニルケトン尿症による精神遅滞・けいれん・色白が生じる）。トリプトファン由来の色素であるオモクロームは，昆虫など節足動物では普遍的であるが，脊椎動物には存在しない。これは昆虫が脊椎動物のトリプトファン代謝経路であるグルタル酸経路とNAD（ニコチンアミドアデニンジヌクレオチド）経路を欠くことと関連していると考えられている[4,5]。以下にメラニン，オモクローム系色素，プテリジン系色素およびそれ以外の色素に分けて，昆虫の体色や紋様との関連性について紹介する。

14.2　メラニン色素

14.2.1　昆虫のメラニン合成経路

メラニンは，フェノール性物質やキノン系物質

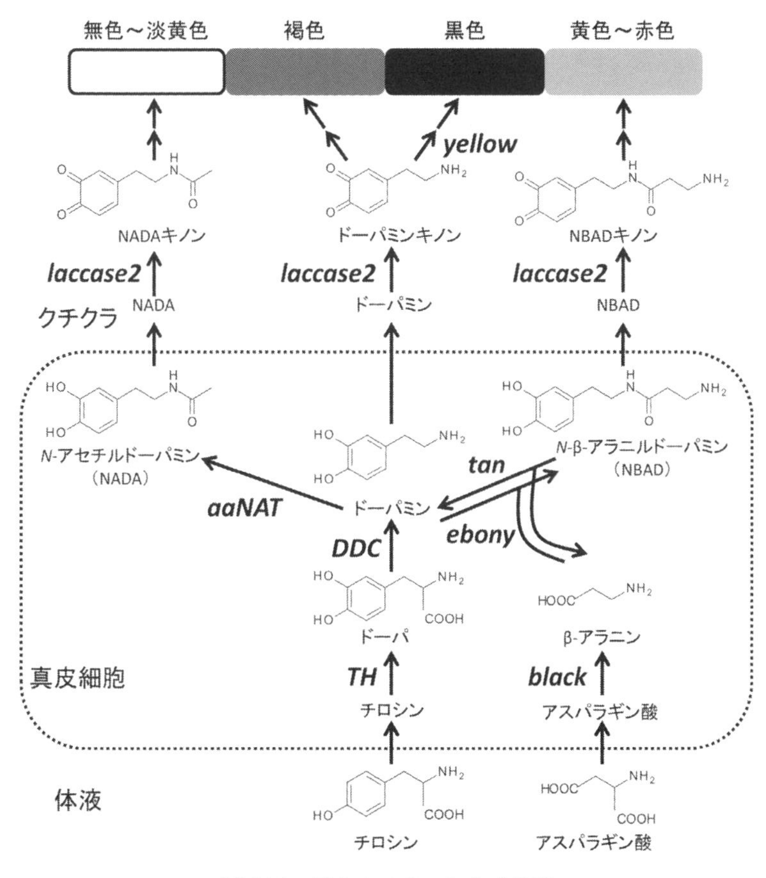

図 14.1 昆虫のメラニン合成経路

それぞれの反応にかかわる遺伝子をイタリックで示した。この図で示した以外に，一部のメラニンはドーパ由来のドーパメラニン（灰色～黒色）と考えられている。文献 3，7 を基に作成。

の重合体の総称で，ドーパからインドール誘導体までがさまざまな割合で酸化的に重合したものと考えられている。構成成分の割合や結合様式は動物種によって異なり，昆虫ではドーパミン（dopamine）由来が多いことが知られている[3]。メラニンは，ほとんどの昆虫の表皮や翅の黒～褐色の着色にかかわっているが，興味深いことに，クモ（昆虫には含まれない）の体色には，メラニン色素は関与していないと考えられている（表 14.2）。ちなみに，脊椎動物で見られるシステインを含む黄褐色や赤褐色のフェオメラニン（pheomelanin）が，昆虫の体色に関係しているかどうかは，詳しい研究がなされていない。一方で，ドーパミンから生じる *N*-*β*-アラニルドーパミン（*N*-beta-alanyldopamine；NBAD）や *N*-アセチルドーパミン（*N*-acetyldopamine；NADA）は，昆虫の外骨格であるクチクラの硬化にかかわるとともに，赤や黄色の着色にかかわる場合も知られている（図 14.1）。

昆虫のメラニン合成経路を図 14.1 に示す。メラニン合成の際には，最初に体液から真皮細胞に取り込まれたチロシン水酸化酵素（tyrosine hydroxylase；TH）によってドーパ（dopa）に変換され，続いてドーパ脱炭酸酵素（dopa decarboxylase；DDC）によりドーパミンに変換される。ドーパミンに *ebony* 遺伝子や *arylalkylamine N-acetyltranferase*（*aaNAT*）遺伝子由来の酵素活性が働くと，NBAD や NADA が産生される。皮膚の真皮細胞で産生されたドーパミンや NBAD，NADA などの前駆体はクチクラに分泌され，クチクラに存在するラッカーゼ型フェノール酸化酵素（*laccase2*遺伝子産物）を含む顆粒で酸化されてメラニンがつくられる（図14.1）。この過程で，クチクラ内の*yellow*遺伝子産物（後述）の有無によって，黒色と褐色の色のちがいが生じると考えられている。

なお，メラニン合成にかかわる遺伝子は，昆虫間でよく保存されているが，一部の遺伝子は，論文によって表記が統一されていないものも見られる。チロシンをドーパに変換する酵素は，表皮の着色時にはTH（キイロショウジョウバエ*Drosophila melanogaster*の*pale*遺伝子）がかかわるが，自然免疫の際にはチロシナーゼ型フェノール酸化酵素（phenol oxidase；PO）が関与する。そのため，THの代わりにPOと書かれている文献も散見される。また，ドーパミンやNBAD，NADAの酸化にかかわる酵素についてもPO遺伝子と表記されている論文が多いが，キイロショウジョウバエ，チョウ目昆虫，コウチュウ目昆虫，カメムシ目昆虫などで表皮の着色時には，*laccase2*遺伝子が必須であることが報告されている[6~9]。

メラニン関連遺伝子に関する未解決の問題点としては，①*yellow*遺伝子の正確な機能，②表皮の無色のクチクラ合成を担う*aaNAT*遺伝子の正体，③他の*yellow*ファミリー遺伝子のメラニン合成への関与，の3点があげられる。①に関しては，文献10では，*yellow*遺伝子はドーパからドーパメラニン（昆虫ではマイナーな成分と考えられている）が合成される過程で，ドーパクローム（dopachrome）を5,6-ジヒドロキシインドール（5,6-dihydroxyindole；DHI）に変換する酵素であろうという仮説を提唱している。しかし，現時点では*yellow*遺伝子の酵素活性は検出されていない[11]。また，変異体の解析から，*yellow*遺伝子はドーパよりもむしろドーパミンの下流で主に機能すると考えられている[12,13]。②に関しては，キイロショウジョウバエで解析されている2種類のaaNAT活性をもつ遺伝子（*Dat*遺伝子および*aaNAT2*遺伝子）は，成虫の体色やクチクラの硬化には関与しないことが報告されている[14,15]。一方で，カイコ*Bombyx mori*の*Dat*遺伝子のホモログの変異体では，成虫は全体的に黒色味が増すのに対し，幼虫では尾端など一部に影響が現われるのみである[16,17]。また，カイコやナミアゲハ*Papilio xuthus*の幼虫は，大部分が無色のクチクラで占められているにもかかわらず，幼虫皮膚のESTデータベースには，既知のaaNAT活性をもつ遺伝子のホモログは含まれていなかった[18,19]。以上のことから，チョウ目昆虫の幼虫の大部分の領域を占める無色のクチクラの形成には，未知の遺伝子がかかわっている可能性が考えられる。③に関しては，*yellow*遺伝子にはパラログが複数存在し，ショウジョウバエでは14種類，カイコでは10種類の*yellow*ファミリー遺伝子が存在する[11,19]。キイロショウジョウバエの*yellow-f*と*yellow-f2*遺伝子は，ドーパの下流でドーパクロームをDHIに変換する酵素活性が検出されている[11]。しかし，表皮における発現パターンや遺伝子の機能阻害・異所的発現を行なった際の着色への影響は報告されていない。また，カイコでは*yellow-e*遺伝子の変異により，幼虫の一部に黒い着色が生じることが報告されている[20]。さらに，ナミアゲハの幼虫では，発現パターンから，*yellow-h3*遺伝子が*yellow*遺伝子と協調的に働き，*yellow-e*遺伝子，*yellow-h2*遺伝子，*yellow-f3*遺伝子の3つが，*aaNAT*遺伝子のように無色のクチクラ合成に関与する可能性が示唆されている[19]。このように，*yellow*ファミリー遺伝子と昆虫の体色とのあいだには，幅広く関連性がある可能性があり，今後の研究が期待される。

14.2.2　体色や紋様との関係

メラニンは，昆虫の体色や紋様の多様性との関係が，最もよく調べられている色素である。変異体の解析や近縁種間の比較から，*yellow*遺伝子，*ebony*遺伝子，*tan*遺伝子の3つが，ショウジョウバエの仲間の体色の多様化にかかわっている例が多く報告されている。たとえば，翅に黒い斑紋の

ある *Drosophila biarmipes* では，黒い斑紋のある部分で，*yellow* 遺伝子の発現が強く，*ebony* 遺伝子の発現が弱くなっている [10]。ミズタマショウジョウバエ *D. guttifera* という種では，翅に黒い水玉紋様が見られるが，*yellow* 遺伝子が水玉紋様特異的に発現することが明らかになっている [21,22]。また，翅だけでなく成虫腹部においても *yellow* 遺伝子の発現パターンは，キイロショウジョウバエ，クロショウジョウバエ *D. virilis*，*D. subobscura* の 3 種間の体色のちがいと関連が見られる [23]。一方で，*D. americana* と *D. novamexicana* の腹部体色のちがいには，*yellow* 遺伝子は関与せず，*ebony* 遺伝子と *tan* 遺伝子の発現のちがいによるものであることが報告されている [24,25]。また，*ebony* 遺伝子は，キイロショウジョウバエの野外集団内にみられる胸部や腹部の黒色紋様のちがいにも関与している [26,27]。さらに，腹部に黒色斑のある *D. yabuka* と黒色斑のない *D. santomea* のちがいは，*D. santomea* で *tan* 遺伝子のプロモーター領域に変異が入り，*tan* 遺伝子が発現しなくなったことが主要な原因であることが報告されている [28]。体色や紋様の多様性に，これらの 3 つの遺伝子が関与することが多い理由としては，体色以外に大きな影響を及ぼさないことが原因として考えられる。

筆者の一人，二橋亮は，メラニン合成にかかわる遺伝子の発現パターンとアゲハチョウの仲間の幼虫体色・紋様との相関について解析を進めてきた。ナミアゲハは，若齢幼虫は鳥のフンに擬態した紋様をしているが，終齢幼虫は全身が緑色になって胸部に目玉紋様，腹部に V 字紋様が現われる（図 14.2D）。興味深いことに，メラニン合成にかかわる *TH*，*DDC*，*tan*，*laccase2*，*yellow*，*yellow-h3* および TH の補因子の合成にかかわる *GTP cyclohydrolase I*（*GTP CH-I*）の 7 つの遺伝子は，いずれも脱皮直前に将来の黒色部と一致した発現パターンを示した（図 14.3）。なお，*tan* 遺伝子は，黒色のとくに濃い部分に限って発現が見られた [7,19,29,30]。また，ナミアゲハでは擬態紋様の切り替えが幼若ホルモン（juvenile hormone；JH）によって制御されているが，メラニン合成にかかわる遺伝子の発現パターンも JH 依存的に変化することが確認された [31]。さらに，ナミアゲハとキアゲハ *Papilio machaon*，シロオビアゲハ *Papilio polytes* の 3 種間で発現を比較すると，これらの遺伝子は，いずれもそれぞれの種の紋様と一致した発現パターンを示した [32]。一方で，*ebony* 遺伝子は，ナミアゲハの赤い部分で特異的な発現が見られ，この部分の着色は NBAD 由来であると考えられた（図 14.3）[29]。さらに，*TH*，*tan*，*yellow*，*ebony* の 4 つの遺伝子は，それぞれカイコ幼虫の体色変異体の伴性赤蟻（*sex-linked chocolate*），眼紋赤（*rouge*），赤蟻（*chocolate*），煤色（*sooty*）の原因遺伝子であることが確認された（図 14.2E）[7,33,34]。以上のことから，メラニン合成遺伝子の紋様特異的な発現が，チョウ目幼虫の黒色紋様の形成に重要であることがうかがえる。

チョウの成虫の翅の着色に関しては，トラフアゲハ *Papilio glaucus* では *DDC* 遺伝子と *ebony* 遺伝子の紋様特異的な発現が，黄色と黒色の紋様形成にかかわっていると考えられている [35,36]。また，ドクチョウの仲間では，*ebony* 遺伝子，*tan* 遺伝子，*yellow-d* 遺伝子が，赤色や黒色の斑紋の部分で発現が強くなっていることが報告されている [37]。

14.2.3 遺伝子組み換えマーカーへの応用

近年，キイロショウジョウバエ以外の昆虫でも遺伝子組み換えによる機能解析が可能になってきた。キイロショウジョウバエでは，オモクローム系色素の輸送にかかわる *white* 遺伝子を遺伝子マーカーとして用いて，複眼の色の白から赤への変化で組換え体を選別することが多い。しかし，他の昆虫では，組み換え体を肉眼で判別できる適切な変異系統が存在しない種がほとんどである。そのため，ほとんどの昆虫では，EGFP などの蛍光タンパク質遺伝子を，Pax6 結合配列の 3 回繰り返しを含む人工プロモーター 3xP3 につないで，眼で発現させることで組換え体を選別する例が多い。3xP3 マーカーは，蛍光タンパク質を選べば

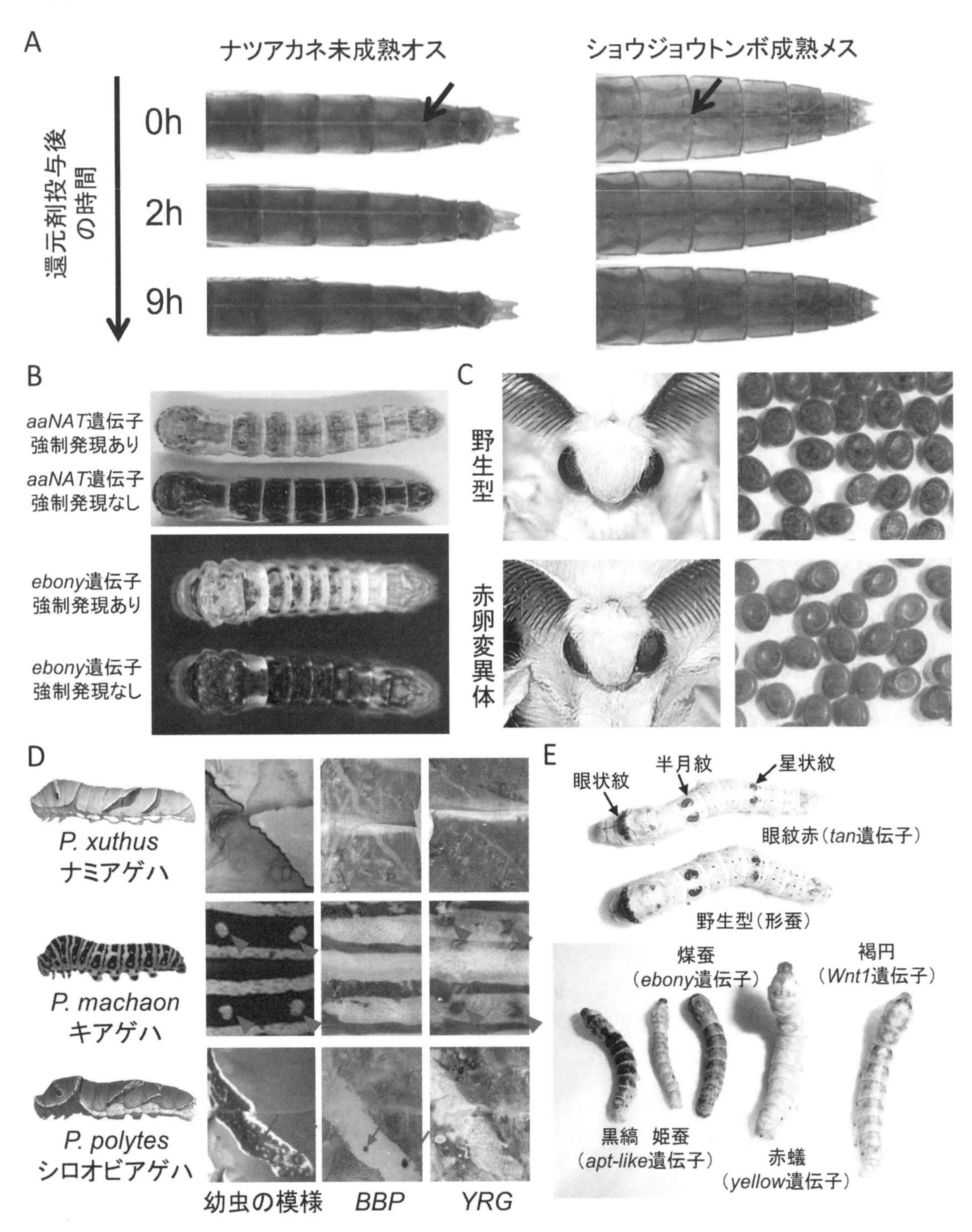

図 14.2

（A）還元剤の局所投与によるアカトンボの体色変化。矢印の部分にアスコルビン酸を投与した。（B）*aaNAT* 遺伝子と *ebony* 遺伝子の強制発現によるカイコ黒縞系統の体色変化（*aaNAT* 遺伝子の写真は5齢幼虫，*ebony* 遺伝子の写真は3齢幼虫）。（C）野生型と赤卵変異体の複眼色と卵色の比較。（D）ナミアゲハ，キアゲハ，シロオビアゲハの4齢脱皮期における *BBP* 遺伝子と *YRG* 遺伝子の発現パターン。矢頭はキアゲハの黄色斑，矢印はシロオビアゲハの青色斑の位置を示す。*BBP* 遺伝子は緑色と青色の領域，*YRG* 遺伝子は緑色と黄色の領域で発現する。（E）カイコ幼虫のさまざまな体色変異体と，最近明らかになった原因遺伝子。［文献 7, 32, 33, 38, 42, 50 を一部改変］［口絵も参照］

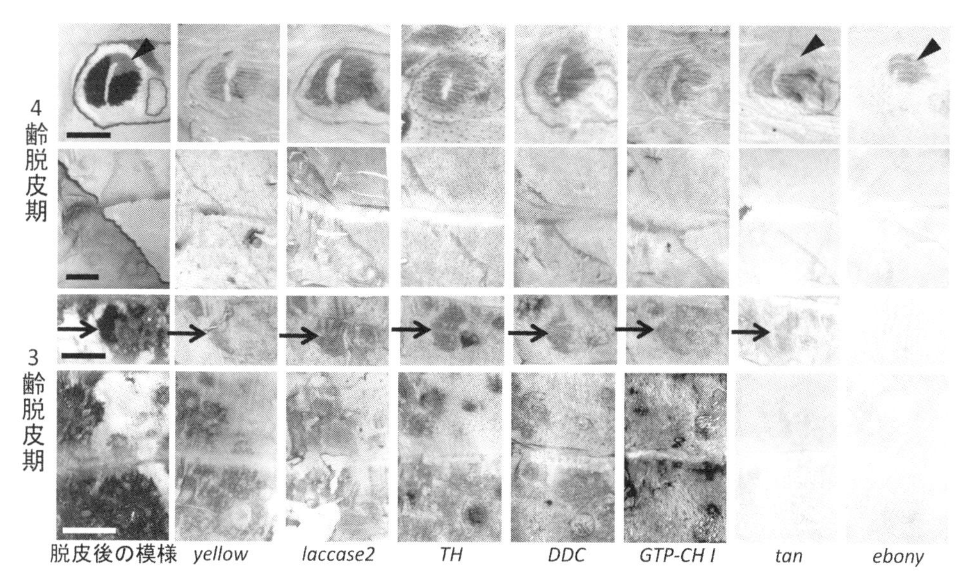

図 14.3 ナミアゲハ幼虫におけるメラニン合成遺伝子の模様特異的な発現
矢頭は5齢幼虫の目玉模様の赤色部，矢印は4齢幼虫の腹部第2節にある黒色斑を示す。
スケールバーは1 mm。文献7を一部改変。

（たとえば，赤，黄，青の組合せ）同時に3種類の組換えDNAを導入可能であるという点や，プロモーターもさまざまな昆虫で使用可能な点で優れている。しかし，スクリーニングには蛍光顕微鏡が必要であり，眼の色素により蛍光シグナルの判定が難しいという問題点があった。そのため，カイコでは複眼と卵が白色になる変異系統が通常は用いられている。カイコは有用物質生産の面からも着目されているが，繭生産量の高い系統は黒眼であることが多く，蛍光マーカーの使用は困難であった。そのため，黒眼系統でも使用可能な肉眼で判別できる優性マーカーが切望されていた。

筆者らの一人，二橋美瑞子は，カイコの1齢幼虫の体色を変える方法として，メラニン合成経路に着目した。ただし，メラニン合成を異所的に生じさせるためには，*TH*，*DDC*，*yellow* など複数の遺伝子が必要になる可能性が高い（図 14.1）。そこで，すでに存在する色素を別の色素に変化させることはできないかと考え，ドーパミンを変換する *ebony* 遺伝子と *aaNAT* 遺伝子に着目し，これらの遺伝子の強制発現によって幼虫の体色が黄色や白色に変化するかを解析した。バキュロウイルス由来の *Immediate early 1*（*ie1*）遺伝子などの全身性プロモーターを用いて，これらの遺伝子の強制発現を行なったところ，孵化した1齢幼虫の色は，*ebony* 遺伝子を強制発現させた場合はほとんど変わらなかったが，*aaNAT* 遺伝子を強制発現させたカイコでは，全身が淡褐色に変化した（図 14.4）[38]。これは，カイコにおいて初めての優性体色マーカーとなり，実際に組み換え体の作出に利用されている。ドーパミンは神経伝達物質であるため，行動異常や致死性も心配されたが，野生型と比較したところ大きな異常は見られなかった。*aaNAT* 遺伝子の強制発現による色の変化は，幼虫のすべての齢で観察され，成虫の触角の色も薄くなった（図 14.2B）。さらに，*ebony* 遺伝子を強制発現させた個体でも，齢が進むともに，黒い着色が黄色に変化することが明らかになり，成虫の触角の色も *aaNAT* 遺伝子の強制発現時と同様に薄くなった（図 14.2B）[38]。*ebony* 遺伝子の強制発現の影響が1齢幼虫で見られなかった原因としては，NBADを合成する際にはβ-アラニンが必要であり（図 14.1），この合成酵素である *black* 遺伝子は，カイコの1齢幼虫ではほとんど発現して

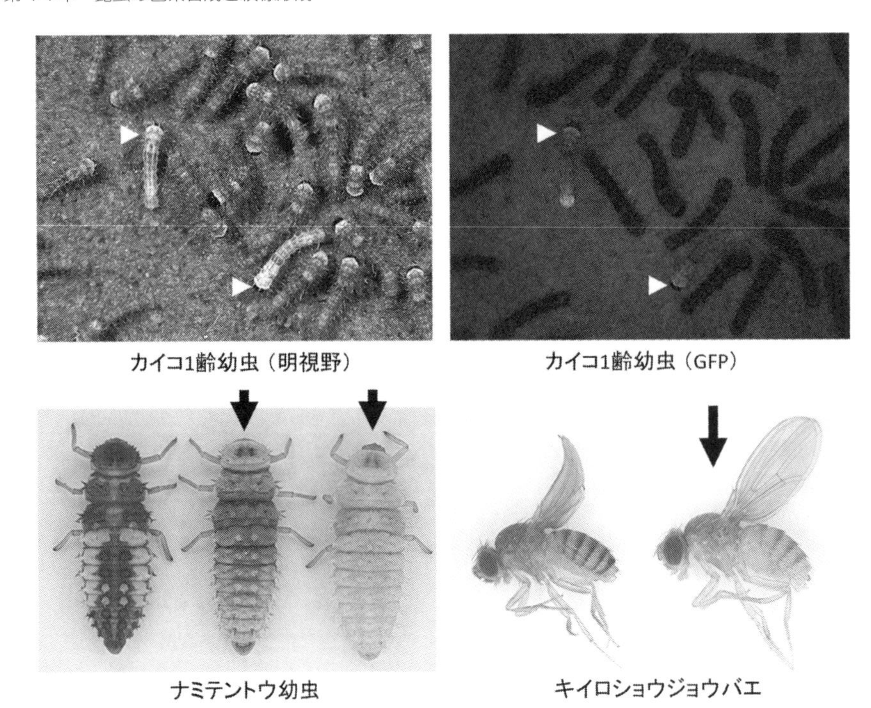

図 14.4　*aaNAT* 遺伝子の強制発現による体色変化

矢頭および矢印で示した個体がカイコの *aaNAT* 遺伝子を強制発現させた個体。カイコは *ie1* プロモーター，ナミテントウとキイロショウジョウバエは *hsp70* プロモーターを用いており，ナミテントウの一番右はヒートショックを与えた個体で，キイロショウジョウバエは GAL4/UAS システムにより強制発現をさせている。文献 38 を一部改変。

いないことが原因として考えられる[39]。*aaNAT* 遺伝子の場合は，反応にかかわる acetyl-coA がつねに存在するため，1 齢幼虫から強制発現による NADA の合成が生じたと考えられる。

さらに，他の昆虫における影響を解析するため，名古屋大学の新美輝幸博士にご協力いただき，カイコの *aaNAT* 遺伝子をキイロショウジョウバエとナミテントウで強制発現させたところ，両者で着色を薄くすることにも成功した（図 14.4）[38]。これらの昆虫でマーカーとして利用するには，より適切なプロモーターの探索が必要であるが，*aaNAT* 遺伝子は昆虫で汎用性の高いマーカー遺伝子として利用できることが期待される。

14.3　オモクローム系色素

14.3.1　オモクローム系色素の種類と特徴

オモクローム系色素は，3-ヒドロキシキヌレニン（3-hyrdoxykynurenine）が酸化縮合されてできた色素の総称で，多くの昆虫の赤色，茶色，橙色，黄色，紫色の体色を担っている。当初はスジコナマダラメイガ *Ephestia kuehniella* の複眼に存在する色素として，昆虫の個眼（ommatidium）の色素（-chrome）という意味で「オモクローム」と命名された。オモクロームは，一般的に低分子で透析可能でアルカリに不安定なオマチン（ommatin）と，やや高分子で透析できずオマチンよりもアルカリに安定で，硫黄元素を含むオミン（ommin）の 2 つに大きく分類される。化学構造が解明されているものとして，前者には，キサントマチン（xanthommatin），脱炭酸型キサントマチン（decarboxylated xanthommatin），ロドマチン（rhodommatin），オマチン D（ommatin D）が含まれ，後者にはオミン A（ommin A）が含まれる（図 14.5）。ちなみに，オモクロームの構造は，フェロモン研究でノーベル賞を受賞した Butenandt によって最初に解明されている[3,4]。なお，オモクロームに関する最近の研究例は少な

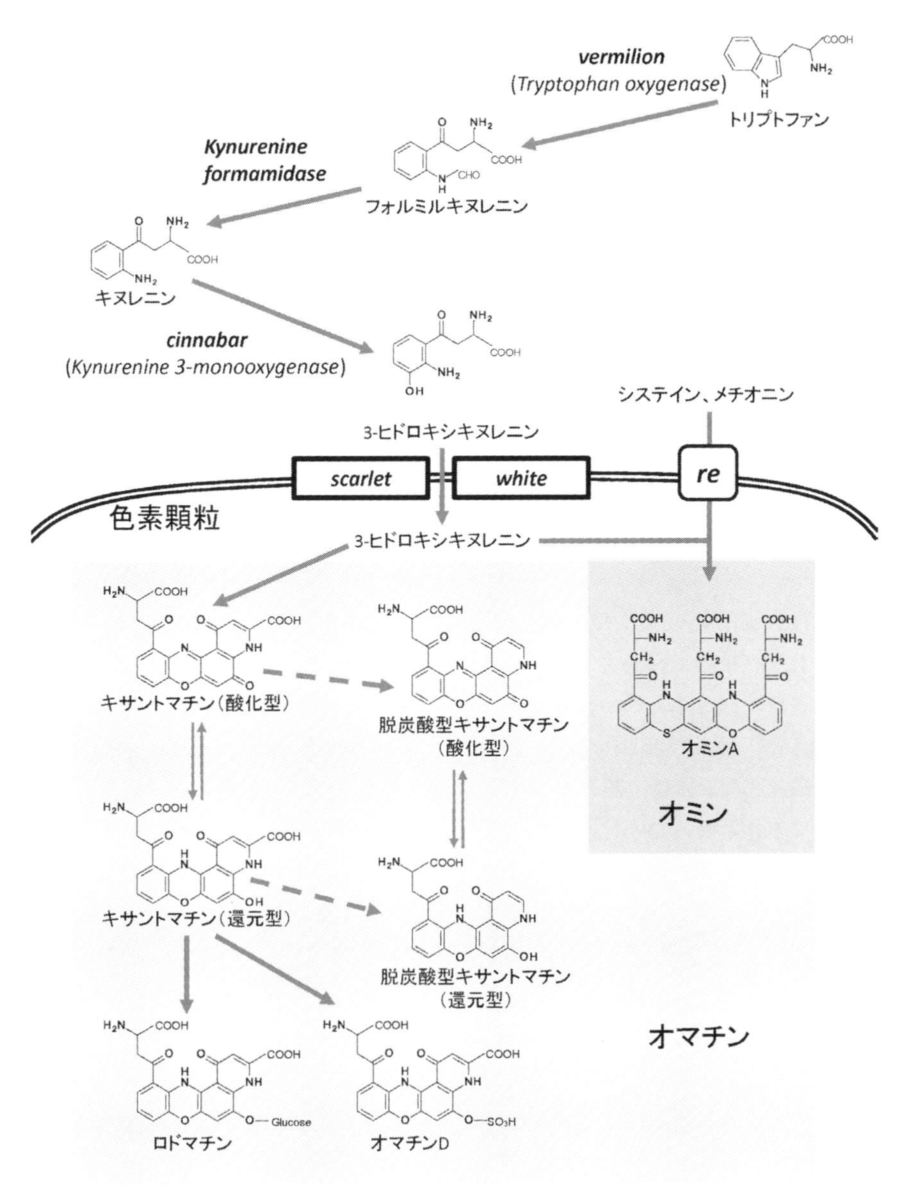

図 14.5　昆虫のオモクロームの合成経路
それぞれの反応にかかわる遺伝子をイタリックで示した。文献 3，50 を基に作成。

く，文献 40 のイントロダクションには，「Most research on ommochrome pigments occurred in the 1970's and 80's.（オモクローム系色素の研究の大部分は 1970 年代から 80 年代にかけて行なわれた）」と書かれている。

オモクローム系色素は，昆虫を含めた節足動物の複眼に普遍的に存在するが，種によっては翅や皮膚の体色にもかかわっている。また，イカやタコなどの軟体動物の複眼・皮膚にも広く見られ，イカやタコが環境に合わせて瞬時に色を変化させるときには，オミンの含まれる色素細胞（色素胞）が筋繊維の収縮，弛緩により，受動的に拡散状態，凝集状態になることが原因となっている[3)]。また，節足動物・軟体動物以外では，環形動物のユムシ *Urechis caupo* の卵，腔腸動物のカミクラゲ *Spirocodon saltatrix* の眼点にも存在する[3)]。

昆虫からは，トンボ目，バッタ目，ナナフシ目，カマキリ目，ゴキブリ目，カメムシ目，ハチ目，アミメカゲロウ目，コウチュウ目，チョウ目，ハエ目など幅広く報告されている[4]。一方で，脊椎動物など後口動物では，オモクロームの存在は知られていないが[3]，褐色白内障の原因物質のひとつがキサントマチンである可能性が示唆されており[5]，トリプトファン代謝の異常時に生成される可能性はある。

14.3.2　オモクローム色素による体色変化

オモクロームの種類や量を変化させて体色変化を起こす例が，複数の昆虫から報告されている。たとえば，インドナナフシ *Carausius morosus* は，環境に合わせて体色が変化するが，体色変化は視覚によって生じており，複眼下面をニスで黒く処理すると，キサントマチンとオミンの量が増加して，体色が黒くなる[41]。また，昆虫ではないが，ヒメハナグモ *Misumena vatia* は，数日かけて白色と黄色を可逆的に変化させることで，周囲の環境に紛れ込む。HPLC 解析の結果，黄色いクモでは3-ヒドロキシキヌレニン，白いクモではキヌレニンが多く含まれていることが確認されている[40]。

オモクローム系色素の特徴のひとつとして，酸化還元反応に伴う色の変化が知られている。一般的に酸化型は黄色であるのに対して，還元型は赤色味が強くなる。この色の変化は，試験管内の反応としては古くから知られていたが，筆者らの一人，二橋亮は，この変化がアカトンボの体色変化の原因となっていることを発見した[42]。「アカトンボ」とは，赤くなるトンボの総称で，アキアカネ *Sympetrum frequens*，ナツアカネ *Sympetrum darwinianum*，ショウジョウトンボ *Crocothemis servilia* などが有名である（ショウジョウトンボを含めずにアカネ属のトンボのみを指す場合もある）。いずれも成虫は羽化後しばらくのあいだは黄色っぽい体色をしているが，オスは成熟すると鮮やかな赤色に変化する。アカトンボの赤色色素の正体は永らく不明であったが，LC-MS 解析からキサントマチン（還元型は赤紫色）と脱炭酸型キサントマチン（還元型は橙色）の混合物であることが明らかになった（図14.6）。これら2種の比率は，種間の赤みの強さと相関が見られたが（赤色が鮮やかな種ほどキサントマチンの割合が高い），黄色っぽいメスや未成熟の個体からも同じ2種類の色素が同定された。興味深いことに，未成熟の個体から抽出した色素に，還元剤を投与すると，赤色に変化することが確認された。そこで，赤くなる前の未成熟オスや通常は赤くならない成熟メスの生きた個体に還元剤の局所投与を行なったところ，数時間後には成熟オスのように鮮やかな赤色へと変化することが観察された（図14.2A）。さらに，酸化還元電流の測定から，成熟オスのみ還元型の割合がほぼ100%になっていることが確認された（図14.6）。

体色を変化させる動物は多いが，そのほとんどは，①新たな色素の合成や分解，②色素の局在変化，③餌からの色素の取り込み，の3つのメカニズムが原因となっている。アカトンボの体色変化は，同じ色素の酸化還元反応による変化という，動物からは未知の現象であることが明らかになった[42]。

なお，キイロショウジョウバエの複眼に存在するキサントマチンは，大部分が還元型であると考えられている。ショウジョウバエ成虫複眼の抽出物には，キサントマチンを還元型にする活性が存在することが報告されている[43]。酵素の基質特異性や，還元酵素の具体的な遺伝子は現在でも不明であるが，類似の遺伝子のオス特異的な発現が，アカトンボの雌雄のちがいにかかわっている可能性が考えられる。

14.3.3　オモクローム合成にかかわる遺伝子

オモクロームはトリプトファンが3-ヒドロキシキヌレニンに変換されたのち，色素顆粒に輸送され，顆粒内で酸化されて産生される（図14.5）。オモクロームの合成・輸送にかかわる遺伝子については，おもにキイロショウジョウバエの遺伝学から明らかにされてきた。キイロショウジョウバ

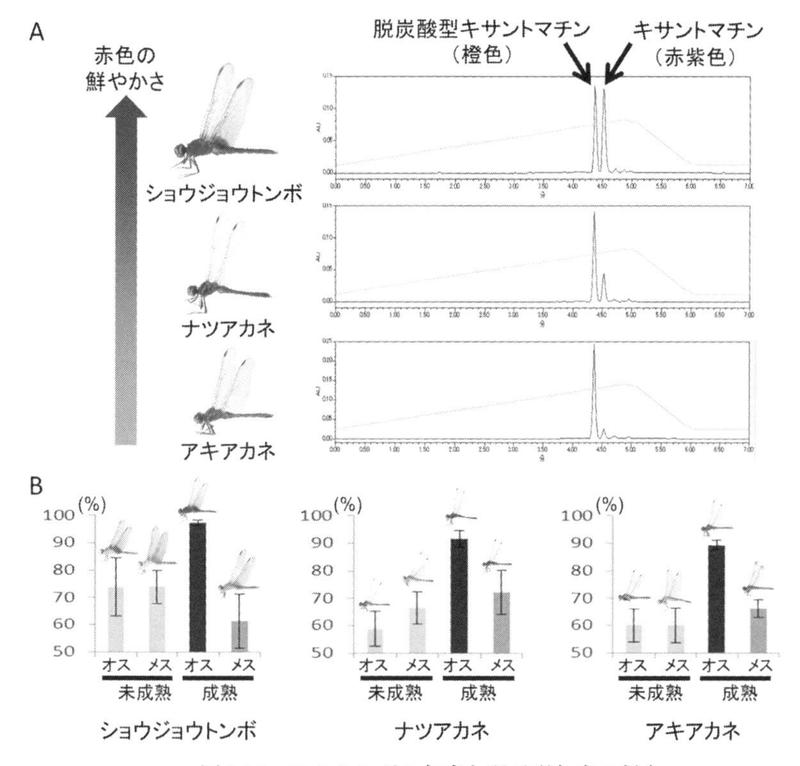

図 14.6　アカトンボの色素と還元型色素の割合

（A）LC-MS による赤色色素の分析。解析した 3 種類のアカトンボは，いずれもキサントマチンと脱炭酸型キサントマチンが主成分で，赤色の鮮やかな種ほどキサントマチンの割合が高かった。（B）還元型色素の割合。いずれの種でも成熟オスで還元型色素の割合が顕著に高くなっていた。文献 42 を一部改変。

エの複眼にはキサントマチンが存在するので，オモクローム合成に異常があると複眼の色が変化する。ちなみに，ショウジョウバエ以外のほとんどの昆虫の複眼には，キサントマチンとオミンの両方が含まれている（ショウジョウバエの複眼はキサントマチン以外にプテリジン系色素のドロソプテリン（drosopterin）が含まれている）。

オモクローム合成の際には，まずトリプトファンがトリプトファンオキシゲナーゼ（tryptophan oxygenase，キイロショウジョウバエの *vermilion* 遺伝子），キヌレニンホルムアミダーゼ（kynurenine formamidase），キヌレニン 3-モノオキシゲナーゼ（kynurenine 3-monooxygenase，キイロショウジョウバエの *cinnabar* 遺伝子）により，フォルミルキヌレニン，キヌレニンを経て中間前駆体 3-ヒドロキシキヌレニンに変換される（図 14.5）。続いて，3-ヒドロキシキヌレニンが，*white* 遺伝子と *scarlet* 遺伝子由来の 2 種類の ABC トランスポーターのヘテロダイマーにより色素顆粒の中に取り込まれ，顆粒内で最終的な色素へと変換される（図 14.5）。なお，カイコでは，色素顆粒内でオモクロームはタンパク質と結合した状態で存在していることが知られている[5]。また，ヒメハナグモでは，色素顆粒が形態的に 3 つのタイプに分けられ，顆粒の中に存在する色素の種類（キヌレニン，3-ヒドロキシキヌレニン，オモクローム）に対応すると考えられている[40]。

オモクローム合成関連遺伝子は，その機能により「酵素遺伝子」，「トランスポーター遺伝子」，そして「色素顆粒形成遺伝子」の 3 つに分類されることが多い（表 14.3）[44]。オモクロームやプテリジン／尿酸を含む色素顆粒はリソソームに相同なものと考えられており，色素顆粒の形成には脊椎動物でリソソーム形成に必要な遺伝子が関与して

表14.3　キイロショウジョウバエおよびカイコのオモクローム，プテリジン，尿酸関連遺伝子

（文献46，80を基に作成）

	キイロショウジョウバエの遺伝子名	変異体が影響を受ける色素（ショウジョウバエ）	カイコの変異体	変異体が影響を受ける色素（カイコ）
色素合成（酵素遺伝子）	*vermilion*	オモクローム		
	Kynurenine formamidase	不明		
	cinnabar	オモクローム	*white egg 1*（*w-1*）	オモクローム
	cardinal	オモクローム		
			red blood（*rb*）	オモクローム
	Punch	プテリジン		
	purple	プテリジン	*albino*（*al*）	メラニン，プテリジン
	Sepiapterin reductase	プテリジン	*lemon*（*lem*）	プテリジン，メラニン
	sepia	プテリジン		
	clot	プテリジン		
	rosy	プテリジン オモクローム （間接的）	*q-translucent*（*oq*）	尿酸
色素輸送（ABCトランスポーター）	*white*	オモクローム プテリジン	*white egg3*（*w-3*）	オモクローム，尿酸
	scarlet	オモクローム	*white egg 2*（*w-2*）	オモクローム
	brown	プテリジン		
			kinshiryu translucent（*ok*）	尿酸
（MFSトランスポーター）	*karmoisin*	オモクローム		
			red egg（*re*）	オモクローム
（アミノ酸トランスポーター）			*sex-linked translucent*（*os*）	尿酸，オモクローム
色素顆粒（AP-3複合体）	*carmine*	オモクローム プテリジン		
	garnet	オモクローム プテリジン		
	orange	オモクローム プテリジン		
	ruby	オモクローム プテリジン		
（BLOC-3複合体）	*CG4966*	不明		
	CG12855	不明		
（BLOC-2複合体）	*pink*	オモクローム プテリジン	*aojuku translucent*（*oa*）	尿酸
	CG14562	不明		
（BLOC-1複合体）	*blos1*	オモクローム プテリジン		
	blos2	不明	*distinct translucent*（*od*）	尿酸，オモクローム
	blos3	不明		
	blos4	不明		
	dysbindin	不明	*mottled translucent of Var*（*ov*）	尿酸
	palidin	不明		
	muted	不明		
	snapin	不明		
（HOPS複合体）	*carnation*	オモクローム プテリジン		
	deep orange	オモクローム プテリジン		
	light	オモクローム プテリジン		
	Vps16a	不明		
	CG32350	不明		
	CG7146	不明		
その他（Rab 38）	*lightoid*	オモクローム プテリジン		
（RCC1）	*claret*	オモクローム プテリジン		
（Varp）			*waxy translucent*（*ow*）	尿酸
（MoCo生合成）	*maroon-like*	プテリジン オモクローム （間接的）	*giallo ascoli translucent*（*og*） *Ozaki's translucent'*（*og*（*Z*））	尿酸
	Molybdenum cofactor synthesis 1 ortholog	プテリジン		
	cinnamon	プテリジン		
（不明）	*purpleoid*（遺伝子は未同定）	オモクローム プテリジン		

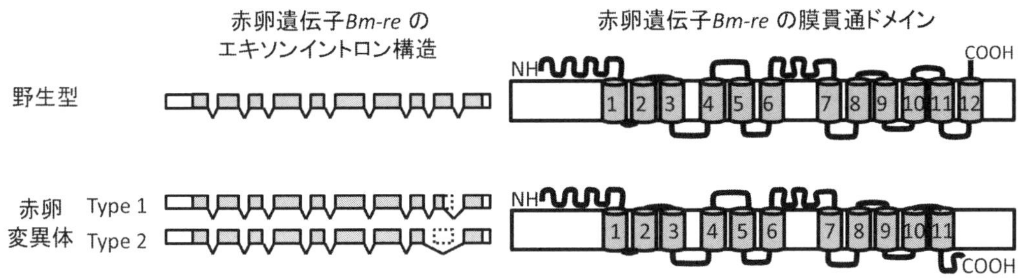

図 14.7　カイコの赤卵変異体の原因遺伝子（*Bm-re*）
赤卵変異体では *Bm-re* 遺伝子のエキソンの一部に欠損が入ってフレームシフトが生じ，膜タンパク質の構造が異常になっていた。文献 50 を一部改変。

いることが近年明らかになっている[44〜46]。また，色素顆粒形成遺伝子や，ABC トランスポーターの *white* 遺伝子はプテリジン系色素や尿酸の合成・輸送にも関与している（表 14.3）。

ショウジョウバエのオモクローム関係の変異体の一部は，ほかの昆虫にも類似の変異体が存在することが知られている。とくにカイコの変異体とは，変異体の表現型の比較，移植実験などから古くから対応づけがされてきた[47]。近年，カイコの複数の卵色・眼色変異体の原因遺伝子が同定されており，実際にショウジョウバエの眼色変異体と共通していた例が明らかになりつつある（表 14.3）。カイコの場合は，卵の漿膜にも，複眼と同じ組成のオモクローム色素が存在しているため，オモクローム関連遺伝子の変異は複眼の色に加えて卵の色にも影響が現われる。ただし，カイコの卵の着色時に使用される 3-ヒドロキシキヌレニンは母親の体内で合成されるため，3-ヒドロキシキヌレニンの合成にかかわる卵色変異に関しては母性遺伝する。興味深い点として，ショウジョウバエの眼色変異の原因として報告されているリソソーム関連因子の変異は，カイコでは卵色・眼色変異体としてではなく，「油蚕」という白い尿酸が皮膚に蓄積できない表現型を示す。油蚕変異体のなかには，*od* 変異体や *os* 変異体のように卵色にも影響が出る例が知られているが[46, 48]，他の油蚕変異体でオモクロームの着色に影響が見られないのかについては，再検討が必要である。

14.3.4　カイコから明らかになった新規オモクローム関連遺伝子

オモクローム合成に関して，カイコからはショウジョウバエには存在しないタイプの変異体も見つかっている。1 つは赤血 *red blood* という 3-ヒドロキシキヌレニンが異常に蓄積する変異体で，これはキヌレニナーゼ（kynureninase）という酵素が原因遺伝子として同定された（表 14.3）[49]。この遺伝子は，カイコ以外の昆虫からは存在が報告されておらず，微生物の遺伝子を水平転移によって獲得したものと考えられている。また，前述のようにショウジョウバエの複眼にはキサントマチンのみが含まれているが，ほとんどの昆虫の複眼にはオミンも存在する。カイコには，オミン合成が異常になる赤卵 *red egg*（*re*）という変異体が存在するが，筆者らの一人，二橋美瑞子は，*re* の原因遺伝子が，ショウジョウバエには存在しないトランスポーター遺伝子であることを発見した[50]。*re* は，複眼色は茶色に近い濃い赤，卵の色は産卵 3 日後では薄い橙色で，日数の経過とともに赤味が増す劣性変異体である（図 14.2C）。*re* の原因遺伝子は，小さい分子を輸送するとされる major facilitator superfamily に属するトランスポーターで，*re* 変異体では転移因子がエキソンに挿入しているため，異常なスプライシング産物のみ生じ，膜貫通ドメインが破壊されていた（図 14.7）。オミン色素は，メチオニンもしくはシステイン由来の硫黄を含むことから，*re* の原因遺伝子はこれらのアミノ酸を色素顆粒内へ取り込む役割をもつ可能性が考えられる。また，カイコの *re* 遺伝子のホモログは多くの昆虫種に存在し，甲虫のコクヌストモドキ *Tribolium castaneum* で RNAi による機能阻害を行なうと，複眼の色が黒から褐色になることから，昆虫全般の複眼の着色に関与していると考えられる[50]。興味深いことに，複眼にオミン色素が存在しないショウジョウバエの仲間では，ゲノムから *re* 遺伝子のホモログが失われており，*re* 遺伝子の喪失がハエの仲間で眼が赤いことと関係している可能性がある[50]。

ショウジョウバエの複眼のオモクローム色素がキサントマチンのみであることから，他のオモクローム色素の合成について理解するためには，今後，他の昆虫を使った解析が重要な役割を果たすであろう。カイコには *re* のほかにも淡赤眼白卵（*pink eyed white egg*；*pe*）や複数の独立な褐卵変異体が存在し，これらの解析によりオモクローム合成経路の全体像，とくに最終色素の合成について，より包括的な理解が得られることが期待される。

14.3.5　チョウの翅の紋様にかかわるオモクローム関連遺伝子

オモクロームは，チョウ目昆虫の複眼に普遍的に存在するほか，タテハチョウ科の成虫の翅の紋様の色としても使われている[3]。アメリカタテハモドキ *Precis coenia* は夏型（*linea* 型）と秋型（*rosa* 型）で翅の色彩が異なるが，夏型は酸化型のキサントマチンが多く，秋型は還元型のキサントマチンとオマチン D が多いことが示唆されている[51]。また，オモクローム合成にかかわる *cinnabar* 遺伝子の発現が，着色の生じる蛹期後半に秋型で春型よりも高くなることが報告されている[52]。

ドクチョウ属 *Heliconius* は，中南米に生息する名前のとおり有毒の蝶で，同所的に生息する近縁な種どうしが，地域ごとに互いに似た紋様になるという，ミュラー型擬態を示すことで有名である。ドクチョウ属では，キサントマチンと 3-ヒドロキシキヌレニンによって翅が赤色と黄色に着色している。定量 RT-PCR やマイクロアレイの結果から，赤い斑紋の部分では，*kynurenine formamidase* 遺伝子や *cinnabar* 遺伝子が特異的に発現していることが報告されている[53~55]。なお，エラートドクチョウ *Heliconius erato* における赤い斑紋部分のマイクロアレイ解析では，*scarlet* 遺伝子および *white* 遺伝子の目立った発現が検出されず，別の 2 種類の ABC トランスポーター遺伝子が紋様特異的に発現していたことから，翅における色素顆粒への 3-ヒドロキシキヌレニンの取り込みは，新規トランスポーター遺伝子が担っている可能性が考察されている[55]。

また，渡りをする蝶として有名なオオカバマダラ *Danaus plexippus* では，翅の橙色斑が白くなる劣性の *nivosus* 型がハワイで出現するが，集団遺伝学的手法により色彩多型が *myosin 5a* 遺伝子と強い相関があることが報告されており，翅のオモクローム系色素の輸送に *myosin 5a* 遺伝子が必要である可能性が示唆されている[56]。

14.4　プテリジン系色素

14.4.1　プテリジン系色素の特徴と分布

プテリジンは，プテリジン環をもつ物質の総称で，尿酸（uric acid）のもつプリン環とは少し異なる構造をとっている（図 14.8）。メラニン合成にかかわる tyrosine hydroxylase（TH）などの水酸化酵素の補因子としても使われており，植物の葉酸もプテリジンの一種とみなされるなど，動植物界に広く存在する。色素として使われるプテリジンはプテリンの誘導体が多いため，○○プテリンという名前が多い。哺乳類では過剰なプテリンは尿中に排出され，皮膚に蓄積することはないが，魚類や両生類の色素細胞（xanthophore, erythrophore）内には広くみられる[3]。

昆虫の皮膚・翅・複眼の色素として使われているものとしては，イソキサントプテリン（isoxanthopterin，白），キサントプテリン（xanthopterin, 黄），セピアプテリン（sepiapterin,

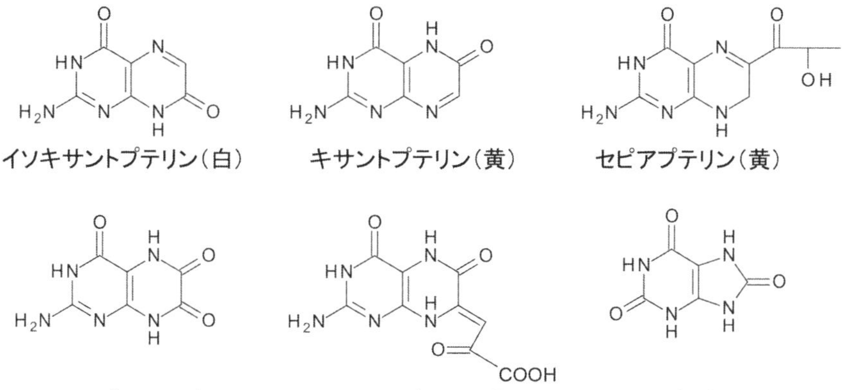

イソキサントプテリン（白） キサントプテリン（黄） セピアプテリン（黄）

ロイコプテリン（白） エリスロプテリン（橙） 尿酸（白）

図 14.8 プテリジン色素および尿酸の構造（文献 3 を基に作成）

黄），ロイコプテリン（leucopterin，白），エリスロプテリン（erythropterin，橙），ショウジョウバエの複眼に含まれる 6 種類のプテリジン（総称ドロソプテリン，赤）などがある（図 14.8）。真皮細胞の色素顆粒中に存在するが，カイコでは，オモクロームとプテリジン／尿酸は別の顆粒に存在することが報告されている[57]。

14.4.2 昆虫の体色・紋様との関係

カメムシの仲間には赤っぽい体色をしたものも多いが，この体色はオモクロームではなく，プテリジンによるものである。ホシカメムシの一種 *Pyrrhocoris apterus* は，体色の変異体が複数知られているが，各変異体のプテリジンの解析から，赤色の野生型に比べて白色の *white* 変異体ではプテリジンの量が全体的に少なく，黄色の *yellow* 変異体ではエリスロプテリンの量が少なく，イソキサントプテリンとイソキサントルマジン（イソキサントプテリンの加水分解産物）が増加していることが報告されている[58]。

ヤマトシリアゲ *Panorpa japonica* は体色に季節多型が見られる。春に羽化する個体は黒色だが，夏に羽化する個体は黄色である。この黒から黄色への体色変化は，メラニンとセピアプテリンの蓄積量が季節によって異なっていることに起因する[5]。

プテリジン系色素として有名なのが，シロチョウ科の翅の色である。モンキチョウの仲間 *Colias eurytheme* ではキサントプテリン，イソキサントプテリン，ロイコプテリン，エリスロプテリン，セピアプテリンの 5 種類のプテリンが存在し，白色型メスでは黄色型メスに比べてキサントプテリン，エリスロプテリン，セピアプテリンの割合が減少することが報告されている[59]。

14.4.3 プテリジン合成にかかわる遺伝子

プテリジンの着色にかかわる実行遺伝子は，オモクロームと共通のものも多い（表 14.3）。オモクロームとプテリジンは，それぞれ 2 種類の ABC トランスポーターがヘテロダイマーを形成し前駆体を色素顆粒に輸送するが，そのうち 1 種類が異なるほか，プテリジンの種類によって色素結合タンパク質が異なることが示唆されている[60]。また，プテリジン合成にかかわる *GTP-CH I* 遺伝子（キイロショウジョウバエの *Punch* 遺伝子）の発現とアメリカタテハモドキの白い紋様に関連があるとされている[5]。なお，*GTP-CH I* 遺伝子は，メラニン合成酵素である TH の補因子となるテトラヒドロビオプテリンの合成にもかかわるため，前述のようにナミアゲハ幼虫では *TH* 遺伝子と同じように黒色の紋様特異的な発現パターンが確認された（図 14.3）[61]。また，同じくテトラヒドロビオプテリンの合成にかかわる *purple* 遺伝子と *Sepiapterin reductase* 遺伝子のカイコの変異体では，メラニン色素の着色も阻害されることが報告されている（表14.3）[62, 63]。

14.5　その他の色素

ナナフシ目，バッタ目，チョウ目（幼虫）など草食性の昆虫の緑色は，多くの場合はテトラピロール系色素のビリンと植物由来のカロテノイドの混合であると考えられている[3]。テトラピロール系色素としてはビルベリジンIXα（biliverdin IXα）やビルベリジンIXγ（biliverdin IXγ），カロテノイドとしては，ルテイン（lutein）やβカロテン（β-carotene）が多くの昆虫から見つかっている[3]。これらは，真皮細胞中でタンパク質と結合した状態で存在するため，色素の研究は結合タンパク質に関するものが多い。アゲハチョウの仲間では，それぞれの色素の結合タンパク質の候補が同定されており，興味深いことに，*bilin-binding protein*（*BBP*）遺伝子は将来の青色領域，*yellow-related gene*（*YRG*）遺伝子は将来の黄色領域で発現し，両方の遺伝子が発現した場所が広く緑色になることが確認された（図14.2D）[32, 64]。

なお，ほとんどの動物はカロテノイド合成遺伝子をもっていないが，アブラムシは例外的にカロテノイド合成遺伝子をもっていることが報告されている[65]。一方で，カメムシの仲間の色素は，古い論文ではカロテノイドとなっているが，現在ではプテリジン系色素と考えられている[66]。また，肉食のカマキリ目昆虫もカロテノイドをもつという古い論文があるが，カロテノイドを含まない餌で飼育しても体色が変化しないという記述があることから[67]，プテリジンなど他の色素であった可能性も考えられ，再検討が必要である。カロテノイドとともに，昆虫に存在する植物由来の色素としては，フラボノイドがチョウやバッタなどから報告されている（表14.2）[3]。

これら以外の色素として，アブラムシの仲間は緑色のキノン系色素であるアフィンが同定されている。興味深いことに，アブラムシは特定の共生細菌が感染すると，アフィンの量が増加して桃色から緑色へ体色変化が生じる例が報告されている[68]。また，アゲハチョウの仲間の成虫の翅に見られる，白色，黄色，赤色の色素は，NBADとキヌレニンが結合したパピリオクロームとよばれる色素であり[3]，斑紋部分ではメラニン合成とオモクローム合成にかかわる両方の遺伝子の発現が強くなっていることが報告されている[69]。

14.6　紋様のパターンを制御する遺伝子

昆虫の紋様は，特定の色素が特定のパターンで合成もしくは輸送されることにより生じている。このパターンの形成にかかわる遺伝子についても，ショウジョウバエやチョウ目昆虫で知見が増えつつある。紋様のパターン形成は，モルフォゲンとして働く分泌性のシグナル伝達因子やその受容体，転写因子など，他の遺伝子の発現を制御する因子（ツールキット遺伝子）によって決められると考えられている。たとえば，ミズタマショウジョウバエの翅の水玉紋様は，モルフォゲンとして有名な*wingless*遺伝子の発現によって制御されていることが報告されている[22]。また，ショウジョウバエの腹部の黒色斑は，転写因子の*bric-a-brac*遺伝子や*Abdominal-B*遺伝子によって制御されている[70]。

チョウの翅の紋様に関しては，アメリカタテハモドキ*Junonia coenia*やアフリカヒメジャノメ*Bicyclus anynana*を用いた目玉紋様に関する研究が有名である。ショウジョウバエの脚の発生にかかわる*Distal-less*（*Dll*）遺伝子が，目玉紋様の中心で発現するという報告を皮切りに[71]，現在までに目玉紋様と関連するツールキット遺伝子が10種類以上報告されている[72]。目玉紋様以外では，翅の帯状の紋様に*wingless*遺伝子や*aristaless2*遺伝子が関与していることが明らかになっている[73]。

最近，チョウの翅の斑紋多型の原因遺伝子がドクチョウ属*Heliconius*を中心に相次いで同定されている。ドクチョウ属の赤い斑紋のパターンは転写因子の*optix*遺伝子，前翅中央の黒い斑紋のパターンは，分泌性のシグナル伝達因子 *WntA* 遺伝子が，多型の原因遺伝子であることが判明した[74,75]。また，ヌマタドクチョウ *Heliconius numata* の翅全体の斑紋パターンを制御する *P* 遺伝子座は，染色体の小規模な構造変化（染色体の向きが一部反転する逆位など）が原因であることが判明した[76]。さらに，日本の南西諸島などに生息し，無毒な種が有毒な種に似るベイツ型擬態を行なうチョウとして有名なシロオビアゲハ *Papilio polytes* のメスの2型（一方がオスに類似し，他方が毒蝶のベニモンアゲハ *Pachiliopta aristrochiae* に擬態する）があるが，ベニモン型では性分化にかかわる *doublesex* 遺伝子に変異が蓄積し，さらに逆位が起きていることが明らかになった[77]。

一方で，カイコでは，幼虫に多くの紋様の変異系統が存在し，そのうち褐円 *Multilunar*（*L*）と姫蚕 *plain*（*p*）について，その原因遺伝子が明らかになった。カイコの褐円は，本来幼虫の腹部第2節しかない半月紋と似た紋様が，幼虫の各体節に生じる優性の幼虫紋様変異である（図14.2E）。褐円は，*Wnt1* 遺伝子（キイロショウジョウバエの *wingless* 遺伝子）の異所的発現が原因であることが2013年に報告された[78]。前述のように，*wingless* 遺伝子は，ミズタマショウジョウバエの翅の黒い水玉紋様を制御している遺伝子であるため，さまざまな昆虫の紋様パターンを決めている可能性がある。また，カイコの *p* 遺伝子座は，姫蚕（目立った紋様がなく，全体が白い），形蚕（眼状紋，半月紋，星状紋が存在する），黒縞（形蚕の紋様に黒い太い縞が加わる）など（図14.2E），10種以上の紋様変異をただ1つの遺伝子座で制御しており，それぞれの複対立遺伝子は，黒縞（p^S）＞形蚕（$+^p$）＞姫蚕（*p*）の順に優性である。そして最近，*apontic-like*（*apt-like*）というMyb/SANTモチーフとロイシンジッパーDNA結合モチーフをもつ転写因子が，*p* 遺伝子座の正体であることが報告された[79]。カイコの幼虫では，黒い紋様が生じる領域で *apt-like* が発現し，RNAiによる機能阻害を行なうと黒い着色が阻害され，逆に *apt-like* を強制発現させた領域は黒く着色することが示された。*p* の複対立遺伝子が引き起こす紋様の違いは，*apt-like* の発現調節領域に生じた変異により *apt-like* 遺伝子の発現のパターンが変化することに起因すると考察されている。

興味深いことに，*Wnt1* 遺伝子を幼虫の表皮で異所的に発現させた実験では，幼虫皮膚にもともとメラニンの紋様のない姫蚕（*p*）系統を使うと，黒い着色は生じないが，斑紋をもつ形蚕系統（$+^p$）を用いると，異所的に黒い着色が確認された[79]。このことから，カイコの幼虫紋様形成に際しては，*apt-like* の上流に *Wnt1* が位置し，姫蚕（*p*）系統では，*apt-like* の遺伝子発現調節領域の変異により *Wnt1* に対する応答性が失われていると考察されている。ちなみに，キイロショウジョウバエの翅や脚の発生においては，*Dll* が *Wnt1* のシグナルに直接応答することが知られており，さらに，*Dll* は前述のようにアメリカタテハモドキやアフリカヒメジャノメの翅の目玉紋様の形成に関与していることが有名であるが，カイコ幼虫皮膚では，*Wnt1* は *Dll* を誘導するものの，*Dll* の機能阻害では紋様に影響が見られなかったことから，*Dll* はカイコの幼虫の黒い紋様とは関係がないことが判明した[79]。

カイコの変異体から明らかになったこれらの遺伝子が，チョウ目昆虫の多様な紋様に関与しているか否かは，興味深いテーマである。なお，ナミアゲハでは，マイクロアレイ解析から転写因子の *E75* や *spalt* 遺伝子が着色時の直前に目玉紋様の部分で発現が強くなっていることが確認されている[19]。異なる昆虫間や，成虫と幼虫のあいだで紋様の決定する遺伝子にどのくらい共通性があるのか，今後の研究が期待される。

今回紹介してきたように，ショウジョウバエの仲間や，チョウ目昆虫を中心に，昆虫の体色や紋様にかかわる遺伝子が明らかになりつつある。具体的な遺伝子が同定されることで，これまで謎につつまれていた昆虫の体色や紋様の著しい多様性が進化してきたメカニズムの理解が，近いうちに格段に深まるかもしれない。その一方で，アカトンボの赤色色素のように，具体的な色素の同定という基本的な情報もわかっていない昆虫も多く存在する（表14.2の空欄は，色素が存在しないというよりも研究例がないという側面が強い）。昆虫の体色や紋様の形成にかかわる分子機構の研究は，未解明な面が多く残されているという点でも，今後の展開が楽しみな分野であろう。

参考文献

1) Beddard, F. E. : Animal coloration : an account of the principle facts and theories relating to the colours and markings of animals, Swan Sonnenschein, 1892.
2) 佐々木伸大 : 生物科学, **62**, 30-38, 2010.
3) 梅鉢幸重 : 動物の色素，内田老鶴圃，2000.
4) Linzen B. : *Adv. Insect Physiol.*, **10**, 117-246, 1974.
5) 中越元子・澤田博司 : 色素細胞，pp. 177-192，慶應義塾大学出版会，2001.
6) Arakane, Y., Muthukrishnan, S., Beeman, R. W., Kanost, M. R., Kramer, K. J. : *Proc. Natl. Acad. Sci. USA*, **102**, 11337-11342, 2005.
7) Futahashi, R., Banno, Y., Fujiwara, H. : *Evol. Dev.*, **12**, 157-167, 2010.
8) Futahashi, R., Tanaka, K., Matsuura, Y., Tanahashi, M., Kikuchi, Y., Fukatsu, T. : *Insect Biochem. Mol. Biol.*, **41**, 191-196, 2011.
9) Riedel, F., Vorkel, D., Eaton, S. : *Development*, **138**, 149-158, 2011.
10) Wittkopp, P. J., True, J. R., Carroll, S. B. : *Development*, **129**, 1849-1858, 2002.
11) Han, Q., Fang, J., Ding, H., Johnson, J. K., Christensen, B. M., Li, J. : *Biochem. J.*, **368**, 333-340, 2002.
12) Walter, M. F., Black, B. C., Afshar, G., Kermabon, A. Y., Wright, T. R., Biessmann, H. : *Dev. Biol.*, **147**, 32-45, 1991.
13) Gibert, J. M., Peronnet, F., Schlötterer, C. : *PLoS Genet.*, **3**, e30, 2007.
14) Brodbeck, D., Amherd, R., Callaerts, P., Hintermann, E., Meyer, U. A., Affolter, M. : *DNA Cell Biol.*, **17**, 621-633, 1998.
15) Amherd, R., Hintermann, E., Walz, D., Affolter, M., Meyer, U. A. : *DNA Cell Biol.*, **19**, 697-705, 2000.
16) Dai, F. Y., Qiao, L., Tong, X. L., Cao, C., Chen, P., Chen, J., Lu, C., Xiang, Z. H. : *J. Biol. Chem.*, **285**, 19553-19560, 2010.
17) Zhan, S., Guo, Q., Li, M., Li, M., Li, J., Miao, X., Huang, Y. : *Development*, **137**, 4083-4090, 2010.
18) Okamoto, S., Futahashi, R., Kojima, T., Mita, K., Fujiwara, H. : *BMC Genomics*, **9**, 396, 2008.
19) Futahashi, R., Shirataki, H., Narita, T., Mita, K., Fujiwara, H. : *BMC Biol.*, **10**, 46, 2012.
20) Ito, K., Katsuma, S., Yamamoto, K., Kadono-Okuda, K., Mita, K., Shimada, T. : *J. Biol. Chem.*, **285**, 5624-5629, 2010.
21) Gompel, N., Prud'homme, B., Wittkopp, P. J., Kassner, V. A., Carroll, S. B. : *Nature*, **433**, 481-487, 2005.
22) Werner, T., Koshikawa, S., Williams, T. M., Carroll, S. B. : *Nature*, **464**, 1143-1148, 2010.
23) Wittkopp, P. J., Vaccaro, K., Carroll, S. B. : *Curr. Biol.*, **12**, 1547-1556, 2002.
24) Wittkopp, P. J., Williams, B. L., Selegue, J. E., Carroll, S. B. : *Proc. Natl. Acad. Sci. USA*, **100**, 1808-1813, 2003.
25) Wittkopp, P. J., Stewart, E. E., Arnold, L. L., Neidert, A. H., Haerum, B. K., Thompson, E. M., Akhras, S., *et al.* : *Science*, **326**, 540-544, 2009.
26) Takahashi, A., Takahashi, K., Ueda, R., Takano-Shimizu, T. : *Genetics*, **177**, 1233-1237, 2007.
27) Rebeiz, M., Pool, J. E., Kassner, V. A., Aquadro, C. F., Carroll, S. B. : *Science*, **326**, 1663-1667, 2009.
28) Jeong, S., Rebeiz, M., Andolfatto, P., Werner, T., True, J., Carroll, S. B. : *Cell*, **132**, 783-793, 2008.
29) Futahashi, R., Fujiwara, H. : *Dev. Genes Evol.*, **215**, 519-529, 2005.
30) Futahashi, R., Fujiwara, H. : *Insect Biochem. Mol. Biol.*, **37**, 855-864, 2007.
31) Futahashi, R., Fujiwara, H. : *Science*, **319**, 1061, 2008.
32) Shirataki, H., Futahashi, R., Fujiwara, H. : *Evol. Dev.*, **12**, 305-314, 2010.
33) Futahashi, R., Sato, J., Meng, Y., Okamoto, S., Daimon, T., Yamamoto, K., Suetsugu, Y., *et al.* : *Genetics*, **180**, 1995-2005, 2008.
34) Liu, C., Yamamoto, K., Cheng, T. C., Kadono-Okuda, K., Narukawa, J., Liu, S. P., Han, Y., *et al.* : *Proc. Natl. Acad. Sci. USA*, **107**, 12980-12985, 2010.
35) Koch, P. B, Keys, D. N., Rocheleau, T., Aronstein, K., Blackburn, M., Carroll, S. B., ffrench-Constant, R. H. : *Development*, **125**, 2303-2313.
36) Koch, P. B., Behnecke, B., ffrench-Constant, R. H. : *Curr. Biol.*, **10**, 591-594, 2000.
37) Ferguson, L. C., Maroja, L., Jiggins, C. D. : *Dev. Genes Evol.*, **221**, 297-308, 2011.
38) Osanai-Futahashi, M., Ohde, T., Hirata, J., Uchino, K., Futahashi, R., Tamura, T., Niimi, T., Sezutsu, H. : *Nat. Commun.*, **3**, 1295, 2012.
39) Liang, J., Zhang, L., Xiang, Z., He, N. : *BMC Genomics*, **11**, 173, 2010.
40) Riou M, Christidès JP. : *J. Chem. Ecol.*, **36**, 412-423, 2010.
41) Buckmann, D. : *J. Comp. Physiol.*, **115**, 185-193, 1977.
42) Futahashi, R., Kurita, R., Mano, H., Fukatsu, T. : *Proc. Natl. Acad. Sci. USA*, **109**, 12626-12631, 2012.
43) Santoro, P., Parisi, G. : *J. Exp. Zool.*, **239**, 169-173, 1986.

44) Lloyd, V., Ramaswami, M., Krämer, H. : *Trends Cell Biol.*, **8**, 257-259, 1998.
45) Falcón-Pérez, J. M., Romero-Calderón, R., Brooks, E. S., Krantz, D. E., Dell'Angelica, E. C. *Traffic*, **8**, 154-168, 2007.
46) 藤井告・阿部広明・嶋田透 : 蚕糸・昆虫バイオテック, **80**, 93-102, 2011.
47) Kikkawa, H. : *Genetics*, **26**, 587-607, 1941.
48) Kiuchi, T., Banno, Y., Katsuma, S., Shimada, T. : *Insect Biochem. Mol. Biol.*, **41**, 680-687, 2011.
49) Meng, Y., Katsuma, S., Mita, K., Shimada, T. : *Genes Cells*, **14**, 129-140, 2009.
50) Osanai-Futahashi, M., Tatematsu, K., Yamamoto, K., Narukawa, J., Uchino, K., Kayukawa, T., Shinoda, T., *et al.* : *J. Biol. Chem.*, **287**, 17706-17714, 2012.
51) Nijhout, H. F. : *Arch. Insect Biochem. Physiol.*, **36**, 215-222, 1997.
52) Daniels, E. V., Murad, R., Mortazavi, A., Reed, R. D. : *Mol. Ecol.*, **23**, 6123-6134, 2014.
53) Reed, R. D., McMillan, W. O., Nagy, L. M. : *Proc Biol Sci.*, **275**, 37-45, 2008.
54) Ferguson, L. C., Jiggins, C. D. : *Evol. Dev.*, **11**, 498-512, 2009.
55) Hines, H. M., Papa, R., Ruiz, M., Papanicolaou, A., Wang, C., Nijhout, H. F., McMillan, W. O., Reed, R. D. : *BMC Genomics*, **13**, 288, 2012.
56) Zhan, S., Zhang, W., Niitepõld, K., Hsu, J., Haeger, J. F., Zalucki, M. P., Altizer, S., *et al.* : *Nature*, **514**, 317-321, 2014.
57) Kato, T., Sawada, H., Yamamoto, T., Mase, K., Nakagoshi, M. : *Pigment Cell Res.*, **19**, 337-345, 2006.
58) Bel, Y., Porcarm, M., Socha, R., Nemec, V., Ferre, J. : *Arch. Insect Biochem. Physiol.*, **34**, 83-98, 1997.
59) Watt, W. B. : *Evolution*, **27**, 537-548, 1973.
60) Tsujita M., Sakurai S. : *Proc. Jpn. Acad.*, **41**, 225-229, 1965.
61) Futahashi, R., Fujiwara, H. : *Insect Biochem. Mol. Biol.*, **36**, 63-70, 2006.
62) Meng, Y., Katsuma, S., Daimon, T., Banno, Y., Uchino, K., Sezutsu, H., Tamura, T., *et al.* : *J Biol Chem.*, **284**, 11698-11705, 2009.
63) Fujii, T., Abe, H., Kawamoto, M., Katsuma, S., Banno, Y., Shimada, T. : *Insect Biochem. Mol. Biol.*, **43**, 594-600, 2013.
64) Futahashi, R., Fujiwara, H. : *Dev. Genes Evol.*, **218**, 491-504, 2008.
65) Moran, N. A., Jarvik, T. : *Science*, **328**, 624-627, 2010.
66) Melber, C., Schmidt, G. H. : *Comp. Biochem. Physiol. B*, **101**, 115-133, 1992.
67) Mummery, R. S., Rothschild, M., Valadon, L. R. : *Comp. Biochem. Physiol. B*, **50**, 23-28, 1975.
68) Tsuchida, T., Koga, R., Horikawa, M., Tsunoda, T., Maoka, T., Matsumoto, S., Simon, J. C., Fukatsu, T. : *Science*, **330**, 1102-1104, 2010.
69) Nishikawa, H., Iga, M., Yamaguchi, J., Saito, K., Kataoka, H., Suzuki, Y., Sugano, S., Fujiwara, H. : *Sci Rep.*, **3**, 3184, 2013.
70) Kopp, A., Duncan, I., Godt, D., Carroll, S. B. : *Nature*, **408**, 553-559, 2000.
71) Carroll, S. B., Gates, J., Keys, D. N., Paddock, S. W., Panganiban, G. E., Selegue, J. E., Williams, J. A. : *Science*, **265**, 109-114, 1994.
72) Monteiro, A. Prudic, K. L. : *Trends Evol. Biol.*, **2**, e2, 2010.
73) Martin, A., Reed, R. D. : *Mol. Biol. Evol.*, **27**, 2864-2878, 2010.
74) Reed, R. D., Papa, R., Martin, A., Hines, H. M., Counterman, B. A., Pardo-Diaz, C., Jiggins, C. D., *et al.* : *Science*, **333**, 1137-1141, 2011.
75) Martin, A., Papa, R., Nadeau, N. J., Hill, R. I., Counterman, B. A., Halder, G., Jiggins, C. D., *et al.* : *Proc. Natl. Acad. Sci. USA*, **109**, 12632-12637, 2012.
76) Joron, M., Frezal, L., Jones, R. T., Chamberlain, N. L., Lee, S. F., Haag, C. R., Whibley, A., *et al.* : *Nature*, **477**, 203-206, 2011.
77) Kunte, K., Zhang, W., Tenger-Trolander, A., Palmer, D. H., Martin, A., Reed, R. D., Mullen, S. P., Kronforst, M. R. : *Nature*, **507**, 229-232, 2014.
78) Yamaguchi, J., Banno, Y., Mita, K., Yamamoto, K., Ando, T., Fujiwara, H. : *Nat. Commun.*, **4**, 1857, 2013.
79) Yoda, S., Yamaguchi, J., Mita, K., Yamamoto, K., Banno, Y., Ando, T., Daimon, T., Fujiwara, H. : *Nat. Commun.*, **5**, 4936, 2014.
80) 二橋美瑞子 : 蚕糸・昆虫バイオテック, 82, 5-12, 2013.

第15章

色素異常症の動物モデルとしての鳥類色素変種

秋山豊子

鳥類の色素産生機構は，メラニンをおもな色素とする点で哺乳類と共通性がある一方，多彩な羽色や体色を示し，独自の色素産生機構をもつ特殊性もある。赤色野鶏の全ゲノム解析が2004年に解読完了したため，色素産生の重要な遺伝子について急速に解析が進んだ。この章では，ニワトリやウズラの色素産生変異種の数例を取りあげるが，これらの原因遺伝子は，この「色素細胞」初版本刊行以降でほとんど明らかになった。ヒトやマウスの色素産生系をみるといよいよ複雑さを呈しており，鳥類でもなお多様な制御機構の存在が予想される。多彩な保護色や同種間・異性間の信号色，警戒色，威嚇色などの効果を知ると，鳥類にとって体色発現が生きる戦略上いかに重要であったかに思い至らされる。本章では，数系統のニワトリを色素産生変異種の動物モデルとして取り上げ，色素産生系のヒトに至る進化の道筋を概観するための知見を提供したい。

15.1　ニワトリにおける色素産生機構

本稿では，鳥類の色素産生機構の基礎情報[1]に，この13年ほどの新規情報を追加して概説する。鳥類の色素産生はおもに羽における発現であるが，その他，眼，トサカ，皮膚，脚，爪などでは独自な色素産生の調節が見られる。羽色では黒，白，橙，茶色のメラニン系の色以外に，金，銀，緑，青，赤，紫などの光沢色も現し，さらに各部の1枚の羽ではこれらの色が組み合わさった横斑，条斑，点斑，尖斑，覆輪（縁取り）などの紋様を示す（図15.1，図15.2）。しかし，赤，黄，緑などの色素やそれをつくる色素細胞があるわけではなく，眼の虹色素胞を除くと，体幹部の色素細胞はメラニンを産生するメラノサイトのみである。その羽色発現のしくみは，①色素細胞，②餌から取り込まれるカロテノイド・キサントフィルなどの蓄積，③ケラチン性の羽毛の表面構造とチンダル現象による構造色（金属光沢），とそれらの組み合わせによる[2]。とくに構造色やカロテノイドの蓄積による体色発現（図15.1L，図15.2H）はまことに美しく多彩で，鳥類が愛好家に好まれて来た理由でもあるが，詳細は他の報告[3~5]に譲り，ここでは色素細胞による体色発現に限って取り扱う。

ニワトリ（*Gallus gallus domesticus*）はとくに家禽として重要だが，約5000年前に，野鶏〔Jungle fowl，*Gallus*属；セキショクヤケイ（図15.1A），ハイイロヤケイ，セイロンヤケイ，アオエリヤケイがある〕から分離されて家畜化されたもので，その野鶏の体色を野生型としている[6,7]。2004年，赤色野鶏のゲノムの解読が完了した[8]。ヒトやマウスと比較すると，ゲノムは約10億塩

図 15.1　ニワトリとインコの系統と体色

有色ニワトリの羽毛は部域によってその色と形態が異なる。A：赤色野鶏，B：エジプト系ファヨウミ♂，C：名古屋コーチン，D：ブラックミノルカ♂，E：白色レグホン（*I*；*Pmel 17*），F：白色プリマスロック♀（*c/c*），G：アルビノ♂（c^a/c^a），H：白羽ウコッケイ（*c/c*，*Fm/Fm*）♂，I：小国（野生型）♂，J：小国碁石♂（*mo*），K：小国白♂（mo^w），L：コンゴーインコ（構造色とカロチノイド類の蓄積による羽毛色発現）。[A, D ～ K：名古屋大木下圭司博士提供] [口絵も参照]

図 15.2　ニワトリの羽毛における 2 次パターンと構造色の例

成体の正羽に見られるパターンを示す。A：一重覆輪（シーブライトバンタム），B：二重覆輪（BMC × WS の F_1），C：条斑（ペンシルド），D：横斑（小国ヘテロ × WS の F_1），E：点状白斑（愛媛地鶏野生型），F：横斑変形（小国ヘテロ × WS の F_1），G：点斑（碁石），H：多重覆輪と構造色（クジャク）。[口絵も参照]

基対で1/3であるが，予想される遺伝子は23,000個でほぼ同じであった。その遺伝子は，種類や機能が種固有なものもあると考えられ，解析が期待される。

ニワトリは現在，世界各国で約120系統が単離・固定・維持されている[6,7,9]。ニワトリにおけるゲノム解析の過程により，その拠点の研究施設においては少数個体から遺伝的背景を均一にした基準家系*1が作出された[10,11]。遺伝子座決定のためのマーカーとして注目されたおもなものは羽装，眼，皮膚，卵殻などの「色」で，「色」に関しては42の遺伝子座が報告されている。現在，そのなかで遺伝子が確定したものは十数個である。ヒトやマウスでは200を超える遺伝子が関与するとされていることと比較すると，ニワトリでの解析はまだ十分とはいえない。しかし，哺乳類の遺伝子解析が進むにつれ，対比によりオルソログ（進化的に対応関係にある相同遺伝子）として遺伝子の確定が進むと予想される。ヒトやマウスと同様に，ニワトリやウズラでもチロシナーゼ（*C*）[12]，Black extension factor（*E*；*melanocortin 1-receptor, MC1R*）[13] チロシナーゼ関連タンパク1（*Tyrp1*）[14]，小眼症関連転写因子（*MITF*）[15]，メラノソーム構築タンパク質（*Pmel 17*）[16]，エンドセリン（*endothelin*；*EDN*）とその受容体（*EDNR*）[8] など（と，その遺伝子）の機能が解明されてきている。

ニワトリの羽毛は部域的に色，形態，構造が異なっており（図15.1），ユーメラニンとフェオメラニンの分布とカロテノイドの蓄積や構造色などにより羽装の色は多様に発現する。ヒナの綿毛（ダウン）と成鳥鶏の正羽（フェザー）の2つの場合の羽毛形成の過程と羽芽（羽包）（feather rudiment）におけるメラノサイトの位置を図15.3，図15.4に示した。ニワトリのメラノブラストは，特異抗体MEBL-1[17] を用いた蛍光抗体法により観察される（図15.3C）。また，鳥類は一般的に性的二型として雄のほうが華やかな体色を示す（図15.1A, C, L）。ニワトリでは染色体数 $2n = 78$ で雄の性染色体がZZ，雌がZWであり，性染色体Zにもいくつかの体色発現関連遺伝子が存在している。このことを利用して，雌雄で羽の色が異なる系統が作出され，孵化後のヒナ鑑別に利用される場合もあったが，体質的に弱い系統となり維持が難しくあまり利用されていない。また，一般に雄にみられる派手な羽色発現は，これらの性染色体にリンクした遺伝子の制御[18]（第6節参照）が示唆される。

鳥類の色素細胞の発生経路は，哺乳類とほぼ同様の2つの起源があり，1つは眼胞の外層から由来する網膜と虹彩の色素上皮細胞，他方は神経冠部分から由来する体幹部の表皮性色素細胞である。体幹部では，前述のMEBL-1を用いてstage 18～20以降でメラノブラストが神経冠部から胚の外周部（背側部経路；Dorso-lateral route）に分布することが観察される[1]。著者らは，この移動期の胚の神経冠部分から細胞を単離・培養して，メラノサイトを選択的に増殖・分化させた（図15.5）[12]。このことから，多分化能をもつ神経冠から移動を開始するstage 18ごろにはすでにメラノブラストへ方向づけられていると考えられるが，なお，その決定は可塑性をもっているという報告が出されてきている[19,20]。鳥類における神経冠からの色素細胞の分化については，ウズラとニワトリ間の移植実験で知られるLe Douarinら[21] による優れた総説があるので参照されたい。

ニワトリのメラノサイトでの色素産生機構は基本的にはヒトやマウスのように，メラノサイトのプレメラノソーム内で鍵酵素であるチロシナーゼ，チロシナーゼ関連タンパク質（Tyrp1，Tyrp2；Dct）などにより，黒・褐色のメラニン色素が産生される。ユーメラニン産生にかかわるいくつかの遺伝子座（*E*, *Ml*, *Co*, *Mh*, *Db*, *Di* など）も知られている。さらに，フェオメラニン

---

*1　**基準家系**　現在，国際的に利用されている基準家系は，英国がCompton，米国がEast Lansing，オランダがWageningenで，それぞれ白色レグホン系統間の戻し交雑，白色レグホンと赤色野鶏間の戻し交雑，白色プリマスロック系統間の F_2 交配であるが，いずれも色素産生低下の変異体が多い。セキショクヤケイの基準家系が待たれるところである。

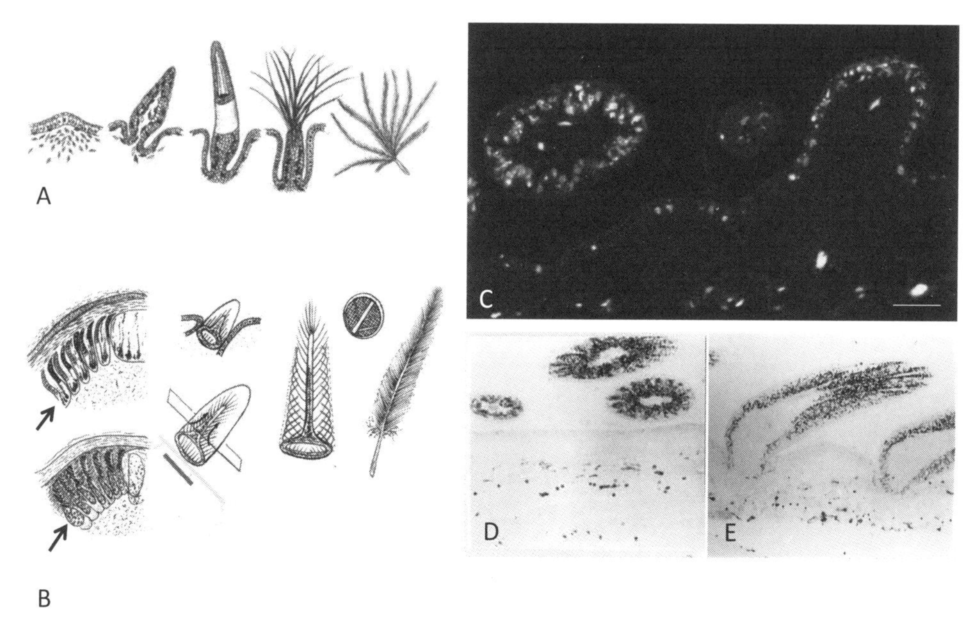

図 15.3 綿羽と正羽の形成過程と綿羽におけるメラノサイト

A：ヒナ綿羽（down feather）の形成過程。メラノサイトは羽芽の表面に位置し，その後，綿羽を構成するケラチノサイトにメラノソームを移送する。B：正羽（contour feather）の形成過程。羽毛鞘の内部に羽枝原基が形成され，伸長していく。環状構造や羽芽の内部にメラノサイトが存在し，羽枝のケラチノサイトへ色素が移送される［B. M. Carlson[42] より引用，一部改変］。C：C^{+} ヒナ stage 36 の皮膚における綿羽の形成過程。メラノブラスト特異抗体 MEBL 1 による免疫染色。D，E：黒羽ウコッケイの皮膚の組織標本。いずれも stage 37-38 の胚の背側皮膚。スケール = 50 μm。

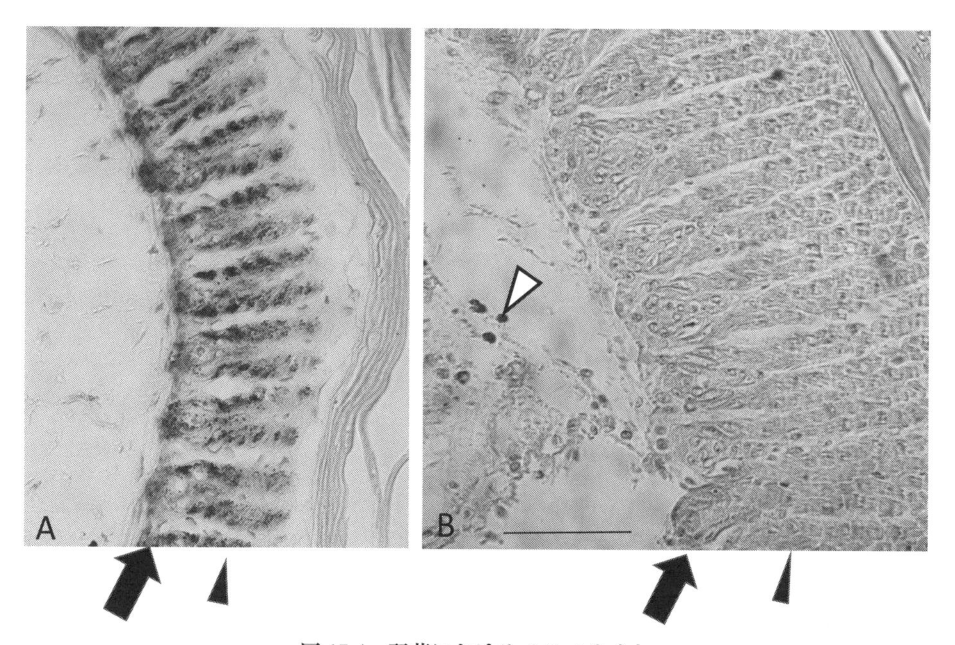

図 15.4 羽芽におけるメラノサイト

A：孵化後 28 日令の BM-C の皮膚における羽芽の部分の拡大図。矢印部にメラノサイトが存在し，小羽枝になる部分（黒矢じり印）にメラニン沈着が見られる。B：同日令の白羽ウコッケイの羽芽の部分。BM-C と同じ位置にはメラノサイトが存在せず，羽芽内部の結合組織部分にメラノサイト（白矢じり印）が存在する。スケール = 50 μm。

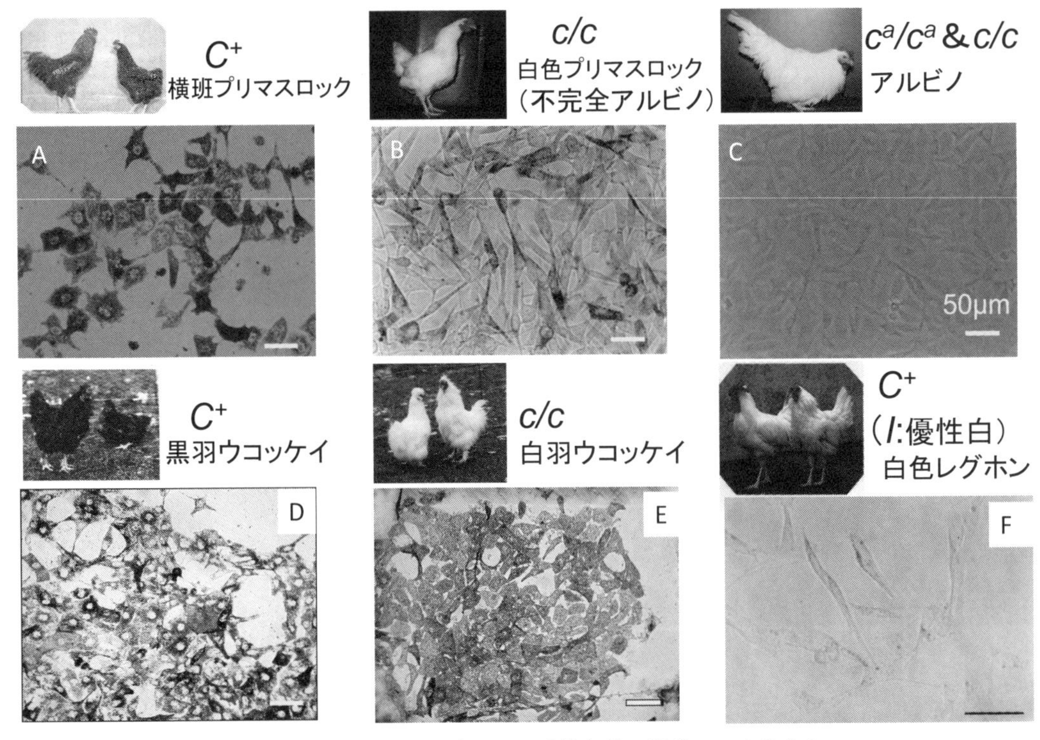

図 15.5　ニワトリのいくつかの系統とその培養メラノサイト

A：横斑プリマスロック，B：白色プリマスロック，C：白色ワイアンドット由来のアルビノ，D：黒羽ウコッケイ，E：白羽ウコッケイ，F：白色レグホン。培養メラノサイトは，3日胚（stage 20）の神経冠部分から trypsin-EDTA で単離し，10 ng/m*l* エンドセリン 3，10%ウシ血清添加の F12 培地で 2～3 週間無菌培養した。スケール＝50 *μ*m。

産生にかかわる遺伝子座（*S*，*Cb*，*K* など）と dilution に関連する遺伝子群が存在する。成熟したメラノソーム（図 15.6）は皮膚や羽毛・脛のケラチノサイトに輸送されて体色を発現する（図 15.3）が，このケラチノサイトへの移送については，ヒトやマウスの仕組み（第5章参照）とほぼ同様と考えられる。成熟した楕円形のメラノソームがケラチノサイトへ移送され，皮膚，羽，脚，爪などが着色する。羽毛形成は複雑な過程をとる（図 15.2，図 15.3）ため，羽毛での色素発現や紋様形成機構は皮膚におけるそれよりさらに複雑なものになっている[9]（第2節参照）。クロー[22]は，羽の色は遺伝子座 *C*/−（チロシナーゼ遺伝子），*Id*/−（真皮性メラニンの形成阻害因子；dermal melanin inhibitor），*i*/*i*（*I*；優性白色）の組合せで着色し，他の組合せはすべて白羽となると考えた。この示唆は，羽色形成において，現在もなお興味深い。これらの遺伝子については後述する。

15.2　劣性白色種における色素産生欠損の機構（hypo-pigmentation）

劣性白色種（黒眼，白色羽装 *recessive white*）は，劣性形質として白羽を示す系統で，古くから多くの品種が単離されていた。20 世紀初頭から，交雑実験の解析により原因遺伝子が解析されたが，いくつかの系統において原因遺伝子が *c* と記載されチロシナーゼ遺伝子の関与が示唆された。一般に“劣性白色種”としてよばれている *c*/*c*（図 15.1F，図 15.5B）や，眼も赤いアルビノの c^a/c^a（*albino white*[12]；図 15.1G，図 15.5C）に加えて，色素産生はあるが眼は dark red の c^{re}/c^{re}（red eye white）が報告されている。これらのアレル間には，チロシナーゼ活性において C^+（野生種）

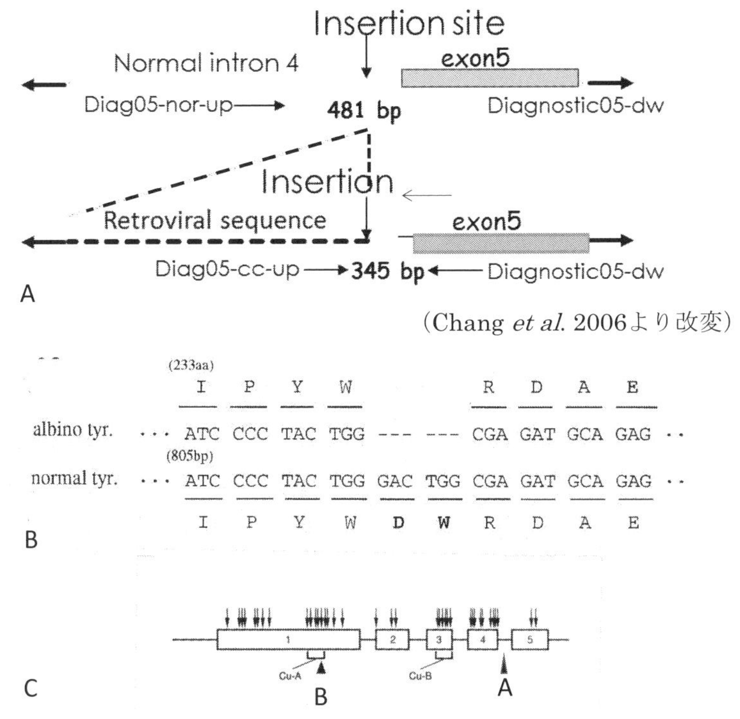

図 15.6　ニワトリのチロシナーゼ遺伝子の変異部分

A：*c/c* の変異部分。イントロン 4 に Avian leucosis virus の全配列の挿入があった。B：アルビノニワトリにおける変異部分。銅にキレートする部分の 1 カ所に 6 塩基（2 アミノ酸）の欠損があった。C：ヒトとニワトリのチロシナーゼの変異部位の比較。5 つの Box は exon を示し，Cu-A，Cu-B は銅結合部位を示す。矢印はヒト，矢じり印は上記 A，B のニワトリでの突然変異部位。

$> c > c^{re} > c^{a}$ の関係がある。現在，c^{re}/c^{re} 系統が生存維持されているか不明である。*c/c* をもつ品種には，プリマスロック，ワイアンドット，ミノルカ，オーピントン，白羽ウコッケイ（Silky）などの広範囲の品種があるが，横斑プリマスロック由来の白色プリマスロックがよく知られており，眼は黒く，ヒナでは薄く灰色を帯びた羽毛をもつが，生え替わった羽ではほとんど色素産生が見られない。著者らがこの系統の stage 20 の神経冠部からメラノサイトを培養した際は，色素産生は見られるものの産生量はかなり低下していた（図 15.5B）。*c/c* をもつ白羽ウコッケイの色素細胞の EM 像では，メラノソームの数は少なく，いびつな大きなプレメラノソームが見られるなど，異常な形態も報告されている[23]。

この原因遺伝子は，2006 年，チロシナーゼ遺伝子の第 4 イントロンに Avian leucosis virus の全配列挿入であることが判明した[24]（図 15.6A）。この挿入のため，膜貫通部分であるエキソン 5 の発現が不安定になり，酵素活性は低下するのだと思われる。前述のように電顕像では，異常なメラノソーム形成が見られているため，ケラチノサイトへの移送（第 4 章参照）が正常に進行せず，羽や爪が白くなるのではないかと考えられる。ニワトリでは羽毛色が体色として認識されるため，ケラチノサイトへの移送のしくみは，全体の体色の決定を左右している重要なプロセスだといえよう。

次に完全に色素産生能を欠損しているアルビノについて概説する。このアルビノは 1933 年に白色ワイアンドットの中から眼まで赤いアルビノとして発見され，Brumbaugh ら[25]によって *C* 遺伝子座の新しい表現形質として c^{a}/c^{a} と命名されたものである（図 15.1G）。このアルビノの 3 日胚からは，通常と同様な方法で完全に amelanotic なメラノサイトが得られた（図 15.5C）。電子顕微鏡下では，メラニン沈着のないメラノソームが多数観察された[1, 26]。著者らはこの完全アルビノ種の培養メラノサイトにマウスの正常チロシナーゼ遺伝子を導入して色素産生が起こることを確認し[26, 27]，この *C* 遺伝子座はチロシナーゼをコードしていることを確認した。しかし，個体への遺伝子導入実験では，表現形質の変化は明瞭でなく，黒色の体色発現にはほど遠いものであった。c^a/c^a では不活性なチロシナーゼ様タンパク質が産生されており，この不活性型が遺伝子導入によるマウスのチロシナーゼと拮抗して作用し，個体の発生過程では導入した遺伝子発現では正常な色素産生には不十分なためではないかと考察された。著者らは，この c^a/c^a の原因遺伝子がチロシナーゼ酵素の銅結合部位 2 カ所のうち 1 カ所をコードする遺伝子領域の 6 塩基の欠失であることも明らかにした[12]（図 15.6B，C）。

さらに，このアルビノは *c/c* の変異ももっていることが最近判明した。チロシナーゼ遺伝子変異をもつニワトリの現存系統として報告されているのは *c/c* と c^a/c^a のみであるので，予想されるその他の色素産生低下による白色形質は，後述する優性白色形質に隠れていると考えられる。劣性白色種は色素欠損のみならず，有色種（$C^+/-$）より孵化率，孵化後の成長率，繁殖率などが劣っているという指摘もあり[9]，色素欠損による視覚などの障害をあわせもつことも考えられる。

その他の劣性白色種としては，エンドセリン受容体（EDNR）B2 の変異体がウズラ[28, 29] からと，ついで，名古屋大（NU-ABRC）と著者らのグループによりニワトリ[30] から報告された。エンドセリン（EDN）とその受容体については第 9 章を参照されたい。鳥類では，EDNR は A，B に加えて，B のホモログの B2 が知られている。B2 変異体は，日本地鶏であるショウコク，ミノヒキ，ウズラオ，オナガドリなどの系統に出現した白色個体から単離された。これらはいずれもショウコク起源の系統で，尾の長い形質とともに導入された変異と考えられる。遺伝子座として碁石（*mottling*；*mo*）として名づけられていた形質（羽の先に白縁・白斑；図 15.2G）と同座であった。異なるアレルとして *mo* と mo^w があり，変異部位が異なっていた（図 15.9）。*mo* は白色羽に黒い斑紋があるが，mo^w はほとんど白羽となった（図 15.1J, K）。これらの受容体は 7 回膜貫通タンパク質であるが，後者は細胞外の部分に変異があり，リガンドである EDN に正常に結合できず，細胞内の色素産生情報伝達系へシグナルを十分伝達できないため，色素産生阻害が生じると考えられる（図 15.7）。ヒトやマウスでは，リガンドの EDN3 とその受容体 EDNRB の変異はいずれも白斑症と神経節形成異常による巨大結腸症を示しホモ型は致死となるが，ニワトリの受容体 B2 変異のホモ型は現在のところ，白色羽装以外に視覚や聴覚に目立った異常は見つからない。EDNRB2 は，魚類，両生類，爬虫類，鳥類などに存在する（図 15.7C）[31] が，哺乳類には存在しないと報告されている。現在のところ，mo^w の変異の影響は羽の色素産生低下以外に見られていないので，鳥類での B2 の機能はおもに体幹部における体色発現に限られると考えられる。色素産生系において，EDN とその受容体の進化的な変遷と機能分担は，このシグナル伝達系の重要性を考えるうえで非常に興味深い。

また，別の劣性白色種として s^{al} は sex linked imperfect albino として知られ，明るいピンクから濃い赤色の眼と短い羽毛をもつ白色種で，性染色体 Z に連鎖して現われる[32]。*C* 遺伝子ではなく *S*（*silver*）遺伝子座が関与していることがわかっていたが，2007 年，メラノソームをアクチン繊維に結合させて細胞膜まで移送するタンパク質 SLC45A2 をコードする遺伝子変異であることが明らかになった[33]。孵化後のヒナの体色によって雄雌鑑別が可能なことから有用であるが，他の白色種同様，初期の発生や性的な成熟，卵の低重量など多くの形質において劣ることが多く，そのためにあまり用いられていない。

以上のうち，*c/c* や mo^w と同様な白色変異は，

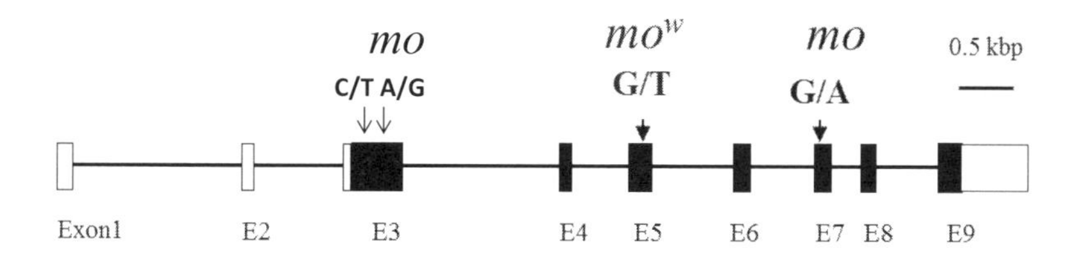

A

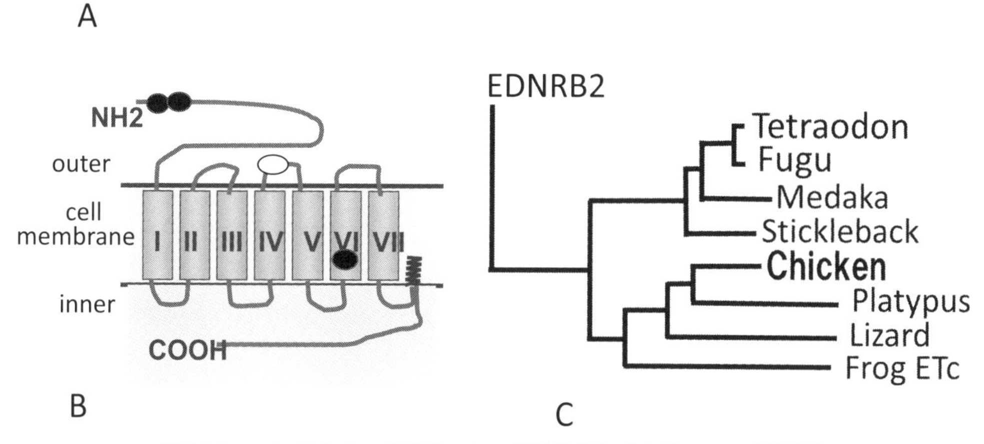

B　　C

図 15.7　エンドセリン受容体 B2 の変異部位と受容体 B2 の系統進化

A：エンドセリン受容体の変異系統の変異部位。碁石（*mottling*；*mo*）と白羽羽装（mo^w）の 2 つのアレルがある。B：エンドセリン受容体 B2 の構造の模式図。*mo* の変異部が黒丸，mo^w の変異部が白丸部分である。C：エンドセリン受容体 B2 の系統進化を示す。[Braasch *et al.*[31] より引用，一部改変]

ヒトやマウスでは報告がない。いずれも白色羽装をもつが，生存には影響しなかったために注目され，汎用種として利用され系統維持されたと思われる。

15.3　優性白色種における色素産生消失の機構（hypo-pigmentation）

白色レグホン種は優性白色系統の代表的なもので，食肉用として広く飼育されているばかりではなく，発生学研究でも広く用いられた。一般に市販されている白色レグホンはその遺伝的背景が均質でないものが多いが，優性白色種（遺伝子座：*I*）の形質は優性遺伝の好例として研究されてきた[1]。眼は茶・褐色を呈しているため，色素産生の鍵酵素であるチロシナーゼと関連する酵素系はほぼ正常と考えられ，この白色レグホンからニワトリのチロシナーゼ遺伝子の cDNA が解析された[34]。この *I* 遺伝子は，劣性形質の i^+ に対して不完全優性であり，アレルは I, I^D, i^+ などがある。*I* 遺伝子はメラニン，とくにユーメラニン産生抑制を示した。メラノブラスト特異抗体 MEBL-1 を用いた蛍光抗体法では，発生過程において細胞の決定と神経冠からの移動に大きな問題はないと考えられた。*I* は羽毛以外に眼の脈絡膜の色素産生にも影響しているが，発生起源の異なる網膜と色素上皮には影響が見られなかった。筆者らが白色レグホンの 3 日胚の神経冠部分から色素細胞を初期培養すると，図 15.5F のように色素産生量低下と不定型な色素顆粒が観察され，10 日前後から細胞数は減少していった[23]。Brumbaugh[35] は，電子顕微鏡により白色レグホンのメラノサイトはメラノソームの matrix に異常があり，不規則な形をもったメラノソームをもつことを示した。さらに，このメラノソームは正常にメラニンを包みこむことができないため，メラニンの中間産物の細胞毒性（フリーラジカルな構造による毒性）によりメラノサイトが壊れていく，すなわちプレメラノソーム形成に関与する構造成分に起因すると結論した[36]。Jimbowら[37]は，白色レグホンの色素細胞において膜結合状態のメラノソームの凝集を観察し，さらに酸性ホスファターゼ（acid phosphatase）を含むautophagosomeの形成と融合が見られ，これが色素細胞を早い細胞死に追い込むことになるのではないかと示唆した。

Kerjeら[16]は連鎖解析法を用いて，この原因遺伝子がプレメラノソームの形成に関与するタンパク質をコードする遺伝子*Pmel17*であることを明らかにした。この遺伝子変異による発現形質は前述の先行研究とみごとに合致するものであった。この変異により，メラニンの蓄積が十分に行なわれないため，メラノソームが完成せず，成熟したメラノソームとしてRabタンパク質に認識されず，微小管への結合が阻害され，その後のアクチン繊維への伝達とケラチノサイトへの移送が損われる。加えて，メラノソームに沈着できないメラニン中間物は細胞毒性をもってメラノサイトの生存や増殖を阻害すると示唆される。これらの結果，メラノサイトの減少と色素産生低下・白色羽装が生じると考えられる。

15.4　ウコッケイ（Silky）における過剰な真皮性色素産生の機構（hyper-pigmentation）

ウコッケイの英名のSilkyは絹様光沢の羽をもつことに由来するが，漢字では“烏骨鶏”で，カラスのように黒い骨をもったニワトリの意であり，骨ばかりでなく，体内の腹腔膜や内臓各部の間充織様組織，脛などに大量の真皮性のメラノサイトが見られる（*Fibromelanosis*；*Fm*）[1]（図15.8，図15.9）。この体内の顕著な色素産生以外にも，羽毛の絹様光沢（*h*），頭頂部の毛冠（*Cr*），多指（*Po*），脚毛（*Pt*），顎下の長い羽毛（*Mb*）など，注目される形質を多々有している[9]が，いずれも*Fm*と連鎖した形質ではない。この*Fm*は鳥類の中ではもちろん，他の脊椎動物にも類を見ない珍奇な形質として，古く13世紀にマルコ・ポーロによって記載されている。最近，東南アジアの全身真っ黒のアヤムセマニという系統がこの*Fm*の形質を示すことが明らかとなり，この形質の起源と類縁関係の解析が待たれる。ウコッケイは白羽，黒羽と茶羽の3種が現在知られているが，いずれも体内臓器に真皮性メラノサイトが顕著に見られる。発生過程において，多数のメラノブラストが神経冠部分からの一般的なルートである背側路（Dorso-lateral route）に加えて背腹路（Dorso-ventral route）をも移動し，最終的に体内臓器の間充織に顕著な真皮性メラノサイトとして分布する（図15.8，図15.9A，B）。この背腹路を移動した色素細胞の出現は，わずかであれば，他の系統でもよく観察される。たとえば，野生のウズラの成体の胸膜では，顕微鏡下で，色素細胞の存在が明確に確認できる。ブラウンレグホンの初期胚でも体内臓器に色素細胞が観察されるが，ウコッケイでは孵卵8日目以降，真皮性色素細胞が急激に増加していくのに対し，ブラウンレグホンのそれは死んでいき，食作用により取り込まれると考えられている。ウコッケイの初期胚から単離したメラノサイトは，著者らのEDN3添加の培養条件[12]で非常に増殖率がよく（図15.5D，E），EDN3に対して高い感受性をもつことが予想された。

*Fm*の原因遺伝子は，Dorshorstらと著者らのグループにより独立的に連鎖解析法を用いて解析され[38,39]，染色体20番の1.5 Mbの領域に完全連鎖していた。著者らはマイクロサテライトマーカーの発現パターンとコピー数の解析から，その中の130 kbの部分が重複していることを突き止めた（図15.8）。この部分はEDN3をコードする遺伝子*EDN3*のほか4つの遺伝子を含んでおり，このうち*EDN3*を含む4つの遺伝子が発生初期のstage 18で約2倍の発現が見られた。なかでもメラノサイトの強力な増殖因子である*EDN3*遺伝子の重複と発現亢進によりメラノブラストの増殖と分化，そして背腹路への移動を引き起こしていると考えられた[39]。この重複部分の構造解析と変異の起源は現在解析中である。同様な形質を現わす東南アジア原産のアヤムセマニとの遺伝子

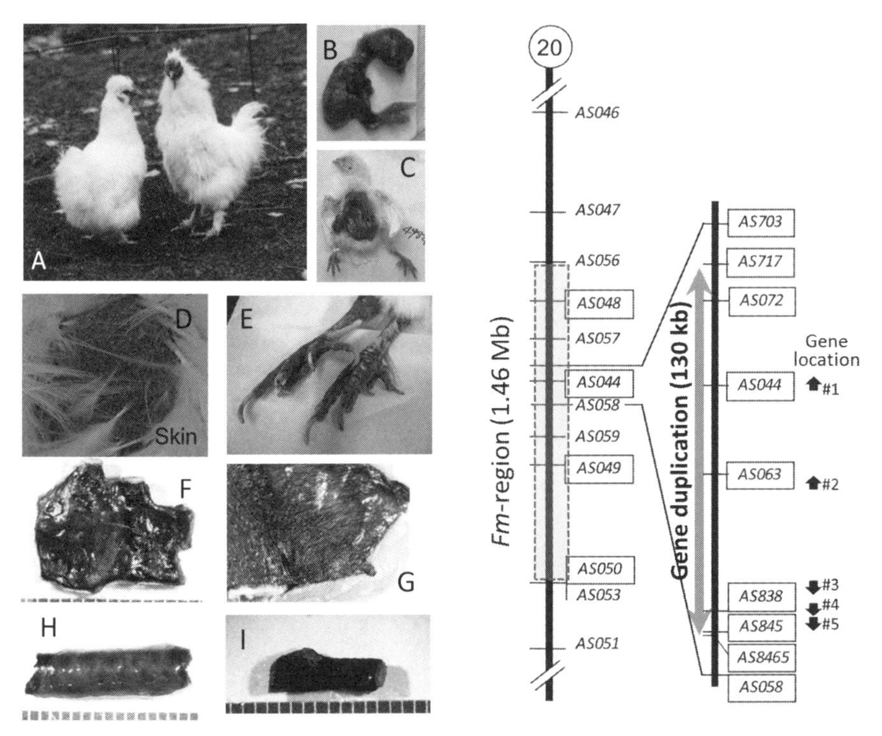

図 15.8　ウコッケイ *Fm* の形質と原因遺伝子部位

左図＝A：白羽ウコッケイの外観，B：15 日胚，C：2 週令ヒナ，D：成体の皮膚，E：脚と爪，F：腹腔膜，G：筋肉と筋膜，H：気管，I：骨。体内臓器の多くが真皮性のメラニン産生を示す。右図＝連鎖解析の結果。130 kb の部位が重複していた。

比較からすると，*Fm* の形質はニワトリが家禽化されたよりもかなり以前にヤケイに現われていた可能性がある。現在のセキショクヤケイにはまったく見られない形質であるが，ウコッケイなどごく一部の系統にのみ維持された形質と思われる。

エンドセリンはその受容体でシグナルが受け取られるが，第 2 節で報告した *EDNRB2* の変異系統（mo^{w}）と交雑して，後代個体群で *EDNRB2* 変異が *Fm* の発現に及ぼす影響を解析中である。予備的検索の結果，*EDNRB2* の変異により *Fm* の発現は明確に抑制されている（図 15.9）。すなわち *Fm* の発現は，*EDN3* 遺伝子重複により発現亢進し，多くのシグナルが出され，それを受けた受容体 B2 を経由して，メラニン産生系の刺激，さらにメラノブラストの増殖促進へつながっていると考えられる。EDNRB2 の下流の経路としては MAP 系と cAMP 系があるがこれからの解析が待たれるところである。さらに，この *Fm* の形質では，多くのメラノサイトが背腹路を移動するが，その移動経路決定については興味深いものの，まだ完全に解明されていない（図 15.9F）。

ウコッケイの *Fm* 形質ほどではないが，他の鳥類やいくつかの品種で真皮性メラニンの産生が見られる。カラスは，外見は全身真っ黒であるが，著者らの解析により，内臓各部は赤みが強いものの色素の沈着はなく，*Fm* 形質を現わさないことが明らかになった。脚や嘴など真皮性の色素産生は見られる。この真皮性メラニンはとくに脚色系質として，脛が青，緑，黒色を呈するもので，1923 年にはこの形質が Z 染色体上の遺伝子座 *Id* によって制御されていることが報告されたが，現在もその原因遺伝子は未定である。野生型の *id* が真皮性メラニン産生を，*Id* がその inhibitor 産生によりその阻害を誘導している。ウコッケイではこの遺伝子座が id^{+}/id^{+} であり，dermal melanin inhibitor が働かないため，体内の色素産

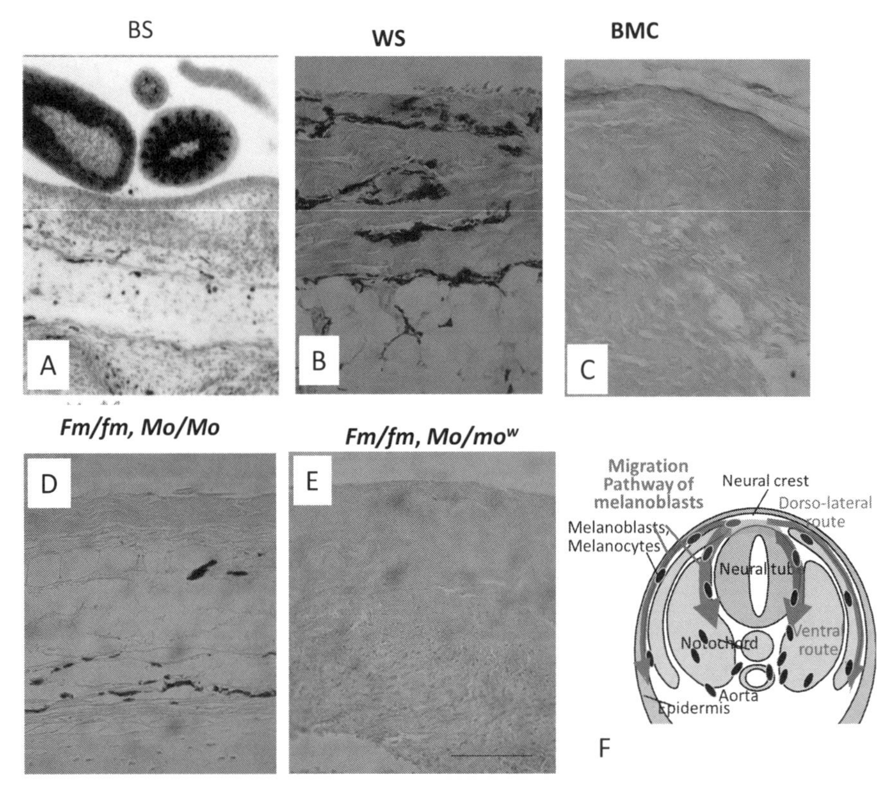

図 15.9　背側皮膚の上皮と真皮性色素細胞，その移動路

A：黒羽ウコッケイ（*Fm/Fm*，*Mo/Mo*）胚 stage 38，B.：白羽ウコッケイ（*Fm/Fm*，*Mo/Mo*），C：BM-C（*fm/fm*，*Mo/Mo*），D：C-30 *Fm* ヘテロ，*Mo* 野生型（*Fm/fm*，*Mo/Mo*），E：C-30 *Fm* ヘテロ，*EDNRB2* 変異ヘテロ型（*Fm/fm*, Mo/mo^{w}）。B～E：28 日令ヒナ。F：*Fm* 形質を示す胚における神経冠からのメラノブラスト／サイトの移動路。黒羽，白羽ウコッケイともに真皮性メラノサイトが多く見られる。有色鶏の対照である BM-C は皮膚に色素沈着があるのみで真皮性メラノサイトは存在しない。*Fm* ヘテロで，*EDNRB2* 変異がない場合（D）は，かなり真皮性メラノサイトが見られる。他方，*EDNRB2* の変異がある場合は，*Fm* の形質である体内色素産生はかなり抑えられる。*Fm* を現わす場合は一般的な体側路に加えて，多くのメラノブラストが体腹路をたどる。ヘマトキシリン・エオシン染色。スケール＝50 μm。

生の *Fm* 形質発現がいよいよ明確になっている。この id^{+} は上皮や羽の色素産生系とは独立しているが，優性白色（*I*）や劣性白色（*c*）の系統ではこの真皮性メラニンの呈色は薄くなる。この id^{+} には現在では *Id*，*id*，id^{a}，id^{c}，id^{M} などの複数のアレルが報告されているがその区別は明確でない。*Id* が関与すると *Fm* は発現抑制されるため，*Fm* の形質判定は難しくなるが，さいわい前述した著者らの連鎖解析で使用したブラックミノルカは id^{+}/id^{+}，あるいは $id^{+}/-$ であったため，その干渉を受けずに済んだ。*Id* は神経冠からの移動ルート作成に関与するタンパク質をコードするのではないかと示唆される。

さて，このようなウコッケイだが，白羽ウコッケイでは，*Fm* の形質である顕著な体内色素産生を示しながら羽色は白色である。羽毛と真皮のメラノサイトはそれぞれ独立して制御されていることを考えればありうることだが，著者らはこの白色羽装の原因が何かを疑問に思っていた。最近，著者らは，白羽ウコッケイが前述の *c/c* の変異をもっており（図 15.6），組織標本での観察により，羽包の部分でケラチノサイトへメラノソームを移送するメラノサイトが見つからず，ケラチノサイトからなる脚の爪部分も同じく白いことから，ケラチノサイトへのメラノソームの移送がなされていないと結論した（図 15.4）。欧米産のニワトリのみならず，アジア由来のウコッケイにも *c/c* 変異が見つかったことから，ウイルス遺伝子挿入による変異のため，遺伝的な類縁関係によらず広い範囲の系統に見られることがわかる。

体内臓器に見られる色素産生については，ウコッケイほどではないが，変温脊椎動物の多くで，腹腔膜などに多くの色素がみられる[19]。たとえば魚類の胚発生などでは早い時期に腸管などの周辺に黒色素胞や虹色素胞などの色素細胞がみられる。進化の道筋では，外部からの有害な紫外線などから体内臓器を守るという役割があったのかもしれない。体表面を羽毛や鱗が覆うように進化するとその形質の意義は薄れて，消失していったのであろう。この形質は，現在では *Id* 遺伝子が体側路へ色素細胞を積極的に移動させることで，色素産生系はおもに体表面で発現するように調節されているといえるかもしれない。一方，ウコッケイは先祖のヤケイで独立に *Fm* の変異が起こり，ヒトの手でその変異が系統として選別・維持されてきたのであろう。この *Fm* の顕著な形質は体内のことでもあり，現在，とくに生態学的な意味は見いだされないが，ニワトリが古くから祭祀に用いられたことを考えると，ウコッケイは体内が黒い珍奇なニワトリとして珍重され，また薬膳料理の食材として利用されつづけて，維持されてきたことがうかがえる。

15.5　スミス系統における後天的色素産生消失（vitiligo）の機構

ヒトでは，後天的自己免疫疾患により色素を消失する vitiligo が重大な皮膚疾患として知られている。ニワトリでも vitiligo の動物モデルとして，成鳥になるにつれ，羽の根本から白化していき，表皮性の色素細胞が自分の免疫機構によって攻撃され，しだいに色素産生能が低下していく自己免疫疾患による系統が知られている。この系統は，横斑プリマスロックと白色レグホンから autoimmune vitiligo として単離された[40]。現在はアーカンソー大学に移されて，Arkansas Brown line B101（Smyth line）として系統維持されている。これには，MHC 遺伝子座が一致しているが後天的色素消失を示さない系統も野生型として単離・維持されているため，遺伝子レベルで免疫機構を解析するには好都合である。なお，Smith line と同様な白斑症を示す YL 系統が名古屋大学の鳥類バイオサイエンス研究センター（NU-ABRC）で維持されている。この系統も自己免疫疾患による白斑症を示し，換羽に伴い，中ヒナ・大ヒナでは羽色が白色化していく（図 15.10）。多型性の 40 マイクロサテライトマーカー解析では，5 遺伝子座が分離，35 遺伝子座が固定している（NU-ABRC）。

形態学的特徴としては，いずれもメラノソームが不規則で異常な形態となり，最終的にメラノサイトが消失して色素産生欠損となる。組織学的には甲状腺にリンパ系細胞の著しい浸潤とリンパ濾包の形成が認められ，さらに羽の小羽枝におけるメラニン色素の分布異常とメラニン色素含有細胞の機能障害，またそれらの細胞に対する異常な免疫反応が見られる。いずれも遺伝的に変異型の維持がなされているが，原因遺伝子は不明である。自己抗原への攻撃には，免疫系の B 細胞と T 細胞の両方が関与しているとの報告があり，血清の中にメラノサイト特異的な自己抗体が産生されていると考えられる。さらに，この自己抗体はヒトやマウスのメラノサイトに対しても交差反応を示し，組織内の生細胞にも結合する。この抗体はメラノブラストとメラノサイトのいずれの場合も細胞質内と細胞表面の両方に存在する抗原に結合する。最近，内在性ウイルスの配列をマーカーとして，Smyth line と対照系統を交雑し，3 種の内在性ウイルス配列の同定から，vitiligo の発症と内在性ウイルスの関連が示唆された。ヒトの vitiligo 患者では脱毛症が高率に見られるという報告があるが，ニワトリでも羽毛や皮膚で色素産生欠損を生じたトリに羽毛の欠失や構造の変化が見られる（図 15.10E）。色素産生の欠陥と免疫機構の異常と羽の発生における欠陥が作用しあって羽の欠失を引き起こすとされ，Smyth line にお

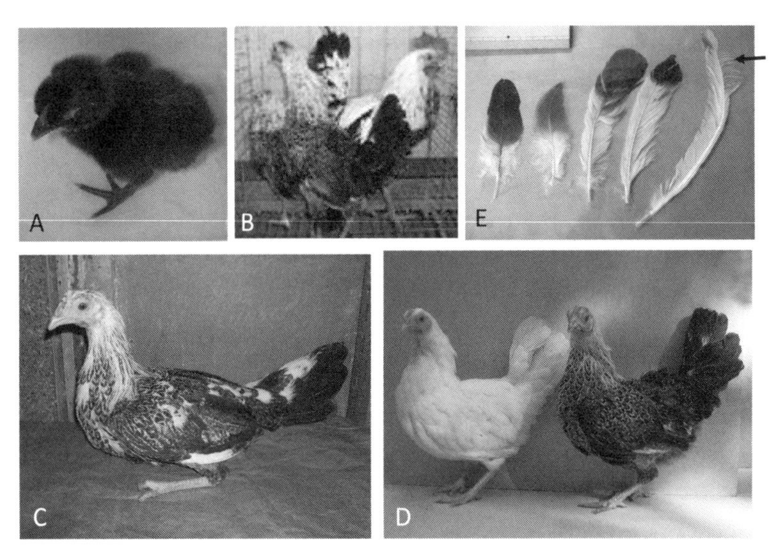

図 15.10　YL 系統の成長に伴う変化と白化個体の羽

A：孵化 1 週間のヒナ。ほぼ全体が黒色羽装である。B：野生型の成体雌雄。C：変異型成体♀，白化の初期。変異型では中ヒナから大ヒナへ成長するにつれて，白い部分が増えてくる。D：成体♀の野生型（右）と変異型（左）。E：白化途中の変異型♀の体羽。雛のときはほとんどが黒い羽で覆われているが，成長するに従い白い羽が増えてくる。長い羽はほとんど白くなり，羽枝の構造の一部も異常になっている（矢印）。オスでは変異型も有色部分が多く残る。[B：NU-ABRC HP より引用。C，D：NU-ABRC 木下圭司博士提供]

ける vitiligo は複数遺伝子の関与も推測される。この色素細胞を攻撃している自己抗体の抗原として Tyrp1，MC1R などが示唆されているが明らかではない。最近，Jang ら[41] は，ブラウンレグホンと比較して SNP 解析を行なった結果，156 個のマーカー SNP を見いだした。そのなかには，皮膚疾患や皮膚の定常状態維持に関与する 12 個の遺伝子を含んでいたが，原因遺伝子はまだ確定されていない。ヒトの皮膚疾患と同様な白斑および自己免疫性甲状腺炎の疾患モデルとして貴重であるが，免疫系の臓器や抗体の種類が異なるなどニワトリの免疫系は哺乳類とは異なっている点もあることを考慮して，比較対照していく必要がある。

15.6　色斑形成機構

ニワトリの色斑形成は古くから多くの研究者が遺伝的解析の対象とした。ヒナのときの羽毛色とその後，生え替わった羽色・斑紋は異なることも多く，成長過程での制御も加わることになる。前述のように生体でのパターン形成は，1 次的なものと 2 次的なものとが存在する。1 次パターンは図 15.1A，B，C，L のように体のいくつかの部域に分かれ，各部域は多数の羽を含んでおり，羽の構造も異なることもある。2 次パターンは，たとえば図 15.2 のように個々の羽において条斑，横縞，斑点，覆輪（縁飾り紋様），尖斑，3 色模様などの紋様がユーメラニンとフェオメラニンの分布の有無と羽の構造色によって生じる。これらのパターンはまず，羽枝形成のあいだ（図 15.3）に羽軸の根元に位置するメラノサイトが産生するメラニンに依存し，それぞれのメラノサイトは産生量とタイミングが制御されている。次に，羽を形成するケラチノサイトへメラノソームが移送される仕組みに依存する。ワイアンドットのような覆輪模様をもつ羽（図 15.2A）ではユーメラニン産生が全体のメラノサイトで 1 回のみ ON・OFF が生じ，横斑プリマスロックのような横縞模様（図 15.2D）では数回 ON・OFF を繰り返したと考えられる。これらの 2 次パターンのほとんどは常染色体による遺伝形質であるが，横斑プリマスロックの横斑はZ染色体連鎖の*B*（*Barring*）である。ワイアンドットに見られる銀色の条斑パターンでは4つの遺伝子座，斑模様では5つの異なる遺伝子座が作用しあうことが示唆されており，これらは，*E*遺伝子座や*Co*（*Columbian eumelanin restrictor gene*），*Db*（*Columbian like eumelanin restrictor*），*Mh*（*Mahogany*），*Pg*（*Plumage pattern arranging gene*），*Ml*（*Eumelanin extension melanotic*），*Mo*（*Mottling*：*EDNRB2*）などの遺伝子が複雑に作用しあってパターンに影響すると考えられている。色斑形成に関する遺伝子座は形質からさまざまなシンボルが当てられてきたが，現在まだ解明されていないものが多い。表現形質と関係する遺伝子座を特定するのは難しいが，たとえば条斑では*Pg*遺伝子が関与するが，一条か，二条かは*Co*遺伝子の有無によるとされている。少なくとも，横斑形成には*E*遺伝子座（*MC1R*）と協調して*Pg*遺伝子座が関与しており，ヒトやマウスで知られるMC1RとAgouti signal protein（ASIP），α-MSHなどとの相互作用を考えると，ニワトリでもこの制御系が重要な役割を果たしているといえる。発生段階で，ヒナの羽毛色を制御する遺伝子は不明であるが，灰色の場合は*E*遺伝子が関与するとされ，一般に雄より暗い色を示す雌は劣性の*e*をもち，*E*に対する調整因子の存在が示唆されている。この性差による羽毛色の制御はMC1Rと，α-MSH，ASIPなどをコードする遺伝子のプロモーター部位や構造遺伝子部分のスプライシングが部域的に異なるなどの機構が示唆される[18]。

15.7 おわりに

初版本からの13年のあいだに，ニワトリゲノムの解読が終了し，ヒトやマウスと対比しながら，鳥類の色素産生関連遺伝子が次々と解明されてきた。鳥類の色素産生系は，成長に伴う体色や紋様の変化，体の部分的な体色の差や性的二型，年周期による換羽と羽色の変化など，多彩な体色発現のしくみがあり，哺乳類にはみられない遺伝子や変異も見いだされた。進化の道筋では，「恐竜の生き残り」として興味深い位置づけであり，鳥類特異的な遺伝子がどのような変遷をたどったのか解析が待たれる。しかしながら，研究の現場では，ニワトリの*Bl*（*Blue*）遺伝子座とウズラの*S*（*Silver*）遺伝子座の本体が*MITF*であり，ニワトリの*S*（*Silver*）とウズラの*Al*（*sex linked imperfect albino*）が同じく*SLC45A2*であるなど，遺伝子情報の整理が必要だと感じられる。鳥類，とくに，ニワトリは発生学の動物材料として古くから利用されてきたことに加えて，現在では多彩な色素産生変異種がかなり均質な遺伝子背景をもつ材料として提供されつつあり，今後とも色素細胞の基礎的知見を提供し，また，ヒトの皮膚疾患やスキンケアへの動物モデルとしての重要性を担っているといえよう。

謝辞　この章を著わすにあたって，共同研究としてご協力いただいた名古屋大学大学院生命農学研究科付属鳥類バイオサイエンス研究センターの松田洋一，並河鷹夫，水谷　誠，木下圭司の諸博士はじめセンターの皆様，広島大都築政起博士，また，愛知県農業試験場養鶏研究所の木野勝敏博士に，貴重なご助言と生物材料の提供をいただきました。心より御礼申し上げます。また，当研究室で共同研究に貢献していただいた中村瑞穂，飛田―寺本孝行，倉林敦，萱嶋泰成，四宮　愛，足立朋子の諸氏に深く御礼申し上げます。本研究の大半は，慶應義塾大学福澤基金の研究支援により行なわれました。

参考文献

1） 秋山豊子：色素異常症の動物モデルとしての鳥類色素変種，色素細胞（初版），第14章 pp.193-206，慶應義塾大学出版会，2001.
2） 秋山豊子：動物の体色，新版・色彩ハンドブック，第22章第5節 pp.1153-1168，日本色彩学会編，東京大学出版会，2011.
3） 吉岡伸也：*O plus E*, **23**, 323-326, 2001.
4） S. Yoshioka and S. Kinoshita：FORMA, **17**, 169, 2002.
5） 梅鉢幸重：多様な色彩の世界，動物の色素，内田老鶴圃，2000.
6） 岡本　新：ニワトリの動物学，東京大学出版会，2001.
7） 全国日本鶏保存会：日本鶏外国鶏，家の光協会，2004.
8） International Chicken Genome Sequencing

Consortium. *Nature*, **432**(7018), 695-718, 2004, Erratum in *Nature* 17, **433**(7027), 777. 2005.
9) Crawford, R. D. : Poultry Breeding and Genetics. Developments in Animal and Veterinary Sciences, Elsevier. 1993.
10) 動物遺伝育種シンポジウム組織委員会編：家畜ゲノム解析と新たな家畜育種戦略シュプリンガーフェアラーク東京，2000.
11) 名古屋大ナショナルバイオリソースプロジェクトNBRP, www.agr.nagoya-u.ac.jp/~nbrp/index.html
12) Tobita-Teramoto, T., Jang, G. Y., Kino, K., Salter, D. W., Brumbaugh, J. A. : *Poult. Sci.*, **79**, 46-50, 2000.
13) Takeuchi, S., Suzuki, H., Yabuuchi, M., Takahashi, S. : *Biochim. Biophys. Acta*, **1308**, 164-168, 1996.
14) Nadeau, N. J., Mundy, N. I., Gourichon, D., Minvielle, F. : *Anim. Genet.*, **38**(6), 609-613, 2007.
15) Minvielle, F., Bed'hom, B., Coville, J. L., Ito, S., Inoue-Murayama, M., Gourichon, D. : *BMC Genet.*, **25**, 11-15, 2010.
16) Kerje, S., Sharma, P., Gunnarsson, U., Kim, H., Bagchi, S., Fredriksson, R., Schütz, K., *et al.* : *Genetics*, **168**, 1507-1518, 2004.
17) Kitamura, K., Takiguchi-Hayashi, K., Sezaki, M., Yamamoto, H., Takeuchi, T. : *Development*, **114**, 367-378, 1992.
18) 吉原千尋・竹内栄：遺伝，**62**（6），45-51，2008.
19) Akiyama, T., Shinomiya, A. : *in* Skin Pigmentation, pp.175-196, J. B. Smith & M. B. Haworth (eds.), Nova Science publishers, Inc. 2013.
20) Nitzan, E., Krispin, S., Pfaltzgraff, E. R., Klar, A., Labosky, P. A., Kalcheim, C. : *Development*, **140**, 2269-2279, 2013.
21) Le Douarin, N. M., Kalcheim, C. : The neural crest. Second edition, Cambridge, Cambridge University Press. 445pp, 2009.
22) クロー，J. F.，木村資生・太田朋子共訳：遺伝学概説，培風館，1993.
23) Ortolani-Machado, C., Freitas, P. D., Borges, M. E., Faraco, C. : *Anat. Rec.*, **291**, 55-64, 2007.
24) Chang, C. M., Furet, J. P., Coville, J. L., Coquerelle, G., Gourichon, D., Tixier-Boichard, M. : *BMC Genomics*, **7**, 19, 2006.
25) Brumbaugh, J. A., Bargar, T. W., Oetting, W. S. J. : *Heredity*, **74**, 331-336, 1983.
26) Akiyama, T., Whitaker, B., Federspiel, M., Hughes, S., Yamamoto, H., Takauchi, T., Brumbaugh, J. A. : *Exp. Cell Res.*, **214**, 154-162, 1994.
27) Whitaker, B. A., Frew, T. J., Greenhouse, J. J., Hughes, S. H., Yamamoto, H., Takeuchi, T., Brumbaugh, J. A. : *Pigment cell Res.*, **2**, 524-527, 1989.
28) Miwa, M., Inoue-Murayama, M., Kobayashi, N., Kayang, B. B., Mizutani, M., Takahashi, H., Ito, S. : *BMC Genet*, **7**, 2, 2006.
29) Miwa, M., Inoue-Murayama, M., Aoki, H., Kunisada, T., Hiragaki, T., Mizutani, M., Ito, S. : *Anim. Genet.*, **38**, 103-108, 2007.
30) Kinoshita, K., Akiyama, T., Mizutani, M., Shinomiya, A., Ishikawa, A., Hassan Hassan Younis, H. H., Tsudzuki, M., Namikawa, T., Matsuda, Y. : *PlosOne*, **9**, 1-14, 2014.
31) Braasch, I., Volff, J. N., Schartl, M. : *Mol. Biol. Evol.*, **26**, 783-799, 2009.
32) Hutt, F. B., Cole, R. K. : *Poultry Sci.*, **52**, 2044, 1973.
33) Gunnarsson, U., Hellström, A. R., Tixier-Boichard, M., Minvielle, F., Bed'hom, B., Ito, S., Jensen, P., Rattink, A., Vereijken, A., Andersson, L. : *Genetics*, **175**(2), 867-877, 2007.
34) Mochii, M., Ito, A., Yamamoto, H., Takeuchi, T., Eguchi, G. : *Pigment Cell Res.*, **5**, 162-167, 1992.
35) Brumbaugh, J. A. : *Dev. Biol.*, **18**, 375-390, 1971.
36) Brumbaugh, J. A., Lee, K. W. : *Genetics*, **81**, 333-347, 1975.
37) Jimbow, K., Szabo, G., Fitzpatrick, T. B. : *Develop. Biol.*, **36**, 8-23, 1974.
38) Dorshorst, B., Molin, A. M., Rubin, C. J., Johansson, A. M., Strömstedt, L., Pham, M. H., Chen Hallböök, F., Ashwell, C., Andersson, L. : *PLoS Genet.* **7**(12), e1002412, 2011.
39) Shinomiya, A., Kayashima, Y., Kinoshita, K., Mizutani, M., Namikawa, T., Matsuda, Y., Akiyama, T. : *Genetics*, **190**, 627-638, 2012.
40) Smyth, J. R. Jr. : *CRC Crit. Rev. Poultry Biol.*, **2**, 1-19, 1989.
41) Jang, H., Erf, G. F., Rowland, K. C., Kong, B. W. : *BMC Genomics*, **23**(15), 707, 2014.
42) Carlson, B. M. : Pattern's foundations of embryology. Chapter 10, pp.363-364, 1988.

第16章

遺伝子異常から解明される先天性異常症

大磯直毅・鈴木民夫・深井和吉

21世紀になって，原因遺伝子変異によって語ることが可能になった先天性色素異常症は数多く存在する。この急速な進歩は，連鎖解析やポジショナルクローニングを行なうためのキット化された試薬とアレイなどの器具の供給体制の整備，ゲノムプロジェクトによって構築されたヒトの遺伝子データベースの公開，そして最近では，次世代シークエンサーを用いたエクソーム解析などの新しい方法が次々に開発されてきたことによってもたらされた。そして，その結果として，疾患原因遺伝子が明らかになり，その原因遺伝子にかかわる一連の研究によりメラニン合成ならびにその制御メカニズムに関する多くのことが明らかになってきた。ここでは，その中からメラノソーム内でメラニン合成に直接かかわる遺伝子の異常によって発症する疾患の中から眼皮膚白皮症，メラノサイトの生存にかかわる遺伝子の異常によって発症する疾患からは遺伝性対側性色素異常症，そして，胎生期のメラノブラストの遊走にかかわる遺伝子の異常によって発症する疾患としてはまだら症とワールデンブルグ症候群を取り上げ，最近の知見を織り交ぜて概説する。

16.1 眼皮膚白皮症

16.1.1 はじめに

2013年ノーベル医学・生理学賞は，膜輸送（membrane trafficking）がテーマであった。代表的疾患がHermansky-Pudlak syndrome（HPS）[1,2]であり，基礎医学でも重要な分野である。眼皮膚白皮症（oculocutaneous albinism；OCA）[3,4]患者は，皮膚・毛髪・虹彩の色調が，属する人種の色調よりも淡い。皮膚は完全な白色もしくは白色調，頭髪は白色・黄色・銀色・茶褐色，虹彩は青色・ピンク色・灰色・淡褐色となる。日光露光部は皮膚悪性腫瘍が生じやすい。虹彩・脈絡膜色素のメラニン量が消失もしくは減少により，羞明・眼振・視力障害を伴う。

表16.1にOCAの分類を示す[4]。全身症状のないOCA（非症候性：non-syndromic OCA）と全身症状のあるOCA（症候性：syndromic OCA）に大別される。前者が元来OCAとされてきた。後者にはHPS，Chédiak-Higashi syndrome（CHS），Griscelli syndrome（GS）がある。OCAは6種類，HPSは9種類，CHSは1種類，GSは3種類の遺伝子異常が同定された。わが国におけるOCA年間患者数は40～160人と推定される[4]。日本人ではOCA1（34％），OCA4（27％），HPS1（11％），OCA2（8％）の頻度が高い[4~6]。わが国ではOCA3[7]，HPS4[8]，CHS[9]も報告されている。欧米人ではOCA1は39,000人に1人，OCA2は36,000人に1人，アフリカ人ではOCA1

表16.1　眼皮膚白皮症の分類と原因遺伝子・マウスモデル

分類	原因遺伝子	マウスモデル
1. 眼皮膚白皮症（Oculocutaneous albinism）（non-syndromic OCA）		
OCA1	*TYR*	albino
OCA1A：チロシナーゼ陰性型		
OCA1B：黄色変異型		
OCA1MP：最小色素型		
OCA1TS：温度感受性型		
OCA2	*OCA2/P*	pink-eyed dilution
OCA3	*TYRP1*	brown
OCA4	*SLC45A2*（*MATP*）	underwhite
OCA5	染色体4q24領域	
OCA6	*SLC24A5*	Slc24a5-knockout mice
OCA7	*C10orf11*	?
2. 症候性眼皮膚白皮症（syndromic OCA）		
2-1. Hermansky-Puldak syndrome（HPS）		
HPS 1	*HPS 1*	pale ear
HPS 2	*HPS 2/AP3B1*	pearl
HPS 3	*HPS 3*	cocoa
HPS 4	*HPS 4*	light ear
HPS 5	*HPS 5*	ruby eye-2
HPS 6	*HPS 6*	ruby eye
HPS 7	*HPS 7/DTNBP1*	sandy
HPS 8	*HPS 8/BLOC1S3*	reduced pigmentation
HPS 9	*HPS 9/PLDN*	pallid
2-2. Chédiak-Higashi syndrome（CHS）		
CHS	*LYST*（*CHS1*）	beige and souris
2-3. Griscelli syndrome（GS）		
GS 1	*MYO5A*	dilute
GS 2	*RAB27A*	ashen
GS 3	*MLPH*	leaden

［文献4を一部改変］

は28,000人に1人，OCA2は3,900人に1人であり，人種間で罹患頻度が異なる[4)]。

メラニンはメラノソームで生合成される。メラノソームはリソソーム関連細胞内小器官(lysosome-related organelles；LROs）のひとつである。非症候性OCAはメラノソームのみの異常で生じる。症候性OCAは複数のLROsの異常で生じる。表16.2に症候性OCAについて，LROs，症状，疾患名の一覧を示す[10)]。

OCA，HPS，CHS，GSの病態を図16.1に示す[11, 12)]。OCAの原因はメラニン合成経路の酵素異常（図16.2）[13)]，メラノソーム構造と機能維持機

表 16.2　リソソーム関連細胞内小器官（lysosome-related organelles；LROs）と関連疾患

メラノソーム（melanosomes）	眼皮膚白皮症（色白皮膚）	HPS, CHS, GS
血小板濃染顆粒（platelet granules）	出血傾向	HPS, CHS
シナプス小胞（synaptic vesicles）	異常行動，神経症状	HPS 2, CHS, GS 1
溶解顆粒（lytic granules）	免疫不全	HPS 2, CHS, GS 2
アズール顆粒（azurophil granules）	好中球減少	HPS 2, CHS
層板小体（lamellar bodies）	肺線維症	HPS 1, HPS 4

［文献 10 を一部改変］

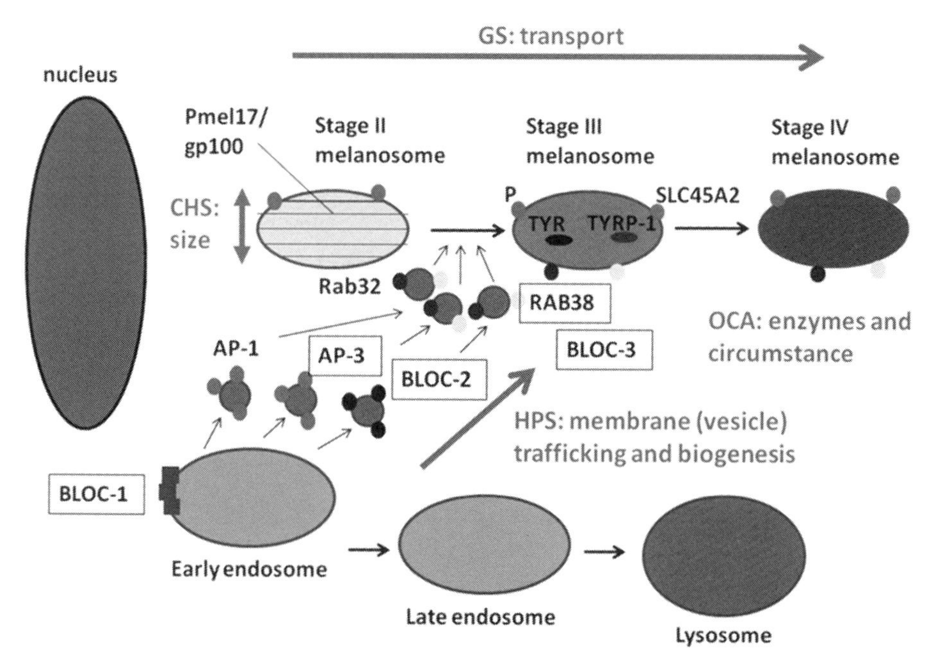

図 16.1　眼皮膚白皮症（oculocutaneous albinism；OCA），Hermansky-Pudlak syndrome, Chédiak-Higashi syndrome，Griscelli syndrome（GS）の病態

P（OCA2）と SLC45A2（OCA4）はメラノソーム構造と機能維持機構の異常で生じる。HPS タンパク質は複合体 BLOC-1（HPS 7，HPS 8，HPS 9），BLOC-2（HPS 3，HPS 5，HPS 6），BLOC-3（HPS 1，HPS 4），AP-3（HPS 2）として機能している。LYST（CHS）はリソソーム関連細胞内小器官（lysosome-related organelles；LROs）のサイズを規定していると考えられている。MYO5A（GS 1），RAB27A（GS 2），MLPH（GS 3）は複合体を形成し，メラノソームを核周辺から細胞膜近傍へ輸送する。［文献 10，11 を一部改変］

構の異常，不明に大別できる。HPS の原因遺伝子がコードするタンパク質は複合体を構成する（表 16.3）[10]。それぞれの複合体が膜輸送とメラニン生合成に関与する。CHS のタンパク質は LROs の大きさを規定する。遺伝子異常によりサイズが大きくなる。GS 1-3 のタンパク質，ミオシン 5A・RAB27A・メラノフィリンは複合体を形成し，メラノソームを核周辺から細胞膜近傍まで輸送する。遺伝子異常によりメラノソームが核近傍に集積する。

16.1.2　OCA（non-syndromic OCA）

（1）メラニン合成経路の酵素異常によって発症するタイプ

OCA1：チロシナーゼ（*TYR*）関連型と OCA3：チロシナーゼ関連タンパク質 1（*TYRP1*）

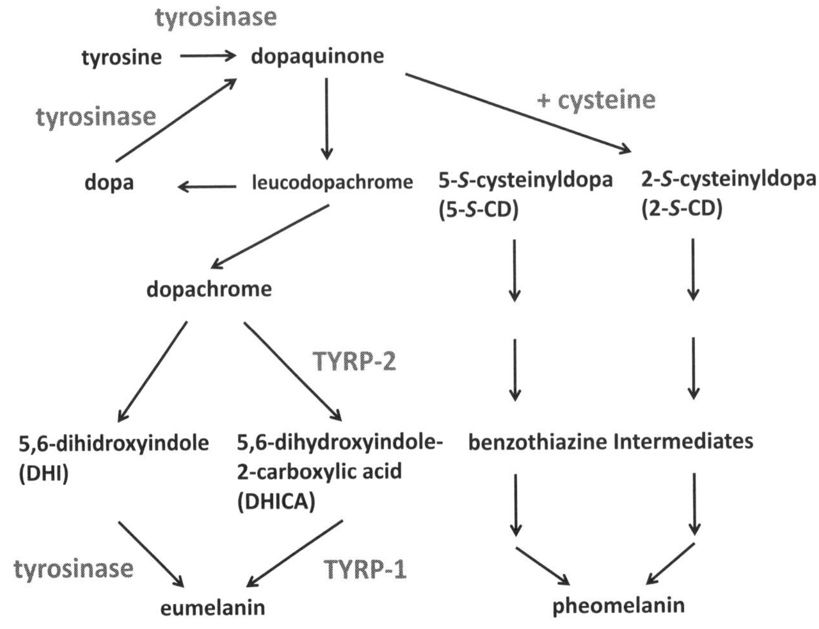

図 16.2　メラニン（ユーメラニンとフェオメラニン）合成経路

チロシナーゼ（TYR：OCA1）とチロシナーゼ関連タンパク質1（TYRP1：OCA3）はメラニン合成経路の酵素異常で生じる。［文献13を一部改変］

表 16.3　HPS の関連複合体

複合体名	タンパク質名（カッコ内はヒト疾患：モデル動物）
BLOC-1	dysbindin（HPS 7：*sandy*），BLOS3（HPS 8：*reduced pigmentation*），pallidin（HPS 9：*pallid*），muted（*muted*），cappuccino（*cappuccino*），BLOS1，BLOS2，snapin
BLOC-2	HPS 3（HPS 3：*cocoa*），HPS 5（HPS 5：*ruby eye-2*），HPS 6（HPS 6：*ruby eye*）
BLOC-3	HPS 1（HPS 1：*pale ear*），HPS 4（HPS 4：*light ear*）
AP-3	adapter protein β3A subunit（HPS 2：*pearl*），δ subunit（*mocha*），μ3A subunit, σ3 subunit
HOPS	VPS11，VPS16，VPS18，VPS33A（*buff*），VPS39，VPS41
Rab GGTase II	α subunit（*gunmetal*），β subunit
RAB38	RAB38（*chocolate*, Fawn-Hooded and Tester-Moriyama rats），VARP

［略語］BLOC：biogenesis and lysosome-related organelle，AP：adaptor protein，HOPS：the class C Vps complex，Rab GGTase II：Rab geranylgeranyl transferase II。［文献10を一部改変］

関連型が含まれる。

メラノサイト内でのメラニン生合成に関与する酵素の機能異常で生じる（図16.2）。チロシナーゼ陰性型（OCA1A）は，チロシナーゼ機能完全欠損型で，チロシンをドーパキノンに変換できない。そのため，メラニンをまったく生合成できず，最重症型となる。皮膚はピンク色，完全な白毛，羞明・眼振・視力障害を伴う。出生時に蒙古斑はない。

黄色変異型（OCA1B）はチロシナーゼ機能が数％残存する。そのため，生後直後はOCA1A型と臨床症状に似るが，成長とともに若干色素を産生するようになる。残存するメラニン活性により，OCA1A様から健常者に似た皮膚色の症例まで臨床症状に幅がある。

最小色素型（OCA1MP）は，OCA1Bよりはチロシナーゼ活性が低いが，わずかにチロシナーゼ活性が残存すると生じる。生後直後はOCA1A型の臨床症状をとる。露光部にわずかに点状の褐色色素斑が生じる。

温度感受性型（OCA1TS）は35℃以下になるとチロシナーゼ機能が若干生じる。体温の高い領域は白皮症症状であるが，体温が低い下腿・前腕には色素沈着が生じうる。頭髪は白色で，四肢は色素産生のある毛となる。

OCA1MPとOCA1TSはヘテロ接合で，ひとつのアリルがチロシナーゼ機能完全欠損型をコードする場合に発症する。

OCA3は5,6-dihydroxyindole-2-carboxylic acid（DHICA）からユーメラニンを合成するTYRP1の機能欠損で生じる（図16.2）。ユーメラニン合成は5,6-dihidroxyindole（DHI）からも可能であり，臨床症状は軽微であることが多い。

(2) メラノソーム構造と機能維持機構の異常によって発症するタイプ

OCA2：*OCA2/P*関連型，OCA4：*SLC45A2*（solute carrier family 45, member 2）関連型，そして，OCA6：*SLC24A5*〔solute carrier family 24（sodium/potassium/calcium exchanger), member 5〕が含まれる。

原因遺伝子産物は，いずれもメラノソーム内でのpH維持に重要な役割を果たす[14,15]。OCA2/Pの機能異常はユーメラニン合成を抑制するが，フェオメラニン合成には影響を及ぼさない[16]。OCA2とOCA4は遺伝子変異のタイプにより，OCA1A型の臨床症状をとる症例から，成長に伴って健常人と同じ水準の色素産生が可能となる症例まで，さまざまな症例が存在しうる。

最近，OCAの新しいタイプとして明らかにされたOCA6の原因遺伝子産物は，カリウム依存性ナトリウム・カルシウムトランスポーターとして機能し，メラノソーム内の電解質バランスを調節する[17]。臨床症状は軽症である。

(3) 機能不明

OCA5：染色体4q24領域に原因遺伝子は存在するが同定されていない[18]。

OCA7：C10orf11は，胎生期メラノブラストがメラノサイトへの分化と表皮基底層での定着に関与することが示唆されている[19]。ともに臨床症状は軽微である。

16.1.3 Hermansky-Pudlak syndrome

(1) HPS 1，HPS 4：BLOC-3の機能不全によるタイプ

Biogenesis of lysosome-related organelles complex-3（BLOC-3）はグアニンヌクレオチド交換因子でRAB38とRAB32に作用する[10]。BLOC-3が関連するLROsはメラノソーム，血小板濃染顆粒，肺胞II型細胞の層板小体（lamellar bodies）であり，OCAと出血傾向に加え，中年期以降にセロイド様物質の沈着により肺線維症が生じる。HPSの出血傾向は血小板濃染顆粒の欠損で生じるため，血小板凝集機能を精査する[20]。

(2) HPS 2：AP-3の機能不全によるタイプ

AP-3はエンドソームからメラノソームへの小胞輸送に関与する[10]。AP-3が関連するLROsはメラノソーム，血小板濃染顆粒，シナプス小胞（synaptic vesicles)，溶解顆粒（lytic granules)，アズール顆粒（azurophil granules）であり，OCAと出血傾向に加え，異常行動，神経症状，免疫不全，好中球減少，血球貪食症候群など多彩な症状を示す。

(3) HPS 3，HPS 5，HPS 6：BLOC-2の機能不全によるタイプ

BLOC-2はエンドソームからメラノソームへの小胞輸送に関与する[10]。BLOC-2が関連するLROsはメラノソームと血小板濃染顆粒であり，OCAと出血傾向を示す。

(4) HPS 7，HPS 8，HPS 9：BLOC-1の機能不全によるタイプ

BLOC-1はエンドソーム（endosome）に発現するタンパク質複合体で，小胞輸送とエンドソームの成熟化に関与しうる[2]。BLOC-1が関連する

LROsはメラノソームと血小板濃染顆粒であり，OCAとときに出血傾向を示す。

16.1.4 Chédiak-Higashi syndrome

原因遺伝子*LYST*（lysosomal trafficking regulator gene）の異常で生じる。LROsが巨大化するため，毛髪中の巨大メラノソームや血液や臓器細胞内の巨大顆粒（ライソゾーム）が観察される。*LYST*はさまざまなLROsで発現し，その変異によってOCAと出血傾向に加え，感染防御低下，進行性神経症状，悪性リンパ腫発症など多彩な症状を示す。頭髪は銀灰色頭髪（silver hair）となる。

16.1.5 Griscelli syndrome（GS）

異なる3種類のタンパク質が複合体を形成し，核周辺から細胞膜近傍までの輸送に関与する。臨床症状はCHSと似る[4]。

(1) GS 1：ミオシン5A（*MYO5A*）

メラノソーム，シナプス小胞の輸送に関与する。OCAと神経症状（筋力低下・運動神経発達障害・精神発達障害）が生じやすい。

(2) GS 2：RAB27A（*RAB27A*）

メラノソームと溶解顆粒などの輸送に関与し，OCAと免疫不全，血球貪食症候群が生じやすい。

(3) GS 3：メラノフィリン（*MLPH*）

メラノソームの輸送に関与し，OCAが生じる。非症候性OCAとは頭髪は銀灰色頭髪（silver hair）で鑑別できる[4]。

16.1.6 遺伝子多型と皮膚色・関連疾患について

欧米人の赤毛・色白皮膚（red hair color phenotype）は*MC1R*機能欠損型多型の2つのアレルを保持すると生じる。悪性黒色腫，有棘細胞癌，基底細胞癌が生じやすい。日本人では雀卵斑，日光黒子（老人性色素斑）が生じやすい。

また，*SLC24A5*コドン111のThr多型は白人に多く，Ala多型はアジア人やアフリカ人に多い。人種間の色調のちがいにかかわる。

日本人では，*OCA2*コドン481のAla481Thr多型やHis615Arg多型などの機能低下型多型は日本人の色白皮膚と関連する[21]。また，Ala481Thr多型は日光角化症や有棘細胞癌，His615Arg多型は悪性黒色腫発症と相関する[22]。

16.2 遺伝性対側性色素異常症とその鑑別疾患

16.2.1 はじめに

遺伝性対側性色素異常（dyschromatosis symmetrica hereditaria；DSH, MIM#127400）は，1910年に遠山郁三博士により報告された常染色体優性遺伝性疾患である[23,24]。以前より，DSHと鑑別を要する疾患として遺伝性汎発性色素異常症（dyschromatosis universalis hereditaria；DUH, MIM#615402）と網状肢端色素沈着症（acropigmentatio reticularis Kitamura；ARK, MIM#615537）が挙げられてきた[24]。同一の疾患であるとの説が提唱されたこともあったが，DSHの原因遺伝子である*ADAR1*の病的変異がDUHとARKの症例には認められないことから，別疾患であることが2005年に示された[25]。最近になり，DUHとARKの原因遺伝子がそれぞれ報告された。ここではこれら3疾患について概説する。

16.2.2 遺伝性対側性色素異常（dyschromatosis symmetrica hereditaria, DSH, MIM#127400）

(1) 症状と疫学

顔面の雀卵斑様の皮疹と肘および膝より末梢，とくに手背と足背に米粒大脱色素斑と色素斑が混在，多くの症例では脱色素斑が目立つ皮疹を呈する。生下時には認めず，成長とともに幼児期までに出現し，10歳までに症状は完成する[24]。そして，その後に大きな変化はなく，生涯にわたって基本的に皮疹は変わらない[26]。皮疹を詳細に観察すると，色素斑は毛孔を中心としたきれいな類円形を呈していることがわかる。このことから，色素斑は脱色素斑（白斑）が生じたあとに出現したものと推定される（図16.3）。病理組織学的観察により，白斑部にはメラノサイトが減少，あるいは

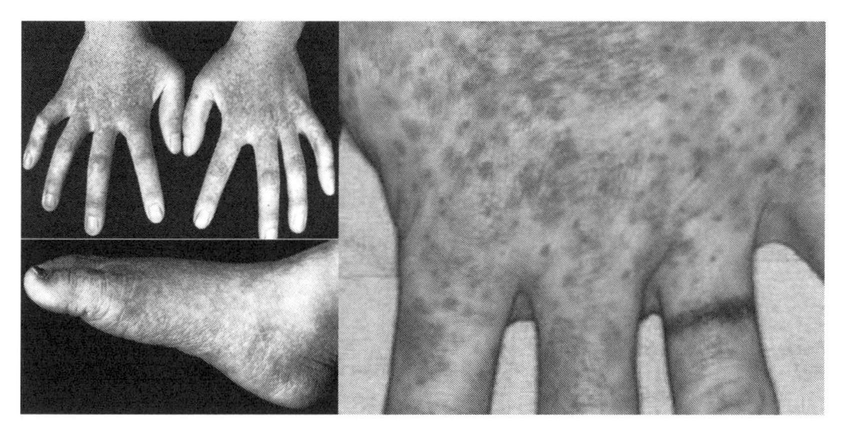

図 16.3 遺伝性対側性色素異常症（DSH）の臨床像

手背と足背に米粒大色素斑と脱色素斑が混在する特徴的な臨床症状を呈する。臨床的に色素斑は毛孔を中心としたきれいな類円形を呈していることより，色素斑は白斑よりもあとに出現したものと推定される。［口絵も参照］

消失していることが報告されている。

症例は日本や中国をはじめとする東アジアからの報告が多いが，近年，インド，欧州，南アメリカを含む世界中の多くの人種での報告がみられる[27)]。疾患頻度はまれな疾患といわれているが，正確には不明である[2)]。ほとんどのDSH症例は皮膚症状のみを呈し全身症状を伴わないため，軽症例は医療機関にかかることもなく，自身も本疾患の患者であるとの認識がない場合もある。そのため，実際の患者数よりも少なく見積られていると思われる。筆者の経験では，他疾患で当科に受診した患者が，偶然，本疾患患者であると判明したことが1年に1回程度あり，これまでいわれてきた「非常にまれ」というよりも疾患頻度は高いという印象がある。

(2) 原因遺伝子とその変異型

本疾患の原因遺伝子はAdenosine Deaminase Acting on RNA 1（*ADAR1*）[28)] であることが2003年に明らかにされた。日本人4家系の試料を用いた連鎖解析によって1q21.3にマッピングされ，ポジショナルクローニングにより*ADAR1*であることが確認された。同時期に中国のグループからも中国人2家系を用いた連鎖解析により，原因遺伝子は不明ながらも1q11-q21にマッピングされた結果が報告され[29)]，ほぼ同時期に2つの独立したグループが同様な結果を報告した。*ADAR1*は2本鎖を形成しているRNAのアデノシンを脱アミノ化し，イノシンに変換する酵素をコードしている。イノシンは細胞内ではグアノシンとほぼ同様に扱われる。転写後のRNAの塩基を変換する反応をRNA編集（RNA editing）といい，ADAR1はRNA編集酵素の一つである。2つのアリルのうちの1つに病的変異が生じると，Haploinsufficiency効果により，DSHが発症すると考えられている[30)]。臨床的にDSHと診断された約90％の症例に*ADAR1*変異が明らかになっており，また日本人DSH家系内では浸透率はほぼ1である。

これまでに100種類以上の*ADAR1*変異が明らかになっている。Hayashiらは報告例127人中，変異の内訳はミスセンス変異52人，フレームシフト変異45人，ナンセンス変異21人，スプライス変異9人であり，ほとんどのミスセンス変異とフレームシフト変異は酵素活性領域にみられると報告している[24)]。また，遺伝型と表現型の相関関係は認められず，同一家系内においても症状の程度はかなり異なることがあると報告している。一方で，臨床的にDSHとしてきわめて典型的な症状を呈するにもかかわらず，*ADAR1*変異を認めない症例もあり，DSHの原因遺伝子は複数存在する可能性も示唆されている[31)]。

上記のようにDSHのほとんどの症例では色素

異常症のみを呈し，重篤な全身疾患を合併することはないが，例外的に重篤な神経・精神症状を呈した4例の報告がこれまでにある[32〜35]。このうち1例は遺伝子型が不明であり[32]，1例は神経症状はなく精神症状のみである[35]。残りの2例は[33,34]，日本人でDSHと重篤な神経症状を合併している。そして，いずれの症例もその遺伝子型がc.3019G>A,p.G1007Rであったことから，この変異のみが特別な意味をもち，そのために重篤な神経症状を合併した可能性が示唆されており，今後の研究課題の1つである。

(3) 原因遺伝子 *ADAR1* の機能解析と最近の知見

ADAR1の生理的機能については不明な点が多い。*Adar1* を完全にノックアウトしたマウスでは胎生期に肝細胞がアポトーシスを起こし胎生後期に死亡することが報告されたが，heterozygousのマウスではヒトとは異なり皮膚症状が出ない[36]。また，表皮特異的 *Adar1* ノックアウトマウスでは表皮の広範な壊死や表皮が薄くなることが明らかとなり[37]，皮膚の維持には必須ではあることが明らかにはなったが，メラニン合成やメラノサイトとの関連性は不明である。

最近，この酵素の生体内での役割，とくにIFN1に関連するいくつかの報告がなされた。Hartnerらは，ADAR1はインターフェロン1型（IFN1）の情報伝達を抑制する機能があり，その抑制により，IFN1の過剰な活性化による慢性炎症や自己免疫疾患や癌を含む多数の病的状態を発生させる可能性が高い有害な状況から臓器を守っていると報告している[38]。また，Vitaliらは，IFN1の情報伝達のメカニズムとしてRNA編集によって生じる編集後のdsRNAs（IU-dsRNAs）は直接，IFN1の誘導とアポトーシスを阻害し，免疫反応を抑制する。そして，*ADAR1* 欠損細胞は免疫的に反応性dsRNAsを増加させ，その結果，IFN1誘導を抑制するIU-dsRNAs合成が障害されることを報告している[39]。

また，2012年に *ADAR1* はDSHの原因遺伝子であるのみならず，欧州のAicardi-Goutieres syndrome（AGS）患者の原因遺伝子の一つであることが明らかになった[40]。AGSは，遺伝的にはいくつかの原因遺伝子が存在する常染色体劣性遺伝性脳症である。脳萎縮，脳内石灰化，慢性的な脳脊髄液内のリンパ球増多を伴い，髄液内インターフェロンの上昇を伴う最も重症型である。約4割の患者で手指，足趾，耳などに凍瘡様の皮膚病変を伴う。AGSは表現型としては子宮内ウイルス感染と同様な所見・症状を呈し，重篤な神経症状を伴い，その結果，小児期に死亡する症例が多い。AGS患者に認められた *ADAR1* 変異として9種類が報告された。注目すべきは，その9種類の変異の中に前述のように例外的に神経症状を伴うDSH日本人2症例において見つかった変異であるc.3019G>A,p.G1007Rが含まれていたことである。さらにこの変異はいずれも *de novo* 変異であり，常染色体劣性遺伝性の疾患であるにもかかわらず，この変異だけでAGSを発症していた。これらのことから，c.3019G>A,p.G1007R変異は他の変異とは異なり，dominant negative効果をもち，それだけで病的な意味をもつ変異と考察されている[40]。また，AGS患児の *ADAR1* はミスセンス変異のcompound heterozygoteであり，両親はその保因者であった。したがって，両親は *ADAR1* 変異遺伝子をもっているためDSHの患者になりうるはずであるが，患者も含めて両親にはDSHに特徴的な皮疹はいずれにおいてもみられなかった[40]。このことは，DSH発症にとって *ADAR1* の変異は必要条件ではあるが，十分条件ではない，つまり，他の因子がDSHの発症にかかわっている可能性や人種間のちがいがDSH発症に大きくかかわっている可能性が示唆された。*ADAR1* は上記のようにIFN1の制御にかかわる機能を有していることより，DSH発症のもう1つの発症因子として何らかのウイルス感染がかかわっていることが推察されるが，その詳細はまったく未知であり，今後の課題である。

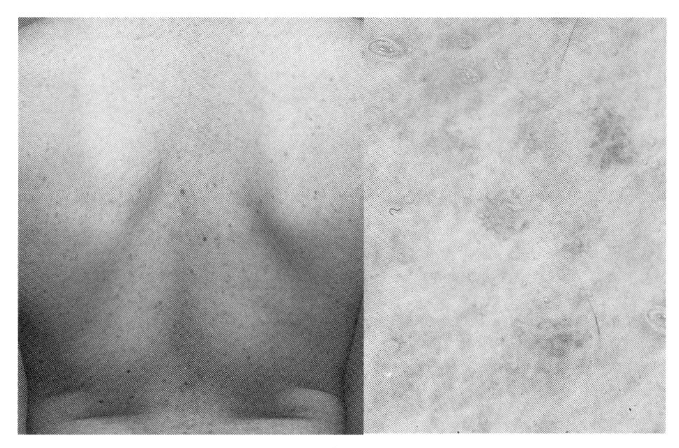

図 16.4 遺伝性汎発性色素異常症（DUH）の臨床像とダーモスコピー像
28歳，男性。体幹を中心にほぼ全身に色素斑と脱色素斑が混在している。ダーモスコピー像では，不整な形をした色素斑と脱色素が不規則に混在していることがわかる。［口絵も参照］

16.2.3 遺伝性汎発性色素異常症（dyschromatosis universalis hereditaria；DUH1-3, %127500, %612715, MIM#615402）

DSHと同様に脱色素斑と色素斑の混在する特徴的な皮疹が，四肢のみならず体幹をはじめ，ほぼ全身にみられる[41]。脱色素斑および色素斑皮疹は不規則な形や大きさを示し，生下時には明らかでなく，1歳までにまずは体幹に出現し，その後，全身に広がる（図16.4）[42]。DSHと同様，常染色体優性遺伝性疾患である。これまでに，2つの原因遺伝子（DUH1：*SASH1*[43]，DUH3：*ABCB6*[44]）と1つの遺伝子座（DUH2：12q21-q23[45]）が報告されており，単一の疾患ではなく，遺伝的に複数の疾患であることが示されている。DSHと異なる点として，DUHには頭髪や爪，歯芽にも異常を伴う家系も報告されている[44]。組織学的観察では，脱色素斑部と色素斑部のいずれにおいても表皮のメラノサイトの数に差が認められず，メラノサイトの数のちがいが皮疹を生じる原因ではないとされている[46]。また最近の論文では，表皮基底層に色素沈着増強が認められる一方，真皮乳頭層にメラノファージを認める組織学的色素失調症の状態であると報告された[44]。

DUH3の原因遺伝子として*ABCB6*（ATP-binding cassette subfamily B, member 6）が報告された[44]。5世代にわたる1つの中国人大家系より10人の患者を含む19人の家族構成員から試料を収集し，連鎖解析を行ない，2q33.3-q36.1にマッピングした。そして，エクソーム解析を行ない，*ABCB6*が原因遺伝子であることを明らかにした。ABCB6はミトコンドリア外膜に局在しており，ポルフィリン輸送にかかわるとされる分子である。皮膚の表皮に幅広く発現しており，皮膚のメラニン合成にかかっていることが明らかにされている。

16.2.4 網状肢端色素沈着症（acropigmentatio reticularis Kitamura；ARK, MIM#615537）

ARKは細かい米粒大までの色素斑が，幼小児期から10歳代までに手背，足背に出現し，その後，中高年にかけて，やや色が濃くなる。個々の色素斑は周辺の正常皮膚よりやや陥凹する。細かい点状陥没が手掌に認められることが特徴であり，ときに手掌に角化を伴うこともある[47~49]。常染色体優性遺伝性疾患である。組織学的観察として，表皮がやや薄くなり，表皮突起の先に色素増強が認められる。DSHやDUHとは脱色素斑が混在しないこと，色素斑に一致してわずかな皮膚の陥凹が見られることが臨床的鑑別点である[50]。

原因遺伝子は*ADAM10*であることが報告された[50]。4世代にわたる日本人家系の試料を用いてエクソーム解析にて原因遺伝子を明らかにし，さらに他のARK4家系でも*ADAM10*の変異を明らかにした。ADAM10はいろいろな細胞表面の基質分子のectodomain sheddingを行なう酵素であるが，その皮膚における生理的機能については不明点が多い。その一方で，ヘアレスマウスの*Adam10*の1本のアリルのみに変異を導入すると，そばかす様の皮疹が手足のみならず体幹にも認められたとの報告[51]もあり，表現型はヒトと異なるものの，マウスでも*Adam10*の変異が色素異常症を発症させることを示しており，今後解明されるべき非常に興味深い課題である。

16.3　まだら症とワールデンブルグ症候群

16.3.1　まだら症

(1) まだら症の臨床症状

常染色体優性遺伝であり，前額部の白斑と白毛(white forelock)，腹部，膝などに境界が鮮明な完全脱色素斑を示す。白斑内部には基本的にメラノサイトを欠如する。白斑の大きさは基本的に生涯変化しないが，境界部や白斑内部に点状の色素斑が出てくることがある。

まだら症（Piebaldism）は，神経堤由来のメラノブラストの発達分化遊走に障害があるために白斑と白毛を生じる。虹彩の色調には変化がないこともワールデンブルグ症候群と異なる。マウスモデルであるW-mutantマウスでは，白斑のほかに，腸管神経異常，貧血，肥満細胞の欠失，不妊などの付加症状を示すものの，ヒトではW-mutantマウスのような付加症状は伴わない。

ヒトのまだら症は優性遺伝でヘテロの異常であるが，両親ともにまだら症から生まれたホモの異常の患者が一例報告されており，皮膚と毛髪にメラニンを完全に欠如し，虹彩は青であり，難聴，重篤な短頭症，筋肉緊張低下，神経発育異常を示した[52]。

(2) まだら症の原因遺伝子*KIT*

*KIT*はメラノサイトの細胞膜に発現する膜貫通型のチロシンキナーゼを細胞質内部に有する受容体をコードする。細胞外に免疫グロブリン様のリガンド結合部位をもつ。KITのリガンドはSCF（stem cell factor）であり，2量体として機能する。細胞外領域におけるナンセンス変異やスプライス変異では，*KIT*の機能が半分となり，ハプロ不全（haploinsufficiency）により白斑の範囲は限局的な軽症型の表現形となる。細胞内のチロシンキナーゼ部分のミスセンス変異はdominant-negative効果を発揮し，*KIT*の機能は理論上1/4となって白斑は広範囲となる。通常，まだら症は背側には白斑を生じない。*MC1R*(melanocortin receptor 1）に赤毛を引き起こす多型をホモで有するまだら症の患者が報告された。*KIT*はPro832Leuのヘテロ，*MC1R*にIle120Thrのホモの多型をもっており，*MC1R*の多型がまだら症の表現形を修飾したと考えられる[53]。

16.3.2　ワールデンブルグ症候群

(1) はじめに

ワールデンブルグ症候群（WS）の名前は，オランダの眼科医が先天性難聴，色素異常症，形成異常の合併例を報告したことにちなんで名づけられた。発症頻度は42,000人に1人とされ，先天性難聴の1～3%を占める。神経堤細胞の異常で常染色体優性遺伝とされてきているが，数多くの遺伝子がかかわるheterogeneousな疾患群であり，劣性遺伝を示すものも含まれている。

1992年に1型WSと3型WSの原因遺伝子が*PAX3*(paired box 3）であることが明らかとなった[54]。1994年に内眼角側方偏位を示さないWSの原因遺伝子が*MITF*（microphthalmia-associated transcription factor）であることがわかり，2型WSと分類された[55]。1996年にヒルシュスプルング病を合併する4型WSの原因遺伝子が*EDN3*（endothelin 3）とその受容体*EDNRB*(endothelin receptor typeB）であることが明ら

表 16.4 ワールデンブルグ症候群のまとめ

型	OMIM 番号	原因遺伝子	遺伝子座	別名	遺伝形式
WS1	193500	*PAX3*	2q35	Waardenburg syndrome with dystopia canthorum	AD
WS2A	193510	*MITF*	3p14.1-p12.3	Waardenburg syndrome without dystopia canthorum	AD
WS2B	600193	?	1p21-p13.3		?
WS2C	606662	?	8p23		?
WS2D	608890	*SNAI2*	8q11		AR
WS2E	611584	*SOX10*	22q13		AD
WS3	148820	*PAX3*	2q35	Klein-Waardenburg syndrome	AD/AR
WS4A	277580	*EDNRB*	13q22	Waardenburg-Shah syndrome	AD/AR
WS4B	613265	*EDN3*	20q13.2-q13.3		AD/AR
WS4C	613266	*SOX10*	22q13	PCWH（重症型）	AD

AD：常染色体優性遺伝，AR：常染色体劣性遺伝。

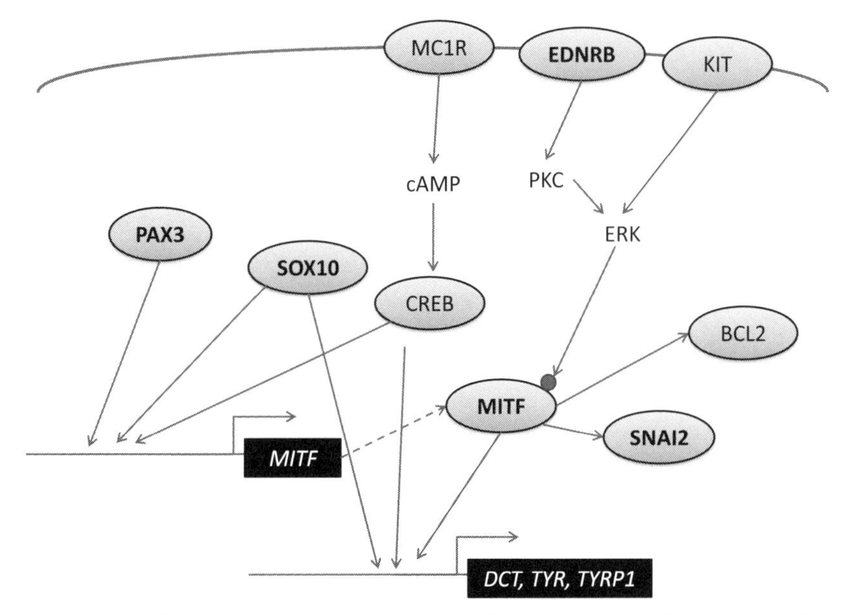

図 16.5 まだら症およびワールデンブルグ症候群原因遺伝子の機能的相互関係

かにされた[56, 57]。1998年マウスモデルの研究から，4型WSに新たな原因遺伝子として*SOX10*（Sry bOX10）が同定されるに至った[58]。*SOX10*は4型WSの重症型であるPCWH症候群（peripheral demyelinating neuropathy, central dysmyelinating leucodystrophy, Waardenburg syndrome, Hirschsprung disease）の原因であることも示され[59]，さらに2型WSの一部の原因となっていることがわかっている[60]。これらWSの遺伝子変異データベースはhttp://grenada.lumc.nl/LOVD2/WS/で利用できる。ワールデンブルグ症候群の臨床型と原因遺伝子について簡単に表にまとめた（表16.4）。さらに，まだら症，ワールデンブルグ症候群の原因遺伝子の機能的関連性について図16.5にまとめた。

(2) ワールデンブルグ症候群の臨床症状と分類

胎生期において多機能性を有する神経堤細胞は神経管から発生し，分化成熟の過程でいくつかの枝分かれを経て，メラノサイト，内耳，グリア細胞，末梢神経や腸管のニューロン，頭蓋骨格系となる。WSに特徴的な色素異常と難聴は神経堤由来のメラノサイトが増殖，遊走，分化してゆく過程が障害されているためである。WSには4つのサブタイプがあるが，色素異常症と難聴にどのような付加症状があるかによって分類される。1型WS（WS1）は，内眼角側方偏位を合併しているタイプで，もっとも頻度が高い。2型WS（WS2）は，付加症状がない。3型I WS（WS）は，内眼角側方偏位と上肢の筋肉骨格系の発達異常を合併し，4型WS（WS4）はヒルシュスプルング病を合併したものを指す。

難聴はもっとも頻度の高い症状で，WS1の60%, WS2の90%にみられる。難聴の程度は様々で，家族内でもその程度にちがいがみられる。片側性難聴のこともあるが，両側性難聴であることが多い。

White forelockはWS1，WS2の1/3以上にみられる。White forelockが認められない患者でも，30歳までに前頭部白毛，眉毛の白毛，睫毛の白毛化がみられる。腹部，胸部，四肢に白斑がみられることもあるが，その頻度はWSの10%程度にとどまる。両側の虹彩がブリリアントブルーになる表現型はWSの10%にみられる。左右の虹彩の色調が異なるheterochromiaはWSの30%にみられる。片方の虹彩が全部ブルーになることをcomplete heterochromia，片方の虹彩が部分的にブルーになることをincomplete heterochromiaという。

特異な顔貌はWS1とWS3に特徴的で，左右の目尻の間の距離が離れており，内眼角側方偏位（dystopia canthorum）とよばれている。遺伝子変異をもっている患者について詳細に検討した結果，内眼角側方偏位の有無は，W-indexとよばれる計算式により判定することとなっている。

(3) WS1とWS3の原因遺伝子 *PAX3*

*PAX3*は，幹細胞の多機能性の維持，細胞増殖，遊走，アポトーシス，最終分化の抑制にかかわる転写因子である。*PXA3*の変異はWSのみならず，ヒトの横紋筋肉腫，メラノーマ，神経芽細胞腫などの悪性腫瘍にもかかわっている。

PAX3は，他の転写因子と共同して，メラノサイトの発達にかかわるいくつかの因子を活性化あるいは不活性化する。それらの因子として，MITF，DCT/TYRP2，TRP1がある。筋肉の発達に関連するmyoD，myf-5，あるいは神経堤細胞の発達に関連するc-RET，TGF-beta2，WNT1を制御する。

Pax3に変異を導入されたマウス，あるいは自然変異マウス（*Splotch* mutants）はこれまでに6種類が知られているが，メラノサイト，末梢神経，甲状腺，心臓などの神経堤由来の細胞や組織の異常，四肢の筋骨格異常，神経管の異常，中枢神経異常をさまざまな程度で発症する。ヘテロのマウスでは，腹部，尾，四肢の白斑を呈するが，ホモのマウスでは胎生期に死亡する。

*PAX3*はヒト染色体2q35に位置し，10のエキソンからなる。いくつかのsplice variantsが示されているが，もっともmajorなtranscriptは479のアミノ酸をコードし，2つのDNA binding domainとtransactivating domainをもつ。

(4) WS2の原因遺伝子 *MITF*

MITFはMyc supergene familyに属するb-HLH-Zip（basic helix-loop-helix leucine zipper）構造をもつ転写因子で，ホモあるいはヘテロのダイマーでE-boxあるいはM-boxとよばれる特異的配列のDNAに結合し，メラノサイトの発達と機能に関連する遺伝子の発現を調節する。WS2の患者の15%に*MITF*の変異が同定され，WS2Aと分類されている。basic domainのAsn210Lys，Arg217delの変異では，Tietz syndromeという亜型を呈する。Tietz syndromeでは，色素異常が斑状ではなく，びまん性に生じる。この特異な変異では，dominant-negative効果を示すものであると考えられている。他の変異はhaploinsufficiencyを示すものであると考えられている。MITFの分子生物学的な解説については第9章に詳しく述べられている。

(5) WS2とWS4の原因遺伝子*EDN3*と*EDNRB*

エンドセリンにはエンドセリン1（EDN1），エンドセリン2（EDN2），エンドセリン3（EDN3）の3種類のペプチドが存在する。その受容体はGタンパク質共役性7回膜貫通型受容体で，EDNRAとEDNRBが存在する。EDNRBに対して生理的活性が高いエンドセリンはEDN3である。

EDNRBをコードする遺伝子は*EDNRB*である。*EDNRB*は胎生期に神経管に発現し，神経堤由来細胞の発達に重要な役割を果たす。EDNRBのシグナルは，培養メラノサイトにおいてMITFの発現と翻訳後修飾に影響を与える。

エンドセリンは，はじめにプレプロエンドセリンとして翻訳され，酵素により切断されてプロエンドセリン（big endothelin）となり，さらに切断されて21アミノ酸のエンドセリンとなる。プレプロエンドセリン遺伝子は染色体20q13.2-q13.3に存在し，5つのエキソンをもつ。*EDNRB*は染色体13q22に存在し，7つのエキソンからなり，その翻訳産物であるEDNRBは441のアミノ酸からなるGタンパク質共役性7回膜貫通型受容体である。

*Edn3*と*Ednrb*のノックアウトマウスは，色素異常とヒルシュスプルング病を呈していた[61]。ヒルシュスプルング病を合併したWSの家系のリンケージ解析により，その原因遺伝子が13q22にあることがわかった。その家系で*EDNRB*の解析を行なったところTrp276Cysのミスセンス変異が同定されたことで，*EDNRB*がWS4の原因遺伝子であることが明らかとなった[62]。次いで*EDN3*と*EDNRB*変異がヒルシュスプルング病（おもにヘテロの変異）とWS4（おもにホモの変異）で同定されることとなった。WS4のヘテロの保因者がWS2の表現形をとる場合があることから，WS2の患者について変異解析を行なったところ，WS2の患者の一部に*EDN3*と*EDNRB*のヘテロの変異がみられることがわかった。

(6) WS4とPCWHの原因遺伝子*SOX10*

SOX10はSOXファミリーに属する転写因子であり，神経堤の発達初期段階にかかわる。*SOX10*は神経堤由来細胞に発現しており，発現していない神経堤由来細胞は遊走の途中で成熟する前にアポトーシスを起こしてしまう。メラノサイトに限ると，PAX3と共同して*MITF*遺伝子の発現調節を行なう。さらに，SOX10は*DCT*や*TYR*の発現調節に重要な働きをしている。

*SOX10*に変異をもつマウスであるdominant megacolon（*Dom*）は，ヘテロのマウスでは，色素異常とヒルシュスプルング病というWS4の表現形をとる。ホモのマウスでは胎生致死で，メラノサイトは完全に欠如する[63]。

*SOX10*はヒト染色体22q13.1に位置し，5つのエキソンからなる。466個のアミノ酸からなるタンパク質をコードする。High mobility group（HMG）とよばれるDNA結合ドメイン，dimerizationのためのドメイン，transactivationのドメインをもつ。*SOX10*は，*Dom*マウスのポジショナルクローニングにより同定され，次いでヒトのWS4の原因であることが明らかにされた[7]。

エキソン5のナンセンス変異，スプライス変異，フレームシフト変異などでは，とくに神経症状が強く出るタイプのWS4が生じる[64]。WS4に末梢神経障害，中枢神経障害が重なって生じることから，PCWH症候群とよばれている[8]。SOX10の下流転写因子群について図16.6にまとめた。*SOX10*の変異がマイルドな機能不全しか起こさない場合，ヒルシュスプルング病を合併せず表現形としてWS2の状態となることがある。しかし，この場合もよく観察すると神経障害を認めることがあり，PCWという新たな病態となりうる。

(7) WS2とまだら症のまれな原因遺伝子*SNAI2*

*SNAI2*は，SNAILファミリーに属するzinc finger転写因子の一つであり，別名を*SLUG*ともいう。これは胎生期の発達過程および癌組織においてEカドヘリンの転写に直接かかわる。*SNAI2*は，遊走する神経堤細胞に発現しており，メラノブラストの遊走と細胞維持に必要であるが，神経堤の形成にはかかわらない。*Snai2*を欠

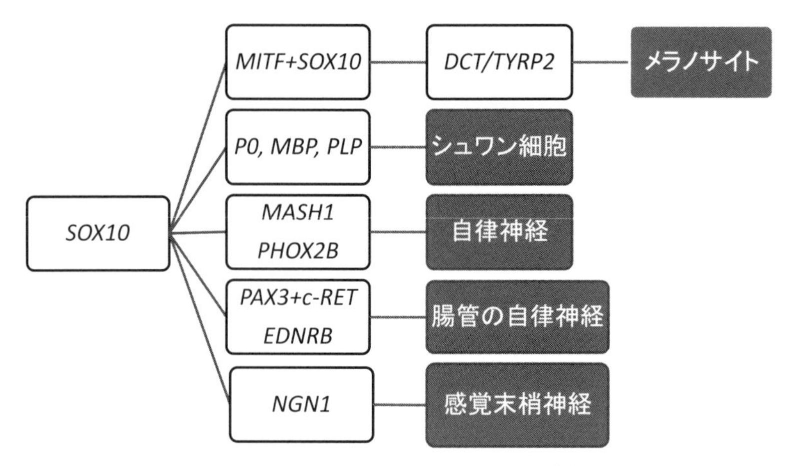

図16.6 SOX10の下流転写因子群とその機能的影響

損したマウスでは，成育するものの小さく，頭蓋骨の異常，色素異常症を呈する。体毛の色調が淡く，ときに尾と四肢に白斑，および特徴的なwhite forelockがみられる。

*SNAI2*はヒト染色体8q11に位置し，アミノ酸をコードするエキソンは3つある。2002年に，WS2の2人の患者で*SNAI2*のホモの変異が同定され，常染色体劣性遺伝形式のWS2であることがわかった[65]。また，難聴を示さないWS2すなわち「まだら症」の患者の一部に*SNAI2*のホモの異常が同定されている[66]。*SNAI2*の変異はまだこの報告以外になく，WS2の原因遺伝子としてはマイナーな遺伝子であると考えられている。

参考文献

1) 大磯直毅：西日本皮膚科，**68**，3-10，2006.
2) 大磯直毅：西日本皮膚科，**68**，129-137，2006.
3) Suzuki, T., Tomita, Y. : *J. Dermatol. Sci.*, **51**, 1-9, 2008.
4) 深井和吉・大磯直毅・川口雅一・佐藤美保・堀田喜裕・種村篤・金田眞理ほか：日皮会誌，**124**，1897-1911，2014.
5) Inagaki, K., Suzuki, T., Shimizu, H., Ishii, N., Umezawa, Y., Tada, J., Kikuchi, N., *et al.* : *Am. J. Hum. Genet.*, **74**, 466-471, 2004.
6) Ito, S., Suzuki, T., Inagaki, K., Suzuki, N., Takamori, K., Yamada, T., Nakazawa, M., *et al.* : *J. Invest. Dermatol.*, **125**, 715-720, 2005.
7) Yamada, M., Sakai, K., Hayashi, M., Hozumi, Y., Abe, Y., Kawaguchi, M., Ihn, H., *et al.* : *Dermatol. Sci.*, **64**, 217-222, 2011.
8) Araki, Y., Ishii, Y., Abe, Y., Yoshizawa, J., Okamoto, F., Hozumi, Y., Suzuki, T. : *J. Dermatol.*, **41**, 186-187, 2014.
9) Higashi, O. : *Tohoku J. Exp. Med.*, **59**, 315-332, 1954.
10) Wei, A. H., Li, W. : *Pigment Cell Melanoma Res.*, **26**, 176-192, 2013.
11) Marks, M. S., Heijnen, H. F., Raposo, G. : *Curr. Opin. Cell Biol.*, **25**, 495-505, 2013.
12) Bultema, J. J., Di Pietro S. M. : *Small GTPases*, **4**, 16-21, 2013.
13) Takeda, K., Takahashi, N. H., Shibahara, S. : *Tohoku J. Exp. Med.*, **211**, 201-221, 2007.
14) Puri, N., Gardner, J. M., Brilliant, M. H. : *J. Invest. Dermatol.*, **115**, 607-613, 2000.
15) Dooley, C. M., Schwarz, H., Mueller, K. P., Mongera, A., Konantz, M., Neuhauss, S. C., Nüsslein-Volhard, C., *et al.* : *Pigment Cell Melanoma Res.*, **26**, 205-217, 2013.
16) Hirobe, T., Ito, S., Wakamatsu, K. : *Pigment Cell Melanoma Res.*, **24**, 241-246, 2011.
17) Ginger, R. S., Askew, S. E., Ogborne, R. M., Wilson, S., Ferdinando, D., Dadd, T., Smith, A. M., *et al.* : *J. Biol. Chem.*, **283**, 5486-5495, 2008.
18) Kausar, T., Bhatti, M. A., Ali, M., Shaikh, R. S., Ahmed, Z. M. : *Clin. Genet.*, **84**, 91-93, 2013.
19) Grønskov, K., Dooley, C. M., Østergaard, E., Kelsh, R. N., Hansen, L., Levesque, M. P., Vilhelmsen, K., *et al.* : *Am. J. Hum. Genet.*, **92**, 415-421, 2013.
20) Takeuchi, S., Abe, Y., Yamada, T., Kawano, S., Hozumi, Y., Ito, S., Suzuki, T., *et al.* : *J. Dermatol.*, **41**, 268-270, 2014.
21) Abe, Y., Tamiya, G., Nakamura, T., Hozumi, Y., Suzuki, T. : *J. Dermatol. Sci.*, **69**, 167-172, 2013.
22) Yoshizawa, J., Abe, Y., Oiso, N., Fukai, K., Hozumi, Y., Nakamura, T., Narita, T., *et al.* : *J. Dermatol.*, **41**, 296-

302, 2014.
23) 遠山郁三：皮膚科及泌尿器科雑誌, **10**, 644, 1910.
24) Hayashi, M., Suzuki, T. : *J. Dermatol.*, **40**, 336-343, 2013.
25) Suzuki, N., Suzuki, T., Inagaki, K., Ito, S., Kono, M., Fukai, K., Takama, H., *et al.* : *J. Invest. Dermatol.*, **124**, 1186-1192, 2005.
26) Tomita, Y., Suzuki, T. : *Am. J. Med. Genet.*, **131C**, 75-81, 2004.
27) Oyama, M., Shimizu, H., Ohata, Y., Tajima, S., Nishikawa, T. : *Br. J. Dermatol.*, **140**, 491-496, 1999.
28) Miyamura, Y., Suzuki, T., Kono, M., Inagaki, K., Ito, S., Suzuki, N., Tomita, Y. : *Am. J. Hum. Genet.*, **73**, 693-699, 2003.
29) Zhang, X. J., Gao, M., Li, M., Li, M., Li, C. R., Cui, Y., He, P. P., *et al.* : *J. Invest. Dermatol.*, **120**, 776-780, 2003.
30) Murata, I., Hozumi, Y., Kawaguchi, M., Katagiri, Y., Yasumoto, S., Kubo, Y., Fujimoto, W., *et al.* : *J. Dermatol. Sci.*, **53**, 76-77, 2009.
31) Murata, I., Hayashi, M., Hozumi, Y., Fujii, K., Mitsuhashi, Y., Oiso, N., Fukai, K., *et al.* : *J. Dermatol. Sci.*, **58**, 218-220, 2010.
32) Patrizi, A., Manneschi, V., Pini, A., Baioni, E., Ghetti, P. : *Acta. Derm. Venereol.*, **74**, 135-137, 1994.
33) Tojo, K., Sekijima, Y., Suzuki, T., Suzuki, N., Tomita, Y., Yoshida, K., Hashimoto, T., *et al.* : *Mov. Disord.*, **21**, 1510-1513, 2006.
34) Kondo, T., Suzuki, T., Ito, S., Kono, M., Negoro, T., Tomita, Y. : *J. Dermatol.*, **35**, 662-666, 2008.
35) 大塚（吉田）流音・船坂陽子・加藤篤衛・桑原健太郎・穂積豊・鈴木民夫・川名誠司：日本小児皮膚科学会雑誌, **33**, 265-270, 2014.
36) Wang, Q., Miyakoda, M., Yang, W., Khillan, J., Stachura, D. L., Weiss, M. J., Nishikura, K. : *J. Biol. Chem.*, **279**, 4952-4961, 2004.
37) Sharma, R., Wang, Y., Zhou, P., Steinman, R. A., Wang, Q. : *J. Dermatol. Sci.*, **64**, 70-72, 2011.
38) Hartner, J. C., Walkley, C. R., Lu, J., Orkin, S. H. : *Nat. Immunonol.*, **10**, 109-115, 2009.
39) Vitali, P., Scadden, A.D. : *Nat. Struct. Mol. Biol.*, **17**, 1043-1050, 2010.
40) Rice, G. I., Kasher, P. R., Forte, G. M. A., Mannion, N. M., Greenwood, S. M., Szynkiewicz, M., Dickerson, J. E., *et al.* : *Nat. Genet.*, **44**, 1243-1248, 2012.
41) 市川篤二・平賀芳雄：皮膚科及泌尿器科雑誌, **34**, 360-364, 1933.
42) Gao, M., Wang, P. G., Yang, S., Hu, X. L., Zhang, K. Y., Zhu, Y. G., Ren, Y. Q., *et al.* : *Arch. Dermatol.*, **141**, 193-196, 2005.
43) Zhou D., Wei Z., Deng S., Wang T., Zai M., Wang H., Guo L., *et al.* : *Cell Signal*, **25**, 1526-1538, 2013.
44) Zhang, C., Li, D., Zhang, J., Chen, X., Huang, M., Archacki, S., Tian, Y., *et al.* : *J. Invest. Dermatol.*, **133**, 2221-2228, 2013.
45) Stuhrmann, M., Hennies, H. C., Bukhari, I. A., Brakensiek, K., Nürnberg, G., Becker, C., Huebener, J., *et al.* : *Clin. Genet.*, **73**, 566-572, 2008.
46) Nuber, U. A., Tinschert, S., Mundlos, S., Hauber, I. : *Am. J. Med. Genet.*, **125A**, 261-266, 2004.
47) 北村包彦・赤松秀：臨床の皮膚泌尿と其境域, **8**, 201-204, 1943.
48) Kitamura, K., Akamatsu, S., Hirokawa, K. : *Hautarzt*, **4**, 152-156, 1953.
49) Griffiths, W. A. : *Clin. Exp. Dermatol.*, **9**, 439-450, 1984.
50) Kono, M., Sugiura, K., Suganuma, M., Hayashi, M., Takama, H., Suzuki, T., Matsunaga, K., *et al.* : *Hum. Mol. Genet.*, **22**, 3524-3533, 2013.
51) Tharmarajah, G., Faas, L., Reiss, K., Saftig, P., Young, A., Van Raamsdonk, C. D. : *Pigment Cell Melanoma Res.*, **25**, 555-565, 2012.
52) Hultén, M. A., Honeyman, M. M., Mayne, A. J., Tarlow, M. J. : *J. Med. Genet.*, **24**, 568-571, 1987.
53) Oiso, N., Kishida, K., Fukai, K., Motokawa, T., Hosomi, N., Suzuki, T., Mitsuhashi, Y., *et al.* : *Br. J. Dermatol.*, **161**, 468-469, 2009.
54) Baldwin, C. T., Hoth, C. F., Amos, J. A., da-Silva, E. O., Milunsky, A. : *Nature*, **355**, 637-638, 1992.
55) Tassabehji, M., Newton, V. E., Read, A. P. : *Nat. Genet.*, **8**, 251-255, 1994.
56) Edery, P., Attié, T., Amiel, J., Pelet, A., Eng, C., Hofstra, R. M., Martelli, H., *et al.* : *Nat. Genet.*, **12**, 442-444, 1996.
57) Hofstra, R. M., Osinga, J., Tan-Sindhunata, G., Wu, Y., Kamsteeg, E. J., Stulp, R. P., van Ravenswaaij-Arts, C., *et al.* : *Nat. Genet.*, **12**, 445-447, 1996.
58) Pingault, V., Bondurand, N., Kuhlbrodt, K., Goerich, D. E., Préhu, M. O., Puliti, A., Herbarth, B., *et al.* : *Nat. Genet.*, **18**, 171-173, 1998.
59) Inoue, K., Khajavi, M., Ohyama, T., Hirabayashi, S., Wilson, J., Reggin, J. D., Mancias, P., *et al.* : *Nat. Genet.*, **36**, 361-369, 2004.
60) Bondurand, N., Dastot-Le Moal, F., Stanchina, L., Collot, N., Baral, V., Marlin, S., Attie-Bitach, T., *et al.* : *Am. J. Hum. Genet.*, **81**, 1169-1185, 2007.
61) Baynash, A. G., Hosoda, K., Giaid, A., Richardson, J. A., Emoto, N., Hammer, R. E., Yanagisawa, M. : *Cell*, **79**, 1277-1285, 1994.
62) Puffenberger, E. G., Hosoda, K., Washington, S. S., Nakao, K., deWit, D., Yanagisawa, M., Chakravart, A. : *Cell*, **79**, 1257-1266, 1994.
63) Southard-Smith, E. M., Kos, L., Pavan, W. J. : *Nat. Genet.*, **18**, 60-64, 1998.
64) Inoue, K., Tanabe, Y., Lupski, J. R. : *Ann. Neurol.*, **46**, 313-318, 1999.
65) Sánchez-Martín, M., Rodríguez-García, A., Pérez-

Losada, J., Sagrera, A., Read, A. P., Sánchez-García, I. : *Hum. Mol. Genet.*, **11**, 3231-3236, 2002.

66) Sánchez-Martín, M., Pérez-Losada, J., Rodríguez-García, A., González-Sánchez, B., Korf, B. R., Kuster, W., Moss, C., *et al.* : *Am. J. Med. Genet. A*, **122A**, 125-132, 2003.

第17章

皮膚以外に存在するメラノサイトの機能

矢嶋伊知朗・大神信孝・山本博章・加藤昌志

メラノイトが皮膚以外の種々の器官にも存在することはよく知られている。たとえば，メラノサイトは中間細胞として内耳血管条にも存在し，皮膚に存在するメラノサイトが紫外線に反応してメラニンを産生して皮膚を防御するがごとく，騒音刺激に対してメラニンを産生することにより難聴の発症を防御する機能をもつ可能性が提案されている。しかし，皮膚以外の種々の器官に存在するメラノサイトの機能についてはいまだ不明な点も多い。本章では，眼，耳，心臓などのその他の器官に存在するメラノサイトに焦点をあて，最新の知見を紹介しながら皮膚以外の器官に存在するメラノサイトの機能を考察する。

17.1　耳に存在するメラノサイトの機能

17.1.1　内耳に存在するメラノサイト

われわれ哺乳動物の内耳は，蝸牛とよばれる特徴的な構造を有している。内耳は側頭骨に存在し，その外側の殻は骨包とよばれ，「カタツムリ」の殻と同様，硬組織からなっている。内耳の内側には管状の構造をもつ蝸牛管がうずまき状に配置されている。蝸牛管の内部は，基底板とライスネル膜によって，前庭階，中央階，鼓室階とよばれる3つの空洞（管）に隔てられている（図17.1）。これら3つの階はそれぞれリンパ液が充填されており，蝸牛の頂回転部でつながっている前庭階と鼓室階には外リンパ液が，中央階には内リンパ液が充填されている。このような特殊な構造が，内耳の形態解析を難しくさせる一因だと思われる。内リンパ液はカリウムレベルが高い特徴をもち，血管条がその維持に重要な役割を担っている。いわゆる聴覚に重要な役割を担うコルチ器は，有毛細胞，ラセン神経節，血管条などにより構成されていることが知られているが，血管条は基底膜，中間細胞，辺縁細胞の3種の細胞から構成される[1]。

有色動物の中間細胞の細胞内にはメラニン顆粒が観察され（図17.2），この中間細胞が内耳のメラノサイトであることが知られている。中間細胞の由来は神経冠（neural crest）だと報告されている[2]。中間細胞にはカリウムチャンネルなどが豊富に発現しており，中間細胞が先天的に欠損しているマウスでは，血管条の層構造も薄く，内リンパ電位の異常をきたすため，先天性難聴を発症する（図17.3）。一方，内耳には平衡感覚に重要な前庭とよばれる感覚器も存在する。前庭の卵形嚢と球形嚢には平衡斑とよばれる部位があり，その部位にも暗細胞とよばれるメラノサイトが存在し，ギャップ結合を形成していることが報告されている[3]。

17.1.2　血管条に存在する中間細胞の機能

内耳の中央階の内リンパ電位は細胞外液である

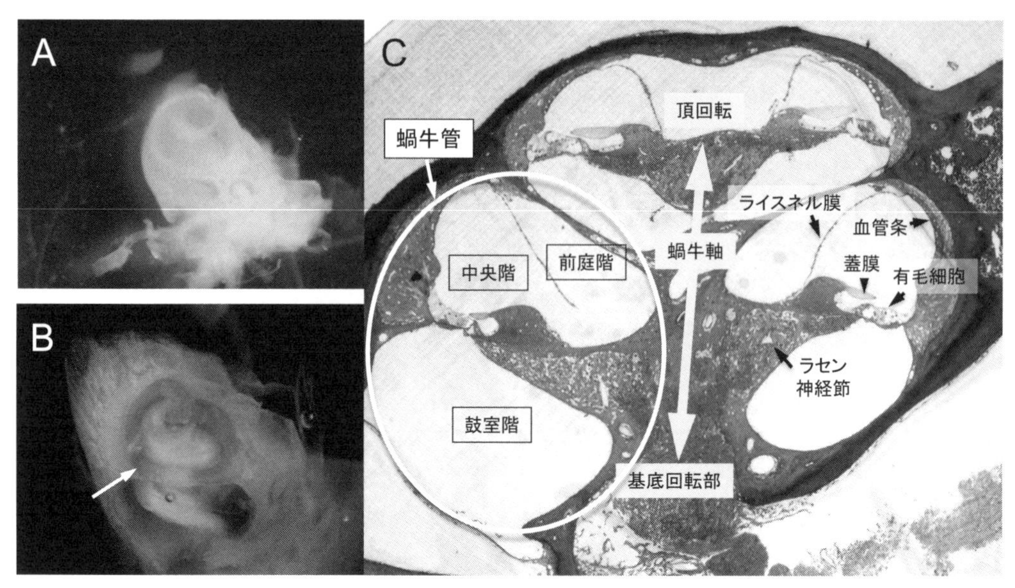

図 17.1　マウス内耳の構造

(A) マウスから摘出した内耳。(B) 骨包除去後の内耳蝸牛の内部構造。(矢印) らせん状に連なったコルチ器の露出像が観察される。(C) 内耳切片のトルイジンブルー染色像。蝸牛管は中央階，前庭階，鼓室階からなる（白丸部分)。中央階はライスネル膜より前庭階と隔たれており，その中に有毛細胞，蓋膜，および色素細胞（中間細胞）が存在する血管条などが存在する。

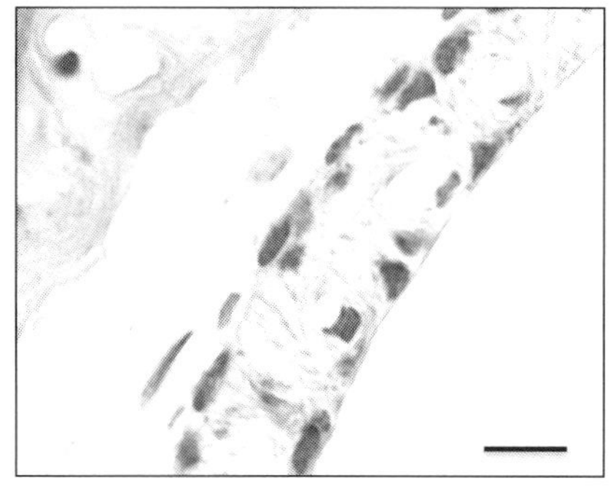

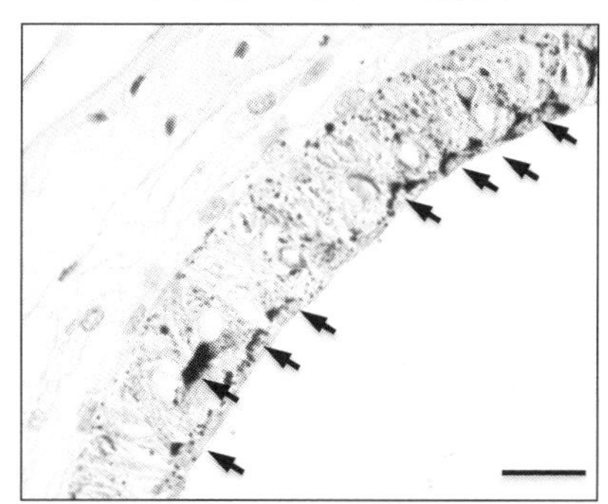

図 17.2　マウスの内耳血管条のメラニン顆粒

(A) ニッスル染色。ニッスル染色や H&E 染色した 3 週齢のマウスの内耳標本を光学顕微鏡で観察しても，メラニン顆粒はほとんど観察できない。(B) フォンタナマッソン染色。メラニンの特殊染色により，多くのメラニン顆粒が観察される(矢印)。両染色とも，3 週齢の野生型マウス（C57/BL6 系統）の内耳パラフィン切片を用いた。スケールバー = 20 μm.

にもかかわらず，カリウム濃度が高く維持されている。また，内リンパ直流電位とよばれる陽性電位を有しており，これらが蝸牛マイクロフォン電位を増幅し聴覚に寄与していると考えられている。血管条の中間細胞には Kir4.1 などのカリウムチャンネルが発現しており，辺縁細胞の基底側に供給し，辺縁細胞は Na^+/K^+-ATPase などによりカリウムイオンを取り込み，中央階にカリウムイオンを供給していると考えられている [4]。一方，辺縁細胞間および基底細胞間はタイトジャンクションでバリヤーを形成しており，内リンパ液および外リンパ液を隔離している。このバリヤーは内耳のホメオスタシスの維持にも貢献している一方，騒音性難聴，加齢性難聴あるいは一部の先

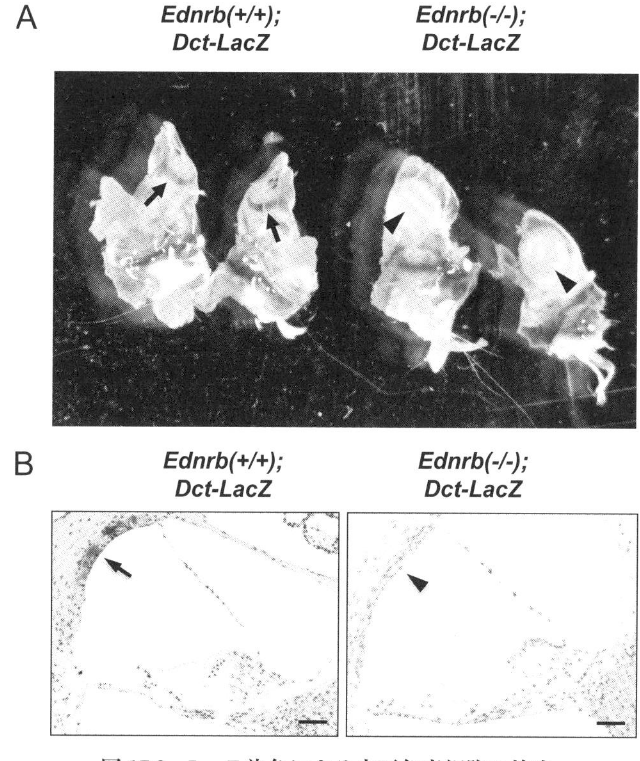

図 17.3　LacZ 染色による内耳色素細胞の検出

(A) dopachrome tautomerase (Dct) -LacZ トランスジェニックマウスの内耳の LacZ 染色。帯状に観察される LacZ 陽性の色素細胞は（左，arrows），Ednrb を欠損させると観察されず，先天的に色素細胞が欠損していることがわかる（右，arrowheads）。(B) 内耳切片の LacZ 陽性の色素細胞像。血管条に陽性細胞が観察されるが（左，arrow），Ednrb を欠損させると観察されない（右，arrowhead）。対比染色はヘマトキシリン。スケールバー＝20 μm。[文献 12 より一部改変]

天性難聴で血管条のタイトジャンクション部の形態異常および内リンパ電位異常が報告されている。中間細胞は血管条の中で毛細血管の周皮・内皮，基底細胞などとギャップ結合でつながっている一方，辺縁細胞とはギャップ結合は形成していないことが知られている。つまり，血管条の中間細胞（メラノサイト）は，メラニン生成よりむしろ，中間細胞に発現するイオンチャンネルや細胞間のタイトジャンクション形成により，内リンパ電位，そして聴覚機能の維持に貢献していると考えられている。一方，従来血管条には前述した 3 種類の細胞から構成されていると考えられてきたが，これらの他にも血管周囲にマクロファージ様のメラノサイトが存在することがわかってきた。この細胞は分子量 50 kDa の糖タンパク質である pigment epithelium growth factor (PEDF) を分泌し，タイトジャンクションの安定化と内リンパ電位の維持に重要な役割を担っていることが明らかになっている[5]。遺伝子改変マウスを用いて，血管条に発現するこの細胞を生後に除去すると，内リンパ電位および聴力レベルの著しい低下がみられたことから，この細胞は聴覚系に必須の細胞のひとつであることが示唆されている[5]。また，PEDF をマウスに静脈内投与すると，騒音性難聴の予防効果を示すことが報告されている[6]。この細胞が皮膚に存在するマクロファージやメラノサイトと同様の機能を有するか今後の研究の進展に期待される。

17.1.3　先天性色素異常症と聴覚障害

チャールズ・ダーウィンの代表的著書『種の起源』の中で，眼の虹彩の色が左右で異なる猫が聴覚障害を伴うことが記述されており，古くからその関連は認識されていた。その後，1951年にオランダ人医師ワーデンベルグが虹彩・皮膚色素異常症と難聴を伴うヒトの症例を初めて報告した。この症候群はワーデンベルグ症候群（Waardenburg syndrome；WS）とよばれ，先天性色素異常症と先天性難聴を伴い，その発症率は10,000～20,000人に1人の割合で発症すると報告されている[7,8]。WSは，原因遺伝子やWSのおもな症状（皮膚白斑，虹彩異色，先天性難聴）に随伴する症状により，おもに4つのタイプに分類されている。顔面形態形成異常も伴うWS1型は*PAX3*遺伝子の異常により，WS2型は*microphthalmia-associated transcription factor*（*MITF*）遺伝子の変異により発症する。また，上肢の形成不全も伴うWS3型（別名，Klein-Waardenburg症候群）は*PAX3*遺伝子の変異により誘発することが知られている。PAX3，MITFともにメラノサイト分化を制御する転写因子で，PAX3はpaired boxとhomeobox構造を，MITFはbasic-helix-loop-helix leucine zipper（bHLHZip）構造をもつことが報告されている。Waardenburg-Shah syndrome（WS 4型，WS-IV）は転写因子SOX10[8]，エンドセリン3（endothelin；ET-3）[9]，あるいはエンドセリン受容体B（endothelin receptor B；EDNRB）[10]などの変異により発症し，先天性色素異常症，先天性難聴と巨大結腸症を伴う。EdnrbはGタンパク質共役型受容体ファミリーに属し，エンドセリンによる多様な生理機能に重要な役割を担う[10,11]。*Ednrb/EDNRB*の先天的異常は神経堤由来のメラノサイトおよび腸管神経への発達に重大な障害をきたし，先天性の色素異常症，巨大結腸症，先天性難聴を引き起こす。WS4型の動物モデルとして，*Ednrb*遺伝子に変異をもつ以下のマウスが報告されている。エキソン1とイントロン1に自然発症的な欠損をもつ*sl*マウス，エキソン2～3に自然発症的な欠損をもつWS-IVマウス，あるいは遺伝子改変技術によりエキソン3を欠損させた*Ednrb*ノックアウトマウス［*Ednrb*(−/−)］が報告されている。これらの共通する表現型として，先天性難聴を含むWSの主症状に加えて，先天性巨大結腸症（ヒルシュスプルング病）も伴い，典型的なWS4型の表現型を示すことが報告されている。ヒトにおいても，*EDNRB*のエキソン3に変異をもつ患者はWS4を発症し，先天性難聴も伴うことが報告されている。一方，われわれの解析によると，Ednrbタンパク質は血管条のメラノサイトだけではなくラセン神経節にも発現しており，*Ednrb*(−/−)マウスでは，血管条のメラノサイトの先天的欠損だけではなく，ラセン神経節の神経変性も伴うことが明らかになった。さらに，ラセン神経節を標的にしてEdnrbを発現させると，*Ednrb*(−/−)マウスの先天性難聴を部分的にレスキューできることがわかった[12]。つまり，内耳蝸牛に発現する*Ednrb*は血管条の中間細胞の発達だけではなく，ラセン神経節の維持にも関与していると考えられる。

17.1.4　環境因子と内耳のメラニン

内耳機能に影響する代表的な環境因子は騒音であるが，その曝露により内耳の血管条に蓄積するメラニン顆粒が増加することが報告されている[13]。皮膚のメラノサイトは，紫外線に曝露されるとメラニン合成を亢進し，紫外線などの環境因子に対して防御的に機能することにより生体の恒常性維持に貢献している。その防御機構には，メラニンの活性酸素を除去する作用が関与していると考えられている。一方，騒音曝露も内耳の酸化ストレスレベル上昇を招くことが示唆されていることから，騒音曝露により誘導されるメラニンは，内耳で発生する活性酸素の軽減に貢献している可能性もある。過去の報告によると，アルビノラットと有色ラットのあいだに聴性脳幹反応の測定値に有意な差はないと報告されている。また，有色と白色ラットやマウスを用いた検討では，内耳におけるメラニンの有無は少なくとも生理的条件下での経時的聴力変化には影響がないという報告もあるが，有色マウスでは加齢に伴い内耳のメ

A 1ヶ月齢

血管条

中央階

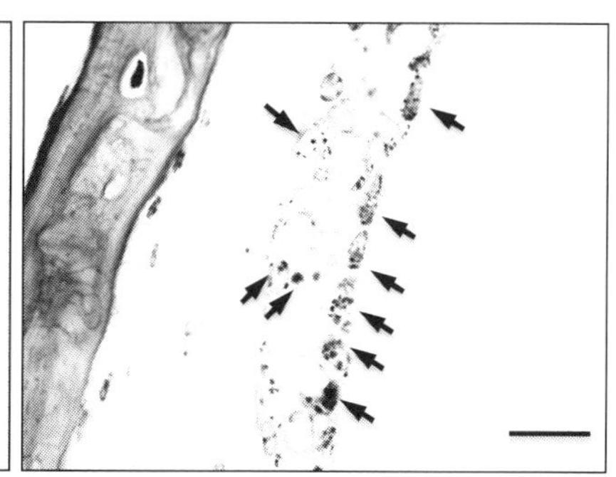

図 17.4　加齢に伴い増加する内耳メラニン像

(A) 1 カ月齢のマウス (C57/BL6 系統) の内耳ではメラニン顆粒はほとんど観察できないが, (B) 12 カ月齢では, メラニンの特殊染色をしなくても, 光学顕微鏡下で多数のメラニン顆粒を観察できる (矢印)。両標本ともにニッスル染色を実施した。スケールバー = 20 μm.

ラニン量が増加することが知られている (図 17.4)。一方, 遺伝子改変マウスを用いた解析により L-DOPA などメラニン前駆体が加齢性難聴や騒音性難聴に予防効果を示す報告もあるが[14], 加齢あるいは環境因子により増加する内耳メラニンの生理的意義は依然として不明な点が多い。内耳のメラニンは, 環境因子を負荷した際の内耳機能「保護因子」として内耳機能の維持に貢献しているのかもしれない。

17.1.5　まとめ

聴覚と平衡感覚を担う重要な感覚器官である内耳にもメラノサイトが存在する。前庭に存在するメラノサイトはギャップジャンクション形成に寄与していることが知られているが, その機能については不明な点が多い。蝸牛の血管条に存在するメラノサイトは, カリウムチャンネルによる内リンパ電位の維持と細胞間のタイトジャンクション形成により聴覚に寄与する。

17.2　心臓その他の器官に存在するメラノサイトの機能

17.2.1　心臓その他の器官に存在するメラノサイトの分布

皮膚以外に存在するメラノサイトの分布については, 脈絡膜のメラノサイトや内耳のメラノサイトは研究報告例が比較的多いが, 心臓その他の器官に存在するメラノサイトに関する報告例はいまだ少ない。それらの中ではマウスに関する報告が最も多く, これまでに, 心臓, 髄膜, ハーダー腺, 骨などが報告されている[15~22]。心臓および髄膜に存在するメラノサイトについてはヒトにおいても報告例があり[17, 24], ハーダー腺はヒトでは退化しており, 骨のメラノサイトについてはヒトでの報告はない。ヒト髄膜のメラノサイトは, 髄膜を構成する硬膜, くも膜, 軟膜のうち, neuralcrest および中胚葉性細胞から構成される[25] 軟膜で観察される[24]。また, 神経皮膚黒色症 (neruocutaneous melanosis) は皮膚の巨大先天性色素性母斑 (large congenital melanocytic nevus) と中枢神経系の軟膜メラノーシス (leptomeningeal melanosis) を合併する[26] ことから, 軟膜メラノサイトは皮膚メラノサイトと同様, neural crest 由来であると考えられる。

最初に心臓のメラノサイトが報告されたのは 1960 年, マウスの心臓に存在するメラノサイトについてであり, メラニン沈着を観察することにより, 心臓メラノサイトの存在を報告している[20]。21 世紀に入り, マウス心臓メラノサイトの「再発見」が複数のグループから報告された。これらの報告では, *Dct::LacZ* マウスを利用した染色,

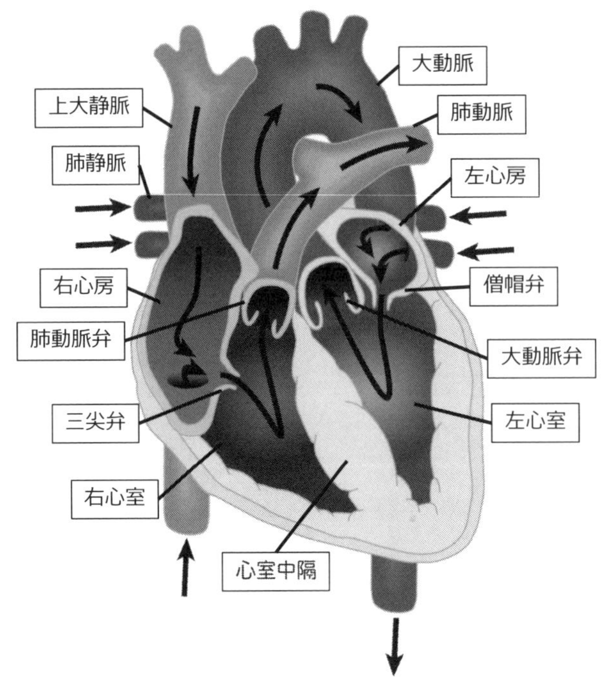

図 17.5　ヒト心臓の構造と名称
矢印は血流を示す。

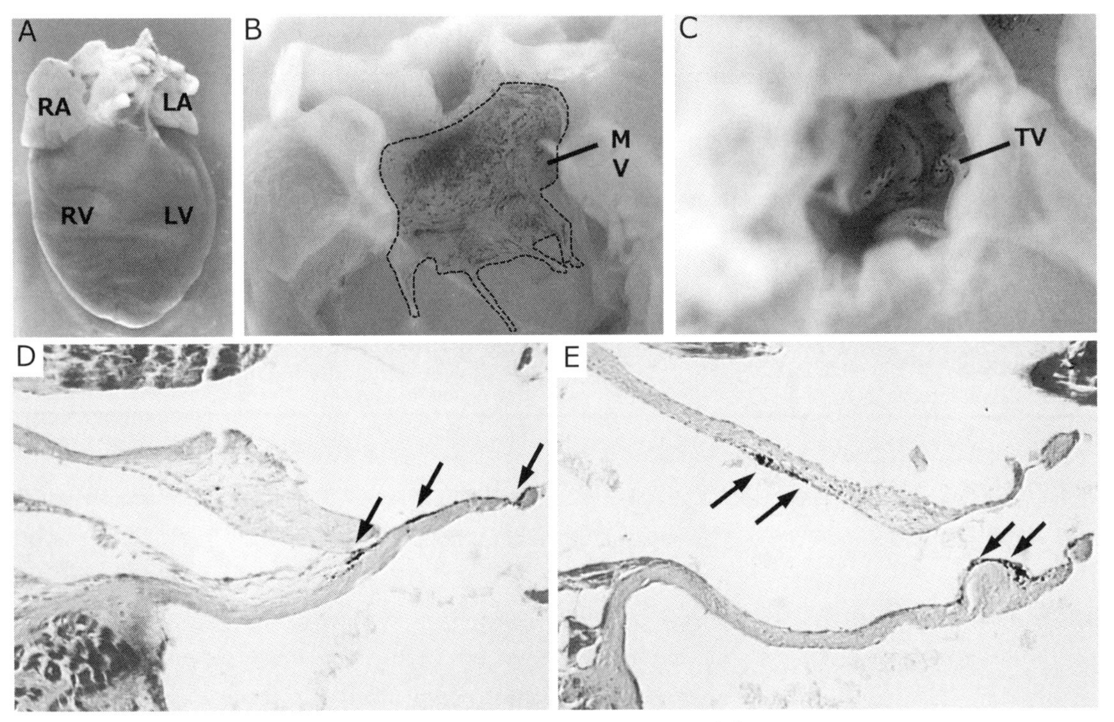

図 17.6　マウス心臓メラノサイトの分布
心臓メラノサイトはさまざまな場所に存在するが，とくに心臓弁で多くみられる。(A) 生後28日のマウス心臓の外観。僧帽弁 (B, D) および三叉弁 (C, E) のメラノサイト。切片 (D, E) の矢印がメラニン沈着を示す。LA：左心房，LV：左心室，MV：僧帽弁，RA：右心房，RV：左心室，TV：三叉弁。

あるいはメラノサイト関連マーカー分子であるであるDct，Tyrp1，Mitfなどに対する抗体を利用したメラノサイト特異的免疫染色によって心臓メラノサイトを同定している[16〜19, 21, 23]。ヒトを含む哺乳類の多くは4つの部屋と4つの弁からなる心臓をもち，血液を循環させている（図17.5）。心臓メラノサイトは，マウスではおもに僧帽弁と三尖弁に存在し（図17.6），他に大動脈弁，肺動脈弁，心室中隔，心房内部表面での存在が報告されている[16〜29, 21, 23]。ヒト心臓におけるメラノサイトの組織学的解析はほとんど報告がないが，2009年，Levinらはヒト肺動脈弁に存在するメラノサイトについて報告している[17]。8つのヒトの肺動脈弁検体について抗DCT抗体を用いた免疫組織学的解析を行ない，すべての検体でDCT陽性メラノサイトを検出している。ただし，これらのDCT陽性細胞ではメラニン沈着は認められず，TYRP1陰性である[17]。

17.2.2 心臓メラノサイトの起源

心臓メラノサイトについて，これまでに遺伝子改変マウスを用いた研究がいくつか報告されている。メラノサイトの異常増殖やメラノーマ発症に関与する活性化型NRASをメラノサイト特異的に過剰発現するマウス（*Tyr*::*NRas*^{Q61K}）[27]や，メラノサイトの増殖，分化，メラニン合成などに関与するendothelin 3 (EDN3)，hepatocyte growth factor（HGF）を皮膚ケラチノサイトで特異的に過剰発現するマウス（*hK14*::*EDN3*，*hK14*::*HGF*）[28, 29]は，皮膚がメラノサイトに覆われたhyperpigmentationを呈するが，これらのマウスの心臓の僧帽弁と三尖弁でも同様に過剰なメラニン沈着が観察されている[23]。安定型*β*-cateninをメラノサイト特異的に発現するマウス（*bcat*^{sta}）は体毛のhypopigmentationを呈するが，心臓のメラノサイトも同様にメラニン沈着レベルが減少する[23]。メラノサイトで発現し，増殖，分化，生存，メラニン合成などに関与するタンパク質であるMitfやEdnrb，Kitの突然変異マウス（*Mitf*$^{vga9/vga9}$，*Ednrb*$^{s\text{-}l/s\text{-}l}$，*Kit*$^{w\text{-}v/w\text{-}v}$）は毛包内を含む皮膚メラノサイトの多く，あるいはすべてが欠損するが，これらのマウスの心臓においてもメラノサイトは失われる[16, 23]。このように，心臓メラノサイトの分化，増殖，メラニン合成は，皮膚メラノサイトと同様の分子機構で制御されており，皮膚メラノサイトに類似した表現型を示している。

皮膚メラノサイトはneural crest（神経冠）細胞を起源として移動・増殖のあと分化するが，心臓にはneural crest細胞を起源とした細胞が存在する。このcardiac neural crest細胞はおもにoutflow tract（OFT，心臓流出路）の発生に寄与し，流出路中隔を形成することで大動脈および肺動脈が形成される[30]。このneural tube（神経管）から心臓へのcardiac neural crestの「大移動」において，melanoblast（メラノブラスト）も同様に心臓へと移動する。*Dct*::*LacZ*マウスを利用して胚発生中のmelanoblastの位置を確認すると，胎生期11.5日（E11.5）ではcardiac neural crestの移動先であるOFTにmelanoblastが集団で確認できる（図17.7A）。E13.5，E16.5ではmelanoblastの一部は心臓弁に一部侵入し[17]，E18.5では心臓弁および卵円孔（foramen ovale）に多くのmelanoblastが存在するようになる（図17.7B，C）。また，neural crestで発現する*Wnt1*遺伝子プロモーター制御下でCre ricombinaseを発現するトランスジェニックマウス（*Wnt1*::*Cre*）と，*CAG-CAT-EGFP*レポーターマウスの交配によりcardiac neural crestをGFPラベルすると，大動脈弁，肺動脈弁においてGFP陽性細胞はTyrp1陽性であり，メラノサイトであることを示している[19]。上記のようなさまざまな解析から，心臓メラノサイトはneural crest由来であり，皮膚メラノサイトと同質の表現型を保ちつつ，cardiac neural crestの移動とともに心臓で分化することが明らかとなっている。

17.2.3 心臓メラノサイトの機能

心臓メラノサイトの機能については，これまでほとんど報告がないが，近年になって興味深い2

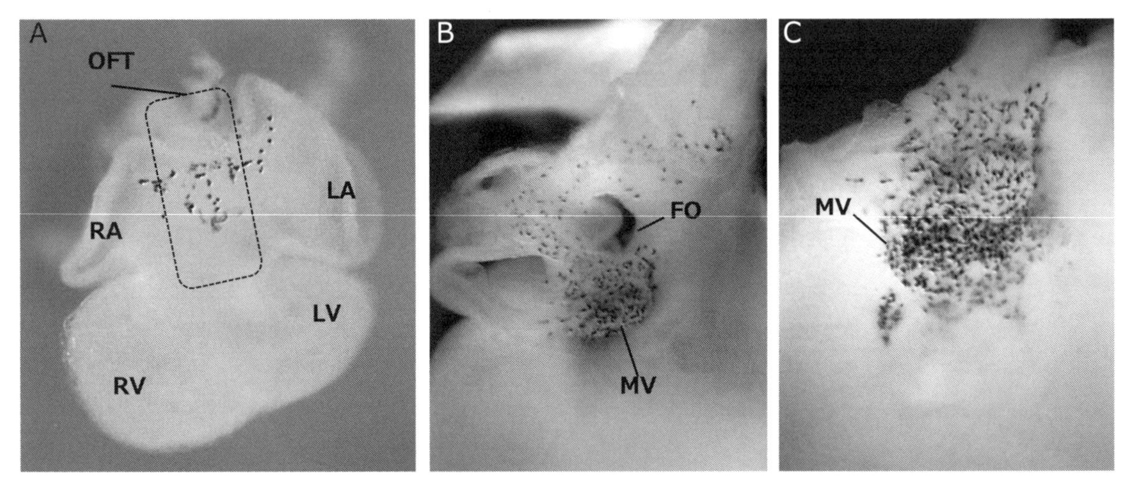

図 17.7　胎生期の心臓に存在するメラノブラスト

心臓形成期に outflow tract（OFT，心臓流出路）が neural crest によって形成する際にメラノブラストも移動する。β-galactosidase 発色による *Dct::LacZ* マウス心臓におけるメラノブラストの分布。（A）E11.5 のメラノブラスト。おもに OFT に分布する。E18.5 の卵円孔（B）および僧帽弁（B, C）では多くのメラノブラストが存在している。FO：卵円孔（foramen ovale），LA：左心房，LV：左心室，MV：僧帽弁，OFT：心臓流出路，RA：右心房，RV：左心室。

つの研究が報告されている。2009 年，Levin らは，心臓メラノサイトがメラニン産生酵素の一つである Dct（dopachrome tautomerase）を介して心房細動由来の不整脈発症と関係していることを報告している[17]。*Dct* ノックアウトマウス（$Dct^{-/-}$）に対し心房へのバーストペーシングによる不整脈誘導を行なうと，コントロールとして用いた *Dct* ヘテロマウス（$Dct^{+/-}$）では心房性不整脈が誘導されたマウスは 8%であったが，$Dct^{-/-}$ マウスでは 80%以上の個体で不整脈が発生する。また，定常状態の $Dct^{-/-}$ マウスでは 50%の個体に心房性頻脈が観察される。一方，心室性不整脈の発症頻度やその他の心機能に差はなく，心臓に構造的欠陥も認められない。Levin らはさらに，メラノサイトの発生・分化・増殖に関与する *Kit* 変異体マウス（W/W^{v}）が心臓メラノサイトを消失している点を利用して，上記の心房不整脈誘導を行なった。興味深いことに，コントロールマウス（$Dct^{+/-}$），*Kit* 変異体マウス（W/W^{v}），*Dct* および *Kit* ダブルノックアウトマウス（$Dct^{-/-}$；W/W^{v}）のあいだで心房不整脈の発生率に有意な差は認められず，正常なメラノサイトの存在の有無は心房性不整脈の発生率に影響しないことを示している。つまり，Dct を発現しない「異常な」メラノサイトの存在が心房不整脈の発生率を上昇させている原因であると考えられる。心臓メラノサイトはメラノサイト特異的タンパク質を発現するだけでなく，アドレナリン受容体やムスカリン受容体を発現し，かつ交感神経および副交感神経と隣接しているという，きわめてユニークな配置・性質をもっている。ムスカリンアゴニストであるカルバコールとアドレナリンアンタゴニストであるプロプラノロール投与による心房不整脈誘導・拮抗実験が行なわれ，正常な心臓メラノサイトをもつ野生型マウスと心臓メラノサイトを欠失している W/W^{v} マウスでは，野生型マウスのほうがより心房性不整脈が発生しやすいことが明らかとなっている。また，心臓メラノサイトは皮膚メラノサイトと同様[17]，電位依存性イオンチャネルをもつが，$Dct^{-/-}$ マウスの心臓メラノサイトは活動電位異常を示し，その異常は隣接する心筋の活動電位にも影響を与える。このように，心臓メラノサイトは心臓における神経伝達と心筋の活動電位に影響を及ぼしており，Dct の機能が欠損したメラノサイトはその制御に異常をきたし，結果として心房性不整脈を誘発する。それでは，心臓機能における心臓メラノサイトで発現するDctの役割とは何であろうか。Levinらはその答えとしてDctの抗酸化機能について言及している。メラニン合成経路の中間産物であるDOPAchromeは自発的反応によりDHIとなるが，Dctは酵素反応によってDHICAへと変換する。DHICAはDHIよりも酸化毒性が低く，このためDctには抗酸化機能をもつことが報告されている[18]。Levinらは抗酸化剤tempolを*Dct*$^{-/-}$マウスに1週間事前投与したのちに心房性不整脈誘導実験を行なうと，不整脈発生率が劇的に減少することを示し，*Dct*$^{-/-}$マウスではDctによる抗酸化機能が失われたために不整脈発生率が増加するとしている。DctによるDOPAchromeのDHICAへの変換はDHIの毒性を減少することで抗酸化機能を発揮するとしているが，それ以外の抗酸化機能は不明であり，Dctの心臓メラノサイトにおける機能については今後より詳細な研究が必要である。

上記の報告は元来存在する心臓メラノサイトの機能に関するものであるが，2013年，Yajimaらは，β-cateninのメラノサイト系譜特異的活性化によって異所的に分化した心臓メラノサイトが心臓機能に影響することを報告している[22]。メラノサイト特異的にCre ricombinaseを発現するマウス（*Tyr*::*Cre*）[33]と，Cre ricombinaseによって安定化したβ-cateninを発現し，Wntシグナルを活性化するマウス（*ctnnb1Δex3*）[34]の交配によって生じたマウス（*Tyr*::*Cre*；*ctnnb1Δex*3/＋）は，動脈管開存症（patent ductus arteriosus；PDA）および左心房・左心室肥大を発症し生後3カ月以内に死亡する。動脈管（ductus arteriosus；DA）は胎児期にのみ機能する血管で，大動脈と肺動脈をバイパスしている。左心房と左心室をバイパスする卵円孔とともに機能し，肺呼吸のできない胎児が臍の緒を通じて母体から酸素などを取り込んだ際に，新鮮な血液を速やかに体中に行き渡らせるためのバイパス路となる（図17.8A）。出生後，肺呼吸開始とともに血中酸素濃度が上昇し，それがシグナルとなって動脈管はきわめて短時間に閉鎖する。閉鎖は筋収縮と細胞移動によって行なわれ，肺呼吸に適応した血流を生み出す（図17.8B）。動脈管開存症は出生時の動脈管閉鎖不全によって大動脈から肺動脈へ血液の流入（左右シャント）が生じ，肺動脈の血圧上昇，左心房・左心室肥大を呈する（図17.8C）。ヒトの動脈管開存症は未熟児に多く，1500グラム以下の極低出生体重児では40％以上が発症するという報告もある[35]。*Tyr*::*Cre*；*ctnnb1Δex*3/＋マウス（以降，PDAマウス）は，動脈管開存と共に左心房・左心室肥大も観察され（図17.9B），ヒトの動脈管開存症と類似した形質であることを示している。生後直後の野生型マウスの動脈管は閉鎖している（図17.9C）が，PDAマウスの動脈管は閉鎖が不十分であり，多くの異所的なメラニン沈着が見られる（図17.9D）。*Dct*::*LacZ*マウスの交配により，発生中のメラノブラストを可視化すると，野生型マウスではメラノブラストは観察されない（図17.9E）が，PDAマウスでは異所的なメラノブラストが多数観察される（図17.9F）。動脈管の平滑筋細胞は出生後の閉鎖に必須であり，その起源はneural crest細胞に由来する。PDAマウスの動脈管における平滑筋細胞数と異所的に存在するメラノサイトの数を測定すると，野生型に比べて平滑筋細胞数は減少し，その分をメラノサイトが埋めていることが判明しており，動脈管におけるメラノサイトの異所的な分化が動脈管開存症を引き起こしている可能性が示唆されている。Yajimaらはさらに，メラノサイトが欠失する*Mitf*変異体マウス（*Mitf*^{vga9}/*Mitf*^{vga9}）とPDAマウスとの交配により作成したマウス（*Tyr*::*Cre*；*ctnnb1Δex*3/＋；*Mitf*^{vga9}/*Mitf*^{vga9}）もまた動脈管開存症を発症することを示している。PDAマウスにおける動脈管開存症の発症は，動脈管における異所的なメラノサイトの分化が動脈管の平滑筋細胞数を減少させることが原因であると考えられる。動脈管の平滑筋細胞（SMC）にはその発生段階においてtyrosinaseプロモーターが活性化しない細胞集団（SMC1）と，活性化し，PDAマウスでは異所的なメラノサイトに分化可能な細胞集団

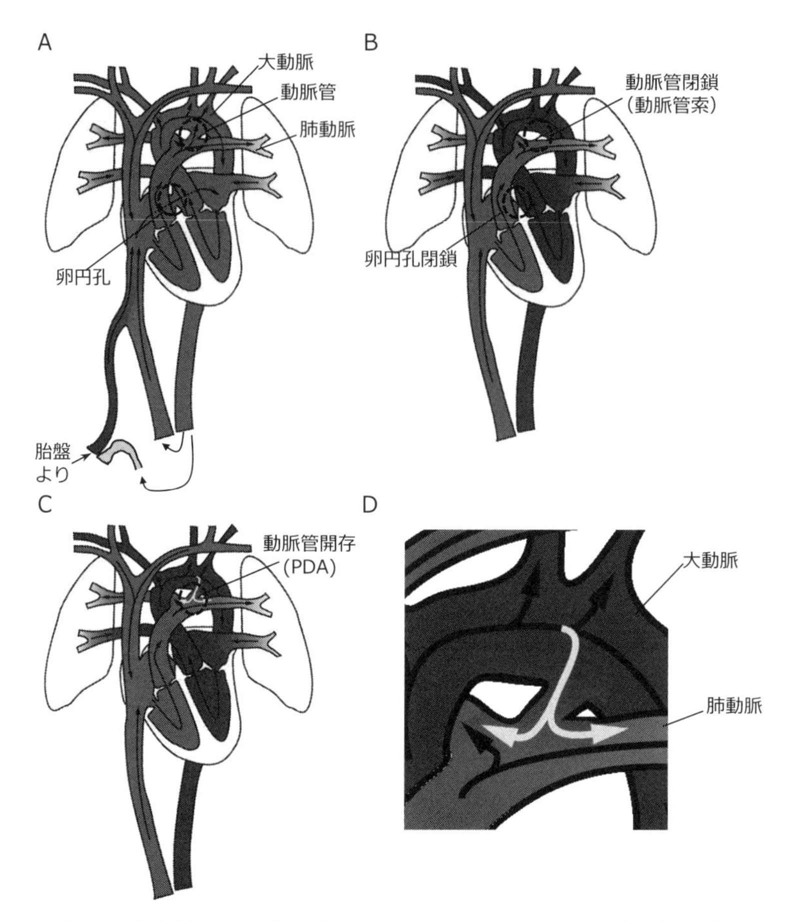

図 17.8　胎生期および出生後の心臓における血液の流れと動脈管開存症
詳しくは本文を参照のこと。

(SMC2) が存在する。SMC2 の起源となる neural crest 細胞集団は平滑筋細胞とメラノサイトに分化可能な bipotent な細胞であり，PDA マウスでは β-catenin の安定化により Wnt シグナルが活性化することでメラノサイトが分化し，結果として SMC2 は失われる。この SMC2 の存在あるいは機能が，正常な動脈管の閉鎖に必須ではないかと考えられる。

心臓その他の器官に存在するメラノサイトに関する知見はいまだ少ない。心臓メラノサイトについては近年，その存在がクローズアップされつつあるが，特定の動物種に限定された情報であり，その機能についてはユニークな機能をもつことが示唆されているものの，不明な点も多い。しかし，今後も注目し，より多くの研究を行なうことでこれまで知られていなかった新たなメラノサイトの機能が明らかにできるのではないかと期待している。

17.3　眼に存在するメラノサイトの機能

胚発生時に高い移動能をもつメラノブラスト（メラノサイト）は，眼球の外縁部に位置する（網膜の外側を構成する）脈絡膜にも多く定着する（第 7 章図 7.3 参照）。ぶどう膜の後部を構成する脈絡膜は，網膜と強膜のあいだの層で，豊かな脈管系構造をもつ組織であり，メラノサイトは脈管系の周囲を幾重にも覆うように分布する。

Nickla と Wallman は彼らの最近のレビューで，脈絡膜の機能として，網膜周囲への脈管機能の提

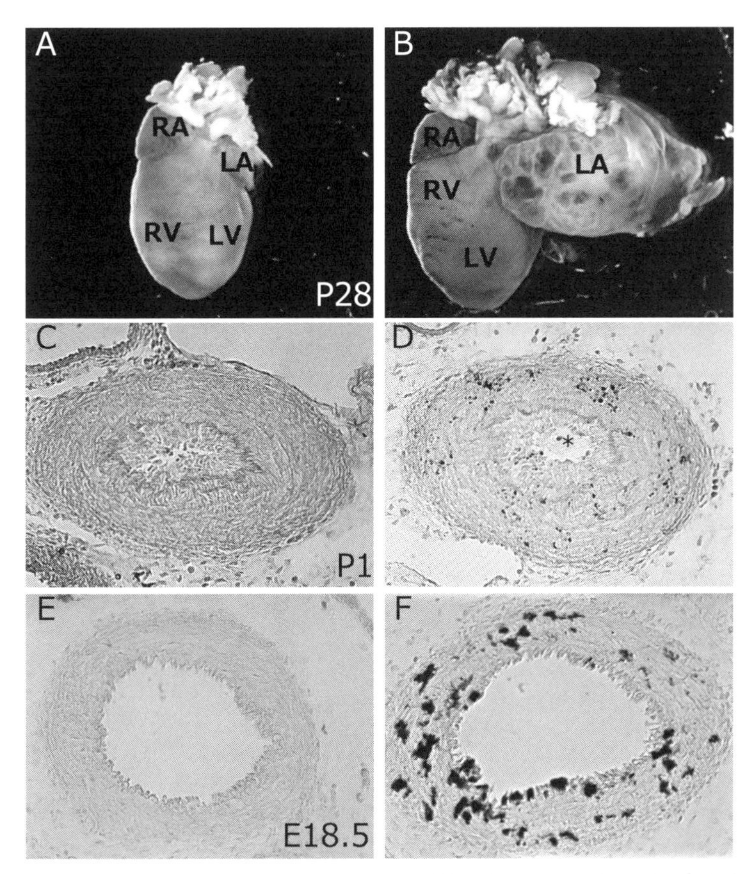

図 17.9　*Tyr*::*Cre*；*ctnnb1Δex3*/＋マウスの動脈管開存症による左心房・左心室肥大と異所的なメラノサイトの分布

生後 28 日の *Tyr*::*Cre*；*ctnnb1Δex3*/＋マウス（PDA マウス，B）は，野生型マウス（A）と比較して左心房，左心室の肥大が観察される。生後 1 日のマウスでは野生型マウスの動脈管は閉鎖している（C）が，PDA マウスでは開存し（アスタリスク in D），異所的なメラニン沈着が観察される（D）。PDA マウスと *Dct*::*LacZ* マウスの交配によって作成されたマウスの胎生期 E18.5 の心臓では異所的なメラノブラスト（*β*-galactosidase 発色による）が観察される（F）。野生型マウスでは動脈管にメラノブラストは観察されない（E）。LA：左心房，LV：左心室，RA：右心房，RV：右心室。

供が大きく，この機能欠損による酸素供給不足は加齢（性）黄斑変性症を引き起こす可能性があること，さらには，他のどの臓器に比べても勝るとも劣らない血流量が，網膜を冷やし，また温める機能を発揮する可能性があることについて述べている[36]。さらに彼らは，脈絡膜が血管新生や，脈絡膜の外側に位置する強膜の成長を調節する可能性のある分泌細胞を擁すること，また，脈絡膜の「厚さ」を変えることで，網膜を前後に動かし，視細胞を焦点面に位置させる働きもあることも紹介している。

脈絡膜の脈管系領域は，外側には大きな血管系が，内側には中規模また小規模の動脈や細動脈が走っている。この脈管系の周囲の間質には，コラーゲンや elastic な繊維，繊維芽細胞，非脈管系の平滑筋細胞，それに多数の巨大なメラノサイトが血管に密接して配置されている。これらメラノサイトの機能は，メラニン合成以外によくわかっていない。しかしながら，メラノサイトに発現するエンドセリン B レセプターが，エンドセリン 1 に誘導されたカルシウムイオンの流入を仲介する可能性を紹介している。この機能的な意義も現時点においては不明ではある[36]。

なお，メラノサイトによって，脈絡膜は暗い色を呈する。組織観察の際に摘出した眼球を光にかざしてみると，たとえばC57BL/6と，同じ遺伝的背景に*Mitf*$^{mi\text{-}bw}$のアレルをホモにもちメラノサイトを欠損する黒眼白毛色マウス（第7章図7.3参照）由来の眼球を，それぞれ視神経側から見ると，その光透過性への寄与が肉眼でもはっきりわかる。通常では，発生中の脳胞に由来する一層の網膜色素上皮と，その外側に位置する神経冠（堤）由来のメラノサイトの2種類の色素細胞層が，外光を強力にブロックしていることになり，両系統では，眼球の外側（奥側）に到達する光量も大きく異なるはずである。これをみても，脈絡膜メラノサイトは「何か」役割をもっているにちがいないと「感じる」のである。ちなみに，この層の「色の濃さ：明るさ」は種によって異なるようだ[36)]。

色素細胞を研究対象とする立場からすると，これほど多くのメラノサイトが，多機能な脈絡膜の機能に寄与しないとはとうてい思えない。解明が待たれるところである。

参考文献

1) 小林俊光・重野浩一郎・中尾善亮・神田幸彦 :NEW耳鼻咽喉科・頭頸部外科学（改訂第2版）（喜多村健，森山寛 編），1-9，南江堂，2007.
2) Hilding, D. A., Ginsberg, R. D. : *Acta Otolaryngol.*, **84**, 24-37, 1977.
3) Masuda, M., Yamazaki, K., Toyama, Y., Kanzaki, J., Hosoda, Y. : *Anat. Rec.*, **246**, 8-14, 1996.
4) Nin, F., Hibino, H., Doi, K., Suzuki, T., Hisa, Y., Kurachi, Y. : *Proc. Natl. Acad. Sci. USA.*, **105**, 1751-1756, 2008.
5) Zhang, W., Dai, M., Fridberger, A., Hassan, A., Degagne, J., Neng, L., Zhang, F., *et al.* : *Proc. Natl. Acad. Sci. USA.*, **109**, 10388-10393, 2012.
6) Zhang, F., Dai, M., Neng, L., Zhang, J. H., Zhi, Z., Fridberger, A., Shi, X. : *FASEB J.*, **27**, 3730-3740, 2013.
7) Pardono, E., van Bever, Y., van den Ende, J., Havrenne, P. C., Iughetti, P., Maestrelli, S. R. P., Costa, F. O., *et al.* : *Am. J. Med. Genet. A*, **117A**, 223-235, 2003.
8) Pingault, V., Bondurand, N., Kuhlbrodt, K., Goerich, D. E., Prehu, M. O., Puliti, A., Herbarth, B., *et al.* : *Nat. Genet.*, **18**, 171-173, 1998.
9) Edery, P., Attie, T., Amiel, J., Pelet, A., Eng, C., Hofstra, R. M. W., Martelli, H., *et al.* : *Nat. Genet.*, **12**, 442-444, 1996.
10) Hosoda, K., Hammer, R. E., Richardson, J. A., Baynash, A. G., Cheung, J. C., Giaid, A., Yanagisawa, M. : *Cell*, **79**, 1267-1276, 1994.
11) Bagnato, A., Spinella, F., Rosanò, L. : *Endocr. Relat. Cancer*, **12**, 761-772, 2005.
12) Ida-Eto, M., Ohgami, N., Iida, M., Yajima, I., Kumasaka, M. Y., Takaiwa, K., Kimitsuki, T., *et al.* : *J. Biol. Chem.*, **286**, 29621-29626, 2011.
13) Tachibana, M. : *Pigment Cell Res.*, **12**, 344-354, 1999.
14) Murillo-Cuesta, S., Contreras, J., Zurita, E., Cediel, R., Cantero, M., Varela-Nieto, I., Montoliu, L. : *Pigment Cell Melanoma Res.*, **23**, 72-83, 2010.
15) Barden, H. and Levine, S. : *Brain Res. Bull.*, **10**, 847-851, 1983.
16) Brito, F. C., Kos, L. : *Pigment Cell Melanoma Res.*, **21**, 464-470, 2008.
17) Levin, M. D., Lu, M. M., Petrenko, N. B., Hawkins, B. J., Gupta, T. H., Lang, D., Buckley, P. T., *et al. : J. Clin. Invest.*, **119**, 3420-3436, 2009.
18) Mjaatvedt, C. H., Kern, C. B., Norris, R. A., Fairey, S., Cave, C. L. : *Anat. Rec. A Discov. Mol. Cell Evol. Biol.*, **285**, 748-757, 2005.
19) Nakamura, T., Colbert, M. C., Robbins, J. : *Circ. Res.*, **98**, 1547-1554, 2006.
20) Nichols, S. E., Jr., Reams, W. M., Jr. : *J. Embryol. Exp. Morphol.*, **8**, 24-32, 1960.
21) Puig, I., Yajima, I., Bonaventure, J., Delmas, V., Larue, L. : *Pigment Cell Melanoma Res.*, **22**, 331-334, 2009.
22) Yajima, I., Colombo, S., Puig, I., Champeval, D., Kumasaka, M., Belloir, E., Bonaventure, J., *et al.* : *PLoS One*, **8**, e53183, 2013.
23) Yajima, I., Larue, L. : *Pigment Cell Melanoma Res.*, **21**, 471-476, 2008.
24) Gebarski, S. S., Blaivas, M. A. : *AJNR Am. J. Neuroradiol.*, **17**, 55-60, 1996.
25) Etchevers, H. C., Couly, G., Vincent, C., Le Douarin, N. M. : *Development*, **126**, 3533-3543, 1999.
26) Kadonaga, J. N., Frieden, I. J. : *J. Am. Acad. Dermatol.*, **24**, 747-755, 1991.
27) Ackermann, J., Frutschi, M., Kaloulis, K., McKee, T., Trumpp, A., Beermann, F. : *Cancer Res.*, **65**, 4005-4011, 2005.
28) Kunisada, T., Yamazaki, H., Hirobe, T., Kamei, S., Omoteno, M., Tagaya, H., Hemmi, H., *et al.* : *Mech. Dev.*, **94**, 67-78, 2000.
29) Kunisada, T., Yoshida, H., Yamazaki, H., Miyamoto, A., Hemmi, H., Nishimura, E., Shultz, L. D., *et al.* : *Development*, **125**, 2915-2923, 1998.
30) Kirby, M. L., Gale, T. F., Stewart, D. E. : *Science*, **220**, 1059-1061, 1983.
31) Ekmehag, B., Persson, B., Rorsman, P., Rorsman, H. : *Pigment Cell Res.*, **7**, 333-338, 1994.

32) Salinas, C., Garcia-Borron, J. C., Solano, F., Lozano, J. A. : *Biochim. Biophys. Acta*, **1204**, 53-60, 1994.
33) Delmas, V., Martinozzi, S., Bourgeois, Y., Holzenberger, M., Larue, L. : *Genesis*, **36**, 73-80, 2003.
34) Harada, N., Tamai, Y., Ishikawa, T., Sauer, B., Takaku, K., Oshima, M., Taketo, M. M. : *EMBO J*., **18**, 5931-5942, 1999.
35) Cotton, R. B., Stahlman, M. T., Kovar, I., Catterton, W. Z. : *J. Pediatr*., **92**, 467-473, 1978.
36) Debora L. Nickla, Josh Wallman. : *Prog. Retin. Eye Res*., **29**, 144-168, 2010.

第18章

紫外線からの生体防御と色素細胞の存在意義

市橋正光・安藤秀哉

太陽光線に含まれる紫外線は，皮膚の細胞やマトリックスに吸収され，直接あるいは活性酸素を介して間接的に，皮膚を損傷する。日焼け発症には，紫外線によるDNAとRNA損傷が大きくかかわっている。とくに表皮細胞の遺伝子損傷は，ときに遺伝子変異を誘発し，皮膚がんや日光性黒子の発症原因となる。表皮メラノサイトのメラニン生成は，角化細胞が生成・放出するサイトカインにより制御される。メラニンは角化細胞に受け渡され，核周辺にメラニンキャップを形成し，紫外線を吸収し，角化細胞核を紫外線損傷から守る。また，角化細胞が生成するα-MSHは，メラノサイトにメラニンをつくらせるだけでなく，MC1Rを介して活性酸素生成を抑制し，抗酸化酵素活性を高め，色素細胞を守る。

18.1　紫外線と皮膚

太陽光線にはさまざまな波長の光が含まれている。290 nmより短い波長の紫外線C（100～290nm）やイオン化放射線は，極地以外の成層圏に形成されているオゾン層によって吸収され，地表にはほとんど到達しない。地表に到達する290～400 nmの波長光線を紫外線（ultraviolet light；UV）とよぶ。400～760 nmが可視光線（visible light）で，760 nm～1 mmが赤外線（infrared；IR）である。紫外線はさらに，UVB（290～320 nm）とUVA（320～400 nm）に分けられる。さらにUVAは，UVA1（340～400 nm）とUVA2（320～340 nm）に細分される。一方，赤外線は，IRA（760～1440 nm，近赤外線），IRB（1440～4000 nm，中赤外線），IRC（4000 nm～150 μm，遠赤外線）および超遠赤外線（far infrared light, 150～1000 μm）に分けられる（図18.1）。

18.2　皮膚の構造と機能

皮膚表皮は，きわめて機能性に富んだバリアとして生体を保護している。表皮構成細胞は，角化細胞，色素細胞，ランゲルハンス細胞とメルケル細胞の4種類である。表皮バリア機能の主役は，表皮細胞の90％以上を占める角化細胞であり，表皮の最深部の基底層で分裂を繰り返し，外方に向かい，有棘細胞，顆粒細胞，角層細胞と順次機能分化し，各々の層が各部位の特性と環境変化に応じて一定の細胞数と一定の厚さを保ちながら，最外層では酵素の働きにより自然に皮膚表面からはがれ，ターンオーバーとよばれる約6週間のサイクルで，つねに新しい細胞で置き換わっている。角化細胞は皮膚からの水分喪失を防ぐだけでなく，外部環境から皮膚が受ける物理的刺激，微生物や化学物質などの異物の侵入を防ぐバリアと

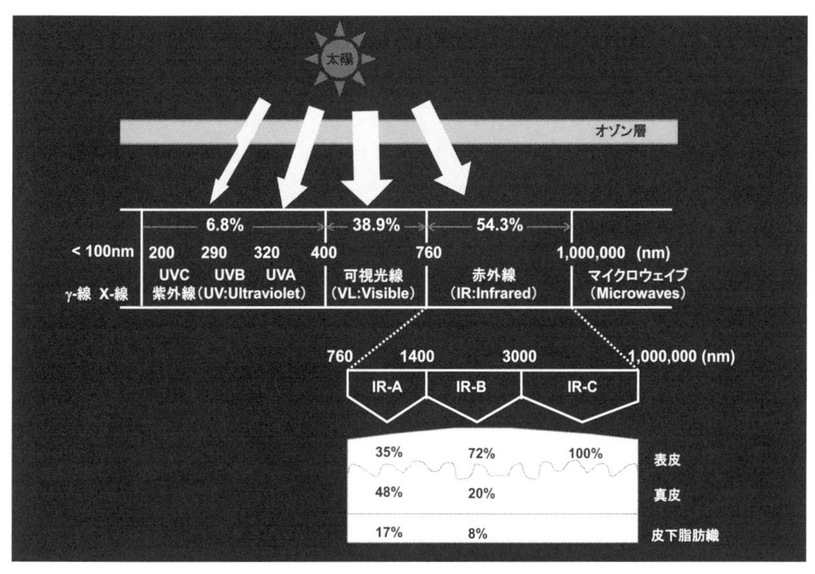

図 18.1 地表に届く太陽光線

地表に到達する光のうち，わずか7%弱が生体に有害な作用を示す紫外線である。紫外線はさらに可視光線側から順に，UVA，UVB，UVC に分けられる。UVC はオゾン層で吸収され，地表にはほとんど届いていない。皮膚に最も有害な UVB は，UVA に比べると 10%以下と少ない。UVB は夏には冬の約 5 倍多いが，UVA は夏でも 2 倍ぐらいしか増えない。ガラスに吸収される UVB に比べ，UVA はガラスを透過し，波長が長いために真皮中層くらいまで達する。赤外線は皮膚を温める。可視光線に近い赤外線 A（760 ～ 1400 nm）は活性酸素を介して，しわの原因になるといわれている。

して機能している（図 18.2）。皮膚最外層の角層を形成する角化細胞（数層から数十層と体の部位により異なる）の細胞膜を形成するコーニファイドエンベロープ（cornified envelope；CE）の成熟度は，角層バリア機能に大きく関係する。十分に成熟した CE は，皮膚表面から皮内への物質の侵入を抑える。また，CE の外層に存在するセラミドが UVB の影響で減少するため，バリア機能が低下して trans-epidermal water loss（TEWL）が亢進する [1]。

ランゲルハンス細胞は異物の侵入に対する免疫防御によるバリア機能を担当し，色素細胞はメラニン色素を生成し，それを周辺の角化細胞に付与し，物理的な太陽紫外線障害から皮膚を防御している。色素細胞 1 個に対し，角化細胞は 36 個が対応する表皮メラニンユニットを形成している。メルケル細胞は触覚により異物との物理的接触を監視し，バリア機能を発揮している。色素細胞で生成されたメラニンは，メラノソームグロブルス（メラノソームを多数内包する顆粒）として周辺の角化細胞に転送され，外層側の核周辺に集まり，帽子のごとく核を太陽紫外線から守るが，一方，角化細胞の分化過程でメラノソームは分解される [2]。その機序にオートファジーが関与すると報告されている [3]。

色白の白人角化細胞は，黒人の角化細胞に比べ，速やかにメラノソームを分解する [4]。また，メラノソームの分解の効率は角化細胞が握っている。

メラノソームの紫外線防御効果は，紅斑反応を指標にすると，サンスクリーン剤で用いられている紫外線防御指数（sun protection factor；SPF）5 以下である [5]。角化細胞に多量のメラニンを持っている人（一般には色黒といわれている）では，メラニンの少ない色白の人に比べ，紫外線防御効果が高く，同じ太陽光線量を浴びても日焼けしにくい。また，メラニン色素を多く待っている細胞は，紫外線による細胞自殺反応（アポトーシス）が起きやすい [6]。アポトーシスは細胞核に多量の傷がついたときに起き，遺伝子の変異率を下

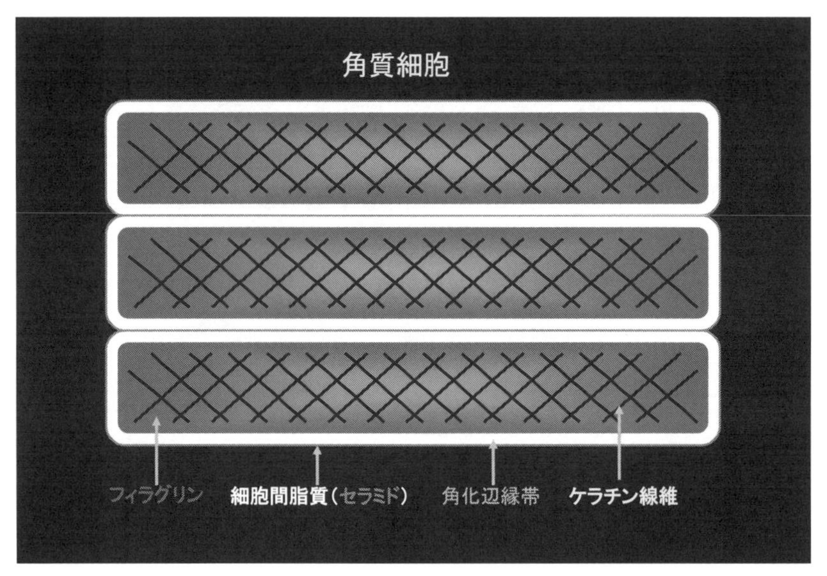

図 18.2　角質層のバリア機能としての保湿の仕組み

表皮は環境刺激から生体を保護する重要な機能を担っている。また皮膚を介する水分の喪失を最小限に抑えている。皮膚表面には皮脂腺から分泌される皮脂が多い。さらに角質細胞間にはセラミドを中心とした脂質が隙間を埋め，水分が蒸散しない構造になっている。また細胞内には，フィラグリンタンパク質が分解されてアミノ酸となり，細胞内の水分保持の役割を果たしている。

げ，皮膚がん発症を抑制する働きがあると考えられる[7]。

老化表皮は若者の表皮に比べて萎縮し薄いが，最外層の角層はターンオーバーの遅延のために逆に厚くなっている（角層のターンオーバーは，若者で 2 週間，老化皮膚では 3 ～ 4 週間）。さらに，老化皮膚の角層細胞の直径は，若者に比べて長い。つまり，個々の角層細胞が大きい。そのため，きめが粗い。その機序として，角層細胞間接着因子デスモソームを切断する分解酵素の活性低下のため，自然脱落が起きにくいと考えられる。

加齢が進むと，顔面皮膚ではクスミ（皮膚の透明感がなく，やや黒ずんで見える）が増してくるが，それは角層のターンオーバーの遅延のためである。その他の可能性としては，メラノソームの表皮角化細胞内，とくに角層での分解能の低下も考えられるが，詳細はわかっていない。

18.3　紫外線による皮膚の急性反応

太陽光線を浴びた皮膚には，数時間後から急性反応として，日焼けの紅斑反応（sunburn，サンバーン）が始まる。太陽光線を浴びて 24 時間後が紅斑反応のピークとなるが，大量に浴びれば皮膚症状も強く，小水疱を伴い，反応ピークも遅延する。さらに，表皮が小葉状に落屑するが，それは角化細胞のアポトーシスとネクローシスにより起きる。急性紅斑反応の主原因波長は UVB であり，UVA の紅斑反応への影響は少ない。日焼け反応を来たしやすい人では照射 24 時間後のピリミジン 2 量体が多かったことから，紅斑反応の引き金の一つは DNA 損傷，表皮細胞の核に生じるシクロブタン型ピリミジン 2 量体の形成が関与しているとする報告[8]もある一方で，シクロブタン型ピリジミジン 2 量体の修復酵素を処理しても紅斑反応が抑制されなかったことから，シクロブタン型ピリジミジン 2 量体は紅斑反応には関係ないとする報告もある。一方，紫外線により発生する活性酸素を介した DNA 塩基損傷（たとえば，8-hydroxydeoxyguanosine, 8-OHdG）の生成も関与すると考えられる[9,10]。

紅斑反応の引き金の第 2 は，紫外線を吸収した

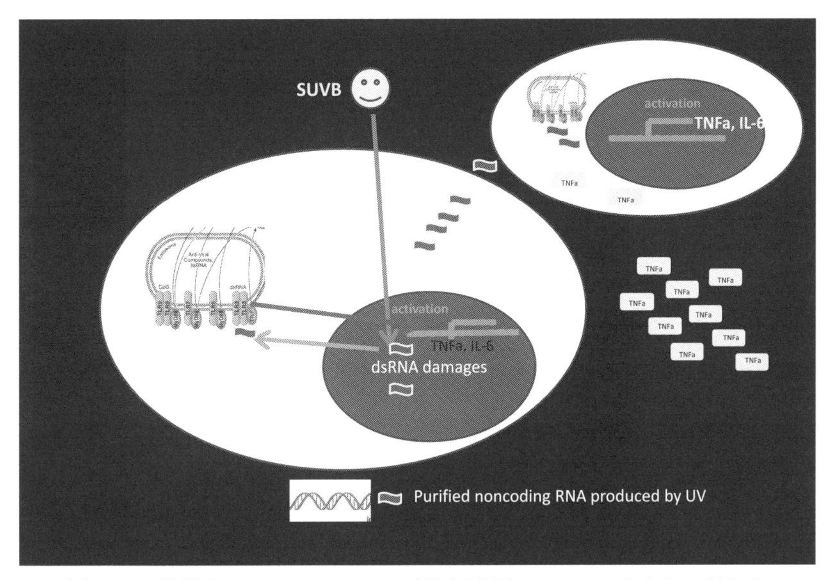

図 18.3　紫外線によるサンバーン（炎症反応）は TLR を介して起きる

正常ヒト表皮角化細胞は UVB 15mJ/cm^2 により細胞質内に non-coding RNA が生じ，TLR（Toll-like receptor）と TRIF（Toll-like receptor adaptor molecule 1）を介して核内遺伝子に働き，TNF-α と IL-6 を生成し，炎症を惹起する。

細胞内のトリプトファンからの細胞内シグナル伝達によって，炎症惹起遺伝子が活性化することである。その機序として，紫外線を吸収したトリプトファンが，AhR（arylhydrocarbon receptor）のリガンドである FlCZ（6-formylindolo［3,2-b］carbazole）に変換され，FICZ の作用で AhR が HSP90 から外れて核内へ移行し，CYP1A を含む各種の遺伝子を活性化するためと考えられている[11]。さらに，AhR は細胞膜の EGFR を活性化し，MAP キナーゼ系を介して炎症にかかわる。

第 3 として，UVB が細胞核の non-coding RNA に吸収され，短い 20 塩基前後の RNA をつくり，細胞質内の TLR（toll-like receptor）3 に結合し，IL-6 や TNFα などを生成し炎症を起こす（図 18.3）。TLR3 をノックアウトしたマウスでは紫外線による炎症反応が起きないといわれている。

つまり，UVB によるサンバーンは，現時点では 3 種の多様な細胞反応で生じることがわかってきた[12]。しかし，これらの細胞反応のうち，どの反応が紫外線紅斑反応の主であるかは不明である。いずれにしても，UVB により，角化細胞が IL-1α，IL-6，IL-8 や TNFα を生成・放出することでサンバーンが起きると考えられる。血管拡張作用を有するプロスタグランジン E$_2$（PGE$_2$）や一酸化窒素（NO）が，それぞれ COX2（cyclooxygenase 2）と iNOS（inducible nitric oxide synthase）により生成されるが，これら酵素の発現にサイトカイン（TNFα，IL-1 など）が関与し，紫外線紅斑が発症する[13,14]。さらに，これらの化学伝達物質はメラニン生成を亢進させ，日焼けの色素沈着（suntan，サンタン）にも関与する。

次に，日焼けによる色素沈着について要点を説明する。UVB が表皮角化細胞を刺激し，bFGF（basic fibroblast growth factor），α-MSH（α-melanocyte stimulating hormone）やエンドセリン（endothelin）などのニューロペプチド，サイトカインを合成・放出する[15]（図 18.4）。これらの物質が色素細胞の受容体に働き，シグナルカスケードを経てメラニン合成酵素の転写因子 MITF を活性化することにより，チロシナーゼ mRNA を高め，タンパク質合成を促す。たとえば，α-MSH は色素細胞の受容体 MC1-R に結合し，cAMP を介して MITF を活性化する[16]。

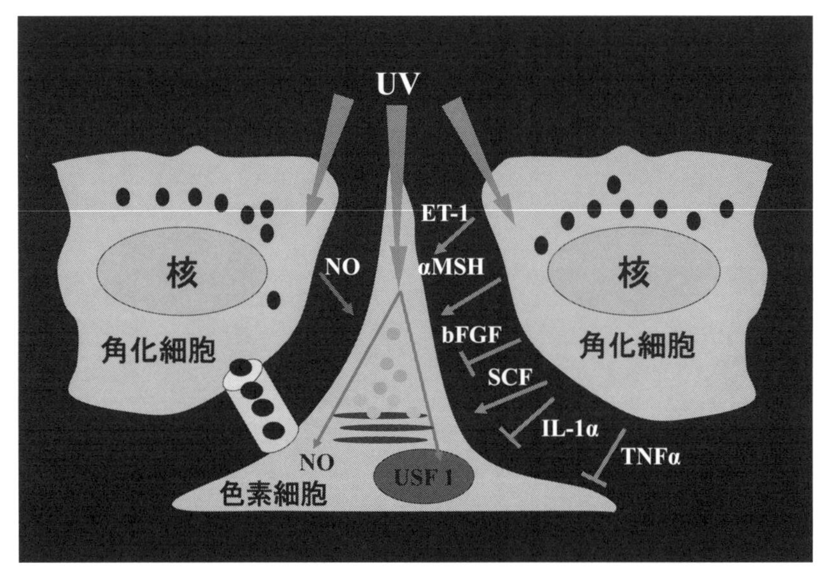

図 18.4　角化細胞のサイトカインが色素細胞のメラニン生成を刺激する

表皮構成細胞の90%以上を角化細胞が占め，色素細胞は基底層に存在する。太陽紫外線を吸収した角化細胞は，α-MSH，SCF，bFGFなどを合成・分泌し，パラクライン様式で周辺の色素細胞を刺激し，メラニン合成を高める。角化細胞の刺激に反応して，メラニンを生成した色素細胞はメラニンの詰まったメラノソームを角化細胞に転送し，角化細胞の核を紫外線から守る。

一方，色素細胞や角化細胞に生じるDNA損傷が直接引き金となってメラニン合成が亢進するとの報告がある。ピリミジンの2個および6～9個のヌクレオチドが色素細胞のメラニン合成を高める[17]。

また，太陽紫外線で生じるNO(iNOS非依存性)がcGMPを介してメラニン合成を高めることも明らかになっている。活性酸素は*α*-MSHの前駆体POMC（proopiomelanocortin）のmRNAレベルを高めて*α*-MSHやACTHを生成し，メラニン合成を誘導するので，活性酸素の役割も大きいといえる[18]。

急性反応として重要な事象に免疫抑制とビタミンD生成がある。UVBによる免疫抑制はDNA損傷および細胞内物質ウロカニン酸（urocanic acid；UCA）が紫外線を吸収し，トランス型UCAがシス型UCA（c-UCA）に変化する[19]。c-UCAは角化細胞や表皮ランゲルハンス細胞に作用し，サイトカインIL-10を生成・放出させ，間接的に抗原提示細胞の機能を障害し，免疫抑制が起きると考えられている[20]。皮膚の免疫能はUVBの1/2 MED（minimal erythema dose）量の単回曝露で低下し，約10日間で回復する[21]。UVAも大量に浴びると免疫抑制が生じる[22]。また，UVA1には強い免疫抑制作用があることから，UVAの発がん作用が注目されている。晴れた夏日であれば，白人では20分ほどの日光曝露でUVA領域（364～385 nm）による免疫抑制が生じると計算されている[23]。UVAはUVBに比べてシクロブタン型DNA損傷生成能が1/1000と低いが，地表に届く量はUVBの20～50倍と多いことが影響する。太陽紫外線による免疫抑制のピークは300 nm（UVB）と370 nm（UVA）の2領域にあると報告されている[23]。

さらに，紫外線による免疫抑制には角化細胞が発現するRANKL（receptor activated NF*κ*B ligand）が関与することも明らかにされている[24]。一方で，紫外線による免疫抑制は特定の抗原に対する免疫寛容を誘導する。これは制御性T細胞（Treg）の作用と考えられる[25]。Tregは皮膚を介して外部環境から介入する感染源や化学物質に対する生体の反応を和らげ，さらに自己免疫疾患の発症を防いでいる。われわれの皮膚は太陽紫外線を浴びると獲得免疫は低下するが，表皮角化細胞のもつ自然免疫〔多核白血球，好酸球，ナチュラルキラー細胞，マスト細胞，補体のほか，近年見いだされた抗微生物ペプチド（antimicrobial peptides，human β-defensin；HBD，LL-37 など）〕などの活性を高めることで，感染症に対する抵抗性をある程度，維持できると考えられている。

カルシウム代謝による骨の健康を保つうえで欠かせないビタミン D_3 は，表皮角化細胞で前駆物質 provitamin D（7-dehydrocholesterol）が UVB を吸収して previtamin D_3 となり，さらに皮膚でおもに熱の働きによりビタミン D_3 となる。血中に移行したのち，肝臓で 25-hydroxy vitamin D_3〔25(OH)D，calcidiol〕となり，さらに腎臓で最終の活性型ビタミン D_3〔1α-25$(OH)_2D_3$，calcitiol〕となる。さらに，ビタミン D_3 はカルシウム代謝だけではなく，ある種の内臓がんの発症予防に効果があると報告されている[26]。ビタミン D_3 のがん発症予防効果の作用機序に関する詳細は不明である。皮膚細胞だけではなく，白血球，リンパ球にもビタミン D 受容体が細胞核内に発現されており，免疫反応に何らかの機序で関与していることが示唆される。ビタミン D_3 の免疫抑制作用が Treg を介するとの報告がある。ビタミン D_3 は抗原提示細胞の機能を抑制し，Treg を活性化すると考えられている[27]。また，ビタミン D_3 は，先に触れた自然免疫や炎症反応と関係する抗微生物ペプチドの発現にも関与している。一日に必要なビタミン D_3 は，日本人の皮膚で，日本の春から秋にかけての日照量であれば，顔や手背などに 3 ～ 5 分間の日光曝露で十分といわれている[28]。もちろん，メラニン量の多い皮膚では多少長めの時間が必要となる。また，高い SPF 値のサンスクリーン剤を毎日使用するときは，安全のためにサプリメントでビタミン D_3 を 1000 u/day 摂れば，ビタミン D_3 のもつ健康に有益な作用を得ることができる。

さらに，メラニンは皮膚の接触皮膚炎の発症を抑制するとの動物皮膚での報告もある。

また，表皮角化細胞は，大量の UVB を浴びるとアポトーシスとよばれる仕組みで自殺し，細胞の癌化を防いでいる。さらに，UVB によるアポトーシスが UVA により抑制されること，および UVA による遺伝子のシクロブタン型 2 量体の修復が遅いことなどから，UVA が皮膚発がんにかかわっているとの考えが提示されている。メラニンの多い角化細胞は紫外線によるアポトーシスを起こしやすい[29]。メラニン色素は，単なる紫外線を遮断して DNA 損傷を軽減するだけでなく，DNA の傷をたくさん持つ細胞を自殺させることにより皮膚の癌化を防いでいると考えられる。

18.4　紫外線による皮膚の慢性障害

皮膚の老化は，加齢による老化と，環境因子である太陽紫外線を数十年間に及ぶ長期間浴びた皮膚の老化「光老化」に区別されている。

小児期からほとんど毎日，太陽光線を浴び続ける表皮と浅層の真皮細胞の細胞遺伝子には，生じた多数の傷のうち一部が誤って修復されることがある。ときに誤って修復されたために，細胞機能に影響する変異が生じる。太陽紫外線が原因で発症する日光性黒子（シミ）は表皮角化細胞の SCF（stem cell factor）や EDN-1（Endothelin-1）遺伝子に変異が生じるか，あるいはこれらの遺伝子の発現に関与するプロモーターの働きが高まっている可能性が考えられる[13]。さらに，これら遺伝子産物のタンパク質が結合する色素細胞の受容体遺伝子に変異が起きている可能性も否定できない。紫外線による DNA 損傷を正しく修復できない色素性乾皮症患者（健康人では，ほとんどの傷は元どおりに修復される）では，生後数回の日光浴程度の 10 分足らずの日光曝露後，生後数カ月ですでに多数のシミが発生する。メラニン生成に関与するいずれかの遺伝子に変異が起きるため，シミになるとの考えを強く示唆している。健常日本人では，早ければ 20 歳ごろに顔や手背にシミが現われ，30 歳ごろにはシワが出はじめる。

良性腫瘍である脂漏性角化症も，早ければ30～40歳ごろには出てくる[30]。

Caucasian社会では，紫外線による皮膚がん罹患率は他のどの臓器のがんよりも高く，米国では年間100万人以上の皮膚がん患者が新たに発症する。また，皮膚がんの一つである有棘細胞がんの前がん症である日光角化症は40歳以上のオーストラリアの白人では約60%に発症するといわれている[31]。致死率の高いメラノーマも，Caucasianでは日光暴露皮膚に好発するが，日本人発症率はCaucasianの1/50程度と低い。

Caucasianやわれわれ有色人種では，皮膚がんの中では基底細胞がんが最も多い。基底細胞がんは転移することはきわめてまれであり，早期発見で外科的切除や光線力学療法による治療で予後はよい。ただし，日本人に多い黒色型には光線力学療法は有効でない。日本人の前がん症の罹患率は人口10万人あたり約120人である[32]。皮膚がんは人口10万人あたり5～15人である。紫外線の強いハワイに在住する日本人は人口10万人あたり約50人と高い[33]。

皮膚色から人種をみれば，赤道近くの年間紫外線の多い地域に住み続けてきた人はより多くのメラニンを合成し，黒い肌である。メラニンが紫外線を遮断し，皮膚がん発症を防止していると考えられている。小林らは，メラニンが紫外線による遺伝子損傷および細胞死を抑えることを証明している[34]。

紫外線による皮膚がん発症にかかわっている遺伝子として*p53*がよく知られている。2014年になり，マウスではあるが*p53*遺伝子異常がメラノーマ発症にも深くかかわっていることが報告された[35]。メラノーマ関連遺伝子では，とくに*BRAF*（V600E）の頻度が高い。さらに，MAP活性化経路のKRASの活性化の制御がメラノーマの治療上，重要と考えられている[36]。現在は，BRAFなどメラノーマ関連遺伝子をターゲットとした新しい治療法で，致死率の高いメラノーマの制御に大きな期待が寄せられている[37]。また，日光曝露皮膚でのメラノーマ発症にp53の関与が大きいならば，サンスクリーン剤による紫外線防御が重要といえる。

職業上，毎日，大量の紫外線を浴び続けたヒトの顔や頚部の皮膚は，深いシワと，触れてゴワゴワした，やや硬く弾力性はなく，強い色素沈着を伴った局面となる。頚部では特徴的な菱形皮膚とよばれる形態を呈する。深いシワによる三角形から菱形の皮野が形づくられている。40歳を過ぎたヒトの顔や頚部の皮膚では，真皮上層から中層にかけて変性した弾力線維が沈着し，日光性弾力変性症（solar elastosis）とよばれる。原因波長はUVAとUVBの両領域にあると考えられる。

UVBを浴びた角化細胞は，サイトカインのIL-1α，IL-6，IL-8やTNFαを生成・放出する。IL-6やIL-1αはパラクライン様式で真皮線維芽細胞に働き，MMPs（Matrix metalloproteinase）を生成し，その結果，真皮のコラーゲンや弾性線維が切断され減少する。さらにUVBは線維芽細胞のコラーゲンの合成を抑制する。一方，波長の長いUVAは真皮に達し，線維芽細胞に直接吸収され，MMPsを生成・放出させ，コラーゲンや弾性線維を切断させ，シワの原因となる[38]。また，UVBとUVAのMMPs生成の最初の引き金は，紫外線で生じる活性酸素であることも明らかにされている。日光性弾力線維変性部には，糖化ストレスにより生成される後期糖化生成物AGEs（advanced glycation end products）のマーカーであるCML（carboxy methyl lysine）が弾性線維に沈着している[39]。40歳ごろを過ぎると日光曝露皮膚にはCMLの沈着が見られるが，糖化ストレスに加えてもう一つの原因として，UVAにより線維芽細胞で生成されるエラフィン（elafin）とよばれる物質の同部位への沈着があげられる[40]。エラフィンは古くなった変性弾性線維の切断を阻止するので，変性弾性線維が沈着すると考えられる。AGEsは，真皮のコラーゲンなど寿命が長いタンパク質を糖化してその機能を障害するため，AGEsが沈着した皮膚は弾力性を失う。

近年，可視光線よりも波長が長いIRAにMMPs活性化作用があり，しわの原因となるこ

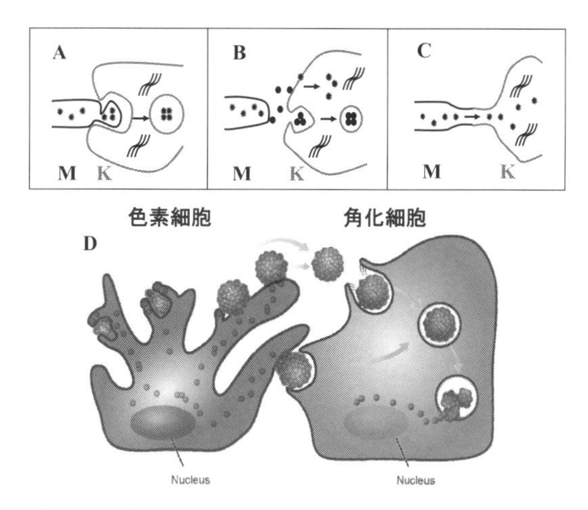

図 18.5　多岐にわたるメラノソーム移送メカニズム

(A) 角化細胞 (K) がメラノソームを含有した色素細胞 (M) の樹状突起の先端を喰いちぎる (cytophagocytosis) 様式でメラノソームが移送される経路, (B) メラノソーム単体が色素細胞外へ放出され, 角化細胞が貪食する経路, (C) 色素細胞のフィロポディアが短期間角化細胞の細胞膜と融合して通路を形成してメラノソームが移送される経路, (D) 色素細胞の樹状突起の種々の部位でメラノソーム集合体が形成されて細胞外へ放出され, 角化細胞に貪食される経路。

とも明らかにされている。

18.5　色素細胞から角化細胞へのメラノソーム移送

表皮の基底膜に存在する色素細胞は, 表皮を構成する細胞の約5%の数しか存在しないため, 色素細胞でつくられたメラノソームは周囲の角化細胞へ移送され, 表皮全体に分配されることで色素沈着が起こる。このメラノソーム移送メカニズムに関する研究はすでに50年以上の歴史がある。色素細胞の樹状突起の先端に集積したメラノソームが角化細胞に貪食されるというのが最もオーソドックスなメカニズムであるが, メラノソームがいったん色素細胞の外へ出てから角化細胞に取り込まれる経路や, 色素細胞の樹状突起に生じたフィロポディアが角化細胞の細胞膜と融合してメラノソーム移送の導管を形成する経路などが報告されている[41]。最近では, メラノソームを含有したフィロポディアが角化細胞に貪食されるというフィロポディア・ファゴサイトーシスモデル[42]や, 多数のメラノソームを包含した小球が色素細胞の樹状突起の種々の部位から放出されて角化細胞に貪食される経路も提唱されている[43] (図 18.5)。いずれのメカニズムによっても, メラノソームは角化細胞に取り込まれてから核周辺に移動し, 紫外線エネルギーを吸収して DNA 損傷を防ぐ。これまで色素細胞から角化細胞へのメラノソーム移送に関する種々のメカニズムが報告されている背景には, 皮膚が紫外線による傷害作用などの緊急事態に対応するために複数のメカニズムを備えている可能性を示唆しているとも考えられる。

表皮における色素細胞から角化細胞へのメラノソームの移送が, 角化細胞の膜受容体である PAR-2 (protease activated receptor-2) の阻害剤によって抑制されることが知られている[44]。PAR-2 は角化細胞の貪食作用の引き金でもあることから, 表皮内におけるメラノソーム移送メカニズムの一部には少なくとも角化細胞の貪食作用が関与していると考えられる。貪食作用は, 細胞が外部の物質を取り込むエンドサイトーシスとよばれる現象に含まれるが, このエンドサイトーシスのメカニズムは細菌など小型の組織成分を取り

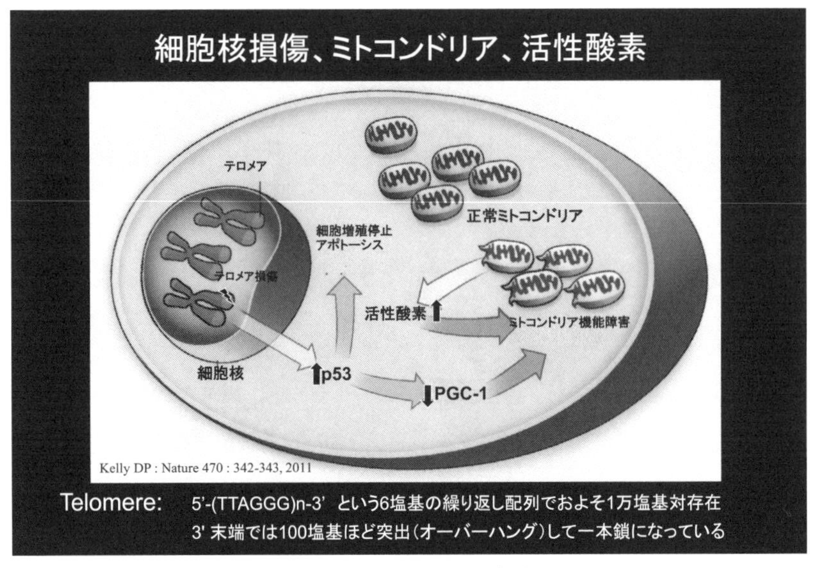

図 18.6　老化の発症機序の統合仮説

老化を引き起こす機序を説明する多くの説がある。そのなかでも，活性酸素による細胞・組織の酸化が主要との説，テロメアが短縮するため細胞分裂が止まり細胞死と組織の老化が引き起こされるとする説，また細胞の活性には欠かせないミトコンドリアの機能低下が細胞老化の原因との説などは多くの研究者に支持されている。最近，この3つの説を統合する考えが提示され注目されている。テロメアの短縮あるいは損傷により *p53* 遺伝子が活性化されるため，増殖期の細胞は分裂停止し細胞死に至る確率が高まる。さらに p53 は PGC-1α（peroxisome proliferator activated-receptor gamma coactivator 1-α）の活性を抑制するため，ミトコンドリアの機能が低下し，多くの活性酸素を生成する。その結果，ミトコンドリア自身の DNA に損傷が増し，細胞機能が低下し，細胞老化に至るとの考えである。

込むファゴサイトーシス（食作用）と，栄養分など液体成分を取り込むピノサイトーシス（飲作用）に大きく分けられる。最近は，細胞組織成分と液体成分の両方を取り込むマクロピノサイトーシスの存在も知られている[45]。角化細胞によるメラノソームの貪食が，これらエンドサイトーシスのどのメカニズムに基づくかはまだ知られていない。皮膚を構成する細胞によるメラノソームの貪食作用に関する研究は，角化細胞のほかに，色素細胞[46]や線維芽細胞[47]での報告があり，今後はこれらの細胞がメラノソームをそれぞれどのようなメカニズムで取り込んでいるかの解明研究が待たれる。

18.6　活性酸素と色素細胞

老化の原因として，テロメア短縮説，ミトコンドリア機能障害説と，活性酸素による遺伝子やタンパク質の酸化による機能低下が原因と考えられる活性酸素説[48]が三大原因として注目されているが，最近これらの原因が相互に深く関係していることから，これら3要因を老化の原因として統合的にとらえる考え方が提示された[49]（図 18.6）。ミトコンドリアの活性化と活性酸素の制御[50]が若さの回復や維持に重要であると考えられている。

おもに太陽紫外線で誘発される皮膚の光老化の原因として，活性酸素が重要である。活性酸素（$^1O_2$，O_2^-，H_2O_2，OH^-）は紫外線照射により皮膚に生じるが，その他，タバコの喫煙や炎症によっても生じる[11]。また，細胞内のミトコンドリアではつねに電子伝達系で ATP を生成しているが，その際 1 ～ 3% ほどの O_2^- が生成されるが，ミトコンドリアの ATP 生成効率が低下すると O_2^- が多く生成され，細胞に障害を与え，機能不全から細胞死に至り，組織の老化を早める。

したがって，皮膚の若さの維持あるいは回復のためには，抗酸化対策がきわめて重要である。皮膚細胞では，エネルギー代謝の過程でつねに活性酸素がつくられるだけでなく，太陽光線や外来性の刺激により活性酸素が生じるため，塩基 guanine の酸化損傷や染色体を保護しているテロメアに傷が生じやすく，老化が早く進行すると考えられる。つまり，テロメアでは太陽紫外線による直接的なシクロブタン型２量体だけでなく，TTAGGG の塩基 guanine 配列部位が多いため，他の遺伝子部位に比べて数倍も活性酸素による傷ができやすい[50]。

厳しい外来性の襲撃から皮膚を守るため，とくに表皮角化細胞は強い抗酸化能をもっている。表皮の最深部に位置する色素細胞は，特異的にメラニンを生成する小器官メラノソームを有している。メラニン生成時には，チロシナーゼによりチロシンからドーパキノン（dopaquinine）が生成されるが，その際に活性酸素の O_2^- が生じる[51]。酸化還元反応で dopaquinone から dopachrome が生成され，ついで非酵素反応で DHI（5,6-dihydroxyindole）と DHICA（5,6-dihydroxyindole-2-carboxylic acid）が生成される。中間産物の DHI から indole-5,6-quinone（H_2O_2 ができる）が，DICHA からは indole-5,6-quinone carboxylic acid が生成される（O_2^- ができる）。また，白人に多いといわれるフェオメラニンの生成過程では，dopa の代わりに cysteinyl-dopa が生成される。フェオメラニンンはプロオキシダントとしての作用が強く，メラノーマ発症の可能性を高めると考えられている[52]。

色素細胞は，酸化ストレスから細胞を守る手段として，非酵素のフェリチン，グルタチオンやビタミンC，E，A のほか，CoQ10，さらに酵素として，カタラーゼ，SOD，GPX，HO-1，GST，NQO-1 などを駆使して活性酸素種を消去している。紫外線照射や活性酸素で誘導・生成される α-MSH は，色素細胞の受容体 MC1R を介して catalase 活性を高め，H_2O_2 を消去し，さらに酸化損傷 DNA の修復を高める OGG1 や APE1 酵素の活性を高めるだけでなく，heme oxygenase-1（HO-1），ferritin，peroxiredoxin-1 活性を高め，細胞を酸化ストレスから守っている[53,54]。

このように，色素細胞はつねに酸素ストレスにさらされている。また，メラニンの中間代謝物はプロオキシダントとして働き[55]，細胞にとっては毒性がある。そのため，色素細胞はメラニンをメラノソーム内で生成する。それでも色素細胞は酸素障害を受けやすい。一方，紫外線照射で生じる皮膚の H_2O_2 量がメラニン量と逆相関することから，ユーメラニンには抗酸化作用があると考えられている[14]。メラニンが皮膚でプロオキシダントとして働くか，抗酸化物質として働くかは，ユーメラニンとフェオメラニンの量比，メラニン中間代謝物の量，メラノソーム内の金属量により決定されると考えられる[56]。

後天的に皮膚のメラニン色素が消失する尋常性白斑は，色素細胞のメラニン生成の機能低下あるいは色素細胞が死滅するために発症する。色素細胞が機能不全に陥るのは，自己免疫疾患[57]として患者自身の色素細胞を攻撃するためとの考えが一般的ではある。その引き金として，環境因子による活性酸素説や炎症先行説[58]があるが，発症機序の詳細は不明である（詳しくは第 19 章参照）。

紫外線は細胞膜に存在する成長因子，たとえば角化細胞の EGFR（epidermal growth factor receptor）に働きかけるが，選択的・特異的なリガンドを介しているわけではない[12,59]。紫外線の作用により生じた活性酸素が EGFR を活性化し，MAP キナーゼを介するシグナル伝達系を動かし，Jun を活性化し，Jun-Fos の２量体が転写因子 AP-1 を活性化する。その結果，MMPs の生成が高まる。また，活性酸素は遺伝子 DNA の塩基のうち，とくに guanine を酸化し，8-OHdG を生成し，遺伝子の変異を誘発する可能性が生じる。さらに，活性酸素は AGEs の CML 生成にも関与している。表皮基底層の角化細胞で生成され，細胞が分化し表層に向かうに従い発現する K10（ケラチン 10）が糖化されるため角層が厚くなると考えられている。さらに糖化により皮膚に黄色網が加わることが報告されている[60,61]。

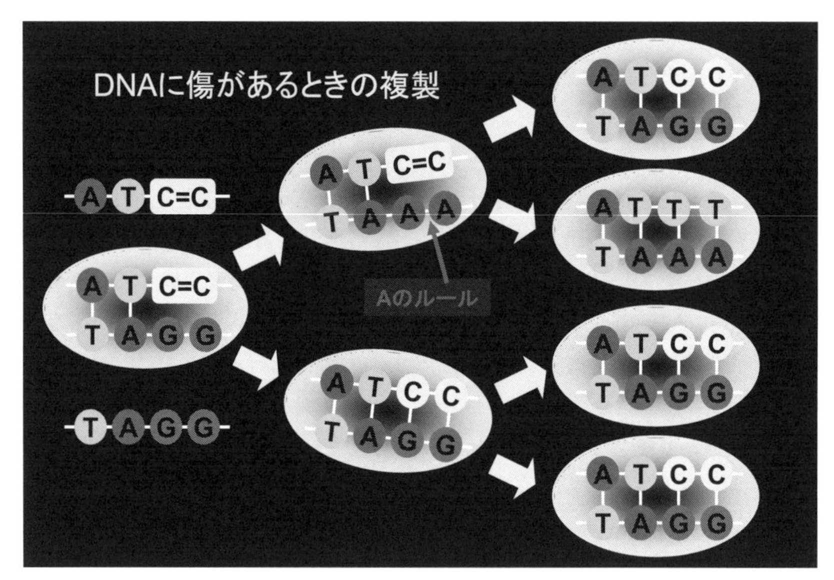

図 18.7 “A”のルールは遺伝子変異を誘発しやすい

紫外線を浴びたDNAには，シクロブタン型2量体（C-C，C-T，T-C，T-T）ができる。“A”のルールは，ポリメラーゼがDNA複製を行なう際に，3′末端のabasic部位やピリミジン二量体などのDNAの損傷部位に遭遇した際，対合する塩基がわからないと大腸菌ではdAMPを取り込むことが知られていたので，当初はそのことを指した。最近の研究では，真核生物ではポリメラーゼの種類によってどのdNMPを取り込むかが決まっているが，実際の遺伝子変異解析などからはdAMPが取りこまれることが多い。T<>Tに対してAが取り込まれると，結果的には正しい対合となるが，他のピリミジン二量体であるT<>CやC<>C，C<>Tに対してA-Aが取り込まれると，誤った対合であり突然変異が生じることになる。この図では，C<>Cの場合を示す。“A”のルールは小児期の細胞分裂が盛んな時期，つまりDNA損傷を残したままでDNA合成が始まる確率が高いときに起きると理解される。

18.7　老化・光老化の予防と治療

加齢に伴う老化と太陽紫外線による光老化の発症は，ともに生活習慣により大きく左右される。60歳になれば，顔には年相応の皮膚の光老化が出るが，最近まで誰もそれを当然のこととして受け入れてきた。しかし，疫学調査や科学的知見に基づいた理論あるいは動物実験などから，光老化の発症を著しく遅くすることができることがわかってきた。紫外線による皮膚の遺伝子損傷は，生後初めて太陽光線を浴びたとき（昔の日光浴）から始まっており，細胞分裂が盛んな小児の細胞では，DNA損傷の修復時に“Aのルール”により，対合する塩基がわからない（abasic）場合やピリミジン2量体などで対側にアデニン（A）が取り込まれるため，遺伝子変異を生じやすい（図18.7）[62]。したがって，乳幼児期からの日焼け対策を実践すれば皮膚のアンチエイジングは可能なのであり，80歳までシミの発症を遅らせることが可能と考えられる。理論的には，小児期から毎日の日光曝露時間を約3分と少なくすればよい。しかし，1日わずか3分の戸外活動では健康的な生活に支障があるので，遮光効果の高い日焼け止めを塗れば数時間の戸外活動はできる[62]。無駄な日焼けを避けることと，活性酸素の生成を抑えるか消去することが皮膚の若さを保つには肝要である。

現時点で，光老化（シミやシワ）の最適予防法は，サンスクリーン剤（UVBだけではなくUVAも防ぐ）の使用である。強い日焼けを避けるため，sun protection factor（SPF）が50の製品を使用する。

シミに対する治療としては，過剰なメラニン生成を抑えるため酵素チロシナーゼの活性を阻止するか，あるいは酵素を破壊する作用物質を美白剤として使用する（アルブチン，コウジ酸，ハイドロキノン，リノール酸など）。次いで，メラニン生成を抑えるサプリメントや薬を服用する（L-システイン，アスタキサンチン，α-リポ酸，ビタミンC，ビタミンE，トランサシン，CoQ10，グリチロンなど）。食物としては，これらを多く含むもの，L-システインであれば胚芽，柿や蜂蜜から，ビタミンCはプルーンやカシスなどのベリー類，オレンジなどの柑橘類から，また，CoQ10は鰯などから摂取できる。

CoQ10はミトコンドリアにおけるATP生合成の過程で欠かすことができない分子である。CoQ10も還元型のユビキノールが加齢により，生体組織や血清中では皮膚を含め多くの組織で減少する[63]。

アスタキサンチン（astaxanthin；AX）の皮膚に対する作用として，メラニン生成抑制や色素沈着抑制効果がヒト皮膚の臨床試験で報告されている。メラニン産生抑制については，AXが色素細胞に直接作用して，メラニン生成の後半過程である酸化重合の抑制と，表皮角化細胞に作用して上記シワ改善の作用機序と同じく抗酸化作用および抗炎症作用にてメラニン生成を刺激するサイトカインやニューロペプチドの生成を抑えることにより間接的にメラニン産生を抑制したためと考えられる。とくに，メラニン生合成で重要な役割を担っているα-MSHが切り出される前段階のproopiomelanocortin（POMC）の紫外線による発現亢進は，抗酸化剤*N*-acetylcysteine（NAC）やビタミンEで抑制されるが，AXでも発現抑制効果がある。疫学調査でコーヒーを毎日2杯以上飲む人はコーヒーをあまり飲まない人に比べて顔の色素斑が少ないことが明らかにされている[64]。コーヒーのシミ抑制効果の機序を説明するため，*in vitro*研究を行ない，最近著者らは，コーヒーポリフェノールに，色素細胞から角化細胞へのメラノソームの移行を抑制する働きがあること，および紫外線による角化細胞のメラニン生成を高めるサイトカイン生成を抑制するとの結果を得ている。植物がもつ紫外線防御能はすばらしい。

光老化は乳幼児期から始まるので，皮膚のアンチエイジングには小児期からの適切な対策が必要である。筆者らの疫学調査および臨床研究を基盤にした研究では，80歳の高齢まで老人性黒子の出ない，若く健康な皮膚を維持するには，小児期から浴びる紫外線量を少なくとも従来一般的に浴びていた量の1/4ほどに抑えることが必要との結論を得ている[65]。見た目の若さは全身の若さにつながり，アンチエイジング医療にとっては欠かせない要素であり，高齢者が若々しく社会で活躍するために重要と考える。

参考文献

1) Palmer, C. N., Irvine, A. D., Terron-Kwiatkowski, A., Zhao, Y., *et al.*：*Nat. Genet.*, **38**, 441-446, 2006.
2) Minwalla, L., Zhao, Y., Poole, C. L., Wickett, R. R., *et al.*：*J. Invest. Dermatol.*, **117**, 241-347, 2001.
3) Murase, D., Hachiya, A., Takano, K., Hicks, R., Visscher, M. O., Kitahara, T., Hase, T., *et al.*：*J. Invest. Dermatol.*, **133**, 2416-2424, 2013.
4) Ebanks, J. P., Koshoffer, A., Wickett, R. R., Schwemberger, S., *et al.*：*J. Invest. Dermatol.*, **131**, 1226-1233, 2011.
5) Pathak, M. A., Fanselow, D. L.：*J. Am. Acad. Dermatol.*, **9**, 724-733, 1983.
6) Yamaguchi, Y., Takahashi, K., Zmudzka, B. Z., Kornhauser, A., *et al.*：*FASEB J.*, **20**, 1486-1488, 2006.
7) Yamaguchi, Y., Coelho, S. G., Zmudzka, B. Z., Takahashi, K., *et al.*：*Exp. Dermatol.*, **17**, 916-924, 2008.
8) Ueda, M., Matsunaga, T., Bito, T., Nikaido, O., *et al.*：*Photodermatol. Photoimmunol. Photomed.*, **12**, 22-26, 1996.
9) Ono, R., Fukunaga, A., Masaki, T., Yu, X., Yodoi, J., Nishigori, C.：*Bioengeered*, **4**, 4254-4257, 2013.
10) Ahmed, N. U., Ueda, M., Nikaido, O., Osawa, T., *et al.*：*Br. J. Dermatol.*, **140**, 226-231, 1999.
11) Frische, E., Schafer, C., Calles, C., Bernsmann, T., *et al.*：*Proc. Natl. Acad. Sci. USA*, **104**, 8851-8856, 2007.
12) Bernard, J.J., Cowing-Zitron, C., Nakatsuji, T., Muehleisen, B., *et al.*：*Nat. Med.*, **18**, 1286-1290, 2012.
13) Ashida, M., Bito, T., Budiyanto, A., Ichihashi, M., *et al.*：*Exp. Dermatol.*, **12**, 445-452, 2003.
14) Grewe, M., Trefzer, U., Ballhorn, A., Gyufko, K., Henninger, H., Krutmann, J.：*J. Invest. Dermatol.*, **101**, 528-531, 1993.
15) Imokawa, G., Kobayashi, T., Miyagishi, M.：*J. Biol. Chem.*, **275**, 33321-33328, 2000.

16) Song, X., Mosby, N., Yang, J., Xu, A., *et al.*：*Pigment Cell Melanoma Res.*, **22**, 809-818, 2009.
17) Arad, S., Konnikov, N., Goukassian, D. A., Gilchrest, B.A.：*FASEB J.*, **20**, 1895-1897, 2006.
18) Dong, Y., Wang, H., Cao, J., Ren, J., *et al.*：*Mol. Cell. Biochem.*, **352**, 255-260, 2011.
19) DeFabo, E. C., Noonan, F. P.：*J. Exp. Med.*, **157**, 84-98, 1983.
20) Schwarz, T.：*J. Invest. Dermatol.*, **130**, 49-54, 2010.
21) Elmets, C. A., Bergstresser, P. R., Tigelaar, R. E., Wood, P. J., Streilein, J. W.：*J. Exp. Med.*, **158**, 781-794, 1983.
22) Damian, D. L., Barneston, R. S., Halliday, G. M.：*J. Invest. Dermatol.*, **112**, 939-944, 1999.
23) Damian, D. L., Matthews, T. A., Halliday, G. M.：*Br. J. Dermatol.*, **164**, 657-659, 2011.
24) Loser, K., Mehling, A., Loeser, S., Apelt, J., *et al.*：*Nature Med.*, **12**, 1372-1379, 2006.
25) Schwarz, T.：*Photochem. Photobiol.*, **84**, 10-18, 2008.
26) Giovannucci, E., Liu, Y., Rimm, E. B., Hollis, B. W., Fuchs, C. S., Stampfer, M. J., Willett, W. C.：*J. Natl. Cancer Inst.*, **98**, 451-459, 2006.
27) Schwarz, A., Navid, F., Sparwasser, T., Clausen, B. E., *et al.*：*J. Invest. Dermatol.*, **132**, 2762-2769, 2012.
28) Fujiwara, R., Naganuma, M.：*J. Pediat. Dermatol.*, **15**, 61-65, 1996.
29) Yamaguchi, Y., Takahashi, K., Zmudzka, B. Z., Kornhauser, A., Miller, S. A., Tadokoro, T., Berens, W., *et al.*：*FASEB J.*, **20**, E630-E639, 2006.
30) Ichihashi, M., Ando, H., Yoshida, M., Niki, Y., *et al.*：*Anti-Aging Med.*, **6**, 46-59, 2009.
31) Marks, R., Ponsford, M. W., Selwood, T. S., Goodman, G., *et al.*：*Med. J. Australia*, **2**, 619-622, 1983.
32) Araki, K., Nagano, T., Ueda, M., Washio, F., Watanabe, S., Yamaguchi, N., Ichihashi, M.：*J. Epidemiol.*, **9**, Suppl., S14-S21, 1999.
33) Leong, G. K., Stone, J. L., Farmer, E. R., Scotto, J., *et al.*：*J. Am. Acad. Dermatol.*, **17**, 233-238, 1987.
34) Kobayashi, N., Muramatsu, T., Yamashina, Y., Shirai, T., *et al.*：*J. Invest. Dermatol.*, **101**, 685-689, 1993.
35) Viros, A., Sanchez-Laorden, B., Pedersen, M., Furney, S. J., *et al.*：*Nature*, **511**, 478-482, 2014.
36) Hatzivassiliou, G., Haling, J. R., Chen, H., Song, K., *et al.*：*Nature*, **501**, 232-236, 2013.
37) Wada, M., Horinaka, M., Yamazaki, T., Katoh, N., *et al.*：*PLoS ONE*, **9**, e113217, 2014.
38) Fisher, G. J., Datta, S. C., Talwar, H. S., Wang, Z. Q., *et al.*：*Nature*, **379**, 335-339, 1996.
39) Mizutari, K., Ono, T., Ikeda, K., Kayashima, K., *et al.*：*J. Invest. Dermatol.*, **108**, 797-802, 1997.
40) Muto, J., Kuroda, K., Wachi, H., Hirose, S., *et al.*：*J. Invest. Dermatol.*, **127**, 1358-1366, 2007.
41) Ando, H., Niki, Y., Yoshida, M., Ito, M., *et al.*：*Cell Logist.*, **1**, 12-20, 2011.
42) Singh, S. K., Kurfurst, R., Nizard, C., Schnebert, S., *et al.*：*FASEB J.*, **24**, 3756-3769, 2010.
43) Ando, H., Niki, Y., Ito, M., Akiyama, K., *et al.*：*J. Invest. Dermatol.*, **132**, 1222-1229, 2012.
44) Seiberg, M., Paine, C., Sharlow, E., Andrade-Gordon, P., *et al.*：*J. Invest. Dermatol.*, **115**, 162-167, 2000.
45) Dutta, D., Donaldson, J. G.：*Cell Logist.*, **2**, 203-208, 2012.
46) Le Poole, I. C., van den Wijngaard, R. M., Westerhof, W., Verkruisen, R. P., *et al.*：*Exp. Cell Res.*, **205**, 388-395, 1993.
47) Ishii, M., Terao, Y., Asai, Y., Hamada, T.：*J. Cutan. Pathol.*, **11**, 476-484, 1984.
48) Ishii, N., Fujii, M., Hartman, P. S., Tsuda, M., *et al.*：*Nature*, **394**, 694-697, 1999.
49) Sahin, E., Colla, S., Liesa, M., Moslehi, J., *et al.*：*Nature*, **470**, 359-365,2011.
50) Cao, K., Blair, C. D., Faddah, D. A., Kieckhaefer, J. E., *et al.*：*J. Clin. Invest.*, **121**, 2833-2844, 2011.
51) Tomita, Y., Hariu, A., Kato, C., Seiji, M.：*J. Invest. Dermatol.*, **82**, 573-576, 1984.
52) Morgan, A. M., Lo, J., Fisher, D. E.：*Bioessays*, **35**, 672-676, 2013.
53) Maresca, V., Flori, E., Briganti, S., Mastrofrancesco, A., *et al.*：*Pigment Cell Melanoma Res.*, **21**, 200-205, 2008.
54) Kadekaro, A. L., Leachman, S., Kavanagh, R. J., Swope, V., *et al.*：*FASEB J.*, **24**, 3850-3860, 2010.
55) Liu, Y., Hong, L., Wakamatsu, K., Ito, S., *et al.*：*Photochem. Photobiol.*, **81**, 135-144, 2005.
56) DiDonato, P., Napolitano, A., Prota, G.：*Biochim. Biophys. Acta*, **1571**, 157-166, 2002.
57) Rezaei, N., Gavalas, N. G., Weetman, A. P., Kemp, E. H.：*J. Eur. Acad. Dermatol. Venereol.*, **21**, 865-876, 2007.
58) Taïeb, A.：*Pigment Cell Melanoma Res.*, **25**, 9-13, 2012.
59) Maresca, V., Flori, E., Briganti, S., Mastrofrancesco, A., *et al.*：*Pigment Cell Melanoma Res.*, **21**, 200-205, 2008.
60) Kawabata, K.：アミノ酸研究, **8**, 109-116, 2014.
61) Ohshima, H., Oyobikawa, M., Tada, A., Maeda, T., Takiwaki, H., Itoh, M., Kanto, H.：*Skin Res. Technol.*, **15**, 496-502, 2009.
62) Taylor, J. S.：*Mutat. Res.*, **510**, 55-70, 2002.
63) Passi, S., De Pita, O., Puddu, P., Littarru, G. P.：*Free Radic. Res.*, **36**, 471-477, 2002.
64) Fukusima, Y., Takahashi, Y., Hori, Y., *et al.*：*Int. J. Dermatol.*, 2014, do:10.111/ijd 12399.
65) Ichihashi, M., Ando, H.：*Exp. Dermatol.*, **23**, Suppl., 1, 43-46, 2014.

第19章

メラノサイトの機能制御と美白

船坂陽子・錦織千佳子

美白剤は従来，紫外線照射でメラノサイトが活性化されメラニン生成が亢進して生じる色素斑をどの程度抑制できるのかとの評価法を用いて開発されてきた。臨床の場では紫外線による色素沈着の予防としてよりも，老人性色素斑や肝斑などのすでにできてしまった表皮由来の過多のメラニン沈着を軽減する目的で用いられている。したがって，これら色素斑の病態を理解して美白剤を活用する必要がある。最も歴史があり最強の美白剤であるハイドロキノン，その誘導体，そしてハイドロキノンとはまったく異なる作用をもつ美白剤について，その作用機序と色素斑に対する効果について概説した。さらに近年，ロドデノールにより白斑形成が頻発したために再度脚光をあびることとなった化学誘導白班についても言及した。

19.1　しみの病態

一般に「しみ」と呼称される疾患で，高い頻度でみられるのが老人性色素斑である。老化と慢性の日光曝露が要因となる。雀卵斑は日光曝露に反応して小色素斑が生じやすい遺伝的な素因を有するものにできる。肝斑は日光曝露に加え，女性ホルモンの影響をうけて増悪する。免疫組織学的検討より，肝斑の真皮型といわれていたものは両側性太田母斑様色素斑であると考えられている。

19.1.1　老人性色素斑

中年以降の顔面，手背，前腕など日光曝露部に多発する。慢性の紫外線暴露がその病因として重要である。組織学的に表皮突起の延長とメラノサイトの数の増加がみられ，ケラチノサイトとメラノサイトの増殖異常を伴う。過剰のメラニンの沈着がみられる。

発症機序としては，老化と慢性の紫外線暴露により細胞への損傷が蓄積する結果，表皮ケラチノサイトおよび線維芽細胞に異常をきたし，これら細胞からのメラノサイトへのパラクリン刺激により，メラノサイトが活性化する。図19.1[1]にまとめたように，ケラチノサイトの異常としてはEDN (endothelin) 1，SCF (stem cell factor) の発現増強に加え，POMC (proopiomelanocortin) の発現が増強していることが明らかにされている。また，ケラチノサイトにおける脂質代謝異常およびケラチノサイトの増殖分化の異常が生じていることが示され，紫外線曝露を繰り返すことにより慢性の炎症をきたすことがこのような異常を引き起こす一つの病因だと考えられている。また，P53の発現増強およびそのリン酸化状態が紫外線曝露により増強して，前述の増殖関連遺伝子およびメラノサイトにおいてはMITF (microphthalmia associated transcription factor) やc-KITおよびチロシナーゼの発現増強が生じて，メラニン生成

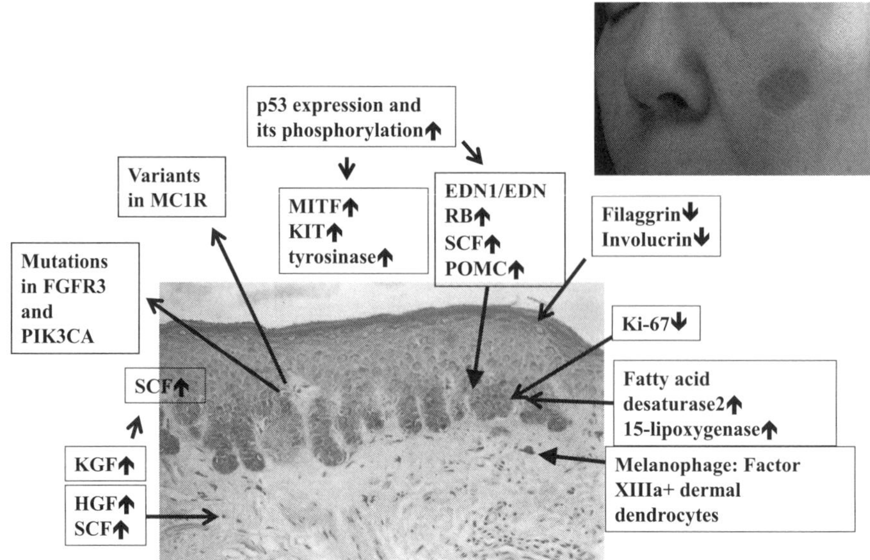

Kadono S et al. J Invest Dermatol 116:571, 2001
Hattori H et al, J Invest Dermatol 122:1256, 2004
Motokawa T et al. J Dermatol Sci 37:120, 2005
Aoki H et al. Br J Dermatol 156:1214, 2007
Cui R et al. Cell 128:853, 2007
Murase D et al. J Biol Chem 284:4343, 2009
Kovacs D et al. Br J Dermatol 163:1020, 2010
Unveer N et al. Br J Dermatol 155:119, 2006
Cario-André M et al. Pigment Cell Res 19:434, 2006
Hafner C et al. Br J Dermatol 160:546, 2009
Motokawa T et al. Pigment Cell Res 20:140, 2007
Motokawa T et al. J Invest Dermatol 128:1588, 2008

図 19.1　老人性色素斑の臨床，組織ならびにその病態[1)]
ケラチノサイトならびに線維芽細胞よりメラノサイト活性化因子が放出され，メラノサイトはメラニン生成亢進状態にある。略語および詳細については本文を参照のこと。［口絵も参照］

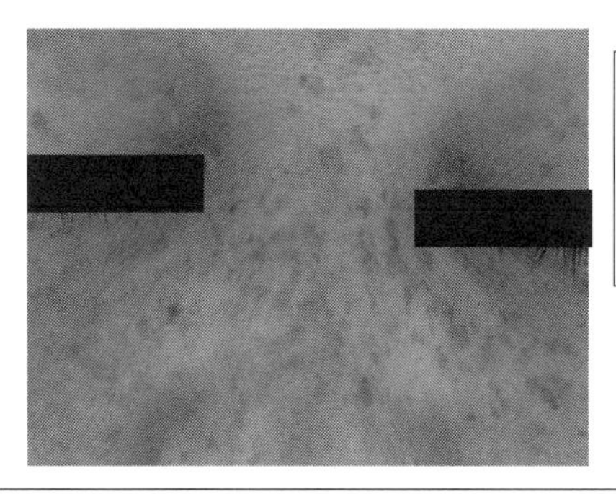

・日光性黒子は慢性のUV暴露と相関する
・雀卵斑はhost factor (色白，スキンタイプあるいは毛の色）と相関し、若年発症
Bastiaens M et al. Pigment Cell Res 17:225, 2004

・雀卵斑患者の60%は*MC1R*の変異を有する。
・但し、日光性黒子においても変異が認められる。
Bastiaens M et al. Hum Mol Genet 10:1701, 2001

・顔面正中部を主とし、露出部に多発する
・直径5mmまでの不規則な小色素斑で夏季日光照射によって増悪する
・若年者によくみられ、優性遺伝で白色人種や赤毛の人に多い
・メラノサイトの数は不変であるが大型化し、メラニン生成能が亢進している

染色体4q32-q34
Zhang XJ et al. J Invest Dermatol 122:286, 2004

図 19.2　雀卵斑の臨床ならびにその病態[1)]
略語および詳細については本文を参照のこと。

が亢進することが示されている。紫外線曝露により DNA 損傷が生じ，fibroblast growth factor receptor 3（FGFR3，線維芽細胞受容体 3）および phosphatidylinositol 3-kinase（PI3K）の遺伝子変異が日光性黒子病変皮膚において見いだされている。線維芽細胞において HGF（hepatocyte growth factor）やKGF（keratinocyte growth factor），そして SCF の発現増強が示され，さらに KGF はケラチノサイトにおける SCF の発現を増強させることが明らかにされている。

老人性色素斑を有するヒトでは MC1R（melanocortin receptor subtype 1，MSH 受容体 1）の遺伝子に変異があると報告されている。*MC1R* に変異があるとユーメラニン生成のシグナルが阻害されるため，フェオメラニンの割合が増え，紫外線によるサンバーン反応をきたしやすく，黒色腫発症の多いことが赤毛の白人で見いだされていた。MC1R の遺伝子変異は，変異の場所によりユーメラニン生成の阻害度が異なるが，雀卵斑や日光性黒子を有するヒトにおいて変異がみつかっている。

以上をまとめると，老人性色素斑の発症には，①紫外線により表皮ケラチノサイト，メラノサイト，真皮線維芽細胞に異常が生じ，ケラチノサイトの増殖シグナルおよびメラノサイトの増殖とメラニン生成刺激シグナルが増強していること，②紫外線曝露が一つの原因となり遺伝子変異も生じていること，③慢性の炎症も関与していること，が明らかにされている。

19.1.2 雀卵斑

図 19.2[1] にまとめたように，若年者で発症する。スキンタイプが病因として重要で，赤毛の白人に好発する。顔面正中部に小斑型の色素斑として認識され，夏に増悪する。遺伝性対側性色素異常症や色素性乾皮症の患児において雀卵斑様の色素斑がみられる。このような基礎疾患がなく雀卵斑を有する者が多発した家系における遺伝子解析で，中国のグループは染色体 4q32-q34 に責任遺伝子があると報告している[2]。雀卵斑は，紫外線によりメラノサイトのメラニン生成が亢進するような何らかの遺伝的素因を有し，顔面中央部に多発する小色素斑をきたす疾患と定義できる。

19.1.3 肝斑

肝斑は左右対称性に色素斑を生じ，眼囲をさけるのを特徴とする。女性ホルモンならびに紫外線が誘発ならびに増悪因子として働く。近年，韓国のグループによる皮膚組織を用いた解析の結果，肝斑病変部では solar elastosis がみられ，慢性の紫外線曝露が一つの誘因として重要であることが明らかにされている[3]。なお，日光性黒子と異なり，ケラチノサイトの増殖がみられず，メラノサイトにおけるメラニン生成が亢進し，かつメラノサイトの数が増加していることが示された。従来，肝斑には，表皮型，真皮型，表皮と真皮に病変のある混合型に分けられていたが，免疫組織染色により真皮にメラニン含有細胞が散見される症例は真皮のメラノサイトの増殖が主体であることが明らかにされ，従来肝斑の真皮型といわれていたのは太田母斑様色素斑であり，肝斑としては表皮型と混合型の 2 型しか存在しないと結論づけられている[4]。

肝斑病変部ケラチノサイトにおいて αMSH や VEGF（vascular endothelial growth factor）の発現が増強，真皮線維芽細胞での SCF の発現の増強，ERβ（oestrogen receptor β，エストロゲン受容体 β）および PR（progesterone receptor，プロゲステロン受容体）の表皮での発現亢進および ERβ の真皮線維芽細胞での発現亢進がみられている。また，肝斑病変部では角層バリア機能不全があることが示されている。肝斑の生検組織において角層の厚さも薄いことが示され，慢性の紫外線曝露により真皮の変化に加え，角層のバリア機能不全が生じているのではないかと考えられている。

19.2 美白剤の作用機序と効果

美白剤は従来，紫外線照射でメラノサイトが活

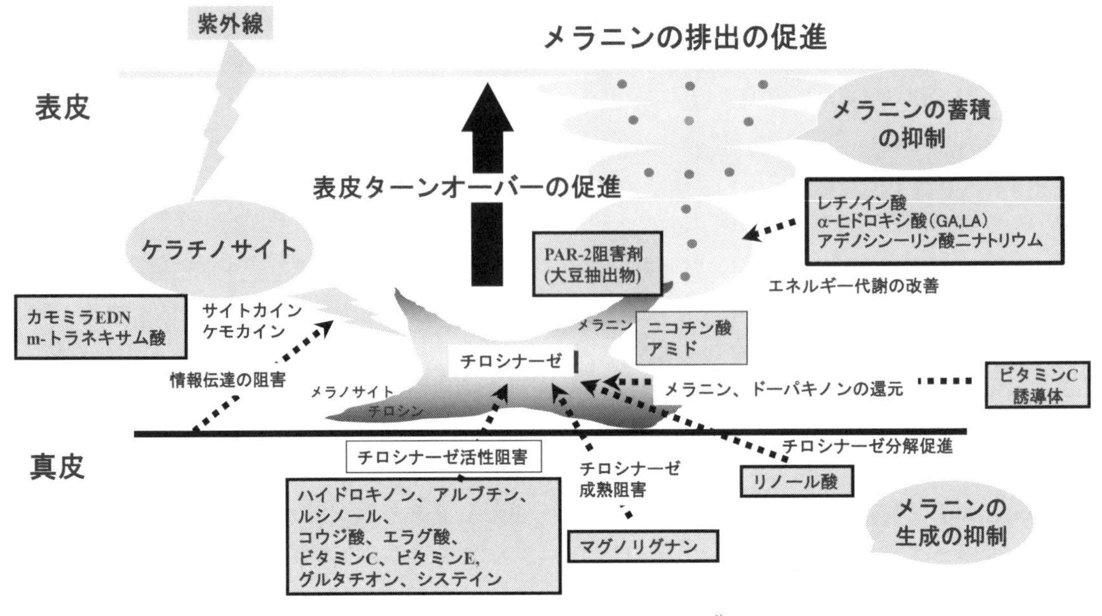

図 19.3　美白剤の作用メカニズム[6]

性化されてメラニン生成が亢進して生じる色素斑をどの程度抑制できるのかとの評価法を用いて開発されてきた。日光性黒子，雀卵斑，肝斑などの色素斑はいずれにおいても紫外線は誘発因子なので，上述の評価法で開発された美白剤は予防目的としても活用できる。一方，臨床の場では美白剤は日光性黒子，肝斑などのすでにできてしまった表皮由来の過多のメラニン沈着を軽減し，しみを薄くする目的で用いられることが多い。おもな美白剤の作用機序を表 19.1[5] と図 19.3[6] にまとめた。多くのものは，メラニン生成における律速酵素チロシナーゼ活性の抑制作用を有する。その他，メラニン生成にかかわる酵素として，チロシナーゼ関連タンパク質（tyrosinase related protein；TYRP）1（DHICA オキシダーゼ），TYRP2（ドーパクロム・トウトメラーゼ）への作用についての検討もなされている。近年では，メラノサイトに対する効果のみならず，表皮ケラチノサイトのターンオーバーの促進，ケラチノサイトのメラノサイトに対するパラクリン作用の抑制，およびメラノソームのケラチノサイトへの輸送を制御する効果についても検討されている。

19.2.1　チロシナーゼ活性抑制剤

チロシナーゼ活性を最も強力に抑制し，高い美白作用を示す化合物としてハイドロキノンがあげられる。ただし，高濃度のものを用いる際には遮光やメラノサイトへの細胞毒性などいくつかの点について注意して使用する必要がある[7]。最近では，triple combination cream（4% ハイドロキノン，0.05% トレチノイン，0.01% フルオシノロンアセトニド）の肝斑における有効性について，多施設二重盲検による臨床研究結果について数多く報告されている。アジア人の肝斑に対して，韓国，シンガポール，フィリピン，台湾，香港の多国間の臨床研究において，triple cream が 4% ハイドロキノン軟膏単独よりも有効性が有意に高かったが，他の色素斑に比べ肝斑患者ではトレチノインによる刺激が比較的高率にみられたとのことである。

ハイドロキノンのメラノサイトに対する細胞毒性に基づく副作用の軽減目的で開発されたのがアルブチン（hydroquinone-β-D-glucopyranoside）である。ハイドロキノン誘導体の一つで，ハイドロキノンのような強力な美白作用はないが，メラニン生成細胞に対してきわめて毒性が低く，IC_{50}

表 19.1 美白剤の作用機序[5]

美白剤	作用機序
1. ハイドロキノン	チロシナーゼの活性抑制 メラノサイトの破壊（DNA，RNA 合成抑制） メラノソームの分解
2. アルブチン	チロシナーゼの活性抑制（拮抗阻害） 紫外線によるメラノサイトの樹状突起の形成や伸長の抑制 スーパーオキシドアニオンおよびヒドロキシラジカル産生抑制 DHICA ポリメラーゼの活性抑制
3. アゼライン酸	チロシナーゼの活性抑制（拮抗阻害）
4. ルシノール	チロシナーゼの活性抑制（拮抗阻害） TRP1 の活性抑制
5. コウジ酸	チロシナーゼの活性抑制（銅イオンキレート作用による） DHI と中間代謝物を形成してメラニンポリマー生成を阻害
6. エラグ酸	チロシナーゼの活性抑制（銅との結合を阻害）
7. 油溶性甘草エキス	チロシナーゼの活性抑制
8. ビタミン C 誘導体	チロシナーゼの活性抑制 ドーパキノンをドーパに還元 酸化型メラニンを還元
9. ビタミン E	チロシナーゼの活性抑制 DHICA ポリメラーゼの活性抑制
10. グルタチオン	チロシナーゼの成熟化を抑制（ER からの exit を阻害）
11. システイン	チロシナーゼの活性抑制（mRNA 発現抑制） ケラチノサイトの UVB 誘導 POMC mRNA 発現誘導抑制
12. リノール酸	チロシナーゼの活性抑制（チロシナーゼの分解促進） 色素顆粒の拡散亢進（ケラチノサイトのターンオーバー促進）
13. マグノリグナン	チロシナーゼの活性抑制（チロシナーゼの成熟抑制）
14. カミツレエキス	エンドセリン 1 のメラノサイトに対する受容体を介した細胞内情報伝達機構を抑制
15. トラネキサム酸	メラノサイトの増殖抑制 メラノソームの成熟抑制 アラキドン酸，FGF の遊離抑制 プロスタグランジン，ロイコトリエンの産生抑制 POMC から MSH へのプロセッシングの抑制
16. レチノイン酸	チロシナーゼの活性抑制 色素顆粒の拡散亢進（ケラチノサイトのターンオーバー促進）
17. α-ヒドロキシ酸	チロシナーゼの活性抑制 色素顆粒の拡散亢進（ケラチノサイトのターンオーバー促進）
18. アデノシン一リン酸二ナトリウム	色素顆粒の拡散亢進（ケラチノサイトのターンオーバー促進）
19. ニコチン酸アミド	メラノソームのケラチノサイトへの輸送を抑制

では300倍もの差が認められている[8]。紫外線誘導色素沈着の防止や肝斑の治療に有効であることが報告されている。

ルシノールはレゾルシンの誘導体で，レゾルシンの4位にブチル基が導入された，4-*n*-ブチルレゾルシノールである。レゾルシンはカテコールおよびハイドロキノンと同様にジフェノールであるが，構造上酸化型キノンは形成せず，生物学的に低活性であると考えられてきた。メラニン産生に対するルシノールの作用は，ハイドロキノンと同様，低濃度でメラニン生成を抑制するものの，ハイドロキノンとは異なり，細胞の増殖抑制を示さず，細胞毒性が低い[9]。低濃度でチロシナーゼ活性を抑制し，さらにTYPR1活性を抑制することが示されている[9]。紫外線色素沈着誘導の抑制および肝斑に対する有効性が確認されている。

コウジ酸は，コウジ発酵液の中から分離同定されたγ-ピロン化合物で，色素細胞に対する作用機序としては，①チロシナーゼの銅イオンキレート作用による活性抑制，② DOPAchromeからDHI（5,6-dihydroxyindole）を経由するメラニン重合体形成過程において，DHIに直接に反応し中間代謝物を形成することによるメラニンポリマー生成の阻害効果が報告されている[10]。肝斑，炎症後色素沈着，老人性色素斑，雀卵斑，紫外線誘導色素沈着に有効であると報告されている。

エラグ酸はイチゴやリンゴなどの植物中に広く存在する，ポリフェノール構造を有する化合物である。エラグ酸は抗酸化作用と金属イオンのキレート作用を有する。チロシナーゼはその活性中心に銅を含む金属酵素の一つであるが，エラグ酸はチロシナーゼと銅との結合を阻害することにより，チロシナーゼの活性抑制に働く[11]。紫外線色素沈着形成の抑制効果を有することが報告されている。

アスコルビン酸（ビタミンC）はメラニン合成経路においてその抗酸化作用により，メラニン生成を抑制するが，容易にビタミンC自体が酸化されてしまい，抗酸化作用を持続できず，細胞毒性を示す難点があった。ビタミンCリン酸マグネシウム塩（magnesium-L-ascorbyl-2-phosphate；VC-PMG）は皮膚に常在している酸性ホスファターゼにより経時的にビタミンCに分解され[12]，ビタミンCの抗酸化能を持続して発揮することができる。肝斑および老人性色素斑での有効性が報告されている。ビタミンCには，ドーパキノンをドーパに還元，酸化型メラニンを還元，抽出チロシナーゼに対する直接の抑制作用を有することが確認されている[13]。10％以上の高濃度のビタミンCでは低pH（3.5以下）がビタミンCを非イオン化し，皮膚に浸透しやすくさせている。ビタミンCの2位のヒドロキシ基がグルコース1分子で置換された，アスコルビン酸2-グルコシド（ascorbic acid 2-*O*-*α*-glucoside；AA-2G）は熱や酸化に対し安定である[14]。AA-2Gの紫外線誘導色素沈着の抑制効果が確認されている。

ビタミンEはその強い抗酸化作用により，活性酸素および脂質過酸化反応の過程に生成されるフリーラジカルの捕捉剤（scavenger）として働く。色素細胞に対しては，チロシナーゼ活性抑制およびDHICA oxidase活性抑制効果を示し，メラニン生成の抑制に働く[15]。ビタミンEの経口摂取は顔面の色素沈着の治療に有効であること，とくに酸化型ビタミンEを還元する作用をもつビタミンC内服との併用療法にて，より効果的であることが報告されている。

還元型グルタチオンはグルタミン酸，システイン，グリシンよりなるトリペプチドである。グルタチオンは，SH基を付与することにより，ユーメラニン形成からフェオメラニン形成へと変換させる調節因子の一つである。グルタチオンは小胞体（endplasmic reticulum；ER）からチロシナーゼが輸送されてくるのを抑制する[16]。また，チロシナーゼによるチロシン酸化反応を促進する作用をもつスーパーオキシドアニオン（O_2^-）を枯渇させて，結果としてチロシナーゼを抑制すると考えられている[17]。100 mgのグルタチオン製剤を週2～3回筋肉注射，計10～53回の治療で，炎症後色素沈着，リール黒皮症，肝斑において有効性が確認されている[18]。

L-システインはSH基を有する含硫アミノ酸の一つで，生体内における解毒作用を高める。システインは生体内でグルタチオンとの相互変換能を有し，グルタチオンはシステインの体内（とくに肝臓）の貯蔵型である。システインは分子量が小さくそのまま吸収されるので，経口剤として投与するには有利である。L-システイン480 mg/日内服2週～5カ月にて，炎症後色素沈着，リール黒皮症，肝斑において有効性が確認されている[19]。

不飽和脂肪酸であるリノール酸は，チロシナーゼタンパク質の分解を促進することによるチロシナーゼ活性抑制作用を有する[20]。また，表皮バリア機能を回復させ，角層の剥離促進によるメラニン排泄促進作用をもつことから，比較的短期間に色素沈着を改善する効果が期待できる[20,21]。リポソーム化リノール酸水溶性ジェル製剤にて，肝斑において有効性が確認されている[22]。

マグノリグナンはモクレン科ホオノキの樹皮より抽出された*p*-プロピルフェノールの二量体である。チロシナーゼタンパク質の糖鎖修飾による成熟化を抑制し，未成熟なチロシナーゼの分解速度が高まることにより，タンパク質量を減少させてメラニン生成を抑制する[23]。肝斑や老人性色素斑，雀卵斑において有効性が確認されている[24]。

19.2.2 チロシナーゼ活性抑制以外の作用が主体となる美白剤

カミツレエキスは，キク科植物カミツレからのスクワラン抽出液である。紫外線色素沈着において，紫外線に暴露された表皮細胞から分泌されるエンドセリン-1（EDN-1）がメラノサイトを活性化するが，カミツレはこのEDN-1によるメラノサイトの活性化反応を抑制する[25]。紫外線誘導色素沈着形成を抑制する作用が認められている。

トラネキサム酸は抗線溶活性を有する薬剤であるが，フィブリン分解に対する阻害作用のほかに，アラキドン酸の遊離やプロスタグランジンやロイコトリエン産生に対する抑制作用，好中球の活性酸素遊離に対する抑制作用，マスト細胞のヒスタミン遊離に対する抑制作用が報告されている。プラスミンがproopiomelanocortin（POMC）からMSHへのプロセッシングや色素細胞の増殖促進因子であるbFGFの遊離を促進するのをトラネキサム酸は抑制し，結果として色素斑が改善する可能性が考えられている[26]。培養ヒトメラノサイトを用いた実験では，トラネキサム酸はチロシナーゼの活性抑制やメラニン生成の抑制効果は有さず，逆に増加傾向が観察されている。しかし，メラノサイトの増殖抑制およびIV期の成熟メラノソームの減少がみられており，メラノソームの成熟過程に何らかの抑制効果を有する可能性が示唆されている[27]。肝斑に対し，0.75～1.5 g/日の内服にて有効性が確認されている。また，5%トラネキサム酸クリーム外用の肝斑に対する有効性が報告されている[28]。

レチノイン酸はビタミンAのカルボン酸誘導体で，核内に存在し転写因子として機能するレチノイン酸受容体（retinoic acid receptor；RAR）およびレチノイドX受容体（retinoid X receptor；RXR）を介して生物活性を示す。レチノイン酸の有する生物活性を発揮する化合物はすべてレチノイドと呼称される。レチノイン酸にはチロシナーゼ活性の抑制作用[29]と亢進作用との両者の報告がある。レチノイン酸による表皮のターンオーバー亢進のために，ケラチノサイトの色素顆粒の拡散および色素の消失促進作用がある[30]。0.1%レチノイン酸は，炎症後色素沈着，肝斑，老人性色素斑，扁平母斑に有効であったと報告されている[31]。

乳酸，グリコール酸などに代表される*α*-ヒドロキシ酸は，ピーリング剤として光老化に伴う諸症状の改善に有効である。乳酸およびグリコール酸は，表皮のターンオーバーを亢進させて過剰のメラニンを有する表皮細胞を除去し[32]，チロシナーゼ活性を抑制することにより美白効果を示す[33,34]。8%グリコール酸および乳酸クリームは老人性色素斑に有効であったと報告されている。

アデノシン一リン酸二ナトリウム（disodium

adenosine monophosphate；AMP2Na）は表皮のターンオーバーを亢進させて過剰のメラニンを有する表皮細胞を除去することにより美白効果を示す[35]。肝斑において有効であったと報告されている[36]。

ニコチン酸（ビタミンB_3）の生理学的活性型であるニコチン酸アミドは，チロシナーゼ活性阻害やメラノサイトの細胞増殖阻害作用はないが，メラノソームのケラチノサイトへの輸送を抑制[37]して美白効果を示す。5%ニコチン酸アミド配合保湿剤は，肝斑，老人性色素斑，雀卵斑に有効であったと報告されている[37]。

19.2.3　美白剤の安全性/UVBによる色素沈着および紅斑・DNA損傷誘導に対する防御効果検討の必要性

紅斑反応を生じる量以上のUVB曝露後，サンタンを起こすスキンタイプでは数週ものあいだ，色素沈着が続く。これは，一種の紫外線に対する応答機構と考えられ，とくにユーメラニンの誘導によるケラチノサイトの核帽形成は，さらなるDNA損傷への予防となる。したがって，ユーメラニン量の多いわれわれ日本人は，美白剤を常用することにより長期的にこの反応を抑制してしまった場合，遺伝子損傷ひいては紫外線発癌への影響について考慮する必要がある。そのため，美白剤使用時にはさらに厳重なサンスクリーンの使用が推奨される。

α-トコフェロール（ビタミンE）は，UVBによる細胞増殖を抑制し，細胞周期調節因子のcyclin D1やP21の発現パターンの変化を誘導し，CPDの形成を抑制し，CPDおよび6-4PPの修復を増強し，UVBによる腫瘍形成発現時期を遅らせ，また腫瘍部のテロメレース活性を低下させることが知られている[38]。α-トコフェロールはその吸収極大は295 nmであり，UVBを直接吸収して分解することより，一種のサンスクリーン効果により少量UVB照射により誘導されるCPDの形成を抑制する。また，8-OHdGは酸化ストレス，すなわちヒドロキシラジカルや一重項酸素を介して形成されると考えられているが，水溶性のビタミンEでこのDNA損傷が抑制されることが報告されている[39]。

肌の色の白さを美の一つとして考える傾向にあるわが国において，美白化粧品の開発が盛んに行なわれ，その奏功機序に関する研究も熱心に行なわれてきた。紫外線が直接あるいは間接的に遺伝子に傷をつける機序が明らかにされ，またその結果として促進される光老化の分子生物学的および生化学的な手法を用いた解析が進むにつれ，このような方面からのアプローチによる美白剤の開発も必要と思われる。光老化の各種症状のうち，最も危険な紫外線発癌がとくに欧米の赤毛のヒトに多いことから，サンスクリーン剤使用推奨キャンペーンが活発に行なわれている。赤毛のヒトの毛髪および皮膚ではユーメラニンに対し，フェオメラニンの相対的含有率が高いことが明らかにされている。したがって，美白化粧品を評価するにあたり，紫外線発癌（とくにメラノーマ発生）に関与すると考えられているUVAおよびSH化合物がフェオメラニンの形成過多に与える影響およびフェオメラニン自身のROS（reactive oxygen species）産生能に注意を払い，紫外線による遺伝子損傷への影響をも検討する必要があると思われる。

19.3　化学白斑

化学白斑は，表皮メラノサイトを選択的に壊す種々の化学物質に曝露されることにより発症する，尋常性白斑に類似した皮膚の色素欠損の病型である[40]。

多くの症状では，化学物質が直接皮膚に触れることにより生じるが，化学物質の吸入も原因となりうる。ヒトあるいは動物での研究から，多くの化学物質が化学白斑の原因となることが指摘されている（表19.2）が，その中で最も多くて研究の進んでいる化学物質はフェノールとカテコール類であり（図19.4），ハイドロキノンモノベンジルエーテル（MBEH），*p-tert*-ブチルフェノール

表 19.2 化学白斑の原因となりうるおもな化学物質

フェノールとカテコール類
- monobenzyl ether of hydroquinone (MBEH)
- monomethyl ether of hydroquinone (MMEH)
  - (*p*-methoxyphenol; *p*-Hydroxyanisole)
- monoethyl ether of hydroquinone (MEEH)
  - (*p*-Ethoxyphenol)
- hydroquinone (HQ)
  - (1,4-dihydroxybenzene; 1,4-benzenediol; quinol; *p*-hydroxyphenol)
- *p*-*tert*-butylcatechol (PTBC)
- *p*-*tert*-butylphenol (PTBP)
- *p*-*tert*-amylphenol (PTAP)
- *p*-phenylphenol
- *p*-octylphenol
- *p*-nonylphenol
- *p*-isopropylcatechol
- *p*-methylcatechol
- pyrocatechol (1,2-Benzenediol)
- *p*-cresol

スルフヒドリル（チオール）
- *β*-mercaptoethylamine hydrochloride (MEA) (cysteamine)
- *N*-(2-mercaptoethyl)-dimethylamine hydrochloride (MEDA)
- sulphanolic acid
- cystamine dihydrochloride
- 3-mercaptopropylamine hydrochloride

その他
- mercurials
- arsenic
- cinnamic aldehyde
- *p*-phenylenediamine (PPDA)
- benzyl alcohol
- corticosteroids
- optic preparations
  - eserine (physostigmine)
  - diisopropyl fluorophosphate
  - thio-tepa (*N*, *N*′, *N*″-triethylenethiophosphoramide)
  - guanonitrofuracin
- systemic medications
  - chloroquine
  - fluphenazine (prolixin)

[文献：Gellin and Maibach (1985), Ortonne *et al.* (1983), Taylor *et al.* (1993)]

(PTBP)，*p*-*tert*-ブチルカテコール，*p*-*tert*-アミルフェノール，イソプロピルメチルフェノールなどのフェノール類，カテコール類，およびチオール類（表 19.2）などによって生じることが多い。これらの化学物質は，脱臭剤，複写紙，ホルムアルデヒド樹脂，殺菌フェノール洗浄剤，殺虫剤，ラテックス接着剤，自動車油添加剤，*p*-*tert*-ブチルフェノールホルムアルデヒド樹脂，酢酸セルロース可塑剤，印刷インク，ゴム老化防止剤，せっけん酸化防止剤，合成油，ワニスおよびラッカー樹脂に多く含まれている。ときにこれらを扱う工場などで白斑の集団発生を見ることがあり，

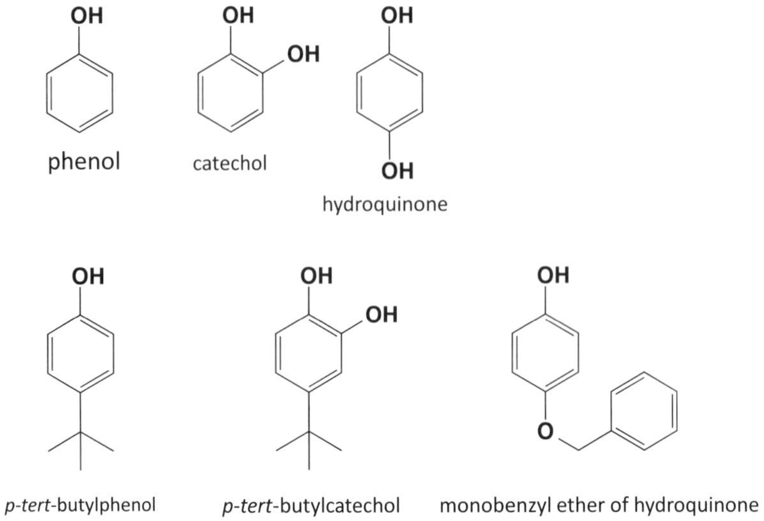

OH OH OH OH OH
phenol　catechol　hydroquinone
p-tert-butylphenol　p-tert-butylcatechol　monobenzyl ether of hydroquinone

図 19.4　白斑の原因となる化学物質の例

化学白斑を職業性白斑ということもある。

通常は接触皮膚炎発症後に炎症症状のあった部位に色素脱失を来たすが，炎症が明らかでない場合もある。原因物質によるパッチテスト陽性部位に脱色素斑が生じることもあるが，紅斑がなくても色素脱失が生じることもある。発症機序としては，上記の化学物質の代謝産物が活性酸素の発生源となることから，活性酸素に弱い色素細胞を障害するのではないかと考えられている。フェノール化合物およびカテコール化合物はチロシンに構造が似ているため，チロシナーゼの基質となることによってメラニン生成酵素であるチロシナーゼ活性を競合的に阻害するのではないかとも考えられている[40]。しかし，個々の化学物質により色素脱失の形成の機序は単一ではなく，MBEH はメラノサイトの壊死を，PTBP は色素細胞のアデノシン受容体 A_{2b} の発現増加を誘導することによってアポトーシスを誘導するという[41]。

James[42] らは，PTBP 製造工場で作業中に PTBP に曝露された 198 人のうち 54 人に通常の白斑と鑑別できない色素脱失が生じ，症状の程度と曝露量とのあいだに相関がみられたと報告した。一方，Gellin ら[43] はミシガンの組立工場で 4 例の *p-tert*-ブチルカテコールによる色素脱失例が生じたと報告している。これらの例では，色素脱失を生ずる前に手や上腕に皮膚炎症状を経験し，色素脱失発症までに数カ月から 4 年間，組立工場で働いていた。4 例中 1 例は白斑が手背と腕に限局していたが，他の 3 例は手や腕以外にも色素脱失を生じ，1 例は全身の 75% の皮膚が侵された。

ラズベリーはジャムや洋菓子の食用として用いられるが，その香り成分（ラズベリーケトン）に脂肪燃焼作用があることが発見され，ダイエット用補助食品にも配合されるが，ラズベリーケトン製造工場の従業員に白斑が生じたことが知られている。ロドデノールはラズベリーケトンのケトン基がヒドロキシ基に置換したものである。

19.3.1　化学白斑の臨床症状の特徴

化学白斑はすべてのスキンタイプの人に生じる。見た目には尋常性白斑と同じである。解剖学的な分布も含め，脱色素斑は通常，小さい紙吹雪様の円形～楕円形の脱色素斑である。大きな脱色素斑が形成されるというより，別個の小さな脱色素斑が徐々に癒合してくるといった拡大パターンや，毛包周囲が侵されていないことが化学白斑を疑う根拠となる。

化学白斑，とくに職業性白斑は原因物質が直接触れる手や前腕から始まることが多いが，接触した部位から離れたところに多くは対称性に生じることもある。頭髪は例外を除き化学白斑にはならない。

集団発生するようなケースでは化学白斑の診断をつけやすいが，孤発例では尋常性白斑との鑑別は難しい場合がある。

19.4 ロドデノール誘発性脱色素斑

株式会社カネボウ化粧品が開発し販売した化粧品のうち,「医薬部外品有効成分“ロドデノール”, 4-(4-ヒドロキシフェニル)-2-ブタノール」の配合された製品の使用者の中に色素脱失を生じた症例が確認され，2013年7月4日にロドデノールを含有する化粧品の自主回収が発表され，1万人を超す患者が出たことを受け，日本皮膚科学会が「ロドデノール含有化粧品の安全性に関する特別委員会」を2013年7月17日に発足し，その患者の実態，病像の特徴，発症のメカニズムについて調査し，報告されている[44]。

19.4.1 ロドデノール誘発性脱色素斑の臨床症状の特徴

ロドデノールを含有する化粧品を使用後2カ月から3年して，不完全脱色素斑が顔面，頚部，手背，前腕に分布する。脱色素斑はまだらなことが多く，色素脱失の程度はさまざまである。色素脱失の程度が軽く，境界も不明瞭で一見して目立たなくても，よくみると脱色素斑を生じていることもある。一方で境界明瞭な完全脱色素斑に移行したと考えられる症例もみられる。なお，脱色素斑が完全か不完全かよく区別できない場合も，ダーモスコープで観察すると脱色素斑部において毛は色がついている場合が多い。これらの臨床的特徴は化学白斑では毛包周囲がおかされないことが多いという従来の知見と符合する。臨床型として，①完全脱色素斑優位型（脱色素斑面積全体のうち6割以上が完全脱色素斑），②完全・不完全脱色素斑混合型（完全脱色素斑と不完全脱色素斑優位がほぼ同じ割合で混在する，③不完全脱色素斑優位型（脱色素斑面積全体のうち6割以上が不完全脱色素斑）の3型が分類されているが，当該化粧品の使用頻度，使用量，中止の時期，病期にも大きく寄与しているものと推測される。

化粧品の塗布部位に痒みを伴う紅斑を認めることがある。炎症後に脱色素斑が生じる例や，脱色素斑と正常部の境界に炎症を伴う炎症型白斑を呈する症例もある。まったく炎症を伴わない症例もある。炎症を伴う症例，伴わない症例ともに，ロドデノールによるパッチテストが陽性の症例がある。なお炎症を伴う症例群のほうが，より高いパッチテスト陽性率を示す。光パッチテストについては52例中1例でUVAにより反応が増強したが，光アレルギー性の反応ではなかった。

ロドデノール含有化粧品の使用を中止後，6カ月くらいで色素再生を認める例が多い。完全脱色素斑から不完全脱色素斑を経て回復する場合や，毛包一致性の点状色素再生を認める場合がある。また，回復過程に色素増強（temporal excess）repigmentationを認める例があるが，一過性の色素増強は軽快することが多い。

19.4.2 ロドデノール誘発性脱色素斑の病理組織学的特徴

生検組織の結果は現在，特別委員会委員の施設の症例を中心に検討している。色素細胞が消失している症例，色素細胞が減少している症例，炎症細胞浸潤を伴っている症例や，真皮浅層にメラノファージが散見されるだけの症例など，臨床像と同様，病理組織像も多彩であるが，①毛嚢周囲に細胞浸潤がみられる，②メラノファージが大多数の症例にみられる，の2点が尋常性白斑との区別の参考となる。メラノファージが認められないものは，現時点では尋常性白斑の可能性が高いとの結論となっている。また，尋常性白斑では多くの場合，完全脱色素斑部ではメラノサイトの完全な消失を認めるのに比して，本疾患では臨床的に完全脱色素斑部でも，メラノサイトの減少はあっても完全に消失している症例は少数であり，毛嚢部を含め標本上のいずれかの部位に残存を認める場合が多い。

19.4.3　ロドデノール誘発性脱色素斑の発症機序

ロドデノールの構造は，メラニン生成の出発材料であるチロシンの構造と類似しているため，本来はチロシンが結合するべきチロシナーゼの活性中心に結合し，その結果，本来の反応基質であるチロシンがチロシナーゼに結合できなくなり，メラニン生成が減少する。一方で，ロドデノール自体がチロシナーゼの良好な基質となり，ロドデノール代謝産物（ロドデノールキノンなど）が形成され，このロドデノールの代謝過程においてメラノサイトが障害を受けると考えられている[45]。つまり，繰り返しロドデノール含有化粧品を使うことにより，使用部位の表皮にあるメラノサイトの中で，チロシナーゼ活性依存的に細胞障害性を招くことになり[46]，代謝産物が十分量生成される結果，メラニン生成量が低下する。そこに何らかの要因が加わると，メラノサイト自体が表皮から減少・消失すると考えられる。メラニン合成能の低下と細胞障害性の程度により，美白効果ともなれば脱色素斑ともなると考えられる。これらの所見は，病変部の病理組織学的検討により，脱色素斑部ではメラノサイトの減少が認められることとも符号する。

19.5　おわりに

美白剤の作用機序を十分理解して活用する必要がある。「しみ」は紫外線による生体防御としての反応の結果生じていることから，「しみ」の治療に美白剤を用いた際，表皮細胞の紫外線によるDNA損傷からの防御能を減弱させていることを念頭において，紫外線対策や正しいスキンケアを併用することが肝要である。美白剤の中には化学白斑を来たすものもあり，いわゆる美白効果と副反応とが比較的近接した容量で生じる可能性があることを念頭におく必要がある。

参考文献

1) 船坂陽子：アンチ・エイジング医学，**10**，871-876，2014.
2) Zhang, X. J., He, P. P., Liang, Y. H., Yang, S., Yuan, W. T., Xu, S. J., Huang, W. : *J. Invest. Dermatol.*, **122**, 286-290, 2004.
3) 船坂陽子：*Visual Dermatology*, **12**, 628-632, 2013.
4) Kang, W. H., Yoon, K. H., Lee, E. S., Kim, J., Lee, K. B., Yim, H., Sohn, S., Im, S. : *Br. J. Dermatol.*, **146**, 228-237, 2002.
5) 船坂陽子：日皮会誌，**119**，2784-2788，2009.
6) 船坂陽子：日皮会誌，**120**，2828-2831，2010.
7) Matsubayashi, T., Sakaeda, T., Kita, T., Nara, M., Funasaka, Y., Ichihashi, M., Fujita, T., *et al.* : *Biol. Pharm. Bull.*, **25**, 92-96, 2002.
8) 前田憲寿・福田實：*Fragrance J.*, **14**, 127-132, 1995.
9) 竹ノ内正紀：*BIO INDUSTRY*, **16**, 142-147, 1999.
10) 三嶋豊・芝田孝一・瀬戸英伸・大山康明・波多江慎吉：皮膚，**36**，134-150，1994.
11) 立花新一・田中良昌：*Fragrance J.*, **9**, 37-42, 1997.
12) 村田友次・田村博明：*Fragrance J.*, **14**, 151-155, 1995.
13) Kameyama, K., Sakai, C., Kondoh, S., Yonemoto, K., Nishiyama, S., Tagawa, M., Murata, T., *et al.* : *J. Am. Acad. Dermatol.*, **34**, 29-33, 1996.
14) 宮井恵里子・山本格・秋山純一・柳田満廣：西日皮膚，**58**，439-443，1996.
15) Funasaka, Y., Chakraborty, A. K., Komoto, M., Ohashi, A., Ichihashi, M. : *Br. J. Dermatol.*, **141**, 20-29, 1999.
16) Halaban, R., Cheng, E., Zhang, Y., Moellman, G., Hanlon, D., Michalak, M., Setaluri, V., Hebert, D. : *Proc. Natl. Acad. Sci. USA*, **894**, 6210-6215, 1997.
17) Valverde, P., Manning, P., Todd, C., McNeil, C. J., Thody, A. J. : *Exp. Dermatol.*, **5**, 247-253, 1996.
18) 浜田稔夫：臨皮，**21**，725-729，1967.
19) 佐々木雅英（宗一郎）：皮膚，**18**，339-342，1976.
20) Ando, H., Watabe, H., Valencia, J. C., Yasumoto, K., Furumura, M., Funasaka, Y., Oka, M., *et al.* : *J. Biol. Chem.*, **279**, 15427-15433, 2004.
21) Ando, H., Funasaka, Y., Oka, M., Ohashi, A., Furumura, M., Matsunaga, J., Matsunaga, N., *et al.* : *J. Lipid Res.*, **40**, 1312-1316, 1999.
22) 今中広真・安藤秀哉・龍敦子・繁田泰民・岸田聡美・森綾子・牧野武利：*J. Soc. Cosmet. Chem. Jpn.*, **33**, 277-282，1999.
23) 杉山義宣：日皮協ジャーナル，**59**，111-115，2008.
24) 武田克之・荒瀬誠治・佐川禎昭・鹿田祐子・岡田裕之・渡辺晋一・横田朋宏ほか：西日皮膚，**68**，293-298，2006.
25) Imokawa, G., Kobayashi, T., Miyagishi, M., Higashi, K., Yada, Y. : *Pigment Cell Res.*, **10**, 218-228, 1997.
26) 前田憲寿：*Derma*，**98**，35-42，2005.

27) 堀越貴志・江口弘晃・小野寺英夫：日皮会誌，**104**，641-646，1994.
28) 東萬彦：皮膚の科学，**6**，649-652，2007.
29) Orlow, S. J., Chakraborty, A. K., Pawelek, J. M. : *J. Invest. Dermatol.*, **94**, 461-464, 1990.
30) Bulengo-Ransby, S. M., Griffith, CEM., Kimbrough-Green, C. K., Finkel, L. J., Hamilton, T. A., Ellis, C. N., Voorhees, J. J. : *N. Engl. J. Med.*, **32**, 1438-1443, 1993.
31) Yoshimura, K., Harii, K., Aoyama, T., Iga, T. : *Aesthetic Plast. Surg.*, **23**, 285-291, 1999.
32) Newman, N., Newman, A., Moy, L. S., Babapour, R., Harris, A. G., Moy, R. L. : *Dermatol. Surg.*, **22**, 455-460, 1996.
33) Ando, S., Ando, O., Suemoto, Y., Mishima, Y. : *J. Invest. Dermatol.*, **100** (2 supple), 150S-155S, 1993.
34) Usuki, A., Ohashi, A., Sato, H., Ochiai, N., Ichihashi, M., Funasaka, Y. : *Exp. Dermatol.*, **12** (Suppl 2), 43-50, 2003.
35) Furukawa, F., Kanehara, S., Harano, F., Shionohara, S., Kamimura, J., Kawabata, S., Igarashi, S., *et al.* : *Arch. Dermatol. Res.*, **300**, 485-493, 2008.
36) 川島眞・水野惇仔・村田恭子：臨皮，**62**，250-257，2008.
37) Hakozaki, T., Minwalla, L., Zhuang, J., Chhoa, M., Matsubara, A., Miyamoto, K., Greatens, A., *et al.* : *Br. J. Dermatol.*, **147**, 20-31, 2002.
38) Berton, T. R., Conti, C. J., Mitchell, D. L., Aldaz, C. M., Lubet, R. A., Fischer, S. M. : *Mol. Carcinog.*, **23**, 175-84, 1998.
39) Stewart, M. S., Cameron, G. S., Pence, B. C. : *J. Invest. Dermatol.*, **106**, 1086-1089, 1996.
40) Miyamoto, L., Taylor, J. S. : Chemical leukoderma. *in* Vitiligo. Hann S. K., *et al.* eds., pp.269-280, Boston : Blackwell Science; 2000.
41) Le Poole, I. C., Yang, F., Brown, T. L., Cornelius, J., Babcock, G. F., Das, P. K., Boissy, R. E. : *J. Invest. Dermatol.*, **113**, 725-731, 1999.
42) James, O., Maves, R. W. : *Lancet*, **2**, 1217-1219, 1977.
43) Gellin, G. A., Possick, P. A., Perone, V. B. : *J. Invest. Dermatol.*, **55**, 190-197, 1970.
44) 日本皮膚科学会ロドデノール含有化粧品の安全性に関する特別委員会（錦織千佳子，青山裕美，伊藤明子，鈴木加余子，鈴木民夫，種村篤，伊藤雅章，片山一朗，大磯直毅，篭橋雄二，杉浦伸一，深井和吉，船坂陽子，山下利春，松永佳世子）：日本皮膚科学会雑誌，**124**，285-303，2014.
45) Ito, S., Ojika, M., Yamashita, T., Wakamatsu, K. : *Pigment Cell Melanoma Res.*, **27**, 744-753, 2014.
46) Sasaki, M., Kondo, M., Sato, K., Umeda, M., Kawabata, K., Takahashi, Y., Suzuki, T., *et al.* : *Pigment Cell Melanoma Res.*, **27**, 754-763, 2014.

第20章

尋常性白斑の診断と治療

片山一朗・種村　篤

尋常性白斑は広義の後天性色素異常症に分類され，皮膚科的には完全ないし不完全色素脱失を呈する。その病態は自己免疫，酸化ストレス，遺伝学的背景などさまざま提唱されているが一定の見解はなく，さまざまな病態が組み合わさった表現型といえる。多くは自覚症状などがないこと，治療抵抗性であることより，積極的な治療や診療を受けていない患者が多く存在する。近年，外用ステロイドやPUVA療法に代わり新たな外用療法や短波長の光線療法が急速に普及しつつあるが，使用法や適応基準，治療法の優先順位，日本人の皮膚色を加味した治療アルゴリズムはなく，副作用の発生を軽減する使用法や基礎研究とともに白斑・白皮症の診断・治療ガイドラインが2012年に厚生労働省研究班により策定された[1]。基礎研究的な観点からは分子生物学の急速な進歩により，遺伝子診断による合併症の発症予測や将来的な遺伝子治療の可能性が期待されている。さらにiPS細胞やES細胞研究の世界的な取り組みが開始されたことにより，将来的に再生学や臓器エンジニアリングの手法を用いた根本的な治療法の開発も期待される。

20.1　尋常性白斑の疫学

紀元前1500年にすでにインドの聖典に記載され，ハンセン病として誤解されたり，宗教的・迷信的伝習により差別されたりした歴史をもつ。今日でもなお皮膚濃色民族では社会的な問題をかかえている。

顔面病変をもつ患者や難治性の自己免疫機序の関与する汎発型では上記のリスク，偏見など，患者の社会的なQOLも大きく障害されている。世界的には有病率は0.5～1.0％程度とされている[2,3]。厚労省研究班の病型分類によるアンケート（全国262施設，新患総数は年間912,986名）では先天性の白皮症患者は1,748名，後天性の白斑患者は6,359名で，尋常性白斑は60％を占めた[1]。日本皮膚科学会の統計的な検討では尋常性白斑は1.134人（総数67,488人，1.68％），で疾患別では第18位を占めている[4]。

わが国では「なまず～こ」，「尋常性白斑」のネットコミュニティがあり，患者間の情報交換が行なわれているが，医師の支援はまだまだ不十分である。世界的には患者組織が構築されている国も多く，World Vitiligo Dayなどが開催され，医師と患者間での情報交換やボランティア活動も盛んである。

20.2　尋常性白斑の病因および病態

これまで多くの病因・病態論が提唱されている

が，大別して，分節型（単分節と多分節大凡神経分節 Blaschko 線に一致する）とそれ以外の非分節型（通常全身左右対称性に生じ神経分節に関係しない，汎発型が主である）があり，それぞれで異なっている。

20.2.1 汎発型

自己免疫疾患との合併が多く報告されることより，自己免疫性白斑とよばれることもある。最近の GWAS（genome-wide association analyses）網羅的遺伝子解析による疾患関連遺伝子の検索結果により，自然免疫にかかわる NALP1 の一遺伝子多型が同定され，実際，IL-1β のプロセッシングが白斑患者で亢進していることが報告された[5]。また，制御性 T 細胞のマスター転写因子である FOXP3 や XBP1，TSLP などの一遺伝子多型も白斑患者で有意に多く見られることより，免疫応答の関与が示唆される[6]。汎発型白斑に関連する疾患として，I 型糖尿病，Addison 病，円形脱毛症などがあることに加え，甲状腺機能亢進症もしくは低下症を呈する頻度は 0.62 ～ 12.5%，抗甲状腺抗体が陽性である頻度は 14.9 ～ 53.3% と高率である[7~9]。これまで，液性免疫と細胞性免疫によるメラノサイト傷害がいわれてきた。液性免疫としてはチロシナーゼや TRP といったメラノサイト関連タンパク質に対する抗体が白斑患者に多く見いだされている[10]。抗チロシナーゼ抗体は ADCC や CDC を介してメラノサイトを傷害すると報告されているが[11]，実際白斑患者での陽性率は低い。HLA-A2 に拘束されたメラノソーム関連タンパク質である MART1 特異的 T 細胞が白斑患者末梢血中に見いだされ，白斑表皮に T 細胞が多く浸潤するとされるが[12]，一方で白斑患者に存在する T 細胞に IFN-γ を産生する能力はなく機能していないとする報告もあり一致しない[13]。

20.2.2 分節型

白斑部の組織所見にて知覚神経にあたる神経線維軸索の肥厚，線維径の不整がみられること，初期病変の電顕像にて神経終末が密接したメラノサイトの変性・メラノソームの凝集がみられることなどの形態的変化に起因する[14]。患者血清中のカテコールアミンが増加しており，アドレナリン受容体 α レセプターの刺激により血管収縮が生じること，かつカテコールアミン自身の代謝により皮膚局所で活性酸素が増加しメラノサイトを傷害する[15]。メラノサイトが活性酸素刺激に非常に脆弱なため傷害されやすいことはよく知られているが，Schallreuter らは白斑患者の病変皮膚では 6-tetrahydrobiopterin（$6BH_4$）および $7BH_4$ の産生が増加していることを見いだした。$6BH_4$ はフェニルアラニンをチロシンへと変換させるフェニルアラニン水酸化酵素の補酵素であり，$6BH_4$ の増加に加えて 4a-OH-tetrahydrobiopterin dehydratase の活性低下があるため，非酵素的に $7BH_4$ の増加につながり，さらに $6BH_4$ のリサイクル経路の短縮により活性酸素の増加にもつながる。それに対してカタラーゼ・ユビキノール・ビタミン E などの抗酸化物質の合成が低下している結果，メラノサイトの減少・消失を助長するとされる[15,16]。

20.2.3 最近のわれわれの知見を含めた病因論および病態について――サイトカイン・ケモカインの関与

2000 年代に入り，全身性の反応に加え白斑局所における細胞・サイトカイン環境が非常に重要であるとする報告がある。たとえば，白斑部と非白斑部の表皮を比較した研究で，白斑部では SCF（stem cell factor，c-KIT のリガンド）や ET-1（endothelin-1，エンドセリンレセプターのリガンド）などの色素産生を亢進させるサイトカインの発現が低下している一方，TNF-α や IL-6 といった逆に色素産生に抑制的に働く因子の発現が上昇していることが明らかになった[17]。つまり，病変局所のサイトカインバランスの破綻が病変部で生じている。TNF-α にはメラニン産生能の低下，NO や活性酸素を介したメラノサイトの細胞死を促進する作用があるため，白斑が生じる[18]。

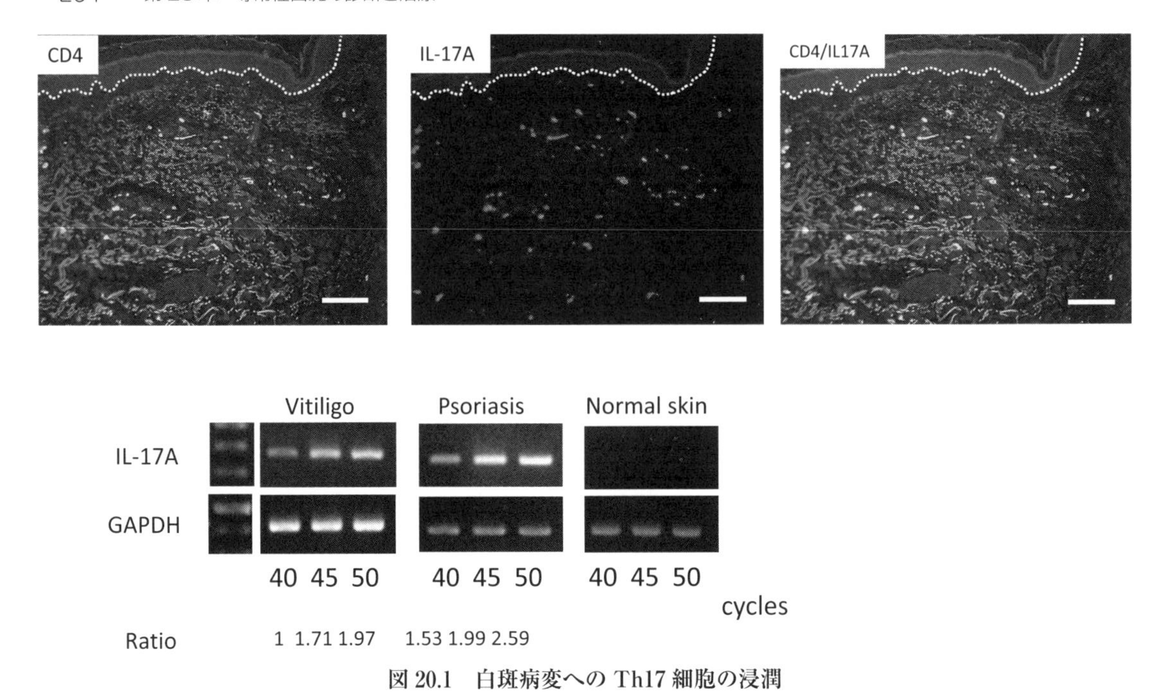

図 20.1　白斑病変への Th17 細胞の浸潤

一方，Kitamura らは，白斑境界部のメラノサイトで KIT，ET_BR（エンドセリン B 受容体）の発現が低下しており，その代償として，それらのリガンドである SCF，ET-1 の発現が周囲ケラチノサイトで逆に上昇すると報告しており [19]，一定の見解は得られていない。その理由の一つとして，採取する病変部位や発症時期に影響を受けるかもしれない。また，メラノソーム輸送に必須とされるプロテアーゼ受容体 PAR-2（protease-activated receptor-2）の発現が白斑病変のケラチノサイトで低下しており，結果として基底層の色素沈着が障害されているとの報告もある [20]。色素産生に影響を及ぼす局所サイトカインは多種に及んでおり，メラノサイトを取り巻く細胞間のサイトカインバランスが恒常的なメラノサイトの機能および生存の重要な調節役として働いていることがわかってきた。本稿で，汎発型白斑発症に CD8 陽性 T 細胞が重要であることは前述した。しかし拡大している白斑皮膚を光顕観察すると，真皮上層～表皮内に細胞浸潤がみられるが，メラノサイトと近接し直接傷害している像や，メラニンの滴落・貪食像はほとんど確認できない。

そこでわれわれは炎症性皮膚疾患に関与する多くの炎症細胞（T 細胞中心だが）の局所浸潤の有無を調べてみたところ，尋常性乾癬やアトピー性皮膚炎の病態形成に役割を担っている，Th1/2 細胞とは異なる Th17 細胞が浸潤していることがわかった [21, 22]。25 例の白斑患者皮膚での Th17 細胞の浸潤を免疫組織学的に検討したところ，じつに 23 例で真皮浅層を中心に浸潤していた（図 20.1）。IL-17A メッセンジャー RNA の発現も乾癬皮膚と同程度確認された。さらに，IL-1β，IL-6，TNF-α，IL-17A などの Th17 細胞に関連したサイトカインで培養メラノサイトを処理したところ，メラニン生合成に関与する転写因子や酵素関連因子の発現が有意に低下すると同時にメラニンの合成も抑制された（図 20.2）。これらのサイトカイン産生は Th17 細胞だけではなく，表皮角化細胞や真皮線維芽細胞が協調的に作用することで促進されることがわかり，白斑局所において細胞間どうしで密接したサイトカインを介する微小環境が形成されている可能性が示唆された。さらに，尋常性白斑表皮において，通常表皮の中層に位置するランゲルハンス細胞が基底層付近に移

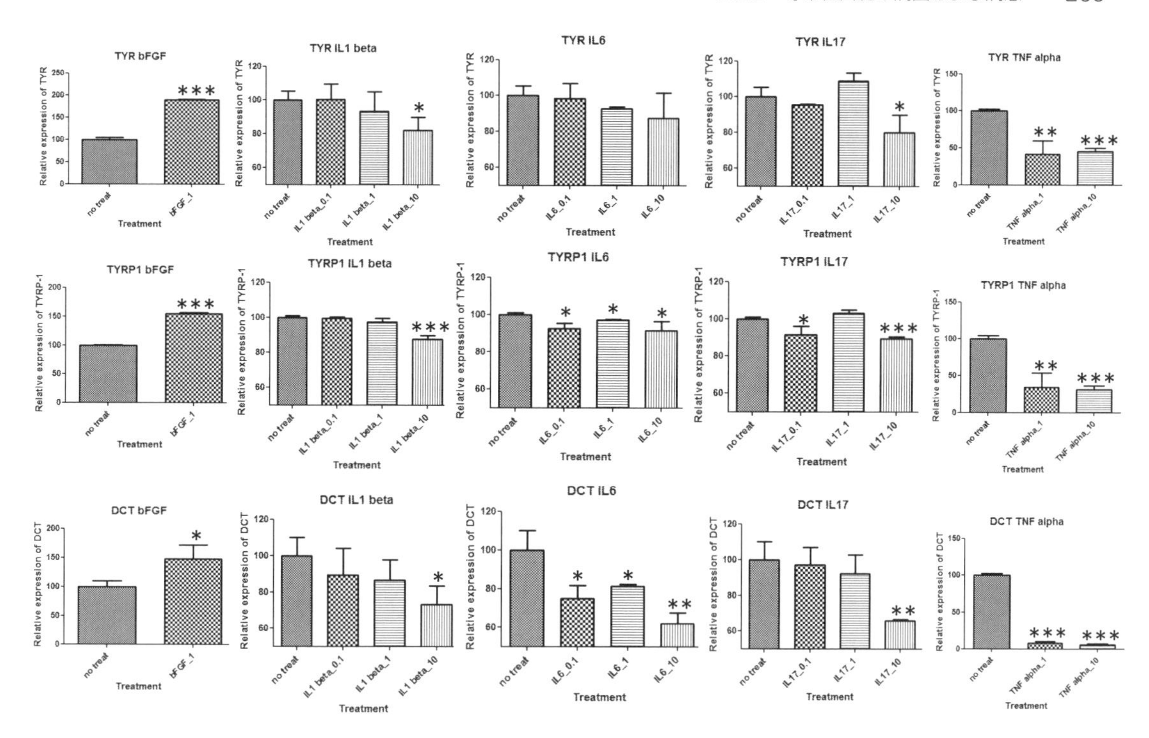

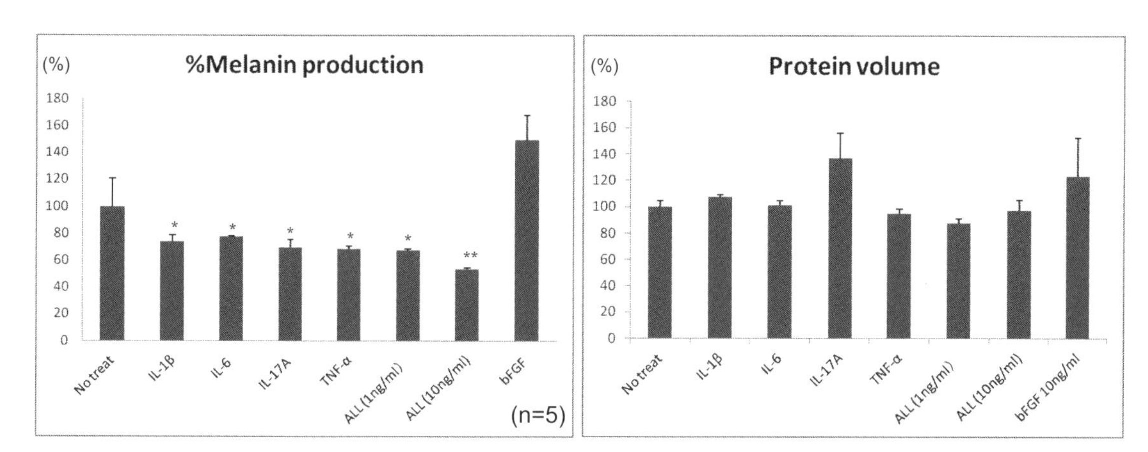

図 20.2 サイトカイン刺激後のメラニン合成関連酵素および転写因子の発現およびメラニン合成抑制
横軸：刺激サイトカイン（タンパク質）およびその濃度（ng/ml）。縦軸：無刺激と比較した%発現量（%）。

動し，樹状突起を伸長している像がみられた（図20.3）[23]。

血清サイトカインの上昇も報告されている。尋常性白斑患者の血清で IL-10，IL-13，IL-17A および TGF-β が有意に上昇し，さらに進行中の患者でより顕著であり，これらサイトカインが病勢に関与している可能性が示唆されている[24]。マウスを用いた実験では，表皮にもメラノサイトを有する SCF トランスジェニックマウスに Pmel に対する T 細胞受容体を強発現した細胞障害性 T 細胞を輸注すると，尻尾に白斑を生じる。このマウスの免疫学的解析により，CXCL10 がとくに表皮に発現し，CXCR3 を発現した T 細胞がメラノサイトを攻撃する病態がみごとに証明された[25]。

これらの最近の知見を考えあわせ，汎発性尋常

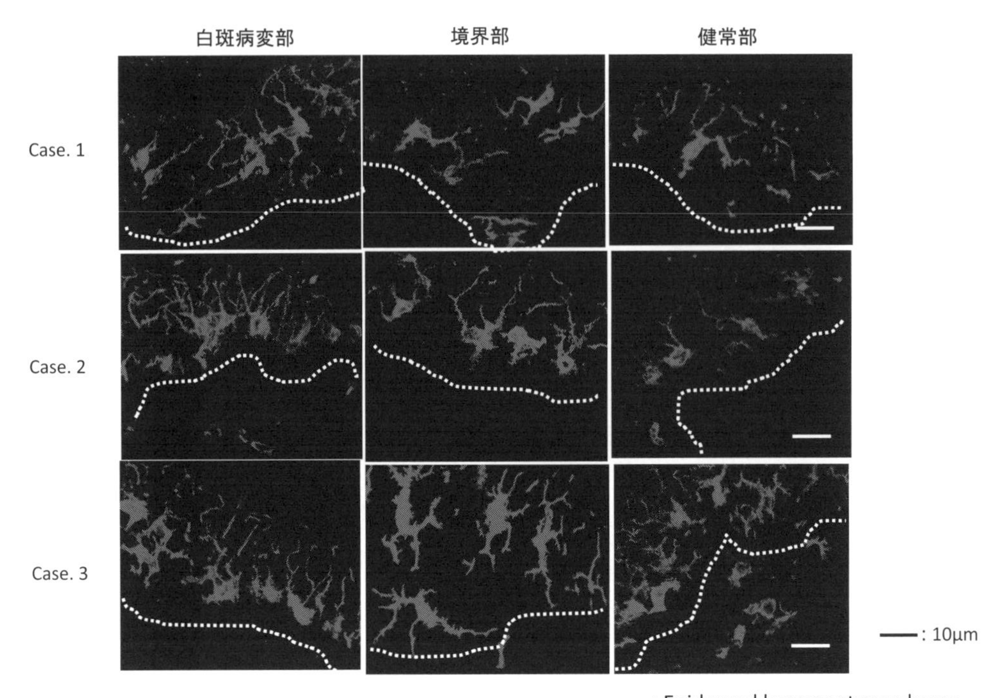

図 20.3　汎発型尋常性白斑でのサイトカイン・免疫担当細胞間の協調

性白斑の病因もしくは病態をまとめる。これまでの自己免疫性白斑でメラノサイトを認識する細胞障害性T細胞による白斑の出現，および局所の活性酸素によるメラノサイトの消失に加え[26, 27]，白斑表皮細胞でIL-1，IL-6，TNF-α，CXCL10などの因子が直接メラノサイトに作用すると同時に，表皮ランゲルハンス細胞を活性化し，Th1細胞，Th17細胞などのT細胞をリクルートする。Th1細胞は局所のTNF-α，IFN-γなどを産生し炎症を増強する。Th17細胞は周囲の表皮細胞や線維芽細胞にIL-17を介してTNF-α，IL-6の産生を促進し，さらにメラノサイトの活性に負のサイトカイン環境を形成する。また，皮膚にホーミングする制御性T細胞が減少していることが報告されており[28]，これらの免疫反応の局所制御不全も関与する。このように，汎発型尋常性白斑ではCD8 T細胞によるメラノサイトの攻撃だけでなく，多くのサイトカイン，ケモカインおよび免疫担当細胞，皮膚構成細胞が密接にクロストークしながら病態形成していることが示唆されている（図20.4）。

20.3　尋常性白斑の臨床

20.3.1　尋常性白斑の分類と臨床像

以下の三型に分類されることが多いが（図20.5），現在世界の研究者により以下の分類案が出され，さらに病因論的な検討が必要と論議されている[29]。

(1) 非分節型（nonsegmental vitiligo；NSV）

神経支配領域と関係なく生じる。粘膜型(mucosal)，四肢顔面型（acrofacial)，汎発型(generalized)，全身型（universal）が含まれる限局型（focal）の一部はこちらに含まれることもある。混合型（SVと混在）。現在のVitiligo consensus meetingでは単に白斑（Vitiligo）とする案が承認され，公表されている。

(2) 分節型（segmental vitiligo；SV）

神経支配領域に一致して片側性に生じる。

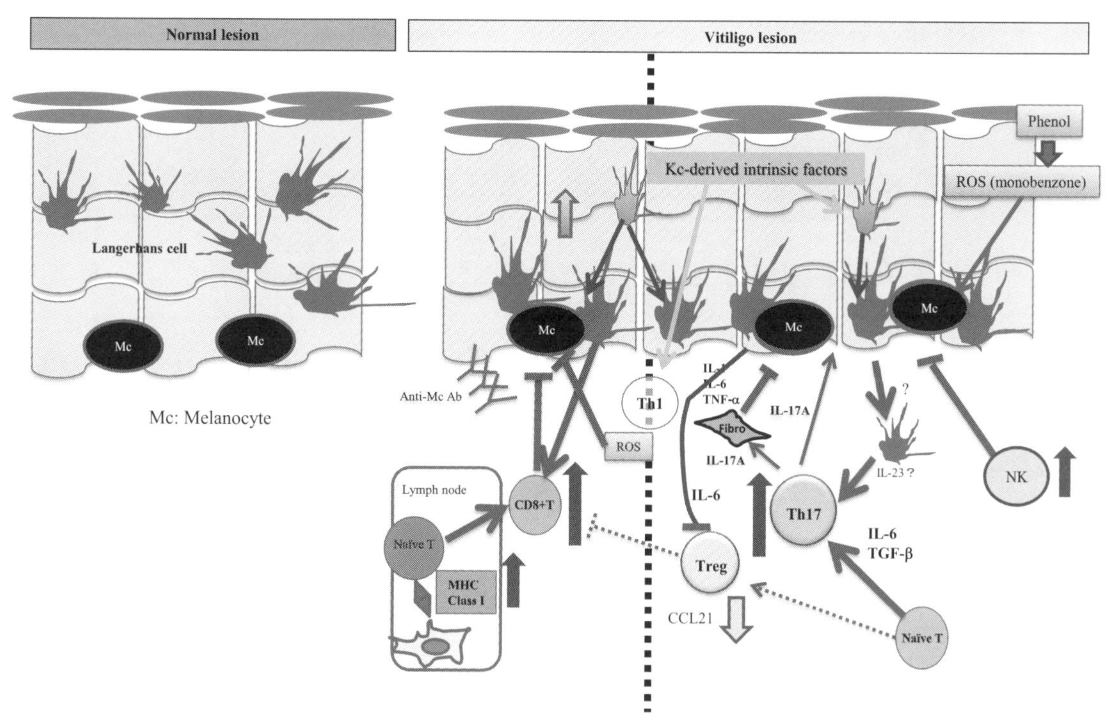

図 20.4 白斑皮膚でのランゲルハンス細胞の活性化
代表的 3 症例の免疫組織写真を示す。いずれも病変部および境界部においてランゲルハンス細胞の増大・樹状突起の延長がみられる。

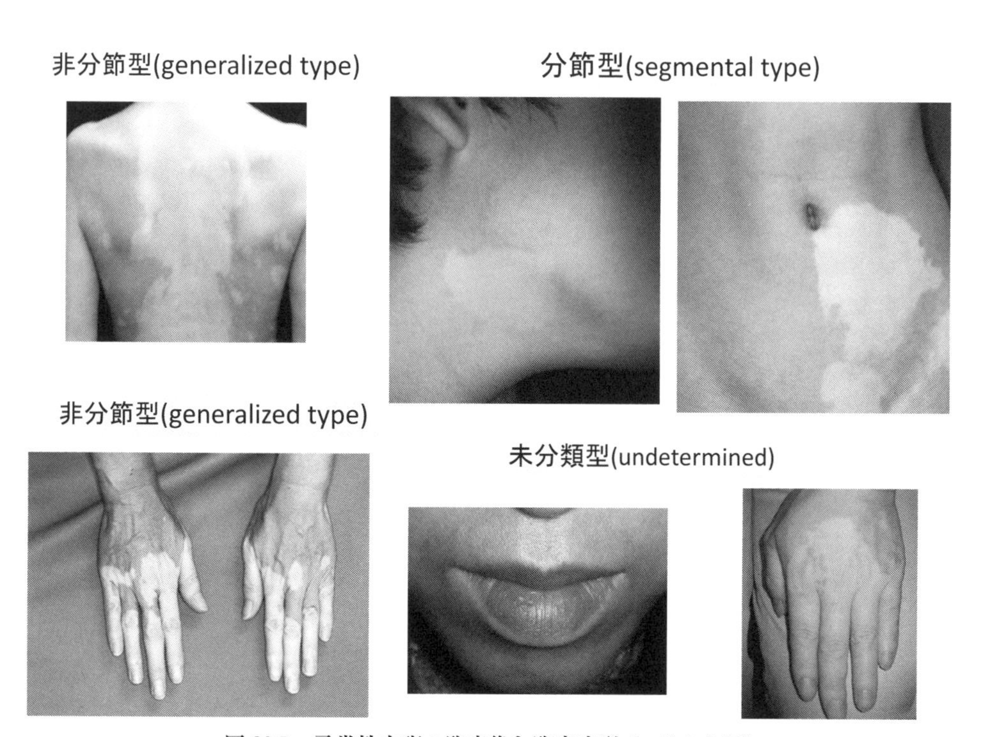

図 20.5 尋常性白斑の臨床像と臨床病型［口絵も参照］

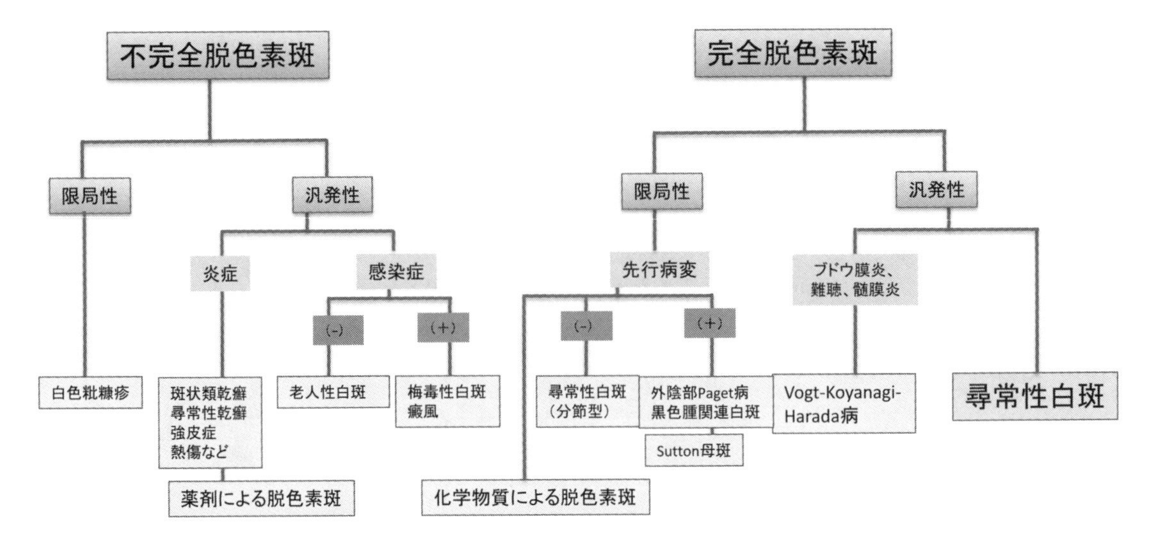

*尋常性白斑の合併疾患：自己免疫性甲状腺機能異常、膠原病、シェーグレン症候群、慢性C型肝炎
糖尿病、円形脱毛症、悪性貧血、Addison病、重症筋無力症など

図 20.6　日本皮膚科学会ガイドライン診断アルゴリズム

(3) 限局型（localized）

focal, mucosal など片側性 1 カ所のみの病変で神経支配に一致しないとされる。Vitiligo consensus meeting では限局型で発症しても，拡大することもあり，未分類群（Undetermined/Unclassified）とする案が承認されている。

20.4　尋常性白斑の診断

20.4.1　診断

診断は臨床像，経過などを参考にアルゴリズム（図 20.6）により系統的に行なう。組織学的には基底層に存在する明細胞の減少などやメラニン色素の減少などで比較的容易である。従来，フォンタナ・マッソン染色や DOPA 反応などがメラニン，メラノサイトの同定に用いられていたが，最近は HMB45，MART1（Melan A），MITF などのメラノサイト関連タンパク質を認識する抗体による免疫染色が使用される[30]。

20.4.2　尋常性白斑の鑑別診断

(1) Vogt・小柳・原田病

汎発性脱色素斑に，ブドウ膜炎，髄膜炎，難聴を三徴として合併する Vogt・小柳・原田病がある。これはメラノサイトを含む髄膜，内耳，皮膚，毛根などへの免疫反応がその原因といわれている。最近，患者末梢血より gp100 を認識して RANTES や IFN を産生する Th1 細胞が同定されており，その発症の原因として重要視されている[31]。

(2) サットン現象・サットン母斑

悪性黒色腫や色素性母斑に随伴して脱色素斑が生じることがしばしばみられ，これらもメラニン関連タンパク質に対する自己免疫反応といえる。それぞれサットン現象，サットン母斑とよばれる。

(3) 感染症

日常診療において時折遭遇する後天性脱色素性疾患として，感染症に伴う白斑があげられる。細菌，ウイルス，真菌それぞれに白斑を伴うことがある。真菌では *Malassezia furfur* の表在性感染

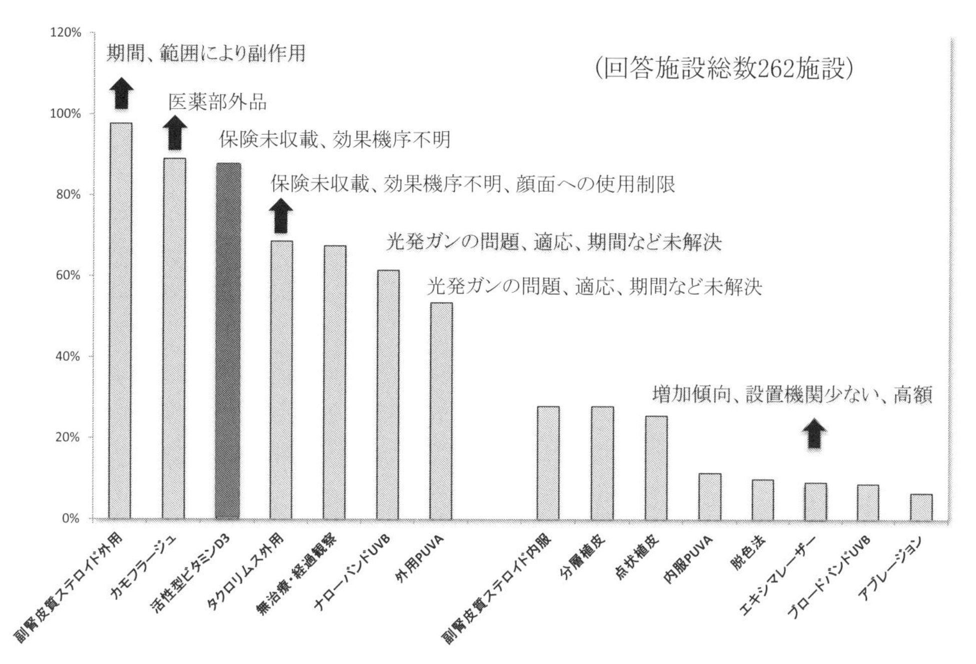

図 20.7 わが国での尋常性白斑治療の実態調査結果

である癜風が代表疾患で，脂漏部位に好発する。これはメラノサイトの数は正常であるが，角化細胞へのメラノソームの輸送が傷害され白斑を生じるとの報告[32]や，*Pityrosporum* 菌が皮脂中の不飽和脂肪酸よりC9/C11ジカルボン酸を合成しチロシナーゼの活性を阻害するとの報告がある[33]。次に，*Treponema pallidum* による感染である梅毒の第2期疹のひとつとして，米粒大～爪甲大の境界不明瞭な不完全脱色素斑がみられることがあり，この色素脱失は色素産生能の低下が原因といわれている[34]。その他，Hansen病やHIV感染患者においても白斑が生じることがある。

(4) 白色粃糠疹

単純性粃糠疹ともよばれる。小児乾燥性湿疹，アトピー性皮膚炎などに多く見られる。ときに体部白癬などとの鑑別が必要になる。

(5) 老人性白斑

老化によるメラノサイトの減少が考えられている。

20.5 尋常性白斑の治療

20.5.1 尋常性白斑の治療

(1) 外用療法

A. ステロイド外用療法：ステロイド外用療法は尋常性白斑の治療に最も広く行なわれており，体表面積が10～20%以下の白斑においては治療の第一選択となりえる。厚労省のアンケート結果でも図20.7に示すように，副腎皮質ステロイド外用がほぼ100%に近い施設で使用されている。エビデンスとしては，限局型の白斑に使用した場合，75%以上の色素再生を有効として，クラス2，3のステロイド外用でそれぞれ56%，55%の色素再生の効果があるとされている[35]。12歳以下では，クラス4，1日1回，4カ月を目安に外用させる，また12歳以上では，クラス2か3の外用を4～6カ月外用させることが推奨されている。皮膚萎縮などの長期使用の副作用に注意する。汎発型についてはステロイド外用の効果は20%以下であり，他の治療（ナローバンドUVBなどの光線治療）が第一選択とされている[36]。

B.活性型ビタミンD_3：活性型ビタミンD_3外用薬の白斑への保険適応はないが，わが国では90％近くの施設で使用されている。海外の報告の増加により，活性型ビタミンD_3外用療法の有効性が唱えられてきており，そのインパクトによる増加と考えられる[37〜39]。有効性に関してははっきりと判断できないが，その理由としては紫外線の併用効果の出やすい露光部と非露光部の差が考えられている。タカルシトール，マキサカルシトールは有効性が報告されているが，エビデンスレベルは低い。わが国においてはカルシポトリオールの適応上の注意点として「顔面には使用しないこと」とある。以上のデータと，尋常性白斑に対する有効な治療法に限りがあること，ビタミンD_3外用薬は重篤な副作用を有しないことを考え合わせると，尋常性白斑に対してビタミンD_3外用薬を単独で使用することのエビデンスは乏しいが，有効例も散見されることや露光部への使用や日光浴との併用で効果のみられることが報告されている[39]。紫外線療法と併用することを考慮してもよい。

C.タクロリムス軟膏：タクロリムス軟膏はわが国では70％程度使用されている。ビタミンD_3外用療法同様，2000年代に入り，尋常性白斑に対するタクロリムス局所投与の有効性を報告した海外の論文が多数みられる。同一患者で1日1回，2回もしくは外用しない病変を設けた比較試験において，1日2回が優れているとしている[40]。ただ，長期観察したものはなく，とくに紫外線併用による発がん状況や白斑の再発についても十分に検討した報告が待たれる。

(2) 光線療法

A. PUVA療法：1996年，アメリカ合衆国皮膚科学会（AAD）から尋常性白斑治療に関するガイドラインが発表され，PUVA療法が尋常性白斑の治療法として推奨された[41]。以降，尋常性白斑治療のひとつとして，PUVA療法が広く承認された。ただ，その効果に関しては，報告によって多少の見解の相違をみている。2002年，Kwokらは，97人の尋常性白斑患者の後ろ向き臨床検証を行ない，8人で完全な色素化，59人で中等度の色素化をみたことから，PUVA療法の有効性を評価した[42]。しかし，治療後1年の経過で57人が再発（脱色素化）した結果を踏まえ，再発については，治療前に十分，患者に説明する必要性を指摘した。その効果や再発率，副作用の点からナローバンドUVB療法がPUVA療法に変わりつつある。一方で，過剰な照射による光毒性皮膚炎や皮膚癌を中心とした発癌の危険性がつねに懸念されており，照射量や回数の制限については，別途，紫外線療法にかかわるガイドラインの策定が必要である。

B.ナローバンドUVB：ナローバンドUVBは，311 ± 2 nmの波長を放射できるようにそれ以下の波長をフィルターでカットしたUVB光源であり，尋常性白斑へ応用は1990年代から報告されるようになった[43〜45]。エビデンスレベルは低い281例を用いた報告ではあるが，ナローバンドUVB治療群は，外用PUVAと比較してより効果的かつ局所刺激もないため，忍容性の高い治療法であると報告された[43]。2008年の英国での尋常性白斑治療ガイドラインでは照射回数の上限に対するエビデンスはないが，PUVA療法から推定して，スキンタイプⅠ〜Ⅲの患者にはとくに全身のナローバンドUVB照射は上限200回まで，スキンタイプⅣ〜Ⅵの患者には医師と患者の同意のうえ，それ以上の回数が可能であるとしている[46]。

年齢については，4〜16歳の小児に2回／週，最大1年間のナローバンドUVB療法を行なった文献[44]があり，その期間においてはとくに副作用を認めず，治療効果がQOLの改善につながったとしている。無効例については上限を6カ月，奏効例に対しては1年以降は白斑罹患部位の範囲に照射を限定すべきであると提言している。わが国においては，年齢制限によるエビデンスはない。発癌性の問題についてであるが，現時点ではヒトでのevidence levelの高いデータはない。動物実験でいくつかのデータが出されているが[47]，照射方法や用いたマウスの系統により結果にばらつきがある。最近の報告では，最少紅斑量（minimal erythema dose；MED）を基準として照射した場合，ナローバンドUVBのほうが，ブロードバンドUVBよりも早期に皮膚癌が生じるとする報告が多い。しかし一方で，ヒトでの臨床試験において皮疹が改善するのに必要な照射回数は，ナローバンドUVBのほうがブロードバンドUVBよりも少なくて済むことが指摘されている[48]。

C. エキシマレーザー／ライト照射療法：欧米の左右比較試験および観察研究によると，308 nmエキシマレーザー／ライト治療により75%以上の色素新生が照射部位の15～50%に認められる[49]。照射部位により効果は異なり，顔面，頸部，体幹は四肢よりも治療に反応しやすい。臨床試験における照射頻度は週に1～3回，照射期間は4～60週間であった。ただし，効果は治療頻度でなく，累積回数であるとする報告もある[50]。短期的な副作用は，通常，照射部の紅斑を認めるのみであり，まれに水疱形成を生じると報告されている。長期的な副作用については今後の追跡調査が必要であり，現時点では不明である。ナローバンドUVBとの比較試験[51]においては，ナローバンドUVB群で75%以上の色素新生が6%であったのに対して，308 nmエキシマレーザー／ライト治療器群では37.5%に認めた。また，ナローバンドUVB治療に反応しなかった頸部顔面の白斑において，その16.6%が308 nmエキシマレーザー／ライト治療により75%以上の色素新生を認めたとする報告[52,53]がある。このように，ナローバンドUVBに比べ色素再生効果は高いと思われるが，機器の特性上，広範囲の照射は困難であり，標的病変への集中的治療に適する[54]。

(3) 全身薬物療法

A. ステロイド：ステロイド内服は，進行性の症例にのみ使用されるが，エビデンスの高い報告は少ない。プレドニゾロン内服（0.3 mg/kgを2カ月内服，その後1カ月ごとに半減し，5カ月で終了のプロトコール）では，70%に色素再生をみた報告がある[55]。また，ステロイドパルス点滴治療（methylpredonisolone 8 mg/kgを3日間）では，71%に白斑の拡大停止および色素再生を認めたが，色素再生の程度は10～60%と報告している[56,57]。

B. 免疫抑制剤：現時点では十分な文献がなく，評価は困難と考えられ，今後の報告が期待される。

(4) 外科的治療

尋常性白斑に対する治療としての植皮は1960年代から登場し，1980年代から多く報告され，先進医療を取り入れ改良されつつある。おもな5つの外科的治療として，①分層植皮術，②表皮移植術（図20.8），③ミニグラフト，④培養技術を用いないメラノサイト懸濁液注入法，⑤培養技術を用いたメラノサイト含有表皮移植術／懸濁液注入法がある。

2008年にGawkrodgerらは11文献をさらに追加検討し，エビデンスレベルII以上／推奨度Aにて次の4項目を推奨している[58]。[1] 外科的治療は過去1年以内に病勢が進行せずケブネル現象を示さない症例に対して，整容上問題となる部位にかぎり行なわれるべきである。[2] 外科的治療では①が最も推奨される。[3] ③は敷石状（cobblestone）や水玉状（polka-dot）外観を呈することがあり，推奨されない。[4] レーザーにて白斑部を除去したのちに施行する⑤はNBUVBあるいはPUVAとの併用でより効果が認められるが，限られた施設でのみ可能である。

尋常性白斑に対する外科的治療は1年以内に病勢の進行のない症例に対して，整容上問題となる部位のみに行なわれるべきである。超極薄分層植皮術，表皮移植術，1ミリミニグラフトは改良されつつあり，さらにさまざまな治療法が開発されつつある。これらの治療のさらなる有用性の判定が待ち望まれる。

(5) カモフラージュメイク療法

尋常性白斑患者，とくに露出部分に病変が存在する患者は，QOLが低下していることが知られている。尋常白斑に対する化粧指導（カモフラー

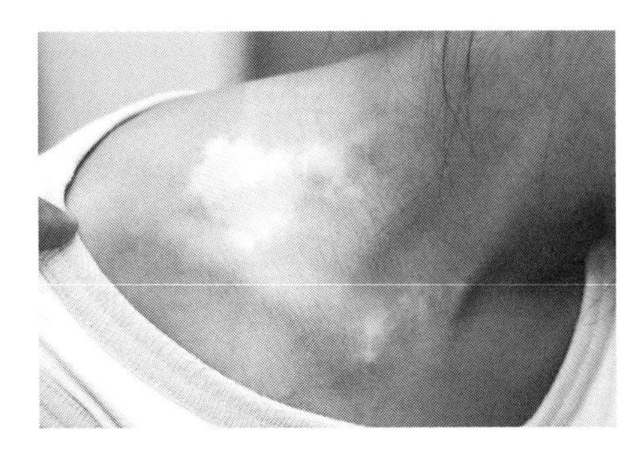

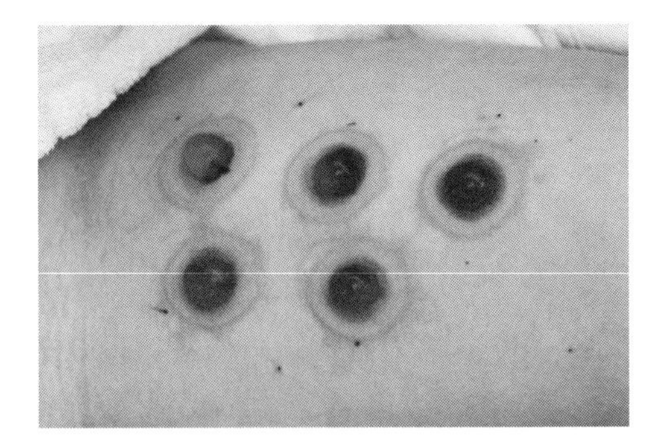

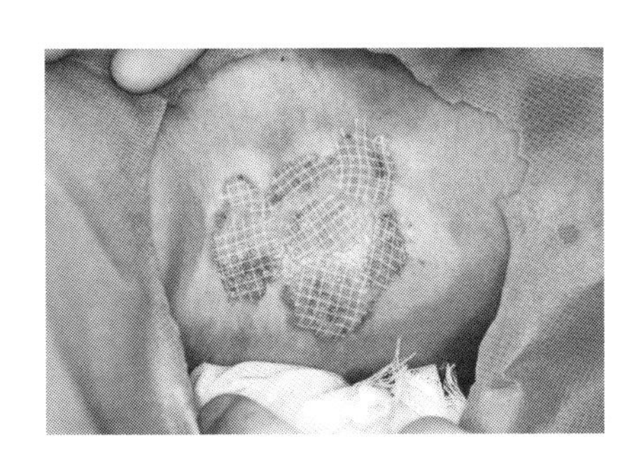

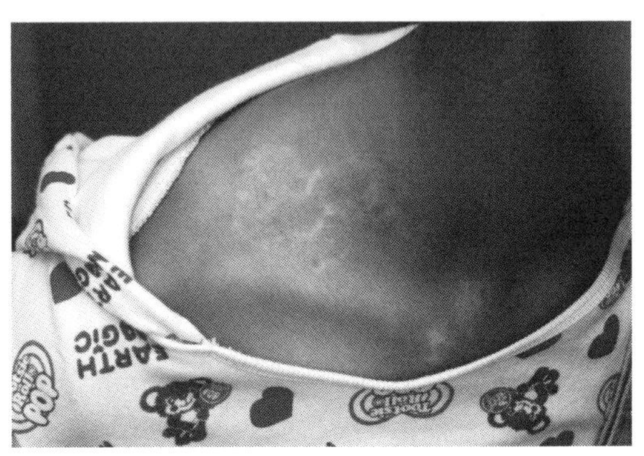

図 20.8　表皮水疱蓋移植術の効果

ジュメイク）の効果について，海外およびわが国の患者を対象とした2つの論文が評価している[59,60]。わが国の日本人を対象とした検討では，白斑専用のカモフラージュ化粧品を用いた化粧指導（カモフラージュメイク）を受講した群と受講していない群を比較し，受講群で有意にDLQI総スコアが改善していた。

(6) 脱色素療法

成人の広範囲尋常性白斑患者は，色素新生を促す治療や化粧指導を受けるべきである。しかし，治療に反応せず，広範囲の白斑が長期間持続し，化粧指導によってもQOLが改善しない場合，ハイドロキノンモノベンジルエーテルにより残存したメラノサイトを消失させ，脱色素する方法がある[61]。わが国では保険適応がなく，使用する際には自家調剤もしくは輸入する必要があることに留意が必要である。

20.5.2　白斑・白皮症の治療アルゴリズム

尋常性白斑治療法のアルゴリズムに関しては欧米の治療指針（図 20.9）[62] と入手可能な文献（PubMed，医学中央雑誌コクランレポート）によりエビデンスレベル，白斑・白皮症の重症度，治療の適応，副作用の回避，治療期間を検討し，試案として纏めた（図 20.10）。先天性の白皮症の関しては現時点で外科的な治療法やカムフラージュなど限定されており，臨床診断と合併症の治療指針に留めた。また光線療法に関しては乾癬の診療ガイドラインを参考に，日本人のスキンカラーに適した照射法，適応基準，副作用の回避法を記載した。

20.5.3　患者 QOL，医療経済へのインパクト

尋常性白斑患者は病変の部位やその範囲によって，容姿や対人関係に影響を受けることは容易に想像できる。尋常性白班患者では乾癬患者と同程度のQOL低下が見られること（図 20.11）や治療のために5000 € 以上支払う意思のある患者が多いことが報告されている[63]。

	分節型/限局した非分節型(2-3%以下)	非分節型白斑(3%以上)
I	局所外用剤 ステロイド カルシニューリン阻害薬	Nb-UVB (3ヶ月以上、9ヶ月を目安) 外用剤,エキシマレーザーの併用も可能
II	Nb-UVB エキシマレーザー/ライト(308nm)	内服療法 内服コルチコステロイド 免疫抑制薬
III	外科治療	外科治療
IV		色素脱色剤

Taïeb A, Picardo M: N Engl J Med. 360:160,2009

図 20.9　欧米での尋常性白斑の治療指針

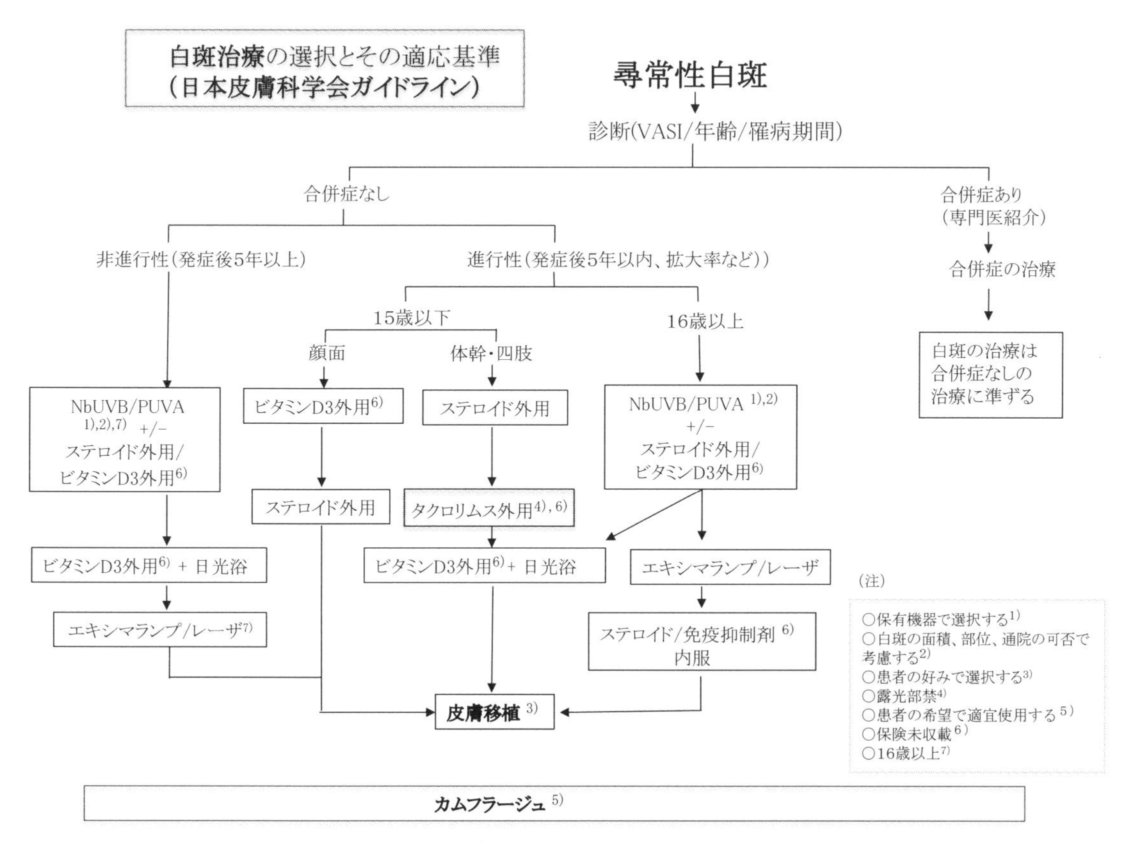

図 20.10　日本皮膚科学会ガイドライン治療アルゴリズム

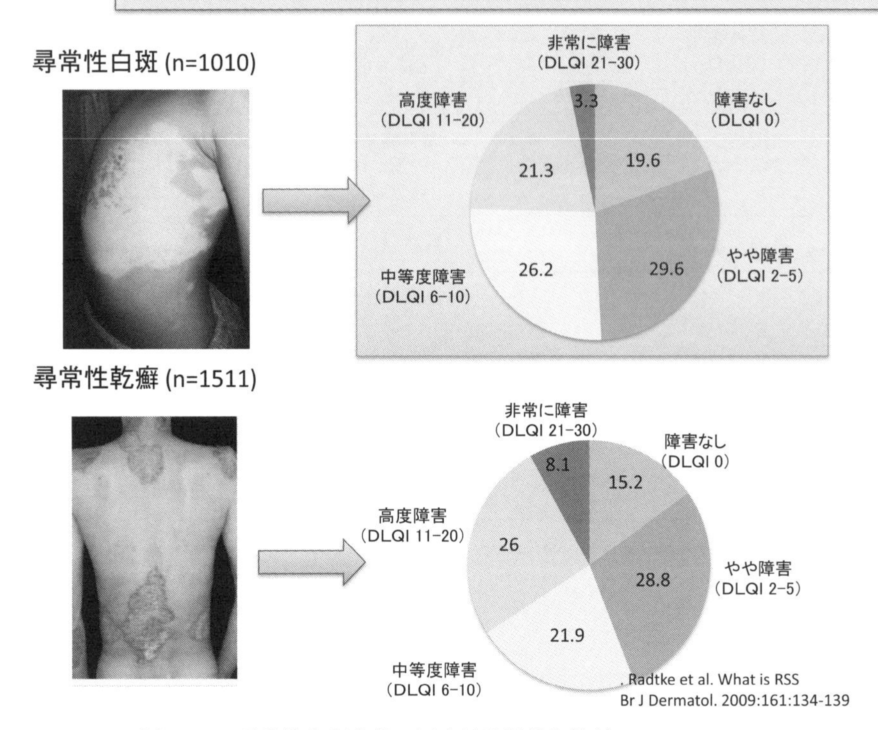

図 20.11　尋常性白斑患者の医療経済学的な検討（文献2より引用，一部改変）

参考文献

1）鈴木民夫・金田眞理・種村　篤ほか：日皮会誌，**122**, 1725-1740, 2012
2）Lerner, A. B.: *O. Am. J. Med.*, **51**, 141-147, 1971.
3）Howitz, J., Brodthagen, H., Schwartz, M., Thomsen, K. : *Arch. Dermatol.*, **113**, 47-52, 1977.
4）古江増隆・山崎雙次・神保孝一ほか：日皮会誌，**119**, 1795-1809, 2009.
5）Levandowski, C. B., Mailloux, C. M., Ferrara, T. M., *et al.* : *Proc, Natl. Acad. Sci. USA.*, **110**, 2952-2956, 2013.
6）Birlea, S. A., Jin, Y., Bennett, D. C., *et al.* : *J. Invest. Dermatol.*, **131**, 371-381, 2011.
7）Ortonne, J. P., Mosher, D. B., Fitzpatrick, T. B. : Vitiligo. in Ortonne, J. P., Mosher, D. B., Fitzpatrick, T. B., eds. New York : Plenum Medical Book Co., 129-310, 1983.
8）Cunliffe, W. J., Hall, R., Newell, D. J., *et al.* : *Br. J. Dermatol.*, **80**, 135-139, 1968.
9）Vrijman, C., Kroon, M. W., Limpens, J., *et al.* : *Br. J. Dermatol.*, **167**, 1224-1235, 2012.
10）Cui, J., Harning, R., Henn, M., *et al.* : *J. Invest. Dermatol.*, **98**, 162-165, 1992.
11）Norris, D. A., Horikawa, T., Morelli, J. G., *et al.* : *Pigment Cell Res.*, **7**, 193-203, 1994.
12）Lans, K. S., Caroli, C. C., Muhm, A., *et al.* : *J. Invest. Dermatol.*, **116**, 891-897, 2001.
13）Adams, S., Lowes, M. A., O'Neill, D. W., *et al.* : *J. Invest. Dermatol.*, **128**, 1977-1980, 2008.
14）Morohashi, M., Hashimoto, K., Goodman, T. F., *et al.* : *Arch. Dermatol.*, **113**, 755-766, 1977.
15）Schallreuter, K. U., Wood, J. M., Lemke, K. R., *et al.* : *Biochim. Biophys. Acta.*, **1226**, 181-192, 1994.
16）Passi, S., Grandinetti, M., Maggio, F., *et al.* : *Pigment Cell Res.*, **11**, 81-85, 1998.
17）Moretti, S., Fabbri, P., Baroni, G., *et al.* : *Hitol. Histopathol.*, **24**, 849-857, 2009.
18）Camara-Lemarroy, C. R., Salas-Alanis, J. C., : *Am. J. Clin. Dermatol.*, **14**, 343-350, 2013.
19）Kitamura, R., Tsukamoto, K., Harada, K., *et al.* : *J. Pathol.*, **202**, 463-475, 2004.
20）Moretti, S., Nassini, R., Prignano, F., *et al.* : *Pigment Cell Melanoma Res.*, **22**, 335-338, 2009.
21）Bassiouny, D. A., Shaker, O. : *Clin. Exp. Dermatol.*, **36**, 292-297, 2011.
22）Kotobuki, Y., Tanemura, A., Yang, L., *et al.* : *Pigment Cell Melanoma Res.*, **25**, 219-230, 2012.

23) Itoi, S., Tanemura, A., Kotobuki, Y., *et al.* : *J. Dermatol. Sci.*, **41**, 185-186, 2014.
24) Tembhre, M. K., Sharma, V. K., Sharma, A., Chattopadhyay, P., Gupta, S. : *Clin. Chim. Acta.*, **424**, 27-32, 2013.
25) Rashighi, M., Agarwal, P., Richmond, J. M., Harris, T. H., Dresser, K., Su, M. W., *et al.* : *Sci. Transl. Med.*, **6**, 223ra23, 2014.
26) Jian, Z., Li, K., Song, P., Zhu, G., Zhu, L., Cui, T., *et al.* : *J. Invest. Dermatol.*, **134**, 2221-2230, 2014.
27) Zhang, Y., Liu, L., Jin, L., Yi, X., Dang, E., Yang, Y., *et al.* : *J. Invest. Dermatol.*, **134**, 183-191, 2014.
28) Klarquist, J., Denman, C. J., Hernandez, C., Wainwright, D. A., Strickland, F. M., Overbeck, A., *et al.* : *Pigment Cell Melanoma Res.*, **23**, 276-286, 2010.
29) Ezzedine, K.1., Lim, H. W., Suzuki, T., Katayama, I., Hamzavi, I. : *Pigment Cell Melanoma Res.*, **5**, E1-13, 2012
30) 冨田靖・鈴木民夫：メラニンと色素異常症（玉置邦彦編集），pp.1-11，最新皮膚科学大系 Vol.8，中山書店，2002.
31) Sugita, S., Takase, H., Taguchi, C., *et al.* : *Invest. Ophthalmol. Vis. Sci.*, **47**, 2547-2554, 2000.
32) Charles, C. R., Sire, D. J., Johnson, B. L., *et al.* : *Int. J. Dermatol.*, **12**, 48-58, 1973.
33) Nazzaro-Porro, M., Passi, S. : *J. Invest. Dermatol.*, **71**, 205-208, 1978.
34) Sanchez, M. R. : Syphilis. Dermatology in general medicine. New York : McGraw-Hill, 2551-2581, 1999.
35) Njoo, M. D., Spuls, P. I., Bos, J. D., *et al.* : *Arch. Dermatol.*, **134**, 1532-1540, 1998.
36) Clayton, R. A. : *Br. J. Dermatol.*, **96**, 71-77, 1977.
37) Arca, E., Taştan, H. B., Erbil, A. H., Sezer, E., Koç, E., Kurumlu, Z. : *J. Dermatol.*, **33**, 338-343, 2006.
38) Kumaran, M. S., Kaur, I., Kumar, B. : *J. Eur. Acad. Dermatol. Venereol.* **20**, 269-273, 2006.
39) Katayama, I., Ashida, M., Maeda, A., Eishi, K., Murota, H., Bae, S. J., : *Eur. J. Dermatol.*, **13**, 372-376, 2003.
40) Radakovic, S., Breier-Maly, J., Konschitzky, R., *et al.* : *J. Eur. Acad. Dermatol. Venereol.*, **23**, 951-953, 2009.
41) Drake, L. A., Dinehart, S. M., Farmer, E. R., *et al.* : *J. Am. Acad. Dermatol.* **35**, 620-26, 1996.
42) Kwok, Y. K., Anstey, A. V., Hawk, J. L. : *Clin. Exp. Dermatol.*, **27**, 104-110, 2002.
43) Westerhof, W., Nieuweboer-Krobotova, L. : *Arch. Dermatol.*, **133**, 1525-1528, 1997.
44) Njoo, M. D., Bos, J. D., Westerhof, W. : *J. Am. Acad. Dermatol.*, **42**, 245-253, 2000.
45) Lubomira, S., Jane, J. K., Henry, W. L. : *N. J. Am. Acad. Dermatol.*, **44**, 999-1003, 2001.
46) Gawkrodger, D. J., Ormerod, A. D., Shaw, L., *et al.* : *Br. J. Dermatol.*, **159**, 1051-1076, 2008.
47) Kunisada, M., Kumimoto, H., Ishizaki, K., Sakumi, K., Nakabeppu, Y., Nishigori, C. : *J. Invest. Dermatol.*, **127**, 2865-2871, 2007.
48) Young, A. R., : *Lancet*, **345**, 1431-1432, 1995.
49) Nicolaidou, E., Antoniou, C., Stratigos, A., Katsambas, A. : *N. J. Am. Acad. Dermatol.*, **60**, 70-76, 2008.
50) Xiang, L. : *Photomed Laser Surg.*, **25**, 418-427, 2007.
51) Cassacci, M., Thomas, P., Pacifico, A., Bonnevalle, A., Paro Vidolin, A., Leone, G. : *J. Eur. Acad. Dermatol. Venereol.*, **21**, 956-963, 2007.
52) Sassi, F., Cazzaniga, S., Tessari, G., Chatenoud, L., Rseghetti, A., Marchesi, L., Girolomoni, G., Naldi, L. : *Br. J. Dermatol.*, **159**, 1186-1191, 2008.
53) Itoi, S., Tanemura, A., Nishioka, M., *et al.* : *J. Dermatol.*, **39**, 559-561, 2012.
54) 桑原京介：皮膚科の臨床，**50**，503-508, 2008.
55) Kim, S. M. *et al.* : *Int. J. Dermatol.*, **38**, 546-550, 1999.
56) Seiter, S., *et al.* : *Int. J. Dermatol.*, **39**, 624-627, 2000.
57) Nagata, Y., Tanemura, A., Ono, E., *et al.* : *JCDSA.*, **4**, 135-140, 2014.
58) Gawkrodger, D. J., Ormerod, A. D., Shaw, L., Mauri-Sole, I., Whitton, M. E., Watts, M. J., Anstey, A. V., Ingham, J., Young, K. : *Br. J. Dermatol.*, **159**, 1051-1076, 2008.
59) Ongenae, K., Dierckxsens, L., Brochez, L., Van Geel, N., Naeyaert, J. M. : *Dermatology*, **210**, 279-285, 2005.
60) Tanioka, M., Yamamoto, Y., Mayumi Kato, Miyachi Y. : *J. Cosmet. Dermatol.*, **9**, 72-75, 2010.
61) 志村英樹・伊藤雅章：臨皮，**59**，934-936，2005.
62) Taieb. A., Picardo, M. : *N. Engl. J. Med.*, **360**, 160-169, 2009.
63) Radtke, M. A., Schäfer, I., Gajur, A., Langenbruch, A., Augustin, M. : *Br. J. Dermatol.*, **161**, 134-139, 2009.

第21章

メラノサイトの増殖性病変としての色素細胞母斑とメラノーマ

高田　実・岡　昌宏・中川秀己

色素細胞母斑とメラノーマはいずれもメラノサイトの増殖性病変であり，その発生には遺伝的素因と環境因子（とくに紫外線暴露）が深く関与している。近年の研究により色素細胞母斑とメラノーマの遺伝子異常の解明が急速に進み，両者の発生の初期にはいくつかの癌遺伝子の活性化という共通の遺伝子変異があること，それらの遺伝子変異はMAPKシグナル経路に集中して認められることが明らかにされ，それらをターゲットとした治療薬の臨床応用も始まっている。さらに，メラノーマの癌化進展過程におけるSTAT3リン酸化の変化が注目されている。

21.1　色素細胞母斑とメラノーマの遺伝子異常

21.1.1　はじめに

色素細胞母斑とメラノーマはいずれもメラノサイトの増殖性病変であり，その発生には遺伝的素因と環境因子（とくに紫外線暴露）が深く関与している。近年の研究により色素細胞母斑とメラノーマの遺伝子異常の解明が進み，両者の発生の初期にはいくつかの特定の癌遺伝子の活性化という共通の遺伝子変異があること，それらの遺伝子変異はMAPKシグナル経路に集中して認められることが明らかにされた（図21.1）。さらに，遺伝子変異のパターンはメラノーマの発症年齢や好発部位などの臨床的特徴や病理組織学的所見と密接な関係があり，これらを統合したメラノサイトの増殖性病変の新しい分類が提唱されている（表21.1，表21.2）[1]。それによれば，メラノサイトの増殖性病変は上皮のメラノサイトに由来するものと，真皮や眼のぶどう膜および中枢神経系など上皮以外に存在するメラノサイトに由来するものに大別される。前者は紫外線の関与の多寡によりいくつかの病型に分類され，その発症には主としてRAFタンパク質のひとつである*BRAF*の活性化変異が関与する。一方，後者ではGタンパク質のαサブユニット*GNAQ*または*GNA11*の活性化変異が腫瘍の発生に決定的な役割を演じている。

21.1.2　上皮メラノサイトの増殖性病変

(1)　慢性紫外線障害のない有毛部皮膚のメラノーマ（melanoma on skin without cumulative sun-induced damage；non-CSD melanoma）

間歇的に紫外線に暴露される体幹・四肢に発生するメラノーマで，従来のClark分類では表在拡大型黒色腫（SSM）と結節型黒色腫（NM）が該当する。白人に好発するメラノーマであり，30歳代から60歳代の非高齢者に多い。色素細胞母斑の多発，小児期における強い日焼けの既往が発症のリスク因子として知られており，色素細胞母斑を生じやすい遺伝的背景と環境因子としての紫外線が発症に重要な役割を演じていると考えられる。一部の症例では病理組織学的にメラノーマの

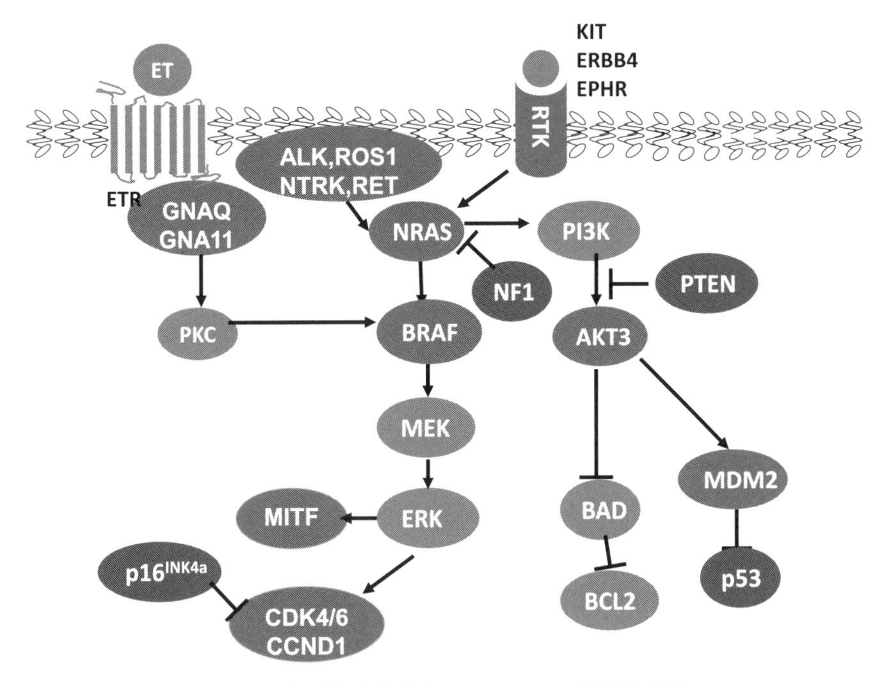

図 21.1 色素細胞母斑とメラノーマの遺伝子変異

黒色腫の遺伝子変異は mitogen-activated protein kinase（MAPK）シグナル経路に認められる。*BRAF, NRAS, KIT, GNAQ, GNA11* は癌遺伝子として，*PTEN, NF1* は癌抑制遺伝子として働く。

病巣に隣接して母斑細胞が認められ，そのような例では色素細胞母斑からの発生が示唆される。

このタイプのメラノーマの 15% に癌遺伝子 *NRAS* の，70% に *BRAF* の変異が検出される。*BRAF* 変異の 90%以上はコドン 600 の T → A の 1 塩基置換であり，アミノ酸のバリンをグルタミン酸に変える（V600E 変異）。*BRAF* 遺伝子の座上する 7 番染色体長腕の増幅と，癌抑制遺伝子 cyclin-dependent kinase inhibitor 2A（*CDKN2A*）や phosphatase and tensin homolog deleted from chromosome 10（*PTEN*）の座上する 9 番染色体短腕および 10 番染色体長腕の完全欠失やヘテロ接合性の喪失（loss of heterozygosity；LOH）もしばしば認められる[2]。変異 BRAF は下流の MEK および ERK をリン酸化して MAPK シグナルを活性化し（図 21.1），メラノーマ細胞に増殖能や浸潤能などの癌細胞形質を付与する。興味深いことに *BRAF* 変異は大多数の後天性色素細胞母斑にも検出されるので，non-CSD melanoma の発症には *BRAF* 変異に加えて *CDKN2A* や *PTEN* などの癌抑制遺伝子の不活性化が必要と考えられる。

(2) 後天性色素細胞母斑

後天性色素細胞母斑にも non-CSD melanoma と同じく *BRAF*^{V600E} 変異が高率に検出される[3]。しかし，色素細胞母斑はメラノーマと異なり生涯を通じて増大することはなく，加齢に伴いメラニン色素産生がなくなり，病巣内では脂肪変性や線維化が起こる。*In vitro* で培養メラノサイトに *BRAF*^{V600E} 変異を導入すると一定期間細胞は増殖するが，その後，p16^{INK4a} タンパク質および細胞老化のマーカーである senescence-associated β-galactosidase（SA-β-gal）の発現が強く誘導され，メラノサイトの増殖は停止する。また，*in vivo* の色素細胞母斑の組織にも p16^{INK4a} タンパク質や SA-β-gal の強い発現が認められる[4]。以上のことから，後天性色素細胞母斑は *BRAF* 変異により増殖したメラノサイトが細胞老化（senescence）に陥った病変であることが強く示唆される。このように癌遺伝子の活性化による細胞増殖

表 21.1　メラノーマの病型と臨床病理学的・分子病理学的特徴 a)

	上皮メラノサイト由来のメラノーマ b)				
	non-CSD	CSD	acral	mucosal	Spitzoid
好発年齢	30〜60歳代	70歳代以上	60歳代以上	60歳代以上	おもに小児
発生部位	体幹・四肢	頭頚部	肢端部・爪部	粘膜	頭頚部，下腿ほか
前駆病変	aquired nevus?	なし	なし	なし	Spitz nevus?
紫外線の関与	(+)	(+)	(±)	(−)	(+?)
主要な癌遺伝子変異	BRAF (70%), NRAS (15%)	NRAS (15%), KIT (15%)	KIT (15%), BRAF (15%), NRAS (15%)	KIT (15%), NRAS (15%)	fusion of ROS1, NTRK1, ALK, RET, BRAF, NTRK3 (40%)
その他の遺伝子異常	TERT変異, CDKN2A, PTENの変異, 欠失	TERT, TP53変異	TERT, CCND1, RICYOR増幅	TERT, CDK4, KIT増幅	CDKN2Aの変異, 欠失?

	非上皮メラノサイト由来のメラノーマ		
	uveal	in congenital nevus	blue-nevus様
好発年齢	なし，平均60歳	おもに小児	なし
発生部位	ぶどう膜	全身の皮膚	頭皮，体幹ほか
前駆病変	uveal nevus	congenital nevus	blue nevus
紫外線の関与	(−)	(±)	(±)
主要な癌遺伝子変異	GNAG・GNA11	GNAG・GNA11 (90%)	NRAS (85%)
その他の遺伝子異常	BAP1変異，SF3B1変異	?	?

a）文献1より引用，改変。
b）non-CSD = skin without cumulative sun-induced damage，CSD = skin with cumulative sun-induced damage。

表 21.2　母斑の分子病理学的特徴

	上皮メラノサイト由来の母斑			非上皮メラノサイト由来の母斑		
	aquired nevus	dysplastic nevus	Spitz nevus	blue nevus	giant congenital nevus	uveal nevus
主要な遺伝子変異	BRAF変異	BRAF変異, CDKN2A, p53のLOH	NRAS変異，ROS1, NTRK1, ALK, RET, BRAF，NTRK3融合遺伝子，BAP1発現消失	GNAG, GNA11変異	NRAS変異	GNAG変異

に引き続き起こる細胞老化を癌遺伝子誘発性細胞老化（oncogene-induced senescence；OIS）とよぶ。Cyclin-dependent kinase inhibitorのp16^{INK4a}タンパク質は細胞周期のG1 arrestを永続的に誘導することによりメラノサイトにおけるOISの誘導に中心的な役割を演ずると考えられている。大多数のメラノーマではp16^{INK4a}をコードする*CDKN2A*遺伝子の変異，欠失またはメチル化のためにp16^{INK4a}は不活性化されている。また，家族性メラノーマの20〜40%には*CDKN2A*の

germ-line変異が認められる。したがって，p16^{INK4a}の不活性化がOISの解除を引き起こしメラノーマの発生につながると考えられる。また，p16^{INK4a}の発現に加えてIL-6やIL-8の分泌性サイトカインもOISの誘導に関与することが示唆されている[5)]。一方，繰り返す細胞分裂によるテロメア長の短縮により誘導される複製性細胞老化（replicative senescence；RS）も母斑細胞の増殖の停止に関与している可能性がある。テロメラーゼ活性は色素細胞母斑では検出されないが，メラノーマでは著明に増加している。メラノーマではtelomerase reverse transcriptase（*TERT*）の遺伝子増幅やテロメラーゼ遺伝子の転写活性を上昇させるプロモーター領域の変異が報告されており[6)]，これらの機序によるテロメラーゼの活性化がRSの解除に重要な役割を演じていることが強く示唆される。

(3) dysplastic nevus

Dysplastic nevusは核の多形性，母斑細胞の胞巣による表皮突起の架橋，真皮乳頭層の層状線維化などの特徴的な病理組織学的所見を示す色素細胞母斑であり，家族性にも散発性にも生ずる。家族性のdysplastic nevus症候群では家系内に異型の色素細胞母斑の多発とメラノーマの発生をみる。Dysplastic nevusの本態についてはそれがメラノーマの前駆病変であるのか良性の色素細胞母斑の1病型に過ぎないのかについては議論がある。Dysplastic nevusの遺伝子異常に関する報告は少ないが，*BRAF*変異に加えて*CDKN2A*や*p53*のLOHが検出されている[7)]。

(4) 慢性紫外線障害のある有毛部皮膚のメラノーマ（melanoma on skin with cumulative sun-induced damage；CSD melanoma）

頭皮，顔面，耳介，頸部などの持続的露光部の皮膚に発生するメラノーマで，Clark分類では悪性黒子型黒色腫（LMM）に該当するが，これらの部位に発生するNMも含む。70歳以上の高齢者に好発し，白人では日光角化症の合併がしばしば認められる。病巣に母斑細胞を伴うことはなく*de novo*に発生すると考えられる。Non-CSD melanomaと異なり，この病型のメラノーマには*BRAF*変異は少なく，検出される変異もV600EよりもV600Kが多い。その他の異常としては，癌抑制遺伝子*NF1*の不活性化変異（30%），*CCND1*のコピー数増加（20%），癌遺伝子*KIT*の変異（10%）などが認められる[8,9)]。

(5) 肢端部のメラノーマ（acral melanoma）

無毛部の皮膚である掌蹠と爪部に生ずるメラノーマで，Clark分類では肢端黒子型黒色腫（ALM）に該当するが，これらの部位に発生するSSMやNMも含む。70歳以上の高齢者に好発し，発生頻度は人種間で差がない。Non-CSD melanomaの少ない有色人種のメラノーマの約半数はacral melanomaであり，この部位の面積が体表のわずか数%にすぎないことを考慮すると，掌蹠および爪部は有色人種のメラノーマの好発部位といえる。掌蹠のメラノサイトの数は有毛部と大きな差はないがメラニン産生は著明に抑制されており，それがメラノーマの発生に深く関与している可能性がある。

肢端部のメラノーマの早期病変はエクリン汗管が開口する皮丘部の色素沈着として始まり，病理組織学的にも表皮のエクリン汗管開口部を中心に異型メラノサイトの増殖が認められる。有毛部皮膚では毛隆起部にメラノサイトの幹細胞が存在することが知られているが，掌蹠ではエクリン汗腺の分泌部にメラノサイトおよびメラノーマの前駆細胞のnicheが存在することが示されている[10)]。

肢端部のメラノーマでは*BRAF*，*NRAS*および*KIT*の変異がそれぞれ15%程度認められる[2,11)]。さらに特徴的な遺伝子異常として，*CCND1*（11q13），*hTERT*（5p15），*CDK4*（12q14），*RICTOR*（5p13），*KIT*（4q12）および*PDGF*（4q12）などを好発部位として，ゲノムの全領域にわたって遺伝子増幅が高頻度に認められる（平均5カ所以上）[2,9)]。一般的に遺伝子増幅はがんの進展の後期に出現するが，肢端部のメラノーマでは遺伝子コピー数の増加は発癌の早期から認められ，表皮内に増殖する異型メラノサイトだけでなく病巣周囲の形態学的に正常な表皮メラノサイトにも検出される[12]。また，*CCDN1* 遺伝子コピー数の増加はエクリン汗腺分泌部のメラノサイトにも検出される[10]。このような遺伝子増幅が起こるためには二重鎖DNAの切断が繰り返し起こる必要があるので，遺伝子不安定性の獲得が先立って起こっていることが推測される[12]。遺伝子不安定性の獲得とそれに引き続く *CCDN1* などの遺伝子増幅がエクリン汗腺分泌部のメラノサイト幹細胞に起こり，それが汗管から表皮基底層に遊走して肢端部のメラノーマのごく早期の病変が形成されると考えられる[10]。

(6) 粘膜のメラノーマ（mucosal melanoma）

メラノーマは鼻腔，外陰部，肛門などさまざまな部位の粘膜にも生ずる。この部位のメラノサイトも掌蹠や爪部のメラノサイトと同じくメラニン産生を欠く。粘膜には毛包もエクリン汗腺もないが，部位によっては唾液腺が存在する。粘膜のメラノーマの腫瘍細胞の起源は不明であるが，病理組織学的には粘膜上皮内における異型メラノサイトの増殖に始まり，CSD melanoma や acral melanoma と同じく *de novo* に発生すると考えられる。遺伝子異常は acral melanoma のそれに類似しており，*NRAS* および *KIT* の変異がそれぞれ15% 程度あり，多発性の遺伝子増幅も認められる。ただし，acral melanoma と異なり *BRAF* 変異は検出されず，増幅を示す遺伝子も若干異なる[2]。

(7) Spitz母斑とSpitz母斑様メラノーマ（Spizoid melanoma）

Spitz 母斑の約 20% には癌遺伝子 *HRAS* の変異が認められ，その場合，*HRAS* の座上する7番染色体短腕のコピー数増加を伴うことが多い。*HRAS* 変異を示す Spitz 母斑はおもに真皮内病変からなり，大型の類上皮細胞様細胞が膠原線維間に水平方向に散在性に増殖する[13]。

さらに Spitz 母斑の過半数（55%）には遺伝子再構成により *ROS1*，*NTRK1*，*ALK*，*BRAF* または *RET* の5種類のキナーゼの融合遺伝子が生じており，これらのキナーゼを含むキメラタンパク質の恒常的な活性化により腫瘍が形成される。遺伝子再構成による同様のキナーゼの活性化は肺，大腸，甲状腺の癌や悪性リンパ腫でも認められ，MAPK，PI3K，STAT など複数のシグナル経路をリガンド非依存性に活性化する。同様の融合遺伝子の形成は Spitz 母斑だけでなく Spitzoid melanoma の半数近く（40%）と境界病変である異型 Spitz 腫瘍（atypical Spitzoid tumor）の過半数（56%）にも認められており，Spitz 母斑様形態を示す一連の腫瘍が遺伝子再構成によるキナーゼ融合遺伝子の形成という共通のメカニズムで発生していることが強く示唆される[14]。

一方，atypical Spitzoid tumor の一部には *BRAF* 変異と癌抑制遺伝子 *BAP1* の不活性化を伴う例がある。これらの例では *BRAF* 変異陽性の通常の色素細胞母斑に隣接して大型の類上皮細胞様細胞が垂直方向に集塊を成して真皮内に増殖しており，母斑細胞から類上皮細胞様細胞への移行に一致して癌抑制遺伝子タンパク質 BAP1 の発現の消失が認められる[15]。なお，germ-line に *BAP1* の変異が検出される家系では同様の類上皮細胞様細胞の真皮内増殖を示す異型の色素細胞母斑と皮膚またはぶどう膜メラノーマの多発をみる[16]。

21.1.3 上皮と関連しないメラノサイトの増殖性病変

(1) 巨大先天性色素細胞母斑およびそれから発生するメラノーマ

先天性色素細胞母斑は出生時または生後間もなく発生する母斑で，その大きさにより小型（成人期予測径 1.5 cm 未満），中型（同 1.5 ～ 20 cm），大型／巨大（同 20 cm 超）に分けられる。多数例の先天性色素細胞母斑の変異スクリーニングでは小型の先天性色素細胞母斑は後天性色素細胞母斑と同じく *BRAF* 変異が多いが，中型以上の先天色素細胞性母斑では *BRAF* 変異はまれであり，大多数に *NRAS* コドン 61 の変異が検出されている[17]。とくに大型／巨大先天性色素細胞母斑では *BRAF* 変異は検出されず，全例が *NRAS* コドン 61 の変異を示す[18]。巨大先天性色素細胞母斑はしばしば小型の衛星母斑および脳軟膜のメラノサイトーマや非色素細胞系中枢神経腫瘍を合併するが，個々の症例の解析では巨大色素細胞母斑と皮膚および内臓のすべての合併病変が同一の*NRAS*変異を示すことから，これら複数の病変はすべて1個の原基細胞に由来することが強く示唆される[19]。すなわち，胎生の早期に*NRAS*変異を獲得した神経堤由来の原基細胞が皮膚や神経系のさまざまな部位に遊走し，それぞれ局所で増殖して巨大な色素細胞母斑や腫瘍を形成するものと考えられる。

巨大先天性色素細胞母斑には良性の proliferative nodule やメラノーマの発生をみるが，これらの2次腫瘍にも同じ*NRAS*変異が検出される。メラノーマでは*NRAS*変異に加えて9番，10番をはじめとする多数の染色体領域の部分的なコピー数異常が検出される。これに対して，proliferative nodule では染色体1本すべての重複や欠失のみが認められ，腫瘍細胞には減数分裂時の染色体分離に欠陥があることが示唆される。この遺伝子異常は急速に増大し腫瘍細胞は異型性を示すが転移はせず，しばしば自然消退するという proliferative nodule の特異な臨床像を説明しうる[20]。

(2) 青色母斑と青色母斑様メラノーマ

青色母斑は先天性にも後天性にも生じ，皮膚以外に肺，消化管，前立腺，中枢神経系などにもみられる。先天性に生ずる蒙古斑，太田母斑，伊藤母斑などの真皮メラノサイトーシスも青色母斑に類似の病態といえる。これらの病態はメラノサイトの増殖の場が真皮であること，ときに神経に沿った分布がみられることから Schwann 細胞との密接な関係が示唆され，胎生期に腹側中央経路を遊走し皮膚のメラノサイトに分化する末梢神経の Schwann 細胞前駆細胞[21]から発生するものと推測される。

青色母斑およびその関連病態である真皮メラノサイトーシスには*GNAQ*または*GNA11*の点突然変異が共通して認められる[22, 23]。変異はいずれもコドン209または183に認められるが，後者は5%と少ない。GNAQ および GNA11 はGタンパク質のαサブユニットであり，コドン209の変異はGTPase 活性の完全消失を来すためにGTPからGDPへの変換がなされなくなり，Gタンパク質共役受容体からのシグナル伝達が恒常的に活性化される。GNAQ および GNA11 はさまざまなGタンパク質共役受容体からのシグナルを伝達する。胎生期のメラノサイトの遊走と分化にはGタンパク質共役受容体を介したエンドセリンやWnt シグナルが重要な役割を演じており，*GNAQ*および*GNA11*の変異によるこれらのシグナル経路の異常な活性化により青色母斑や真皮メラノサイトーシスが生ずると考えられる。

青色母斑の悪性型である青色母斑様メラノーマにも*GNAQ*または*GNA11*の点突然変異が認められる[23]。CGH 解析では3番染色体の欠失をはじめとする複数の染色体領域のコピー数異常がみられる[24]。

(3) 色素性類上皮色素細胞腫（pigmented epithelioid melanocytoma；PEM）

皮膚の多発性黒子と心臓，内分泌器官などの多発性腫瘍を特徴とする遺伝性症候群の Carney complex に発生する類上皮青色母斑（epithelioid blue nevus）と，いわゆる animal-type melanoma は病理組織学的に区別できないため，両者を統合して PEM と呼称される[25]。Animal-type melanoma は腫瘍細胞が真皮内で増殖する色素産生の豊富なメラノーマのまれな1亜型であり，灰色の馬に発生するメラノーマときわめて類似していることから，この名称がある。Animal-type melanoma は半数近くの症例でセンチネルリンパ節転移をきたすが遠隔転移を生ずることはきわめてまれで，その予後は良く，low grade のメラノーマとみなされる。

Carney complex の責任遺伝子は cAMP-dependent protein kinase A regulatory subunit 1α（*PRKAR1A*）であり，過半数にその変異が認められる。Animal-type melanoma の大多数でもその遺伝子産物の発現の消失が報告されており，これが PEM に共通の分子異常と考えられる。PRKAR1A は protein kinase A（PKA）の調節サブユニットのひとつであり，その不活性化によりPKAの活性が増強する[26]。

(4) 中枢神経のメラノサイトーマ

脳軟膜に分布するメラノサイトの良性腫瘍であり，皮膚の青色母斑と類似の病理組織像を示す。きわめてまれに悪性化する。これらの中枢神経腫瘍にも*GNAQ*または*GNA11*の変異が検出される[27]。

(5) ぶどう膜のメラノーマ（uveal melanoma）

ぶどう膜メラノーマは眼の脈絡膜，毛様体および虹彩の間質に分布する神経堤由来のメラノサイトから発生する。皮膚・粘膜のメラノーマとは異なり，ぶどう膜のメラノーマは*NRAS*，*BRAF*，*KIT*のいずれの変異も示さないが，その85%に青色母斑と同じく*GNAQ*または*GNA11*のいずれかの変異が検出される[22,23]。

さらに，ぶどう膜メラノーマの半数には*BAP1*の機能消失性変異が認められ[28]，とくに転移を生じた症例では85%にそれが検出される。過半数のぶどう膜メラノーマでは*BAP1*の座上する3番染色体のmonosomyがみられ，それが予後不良の予測因子であることが知られており，遺伝子変異とLOHによるBAP1の不活性化がぶどう膜メラノーマの転移に重要な役割を演じていることが示唆される。BAP1は核の脱ユビキチン化酵素であり，クロマチン修飾に関与する複数のタンパク質との相互作用を有するので，BAP1の不活性化によるヒストン修飾の変化がぶどう膜メラノーマの転移に何らかの影響を与えていることが推測される。*In vitro*の実験ではBAP1の不活性化はぶどう膜メラノーマ細胞の分化の消失と幹細胞様の形質転換を誘導するが，細胞の増殖，遊走，浸潤，造腫瘍能には影響を与えないことが示されており，BAP1は細胞分化の調節因子として働いていることが示唆されている。このような*BAP1*の機能消失がぶどう膜メラノーマの転移にどのようにかかわっているのかはいまだ解明されていない。

*BAP1*変異のないぶどう膜メラノーマではスプライシング因子の*SF3B1*のコドン625の変異がしばしばみられる[29]。SF3B1は神経堤の発生に重要な転写因子であるSOX10やTFAP2Aのスプライシングに関与しているが，*SF3B1*のコドン625の変異はこれらの転写因子のミススプライシングは起こさないことが示されており，それがぶどう膜メラノーマの発生にどのように関与しているかは解明されていない。

21.2　メラノーマのシグナル阻害薬

21.2.1　RAF阻害薬

メラノーマの遺伝子異常の解明が進むとともにそれらを標的としたシグナル阻害薬の開発が急速に進み，数多くの薬剤の臨床試験が行なわれている。Vemurafenibおよびdabrafenibは変異BRAFタンパク質に特異的に作用する経口キナーゼ阻害薬であり，変異部位へのATPの結合を競合的に阻害することによりMAPK経路の恒常的な活性化を抑制する。これらの薬剤はいずれもdacarbazineを対照薬とした第Ⅲ相の前向き無作為振り分け試験で無病生存期間，全生存期間の有意な延長を示し，進行期メラノーマの新しい治療薬として認可されている[30]。興味深いことに，白人ではvemurafenib，dabrafenib投与例の6～20%に薬剤投与4～5カ月後に主として露光部にケラトアカントーマまたは高分化型皮膚有棘細胞癌の発生がみられ，これらの2次皮膚腫瘍の約2/3には*HRAS*の遺伝子変異が検出される[31]。RASの活性化状態ではこれらのRAF阻害薬は野生型RAFの自己リン酸化を阻害し，RAFの2量体形成を促進して下流のMEKを活性化する[32]。2次皮膚腫瘍は表皮細胞におけるこのようなMAPKシグナルの相反的活性化により発生すると考えられる[31]。

このように，vemurafenibおよびdabrafenibは*BRAF*^{V600}変異メラノーマに対してきわめて有効であるが，その奏功期間は比較的短く大多数の症例で1年以内に耐性を生ずる。このような耐性の獲得は，変異*BRAF*の増幅やalternate splicingによる二量体形成の促進によるBRAFキナー

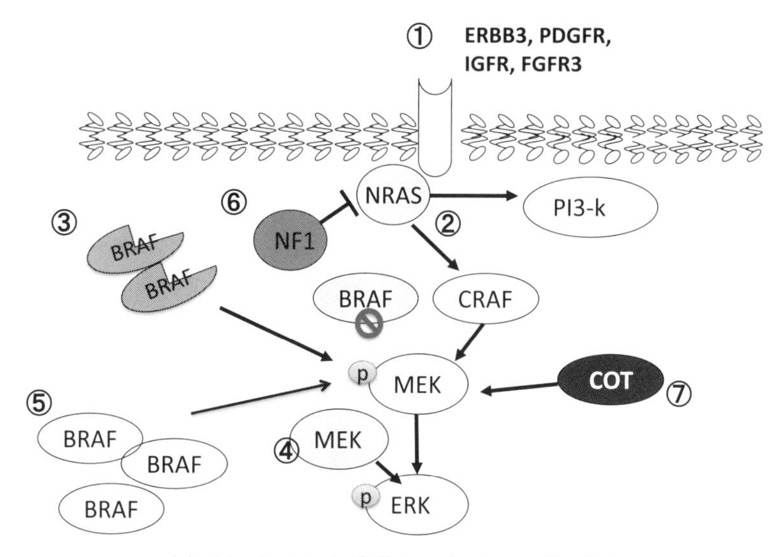

図 21.2 BRAF 阻害薬に対する耐性獲得機序

①受容体チロシンキナーゼの活性化，② *NRAS* 変異の併存，③ alternative splicing による truncated BRAF^{V600}，④ *MEK* 変異の併存，⑤野生型 BRAF の過剰発現，⑥ NF-1 の消失，⑦ COT の活性化。［Sullivan, R.J., *et al.* : *Clin. Cancer. Res.*, **19**, 5283-5291, 2013 より改変して引用］

ゼ活性の顕著な増加（図 21.2，③⑤），*NRAS*, *MEK* 変異および癌抑制遺伝子 *NF1*，*PTEN* の不活性化の併発（図 21.2，②④⑥），癌遺伝子 *COT* の活性化（図 21.2，⑦），PDGFR*β*，IGF-1R などの受容体チロシンキナーゼの活性化（図 21.2，①）などさまざまな機序による MAPK 経路の再活性化により引き起こされることが明らかにされている [33]。

21.2.2 MEK 阻害薬

MEK は BRAF の下流に位置するキナーゼであり（図 21.1），その阻害薬は *BRAF* や *NRAS* の変異による MAPK 経路の活性化を抑制する。最近，メラノーマの新しい治療薬として認可された trametinib は MEK 阻害薬のひとつであり，*BRAF*^{V600} 変異メラノーマにおいて対照薬の dacarbazine に比べて有意の生存率の延長を示した。さらに複数の第 Ⅲ 相臨床試験により *BRAF*^{V600} 変異メラノーマに対して MEK 阻害薬と RAF 阻害薬との併用が RAF 阻害薬の単剤投与よりも有効であり，また皮膚の 2 次腫瘍の発生をはじめとする副作用も軽減されることが示されている [30]。

21.2.3 チロシンキナーゼ阻害薬

肢端部と持続的露光部の皮膚および粘膜に生ずるメラノーマの 15% 程度が *KIT* 変異を示すので，imatinib をはじめとするチロシンキナーゼ阻害薬が有効である可能性がある。*KIT* の変異または遺伝子増幅を示すメラノーマを対象とした imatinib の第 Ⅱ 相臨床試験では 25 例中 2 例が完全寛解，4 例が部分寛解，12 例が無増悪という比較的良好な成績が得られている。この臨床試験では K642E や L576P などの hot spot 変異例や変異アレルの増幅がみられる例に有効例が多い傾向があった [34]。別のチロシンキナーゼ阻害薬である nilotinib と sunitinib の第 Ⅱ 相試験でも有効例が報告されている。なお，これらの臨床試験では *KIT* の遺伝子増幅や過剰発現のみで変異を伴わない例も対象とされたが，1 例を除いて効果は認められていない。

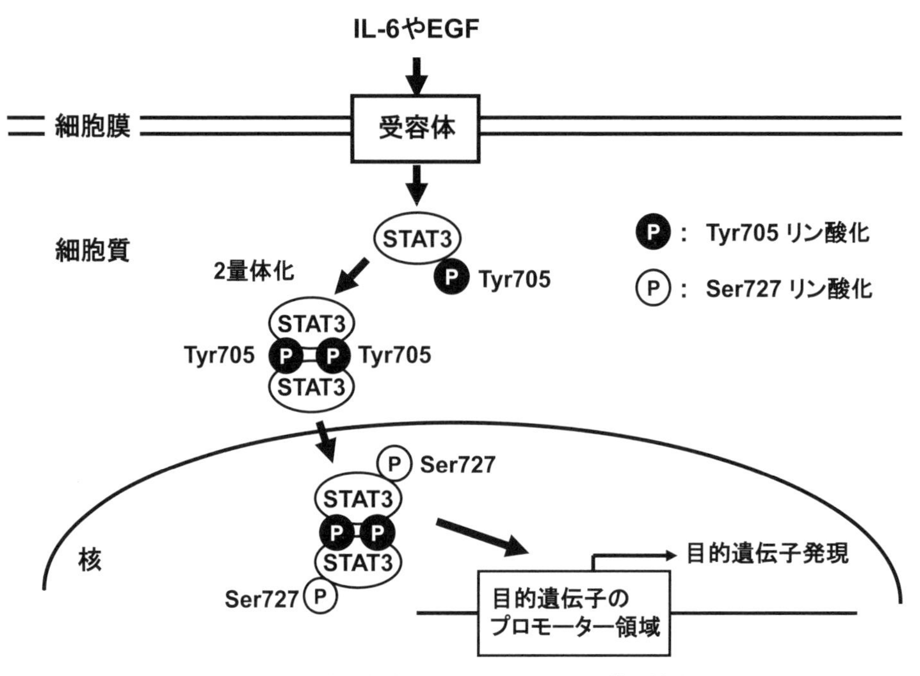

図 21.3　細胞外刺激による STAT3 の活性化機序
刺激を受けていない細胞において，STAT3 は Tyr705 も Ser727 もリン酸化を受けていない状態で細胞質に存在する。細胞が IL-6 や EGF などで刺激されるとまず，Tyr705 がリン酸化され 2 量体化して活性型となったのち核へ移行し，核内でさらに Ser727 がリン酸化されたのち目的遺伝子のプロモーター領域に結合し，転写活性を発揮する。

21.3　メラノーマの癌化進展過程における STAT3 分子内リン酸化状態変化の制御機構と役割

21.3.1　STAT3 の分子内リン酸化

Signal transducer and activator of transcription 3（STAT3）は多くの重要遺伝子の発現制御を行なう転写因子である。細胞が非刺激状態にあるとき STAT3 は細胞質に存在し，細胞が interleukin(IL)-6 や epidermal growth factor（EGF）などの適当なポリペプチド性リガンドで刺激されると，細胞質内でまず分子内の Tyr705 がリン酸化され 2 量体化して活性型となったのち，核へ移行し，さらに Ser727 がリン酸化されてから，目的遺伝子のプロモーター領域に結合し転写機能を発揮する[35]（図 21.3）。通常，STAT3 の活性化には Tyr705 のリン酸化が重要で，Ser727 リン酸化は Tyr705 リン酸化された STAT3 の活性を最大化するための補足的なものと考えられている。また，細胞外刺激による STAT3 リン酸化は数分から数時間で終わるとされている。

21.3.2　色素細胞での STAT3 分子内リン酸化状態

われわれは色素細胞における STAT3 の Tyr705 リン酸化と Ser727 リン酸化の役割と制御機構についての研究をメラノサイトと 7 種類のメラノーマ細胞株を用いて行なってきた[36〜38]。まず，これらの細胞における STAT3 のリン酸化状態を調べると，メラノサイトでは恒常的な Ser727 リン酸化が起こっており，Tyr705 リン酸化は起こっていなかった。一方，メラノーマでは原発巣由来の株 4 種のうち 2 種（WM35 と WM39）でメラノサイトと同様に恒常的 Ser727 リン酸化のみ起こっていたが，残りの 5 種のメラノーマ細胞株はすべて Ser727 と Tyr705 の両方が恒常的にリン酸化されていた（図 21.4）。これらの結果は，癌細胞では STAT3 の恒常的活性化

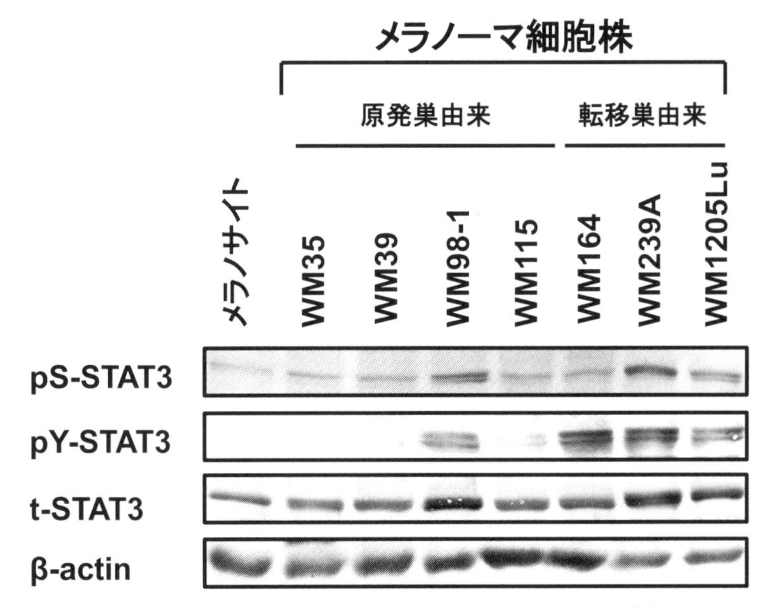

図 21.4 メラノサイト，メラノーマでのSTAT3のリン酸化状態

メラノサイト，および7種類のメラノーマ細胞株におけるSTAT3のリン酸化状態をウェスタンブロットでみた。pS-STAT3はSer727リン酸化されたSTAT3を認識する抗体で検出されるタンパク質，pY-STAT3はTyr705リン酸化されたSTAT3を認識する抗体で検出されるタンパク質，t-STAT3はリン酸化状態にかかわらずすべてのSTAT3を認識する抗体で検出されるタンパク質をそれぞれ示す。pS-STAT3で認識されるSTAT3はTyr705リン酸化は起こっていない。pY-STAT3で認識されるSTAT3は通常Ser727リン酸化も起こっている。［文献38から改変して引用］

（Tyr705リン酸化）が起こっていることが多いという既報告[39]が，多くのメラノーマでもあてはまることを示す一方，色素細胞にはこれまでに報告されていないきわめて興味深いSTAT3リン酸化状態が存在することを示している。すなわち，①癌細胞ではないメラノサイトでもSTAT3の恒常的リン酸化が起こり，しかもそのリン酸化はTyr705リン酸化を伴わないSer727リン酸化であること，②メラノーマ細胞株の中に，メラノサイトと同様に，STAT3はTyr705リン酸化を伴わずにSer727リン酸化が起こっている細胞が存在することの2点である。

21.3.3 Ser727リン酸化の制御機構と役割

メラノサイトとTyr705リン酸化を伴わずにSer727リン酸化が起っているメラノーマ（WM35とWM39）の恒常的Ser727リン酸化は，その一部分がextracellular-regulated kinase（ERK）kinase（MEK）-ERK経路により行なわれている。さらにWM35とWM39ではMEKの上流にB-Rafが存在する。メラノサイトでは恒常的Ser727リン酸化が起こっているのみではなく，適当な刺激（中波長紫外線照射など）を受けた場合にMEK-ERK経路を介してTyr705リン酸化を伴わずにSer727リン酸化が増強する。メラノサイトやWM35・WM39メラノーマでは，Ser727リン酸化のみ受けたSTAT3（pS-STAT3）はTyr705リン酸化を受けずに核へ移行するため（このとき2量体化となっているかどうかは不明），Ser727リン酸化はSTAT3分子の核移行に重要な役割を果たしていると推測される。核へ移行したpS-STAT3は転写因子として働くと考えられており，その標的遺伝子として*Mcl-1*，*Eme-1*，*SOCS*，*CCL5*などが色素細胞以外で報告されているが，色素細胞でのpS-STAT3の標的遺伝子はいまだ同定されていない（図21.5）。Ser727とTyr705の両方がリン酸化されているメラノーマでは，これまで他の細胞でいわれている

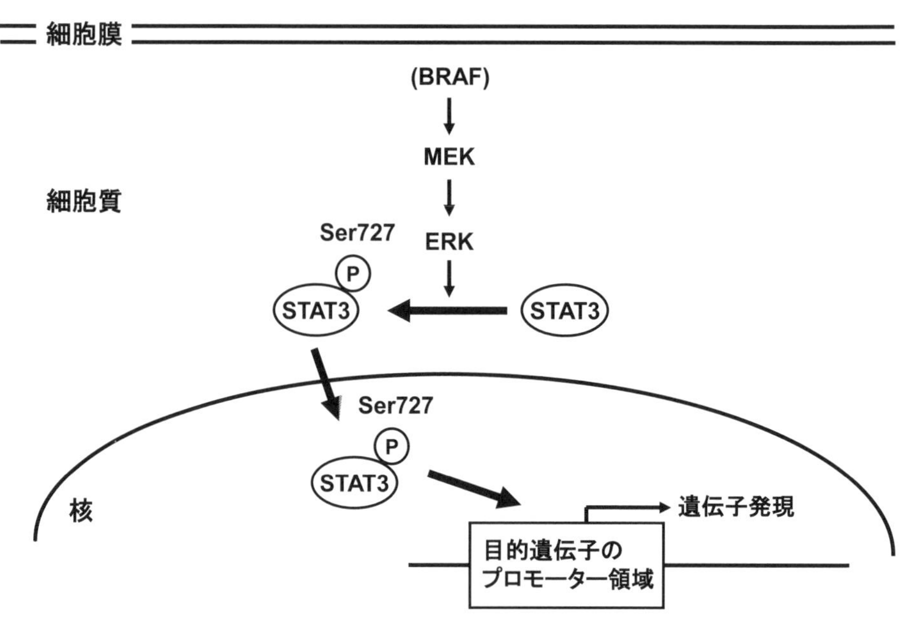

図 21.5　メラノサイト，および WM35・WM39 メラノーマ細胞株における STAT3Ser727 リン酸化の制御と機能
メラノサイトにおいて STAT3 は MEK-ERK 経路により Ser727 がリン酸化され，生じた pS-STAT3 は核へ移行し，抗アポトーシスに関する遺伝子の転写因子として働く。核へ移行する際，2 量体となるかどうかは不明である。WM35・WM39 メラノーマ細胞では STAT3 は BRAF-MEK-ERK 経路により Ser727 がリン酸化され，メラノサイトと同様に核で転写因子として機能すると考えられる。

ように（21.3.1 項参照），Ser727 リン酸化は Tyr705 リン酸化依存性に核内で起こっていると思われるが，Ser727 リン酸化の一部はメラノサイトや WM35・WM39 細胞と同じく BRAF-MEK-ERK 経路を介して細胞質で起こっている。

21.3.4　Tyr705 リン酸化の制御機構と役割

多くのメラノーマ細胞では STAT3 の恒常的 Tyr705 リン酸化が起こっている。メラノーマのこの恒常的 Tyr705 リン酸化の一部は c-Src により行なわれているが，残りの Tyr705 リン酸化がどのような機序で行なわれているのかは不明である。一方，メラノーマの恒常的 Tyr705 リン酸化は，細胞内情報伝達酵素 protein kinase C（PKC）で活性化される何らかのチロシン脱リン酸化酵素により脱リン酸化されうるが，この脱リン酸化の生理的意義は明らかにされていない。Tyr705 リン酸化された STAT3（pY-STAT3）は，メラノーマの増殖や転移に関連した遺伝子の転写機能をもつ（図 21.6）。

21.3.5　メラノーマ組織での STAT3 リン酸化状態

メラノーマ組織における STAT3 リン酸化状態を 15 例の末端黒子型悪性黒色腫（acral lentiginous melanoma；ALM）原発巣（9 例は ALM *in situ* のみ，6 例は表皮内病変と真皮内病変の両方あり）で調べた研究からは，表皮内病巣で Ser727 リン酸化増強が起こり，真皮内病巣では Ser727 リン酸に加え Tyr705 リン酸化が起こるという結果が得られている（図 21.7）。

21.3.6　まとめ

以上の研究結果をまとめる。

（1）メラノサイトや癌化進展初期のメラノーマの一部では Ser727 リン酸化のみが起こっており，癌化進展が進んだメラノーマでは Ser727・Tyr705 の両方のリン酸化が起こっている。

（2）メラノサイトの Ser727 リン酸化は MEK-

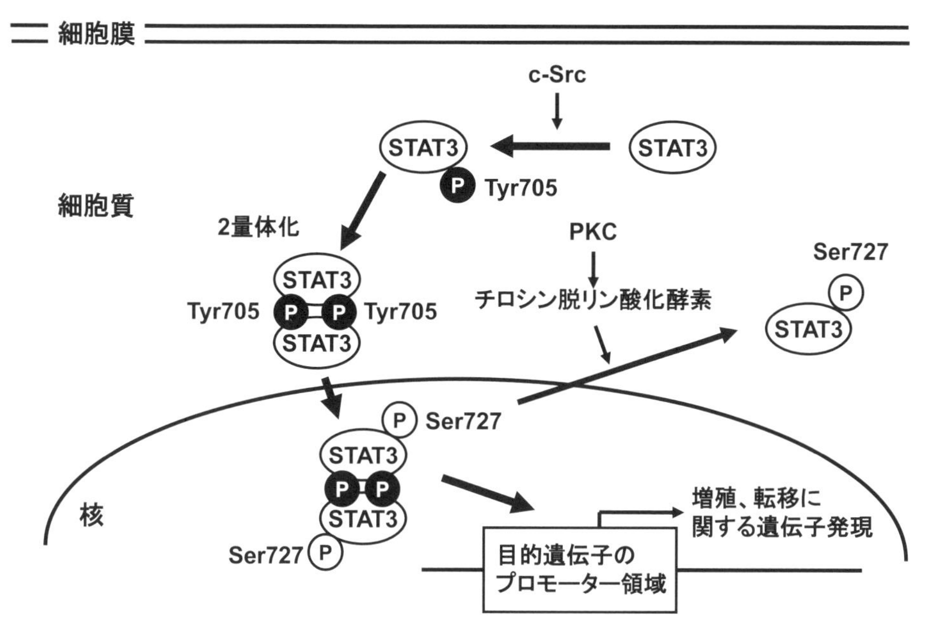

図 21.6 WM35・WM39 以外のメラノーマ細胞株における STAT3Tyr705 リン酸化の制御と機能

WM35・WM39 以外のメラノーマ細胞の恒常的 Tyr705 リン酸化の一部は c-Src により行なわれている。Tyr705 リン酸化が起こった STAT3 はおそらく細胞外刺激による活性化と同様に，2 量体となることにより活性化型となり核へ移行し，Ser727 リン酸化を受けたあと，増殖や転移に関する遺伝子の転写因子として働くと思われる。一方，メラノーマの恒常的 Tyr705 リン酸化は，細胞内情報伝達酵素 PKC で活性化される何らかのチロシン脱リン酸化酵素により脱リン酸化され，増殖能は低下する。

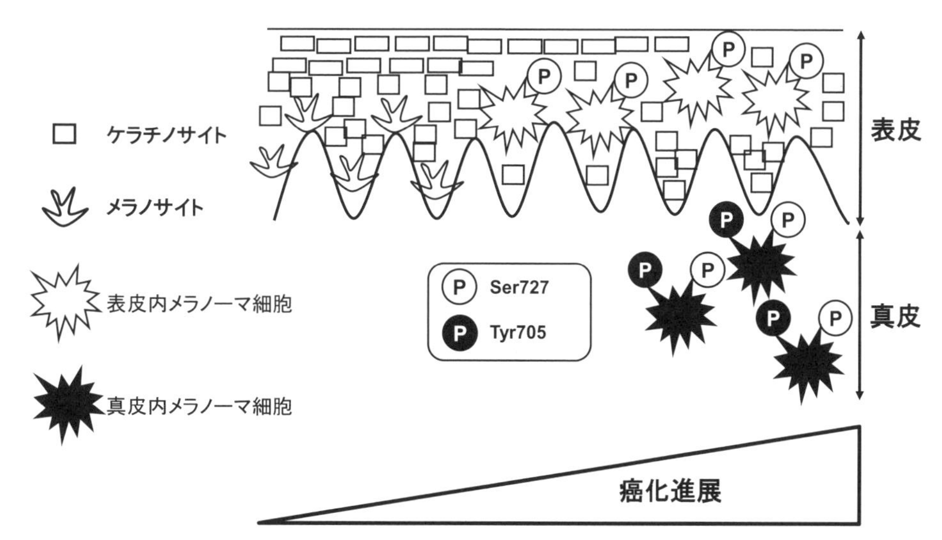

図 21.7 メラノーマの癌化進展に伴う Ser727 リン酸化と Tyr705 リン酸化

ALM 組織では pS-STAT3 は *in situ* 病変および真皮内病変の両方で発現する。一方，pY-STAT3 は *in situ* 病変では発現が見られないが，真皮内病変で発現する。

ERK経路で行なわれる。メラノーマのSer727リン酸化は，Tyr705リン酸化に伴って核内で起こるものと，B-Raf-MEK-ERK経路で細胞質で起こるものがある。

(3) Ser727リン酸化はSTAT3の核移行を起こす。核へ移行したpS-STAT3はTyr705リン酸化を伴わずに転写因子としての機能を発揮すると思われるが，色素細胞での標的遺伝子は明らかにされていない。

(4) 一方，Tyr705リン酸化はメラノーマの真皮浸潤への分子スイッチとして働く可能性があり，pY-STAT3はメラノーマの増殖や転移に重要な遺伝子の制御を行なう。

21.3.7　展望

メラノサイトやWM35・WM39メラノーマ細胞と同様に，Tyr705リン酸化を伴わずにSer727リン酸化が恒常的に起こっている白血病細胞の発見[40]や，Ser727リン酸化のみ誘導する刺激の存在[41,42]などから，最近，Ser727リン酸化の重要性が注目を浴びるようになり，STAT3活性化機序はこれまで考えられていたものより複雑であると考えられるようになっている。このようなSTAT3活性化機序についての概念の変遷のなか，メラノサイトはSTAT3リン酸化・活性化研究に大いに寄与すると期待される。

一方，近年，メラノーマに対する治療ターゲットとしてSTAT3が候補にあがっている[43,44]。STAT3に関する上記の知見はこうしたSTAT3をターゲットとする治療に理論的根拠を与えるものと考えられる。

参考文献

1) Bastian, B. C. : *Annu. Rev. Pathol.*, **9**, 239–271, 2014.
2) Curtin, J. A., *et al.* : *N. Engl. J. Med.*, **353**, 2135–2147, 2005.
3) Pollock, P. M., *et al.* : *Nat. Genet.*, **33**, 19–20, 2003.
4) Michaloglou, C., *et al.* : *Nature*, **436**, 720–724, 2005.
5) Kuilman, T., *et al.* : *Cell*, **133**, 1019–1031, 2008.
6) Huang, F. W., *et al.* : *Science*, **339**, 957–959, 2013.
7) Hussein, M. R., Wood, G. S. : *J. Mol. Diagn.*, **4**, 71–80, 2002.
8) Hodis, E., *et al.* : *Cell*, **150**, 251–263, 2012.
9) Krauthammer, M., *et al.* : *Nat. Genet.*, **44**, 1006–1014, 2012.
10) Okamoto, N., *et al.* : *Pigment Cell Melanoma Res.*, **27**, 1039–1050, 2014.
11) Curtin, J. A., *et al.* : *J. Clin. Oncol.*, **24**, 4340–4346, 2006.
12) North, J. P., *et al.* : *J. Invest. Dermatol.*, **128**, 2024–2030, 2008.
13) Bastian, B. C., *et al.* : *J. Invest. Dermatol.*, **113**, 1065–1069, 1999.
14) Wiesner, T., *et al.* : *Nat. Commun.*, **5**, 3116, 2014.
15) Wiesner, T., *et al.* : *Am. J. Surg. Pathol.*, **36**, 818–830, 2012.
16) Wiesner, T., *et al.* : *Nat. Genet.*, **43**, 1018–1021, 2011.
17) Ichii-Nakato, N., *et al.* :*J. Invest. Dermatol.*, **126**, 2111–2118, 2006.
18) Charbel, C., *et al.* : *J. Invest. Dermatol.*, **134**, 1067–1074, 2014.
19) Kinsler, V. A., *et al.* : *J. Invest. Dermatol.*, **133**, 2229–2236, 2013.
20) Bastian, B. C., *et al.* : *Am. J. Pathol.*, **161**, 1163–1169, 2002.
21) Adameyko, I., *et al.* : *Cell*, **139**, 366–379, 2009.
22) Van Raamsdonk, C. D., *et al.* : *Nature*, **457**, 599–602, 2009.
23) Van Raamsdonk, C. D., *et al.* : *N. Engl. J. Med.*, **363**, 2191–2199, 2010.
24) Maize, J. C., Jr., *et al.* : *Am. J. Surg. Pathol.*, **29**, 1214–1220, 2005.
25) Zembowicz, A., *et al.* : *Am. J. Surg. Pathol.*, **28**, 31–40, 2004.
26) Kirschner, L. S., *et al.* : *Nat. Genet.*, **26**, 89–92, 2000.
27) Murali, R., *et al.* : *Acta Neuropathol.*, **123**, 2012.
28) Harbour, J. W., *et al.* : *Science*, **330**, 1410–1413, 2010.
29) Harbour, J. W., *et al.* : *Nat. Genet.*, **45**, 133–135, 2013.
30) Miller, D. M., *et al.* : *Semin. Cutan. Med. Surg.*, **33**, 60–67, 2014.
31) Su, F., *et al.* : *N. Engl. J. Med.*, **366**, 207–215, 2012.
32) Poulikakos, P. I., *et al.* : *Nature*, **464**, 427–430, 2010.
33) Bucheit, A. D., Davies, M. A. : *Biochem. Pharmacol.*, **87**, 381–389, 2014.
34) Carvajal, R. D., *et al.* : *JAMA*, **305**, 2327–2334, 2011.
35) Darnell, J. E. Jr. : *Science*, **277**, 1630–1635, 1997.
36) Oka, M., Sumita, N., Sakaguchi, M., Iwasaki, T., Bito, T., Kageshita, T., Sato, K., *et al.* : *J. Biol. Chem.*, **284**, 30416–30423, 2009.
37) Oka, M., Sakaguchi, M., Okada, T., Nagai, H., Ozaki, M., Yoshioka, T., Inoue, H., *et al.* : *Exp. Dermatol.*, **19**, e50–e55, 2010.
38) Sakaguchi, M., Oka, M., Iwasaki, T., Fukami, Y., Nishigori, C. : *J. Invest. Dermatol.*, **132**, 1877–1885, 2012.

39) Bromberg, J. F., Wrzeszczynska, M. H., Devgan, G., Zhao, Y., Pestell, R. G., Albanese, C., Darnell, J. E. Jr. : *Cell*, **98**, 295-303, 1999.

40) Hazan-Halevy, I., Harris, D., Liu, Z., Liu, J., Li, P., Chen, X., Shanker, S., *et al.* : *Blood*, **115**, 2852-2863, 2010.

41) Gotoh, A., Takahira, H., Mantel, C., Litz-Jackson, S., Boswell, H. S., Broxmeyer, H. E. : *Blood*, **88**, 138-145, 1996.

42) Lim, C. P., Cao, X. : *J. Biol. Chem.*, **274**, 31055-31061, 1999.

43) Smalley, K. S., Herlyn, M. : *Ann. N.Y. Acad. Sci.*, **1059**, 16-25, 2005.

44) Kortylewski, M., Jove, R., Yu, H. : *Cancer Metastasis Rev.*, **24**, 315-327, 2005.

付録　マウスとヒトの毛色，皮膚色，網膜色素上皮の色素形成にかかわる遺伝子座 （庫本高志・山本博章，表7.2）

マウス遺伝子座シンボル（旧シンボル）	マウス遺伝子座名（旧名），allele（イタリック）[a]	マウス染色体 cM Position	コードされるタンパク質（一部機能を含む）	マウス変異体における表現型	ヒト染色体	影響を受けるヒト表現型や疾患[b]（MIM number）
メラノサイトの発生関連（皮膚や付属器また一部メラノーマでの発現を含む）						
Acd	adrenocortical dysplasia	8 53.04 cM	Telomere capping. May affect pigmentation through excess ACTH	Hyperpigmented skin, adrenal hyperplasia, other organ disorders	16q22.1	Hoyeraal-Hreidarsson syndrome
Adam17	a disintegrin and metalloproteinase domain 17	12 8.30 cM	Protease, processing various surface proteins	Irregular pigmentation in hairs	2p25.1	Inflammatory skin and bowel disease, neonatal, 1 (614328)
Adamts20 (*bt*)	a disintegrin-like and metallopeptidase (reprolysin type) with thrombospondin type 1 motif, 20 (belted)	15 48.20 cM	Metalloprotease	Lumbar white belt (Melanoblast migration?)	12q12	Unknown
Apc	adenomatosis polyposis coli allele *tm2Rak*	18 18.53 cM	Wnt pathway mediator; transcription factor	Prenatal dorsal dark stripe and head patch	5q22.2	Adenomatous polyposis coli (175100)
Arcn1	archain 1, nur17 (*pale coat neuro*)	9 24.84 cM	Coatomer protein delta-COP, conserved across diverse eukaryotes	Diluted coat color (and neurological defects, early lethal)	11q23.3	Unknown
Brca1	breast cancer 1, allele *tm2Arge*	11 65.18 cM	DNA repair; Tumor suppressor	Abnormal skin pigmentation	17q21.31	Breast-ovarian cancer (604370); Pancreatic cancer, susceptibility to, 4 (614320)
Cited1	Cbp/p300-interacting transactivator with Glu/Asp-rich carboxy-terminal domain 1; Melanocyte-specific gene 1 (Msg1)	X 45.25 cM	Cbp/p300-interacting transactivator with Glu/Asp-rich carboxy-terminal domain 1	Expressed at high levels in the strongly pigmented melanoma cells but at low levels in the weakly pigmented cells, not fully penetrant perinatally/prenatally lethality in mice	Xq13.1	Unknown
Dock7 (*m, mnlt*)	dedicator of cytokinesis 7 (misty, moonlight)	4 45.60 cM	Dedicator of cytokinesis protein 7, widely expressed Rho family guanine nucleotide exchange factor	Distal white spotting, hypopigmented fur, but melanocytes *in vitro* hyperpigmented	1p31.3	Epileptic encephalopathy, early infantile, 23 (615859)
Ece1	endothelin converting enzyme 1, allele *tm1Reh*	4 70.02 cM	Endothelin converting enzyme 1; endothelin synthesis	No melanocytes in uvea, dorsal skin at birth (perinatal lethal)	1p36.12	Hirschsprung disease, cardiac defects, and autonomic dysfunction (613870)
Edn3 (*ls*)	endothelin 3 (lethal spotting)	2 98.10 cM	Melanoblast/neuroblast growth and differentiation factor	White spotting, megacolon and other neural crest defects	20q13.32	Waardenburg-Shah syndrome; (WS type 4B (613265))

マウス遺伝子座シンボル（旧シンボル）	マウス遺伝子座名（旧名），*allele*（イタリック）[a]	マウス染色体 cM Position	コードされるタンパク質（一部機能を含む）	マウス変異体における表現型	ヒト染色体	影響を受けるヒト表現型や疾患[b]（MIM number）
Ednrb (*s*)	endothelin receptor type B (piebald spotting)	14 53.05 cM	Endothelin receptor B; Edn3 receptor	White spotting, megacolon and other neural crest defects	13q22.3	Hirschsprung's disease type 2; WS type 4A (277580)
Eed	embryonic ectoderm development	7 50.42 cM	Polycomb-group protein homologous to Drosophila homeotic gene, *extra sex combs* product	Diluted coat (dwarfism etc)	11q14.2	Unknown
Egfr (*dsk5*)	epidermal growth factor receptor (dark skin 5)	11 9.41 cM	Epidermal growth factor receptor	Dark skin	7p11.2	?Inflammatory skin and bowel disease, neonatal, 2 (616069)
En1	engrailed 1	1 52.74 cM	Transcription factor	Hyperpigmentation of digits (polydactyly etc)	2q14.2	Unknown
Fgfr2	fibroblast growth factor receptor 2	7 73.19 cM	Fibroblast growth factor receptor 2	Lighter skin (many other defects)	10q26.13	Crouzon syndrome (123500), Apert syndrome (101200), Pfeiffer syndrome (101600)
Foxd3	forkhead box D3, CWH3, Genesis, Hfh2	4 45.71 cM	Forkhead box protein D3; transcription factor	Mutant mice are embryonic lethal. Essential for neural crest cells and melanoblasts formation	1p31.3	Vitiligo-associated multiple autoimmune disease associated 2, Susceptibility to autoimmune disease 1 (607836)
Foxn1 (*tw*)	forkhead box N1, allele *traveling wave*	11 46.74 cM	Forkhead box protein N1; transcription factor	Hairless. Waves of dark/light travel slowly over skin (possible normal hair cycle + very short hairs)	17q11.2	T-cell immunodeficiency, congenital alopecia, and nail dystrophy (601705)
Frem2	Fras1 related extracellular matrix protein 2, allele *my-F11*	3 25.24 cM	Extracellular protein. Possibly epithelial-mesenchymal interactions at basement membrane	Microphthalmia/anophthalmia, patches of discolored or white fur	13q13.3	Fraser syndrome (219000)
Fzd4	frizzled homolog 4 (*Drosophila*), allele *tm1Nat*	7 49.32 cM	Wnt receptor, putatively for Wnt5a and/or Ndp	Many abnormalities including light or silvered coat	11q14.2	Exudative vitreoretinopathy 1 and Retinopathy of prematurity (133780)
Gata3	GATA binding protein 3, allele *tm3Gsv*	2 6.69 cM	GATA binding protein 3, transcription factor	Extra stem-like cells in hair follicles; abnormal hair, irregular pigment deposition	10p14	Hypoparathyroidism, sensorineural deafness, and renal dysplasia (146255)
Gli3	GLI-Kruppel family member GLI3	13 5.43 cM	Signaling in Hedgehog pathway. Modifies SOX10 expression	White belly patch or lumbar belt; nervous system defects (homozygous postnatal lethal)	7p14.1	Pallister-Hall syndrome (146510), Greig cephalopolysyndactyly syndrome (175700) and others (174200; 174700; 241800)

マウス遺伝子座シンボル（旧シンボル）	マウス遺伝子座名（旧名），*allele*（イタリック）[a]	マウス染色体 cM Position	コードされるタンパク質（一部機能を含む）	マウス変異体における表現型	ヒト染色体	影響を受けるヒト表現型や疾患[b]（MIM number）
Gnaq *(dsk1)* *(dsk10)*	guanine nucleotide binding protein, alpha g polypeptide (dark skin 1, dark skin 10)	19 11.01 cM	Guanine nucleotide binding protein, alpha q polypeptide; GPCR signaling; Signal transduction possibly from an EDNR(s) to PLCB	Dark skin (hyperproliferation of melanocytes)	9q21.2	Capillary malformations, congenital, 1, somatic, mosaic (163000); Sturge-Weber syndrome, somatic, mosaic (185300)
Gna11 *(dsk7)*	guanine nucleotide binding protein, alpha 11 (dark skin 7)	10 39.72 cM	Guanine nucleotide binding protein, alpha11	Dark skin (hyperproliferation of melanocytes)	19p13.3	Hypocalcemia, autosomal dominant 2 (615361) Hypocalciuric hypercalcemia, type II (145981)
Gpc3	glypican 3, allele *tm1Arge*	X 28.74 cM	Glypican 3; GPI-linked extracellular membrane protein; Putative SHH-binding (competitive with PTCH)	Dominant distal and belly spotting	Xq26.2	Simpson-Golabi-Behmel syndrome, type 1 (312870) Wilms tumor, somatic (194070)
Gpr161 *(vl)*	G protein-coupled receptor 161 (vacuolated lens)	1 72.64 cM	Signal transduction; G protein-coupled receptor 161, G-protein coupled receptor RE2	Vacuolated lens, occasional belly spot, spine development	1q24.2	Unknown
Hells	helicase, lymphoid specific	19 33.57 cM	Helicase, DNA methylation, gene silencing of Polycomb repressive complex targets	Early ageing includes graying by 15d old; p16 overexpression	10q23.33	Unknown
Itgb1	integrin beta 1 (fibronectin receptor beta), allele *tm1Ref*	8 76.09 cM	Integrin beta 1 (fibronectin receptor beta); cell attachment, migration	Transient patchy hypopigmentation, crest migration defect	10p11.22	Unknown
Kit *(W)*	Kit oncogene, (dominant spotting)	5 39.55 cM	Tyrosine kinase receptor. Receptor for Kit ligand/SCF; required for melanoblast survival	White spotting, anemia and germ-cell deficiency	4q12	Piebaldism (172800) and others (606764, 273300, 601626, 154800)
Kitl *(Sl)*	Kit ligand (steel)	10 51.40 cM	Melanoblast growth and differentiation factor; stem cell factor (SCF) (Kit ligand)	White spotting, anemia and germ-cell deficiency	*KITLG* 12q21.32	Hyperpigmentation with or without hypopigmentation (145250)
Krt1 *(dsk12)*	keratin 1 (dark skin 12)	15 57.06 cM	Cytoskeleton	Dark skin, primary action in keratinocytes. Limits melanization	12q13.13	Epidermolytic hyperkeratosis (113800) and others (146590, 607602, etc.)
Krt2 *(dsk2)* *(krt2-17)*	keratin 2, keratin 2-17 (dark skin 2)	15 57.03 cM	Cytoskeleton; keratin complex 2, basic, gene 17	Dark skin	*KRT2A* 12q13.13	Ichthyosis bullosa of Siemens (146800)
Krt4	keratin 4	15 57.13 cM	Cytoskeleton	"Bright" diluted coat color	12q13.13	White sponge nevus I (193900)

マウス遺伝子座シンボル（旧シンボル）	マウス遺伝子座名（旧名），*allele*（イタリック）[a]	マウス染色体 cM Position	コードされるタンパク質（一部機能を含む）	マウス変異体における表現型	ヒト染色体	影響を受けるヒト表現型や疾患[b]（MIM number）
Krt17	keratin 17, allele *tm1Cou*	11 63.44 cM	Cytoskeleton	Dark skin, abnormal hairs with clustered melanin granules	17q21.2	Pachyonychia congenita 2 (167210); Steatocystoma multiplex (184500)
Krt75	keratin 75, allele *tm1Der*	15 56.91 cM	Cytoskeleton	Hair defects with variable pigment clumping	12q13.13	{Pseudofolliculitis barbae, susceptibility to} (612318)
Lef1	lymphoid enhancer binding factor 1, allele *tm1Rug*	3 60.78 cM	Transcription factor, Wnt/β-catenin mediator	Underdeveloped hair follicles lacking melanin	4q25	Sebaceous tumors, somatic
Lmx1a (*dr*)	LIM homeobox transcription factor 1α (dreher)	1 75.08 cM	Transcription factor	Partial or complete white belt and/or belly spot	1q23.3	Unknown
Mbtps1	membrane-bound transcription factor peptidase, site 1	8 67.85 cM	Peptidase involved in regulation of membrane lipid composition	Diluted hair with white base (melanocyte death?)	16q23.3	Unknown
Mcoln3 (*Va*)	mucolipin 3 (varitint-waddler)	3 71.03 cM	Cation channel	Patches of normal, diluted and white hair (and behavioral defects)	1p22.3	Unknown
Mitf (*mi*)	microphthalmia-associated transcription factor	6 45.05 cM	Transcription factor: master regulator of melanocyte lineage	White spotting and small or absent eyes	3p14-p13	Waardenburg syndrome type 2A (193510); Tietz albinism-deafness syndrome (103500); Waardenburg syndrome/ocular albinism digenic (103470); {Melanoma, cutaneous malignant, susceptibility to, 8; CMM8 (614456)}
Mpzl3 (*rc*)	myelin protein zero-like 3 (rough coat)	9 24.84 cM	Putative adhesion protein, expressed in keratinocytes	Hair follicle loss, black pigment changes to light brown	11q23.3	Unknown
Myc	myelocytomatosis oncogene (when KO targeted by *Wnt1 promoter-Cre*)[c]	15 26.19 cM	Transcription factor, regulator of cell proliferation	Pigmentary spotting, not head	8q24.21	Burkitt lymphoma (113970)
Notch1	notch 1	2 18.91 cM	Receptor for ligands in Delta and Jagged families	Scattered grey hairs, when KO targetted to melanocytes (Tyr-Cre)	9q34.3	Adams-Oliver syndrome 5 (616028); Aortic valve disease 1 (109730)
Notch2	notch 2	3 42.42 cM	Receptor for ligands in Delta and Jagged families	Scattered grey hairs, when KO targetted to melanocytes (Tyr-Cre). All grey with Notch1 KO, eventually white	1p12-p11	Alagille Syndrome 2 (610205); Hajdu-Cheney syndrome (102500)

マウス遺伝子座シンボル（旧シンボル）	マウス遺伝子座名（旧名），*allele*（イタリック）[a]	マウス染色体 cM Position	コードされるタンパク質（一部機能を含む）	マウス変異体における表現型	ヒト染色体	影響を受けるヒト表現型や疾患[b]（MIM number）
Ntrk1 (*TrkA*)	neurotrophic tyrosine kinase, receptor, type 1	3 38.62 cM	Co-receptor for nerve growth factor	Mottled coat (also neural defects, skin lesions)	1q23.1	Insensitivity to pain, congenital, with anhidrosis (256800); Medullary thyroid carcinoma, familial (155240)
Pax3 (*Sp*)	paired box 3 (splotch)	1 39.79 cM	Transcription factor	White belly splotch, neural crest defects	2q36.1	Waardenburg syndrome type 1, WS type 3 (193500, 148820); Craniofacial-hand syndrome, alveolar (122880); Rhabdomyosarcoma 2, alveolar (268220)
Pcbd1	pterin 4 alpha carbinolamine dehydratase/dimerization cofactor of hepatocyte nuclear factor 1 alpha (TCF1) 1	10 32.14 cM	Both phenylalanine metabolism and binding partner of TCF1 (HNF1), hence WNT pathway interaction	Mild hypopigmentation, belly spot, mild microphthalmia	10q22.1	Hyperphenylalaninemia, BH4-deficient, D (264070)
Rb1	retinoblastoma 1 (targeted)[d]	14 38.73 cM	Growth-inhibitor, suppresses E2F transactivation activity	Melanocyte hyperproliferation in culture	13q14.2	Retinoblastoma (180200)
Rbpj (*RBP-JK*)	recombination signal binding protein for immunoglobulin κ J region (Tyr targeted KO)[e]	5 29.37 cM	Transcription factor, mediator of Notch signaling and cell fate	Hair whitening; other melanocytes not affected	4p15.2	Adams-Oliver syndrome 3 (614814)
Recql4	RecQ protein-like 4	15 36.28 cM	DNA helicase that unwinds double-stranded DNA into single-stranded DNAs	Growth retardation, patches of colorless hair, premature graying of fur	8q24.3	Rothmund-Thomson syndrome (268400) and others (218600, 266280)
Sema3c	sema domain, immunoglobulin domain (Ig), short basic domain, secreted, (semaphorin) 3C	5 7.99 cM	Secreted signaling factor, can mediate axon repulsion	Some skin hypopigmentation, ectopic pigment in internal organs	7q21.11	Unknown
Sfxn1 (*f*)	sideroflexin 1 (flexed tail)	13 28.40 cM	Tricarboxylate carrier protein (TCC) Note: there is an alternative identification of *f* as *Smad5*	Belly spot (and flexed tail, anemia etc)	5q35.2	Unknown
Snai2	snail family zinc finger 2 (Slug, Snail 2)	16 10.07 cM	Transcription factor	Spotting, head blaze, pale hair and skin, neural crest and other organ defects	8q11.21	Waardenburg syndrome, type 2D (608890); Piebaldism (172800)

マウス遺伝子座シンボル（旧シンボル）	マウス遺伝子座名（旧名），*allele*（イタリック）[a]	マウス染色体 cM Position	コードされるタンパク質（一部機能を含む）	マウス変異体における表現型	ヒト染色体	影響を受けるヒト表現型や疾患[b]（MIM number）
Sox10 *(Dom)*	SRY-box 10 (dominant megacolon)	15 37.70 cM	Transcription factor	White spotting, megacolon and other neural crest defects	22q13.1	PCWH syndrome (609136); Waardenburg syndrome types 2E (611584) and 4C (613266)
Sufu	suppressor of fused homolog *(Drosophila)*	19 38.85 cM	Cytoplasmic signaling intermediate	CNS, dark hair, basal cell lesions on skin (Hh pathway suppressor)	10q24.32	Basal cell nevus syndrome (109400); medulloblastoma, desmoplastic (155255); {Meningioma, familial, susceptibility to} (607174)
Tbx10 *(Dc)*	T-box 10 (dancer)	19 3.71 cM	Transcription factor (ectopic expression in Dc)	Head spot (variable); ear, palate and neural defects	11q13.2	Unknown
Tbx15 *(de)*	T-box 15 (droopy ear)	3 43.03 cM	Transcription factor	Ear shape; skeletal, altered dorsoventral color pattern with A^t, a^e	1p12	Cousin syndrome (260660)
Tfap2a	transcription factor AP-2, alpha, Ap2, Tcfap2a	13 20.01 cM	Transcription factor Can regulate Kit	Mouse knock-out (Wnt1-targeted) produces neural crest defects including coat color alterations	*TFAP2A* (6p24.3)	Branchiooculofacial syndrome (113620)
Traf6	Tnf receptor-associated factor 6	2 53.90 cM	Signaling from IL1A to NF-κB	Many effects including pale skin, few/delayed hair follicles. Postnatal lethal	11p12	Ectodermal dysplasia, anhidrotic
Wnt1	wingless-type MMTV integration site family, member 1	15 54.65 cM	Growth factor/ morphogen	Defects of neural crest including melanoblasts in mice lacking both Wnt1 and Wnt3a	12q13.12	Osteogenesis imperfecta, type XV (615220)
Wnt3a	wingless-type MMTV integration site family, member 3A	11 37.17 cM	Growth factor/ morphogen	Defects of neural crest including melanoblasts in mice lacking both Wnt1 and Wnt3a	1q42.13	Unknown
Zbtb17	zinc finger and BTB domain containing 17	4 74.17 cM	Transcription factor	Darkened coat (mixed strain background); dark skin, dark dermis around hairs, Abnormal follicles	1p36.13	Unknown
Zfp53	zinc finger protein 53	17 11.40 cM	Transcription factor?	Abnormal skin pigmentation	?	Unknown
Zic2 *(Ku)*	zinc finger protein of the cerebellum 2 (Kumba)	14 65.97 cM	Transcription factor	Neural crest formation and hindbrain patterning belly spot, curly tail	13q32.3	Holoprosencephaly-5 (609637)
おもに眼や耳の色素細胞の発生に関与						
Bmpr1a	bone morphogenetic protein receptor, type 1A, allele *tm1Bh*	14 20.81 cM	Receptor	Abnormal prenatal RPE with discontinuity in pigmentation	10q23.2	Juvenile polyposis syndrome, infantile form (174900)

マウス遺伝子座シンボル(旧シンボル)	マウス遺伝子座名(旧名), *allele*(イタリック)[a]	マウス染色体 cM Position	コードされるタンパク質(一部機能を含む)	マウス変異体における表現型	ヒト染色体	影響を受けるヒト表現型や疾患[b](MIM number)
Bmpr1b	bone morphogenetic protein receptor, type 1B, allele *tm1Kml*	3 66.11cM	Receptor	Abnormal prenatal RPE with discontinuity in pigmentation	4q22.3	Brachydactyly, type A2 (112600); chondrodysplasia (609441)
Dph1	DPH1 homolog (*S. cerevisiae*), Ovca1	11 45.76 cM	Diptheria toxin resistance protein required for diphthamide biosynthesis-like 1 (*S. cerevisiae*)	Delayed embryonic eye pigmentation.	17p13.3	Unknown
Fkbp8	FK506 binding protein 8, allele *tm1Tili*	8 34.15 cM	Endogenous calcineurin inhibitor; can inhibit apoptosis	Microphthalmia/ anophthalmia	19p13.11	Unknown
Gas1	growth arrest specific 1, allele *tm1Fan*	13 31.92 cM	Can enhance hedgehog signaling, inhibit growth	RPE transdifferentiates to neural retina	9q21.33	Holoprosencephaly
Grlf1/ Arhgap35	Rho GTPase activating protein 35 (p190 RhoGAP)	7 9.15 cM	Transcriptional repressor; glucocorticoid receptor DNA binding factor 1	RPE hyperplasia, microphthalmia	*ARHGAP35*, 19q13.32	Unknown
Gnpat	glyceronephosphate *O*-acyltransferase, allele *tm1Just*	8 72.81 cM	Glyceronephosphate O-acyltransferase	Abnormal RPE morphology, microphthalmia	1q42.2	Chondrodysplasia punctata, rhizomelic, type 2 (222765)
Ihh	Indian hedgehog	1 38.55 cM	A member of the 'hedgehog' gene family, primarily regulates chondorcyte differentiation	Ihh is required for the normal pigmentation pattern of the RPE, skeletal defects, limb dwarfism, mutant mice die perinataly	2q35	Acrocapitofemoral dysplasia (607778); Brachydactyly, type A1 (112500)
Jmjd6	jumonji domain containing 6, allele *tm1Gbf*	11 81.49 cM,	Demethylates histones. Transcriptional regulator	Lack of one/both eyes, ectopic RPE in nose	17q25.1	Unknown
Mab21l2	Mab-21-like 2 (*C. elegans*), allele *tm1Neo*	3 37.86 cM	Cell fate determination, TGFβ signaling	Lack of RPE by time of embryonic lethality	4q31.3	Microphthalmia, syndromic 14 (615877)
Map2k1	mitogen activated protein kinase kinase 1, Mek1, Prkmk1	9 34.55 cM	Mitogen-activated protein kinase kinase 1	Activated Map2k1 induces transdifferentiation of RPE cells to neural retina by inhibiting Mitf	15q22.31	Cardiofaciocutaneous syndrome 3 (615279)
Med1	mediator complex subunit 1, Peroxisome proliferator-activated receptor-binding protein, (Pparbp), TRAP220	11 61.75 cM	Binds methylated DNA. DNA repair. Mediator of RNA polymerase II transcription subunit 1, (Thyroid hormone receptor- associated protein complex 220 kDa component, Trap220)	Low retinal pigmentation (before embryonic lethality)	17q12	Unknown

マウス遺伝子座シンボル（旧シンボル）	マウス遺伝子座名（旧名），*allele*（イタリック）[a]	マウス染色体 cM Position	コードされるタンパク質（一部機能を含む）	マウス変異体における表現型	ヒト染色体	影響を受けるヒト表現型や疾患[b]（MIM number）
Ndp	Norrie disease (pseudoglioma) (human), allele *tm1Wbrg*	X 12.07 cM	Norrin, TGFβ-like extracellular factor. FZD4 and LRP5 also associated with human Norrie disease	Many defects including hyperpigmentation of RPE and overgrowth of strial melanocytes	Xp11.3	Exudative vitreoretinopathy 2, X-linked (305390); Norrie disease (310600)
Nf1	neurofibromatosis 1	11 46.74 cM	RAS GTPase-activating protein Neurofibromin 1	Small, unpigmented eyes – microphthalmia (Ras pathway)	17q11.2	Neurofibromatosis type 1 (162200)
Nr2e1 (*frc*)	nuclear receptor subfamily 2, group E, member 1, allele *fierce*	10 22.89 cM	Transcriptional repressor, recruits HDAC to DNA, stem cell maintenance	Brain and eye defects. Asymmetrical and mottled RPE	6q21	Unknown
Otx2	orthodenticle homolog 2	14 25.36 cM	Hox-like transcription factor, can induce RPE identity in neural retina	Many effects including RPE hyperplasia	14q22.3	Microphthalmia, syndromic 5 (610125); Retinal dystrophy, early-onset, and pituitary dysfunction (610125) Pituitary hormone deficiency, combined, 6 (613986)
Pax2	paired box 2	19 38.09 cM	Transcription factor	Many effects including RPE cells extending into optic nerve	10q24.31	Papillorenal syndrome (120330) and others (616002, 191830)
Pax6 (*Sey*)	paired box 6 (small eye)	2 55.31 cM	Transcription factor	Eye abnormalities can include reduced RPE, also distal/ventral white spotting	11p13	Aniridia (106210) Other eye disorders (120430, 120200, 136520, 206700, 148190, 165550, 604229)
Pdgfb	platelet-derived growth factor, B polypeptide	15 37.85 cM	Growth factor	Cardiovascular and eye defects include abnormal RPE, microphthalmia	22q13.1	Dermatofibrosarcoma protuberans (607907) and others (607174, 615483)
Pdgfc	platelet-derived growth factor, C polypeptide	3 35.73 cM	Growth factor	Depigmented spots in the retina	4q32.1	Unknown
Phactr4 (*humdy*)	phosphatase and actin regulator 4, allele ***humpty dumpty*** (***humdy***)	4 65.24 cM	Regulator of protein phosphatase 1 and its dephosphorylation of RB1	Neuroblast overgrowth; outgrowths in RPE	1p35.3	Unknown
Pitx3 (*ak*)	paired-like homeodomain transcription factor 3 (aphakia)	19 38.75 cM	Transcription factor. CNS neuronal differentiation	Eye abnormalities including hyperpigmentation around embryonic pupil	10q24.32	Cataract 11, syndromic (610623); Anterior segment mesenchymal dysgenesis (107250)
Pygo1	pygopus 1	9 40.08 cM	Cofactor for β-catenin-LEF-mediated transcription	Eye and other defects including folded RPE	15q21.3	Unknown
Rs1	retinoschisis (X-linked, juvenile) 1 (human), allele *tmgc1*	X 73.95 cM	Retinal protein; homologies to cell-adhesion proteins	Small patches of depigmentation in RPE	Xp22.13	Retinoschisis (312700)

マウス遺伝子座シンボル（旧シンボル）	マウス遺伝子座名（旧名），*allele*（イタリック）[a]	マウス染色体 cM Position	コードされるタンパク質（一部機能を含む）	マウス変異体における表現型	ヒト染色体	影響を受けるヒト表現型や疾患[b]（MIM number）
S1pr2 *(Edg5)*	sphingosine-1-phosphate receptor 2	9 7.68 cM	Receptor	Inner ear abnormalities include thickening and hyper- pigmentation of stria vascularis	19p13.2	Unknown
Sema4a	sema domain, immunoglobulin domain (Ig), transmembrane domain (TM) and short cytoplasmic domain, (semaphorin) 4A	3 38.83 cM	Transmembrane juxtacrine signaling protein	Abnormal RPE, postnatal depigmentation of eye	1q22	Cone-rod dystrophy 10 (610283); Retinitis pigmentosa 35 (610282)
Timp3	tissue inhibitor of metalloproteinase 3	10 42.83 cM	Protease inhibitor and can block VEGF binding to receptor	Abnormal RPE morphology	22q12.3	Sorsby fundus dystrophy (136900)
Tub	*tubby* candidate gene	7 57.21 cM	Anti-apoptotic; downstream mediator of $G\alpha_q$ signaling	Obese; eye and ear abnormalities; degeneration and loss of RPE.	11p15.4	Retinal dystrophy and obesity? (616188)
Unc119	unc-119 homolog (*C. elegans*)	11 46.74 cM	Proposed receptor-associated activator of SRC-family kinases	Retinal degeneration; mottling of RPE	17q11.2	Cone-rod dystrophy?; Immunodeficiency 13? (615518)
Vsx2	visual system homeobox 2, Chx10, Hox10	12 39.28 cM	Pax-like transcription factor	Microphthalmia, reduced eye pigmentation	14q24.3	Microphthalmia with coloboma 3 (610092)
メラノソームやその前駆体の構成要素						
Dct *(slt)*	dopachrome tautomerase (slaty, TRP2)	14 61.60 cM	DOPAchrome tautomerase, melanosomal enzyme	Dilution of eumelanin color	13q32.1	Unknown
Gpnmb	glycoprotein (transmembrane) nmb	6 23.82 cM	Glycoprotein (transmembrane), apparent melanosomal component	Glaucoma, iris pigment epithelium disorders, especially with $Tyrp1^{b/b}$	7p15.3	Unknown
Pmel *(si)*	premelanosome protein gp100/gp87/silver protein, Pmel17 (silver)	10 77.13 cM	Melanosomal matrix protein; trapping of melanin intermediates?	Silvering with postnatal melanocyte loss in eumelanic animals (varying with strain background)	12q13.2	Unknown
Slc24a5	solute carrier family 24, member 5; NCKX5	2 61.14 cM	Calcium transporter, melanosomal?	Skin, eye color	15q21.1	Albinism, oculocutaneous, type VI (113750) [Skin/hair/eye pigmentation 4, fair/dark skin] (113750)

マウス遺伝子座シンボル（旧シンボル）	マウス遺伝子座名（旧名），*allele*（イタリック）[a]	マウス染色体 cM Position	コードされるタンパク質（一部機能を含む）	マウス変異体における表現型	ヒト染色体	影響を受けるヒト表現型や疾患[b]（MIM number）
Slc45a2 (*uw, Matp*)	solute carrier family 45, member 2 Membrane-associated transporter protein (Matp), (underwhite)	15 5.40 cM	Solute transporter	Severe dilution of coat and eye pigment	5p13.2	Oculocutaneous albinism type 4 (OCA4) (606574) [Skin/hair/eye pigmentation 5, black/nonblack hair] (227240); [Skin/hair/eye pigmentation 5, dark/fair skin] (227240); [Skin/hair/eye pigmentation 5, dark/light eyes] (227240)
Tyr (*c*)	tyrosinase (albino, color)	7 49.01 cM	Melanogenic enzyme	No pigment in null mice (multiple allelic variants)	11q14.3	Oculocutaneous albinism type 1 (OCA1) (203100, 606952) [Skin/hair/eye pigmentation 3, blur/green eyes] (601800); [Skin/hair/eye pigmentation 3, light/dark/freckling skin] (601800)
Tyrp1 (*b*)	tyrosinase-related protein 1 (TRP1), (brown)	4 37.89 cM	Melanosomal enzyme/stabilizing factor	Brown eumelanin. Allele *isa* can contribute to glaucoma	9p23	Oculocutaneous albinism type 3 (OCA3); Rufous albinism (203290) [Skin/hair/eye pigmentation, variation in, 11 (Melanesian blond hair)] (612271)
メラノソームの構築やタンパク質輸送に関与						
Ap3b1 (*pe*)	adaptor-related protein complex 3, beta 1 subunit (pearl)	13 49.22 cM	Organellar protein routing	Pigmentary dilution	5q14.1	Hermansky-Pudlak syndrome type 2 (608233)
Ap3d1 (*mh*)	adaptor-related protein complex 3, delta 1 subunit (mocha)	10 39.72 cM	Organelle biogenesis; AP-3 component	Pigmentary dilution	19p13.3	Unknown
Bloc1s3 (*rp*)	biogenesis of lysosomal organelles complex-1, subunit 3 (reduced pigmentation)	7 9.92 cM	Organelle biogenesis; BLOC (Biogenesis of Lysosome-related Organelles Complex) 1 component	Pigmentary dilution	19q13.32	Hermansky-Pudlak syndrome type 8 (614077)
Bloc1s4 (*cno*)	biogenesis of lysosomal organelles complex-1, subunit 4 (cappuccino)	5 19.24 cM	Organelle biogenesis; BLOC1 component	Pigmentary dilution	4p16.1	Unknown
Bloc1s5 (*mu*)	biogenesis of lysosomal organelles complex-1, subunit 5, Txndc5 (muted)	13 18.35 cM	Organelle biogenesis; BLOC-1 component	Pale pigment; platelet defect	6p24.3	Unknown

マウス遺伝子座シンボル(旧シンボル)	マウス遺伝子座名(旧名), *allele*（イタリック）[a]	マウス染色体 cM Position	コードされるタンパク質(一部機能を含む)	マウス変異体における表現型	ヒト染色体	影響を受けるヒト表現型や疾患[b] (MIM number)
Bloc1s6 (*pa*)	biogenesis of lysosomal organelles complex-1, subunit 6, pallidin (pallid)	2 60.66 cM	Organelle biogenesis; BLOC-1 component	Pale coat, platelet defect	15q21.1	Hermansky-Pudlak syndrome-9 (614171)
Dtnbp1 (*sdy*)	dystrobrevin binding protein 1 (sandy)	13 21.73 cM	Dysbindin BLOC-1 component	Sandy colored coat, platelet defect	6p22.3	Hermansky-Pudlak syndrome type 7 (614076)
Fig4 (*plt*)	FIG4 homolog (*S. cerevisiae*) (pale tremor)	10 22.08 cM	Phosphatidylinsositol-(3,5)-bisphosphate 5-phosphatase; endodome-lysosome axis	Pale color with tremor, clumped melanosomes	6q21	Charcot-Marie-Tooth (CMT) disease type 4J (611228)
Gpr143 (*oa1*)	G protein-coupled receptor 143, Oa1	X 68.46 cM	Melanosome biogenesis and size; signal transduction	Reduced eye pigmentation, giant melanosomes	Xp22.2	Ocular albinism type 1, Nettleship-Falls type (300500)
Hps1 (*ep*)	Hermansky-Pudlak syndrome 1 homolog (human) (pale ear)	19 36.56 cM	Organelle biogenesis and size; BLOC3 component	Pale skin, slight coat dilution, giant melanosomes; platelet defect	10q24.2	Hermansky-Pudlak syndrome type 1 (203300)
Hps3 (*coa*)	Hermansky-Pudlak syndrome 3 homolog (human) (cocoa)	3 6.12 cM	Organelle biogenesis; BLOC2 component	Hypopigmentation, platelet defect	3q24	Hermansky-Pudlak syndrome type 3 (614072)
Hps4 (*le*)	Hermansky-Pudlak syndrome 4 homolog (human) (light ear)	5 54.69 cM	Organelle biogenesis; BLOC3 component	Pale skin, slight coat dulution, giant melanosomes; platelet defect	22q12.1	Hermansky-Pudlak syndrome type 4 (614073)
Hps5 (*ru2*)	Hermansky-Pudlak syndrome 5 homolog (human) (ruby-eye 2)	7 30.56 cM	Organelle biogenesis; BLOC2 component	Pigmetary dilution and red eyes; platelet defect	11p15.1	Hermansky-Pudlak syndrome type 5 (614074)
Hps6 (*ru*)	Hermansky-Pudlak syndrome 6 (ruby-eye)	19 38.75 cM	Organelle biogenesis; BLOC2 component	Pigmetary dilution and red eyes; platelet defect	10q24.32	Hermansky-Pudlak syndrome type 6 (614075)
Lyst (*bg*)	lysosomal trafficking regulator (beige)	13 5.28 cM	Organelle biogenesis and size	Pale coat, immunodeficiency	1q42.3	Chediak-Higashi syndrome (214500)
Oca2 (*p*)	oculocutaneous albinism II (pinkeyed-dilution)	7 33.44 cM	Glutathione transport in ER?; melanosomal protein processing and routing	Severe loss of eumelanin in hair, skin and eyes	15q12-q13	Oculocutaneous albinism type 2 (OCA2) (203200) [Skin/hair/eye pigmentation 1, blond/brown hair] (227220); [Skin/hair/eye pigmentation 1, blue/nonblue eyes] (227220)
Rab 38 (*cht*)	RAB38, member RAS oncogene family (chocolate)	7 49.19 cM	Member of RAS oncogene family; Targeting of Tyrp1 protein to the melanosome	Brown eumelanin	11q14.2	Unknown

マウス遺伝子座シンボル（旧シンボル）	マウス遺伝子座名（旧名），*allele*（イタリック）[a)]	マウス染色体 cM Position	コードされるタンパク質（一部機能を含む）	マウス変異体における表現型	ヒト染色体	影響を受けるヒト表現型や疾患[b)]（MIM number）
Rabggta *(gm)*	Rab geranylgeranyl transferase, a subunit (gunmetal)	14 28.19 cM	Organelle biogenesis; alpha-subunit of rab geranylgeranyl transferase;	Coat dilution (low biopterin, high phenylalanine)	14q12	Unknown
Shroom2	shroom family member 2; Apxl, Shrm2	X 68.46 cM	Amiloride-sensitive sodium channel activity	Regulates melanosome biogenesis and localization in the RPE	Xp22.2	Distinct form of ocular albinism type 1
Trappc6a	trafficking protein particle complex 6A	7 9.92 cM	Protein trafficking	Pale patches in the coat and RPE	19q13.32	Unknown
Vps33a *(bf)*	vacuolar protein sorting 33A (yeast) (buff)	5 63.03 cM	Organelle biogenesis	Coat dilution	12q24.31	Unknown
メラノソームの輸送に関与						
Mlph *(ln)*	melanophilin (leaden)	1 45.73 cM	Melanosome transport melanophilin	Silvery coat dilution, melanosomes cluster around nucleus	2q37.3	Griscelli syndrome, type 3 (609227)
Mreg *(dsu, Wdt2)*	melanoregulin (dilute suppressor, whn-dependent transcript 2)	1 36.39 cM	Melanoregulin Melanosome transport (interacts with Myo5a)	Suppresses dilute phenotype ($Myo5a^{d/d}$)	2q35	Unknown
Myo5a *(d)*	myosin VA (dilute)	9 42.26 cM	Myosin type Va melanosome transport	Silvery coat dilution, melanosomes cluster around nucleus	15q21.2	Griscelli syndrome, type 1 (214450)
Myo7a *(sh-1)*	myosin VIIA, shaker-1	7 53.57 cM	Myosin type VIIa Melanosome transport in RPE	Deafness, balance, head shaking	11q13.5	Deafness, autosomal dominant 11 (601317); Deafness, autosomal recessive 2 (600060); Usher syndrome type IB (276900)
Rab 27a *(ash)*	RAB27A, member RAS oncogene family (ashen)	9 40.08 cM	RAS associated protein Melanosome transport	Silvery coat dilution, melanosomes cluster around nucleus	15q21.3	Griscelli syndrome, type 2 (607624)
ユーメラニンとフェオメラニンの発現に関与						
a	nonagouti (or agouti)	2 76.83 cM	Agouti signal protein (ASIP), Eumelanin / pheomelanin switch	Different alleles alter eumelanin/pheomelanin balance, either way	*ASIP*, 20q11.22	[Skin/hair/eye pigmentation 9, brown/nonbrown eyes] (611742); [Skin/hair/eye pigmentation 9, dark/light hair] (611742)
Atrn *(mg)*	attractin (mahogany)	2 63.26 cM	Attractin, Eumelanin / pheomelanin switch (among others)	Pheomelanin darkened	20p13	Unknown
Drd2	dopamine receptor 2, allele *tm1mok*	9 26.72 cM	Dopamine receptor 2	Agouti color darkened; POMC level raised	11q23.2	Dystonia, myoclonic (159900)
Eda *(Ta)*	ectodysplasin-A (tabby)	X 43.59 cM	Ectodysplasin-A, Membrane bound, TNFrelated ligand?	Darkening of agouti pigment; striping in +/- females; deficient sweat gland and hair morphogenesis	*ED1*, Xq13.1	Ectodermal dysplasia 1, hypohidrotic, X-linked (305100)

マウス遺伝子座シンボル（旧シンボル）	マウス遺伝子座名（旧名）, allele（イタリック）[a]	マウス染色体 cM Position	コードされるタンパク質（一部機能を含む）	マウス変異体における表現型	ヒト染色体	影響を受けるヒト表現型や疾患[b]（MIM number）
Edar	ectodysplasin-A receptor	10 29.37 cM	Ectodysplasin-A receptor	Hyperpigmentation, hair morphogenesis	2q12.3	Ectodermal dysplasia 10A, hypohidrotic/hair/nail type, autosomal dominant (129490); Ectodermal dysplasia 10B, hypohidrotic/hair/tooth type, autosomal recessive (224900); [Hair morphology 1, hair thickness] (612630)
Edaradd *(cr)*	EDAR (ectodysplasin-A receptor-associated death domain) (crinkled)	13 4.77 cM	Receptor	Delayed hair growth, agouti coat darker dorsally, yellower laterally	1q42-q43	Ectodermal dysplasia 11A, hypohidrotic/hair/tooth type, autosomal dominant (614940); Ectodermal dysplasia 11B, hypohidrotic/hair/tooth type, autosomal recessive (614941)
Ggt1 *(dwg)*	gamma-glutamyltransferase 1 (dwarf grey)	10 38.55 cM	Gamma-glutamyltransferase 1 (glutathione homeostasis)	Reduced pheomelanin; Premature greying, many abnormalities including impaired growth, skeletal abnormalities, cataracts, lethargic behavior, sterility, and shortened life span	22q11.23	Glutathionuria
L1cam	L1 cell adhesion molecule, allele *tm1Sor*	X 37.43 cM	Neural cell adhesion molecule L1	Black fur patches on agouti	Xq28	X-linked hydrocephalus (307000), MASA/Crash syndrome (303350)
Mc1r *(e)*	melanocortin 1 receptor (extension)	8 72.10 cM	Melanocortin 1 receptor Eumelanin / pheomelanin switch	Different alleles alter eumelanin/pheomelanin balance, either way	16q24.3	[Skin/hair/eye pigmentation 2, blond hair/fair skin] (266300); [Skin/hair/eye pigmentation 2, red hair/fair skin] (266300); {Albinism, oculocutaneous, type II, modifier of} (203200)
Mchr1	melanin-concentrating hormone receptor 1	15 38.02 cM	Melanin-concentrating hormone receptor 1, In fish, involved in melanosome aggregation. In mammals regulates feeding behavior.	In fish, depigmentation in response to environmental changes.	22q13.2	Unknown
Mgrn1 *(md)*	mahogunin, ring finger 1 *(mahoganoid)*	16 2.48 cM	Mahogounin, ring finger 1 E3 ubiquitin ligase	Melanin color; Spongiform degeneration	16p13.3	Unknown

マウス遺伝子座シンボル（旧シンボル）	マウス遺伝子座名（旧名），*allele*（イタリック）[a]	マウス染色体 cM Position	コードされるタンパク質（一部機能を含む）	マウス変異体における表現型	ヒト染色体	影響を受けるヒト表現型や疾患[b]（MIM number）
Ostm1 *(Gl)*	osteopetrosis associated transmembrane protein 1 (grey-lethal)	10 22.89 cM	Osteopetrosis associated transmembrane protein 1, Pheomelanin and osteoclast function	Loss of pheomelanin; osteopetrosis	6q21	Osteopetrosis, autosomal recessive 5 (259720)
Pmch	pro-melanin-concentrating hormone; Mch, melanin-concentrating hormone	10 43.70 cM	Precursor of the melanin-concentrating hormone; In fish, involved in melanosome aggregation.	In fish, depigmentation in response to environmental changes. Mutant mice show reduced food intake and increased oxygen consumption	12q23.2	Unknown
Pomc	pro-opiomelanocortin-alpha	12 1.99 cM	Proopiomelanocortin, including Melanocyte Stimulating Hormone (MSH); Eumelanin / pheomelanin switch (and endocrine functions)	Minimal or no effect on phenotype in black mice	2p23.3	Obesity, adrenal insufficiency, and red hair due to POMC deficiency (609734)
Slc7a11 *(sut)*	solute carrier family 7 (cationic amino acid transporter, y+ system), member 11 (subtle gray)	3 21.72 cM	Solute carrier family 7, member 11, Cystine transporter	Required for normal pheomelanin synthesis	4q28.3	Unknown
Smarca5	SWI/SNF related, matrix associated, actin dependent regulator of chromatin, subfamily a, member 5, allele *Momme D4*	8 38.41 cM	Transcriptional regulator	Dominant mottled coat with A^{y}/-	4q31.21	Unknown
Smchd1 *(MommeD1)*	SMC (structural maintenance of chromosomes) hinge domain containing 1	17 41.87 cM	Modifies imprinting, X-inactivation	Affects the percentage of female yellow pups on A^{vy} background.	18p11.32	Fascioscapulohumeral muscular dystrophy 2, digenic (158901)
Sox2 *(ysb)*	SRY (sex determining region Y)-box 2 (yellow submarine)	3 16.93 cM	Transcription factor Sox2; Sox2 regulates Notch1 in eye	Yellow hair, neural, deafness	3q26.33	Microphthalmia, syndromic 3; Optic nerve hypoplasia and abnormalities of the central nervous system (206900)
Sox18 *(rg)* *(Dcc1)*	SRY-box 18 (ragged, dark coat color 1)	2 103.71 cM	Transcription factor	Dark coat in agouti mice, sparse hair	20q13.33	Unknown
全身的な機能を持つもの						
Atox1	ATX1 (antioxidant protein 1) homolog 1 (yeast)	11 33.07 cM	Copper transport protein ATOX1	Hypopigmentation	5q33.1	Unknown

マウス遺伝子座シンボル（旧シンボル）	マウス遺伝子座名（旧名），*allele*（イタリック）[a]	マウス染色体 cM Position	コードされるタンパク質（一部機能を含む）	マウス変異体における表現型	ヒト染色体	影響を受けるヒト表現型や疾患[b]（MIM number）
Atp7a *(Mo)*	ATPase, Cu^{2+} transporting, alpha polypeptide (mottled)	X 47.36 cM	Copper transport	Pale fur in hemizygous males, striped in heterozygous females	Xq21.1	Menkes disease (309400) and others (304150, 300489)
Atp7b *(tx)*	ATPase, Cu^{2+} transporting, beta polypeptide (toxic milk)	8 10.78 cM	Copper-transport P-type ATPases	Hypopigmentation	13q14.3	Wilson disease (277900)
Bcl2	B-cell leukemia/lymphoma 2	1 49.76 cM	Inhibitor of apoptosis	Early graying, loss of melanocyte stem cells	18q21.33	Leukemia/lymphoma, B-cell, 2
Casp3	caspase 3, allele *tm1Flv*	8 26.39 cM	Caspase 3, apoptosis related cysteine protease; Effector of apoptosis	Abnormal RPE (molecular function in apoptosis)	4q35.1	Unknown
Dst *(dt, ah)*	dystonin allele *dt-J*; (dystonia musculorum; athetoid)	1 12.91 cM	Dystonin (a large protein that is a member of the plakin family of proteins, which bridge the cytoskeletal filament networks)	Pale skin	6p12.1	Epidermolysis bullosa simplex, sutosomal recessive 2 (615425)
Elovl3	elongation of very long chain fatty acids (FEN1/Elo2, SUR4/Elo3, yeast)-like 3, allele *tm1Jaco*	19 38.75 cM	Enzyme; fatty acid biosynthesis	Abnormal hairs with scattered hyperpigmentation	10q24.32	Unknown
Elovl4	elongation of very long chain fatty acids (FEN1/Elo2, SUR4/Elo3, yeast)-like 4	9 45.60 cM	Enzyme; fatty acid biosynthesis	Abnormal retinae including RPE, macular distrophy with flecks	6q14.1	Ichthyosis, spastic quadriplegia, and mental retardation (614457); Stargardt disease 3 (600110)
Ercc2	excision repair cross-complementing rodent repair deficiency, complementation group 2	7 9.62 cM	DNA excision repair (NER)	UV-sensitivity, graying hair, reduced lifespan	19q13.32	Xeroderma pigmentosum group D (278730) and others (610756, 601675)
Fas	Fas (TNF receptor superfamily member 6)	19 29.48 cM	Receptor mediating apoptosis	Fewer strial melanocytes on certain background	10q23.31	Autoimmune lymphoproliferative syndrome, type IA (601859)
Heph *(sla)*	hephaestin; sex-linked anemia	X 42.69 cM	Hephaestin; regulates iron levels, including in RPE	Abnormal pigment location in RPE	Xq12	Unknown
Hs2st1	heparan sulfate 2-O-sulfotransferase 1	3 68.89 cM	Heparan sulfate biosynthesis	abnormal RPE differentiation	1p22.3	Unknown

マウス遺伝子座シンボル（旧シンボル）	マウス遺伝子座名（旧名），allele（イタリック）[a]	マウス染色体 cM Position	コードされるタンパク質（一部機能を含む）	マウス変異体における表現型	ヒト染色体	影響を受けるヒト表現型や疾患[b]（MIM number）
Oat	ornithine aminotransferase	7 76.30 cM	Ornithine aminotransferase	Abnormal RPE cell morphology	10q26.13	Gyrate atrophy of choroid and retina with or without ornithinemia (258870)
Pah	phenylalanine hydroxylase	10 43.64 cM	Phenylalanine hydroxylase; tyrosine synthesis	Effects include hypopigmentation, worsening with age	12q23.2	Phenylketonuria (261600)
Pdpk1	3-phosphoinositide dependent protein kinase-1, allele *tm1Bcol*	17 12.23 cM	Phosphorylates and activates AKT kinase	Abnormal eye pigmentation	16p13.3	Unknown
Polg	polymerase (DNA directed), gamma	7 45.04 cM	Polymerase (DNA directed), gamma	General premature ageing including coat graying	15q26.1	Mitochondrial DNA depletion syndrome 4A (Alpers type) and 4B (MNGIE type) (203700, 613662, respectively)
Polh	polymerase (DNA directed), eta (RAD 30 related)	17 22.90 cM	Polymerase (DNA directed), eta (RAD 30 related)	Pigment (melanocyte?) accumulation in ear skin following UV irradiation	6p21.1	Xeroderma pigmentosum, variant type (278750)
Pts	6-pyruvoyl-tetrahydropterin synthase	9 27.73 cM	6-Pyruvoyl-tetrahydropterin synthase	Coat dilution (low biopterin, high Phenylalanine)	11q23.1	Hyperphenylalaninemia BH4-deficient, A (261640)
Rbp1	retinol binding protein 1, cellular	9 51.36 cM	Intracellular transport of retinol	Abnormal RPE morphology	3q23	Unknown
Rpl24 *(Bst)*	ribosomal protein L24 (belly spot and tail)	16 33.74 cM	Ribosomal protein L24; Protein synthesis	Eye, coat, skeletal	3q12.3	Unknown
Rps19 *(Dsk3)*	Ribosomal protein S19 (Dark skin 3)	7 13.41 cM	Ribosomal protein S19; protein synthesis	Defect gives p53 stabilization and SCF [Kitl] synthesis in keratinocytes, hence in mice, dark skin in ears, footpads and tails, increased number of melanocytes in the epidermis	19q13.2	Diamond-Blackfan anemia 1 (105650)
Rps20 *(Dsk4)*	Ribosomal protein S20 (Dark skin 4)	4 2.14 cM	Ribosomal protein S20, mutation results in p53 stabilization and Kitl expression in keratinocytes	In mice, dark skin in ears, footpads and tails, increased number of melanocytes in the epidermis	8q12.1	Unknown
Rxra	retinoid X receptor alpha	2 19.38 cM	Retinoid X receptor alpha; regulation of diverse pathways	Premature hair graying then hair loss	9q34.2	Unknown
Slc31a1	solute carrier family 31, member 1	4 33.11 cM	Copper uptake into cells	Copper deficiency, hypopigmentation	9q32	Unknown

マウス遺伝子座シンボル（旧シンボル）	マウス遺伝子座名（旧名），*allele*（イタリック）[a]	マウス染色体 cM Position	コードされるタンパク質（一部機能を含む）	マウス変異体における表現型	ヒト染色体	影響を受けるヒト表現型や疾患[b]（MIM number）
Trpm7	transient receptor potential cation channel, subfamily M, member 7 [touchtone(tct) and nutria in zebrafish]	2 61.76 cM	Transient receptor potential melastatin 7, broadly expressed, non-selective cation channel. In zebrafish, embryonic melanophores require Trpm7 to promote survival and to detoxify intermediates of melanin synthesis	In zebrafish, pale color, mutant embryonic melanophores die, but regeneration melanophores and adult melanophores are OK, unable to overcome redox stress associated to melanin synthesis, skeleton and kidney defects, in mice, null allele is embryonic lethal	15q21.2	Amyotrophic lateral sclerosis-Parkinsonism/dementia complex of Guam, Guam disease (105500)
Vldlr	very low density lipoprotein receptor	19 21.77 cM	Lipid uptake into cells	Thickening and disruption of RPE	9p24.2	Cerebellar hypoplasia and mental retardation with or without quadrupedal locomotion 1 (224050)

本表はMontoliu, Oetting, Bennettの3氏が運営する“Color Genes”（http://www.espcr.org/micemut/）[3] およびLamoreuxらの“Colors of Mice – A Model Genetic Network”[16] に掲載された表を基に一部改変したものである。マウス遺伝子座のシンボルがHUGO Gene Nomenclature Committee（HGNC）に認められたシンボル（HGNC Approved Gene Symbol）と異なる場合は，ヒト遺伝子座の前に当該シンボルを追記した。

a)「色」発現にかかわる対立遺伝子座（代表例）。

b) ヒト表現型のデータベース〔Mendelian Inheritance in Man（MIM）〕に付与された番号（Phenotype, MIM number）をカッコ内に付記。なお，OMIM〔Online Mendelian Inheritance in Man（http://www.ncbi.nlm.nih.gov/omim）〕に記載されているすべての関連疾患がリストされているわけではない。[ ]は疾患ではない遺伝的なバリエーションを示し，{ }は多因子疾患への関与を示す。

c) Myc^{tm2Fwa}/Myc^{-}, *Tg(Wwt1-cre)11Rth/o*：A single loxP site was inserted into intron 1 and a loxP-flanked neomycin selection cassette was inserted 3′ to exon 3. The neomycin cassette was removed in ES cells by transient Cre expression prior to the production of chimeric mice.

d) $Rb1^{tm1.1Gfk}$ / $Rb1^{tm1.1Gfk}$, *Tg(Tyr-Cre)1Gfk*

e) $Rbpj^{tm1Hon}$ / $Rbpj^{tm1Hon}$, *Tg(Tyr-Cre)2Lru/o*

索　引

【あ行】

【か行】

【さ行】

【や行】

【ら行】

【わ行】

執筆者一覧

第１章	國貞　隆弘	岐阜大学大学院医学系研究科組織器官形成分野
	吉田　尚弘	独立行政法人理化学研究所免疫・アレルギー科学総合研究センター
	青木　仁美	岐阜大学大学院医学系研究科組織器官形成分野
	本橋　力	岐阜大学大学院医学系研究科組織器官形成分野
第２章	川上　民裕	聖マリアンナ医科大学皮膚科学教室
第３章	西村　栄美	東京医科歯科大学難治疾患研究所幹細胞医学分野
第４章	廣部　知久	放射線医学総合研究所福島復興支援本部
第５章	石田　森衛	東北大学大学院生命科学研究科生命機能科学専攻膜輸送機構解析分野
	大林　典彦	筑波大学大学院医学医療系生理化学研究室
	福田　光則	東北大学大学院生命科学研究科生命機能科学専攻膜輸送機構解析分野
第６章	塚本　克彦	山梨県立中央病院皮膚科
	伊藤　祥輔	藤田保健衛生大学医療科学部化学教室
第７章	庫本　高志	京都大学大学院医学研究科附属動物実験施設
	山本　博章	長浜バイオ大学バイオサイエンス学部バイオサイエンス学科
第８章	武田　和久	東北大学大学院医学系研究科細胞生物学講座分子生物学分野
	大場　浩史	東北大学大学院医学系研究科基礎検査医科学領域内分泌応用医科学分野
	柴原　茂樹	東北大学大学院医学系研究科細胞生物学講座分子生物学分野
第９章	芋川　玄爾	中部大学応用生物学研究科
	肥田　時征	札幌医科大学医学部皮膚科学講座
	山下　利春	札幌医科大学医学部皮膚科学講座
第10章	小野　裕剛	慶應義塾大学生物学教室
第11章	若松　一雅	藤田保健衛生大学医療科学部化学教室
	伊藤　祥輔	藤田保健衛生大学医療科学部化学教室
第12章	杉本　雅純	東邦大学理学部生物分子科学科
第13章	深町　昌司	日本女子大学理学部物質生物科学科
第14章	二橋美瑞子	茨城大学理学部理学科生物科学コース
	二橋　亮	国立研究開発法人産業技術総合研究所生物プロセス研究部門
第15章	秋山　豊子	慶應義塾大学生物学教室
第16章	大磯　直毅	近畿大学医学部皮膚科学教室
	鈴木　民夫	山形大学医学部皮膚科学講座
	深井　和吉	大阪市立大学大学院医学研究科皮膚病態学
第17章	矢嶋伊知朗	名古屋大学大学院医学系研究科環境労働衛生学
	大神　信孝	名古屋大学大学院医学系研究科環境労働衛生学
	山本　博章	長浜バイオ大学バイオサイエンス学部環境生命科学コース
	加藤　昌志	名古屋大学大学院医学系研究科環境労働衛生学
第18章	市橋　正光	再生未来クリニック神戸
	安藤　秀哉	岡山理科大学工学部バイオ・応用化学科
第19章	船坂　陽子	日本医科大学皮膚科
	錦織千佳子	神戸大学大学院医学研究科内科系講座皮膚科学分野
第20章	片山　一朗	大阪大学大学院医学系研究科内科系臨床医学専攻情報統合医学講座
	種村　篤	大阪大学大学院医学系研究科内科系臨床医学専攻情報統合医学講座
第21章	高田　実	医療法人清音会岡田整形外科皮膚科
	岡　昌宏	神戸大学大学院医学研究科内科系講座皮膚科学分野
	中川　秀己	東京慈恵会医科大学皮膚科学講座

【監修者紹介】
伊藤祥輔（いとう・しょうすけ）
1945年生まれ。1967年大阪大学理学部化学科卒業，1972年名古屋大学大学院理学研究科博士課程修了。1985年藤田保健衛生大学衛生学部（現 医療科学部）教授。2010年より名誉教授として研究活動を継続。専門はメラニンの化学で，『The Pigmentary System』分担執筆など，メラニンに関する総説や原著論文多数。

柴原茂樹（しばはら・しげき）
1950年生まれ。1975年東北大学医学部卒業，1979年東北大学大学院医学研究科博士課程修了。米国国立心肺血液研究所，京都大学医学部，フリードリッヒ - ミーシャ研究所（バーゼル）を経て，1988年より東北大学医学部教授。専門は生体色素（メラニンとヘム）の代謝制御で，主な著書に『The Pigmentary System』,『Blood : Principles and Practice of Hematology』（分担執筆）などがある。メラニンとヘムに関する総説や原著論文多数。

錦織千佳子（にしごり・ちかこ）
1955年生まれ。1980年神戸大学医学部卒業，1988年年京都大学大学院医学研究科修了。京都大学助手，講師，助教授を経て，2003年より神戸大学大学院医学研究科教授。専門は皮膚科学で，『Cancer and Inflammation Mechanisms』分担執筆など，紫外線の生体への影響に関する総説やメラノーマに関する原著論文多数。

色素細胞 第2版 ——基礎から臨床へ——

2015年8月31日 初版第1刷発行

監修者————伊藤祥輔・柴原茂樹・錦織千佳子
発行者————坂上 弘
発行所————慶應義塾大学出版会株式会社
〒108-8346 東京都港区三田2-19-30
TEL〔編集部〕03-3451-0931
〔営業部〕03-3451-3584〈ご注文〉
〔 〃 〕03-3451-6926
FAX〔営業部〕03-3451-3122
振替 00190-8-155497
http://www.keio-up.co.jp/
装 丁————川崎デザインスタジオ
組 版————ステラ
印刷・製本——中央精版印刷株式会社
カバー印刷——株式会社太平印刷社

Printed in Japan ISBN 978-4-7664-2252-8